제너럴스
THE GENERALS

The Generals
by Thomas E. Ricks

Copyright ⓒ 2012, Thomas Ricks
All Rights Reserved.

Korean translation copyright ⓒ 2022 PLANET MEDIA PUBLISHING CO.
Korean translation rights are arranged with the author c/o The Wylie Agency (UK) LTD
through AMO Agency, Seoul, Korea

이 책의 한국어판 저작권은 AMO 에이전시를 통해 저작권자와 독점 계약한 플래닛미디어에 있습니다.
저작권법에 의해 한국 내에서 보호를 받는 저작물이므로 무단 전재와 무단 복제를 금합니다.

KODEF 안보총서 114

제너럴스
THE GENERALS
위대한 장군은 어떻게 만들어지는가

토머스 릭스 지음 | **김영식·최재호** 옮김

못난 지도자 때문에 죽은 자들에게 바친다.

나쁜 군인은 없다. 오직 못난 장군만 있을 뿐이다.

    - 나폴레옹의 말이라고 추정되는 금언金言

프롤로그

1944년 여름 노르망디의
윌리엄 드퓨이 대위와 제90 보병사단

제90 보병사단 소속의 윌리엄 드퓨이William DePuy 대위는 1944년 여름 프랑스 북서부에서 이 모든 것을 목격했다. 노르망디에 상륙한 지 며칠 지난 1944년 6월 13일, 콜린스J. Lawton Collins 중장은 사단의 보고를 직접 청취하기 위해 부대를 방문했다가 "대대 및 연대 본부들이 어디에 있는지 모릅니다. 포병사격은 물론 어떠한 교전도 관측되지 않고 있습니다"라는 보고를 듣고 낭패감을 느꼈다. 이것은 매우 불길한 징조였다. 노르망디 전투는 결정되었을 때와는 다른 양상으로 진행되었다. 독일군은 일주일 전에 상륙했던 미군, 영국군, 캐나다군을 다시 바다로 밀어 넣으려고 지속해서 압박을 가했다.

별명이 '교수형 샘'이었던 부사단장 샘 윌리엄스Sam Williams 준장 또한 이제 막 창설된 제90 보병사단의 사단장을 찾던 중, 적의 사격으로부터 엄폐되는 울타리 배수로에 웅크리고 있는 사단장 제이 맥켈비Jay MacKelvie

준장을 발견했다. 그러고는 "이런 망할 놈의 장군! 그런 젠장 할 구멍에 숨어서 사단을 지휘할 수는 없잖소! 당장 지휘소로 돌아가시오. 거기에서 나와 당신 차량으로 가시오. 아니면 이 망할 놈의 사단을 끌고 걸어서 도버해협을 넘어 영국으로 가시오"라고 소리쳤다.

그러나 이러한 그의 말은 받아들여지지 않았다. 사단은 며칠 동안 옴짝달싹 못 한 채 적극적으로 공격할 수 없는 지경에 빠졌다. "공격명령이 하달되었지만 시행되지 않았고, 아무 일도 일어나지 않았어요. 보병 지휘자들은 완전히 탈진해 어리둥절한 상태였습니다. 그들은 절망감에 사로잡혀 있었습니다"라고 드퓨이는 증언했다.

1944년 6월, 드퓨이는 오직 살아남기 위해서 제1차 세계대전 여름의 전투와 같은 피비린내 나는 사투를 벌였다. 사단의 한 보병중대는 어느 날 142명으로 전투를 시작해 32명만 살아남았다. 대대장은 "K중대를 다 죽였어. 내가 K중대를 죽인 거야"라고 넋을 잃은 채로 중얼거리며 돌아다녔다. 늦은 여름, 265명이나 되는 장병을 보유한 제90 보병사단 예하의 어느 대대가 80여 명의 병력과 전차 2대로 구성된 독일 정찰부대에 항복하는 일까지 생겼다. 6주가 지나서야 겨우 어느 정도 전진을 한 사단은 소총수 전원의 손실 보충을 요구했다. 제90 보병사단의 소대장 평균 복무 기간은 2주에 불과했다. 드퓨이의 쓰라린 기억에 따르면, 노르망디에서의 제90 보병사단은 군대를 갈아서 없애버리는 '죽음의 기계'와 같았다.

콜린스 장군은 맥켈비를 해임했다. 그는 해임 명령서에 적의 규모가 연대전투단(보병연대에 타 병과를 배속시켜서 독립전투가 가능하도록 만든 특수임무부대를 말한다. - 옮긴이) 이하로 "아군보다 상대적으로 적었다"고 가혹하게 기술했다. 콜린스는 새로운 제90 보병사단장으로 유진 랜드럼 Eugene

Landrum 소장을 임명함과 동시에 연대장 3명 중 2명을 해임했다. 드퓨이 대위는 2명 중에서 웨스트포인트 출신의 긴더Philip De Witt Ginder를 "최악의 명령을 하달했으며, 지질하고 멍청한 재앙 덩어리"라고 생각했다. 드퓨이만이 그러한 평가를 한 것은 아니었다. 박격포 중대의 전방관측장교였던 맥스 코쿠어Max Kocour 중위는 "연대장이 늘 잘못된 결심을 했다"고 말했다. 쉽게 흥분하는 성격의 긴더 대령은 해임이 된 후에도 계속 명령을 하달했는데, 한번은 상급부대 승인이나 아무런 협조도 없이 병력들을 아군 포병의 표적 지역target area(사격을 위해 화기나 부대에 할당된 지역, 또는 폭탄을 투하할 지역 - 옮긴이)으로 보내는 바람에 무장 호위병에 의해 체포되어 사단으로 호송되었다. 긴더 대령은 연대를 채 한 달도 지휘하지 못했다. 그의 후임이었던 존 쉐히John Sheehy 대령은 적 매복에 걸려 보직된 지 이틀 만에 전사했다.

쉐히가 죽자 조지 바스George Barth 대령이 연대 지휘권을 인수했다. 어느 날, 그가 길게 늘어진 800여 명의 병력을 보고 드퓨이에게 그것이 어느 대대냐고 묻자 드퓨이는 대대가 아니고 사단의 사상자들을 보충하기 위해서 그날 입소한 병력이라고 대답했다. 나중에, 바스 대령은 연대 지휘권을 인수하기 전에 이 정도로 "사기가 엉망인 부대"를 본적이 없었다고 고백했다.

맥켈비 사단장의 후임자인 랜드럼은 몇 주에 걸쳐 지휘관 역량을 보유하고 있는지를 검증받았는데 한여름에 이르렀을 무렵 그 또한 역량이 부족하다는 평가를 받았다. 당시 프랑스 전역의 미군 선임 장군이었던 오마 브래들리Omar Bradley 대장은 랜드럼의 후임자로 루스벨트Roosevelt 대통령의 아들인 시어도어 루스벨트Theodore Roosevelt Jr. 준장을 임명하기로 결심했다. 그는 1년 전에 제1 보병사단장인 테리 앨런Terry Allen 소장 밑에서 부사단장으로 근무하다 해임된 적이 있었다. 그가 보직되기 하루 전에 루스벨트 대통령이 심장마비로 서거했다. 결국 랜드럼은 제90 보병사단장 자리에서 해임되었는데 이임하기 전에 자신과 마찰을 일으켰던 윌리엄스 부사단장을 해임했다. "사단의 현재 상황을 감안할 때, 충동적인 성격보다는 좀 더 긍정적이고 침착한 성격을 보유한 장군이 도움이 되리라 느꼈다"고 랜드럼은 말했다. 브래들리 대장도 거기에 동의하면서 망신스럽게도 윌리엄스를 대령으로 강등시켰다.

제2차 세계대전 중에 자주 있었던 빠른 보직 교체는 종종 능력이 출중한 지휘관들을 발탁하는 데 효과적이었지만, 부대 지휘를 위한 정교함을 가져오는 수단은 아니었고 때때로 명확하게 잘못된 보직 이동도 있었다. 장교들은 그러한 보직 해임의 공정성을 옆에서 지켜보면서 자기 나름의 평가를 했다. 제90 보병사단의 경우 맥켈비의 해임은 전적으로 정당했으나, 긴더와 랜드럼은 더 나은 대우를 받을 자격이 있었으며 윌리엄스는 확실히 더 대우를 받아야 한다는 공감대가 형성되었다. 긴더, 랜드럼, 윌리엄스에 대한 동료들의 이 같은 인식은 그들에게 다른 기회를 제공했다. 몇 달 후에 긴더는 제2 보병사단 예하의 예비 지휘관으로 전속되어 벌지 전투 기간에 핵심 지역이었던 엘젠보른Elsenborn 능선에서 뛰어난 전공을 세워 자신의 실패를 만회했다. 그는 휘르트겐 숲Hürtgen Forest 전투(1944년 9월 19일부터 1945년 2월 10일까지 계속되었던 서부전선 전투 중에서도 가장 치열하고 길었던 전투 중의 하나 - 옮긴이)에서 보인 무공으로 수훈십자훈장Distinguished Service Cross을 수여받았고, 제2 보병사단 예하의 9연대장에 보임되었다. 한국전쟁 중에는 제45 보병사단장으로 근무하면서 당시 징집병으로 참전하였으나 전쟁 중에도 여전히 히트곡을 쏟아내던 인기 가수 에디 피셔Eddie Fisher를 자신의 헬기에 태워 전방부대를 돌게 함으로써 화제가 되기도 했다. 그는 전장에서 아군 병력에 체포되었던 불명예를 모두 만회했으며, 1963년에 소장으로 전역했다.

랜드럼은 본토로 돌아와 훈련사단장으로 근무했는데, 당시 유럽 주둔 미군 최고사령관 드와이트 아이젠하워Dwight Eisenhower가 랜드럼 사단의 유럽 파병을 거부했기 때문에 참전하지는 못했다. 1950년, 랜드럼은 대령으로 미 8군 사령관 월튼 워커Walton Walker 중장의 참모장 직책을 수행하며 어려웠던 한국전쟁의 첫해를 보냈다. 그는 다음 해에 소장으로 전역하라는 명령을 받았다.

문제는 샘 윌리엄스의 보직 해임에 관한 건이었다. 그의 별명인 '교수형 샘'은 군사법원이 평시에도 사형제도를 도입해야 한다고 열정적으로 주장했던 그의 견해에서 유래한 것이다. 윌리엄스의 보직 해임은 특별히 사단의 주요 구성원들뿐 아니라 육군 차원에서도 관심을 불러일으켰다. 드퓨이는 가슴 속에서부터 "그들은 사람을 잘못 보았다"라고 느꼈으며, 수십 년 후에 그러한 관점에 대한 논쟁을 이어갔다. 그는 윌리엄스가 장교들이 제 역할을 하도록 압박을 가했으며, 부대를 격려하기 위해 열심인 것을 목도했다. 반면에 랜드럼은 전투 현장보다는 사령부로 바로 돌아가는 편이었다. "샘 윌리엄스는 부사단장으로 늘 우리와 함께했다. 그는 언제나 도움을 베푸는 사람이었으며, 매우 용감하고 힘을 주는 사람이었다."

윌리엄스는 7년 동안 강등을 참고 견뎠다. 그는 1951년에 다시 준장으로 진급했고, 1년 후에는 한국에 주둔한 제25 보병사단의 사단장으로 임명되었다. 아이러니하게도 그는 옛날 군대 방식으로 자신이 무능하다고 판단한 장교들을 가차 없이 교체해 한국전쟁에서 명성을 얻었다. 그가 보고를 받는 도중에 브리핑하는 장교에게 레드비치Red Beach(상륙작전 간 가장 먼저 확보해야 하는 해안을 이르는 군사용어 – 옮긴이) 작전을 어떻게 했는지 질문하자 해군과의 협조가 없었음에도 그 장교는 해군에 의해 수송되었다고 보고했다. 윌리엄스는 즉각 "너는 보직 해임이야!"라고 말했다. 윌리엄스의 이러한 직설적인 태도는 오래 지나지 않아 베트남에서도 나타났다. 디엔 비엔 푸Dien Bien Phu 전투(베트남이 프랑스를 상대로 벌인 기습적인 전투로 결국 프랑스의 베트남 철수를 가져왔다. – 옮긴이)에서 프랑스 군의 악몽이 발생한 지 얼마 지나지 않은 1955년, 그는 미군 최고위 군사고문관으로 베트남주재 미국대사와 자주 큰소리로 언쟁을 벌이곤 했다.(흥미롭게도 나중에 베트남 주둔 최고사령관과 육군참모총장을 역임한 크레이튼 에이브럼스Creighton Abrams 대장*이 1950년대에 윌리엄스와 처음으로 일한 후에 긴더와 함께 근무했다. 그는 윌리엄스를 좋아한 반면 거드름과 무능력의 극치를 보여준 긴더는 미워했다.) 윌리엄스는 중장으로 전역했다.

 1944년 늦여름, 브래들리 대장은 레이먼드 맥클레인Raymond McLain 준장을 제90 보병사단장으로 보냈다. 그는 이탈리아와 영국에 이르는 유럽 전역에서 누군가 보직 해임되었을 때 언제든지 투입이 가능한 장군이었다. 브래들리는 "고위 장교 중에서 누구라도 보내서 90사단을 움직이게 해주겠다"고 맹세했다. 2일 후에 맥클레인은 사단에서 근무하던 16명의 보직 해임해야 할 영관장교 명단을 제출함으로써 자신의 약속을 지켰다. 젊었음에도 불구하고 드퓨이에게 사단작전에 악영향을 끼친 인원의 명단을 만들라고 했더라도 같은 결과가 나왔을 것이라는 점은 그리 놀라울 일도 아니었다. 드퓨이는 사단이 전투에 투입되기 이전에 다수의 무능

---

* 2018년 11월부터 2021년 7월까지 한미 연합군사령관을 지낸 로버트 B. 에이브럼스 대장의 부친 – 옮긴이

력한 장교들을 퇴출하지 않았던 것은 직무유기라고 생각했다. 제2차 세계대전을 통해서 드퓨이가 얻은 이러한 경험은 몇몇 장교들에 대한 조기 보직 교체가 더 출중한 능력을 보유한 장교들의 앞길을 밝혀준다는 확신을 갖게 했다. 드퓨이는 사우스다코타 South Dakota 대학에서 ROTC 과정을 통해서 소위로 임관했다. 그는 25세에 대대장을 마쳤으며, 이어서 사단 작전 장교 임무를 수행했다. 전쟁 기간에 그는 수훈십자훈장과 은성무공훈장 세 개를 받았다.

제90 보병사단은 제1 야전군 참모들이 해체해 다른 부대를 증원하는 데 사용하려고 했던 문제 사단으로부터 나중에 브래들리가 기술한 것처럼 "유럽 전구戰區에서 가장 뛰어난 부대 중 하나"로 평가받는 부대로 급격히 발전했다. 예비역 대령 헨리 골Henry Gole은 90사단과 드퓨이의 지휘 스타일에 대한 자신의 분석서에서 조기 교체 정책에 대한 확고한 신뢰를 보였다.

> 사단과 연대에서 무능한 지휘관들이 해임되고 능력 있는 인원으로 교체되었으며, 1944년 드퓨이를 비롯하여 전쟁에 능숙한 하급장교들이 다윈의 적자생존 법칙에 따라 대대를 지휘했기 때문에 사단은 효과적인 전투력을 갖추게 되었다. 드퓨이는 25세였고, 그의 연대장은 고작 27세였다. 다른 두 명의 대대장은 28세와 26세였다.

1944년 여름의 유혈이 낭자했던 전투와 노르망디에서 드퓨이가 목격한 무능력한 리더십이 수십 년 동안 그의 뇌리에서 떠나지 않았다. 그는 "당시의 야만적이고 멍청했던 기억들이 남은 생애에서 내가 진정한 전문능력을 키우는 데 영향을 주었다"고 말했다. 이러한 드퓨이의 경험은

22년 후에 그가 제1 보병사단장으로 베트남 전쟁에서 적용했던 전투방법을 구체화하는 데 크게 기여했다. 베트남 전쟁 후에 그는 1991년의 쿠웨이트 전쟁으로 대변되는 전후 베트남 육군을 만드는 데 핵심적 역할을 했다. 돈 스태리Donn Starry 장군은 "드퓨이는 20세기 미국이 키워낸 손꼽히는 군인 중의 한 명이며, 육군은 그에게 어마어마한 빚이 있다. 그가 21세기를 향한 길을 만들었다"고 회고했다.

제90 보병사단의 경우에서 보았던 세 가지 관점은 70여 년이 지난 후까지도 두드러진다. 첫째, 전투에서 장군의 리더십은 특별히 어렵고 경험 많은 고위 장교들도 전투에서 많이 실패한다. 둘째, 개인 성품에 따라서 결과가 다르다. 제90 보병사단은 처음 두 명의 지휘관 아래에서는 허둥대고 힘들어했으나 맥클레인McLain 사단장의 지휘하에서는 뛰어난 전투력을 갖추게 되었다. 세 번째이자 미군의 전사를 이해하는 데 가장 중요한 요소로, 제2차 세계대전의 장군들이 그 이전의 전쟁 때와는 매우 다르게 관리되었다는 점이다. 제2차 세계대전 동안에 고위 장군들은 몇 달 안에 성공하거나 또는 전사하거나 부상을 당하여 교체되는 것이 일상적이었다. 제2차 세계대전 기간 중, 사단장 155명 가운데에서 16명이 앞의 이유로 교체되었다. 적어도 군단장 5명도 같은 이유로 군을 떠났다. 전쟁성 장관인 헨리 스팀슨Henry Stimson은 군단장과 사단장들이 전쟁 동안에 "전문적인 능력을 보여야 할 핵심 계층"이라고 말했다.

내가 처음으로 제2차 세계대전에 참전한 미군 장군의 기준에 대해 배웠던 계기는 이라크 전쟁 중간에 잠시 군종 기자 역할을 쉬면서 "전적지 답사"에 참여했을 때였다. 전적지 답사는 전투 현장을 걸으면서 그 당시에 지휘관들이 획득했을 정보를 가지고 결심하는 과정을 되돌아보는 군사연구 방법이다. 전적지 답사 그룹은 존스 홉킨스 대학의 국제전략 고위 과정 학생 중에서 선발된 인원들이었으며, 제2차 세계대전 동안에 벌어진 연합군의 시칠리아^{Sicily} 침공에 대해서 연구했다. 우리는 시칠리아 중앙의 가장 높은 고지에 모여서 지중해 가운데에 있는 섬의 칼날 능선 북쪽 방향을 보았다. 그때 어느 학생이 시칠리아 전역의 가장 중요한 마지막 전투에서 승리한 후에 보직 해임되었던, 1943년도에 가장 성공했던 미군 장군 테리 드 라 메사 앨런$^{Terry\ de\ la\ Mesa\ Allen}$ 소장에 대해 언급했다.

나는 황당했다. 어떻게 그런 일이 있을 수 있었나? 내가 신고 있던 신발에는 이라크의 먼지가 남아 있었고, 나는 비참한 패배에도 불구하고 장군이 보직 해임되지 않는 그 전쟁에 아직도 온 관심을 집중하고 있었다. 미군에 있어서 보직 해임 제도는 폴 잉링$^{Paul\ Yingling}$ 중령이 이라크 전쟁 동안에 전투에서 패배한 장군보다 개인 소총을 분실한 병사에게 더 무거운 벌을 내렸던 암흑의 시간을 고백한 것처럼 이제 매우 드물게 돼버렸다.

시칠리아에서 워싱턴으로 돌아오는 비행기 안에서 나의 뇌리를 떠나지 않는 의문이 그것이었다. 오늘날 우리는 왜 장군들을 과거와 다르게 다루는가? 이것은 전쟁수행과 국가를 위해 어떤 의미가 있는가? 그래서 나는 제2차 세계대전에서 현재에 이르기까지 미군 장군의 리더십에 대한 연구를 하면서 해답을 찾기 위한 4년의 여정을 시작했다. 연구는 마침내 나를 제90 보병사단과 드퓨이의 이야기로 인도했으며 그 결과로 이 책을 쓰게 되었다. 내가 찾아낸 것은 미국 군사문화의 한 부분이 사라졌다는 것이다. 제2차 세계대전 동안 최고위 장군들은 어떤 장군들이 전투에서 실패할 것인가를 예견하고는 그런 상황이 생기면 해임할 준비를 미리 했다. 장군들의 개인 성품은 매우 중요하게 여겨져 육군참모총장 조지 마셜

George C. Marshall 장군은 자신 휘하의 장군 중에서 올바른 장군을 직접 발탁하기 위해 노심초사했다. 몇몇 장군들이 임무를 완수하지 못했을 때, 신속히 경질되었지만 종종 새로운 보직에서 다른 기회를 얻었다.

이 책은 지난 75여 년 동안 미국 육군의 특출한 장군들이 전쟁터에서 벌인 싸움에 관한 이야기이다. 우리는 그들에게 몇 가지 힘을 부여하는 데 동의했다. 그들에게 주어지는 힘에는 사람의 생명을 살리고 죽이는 권한, 진급과 강등의 결정권, 국가의 가장 기본적인 문제를 대통령에게 조언하는 책무가 있다. 그리고 아마도 육군 장군들에게 가장 중요한 가치로 인식되는 사안일 수 있는 군 조직 육성을 위해 훈련을 시키고, 선발하며, 때에 따라서는 군에서 분리시키는 책임 등이 포함된다.

조지 마셜, 드와이트 아이젠하워, 테리 앨런, 더글러스 맥아더Douglas MacArthur, 매튜 리지웨이Matthew Ridgway, 맥스웰 테일러Maxwell Taylor, 윌리엄 웨스트모어랜드William Westmoreland, 윌리엄 드퓨이, 윌리엄 레이 피어스William "Ray" Peers, 콜린 파월Colin Powell, 노먼 슈워츠코프Norman Schwarzkopf, 토미 프랭크스Tommy Franks, 리카르도 산체스Ricardo Sanchez, 조지 케이시George Casey, 데이비드 페트레이어스David Petraeus. 이들 모두는 육군을 사랑했으며, 대부분의 기관들에서보다 더 많은 사람이 육군에서 개인적이고 직업적인 정체성을 키웠음이 분명하다. 그들의 역량은 육군이라는 조직을 통해서 형성되었지만, 그들은 개별적으로도 우수한 사람들이었으며, 그중 일부는 매우 탁월한 인물들이었다. 조지 패튼George Patton 장군이 언젠가 말한 바와 같이 "이들 개인의 특성이 전쟁터에서 엄청난 모습"으로 나타났다. 그리고 그러한 특징은 현대 미군을 보면 확실히 알 수 있다. 패튼 스스로가 가장 뛰어난 예가 될 것이다.

장군은 태어나고, 장군으로 만들어진다. 대령에서 준장으로 진급하는 것은 장교가 심리적으로 가장 크게 도약하는 단계이다. 여기에는 많은 상징이 내포되어 있다. 우선, 장군으로 진급되면 옷깃에 부착하고 다녔던 본인의 육군 병과 휘장을 제거하고(예를 들어, 보병은 십자가 형태로 교차된 소총이고, 공병의 병과 휘장은 3층의 작은 탑 모형이다.) 대신에 별 1개를 부착한다. 준장으로 진급한 사람들은 특별한 교육과정을 이수해야 하는데 그들이 더는 육군 일부를 대표하는 게 아니라 전체 군대의 종복從僕으로 복무해야 하는 이유에서다. 소수의 사람만이 선발의 명예를 얻기 때문에 그들은 포병, 기갑, 공병 등과 같은 여러 병과를 통제하고 협조시킬 의무가 있다. 다시 말해 여러 분야에서 두루 역량을 발휘하는 범용적인 존재가 되어야 한다.

장군으로 진급하는 과정을 권위 있게 설명하는 것은 매우 어려운 일이다. 왜냐하면 그것은 대체로 루머와 추측의 영역으로 남아 있기 때문이다. 군내에서 장군 진급 심사 위원회는 신성시되는 분야로서 핵무기 저장고로 들어가는 것보다 더 은밀하게 열린다. 그러나 누가 장군으로 선발되며, 각기 다른 근무 기간에 어떤 종류의 장교들이 성장하는지는 살펴볼 수 있다. 또한 장군들의 교육과 훈련 과정, 그리고 군의 미래를 형성하는 데 많이 기여한 10년간의 내부 투쟁에서 변화를 위해 다양한 인물들이 어떻게 투쟁했는지 자세히 들여다보는 것도 가능하다. 이런 시험과정을 통해서 우리는 과거의 제도적 선택이 어떻게 현재의 전쟁 수행 능력을 형성했는지에 대해 알 수 있다.

무엇보다도 우리는 장군들이 어떻게 전투를 지휘했는지 연구할 수 있다. 수행하는 과업이 다르면 다른 특성이 필요하다. 조지 마셜 장군은 역사상 최대 규모의 해외파병 부대를 감독하게 될 유럽 주둔 연합군의 수장으로 균형감 있는 판단 능력과 함께 불굴의 단체정신을 갖는 사람이 필요하다는 군사적 통찰력을 보유했었다. 또한 마셜은 그러한 조건에 부합되는 장교를 찾아내는 능력을 소유해 연대급 부대를 지휘하던 드와이트 아이젠하워를 발탁하여 유례가 없던 유럽군 총사령관의 과업을 수행하도록 훈련시켜 결국 아이젠하워를 오성 장군으로 만들었다. 반대로 아이젠하워도 북서 유럽을 횡단하여 독일군을 추격하는 데 조지 패튼만큼 뛰어난 능력을 갖춘 사람이 없음을 알아차렸다. 만약 두 장군이 자기들의 상관이 지시한 역할이 아니라 서로 반대의 역할을 했더라면 제2차 세계 대전의 역사는 달라졌을 것이다.

가치가 있다고 여겨지는 자질들 일부는 전쟁 환경 때문에, 다른 일부분은 취향의 변화 때문에 바뀌어왔다. 여러 세대를 거치면서 육군은 특정한 자질들을 배제했으며, 몇 가지 자질들을 필수불가결한 요소로 결정했다. 예를 들어, 조지 마셜과 예하의 최고위 지휘관들은 공세적 기질과 협조성을 가치 있게 보았다. 마셜은 모든 점을 고려해 테리 앨런 같은 공격적인 장군을 더 선호했고, 브래들리와 아이젠하워 같은 지휘관들은 더 큰 조직의 일원이 될 수 있는 협력적인 장군들을 점점 더 원했다. 1950년대에 육군은 조직에 순응하는 것에 가치를 두었던 것으로 보인다. 1980년대 후반과 1990년대에는 육군의 모든 리더가 "전사"라는 말을 입에 달고 살았다. 사실을 말하자면, 이는 부적절한 명칭이었다. 왜냐하면 그들은 전투에서 어떻게 싸울 것인가를 아는 전술가들이었지만, 전쟁이라는 큰 틀에서 작전을 수행하는 능력과 전쟁을 끝내는 것에 관한 식견이 현저히 부족했음이 드러났기 때문이었다.

이러한 변화에도 불구하고 모든 장군이 보유해야 할 특성들이 있다. 개인적 특성은 종종 마셜 시스템의 윤곽에서 찾을 수 있는데 마셜은 이것들을 소중하게 생각했다. 그런 특징들은 현재의 장군들에게서도 볼 수 있다. 에너지가 넘치면서 팀의 확고한 일원이 되려는 특징을 가진 사람들은 군의 리더로 선발되기 쉬운 경향이 있는데, 그들이 하는 일이 본질적으로 동일하기 때문이다. 장군이 된다는 것은 대인 활동의 스트레스가 가장 심한 거대한 조직 안에서 다른 사람들에게 자신의 의지를 강요하는 것을 포함한다. 장군들에게는 언제나 문제를 예상하고 거기에 따른 해결책을 끄집어내며 도출된 계획에 따라 사람들이 그것을 수행하도록 만드는 이중적인 능력이 요구된다.

그러나 제2차 세계대전 이후로 장군들이 장군들을 스스로 관리하는 방식이 근본적으로 변화되었다. 마셜은 보직 교체를 장군 리더십의 본질적 요소라고 보았다. 보임과 마찬가지로 해임도 선임 관리자들의 기본 과업 중의 하나였다. 이례적이고 복잡한 임무를 수행할 사람을 뽑아야 할 때, 어느 정도의 실패 확률은 불가피하다. 그렇지만 마셜은 실패를 부끄러워하지 않았다. 마셜의 시각으로 보면 보직 교체는 복무에 대한 책임을 물어 육군에서 쫓아내는 것이 아니라 다른 보직에 보임하는 것을 의미했다. 보직 교체의 정치학은 매우 복잡하다. 제2차 세계대전 동안에 보직 해임을 당했을 수도 있었던 두 명의 장군이 적어도 부분적으로는 정치적 이유로 자리를 지켰다. 미국의 더글러스 맥아더와 영국의 버나드 로 몽고메리Bernard Law Montgomery가 그들이다. 마찬가지로, 인지도가 낮은 소규모의 전쟁에서 장군을 교체하는 게 더 어렵다는 것도 입증되었다. 한국전쟁 베트남 전쟁, 아프가니스탄 전쟁, 그리고 이라크 전쟁 등에서 다른 장군에 의해서 장군들이 교체되는 사례가 사라졌다. 대체로 이러한 것들로 인해서 마셜에 의해 만들어진 시스템이 효과를 잃어갔다. 교체되지 않을 것이라는 전망이 가져다주는 책임감 없는 자세로 인해 베트남과 이라크에서 볼 수 있었듯이 리더십에 대한 마셜주의적 접근은 거의 효과가 없었다. 제2차 세계대전 중에 있었던 장군에 대한 보직 교체는 시스템이 계획된 대로 작동한다는 신호로 여겨졌던 반면에, 이제는 보직 교체도 아주 드물고, 있다 하더라도 육군 안에서는 왠지 시스템이 실패한 것으로 보는 경향이 있다.

최근의 전쟁에서 육군이 신속한 해임을 하지 않은 것은 거의 주목받지 않는 가운데 사라졌다. 그리하여 군대에 관한 다음과 같은 주요한 질문들이 간과되었다. ①우리는 실패한 장군들을 교체하는 오랜 관행을 어떻게, 왜 잃어버렸는가? ②왜 책임감이 줄어들었는가? ③그래서 이것이 장군들의 작전임무 수행능력의 저하와 연관이 있는가? 그것은 권력을 향해 진실을 말함으로써 명성을 얻은 조지 마셜 같은 강인한 사상가가 아니라, 2001년부터 2005년까지 의장을 역임한 공군 출신 리처드 마이어스$^{Richard\ Myers}$ 대장과 그의 후임자로 2년간 근무한 해병대 피터 페이스$^{Peter\ Pace}$ 장군 같은 대단히 순응적인 사람들이 어떻게 합참의장으로 지명되었는가? 에 관한 질문이다.

이러한 질문에 대한 대답이 베트남 전쟁, 아프가니스탄 전쟁, 그리고 이라크 전쟁이 왜 그렇게 장기화되고 우리를 곤혹스럽게 했는지를 잘 이해할 수 있게 도와준다.

타군의 입장에서 봤을 때, 이 책은 주로 육군 장군들에게로 초점이 맞춰져 있고, 평시를 전적으로 제외하지는 않았지만 대체로 전시와 관련된 사안들을 다루고 있다. 게다가, 제2차 세계대전에 관해 논의하면서 유럽 주둔 육군으로 한정하는 불균형적인 측면도 있다. 이렇게 기술한 이유는 그 당시의 육군이 1945년에서 1960년에 이르는 기간 동안 전구작전을 지휘하게 될 육군참모총장 6명과 베트남 전쟁까지도 관장하게 되었던 장군들을 배출한 전후 육군의 모태이기 때문이다.

　논쟁의 여지는 있으나, 국가의 군대라는 차원에서 보면 육군은 국가의 중심 군으로 인식되기 때문에 국가 방위를 위해서 계속 육성되고 있다. 지난 수십 년만 봐도 육군은 해군, 공군, 해병대를 합친 것보다 더 많은 병력을 이라크와 아프가니스탄에 파병했다. 여기에 더해서, 타군에서는 리더십의 역사에 관해 크게 언급하지 않는다. 해군은 해상 관습에 의거해서 지휘관을 따르고 있어 육군과는 전적으로 다르고, 해병대 또한 항해 전통 안에서 활동하는 경향이 있다. 1947년도에 창설된 공군은 독특하고 오래된 많은 전통을 만들어내기에는 아직 연륜이 너무 짧다. 처음에 공군에서는 폭격기 조종사들이 각광을 받았으나 그 중요도가 전투기 조종사들에게로 넘어갔다. 지금은 새로운 시작으로 여겨지는 중간휴지기처럼 보인다. C-130 특수작전 항공기 조종사였던 현역 공군 대장 노튼 슈워츠Norton Schwartz가 언급한 바와 같이, 지금 공군은 예측 불가능한 방법으로 짧은 역사의 공군 문화를 변화시킬 수 있는 드론과 원격조종 항공기의 확산에 직면해 있다.

　이 책에서는 제2차 세계대전 이후 전쟁 중에 있었던 보직 교체를 살펴보지는 않는다. 교체가 많지 않았기 때문이다. 대신에, 육군이 보직 교체 없이도 여러 방법, 주로 추가적인 감독을 통해서 교체의 부재를 보완하기 위해 어떻게 노력했는지에 초점을 맞춘다. 추가적인 감독이란 현미경을 들여다보듯이 부대를 "미시적으로 관리하는 기법"을 말한다. 장군들을 대상으로 하는 보직 교체가 없던 시대를 다루는 책의 후반부에서는 그것에서 파생된 다음 단계를 보여준다. 즉, 군이 스스로 고위 장군들을 경질하지 않으면, 대신 민간 관료들이 그렇게 한다는 것을 제시한다. 장군들과 민간 관료 사이의 관계가 부침을 겪는다는 것이 이 책의 두 번째 주제이다. 왜냐하면 민군 사이에서 생기는 담론談論의 질이 전쟁을 효과적으로 수행하고 있는지를 알도록 만들어주는 신호이기 때문이다. 그것 외에 전쟁 수행과 관련된 다른 중요한 지표는 없다. 대통령과 장군들이 상호 신뢰하며 허심탄회하게 소통할 때, 우리는 더 효과적으로 싸울 수 있다. 반면에 서로 잘못된 방향으로 이끌거나, 아니면 고압적인 분위기로 인해 사안의 차이점과 가정을 검토하는 과정에서 양보하지 않을 때, 수렁에 빠지게 된다. 가장 비근한 예가 베트남 전쟁 중 린든 존슨Lyndon Johnson 대통령과 합참 사이의 불협화음이다.

베트남 전쟁에서 대실패를 경험한 이후 육군은 재건을 시작했는데, 이때 육군이 핵심적 수단이라고 여기며 관리했던 두 가지가 훈련과 교육이었다. 수단으로 작동하던 보직 교체가 없는 상태에서 이 두 가지는 국가에서 가장 거대하고 국민적 관심이 많으며 제일 중요한 조직인 육군을 새롭게 형성하는 데 대단히 중요했다. 우리가 육군을, 특히 장군들의 변화를 이해할 때 미국이 어디에 있으며, 왜 미국은 세계 최강국으로서 시칠리아와 노르망디에서부터 사이공, 바그다드, 카불에 이르기까지 전쟁을 했는지를 잘 이해하게 될 것이다.

차 례

프롤로그 1994년 여름 노르망디의 드퓨이 대위와 제90 보병사단 | 008

제 1 부 | 제2차 세계대전

1 조지 C. 마셜 _ 지도자 | 028

2 드와이트 아이젠하워 _ 마셜 시스템은 어떻게 작동했는가? | 060

3 조지 패튼 _ 전문가 | 084

4 마크 클라크 _ 이도 저도 아닌 지휘관 | 093

5 "끔찍한 테리" 앨런 _ 마셜과 추종자들 간의 갈등 | 103

6 아이젠하워가 몽고메리 관리하기 | 112

7 더글러스 맥아더 _ 대통령을 꿈꾼 장군 | 132

8 윌리엄 심슨 _ 마셜 체계와 미국 장군의 새 모델 | 144

제 2 부 | 한국전쟁

9 윌리엄 딘과 더글러스 맥아더 _ 자멸한 두 장군 | 164

10 장진호에서 실패한 육군 장군들 | 181

11 장진호에서 성공한 해병 스미스 장군 | 197

12 전세를 역전시킨 리지웨이 | 230

13 맥아더의 마지막 저항 | 250

14 순응형 조직, 육군 | 264

제 3 부 | 베트남 전쟁

15 맥스웰 테일러 _ 패전의 설계자 | 280

16 윌리엄 웨스트모어랜드 _ 조직관리에 밝은 장군 | 298

17 윌리엄 드퓨이 _ 베트남에서 제2차 세계대전처럼 지휘한 장군 | 310

18 1960년대의 장군 리더십 붕괴 | 323

- 최고의 자리에서 | 323

- 전투 현장에서 | 332

- 인사 관리 정책에서 | 350

19 구정 공세 _ 웨스트모어랜드의 종언과 전쟁의 전환점 | 363

20 미 라이 _ 코스터 장군의 은폐와 피어스 장군의 조사 | 372

21 종전, 그리고 육군의 종말 | 398

제 4 부 | 베트남 전쟁과 걸프전 사이의 기간

22 드퓨이의 육군 재건 | 420

23 "판단하는 방법을 가르침" | 442

제 5 부 | 이라크 전쟁과 숨겨진 재건 비용

24 콜린 파월, 노먼 슈워츠코프, 그리고 1991년의 공허한 승리 | 456

25 지상전 _ 슈워츠코프 VS. 프레데릭 프랭크스 | 472

26 걸프전 이후의 군대 | 483

27 토미 R. 프랭크스 _ 연패자 | 494

28 리카르도 산체스 _ 이해할 수 없는 자 | 511

29 조지 케이시 _ 헛수고 | 530

30 데이비드 퍼트레이어스 _ 국외자처럼 왔다 감 | 538

에필로그 미군 리더십 회복 | 557

감사의 글 대한민국을 이끌 위대한 리더가 나오기를 바라며 | 575

제 1 부

제2차 세계대전

1939년의 미 육군은 19만 7,000여 명의 작은 규모와 미약한 전투력을 보유한 수준이었다. 이는 후에 조지 마셜 장군이 공식 국방부 보고서에서 "3류의 군사력도 안 되는 수준"이라고 회상했던 것에도 나타나 있다.

육군은 'M1 개런드M1 Garand'라는 신식 반자동 소총을 도입했지만 대부분의 군인들은 아직도 '1903년형 스프링필드Springfield 소총'을 사용했다. 서류상으로는 9개 보병사단을 보유한 것으로 되어 있었으나 3개만이 사단급 전투력을 갖추고 있었을 뿐이며, 6개 사단은 실질적으로 여단급 수준이었다. 그랬던 육군이 1944년 9월에는 800만 명의 병력을 보유하고 40개의 사단을 유럽과 지중해 지역에, 그리고 21개 사단을 태평양에 파병하는 규모로 성장했다.

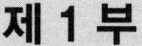

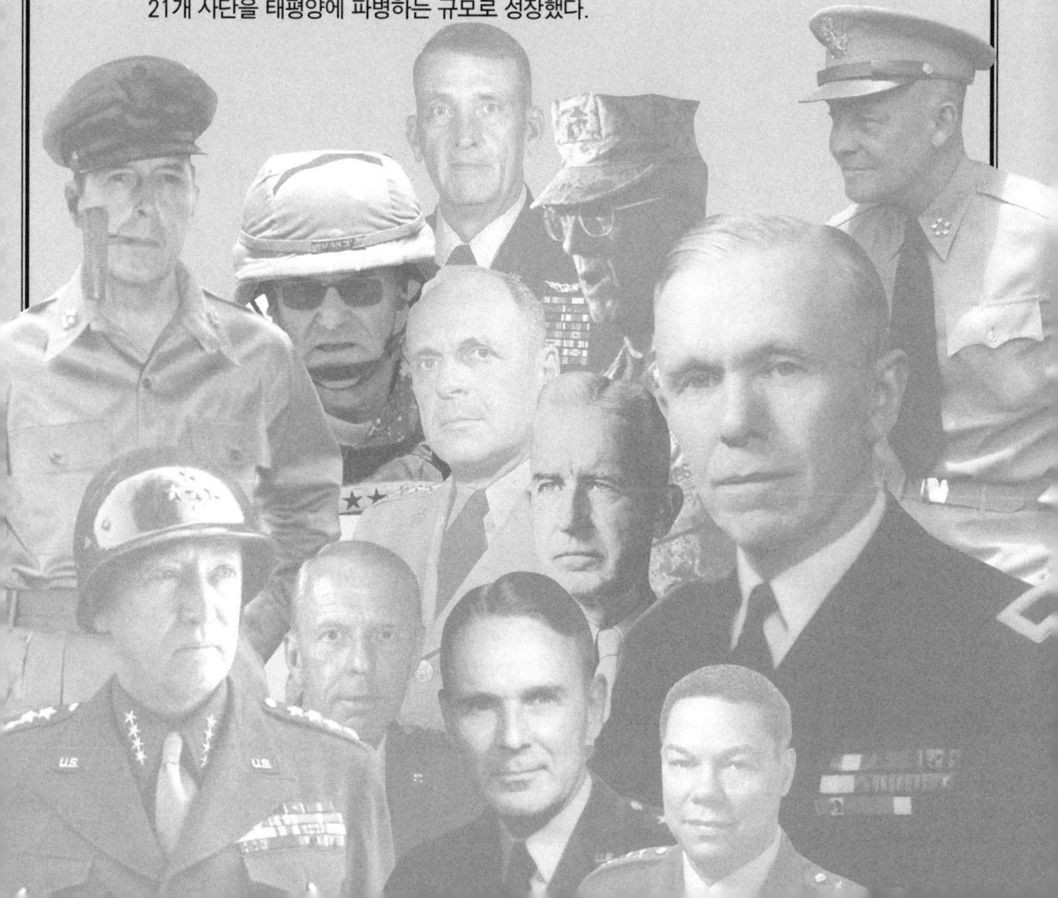

1

조지 C. 마셜

지도자

미국의 경우, 제2차 세계대전이 군 수뇌부에 대한 일련의 보직해임으로 시작되었다는 사실은 오늘날 많이 언급되지 않는다. 1941년 12월 진주만이 기습 공격을 받은 지 2주가 지난 후, 허스밴드 키멜Husband Kimmel 해군 제독과 월터 쇼트Walter Short 육군 중장, 그리고 쇼트 예하의 항공 지휘관이었던 프레드릭 마틴Frederick Martin 소장이 태평양 지역 전투력을 관리하기 위해 설립된 사령부의 최고위 자리에서 쫓겨났다. 프랭클린 루스벨트Franklin D. Roosevelt가 해군성 부副장관으로 근무했을 때 그의 보좌관이었던 키멜이 전임자인 제임스 리처드슨James Richardson 제독이 1년 전에 루스벨트 대통령에 의해 해고되었기 때문에 그 직책을 맡게 되었다는 사실은 더 잘 기억되지 않는다. 이듬해, 일본군과 싸웠던 첫 번째 미군 사단 중의 하나였던 제32 사단의 에드윈 하딩Edwin Harding 소장과 휘하의 많은 연대장과 대대장들은 맥아더 장군에 의해 해임되었다. 조지 케니George Kenney

중장이 1942년 중반에 태평양에서의 항공작전 임무를 인수하기 위해 부임해서 첫 번째로 한 일은 그가 "죽은 나무"라고 간주한 장군 5명과 함께 중·대령 40명을 쫓아낸 것이었다. 해군의 최고위 장교인 해럴드 스타크Harold Stark 대장은 1942년 봄에 해임되었다. 그 혼자만이 아니었다. 해군 잠수함 함장 3분의 1이 전쟁 첫해에 해임되었다. 미군이 독일군과 처음으로 싸운 북아프리카 전선에서는 최선임 지휘관이었던 로이드 프레덴달Lloyd Fredendall 소장이 경질되었다.

이렇게 역동적이고 무자비한 인사 관리 체계를 주관한 사람이 바로 조지 마셜 장군이었다. 그는 육군참모총장으로 부임하여 장군 수십 명을 강제로 전역시키면서 육군 전반에 만연했던 계급 적체를 혁파했다. 마셜은 그들이 전투에서 장병들을 이끌기에는 너무 늙어 활력을 발휘할 수 없다고 생각했다.

전쟁 중이던 어느 날에 프랭클린 루스벨트 대통령이 튀니지에서 드와이트 아이젠하워 대장을 만나(루스벨트는 유럽 연합군 총사령관을 뽑기 위해서 아이젠하워를 만났다. 마셜의 양보를 미안하게 생각한 루스벨트가 사람들이 육군참모총장보다는 야전사령관을 더 오래 기억한다는 점을 알고는 아이크에게 아래의 이야기를 했다. – 옮긴이) "나는 50년 후에 사람들이 조지 마셜이 누구인지를 모를 것을 생각하면 화가 나네"라고 말했다. 그의 이 말은 정확했다. 그의 예언처럼 요즘의 대중들에게서 거의 기억되지는 않지만, 조지 마셜은 단지 제2차 세계대전을 이끌었던 미국 장군 중 한 명으로만 언급되어서는 안 되는 인물이다.

사실 그는 현대 미군의 초석을 놓은 사람이었다. 그의 재임 기간 동안 미군은 처음으로 세계 최고의 군사력으로 발전했으며, 그러한 상태는 70여 년 후인 현재까지 유지되고 있다. 우리가 잘 기억하고 있는 장군들인 조지 패튼, 더글러스 맥아더, 또는 드와이트 아이젠하워 같은 장군보다도 훨씬 더 "비인간적일 정도로 냉정한"(이 표현은 마셜의 부하였던 앨버트 웨드마이어Albert Wedemeyer가 했던 말) 마셜이 당시의 미군을 건실하게 만들어 그의 업적이 21세기까지 지속되고 있는데 이는 육군의 리더들이 이라크와 아프가니스탄에서 작전을 수행한 방식에서 명백하게 드러난다.

특히 훌륭한 장군들은 어떤 유형이어야 하는가에 대한 마셜의 독특하며 대단히 미국적인 개념은 오늘날까지 젊은 장교들의 진급에 영향을 미치고 있다. 마셜이 보였던 의무와 명예에 관한 강력한 신념과 그가 겪었던 경력에 대한 사전 지식 없이는 현재의 육군을 제대로 이해하기 어려울 것이다.

마셜은 독일이 폴란드를 침공한 날인 1939년 9월 1일에 공식적으로 육군참모총장으로 취임했다. 조지 패튼의 아내에게 보낸 감사의 답장에서 그는 "오늘 아침, 세계가 대단히 혼란스럽게 보입니다"라고 했다. 이러한 통찰력이 그의 사람됨을 대변해준다. 마셜에게 자신의 색깔이 없다고 말하는 것은 공정하지 못하다. 그는 이 말을 개인적 출세를 희생하면서 자신에게 주어진 의무를 다했다고 암묵적으로 인정하는 칭찬으로 받아들였는지도 모른다. 그는 미국이 겪었던 가장 큰 전쟁 기간에 있었던 일에 대해 일부러 회고록으로 남기지 않았다. 브래들리 전투 장갑차나 에이브럼스 전차는 있지만 마셜의 이름을 딴 무기나 시설은 어디에도 없다. 실제로 뉴욕 북부의 외진 눈 덮인 지역에는 육군의 최고 자리를 놓고 마셜과 엄청난 경쟁을 벌였던 "완고하고 거만하며 때로는 무식한" 장교인 휴 드럼Hugh Drum 장군을 기리는 포트 드럼Fort Drum이 있다. 하지만 어디에도 포트 마셜 같은 것은 없다.

조지 마셜은 남북전쟁이 끝난 지 15년 후에 펜실베이니아Pennsylvania 주

조지 C. 마셜 | 031

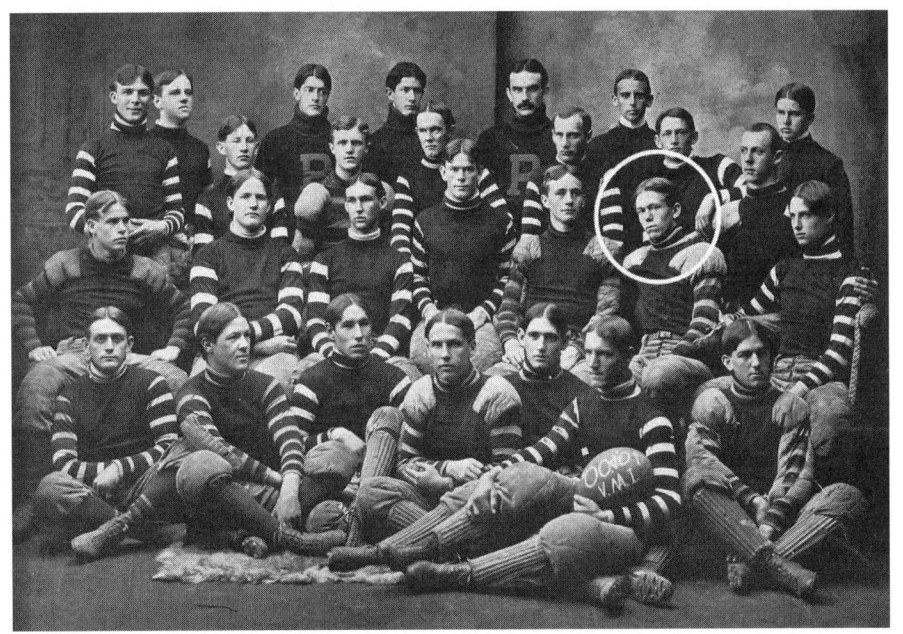

마셜이 버지니아 군사학교에 입학하기 1년 전인 1900년 마셜이 속했던 미식축구팀. 가운뎃줄 오른쪽에서 두 번째 원 표시가 마셜이다. (사진 출처: Wikipedia Commons/Public Domain)

州에 있는 작은 도시 유니온타운Uniontown에서 태어났다. 그는 1901년 버지니아 군사학교Virginia Military Institute를 졸업했다. 거기에서 여단장 생도로 스톤월 잭슨Stonewall Jackson의 미망인 앞에서 행렬을 지휘했다. 졸업과 함께 육군에 들어갔다. 그 당시 육군은 공식적으로 서부개척이 마감되고 마지막 인디언 전쟁이 종료되었던 1890년대의 최저 수준에서부터 막 회복하는 상태였다. 곧이어서 1898년에 미국-스페인 전쟁이 발발하자 육군은 빠르게 확장되어 거의 4배인 10만 명이 되었다. 이러한 일이 벌어지는 와중에 조지 마셜이 장교로 임관되었다. 역동적으로 변모하는 새로운 군대에서 그는 두각을 나타내는 젊은 장교였다. 일시적으로 그는 유타Utah 주 州에 있는 포트 더글라스Fort Douglas로 전속되었다. 솔트레이크시티Salt Lake

City가 내려다보이는 그곳에서 그는 이제 막 태동하려고 하는 사악한 브리검 영Brigham Young(예수 그리스도 후기성도 교회인 몰몬교의 제2대 회장. 동부에서부터 종교의 자유를 찾아 1847년 7월 24일 그 당시 황무지였던 유타 주 솔트레이크로 성도들을 인도하여 이주하였고, 유타 대학교와 브리검 영 대학교의 전신인 브리검 아카데미를 세웠다. - 옮긴이)의 몰몬 제국을 감시했다. 당시 마셜의 지휘관 중 한 명이 해그우드Johnson Hagood 중령이었는데 그는 훗날 소장까지 진급한 사람이다. 1916년 12월, 해그우드는 마셜을 부하로 데리고 있고 싶은가라는 설문서에 응답하면서 "그렇다. 그러나 사실 나는 마셜의 지휘 아래 있는 것을 더 선호한다"라고 말했다.

마셜과 제1차 세계대전

마셜에게 제1차 세계대전은 자신의 삶을 형성하는 일대 사건이었다. 전쟁이 발발한 후 몇 년이 지나서 미국은 산업화 시대의 전쟁이라고는 남북전쟁 경험밖에 없었던 경찰 수준의 군대를 유럽에 파병했다. 당시 유럽인들의 주장이 옳든 그르든, 그들은 남북전쟁을 아마추어 수준의 미국내 전쟁으로 간주했다. 역사가 콘라드 크레인Conrad Crane이 "외국 지도자들은 미국 원정군이 여전히 형편없게 조직되어 있고 현대전에 대해 무지할 것으로 여겼다"라고 기술한 바와 같이 미군은 제1차 세계대전이 시작될 때 준비가 되어 있지 않았으며, 전쟁이 끝날 무렵에도 썩 나아지지 않았다.

전쟁이 발발하고 30개월이 지난 1917년 4월에 참전을 선언했지만 첫 번째 대규모 훈련병 징집은 그해 9월에야 있었다. 미군의 첫 희생자는 11월에 발생했으나 대규모로 미국 군대가 전투에 참여한 것은 그 후로도 수개월이 지난 후였다. 미군의 전쟁 준비는 연합군들이 버틸 수 있도록 용기를 북돋워줘서 전쟁의 승리를 가져올 수 있는 중요한 열쇠로 인식되었다. 그러나 1918년 9월까지 미군의 공세는 시작도 되지 못했다. 그러다가 8주 후에 휴전이 선언되었다. 전체적으로 볼 때, 육군에게 이 전쟁은 변화를 모색하는 모험을 하기에 너무 짧았다. 그러나 중견 장교들, 그중에서도 조지 마셜에게는 일생일대의 변화를 가져온 시기였다.

마셜에게 기억될만한 전쟁과의 첫 번째 만남은 1917년 10월 프랑스에서 벌어졌다. 그런데 그의 적은 전선의 독일군이 아니라 후에 자신의 멘토가 된 "블랙 잭"이라는 애칭으로 불리던 퍼싱John Pershing 장군이었다. 퍼싱은 제1차 세계대전 시 유럽에 파병된 미군 선임 장군이었다. 프랑스에서 있을 참호전 훈련을 하는 부대의 실태를 확인하기 위해 방문했던 퍼싱은 엉성하게 훈련된 병사들과 지휘관들을 보면서 작전이 커다란 재앙으로 전개될 것임을 직감했다. 그들은 어떻게 훈련하는 것이 효과적인지 몰랐으며, 육군의 지령을 어떻게 따라야 할지도 알지 못했다. 퍼싱은 많은 장교들의 면전에서 지휘관인 윌리엄 시버트William Sibert 소장과 불과 이틀 전에 부임한 참모장을 호되게 꾸짖었다. "퍼싱 장군은 심지어 시버트가 말할 기회조차 주지 않았다"고 마셜은 회고했다.

마셜이 현 상황을 설명하려 퍼싱 장군 앞으로 나아갔다. 화가 나 있던 퍼싱은 어깨를 으쓱하며 돌아섰다. 당시 대위에 불과했던 마셜은 향후 자신의 진급에 영향을 줄 수도 있는 엄청난 행동을 저질렀다. 그는 돌아서서 가려는 퍼싱의 팔을 손으로 잡으며 "퍼싱 장군님, 제가 지금 드릴 말씀이 있습니다. 왜냐하면 제가 여기에서 더 오래 있었기 때문입니다"라고 말했다. 그리고서는 사단이 프랑스에서 병사들을 훈련시키는 데 있어 지휘관이 당면하고 있는 장애에 관한 많은 사실을 쏟아냈다. 프랑스 주둔 미군 최고 지휘관에게 대드는 위험천만한 행동이었지만 마셜의 도덕적 용기를 보여주는 대목이었다. 퍼싱이 떠나자 몇몇 동료들은 마셜의 군생활이 끝났다고 생각하며 그를 위로했다. 시버트에 대한 퍼싱의 생각은 변함이 없었다. 다음 날, 퍼싱은 무능한 집단이라는 이유를 명기해 시버트를 포함한 장군 11명의 명단을 워싱턴으로 보냈다. 미국이 해외에 파병한 첫 번째 사단장이었던 시버트 장군은 그해 말에 경질되었다.

시버트의 후임인 로버트 불라드Robert Bullard 소장은 "퍼싱은 최선의 결과를 가져오지 않으면 주저 없이 해임한다. 반드시 성공해야 한다. 그렇지 않으면 잘릴 것이다"라고 말하며 시버트의 퇴장으로 해임이 끝나지 않았다는 것을 부하들에게 강조하면서 지휘를 시작했다. 불라드는 퍼싱이 "결과만을 추구하며, 결과들을 갖기를 원한다. 그는 원하는 결과를 가져오지 않는 사람은 누구라도 희생시킨다"라고 일기에 썼다. 이러한 사실들은 단지 불라드와 마셜, 그리고 다른 사람들에게서만 볼 수 있는 특별한 관찰 결과가 아니다. 뉴잉글랜드 주방위군 출신으로 구성된 26사단(일명 양키 사단)의 클래런스 에드워드Clarence Edwards 소장은 자신의 부대원들에게는 인기가 높았으나 다른 사람들에게는 화를 잘 낸다는 평가를 받아 퍼싱에 의해 지휘관의 자리에서 내려왔다. 장군들을 해임할 때, 퍼싱은 종종 2단계 절차를 거쳤다. 먼저, 해당자들을 프랑스에서 중요도가 떨어지는 지역으로 전속시킨 후에 짧은 시간을 두고 본토로 보내버렸다. 이러한 방법으로 그는 사단장 2명을 1918년 10월 16일에 동시에 잘라버렸다. 제5 사단장인 존 맥마흔John McMahon 소장과 그 이름도 찬란한 제3 사단장 버몬트 보나파르트 벅Beaumont Bonaparte Buck 소장이 바로 그들이었다. 벅 장군이 해임된 한 가지 가능한 이유는 그가 총검 돌격을 지휘하려고 했다는 소문 때문이었다. 벅은 명백하게 그런 공격을 지휘한 적이 없었다. 전쟁통에서도 살아남았고 생전에 34살의 아내와 "열정적인 댄스"를 추었던 것으로 유명했던 그는 1950년에 90세의 나이로 사망했다. 모든 사람들은 퍼싱이 제1차 세계대전 중에 최소 사단장 6명과 군단장 2명을 해임했다고 말한다. 하급 장교들 또한 퍼싱에 의해 가혹하게 평가되었는데 장교 1,400여 명이 해임되어 프랑스 블루아Blois에 위치한 미군 보충대로 전출되었다.(미군은 종종 군대 내의 은어에 블로이라는 도시 이름을 사용하는데, 이는 보충대가 있던 블루아에서 유래한 것이다. 1920년대에 유행했던 "블로이로 간다"라는 말은 "잘렸다"와 같은 의미로 사용되었다.)

퍼싱 장군이 보인 빠른 보직 해임 정책은 다른 지휘관들이 전쟁 때 보였던 것보다는 더 신속한 것이었지만 그것 역시 독립전쟁과 남북전쟁 과정에서 미군에게는 일상적으로 여겨졌던 군사 전통의 범위 안에 있었다. 독립전쟁 중에 필립 슈일러Philip Schuyler 소장은 포트 티콘데로가Fort Ticonderoga가 함락된 후에 해임되었으며, 1777년 7월 뉴욕에서 호레이쇼 게이츠Horatio Gates 소장에 의해 직무유기로 고발되었다. 슈일러는 무죄를 선고받았지만 군을 떠나 고향으로 돌아갔다. 게이츠 장군 또한 사우스캐롤라이나South Carolina의 캠던Camden 인근에서 참담한 패배를 당한 후에 해임되었다. 남북전쟁 중에 스톤월 잭슨Stonewall Jackson이 지시한 일을 할 수 없다고 말한 여단장을 해임한 것은 유명한 일이다. 링컨Lincoln 대통령도 포토맥 군Army of the Potomac 소속 일련의 지휘관들을 해임했다. 그들의 이름을 나열하면 어빈 맥도웰Irvin McDowell, 조지 맥클라렌George McClellan, 존 포프John Pope, 또다시 조지 맥클라렌, 앰브로스 번사이드Ambrose Burnside, 조셉 후커Joseph Hooker, 그리고 조지 미드George Meade 등이다.

퍼싱 장군 또한 프랑스의 동맹국들과 일관되게 행동하고 있었다. 전쟁이 발발한 첫째 주에 프랑스 총사령관 조셉 조프르Joseph Joffre 원수는 집단군 사령관 2명과 군단장 21명 중 9명, 보병사단장 72명 중에서 33명, 그리고 기병사단장 10명 중 5명을 해임했다. "이러한 변화는 고급 지휘관들을 축출해서 장군단을 다시 젊게 만드는 방법이다"라고 조프르는 회고했다.

마셜은 전쟁 기간에 빠르게 성장한 비교적 젊은 장교 중의 하나였다. 마셜과의 첫 만남 후에도 퍼싱은 그에게 관심을 가지고 지속해서 주목했다. 마셜은 제1차 세계대전에서 동시에 2개의 대규모 공세작전을 수행하기 위한 미군의 조직을 편성하는 데 중심적인 역할을 함으로써 동료들에게 깊은 인상을 주었다. 두 가지 중 하나는 1918년 9월 12일의 생 미엘Saint-Mihiel 작전(1918년 9월 12일부터 4일간 벌어진 전투로 제1차 세계대전에 참전한 미국이 첫 번째로 주도한 공세 – 옮긴이)이었으며, 다른 하나는 그 이후 2주 뒤에 있을 뫼즈 – 아르곤Meuse-Argonne 지역(프랑스 동북부 벨기에 국경 부근 지역 – 옮긴이)에서의 공세작전이었다. 특히 뫼즈 – 아르곤 공세작전은 전선에서 병력 20만여 명을 철수시키고, 새로운 병력 60만여 명을 투입하는 엄청난 규모의 작전이었다. 또한 마셜은 유럽에 전개하는 첫 번째 미군 사단을 편성하는 데도 중추적 역할을 했다. 이 사단은 창설 초기에 "전투사단"이라고 불렸는데 당시에는 그런 유형으로서는 유일한 부대였기 때문이었다. 이 부대는 나중에 제1 보병사단으로 명명되었고 "빅 레드 원Big Red One"(녹색 바탕에 큰 빨간색 화살표 모양의 부대 표식이 있어서 그렇게 불린다. – 옮긴이)이라는 애칭으로 널리 알려졌다. 마셜 휘하에서 젊은 참모장교로 근무하고 후에 장군까지 진급한 벤자민 카피Benjamin Caffey의 회고에 따르면, "마셜 대령의 위대한 자질은 복잡한 문제점들을 근본에서부터 줄여나가는 능력"이라고 했다. 또 다른 제1차 세계대전 참전군인이자 역시 장군이 된 제임스 밴 플리트James Van Fleet도 마셜이 "탁월한 전쟁 기획

조지 C. 마셜 | 037

퍼싱 대장(왼쪽) 부관 시절의 마셜 대령(임시). 1918년 프랑스에서 함께한 모습. 제1차 세계대전 시 유럽에 파견된 미군의 선임 장군이었던 퍼싱을 가까이에서 관찰하면서 마셜은 탁월한 전쟁 기획자의 면모를 드러냈다. (사진 출처: Wikipedia Commons/Public Domain)

1919년 프랑스에서의 마셜 대령(임시). 퍼싱 장군의 부관으로 근무하면서 마셜은 그리 오래지 않아 아이젠하워와 같은 사람을 찾아야 한다는 점을 배웠다. (사진 출처: Wikipedia Commons/Public Domain)

자"라는 명성을 얻으면서 자신의 면모를 드러냈다고 기억했다. 전쟁이 끝난 후, 퍼싱 장군은 마셜에게 부관으로 근무할 것을 요청했다. 마셜은 5년 동안 그의 부관으로 함께했는데 이것은 육군참모총장이 될 때까지 단일 보직으로는 가장 길게 근무했던 기록이었다.

아마도 제1차 세계대전이 마셜에게 준 가장 큰 교훈은 1918년 봄의 퍼싱 장군을 관찰했던 일일 것이다. 그 당시는 전쟁의 결과가 어떻게 될지 아무도 장담할 수 없었던 때였다. 프랑스 육군은 몇 년 전에 있었던 반란으로 인해 거의 붕괴된 상태였다. 영국도 벨기에와 프랑스 북동부의 진흙탕 속에서 속절없이 젊은 세대를 잃어버렸다. 독일은 러시아 제국이 붕괴한 이후에 다시 살아나서 서부전선으로 50개 사단을 이동시켰으며 그 사단들은 프랑스에 점점 더 깊숙이 진출했다. 전쟁이 끝나고 6개월 후에 있었던 어느 강연에서 "프랑스와 영국은 예비대가 전혀 없었다"고 마셜은 말했다. 미군의 화력 운용은 아직 전장에서 운용될 만큼의 수준에 이르지 못했으며, 많은 사람이 지금까지 멕시코 국경에서 인디언과 악당들을 추격했던 전투 경험만 있는 미군이 유럽 강대국의 육군들 사이에서 어떤 전투력을 보일지에 대해 궁금해했었다. 절망적인 재앙의 분위기에 둘러싸여 있으면서도 퍼싱은 침착하고 활기찼으며 단호한 결단력을 드러냈다. 마셜은 사람들에게 잘 알려지지 않은 자신의 짧은 제1차 세계대전 회고록에서 "극심한 절망의 한복판에서 퍼싱은 승리를 위한 단호한 의지를 나타냈다"라고 기술했다. 우리가 얻을 수 있는 교훈은, 첫째 마셜은 장군 리더십을 어떻게 생각했으며, 둘째 그가 어떻게 고급 지휘관을 선택했는지 일 것이다. 퍼싱 장군을 옆에서 관찰하면서 마셜은 그리 오래지 않아 아이젠하워와 같은 사람을 찾아야 한다는 점을 배웠다.

마셜 장군의 목록

학자들은 유망한 젊은 장교들이 미래의 승진을 위해 염두에 두어야 할 이른바 "작은 검은 책"을 마셜이 실제로 가지고 있었는지, 아니면 그것이 단지 육군의 신화인지에 대해 동의하지 않는다. 그러한 소책자나 목록은 발견된 적이 없으며, 그러한 것들을 포함하고 있는 어떠한 문서도 존재하지 않는다.

그렇지만 마셜은 전도유망한 장교라면 가져야 할 자질들에 대해 매우 명확한 생각을 가지고 있었다. 무엇이 좋은 리더를 만드는가에 대한 그의 생각은 누가 제2차 세계대전의 장군감인지와 육군은 어떻게 수십 년 후의 장군 리더십을 결정할 것인지에 대한 오랜 지향점이 되었다. 퍼싱 장군의 부관으로 임명된 지 얼마 지나지 않았던 1920년 11월에 쓴 편지에서 마셜은 성공적인 지휘관의 자질을 아래와 같이 열거했다.

- 건전한 상식
- 전문성을 위한 지속적인 공부
- 강인한 체력
- 쾌활하고 긍정적인 자세
- 강렬한 활력의 현시顯示
- 절대적인 충성
- 결단력

　언뜻 보면 이 목록은 그리 특별할 것 없이 마치 보이스카우트 규정 비슷하게 보인다. 좀 더 세밀하게 검증하는 게 바람직할 것 같다. 제1차 세계대전에서 얻은 교훈에 주의를 기울이면서 마셜은 고참 장교들을 명시적으로 진급에서 배제한 채, 열정적으로 임무를 수행하는 사람들에게 진급의 우선권을 두었다. 특히 전투가 벌어지는 참호 안에서 자신의 부대와 함께 있지 않고 안락한 지휘소에 머물곤 했던 "사무실 속의 장군"들을 진급에서 배제했다. 대신에 마셜은 문제의 한가운데에 있기를 원하는 사람들을 중용했다.

　마셜의 목록은 지적인 능력보다는 사람됨이 먼저임을 강조한다. 그는 미국의 특별한 환경에 부합하는 사람이 되기 위해 의식적으로 노력했다. 그는 다른 나라의 군대에는 조용한 비관론자가 효과적일지 모르지만 2개의 커다란 바다로부터 보호받으며 "전쟁을 준비하지 않는 정책"을 일관되게 추진하는 민주주의 국가 미국에는 적합하지 않다고 주장했다. 훈련받지 못하고 형편없는 무기로 장비된 부대를 이끌고 사기가 떨어진 상태로 불가피하게 전장에 나가는 경향을 감안해서 그는 미국 군대에 필요한 사람을 이렇게 결론지었다.

> 끈질긴 결단력을 보유하며 긍정적이고 풍부한 재능과 빠른 판단력을 갖고 있으며, 여기에 더하여 결심과 행동의 신속성 때문에 생길 수 있는 중대한 오류를 예방해 주는 건전한 상식을 가지고 있는 사람

부정적인 측면만 보는 경향이 있는 정반대 유형의 지휘관은 즉시 제거해야 한다고 믿었다. 그는 "비관론자가 이끄는 부대는 비관론에 빠르게 감염되기 때문에 적합한 지휘관이 임명되지 않는 한 비효율적인 부대가 된다"고 하며 그런 성격의 사람들에 대한 혐오감을 드러냈다.

또한 마셜은 외양보다는 효율성에 가치를 두는 미국의 전통에 확고한 지지를 보냈다. 그는 내성적이었지만 까다롭지는 않았다. 1933년에 부대 검열을 하는 동안, 그는 육군의 어느 초소에 들어가서 지휘관과 다른 장교가 잠들어 있는 것을 보았다. 이어서 보급창고로 갔는데 속옷 차림의 초급 장교가 일하다가 그를 보고서는 깜짝 놀랐다. 마셜은 어쩔 줄 몰라 하는 장교에게 "자네는 올바른 복장을 착용하고 있지 않군. 그래도 자네는 이곳에서 일하는 유일한 장교네"라고 했다.

마셜의 목록에서는 생략되어 있는 것이 중요하다. 그는 난폭한 싸움꾼과 모험심 넘치는 기병에 대해 상반되는 감정을 가지고 있었다. 싸울 줄 아는 장군을 원했지, 무모하게 전투를 지휘하거나 군의 신뢰를 잃게 기분에 따라 개인행동을 하는 장군을 원하지 않았다. 마셜의 전기작가에 따

르면 그는 "앞뒤 가리지 않는 용맹한 전투로 간혹 크게 이길 수 있다. 그러나 자주 혹은 빈번하게 그런 전투를 하다가 성공하지 못할 경우 부대는 매우 치명적인 결과에 노출될 수 있다"고 말했다고 한다. 그는 19세기 미군을 대표하는 국외자, 개인주의자, 괴짜나 몽상가 같은 사람들을 신뢰하지 않는데 여기에는 남군의 영웅인 율리시즈 그랜트Ulysses S. Grant, 윌리엄 셔먼William T. Sherman, 그리고 북군의 영웅으로는 스튜어트J. E. B. Stuart와 마셜이 "종교적"일 정도로 열심히 연구했던 "철옹성"(남북전쟁 당시 남군의 잭슨 장군이 철통같은 방어를 하여 붙여진 별명 – 옮긴이) 토머스 잭슨Thomas Jackson 등이 있다.

후기 기병(셔먼과 잭슨이 기병대의 후기를 상징하는 기병 출신의 장군들이고, 마셜도 원 병과가 기병이었기 때문에 그들을 비교해 설명하는 것임 – 옮긴이) 2명과는 달리 마셜은 꾸준하게 분별력을 갖는 팀플레이어를 원했다. 그는 개인 역량과 함께 협동성을 두루 갖춘 사람을 선호했다. 제1차 세계대전과 제2차 세계대전에 참전한 미군 지휘관들 사이의 가장 큰 차이점은 제2차 세계대전에 참전했던 장군들이 보병, 포병, 기갑, 항공병과들을 협동시키는 데 능숙했다는 점이었다. 이러한 현상은 특히 전선을 돌파하고 이어서 전과확대를 할 때 두드러졌다. 1945년에 포로로 붙잡혔던 독일군 원수 게르트 폰 룬트슈테트Gerd von Rundstedt는 "미군이 제1차 세계대전에서 보였던 리더십과 이번 전쟁에서 보인 리더십이 왜 그렇게 차이가 나는지를 이해할 수 없었다. 차라리 한 명의 뛰어난 군단장을 만들어 냈다면 이해하기 쉽겠는데 미군의 모든 군단장이 훌륭했고 동등하게 우수했다"라고 진술했다.

여하튼, 마셜은 순종하는 장군들을 찾지 않았다. 그는 자신이 제1차 세계대전에서 퍼싱 장군과 맞서서 몸소 보여주었던 것처럼 신뢰받을 만한 반대 의견을 가감 없이 피력하는 존경받는 장군을 믿었다.

마셜과 루스벨트 대통령

마셜이 육군참모총장에 임명된 중요한 이유는 프랭클린 루스벨트 대통령에게 군사문제에 관해 기꺼이, 있는 그대로 보고하려는 그의 마음가짐 때문이었다. 마셜이 참모총장으로 취임하기 전인 1938년 11월 14일 오후에 마셜과 11명의 정부 고위관료들이 백악관 회의에 참석했다. 이날은 영국 총리 네빌 챔벌레인Neville Chamberlain과 독일의 아돌프 히틀러Adolf Hitler가 뮌헨 회담(2차 세계대전 직전에 독일 뮌헨에서 나치 독일의 체코슬로바키아 주데텐란트 병합문제를 수습하기 위하여 영국·프랑스·독일·이탈리아 4국이 개최한 정상회담. 이 회담에서 독일에 대한 유화 정책이 결정되었다. - 옮긴이)을 한 지 2개월이 지난 시점이었으며, 나치 폭도들이 독일 내의 유대인과 그들의 상점 및 회당을 대대적으로 파괴한 "수정의 밤"이 발생한 지 5일 후였다.

이날의 당면 현안은 1만 대의 전쟁용 항공기 생산을 승인하느냐의 여부였다. 당시 육군 항공단(공군은 전후인 1947년에 창설되었으며 이때까지 육군은 독자적인 항공력을 보유하고 있었다. - 옮긴이)이 고작 전투기 160대와 폭격기 50대를 보유하고 있던 상황에서 1만 대라는 비행기는 장밋빛 환상이었다. 마셜의 관점에서 보면 제안된 프로그램은 조악하리만치 균형이 맞지 않았을 뿐 아니라 현대식 공군을 창설하는 데 고려해야 할 모든 요소를 간과한 채 비행기 숫자를 과도하게 산정한 것으로 여겨졌다. 그가 볼때 공군을 창설하기 위해서는 조종사를 모집하여 훈련시켜야 하며, 필요한 기지와 참모조직을 만들고, 전시에 소요되는 탄약과 폭탄을 생산해야만 했다. 그러나 회의에 참석했던 누구도 그런 것에 관심을 두지 않았다.

마셜의 기억에 따르면 루스벨트 대통령은 돌아가면서 참석자들의 의견을 물었는데 다른 참석자들은 동의를 표하거나 "대통령의 심기를 거스르지 않는 수준의" 발언을 했다. 마셜은 대통령이 물어보기 전까지 아무 말도 하지 않았다.

"계획이 괜찮지요, 조지?"라고 대통령이 물었다. 대통령이 이렇게 마셜의 이름을 부른 것은 이때가 유일했다.(마셜은 이름을 부르는 것이 두 사람의 관계에서 오해를 불러올 수 있다는 생각을 하여 이를 탐탁지 않게 여겼다. 그는 자신의 직함인 "마셜 장군"으로 부르는 것을 선호했다.)

마셜은 "죄송합니다만 대통령님, 저는 그 계획에 전혀 동의하지 않습니다"라고 답했다. 그는 "대통령이 깜짝 놀라며 나를 쳐다보셨다"고 기억했다. 대통령은 언제나 군의 대비태세를 추구하는 마셜이 이러한 움직임에 기뻐할 것으로 여겼다. 그러나 마셜은 큰 문제를 야기할 것으로 예상되는 항공력 건설보다는 균형 있는 전쟁 준비를 원했다. 또 대통령이 미국의 군사력을 건설하기 위해서가 아니라, 영국과 프랑스를 지원하기 위해서 항공기를 생산하려는 것은 아닌지 의심을 했다. 장군 리더십에 대한 마셜의 접근법은 권력에 대해서도 진실을 이야기하는 것이었다. 그와 루스벨트의 사이는 사적으로 친밀한 관계로 발전하지는 않았지만, 루스벨트는 마셜이 자신에게 그의 생각을 말할 거라는 사실을 알아가고 있었다.

당시 루스벨트는 두 가지의 상이한 시각에서 군사력 동원을 보고 있었다. 그는 다른 나라에서 파시즘이 창궐하는 것에 대항하려고 노력하는 한편, 미국 내부에서 자신의 뉴딜 정책에 환호하며 고립주의를 바라는 사이에서 외줄 타기를 해 오고 있었음을 추후에 공개했다. 그의 공식 입장은 참전을 원하지 않는다는 것이었다. 나치가 폴란드를 침공한 후 3일 후인 1939년 9월 3일, 루스벨트는 "노변담화爐邊談話"(뉴딜 정책에 대한 국민의 지지를 호소하기 위해 시작한 라디오 방송을 통한 담화로 국민에게 친밀감을 불러일으켜 높은 지지를 받았다. - 옮긴이)에서 미국은 유럽에서의 전쟁에 대해 중립을 지키겠다고 천명했다. 그는 군사력의 급속한 확장을 경계했다. 특히 1940년 대선이 다가오고 있었기 때문에 그해에 있을 선거에서 유례없는 세 번째 연임에 도전하는 입장이었던 그는 어느 나라에도 미군을 파병하지 않겠다고 공약했다.

1940년 5월 13일, 마셜에게 대통령과 다시 마주 앉을 기회가 생겼다. 이번에는 육군 규모를 급속하게 확장할 것인가에 대해 논의하는 긴장되는 회의였다. 그날은 독일이 프랑스, 벨기에, 룩셈부르크, 그리고 네덜란드를 침공하여 제2차 세계대전의 전초전인 "가짜 전쟁Phony war"이 끝난 지 3일째 되는 날이었다. 이날 아침, 독일 공군은 하인츠 구데리안Heinz Guderian과 에르빈 롬멜Erwin Rommel이 이끄는 3개 기갑사단이 프랑스 마지노선을 돌파할 수 있도록 지원하기 위해 스당Sedan 인근의 프랑스 부대에 대하여 역사상 가장 큰 규모의 공중공습과 융단폭격을 가했다. 프랑스 부대는 전장을 이탈하기 시작했고, 지휘관들은 마비되어 공황에 빠졌다. 같은 날, 네덜란드의 빌헬미나Wilhelmina 여왕과 정부는 영국 런던으로 망명했다. 영국은 3일 전에 히틀러와의 유화 정책에 실패한 책임을 지고 네빌 챔버레인 총리가 사임했다. 후임자인 윈스턴 처칠Winston Churchill은 취임 연설에서 영국 국민에게 "저는 피, 노력, 눈물, 그리고 땀방울 외에는 어떤 것도 여러분께 드릴 게 없습니다"라고 말했다.

마셜은 재무부 장관인 헨리 모겐소 주니어Henry Morgenthau Jr.에게 군대 규모를 증가시켜야 하는 주된 이유와 본질을 설명하면서 그날 아침 시간을 보냈다. 전쟁성 관리들과 합류한 다음에 모겐소와 함께 대통령을 보기 위

마틴 크레이그 대장의 후임으로 마셜을 육군참모총장으로 지명한다는 루스벨트 대통령의 서명이 담긴 1939년 6월 30일 자 백악관의 공식 문서. 마셜이 육군참모총장에 임명된 중요한 이유는 프랭클린 루스벨트 대통령에게 군사문제에 관해 기꺼이, 있는 그대로 보고하려는 그의 마음가짐 때문이었다. (사진 출처: Wikipedia Commons/Public Domain)

해 백악관으로 갔다. 대통령은 "우리를 만나고 싶지 않은 모습"이었다고 마셜은 기억했다. 루스벨트는 육군 확장 건의를 탐탁지 않게 생각했고, 회의를 조기에 종결해서 반대 의견을 차단하려고 했다. 모겐소가 병력 증강을 지원한다고 말하자 "대통령은 그를 과할 정도로 무뚝뚝하게 대했다"고 마셜이 말했다. 모겐소의 발언이 끝나자 루스벨트는 어깨를 으쓱하고는 "항의하는 것이군"이라고 했다.

모겐소는 대통령에게 마셜의 말을 듣고 싶은지 물었다. 루스벨트는 새로운 참모총장의 말을 듣고 싶지 않다고 대답하면서 "나는 그가 뭐라 할지 명확히 알고 있어요. 그러니 굳이 그의 이야기를 들을 필요는 없겠지요"라고 말했다. 이때 마셜의 상관인 두 명의 민간 관료인 전쟁성 장관 해리 우드링Harry Woodring과 부장관 루이스 존슨Louis Johnson은 말없이 조용히 앉은 채 마셜에게 어떤 도움도 주지 않았다. 마셜에게 있어서 대통령의 이러한 묵살은 퍼싱 장군과 수십 년 전에 벌였던 일의 복사판이었다. 다만, 이번에는 걸려 있는 판돈이 제1차 세계대전보다 훨씬 컸다. 이것은 단순하게 자신의 명성이나 일부 장교들의 경력에 관한 문제가 아니라 국가의 미래, 나아가 세계의 미래가 달린 문제였다.

루스벨트 대통령은 회의를 끝냈다. 마셜은 일어나서 방을 나가는 대신에 대통령에게 다가가 그를 내려다보며 "대통령님, 저에게 3분만 허락해 주시겠습니까?"라고 물었다.

"물론이지요, 마셜 장군"이라고 말하면서도 루스벨트는 마셜에게 자리에 앉으라고 권하지도 않았다. 대통령이 무언가 다른 이야기를 먼저 하려는 순간, 마셜은 대통령의 말을 끊었다. 그렇지 않으면 더는 하고 싶은 말을 하지 못할 것 같은 두려움이 들었기 때문이었다. 그는 격앙된 목소리로 군대의 요구사항, 조직 편성, 그리고 비용 등에 관련된 사실들을 토해

1943년 1월 14일 카사블랑카 회의에 참석한 루스벨트(앞줄 왼쪽)와 처칠(앞줄 오른쪽), 루스벨트의 뒤에 서 있는 마셜이 보인다. 대통령과 고위 군 장성들과의 관계는 민군관계의 모범이었다. (사진 출처: Wikipedia Commons/Public Domain)

내듯이 이야기했다. "만약 대통령님이 이러한 사항들을 시행하지 않으시면…. 이것들은 즉시 시행되어야 합니다. 저는 우리나라에 무슨 일이 일어나게 될지 모릅니다. 대통령님, 무언가를 반드시 실행하셔야 한다면 오늘이어야 합니다"라고 말했다.

마침내 마셜은 대통령의 관심을 끌어내는 데 성공했다. 마셜은 계속해서 "우리는 지금 절박한 상황에 처해 있습니다. 제가 사용한 절박한 상황이라는 말은 너무나 정확한 표현입니다. 우리는 문자 그대로 아무것도, 전혀 아무것도 안 하고 있는데 즉시 무언가 행동을 취하지 않으면 안 되는 상황입니다. 그리고 전쟁에 대비하지 않는 이 끔찍한 상태에 빠져 있는 작금의 과정을 제자리로 되돌리려면 매우 긴 시간이 소요될 것입니다. 또한 이 모든 것들이 우리를 위협하는 지금, 저는 진술하고도 격렬하게 우리나라가 필요한 것에 대해 대통령님께 반드시 말씀드려야 한다고 느낍니다"라고 했다.

모겐소는 자신의 회고록에 "마셜은 정면으로 대통령에게 대들었다"라고 썼다. 그것이 통했다. 다음날 대통령은 마셜에게 군대가 필요로 하는 목록을 가장 빠른 시간 안에 작성할 것을 지시했다. 마셜은 그 회의가 루스벨트 대통령의 군사 정책이 전환되었던 시점이었다고 나중에 회상했다.

대통령과 협의하면서 보인 마셜의 태도는 민군관계 담론의 모델이 되었다. 무엇보다 적어도 마셜의 입장에서는 솔직함이었다. 하지만 그것이 끝이 아니었다. 육군참모총장으로서 마셜은 대통령과 사회적, 정서적으로 거리를 유지하는 것이 직업적 관계를 유지하는 데 필요하다고 주장했다. 오늘날 대부분의 고위 장군들은 편안한 분위기 속에서 군 통수권자와 시간을 보낼 기회를 가지려고 노력한다. 일례로 이라크 전쟁 전에 당시 중동을 담당하는 중부사령관 토미 프랭크스Tommy R. Franks 육군 대장은 나중에 합참의장 피터 페이스 해병 대장이 똑같이 그랬던 것처럼 텍사스의 크로포드Crawford 목장으로 조지 W. 부시George W. Bush 대통령을 만나러 갔다. 마셜은 그러한 개인적 친밀함에 우려를 나타낸 사람이었다. 그는 후에 "대통령과 나누는 사적 대화가 사람들을 문제에 빠뜨릴 수 있다는 것을 보았다. 대통령이 저녁 식사 자리에서 무언가에 대해 격식을 차리지 않고 이야기하면 듣는 사람들은 당황하지 않고 그것에 반대하기가 어렵다. 그래서 나는 절대로 그런 자리에는 가지 않는다"라고 회고했다. 심지어 마셜은 대통령의 농담에도 웃지 않았다. 뉴욕 하이드파크Hyde Park에 있는 루스벨트 대통령의 사저를 처음으로 방문한 것은 대통령의 장례식 때였다. 그러나 마셜과 루스벨트 대통령은 전시 민군관계에서 미국 역사상 최고의 팀일 것이다.

마셜의 전쟁 준비

마셜은 육군참모총장이 되기 전부터 어떻게 하면 육군의 고위 장교 중에서 무능력자들을 내쫓을 것인지에 대해 고심했다. 1939년 봄에 전쟁의 서막이 밝아 왔다. 마셜은 차기 육군참모총장으로 내정되었으나 아직 업무를 시작하지 않은 상태였다. 그는 남대서양에서 미군이 지상 및 공중으로 자유롭게 통행하기 위한 조약을 체결해야 하는 민감한 임무를 수행하기 위해 브라질로 떠났다. 브라질 군대 안에서 친 독일 성향이 커짐에 따라 국민의 걱정이 높아지고 있었기 때문에 공무여행은 서둘러 추진되었다. 브라질 내에서 그러한 현상으로 가장 두드러진 사건은 독일의 초청으로 브라질 육군참모총장 페드로 아우렐리오 데 고이스 몬테리오Pedro

Aurélio de Góis Monteiro 대장이 베를린에서 열리는 나치 열병식을 지휘토록 한 것이었다. 마셜과 동반한 사람은 당시 떠오르는 신예 장교인 매튜 리지웨이Matthew Ridgway 대령이었다.

현재로서는 상상하기 어려운 일이지만 당시 리우 데 자네이로Rio de Janeiro까지는 해군의 경순양함 내쉬빌Nashville로 10일이나 걸리는 긴 여행이었다. 세상과 거의 단절된 상태에서 그들은 선상에 앉아 많은 이야기를 나누었다. 두 사람은 주로 육군의 미래에 관해 토론했는데 거기에는 마셜이 큰 관심이 있던 두 가지 주제도 포함되었다. 첫째는 육군의 확장과 장비 확보, 그리고 훈련을 위해서 의회로부터 예산을 확보하는 게 필요하다는 점이었고, 둘째는 규모가 커진 부대를 지휘하기 위하여 어떻게 유능한 장교들 찾아내고 진급시킬 것인가 하는 것이었다. "마셜은 제1차 세계대전의 경험과 전쟁사에 관한 폭넓은 독서량을 가지고 있었기 때문에 과거 전쟁에서 보통 수준이거나 심지어 무능력한 사람들이 고위 지휘관으로 임명된 것은 정치적 압력이 작용한 결과라는 점을 잘 알고 있었다"고 리지웨이는 회고했다.

남미에서의 임무는 성공적이었다. 고이스 몬테이로 대장이 이듬해에 독일의 독수리 십자대훈장을 받기 위해 독일 행사에 참석할 예정임에 불구하고 공항과 항구의 안정적 사용을 위한 권리를 획득하는 성과를 거두었다. 제2차 세계대전 기간 중 한동안 미군의 공군기지가 브라질 북부 나탈Natal에 설치되었는데 이곳은 세계에서 가장 분주한 공항 중의 하나가 되었다. 또한 이곳은 아프리카로 가는 함선의 중간 기착지이기도 했는데, 해안이 동쪽으로 2,800킬로미터 떨어져 있어 중앙 대서양에서 활동하는 대잠초계에도 긴요한 장소였다.

마셜은 육군의 고위 장교 계급에 신속한 변화를 줄 구상을 가지고 워싱턴으로 복귀했다. 육군참모총장으로 취임한 지 1개월이 지난 1939년 10월, 그는 비보도를 전제로 한 기자와의 인터뷰에서 다음과 같이 말했다. "현재의 지휘계선에 있는 장군들은 너무 노쇠해서 현대전의 공포가 지배하는 전선부대들을 지휘하기가 어렵다. 장군들 대부분은 시대에 뒤떨어진 생각을 하며 고정관념에 빠져 있어서 만약 우리가 유럽에서 시작한 전쟁에 참전한다면 마주치게 될 전장 환경 변화에 맞춰갈 수 없다." 마셜의 요청에 따라서 1941년 여름에서 가을에 걸쳐 대령 31명, 중령 117명, 소령 31명, 대위 16명이 강제로 전역되거나 현역 부대에서 소집해제가 되었다. 여기에 더하여, 주방위군 장교 269명과 육군 예비장교들을 집으로 보내버렸다. 미국이 제2차 세계대전에 참전하기 전에 육군참모총장으로서 마셜은 최소한 장교 600명을 해임했다고 추산된다. "지금 당장 나는 미군의 인재를 제거해버린다고 언론에 의해 크게 비난 받고 있다. 그러나 내 입으로 육군이 심각한 동맥경화를 겪고 있어서 그것을 제거하는 중이라고 말할 수는 없지 않은가?"라고 말했다.

부분적으로 마셜은 긴박감을 주기 위해 장교들을 해임했다. 지휘참모대학의 총장인 찰스 번델Charles Bundel 준장이 육군교범 체계 전체를 업데이트update하는 데 18개월이 걸린다고 하자 마셜은 그에게 3개월 안에 끝내라고 제안했다. 번델 준장이 불가능하다고 하자 마셜은 다시 4개월을 준다고 제안을 변경했다. 번델 준장이 다시 불가능하다고 하자 마셜은 그 말에 대해 심사숙고해 볼 것을 요청하면서 "자네는 매우 조심스럽게 생각하고 대답해야 하네"라고 경고했다.

번델 준장이 "안 됩니다. 정말 불가능합니다"라고 재차 주장했다.

마셜은 자신이 잘 알고 있던 셰난도어Shenandoah 전투에서 스톤월 잭슨Stonewall Jackson이 대령 한 명을 보직 해임시킨 사건을 떠올리며 그에게 "미안하지만 자네는 해임되었네"라고 이야기했다.(남북전쟁 중 스톤월 잭슨이 셰난도어 계곡을 이동할 때 어느 대령에게 2~3개 부대로 나뉘어 이동 중인 부대를 하나로 합해서 이동하라고 명령하자 그가 "불가능합니다, 장군님. 저는 할 수 없습니다"라고 대답했다. 그러자 잭슨은 "자네 부대의 지휘권을 다음 순위의 장교에게 넘기게. 만약 그도 안 된다고 하면 나는 할 수 있는 또 다른 사람을 찾으면 되네"라고 대응했다.) 마셜은 번델 준장을 해임하고 레슬리 맥네어Lesley McNair 준장을 후임으로 임명했는데, 그는 1944년 7월에 프랑스 생-로Saint-Lô(프랑스 북서부의 도시-옮긴이) 9킬로미터 떨어진 곳에서 육군 항공대의 세열 폭탄(기폭시켰을 때 다량의 초고속 세열細裂 파편을 형성하는 폭탄으로 주로 인마 살상용으로 사용한다.-옮긴이)에 의해 전사하기 전까지 제2차 세계대전 중 모든 육군의 훈련을 감독하는 중추적 역할을 수행했다.

마셜은 자신이 화났다는 것을 거의 표출하지 않았지만, 몇몇 정치가들이 주방위 사단에 새로운 사람을 배치하려는 자신의 노력에 대해 의문을 제기할 때는 참지 않았다. 장군의 이동에 대한 자신의 판단에 의문을 제기한 어느 회의에서 그는 의원들에게 최후통첩을 날렸다. "나는 그가 사단을 지휘하도록 내버려두지 않을 것입니다. 그러니 이렇게 합시다. 그가 남는다면 나는 나갈 것이고, 내가 남아야 한다면 그는 나가야 할 것입니다." 펠릭스 프랑크푸르터Felix Frankfurter 법무부 장관이 육군 예비대에 있는 자신의 친구한테서 들은 주방위군 장교의 해임에 대한 비판을 전달했을 때, 마셜은 "그러한 임무를 맡고 있는 대부분의 고참 장교들은 죽은 나무처럼 쓸모없는 사람이므로 가능한 한 빨리 군복을 벗겨야 합니다"라고 신랄하게 대답했다.

미군은 아직 제2차 세계대전에 참전하지 않았지만, 마셜은 대부분의 최고위 장군들은 전투를 하기에 너무 노쇠했고 그들 바로 아래의 장교들

중에도 많은 사람은 전성기가 한참 지났다고 생각했다. 아이젠하워는 그의 회고록에서 "수십만 명의 군인들이 쌍방으로 나뉘어 1941년 8월과 9월에 실시했던 루이지애나Louisiana 기동훈련이 가져온 유익한 부작용 중 하나는 몇몇 장교들이 지휘권을 내려놓을 필요가 있다는 사실을 알게 된 점이었다"라고 기술했다. 기동훈련 동안에 사단, 군단, 집단군을 지휘했던 장군 42명 중에서 단지 11명만이 전투에 참가할 만한 수준이었다. 전쟁 이전 육군의 선임 장군 중의 한 명이었던 월터 크루거Walter Krueger만이 제2차 세계대전에서 최고위 지휘권을 부여받았다. 수십 년이 지난 후, 아이젠하워는 이러한 경질이 제2차 세계대전에서 승리를 가져온 핵심적인 대책이었다고 말했다. 그가 노년이 되었을 때, 해임되어 이제는 역사에서 잊혀버린 장교들의 이름을 열거했다: "말리Marley, 찰리 톰슨Charley Thompson, 맥키퍼McKieffer, 데일리Daily, 베네딕트Benedict 등등…. 하나님 맙소사, 마셜은 이들을 사무실 밖으로 던져 버렸다. 마셜이 그들을 제거했지만 내가 생각하기에도 전체적으로 그가 옳았다." 물론 이러한 해임의 당연한 결과로 주로 젊은 장교 몇몇은 빠르게 승진했다. 아이젠하워는 계속해서 "나는 마셜이 고위직으로 진급시켜준 사람들 중에서도 가장 어렸었다"고 이야기했다.

  오늘날의 장교들은 때때로 "격동적 개인 인사"에 초조해하지만 마셜이 총장으로 보낸 첫 2년과 비교하면 그들의 삶은 차라리 잠잠한 편이라고 해야 할 것이다. 마셜이 참모총장 자리를 인수했을 때 육군은 이제 막 걸음마를 떼기 시작한 유아기의 육군 항공대를 포함하여 정확히 병력 19만 7,000명을 가지고 있었다. 마셜 아래에서 2년이 지난 1941년 여름에는 140만 명으로 증강되었고, 다시 2년 후에는 700만 명까지 늘어났으며 최종적으로 1945년에 정점인 830만 명에 이르렀다. 새로 입대한 군인들은 엄격한 훈련을 받은 새로운 세대의 지휘관들에 의해 관리 및 감독되었다. 일단 새로운 지휘관들이 자리를 잡자 마셜은 군사 전문기자인 조지 필딩 엘리엇George Fielding Eliot에게 그들 중에서 누가 정말로 능력이 있는지를 확인하기 위해 시험을 치를 것이라고 이야기했다. 마셜은 다음과 같이 자세하게 말했다.

> 나는 이들에게 평화의 시기에 내가 고안할 수 있는 제일 가혹한 시험을 치르게 할 것입니다. 나는 그들을 현재 맡은 업무보다 더 큰 책임감을 요구하는 자리로 옮기는 것으로부터 시작하려 합니다…. 그러다 아무런 사전 경고 없이 갑작스럽게 더욱 부담스럽고 어려운 일을 맡도록 할 것입니다…. 이러한 형극을 이겨낸 인원만이 앞으로 나아갈 수 있을 것입니다. 또한 실패한 사람들은 불안정하다는 것을 보인 첫 신호에서 바로 퇴출당할 것입니다.

시험을 통과한 사람들은 빠르게 진출했다. 마셜은 육군 항공대의 중구난방인 업무 수준에 짜증이 나서 재능과 업무성숙도를 보유한 사람을 찾고 있었다. 그러던 중 어느 때인가는 소령 한 명을 발탁하여 중령과 대령 계급을 건너뛰고 바로 준장으로 진급시켰다.

군의 본질은 빠르게 변화했다. 육군은 세계의 군대 순위에서 빠르게 앞으로 뛰어올랐을 뿐만 아니라, 몇 년 사이에 지구 상에서 가장 기계화된 군으로 변모했다. 미군이 발전시킨 전례 없는 수준의 기동성은 인사정책에 큰 영향을 미쳤다. 가장 특기할 만한 것은 리더십에서 정신적인 유연함을 더욱 값지게 만들었다는 점이었다. 인력이 부족할 때, 이러한 유연성은 계획했던 것보다 더 적은 사단으로 육군에게 부여된 임무 수행을 가능하도록 만들었다. 군사학자인 러셀 웨이글리Russell Weigley가 설명하는 것처럼 "오직 89개 사단으로 늘리는 위험을 납득할 수 있게 하는 이유의 상당 부분은 아마 사단들이 다른 어떤 군대도 따라올 수 없는 신속성으로 그들이 필요한 곳으로 이동할 수 있기 때문일 것이다. 그들은 전투에서도 역시 비할 수 없이 빠르게 이동할 것이다."

미국이 참전하자 마셜은 성공하지 못한 장교를 해임시키려는 경향을 더욱 강화했다. 언젠가 마셜이 어느 장군에게 즉시 프랑스로 갈 것을 명령했는데, 현재 아내가 집을 비웠고, 가구들이 아직 포장되지 않았기 때문에 그렇게 빨리 갈 수 없다고 알려왔다. 그런 답변에 놀란 마셜은 오랜 기간 좋은 친구로 알고 지내던 장군에게 전화를 걸어 "그게 사실인가?"라고 물었다.

"네. 아직 떠날 수 없습니다"라고 그가 대답했다.

당황한 마셜이 "이런, 맙소사! 우리는 지금 전쟁 중이고 자네는 장군일세"라고 했다.

"어쩌겠습니까? 죄송합니다."

마셜은 "나도 미안하네. 자네는 내일 전역하게 될 거야." 하며 전화를 끊었다.

이처럼 단호한 그의 태도는 부하들에게도 스며들었다. 해임이 얼마나 광범위하게 일어났는지를 이해하기 위해서는 영국에서 아이젠하워의 전임자였지만 모두가 그런 사실을 기억조차 하지 못하는 제임스 체니James Chaney 소장의 경우를 보면 알 수 있다. 베테랑 조종사 체니는 영국의 전쟁을 참관하기 위한 목적으로 파견되었다. 미국이 참전했을 때 그는 영국 본토에 주둔하는 미군 지휘관으로 임명되었다.

영국을 방문한 아이젠하워는 체니가 전쟁의 상황을 "완전히 잘못 이해하고" 있음을 알게 되었다. 체니와 부하들은 평화 시기인 것처럼 근무하고 있었고, 영국 관리들로부터 영국의 현재 상황에서 미국 장군이 무엇을 해야 하는지 모르는 것처럼 여겨졌다. 아이젠하워는 돌아와서 마셜에게 체니 장군을 바꿔야 한다고 보고했다. 마셜이 "나는 이 사안이 매우 급하고 중요하다고 생각한다. 장군 계급의 영국 주둔 지휘관은 반드시 우리 군의 모든 계획과 군무를 완전히 숙지하고 있어야 하며, 전쟁이 발발한 12월 7일 이후에 생겼던 군사 상황의 전개에 대해 누구보다 앞서서 알고 있어야 한다"고 아이크에게 말했다. 그런 연유로 체니에게 "당신의 자리에 아이젠하워를 임명한다"고 통보했다. 마셜의 냉혹함은 미국으로 돌아온 체니가 자신과의 만남을 요청하자 거절한 점에서 명백하게 나타난다. 체니가 영국에서 해임된 지 1년이 채 안 된 1943년 5월, 그는 텍사스의 위치타폴스Wichita Falls에 위치한 신병 훈련소 소장으로 보직되었다. 영국에서 체니의 보좌관이었던 찰스 볼트Charles Bolte도 체니와 유사하게 해임을 통보받았다. 어느 날, 아이크가 그에게 "자네 역시 떠나는 게 좋겠군"이라고 말했다.

비록 마셜과 지휘관들이 무능력자들을 빠르게 경질했지만, 그럼에도 그들은 두 번째 기회가 있을 것으로 믿었다. 제2차 세계대전 중 시행되었던 보직 교체 체계에는 만회의 기회가 있었다. 예를 들어, 체니의 보좌관 볼트는 이전의 좌절에서 회복할 수 있었다. 전쟁 중에 그는 이탈리아에서 사단을 지휘했고, 마침내 대장으로 진급했다. 제2차 세계대전 중에 적어도 다섯 명의 장군이 전투지휘관 직위에서 해임되었다가 나중에 전투에서 다른 사단을 지휘한 사례가 있다. 그 다섯 명은 올랜도 워드Orlando Ward, 테리 앨런, 르로이 왓슨Leroy Watson, 앨버트 브라운Albert Brown, 그리고 남태평양 전구의 프레데릭 어빙Frederick Irving이다.

마셜에게 팀워크는 핵심 가치였다. 그에게는 협조하려는 정신을 보여주는 데에서 실패한 것만으로도 고위 장교들을 해임시킬 충분한 이유가 되었다. 전쟁 초기에, 마셜은 해군 파트너와 잘 지내는 것에 실패한 알래스카Alaska 주둔 육군 지휘관인 사이먼 볼리바르 버크너 주니어Simon Bolivar Buckner Jr. 준장의 해임 여부를 심각하게 고민했다. 그는 남군 장군의 아들이었다. 그의 아버지는 1862년 2월에 포트 도넬슨Fort Donelson에서 율리시즈 그랜트Ulysses S. Grant 준장에게 항복했던 인물이다. 1940년, 버크는 나이를 많이 먹은 대령으로 알래스카에 부임했다. 몇 년 후에 "솜털이 보송보송한"이라는 별명의 새로운 해군 제독 로버트 시어볼드Robert Theobald가 부임하자 둘은 곧바로 부딪쳤다. 1942년 8월, 버크너는 다혈질의 상대에게 험난한 베링해Bering Sea 작전에 대한 해군의 두려움을 조롱하는 시를 무책임하게 큰 소리로 낭독했다. 그러한 행위는 해군의 화를 불러왔고, 마셜의 귀에까지 들어가게 되었다.(마셜은 막말을 해대는 버크너의 성향을 오래 전에 이미 알고 있었다. 십 년 전에 예비역 해병 소장 존 르준John Lejeune이 "그의 말버릇이 어려움을 자초하게 할 것"이라는 점을 들어서 버크너를 버지니아 군사학교 총장으로 영입하는 것을 반대할 때부터 마셜은 그러한 점에 유의하고 있었다.) 마셜은 아마 이러한 상황을 예상했었기 때문에 즉각적으로 버크너를 알래스카에서 해임하기로 결심했다. 한편, 해군은 1943년 초에 시어볼드를 보스턴에 있는 조선소로 좌천시켰다.

아이러니하게도 1944년에 버크너는 전쟁 중 가장 논쟁이 된 해임에 관한 조사를 맡게 되었다. 그것은 육군의 골칫덩어리인 제27 사단장 랄프 스미스Ralph Smith 소장의 해임에 관한 것이었다. 그를 해임한 지휘관은 "미친 개"라는 별명을 가지고 있는 해병 중장 홀랜드 스미스Holland M. Smith였다.(그 사건을 지켜보았던 예비역 육군 중령 웨이드 마켈Wade Markel에 따르면 "왜 홀랜드가 랄프를 해임했는지가 아니라, 왜 그토록 오래 두고 보았는지?"가 더 이상했다.) 마셜은 1945년 당시 최전선이었던 오키나와Okinawa로 버크너를 보냈다. 그는 헬멧에서 빛나는 세 개의 별이 일본군 포병의 표적이 될 수 있으니 헬멧을 벗으라는 해병 장교의 요구를 묵살했다. 버크너는 허리에 양손을 얹고 서 있었는데 몇 분 후에 바로 옆에 포탄이 떨어졌다. 그는 제2차 세계대전 동안 적 포격에 맞아 전사한 사람들 가운데에서 가장 계급이 높은 사람으로 기록되었다.

아마도 제2차 세계대전 중 마셜의 장군 리더십에 관한 가장 중요한 점은 위험을 신중하게 감수하는 행위를 격려하는 인센티브 체계를 창안했다는 것이다. "증명된 리더들을 찾아내고 책임을 져야 할 적절한 위치에 그들을 신속하게 배치하는 융통성 있는 인력 관리는 제2차 세계대전 동안 변화의 과정을 가속화 하는 데 도움이 되었다"고 인사 정책 전문가 마켈은 결론지었다. "임시 진급 제도와 여기에 상응하는 문화는…. 성공적인 임무완수가 가능한 자는 제한 없이 진급시키고, 그렇지 못한 자는 간단하게 해임하는 절차를 제공했다. 이러한 냉엄한 선택에 직면했을 때, 능력 있는 사람들은 성공할 방법을 찾았고 거기에 따른 보상을 받았다. 물론, 능력 없는 사람들은 능력 있는 사람들로 대체되었다."

다시 말해서, 때때로 잘못 운영된 적이 있었고 해당 장교 개인에게는 잔인한 측면도 있었지만, 마셜 체계는 일반적으로 군의 효율성을 창출한다는 목표를 달성했다. 이를 이해하기 위해서는 가장 좋은 사례인 드와이트 아이젠하워를 살펴보는 것이 타당하다. 제2차 세계대전이 시작되기 1년 전에 아직도 중령이었고, 심지어 연대를 지휘한 경력도 없었던 그가 몇 년 후에는 홀로 수백만 명의 군대를 지휘하게 될 것이기 때문이다.

2

드와이트 아이젠하워

마셜 시스템은 어떻게 작동했는가?

일본이 진주만을 공습한 지 5일이 지난 1941년 12월 12일, 드와이트 아이젠하워는 샌안토니오^{San Antonio} 외곽에 위치한 잡목이 우거진 육군기지 포트 샘 휴스턴^{Fort Sam Houston} 자신의 사무실에 앉아 있었다. 10주 전에 그는 준장으로 진급했다. 사무실 전화가 울리며 저쪽에서 "아이크 맞지요?"라는 음성이 들렸다. 아이젠하워는 그것이 베델 스미스^{Bedell Smith} 대령의 목소리라는 것을 기억했다. 아이젠하워는 "맞소"라고 대답했다. 스미스 대령은 워싱턴 D. C.의 전쟁성에서 근무하고 있었다. 그는 신임 준장에게 조지 마셜 장군이 급히 워싱턴으로 오기를 원한다는 메시지를 전달했다.

단일 전투나 확대된 전역, 또는 전면전을 막론하고 장군들은 종종 주요 전투가 시작되기 이전에 자신이 해야 할 가장 중요한 업무를 수행한다. 마셜의 경우도 마찬가지였다. 그는 1941년 12월 12일 금요일에 제2

차 세계대전에서 가장 중요한 인사에 대한 결정을 내렸다. 아이젠하워를 선택한 마셜의 천재성은 세계적으로 확대될 전쟁에서 다국적군 최고사령관의 독특한 도전과제들을 해결할 재목으로 무명의 아이크를 지목했다는 점이었다. 마셜은 제1차 세계대전 동안 미국, 영국, 그리고 프랑스 등 연합국 사이에서 벌어졌던 마찰과 다툼을 몸소 목격했다. 그래서 그는 어떻게 하면 그러한 전철을 피할 수 있을지에 대해 오랫동안 생각해왔다. 그는 팀을 이끌고 팀원에게 규칙을 제대로 지키도록 강제할 수 있는 누군가가 필요하다는 점을 알았다. 또한 미국이 북미 대륙에서는 안전했지만, 참전하게 된다면 대륙을 넘어 파병해야 한다는 것과 그럴 경우에 미국은 목표나 이익이 반드시 일치하지만은 않는 다른 정부나 군대들과도 가깝게 일을 해야 한다는 사실 또한 계산했다. 누가 미국의 군대를 이끌던 연합군이라는 틀 안에서 제대로 기능을 발휘하고 지휘할 수 있는 사람이 필요했다. 수백 명의 후보 중에서 마셜은 마침내 아이젠하워를 적임자로 골랐다.

전화로 그런 연락을 받았을 때, 아이젠하워의 가슴은 쿵하고 내려앉았다. 그는 베델 스미스 대령의 전화에 오직 하나의 이유만 있다는 것을 잘 알고 있었다. 스미스는 "총장님께서 당장 비행기를 타고 이리로 오라고 하셨습니다. 장군님의 상관에게는 차후에 정식 명령이 하달될 겁니다"라고 말했다.

아이젠하워가 "얼마나 걸릴까요?" 하고 물었다.

스미스는 "모르겠습니다. 일단 이리로 오시지요"라고 대답했다.

아이젠하워는 서둘러 집으로 가서 아내가 싸놓은 가방을 들었다. 그때까지 그는 이것이 자신을 유럽 연합군 총사령관으로 만들어주고, 10년 후에는 미국 대통령이 되도록 이끄는 여정이 될 것이라는 사실을 모르고 있었다. 그가 최고사령관이 되는 것은 피할 수 없는 숙명이었다. "만약 마셜 대신에 드럼이나 다른 장교가 육군참모총장이 되었더라면 제2차 세계대전에 참전한 장군 명단은 크게 달라졌을 것이다"라고 역사가 크로스웰 D. K. R. Crosswell이 말했다. 마셜은 아이젠하워를 잘 알지 못했다. 그는 지난 10년의 대부분을 더글러스 맥아더 장군의 수석부관으로 근무했었다. 마셜과 정반대의 기질을 가진 맥아더는 1930년대 초기에 마셜의 군 경력을 옆길로 빠지게 했다고 의심받는 사람이었다. 마셜은 아이젠하워가 심술 궂은 성격의 전임 육군참모총장 밑에서 근무했다는 사실을 알았음에도 불구하고 상대적으로 무명이던 아이젠하워를 선택해 시험을 했으며, 미래의 최고사령관이 될 수 있게 다듬고 훈련시켰다. 언젠가 아이젠하워는 조지 패튼에게 그의 사령부에 근무할 수 있도록 보직을 간청하는 편지를 썼다. 아이크는 "내가 자네의 사단에서 연대를 지휘하는 것이 과도한 희망이라는 것을 잘 알고 있지만, 나는 정말로 연대를 잘 지휘할 자신이 있네"라고 자신의 오랜 친구에게 간청했다.

어떤 면에서 보면, 아이젠하워는 마셜이 원하는 유형과는 맞지 않았다. 그중에서도 가장 두드러진 것은 공격적이지 않다는 평판과 함께 전투 경험이 부족했다는 점이었다. 그러나 다른 범주에서 그의 장점들이 그것들을 보완했다. 지난 제2차 세계대전과 대통령 아이젠하워를 들여다볼 때, 마셜의 눈길을 끈 것은 전간기戰間期(제1차 세계대전 종전에서 제2차 세계대전 발발까지, 즉 1918년 11월 11일에서 1939년 9월 1일까지의 기간 – 옮긴이)에 그가 보인 육군 장교로서의 능력이었다는 사실을 잊기 쉽다. 지금은 잊힌 사실이지만 마셜은 그가 놀라울 정도로 학식이 풍부하며 책을 많이 읽고 여러 곳을 여행했다는 사실을 알고 있었다. 제2차 세계대전 동안 아이크의 공보부관은 그를 싸구려 서부 소설을 읽으며 쉬는 것을 좋아하는 평범한 사람으로 묘사했다. 아이젠하워는 공보부관의 그런 홍보활동을 용인하고 부추겼을 가능성이 있지만, 회고록 마지막 부분에서 클라우제비츠Clausewitz의 『전쟁론』을 세 번이나 읽는 등 전간기의 육군 장교로서 전문성을 가지려고 얼마나 열심히 준비했는지에 대해 기술했다. 제1차 세계대전 이후 언젠가 친구가 벨기에, 룩셈부르크, 그리고 네덜란드에 관한 책을 왜 이렇게 많이 읽는지에 관해 물었다. 아이크는 후대에 큰 전쟁이 그곳에서 일어날 것이라고 생각하기 때문에 읽는 중이라고 대답했다.

아이젠하워는 세계인이었다. 전간기 동안에 그는 파나마, 필리핀, 프랑스, 그리고 워싱턴 근처에 살았었다. 순박한 시골 소년 같은 얼굴 뒤에 그는 혁신적인 군사전문가로서의 모습과 함께 야망과 열정을 향한 사나운 기질도 갖추고 있었다. 전간기 동안에 그는 패튼과 함께 전차를 보병 방호 용도 외의 다른 방식으로 사용할 방법을 찾고 있었다. 이러한 연구는 상급자들과의 긴장관계를 불러왔다. 1920년《보병 저널Infantry Journal》11월호에 기고문이 실린 후에 그는 보병 병과장으로부터 호출을 받았다. 병과장은 그 일을 그만두지 않으면 군법회의에 회부할 것이라고 말했다. "나는 특별하게 보병의 확고한 교리와 상반되는 무언가를 연구한 것은 아닙니다." 육군은 전차의 전투 임무가 보병을 엄호하는 것이라고 생각했기 때문에 전차는 보병이 걷는 속도만큼만 빨리 움직여야 한다는 교리를 가지고 있었다.

영국의 장군들은 전략을 다루는 아이젠하워의 역량이 대단하지 않다고 평가하는 경향이 강했고, 많은 역사가도 그들의 생각을 따랐다. 그러나 그가 전략적으로 뛰어났다는 풍부한 증거가 있다. 그는 자신의 위치에서 전략을 완벽하게 이해했다. 특히, 방대한 전략 개념을 실현 가능한 군사작전으로 전환하는데 특출한 능력을 보여주었다. 마셜은 아이젠하워가 전략을 수행하는 데 재능이 있다고 이해했다. 마셜은 이러한 것이 전략을 구상하는 것보다 더 어려운 일이라고 믿었다. 몇 년 후에 마셜 플랜에 대한 승인을 얻기 위한 자신의 역할을 논의하면서 "전략이라는 것이 논리적으로 그렇게 심오하지는 않다. 그러나 그것을 실행하는 것은 또 다른 문제이다"라고 했다. 다르게 표현하면, 훌륭한 장군의 리더십이란 먼저 무엇을 해야 하는지를 파악하는 것이며, 그런 다음에 사람들에게 그것을 하도록 만드는 것이다. 즉, 한 발은 비판적 사고라는 정신적 영역에 두고, 다른 발은 관리와 리더십이라는 인간 세계에 두어야 한다는 것이다. 다른 말로 하면, 생각하는 것과 행동하는 것이다.

아이젠하워가 워싱턴으로 불려 오게 된 배경에는 진주만 공습 후 혼미한 기간에 벌어졌던 육군본부 참모들 간의 갈등도 한몫했다. 마셜의 가장 어린 부관이자 수십 년 후에 영화 〈패튼〉을 제작했던 프랭크 매카시 Frank McCarthy는 군사작전 전반을 관장하는 육군본부 전쟁기획부장인 레너드 게로우 Leonard Gerow 준장이 진주만 공습 당일에 보였던 모습을 다음과 같이 회상했다. "그는 여자아이처럼 불안해했고, 끔찍할 정도로 걱정했으며, 올바른 결심을 내릴 것으로 보이지 않았다. 그는 이렇게 하면 된다는 자신감을 보여주지 못했다." 매카시는 마셜이 육군본부의 그런 모습을 보면서 "가서 아이젠하워를 데려오게"라는 말을 했다고 전했다. 아이러니하게도 아이젠하워는 게로우 장군과 지휘참모대학 동기생으로 함께 공부한 사이였다. 1941년 12월 금요일 오후에 샌안토니오에서 워싱턴으로 떠나기 위해 서두르던 아이젠하워는 그리 기쁘지 않았다. "마셜의 사무실로 오라는 메시지를 받고 한 방 먹은 기분이었다"고 아이젠하워는 기억했다. 그는 본토에서 훈련 업무를 담당하느라 제1차 세계대전 동안 전투에 참가하지 못했다. 그렇기 때문에 이번에도 참모부 업무로 보직되어서 옆길로 밀려나지 않을까 걱정했다. "어떤 새로운 전쟁이 발발하더라도 나는 부대와 함께하기를 희망했다. 내가 이미 총 8년이나 근무한 도시에서 다시 업무를 하라고 하는 것은 제1차 세계대전에서의 아픈 경험을 반복하라는 것을 의미할 뿐이다."

하지만 그 주말은 아마 아이젠하워의 삶에서 가장 기억에 남을 주말이 될 것이었다. 그날은 아이크가 군대에서 최고의 자리에 오르며 이후의 정치경력이 시작되는 날이 될 것이었다. 그는 샌안토니오에서 동부로 향하는 마지막 기차를 놓치게 되자 군 화물수송기를 타고 폭풍우 치는 날씨를 뚫고 나무를 스치듯이 날아서 댈러스Dallas에 도착했으며, 거기에서 동부행 증기기관차 블루 보닛 익스프레스Blue Bonnet Express에 겨우 탑승했다. 기차의 모든 좌석이 꽉 차서 할 수 없이 복도에 여행가방을 놓고 그 위에 앉았다. 그때, 알고 지내던 텍사스의 변호사 윌리엄 키트렐William Kittrell이 다가와서 "장군님, 제 방이 저 뒤에 있는데 같이 가시겠습니까?"라고 말했다. 그는 거물 석유 사업가 시드 리처드슨Sid Richardson의 변호사였다. 리처드슨은 자신의 특실 차량에서 편안하게 휴식을 취하는 중이었다. 아이젠하워는 초대를 받아들였고 세 사람은 워싱턴으로 가는 내내 담화와 포커를 즐겼다. 12월 14일 일요일 이른 아침, 아이젠하워는 수도의 유니언역에서 내려 마중 나온 동생 밀턴Milton을 만났다. 그로부터 11년 후, 아이젠하워와 함께 포커를 치던 석유 재벌 리처드슨은 대통령 선거 운동 기간에 아이젠하워의 경제적 후원자가 되었다. 반대로 더 보수적인 텍사스 오일Texas Oil은 아이젠하워의 예전 상관인 더글러스 맥아더를 지지했다.

워싱턴에 도착한 지 몇 시간 후, 아이젠하워는 마셜의 사무실로 들어갔다. 거기에서 그는 기차에서 만난 리처드슨보다 더 운명적인 만남을 가졌다. 아이젠하워는 육군참모총장인 마셜을 개인적으로 잘 몰랐다. 두 번 만났고 그나마 만날 때마다 2분 정도 말을 나눈 것이 전부였다. 마셜이 아이젠하워에게 보병학교에서 학생 장교들을 가르쳐 달라고 요청했기 때문에 마셜이 최근 준장에 진급한 아이젠하워에 관한 좋은 보고를 들은 것이 분명했다. 그러나 진주만 공습 이후 첫 일요일, 아이젠하워가 전쟁성 건물에 있는 마셜의 사무실에 들어서자 그는 바로 본론으로 들어갔다. "마셜의 사무실에 걸어 들어가자 그는 10초 만에 나에 대해 알고 싶어 하는 문제에 관해 말했다. 우리에게는 해야 할 일이 두 가지가 있네. 태평양에서 최선을 다해야 하며, 전체 전쟁에서 승리해야 한다네. 자, 지금 우리는 무엇을 해야 하겠는가? 이제 이것은 자네의 문제가 될 것이네." 질문을 요약하자면, 마셜은 "우리의 일반적 행동 방식은 무엇이어야 하는가?"라고 물어본 것이었다. 두 사람 다 무엇을 의미하는지 알고 있었다. "어디에 선을 긋고, 어디에서 먼저 싸워야 할까? 그리고 필리핀에 있는 우리 군인들을 포기해야 하는가?" 이것은 새로운 장교들을 시험하기 위해 마셜이 조지 필딩 엘리엇^{George Fielding Eliot}(마셜이 육군참모총장 시절 군사전문 기자였다.-옮긴이)과 생각을 공유하여 만든 것으로, 그가 늘 생각해둔 일종의 시험이었다.

"몇 시간만 주십시오"라고 아이젠하워가 요청했다. 분명 어려운 문제이지만 아이젠하워가 특별히 좋아하는 유형의 문제였다. 수십 년 후에 그는 이렇게 기록했다. "나는 그런 종류의 일을 좋아했다. 실용적인 문제는 나에게 있어 가로세로 낱말 맞히기와 똑같은 것이었다."

"알았네"라며 육군참모총장이 동의했고, 총장은 그날 예정된 퍼싱 장군과 헨리 스팀슨^{Henry Stimson} 전쟁성 장관을 예방하기 위해 사무실을 나갔다.

아이젠하워는 전쟁성 건물 근처에 마련된 자신의 사무실에 조용히 앉아 있었다. 그 건물은 1960년대에 마침내 해체되고 베트남 참전 용사 기념관Vietnam Veterans Memorial이 들어섰다. "내가 받은 문제는 제한 없는 적용이 가능했다"라고 그는 회고했다. 그날 오후에 마셜이 외부 인사 방문을 마치고 다시 돌아왔을 때, 아이젠하워는 자신이 생각하는 제2차 세계대전에 대한 미국의 접근방법이 무엇인지를 기술한 석 장 분량의 보고서를 제출했다. 필리핀은 가망이 없다고 썼다. 감정적이어서는 안 된다. 섬을 포기하고 우리가 도울 수 있을 만큼 지원을 하되, 미국인과 필리핀 사람들은 그들의 운명에 맡겨야 한다. 철수하고 재편성해야 한다. 도시를 위해서 군사적 보호가 필요하다는 태평양 연안 지역 출신 정치가들의 전전긍긍하는 요청을 들어주어서는 안 된다. 그것은 필연적으로 필요한 병력과 장비를 분산시키는 결과를 가져올 것이다. 오히려 일본에 대응하는 초기의 군사작전 초점을 멀리 떨어진 호주에 집중해야 한다. 호주는 반격작전을 위한 발판이 될 것이다. 따라서 태평양 지역에서의 군사적 최우선 순위는 공중 기동로와 해상로를 확보하는 것이 되어야 한다. 그렇게 한다는 것은 하와이, 피지, 뉴질랜드, 그리고 해상로를 따라 산재해 있는 다른 섬들과 호주를 확보하고 유지하는 것을 의미한다. 이 과업은 필수적이며 어떠한 위험과 비용이 들더라도 성공적으로 수행할 가치가 있다.

마셜은 보고서를 읽고 나서 그를 쳐다보며 "나도 자네의 의견에 동의하네"라고 말했다. 아이젠하워는 첫 번째 큰 시험을 통과했다. 이 시험은 국가 전략을 수립하기 위해서라기보다는 개인의 성격과 지능을 확인한 것에 가까웠다. 아이젠하워는 보고서에서 대공황 시절에 국민에게서 완전히 무시당했고 미국 군사조직이 지난 10년간 실패해 왔던 전략적 결심을 상세하게 기술했다. 1920년대 초, 일본과의 전쟁을 위해 만들어진 해군의 전쟁계획에서는 마닐라를 공세적으로 방어할 것을 요구했지만, 1930년대 초반에 이르기까지 계속해서 조심스럽게 수정되어 필리핀 제도 전체의 포기를 요구하는 것으로 바뀌었다. 1939년에 육군전쟁대학교 총장인 존 드위트John DeWitt 소장은 전쟁계획에 대한 내부 토론에서 다음과 같이 특별히 강조했다. "현재와 같은 상황이라도 필리핀에 군을 증원할 수는 없다. 증원하는 즉시 바로 패배하게 될 것이다. 우리는 필리핀에서 1만 4,000킬로미터나 떨어져 있지만 일본에게는 바로 옆이다." 이러한 결론은 1941년 1월에 시작된 미군과 영국군 간의 일련의 비밀 회담에서 정책으로 반영되었다. 전 세계를 대상으로 하는 해군의 작전계획 『무지개 5』에는 1941년 5월에 "필리핀 수역 내로 어떠한 군사력 증강도 없을 것이다"라고 기술했다. 따라서 마셜은 전략적 지침을 아이젠하워에게서 찾으려 했다기보다는, 아이젠하워가 죽음을 맞이하거나 일본의 포로로 전쟁 기간을 보내게 될 필리핀에 남아야 하는 수천 명의 친구와 동료에게 충분히 냉정할 수 있는지를 시험해 본 것이었다. 다른 한편으로, 아마도 마셜은 맥아더의 영향력이 아이젠하워에게 얼마나 남아 있는지를 알고 싶었을 것이다. 마셜이 그러한 사실을 정확히 알았는지는 확실치 않지만, 1938년에 맥아더는 아이젠하워를 선임 참모 요원에서 제외하고 대신 아부꾼 리처드 서더랜드Richard Sutherland로 교체하여 제2차 세계대전 전 기간에 걸쳐서 자신을 보좌하게 했다. 서덜랜드는 가까이 두고 있는 정부情婦를 멀리하라는 명령에 따르지 않은 것을 제외하고는 맥아더에게 맹목적으로 충성스러웠다. 아이젠하워는 휴가에서 돌아와서야 자신이 좌천된 사실을 알았다. 그가 항의하자 맥아더는 다른 자리를 찾아 떠나도 좋다고 냉정하게 말했다.

어쨌든 아이젠하워는 마셜의 첫 번째 시험을 통과했다. 마셜은 보고서에서 눈을 떼고 그를 쳐다보면서 즉시 다른 과제를 주었다. 이것을 어떻게 시행할지에 대해 설명해 보게. 아이젠하워는 나중에 1941년 12월 일요일의 그 대화가 어떻게 결론지어졌는지를 회상했다. 마셜이 말했다. "아이젠하워, 참모부는 그들의 문제를 분석하는 능력자로 가득 차 있지만 문제를 가지고 와서 최종 해결책을 항상 나에게 떠민다네. 나는 그들이 스스로 자신들의 문제를 해결하고 추후에 어떻게 했는지를 보고해 주는 보좌관이 필요하다네." 말을 하고 있는 마셜의 눈이 "겁이 날 정도로 차가왔다"고 아이젠하워는 생각했다.

전략에서 차지하는 중요성에도 불구하고 해야 할 일들의 우선순위를 정하는 것이 간과되는 경향이 있다. 전략이 術의 차원에서 가장 중요한 것은 무엇을 어떻게 하느냐가 아니라 무엇을 하느냐이다. 다른 말로 해서, 첫 번째 문제는 무엇이 진정한 문제인지를 결정하는 것이다. 주어진 문제에는 많은 관점이 있지만, 전략가들은 그것들을 분류하고 본질을 결정해야 한다. 왜냐하면 거기에 해결의 열쇠가 있기 때문이다. 아이젠하워는 그저 중요한 것들 사이에서 본질적인 것을 분리해 내야 할 필요가 있음을 확실하게 알고 있었다. 1942년 3월, 그와 보좌관은 덜 중요한 목적들로부터 주요 전쟁 목적을 차별화한 장문의 보고서를 작성했다. 그들은 주된 목표 3가지를 설정했다. 그것들은 "영국의 안전 보장, 적극적인 동맹으로서의 러시아의 지속적인 참전 유지, 그리고 중동지역의 방어였다." (중동지역을 확보하면 지상을 통해 일본군과 독일군이 이란에서 연결되는 것을 방지할 수 있었고, 러시아를 향하는 병참선을 유지하는 것은 러시아가 전쟁에서 이탈하지 못하게 하는 데 대단히 중요했다.) 그들은 전략적 의사결정의 본질을 고전적인 방법으로 요약하면서 나머지 것들은 모두 부수적이라고 말했다. "다른 모든 작전들은 반드시 의무적으로 해야 하는 것이 아니라 매우 바람직한 것으로 간주되어야 한다" 이러한 결론의 의미는 태평양에서의 승리보다 유럽에서의 승리가 우선시 되어야 한다는 것을 나타냈다. 다시 말하지만, 이것은 독창적 생각이 아니었다. 그것은 영국에 이미 존재하고 있던 육군의 비전을 명백히 이해하게 만들었다. 그러나 이것은 이해한 바를 어떻게 시행해야 하는지를 확실하게 파악했다는 것을 보여주었다.

아이젠하워 자신도 그러한 위험을 냉정하게 계산하고 있었다. 그는 회고록에서 유사시 구명정과 고무보트만으로는 8,000명밖에 구조할 수 없음을 알면서도 1만 4,000명의 군인을 퀸 메리^{Queen Mary}호에 승선시켜 적 잠수함이 들끓고 있는 해역으로 보낸 결정을 회고했다. 그는 무장 호송능력이 부족하더라도 대양 정기선이 독일군 잠수함과 우연히 마주쳤을 때 속도 면에서 충분히 앞지를 수 있을 만큼 빠르다는 것 또한 계산했다. 그는 배가 브라질 항구에 정박해 있을 때, 이탈리아의 무선 교신국이 배의 현재 위치를 도청함으로써 후에 항해할 방향이 노출되지 않을까 하는 불안감을 가졌다.

6개월 후인 1942년 10월 런던에서, 아이젠하워는 남은 전쟁에 관해 꽤 명확한 계획을 세워 마셜에게 보냈다. 한 치 앞도 예측하기 힘든 전쟁의 안개와 혼돈 속에서 앞을 내다본다는 것은 절대로 쉬운 일이 아니지만, 유럽 주둔 미군 사령관이라는 새로운 직책을 받은 아이젠하워는 그것을 가능하게 했다. 미군이 북아프리카 독일군과 전투를 벌였던 "횃불 작전^{Operation Torch}"이 시작되기도 전에 그는 자신 있게 "1944년 봄에 결정적인 타격을 개시할 것"이라고 적었다. 그가 구상한 시나리오는, "1943년 여름까지의 기간은 필요한 병력을 영국에서 준비하는 데 활용하며, 남서 태평양에서 유리한 위치를 확고하게 확보하고, 횃불 작전을 실행한다"는 것이었다. 그것이 선견지명이 있는 글이었다는 것은 물론 증명되었다.

마셜은 아이크가 이미 자신의 고위 장군들에게 팀 정신에 대한 마셜의 주장을 구현하고 있었기 때문에 전략적 계획에서 밝고 야심 찬 아이젠하워를 부분적으로 지도할 수 있다는 것을 알았다. 역사가들은 아이젠하워가 개인적으로 지니고 있는 협조적 태도에 주목하는 성향이 있었는데, 실제로 그는 정말 협조적이어서 군대 내의 타 병과나 미국의 민간 관료들, 그리고 다른 나라의 대표자들과도 기가 막힐 정도로 협조를 잘했다. 그것은 자신의 많은 육군 동료들과 매우 다른 자질이었다. 협조성이라는 면에서 일부 육군 장군들이 영국인들의 불신을 받고 있는 상태에서 그것은 아이젠하워의 가장 중요한 자산이 되었다. 제2차 세계대전 전 기간 몽고메리Bernard Montgomery 장군의 참모장이었던 소장 프란시스 드 긴간Francis de Guingand 경은 "어떤 사람들은 뛰어난 지성, 무자비한 성향, 불타는 야망을 통해서, 또는 다른 사람의 감정을 무시함으로써 정상에 오른다"고 말했다. 몽고메리 장군은 다른 사람의 감정을 무시하는 데 있어서 타의 추종을 불허했던 사람이었다. 그러나 아이젠하워의 경우는 달랐다면서 드 긴간 소장은 이어서 이렇게 말했다.

> 그의 성공비결은 유머 감각, 상식, 그리고 엄청난 성실함과 정직 같은 자신이 가지고 있는 인간적 자질이라고 생각한다. 그는 사람들에게 사랑과 한결같은 충성심을 고양시켰다. 그는 갈등 관계에 있는 문제를 다루거나 인간성이 서로 부딪칠 때 마법과 같은 손길로 해결했으며, 지켜야 할 원칙의 훼손이 없이도 타협의 과정을 통해서 해결책을 찾는 방법을 알고 있었다. 사실, 그는 매우 민주적이었다.

아이젠하워의 영국군 부하들 또한 그가 지극히 미국적이라는 것을 알

노르망디 상륙작전 전날인 1944년 6월 5일 101 공정사단, 502 낙하산 보병연대원들과 이야기를 나누는 아이젠하워. 아이젠하워는 군 내의 타병과와 민간 관료들은 물론 동맹국의 대표들과도 기가 막힐 정도로 협조를 잘 했다. (사진 출처: Wikipedia Commons/Public Domain)

고 있었다. 전쟁 기간 대부분에 걸쳐 그의 정보참모부장이었던 소장 케네스 스트롱Kenneth Strong 경이 느낀 첫인상은 "관례를 던져 버리고 문제에 바로 다가가며, 새롭고 재미있는 세상을 보여주는 사람 같았다."(흥미롭게도 스트롱 경의 참모장교들 중에서 '가장 능력 있는 사람은' 이녁 파월Enoch Powell이었다. 전쟁 전 그는 그리스어 교수였고, 전쟁 중에는 날카로운 반미주의자였으며, 전후에는 영국 의회에서 유명한 반이민주의 정치인이 되었다. 그가 쓴 투키디데스Thucydides의 『펠로폰네소스 전쟁사Peloponnesian War』*는 지금까지도 연구되고 존중받는 책이다.) 미

---

*BC 431 ~ BC 404년 아테네와 스파르타가 각각 자기 편 동맹시들을 거느리고 싸운 전쟁. 스파르타의 승리로 끝났으나, 고대 그리스 쇠망의 원인遠因이 되었다. – 옮긴이

국 군대에서 장군이 된 사람들은 이류 귀족이거나 시골 신사와 같은 영국 장군의 유형과는 달랐다. 미군 장교 중에서 매우 탁월한 장교의 한 명으로 평가를 받는 J. 로튼 콜린스J. Lawton Collins는 아일랜드 이민자의 후손이었다. 모리스 로스Maurice Rose는 유대교 랍비의 아들이었고, 다른 몇 명의 고위 장군들, 예를 들어, 클래런스 휩너Clarence Huebner, 코트니 호지스Courtney Hodges, 벤 리어Ben Lear, 월터 크루거Walter Krueger, 그리고 트로이 미들턴Troy Middleton 같은 이들은 병사에서부터 장군으로 진급한 사람들이다. 기갑 장군 어니스트 하몬Ernest Harmon은 고아였다. 제2차 세계대전 동안에 가장 빠르게 장군으로 진급한 사람 중 한 명이자 공정부대 요원이었던 제임스 가빈James Gavin은 펜실베이니아에서 석탄 광업을 하는 집안에 입양되었지만 광부가 되고 싶지 않아서 10대 때 가출하여 군에 입대했다.

마셜과 아이젠하워의 성숙함

마셜과 아이젠하워는 전쟁 중에 여러 번 중대한 실수를 범했다. 가장 눈에 띄는 것은 마셜이 영국이 원하는 시기보다 더 빠르게 유럽 본토를 공격하자고 지속해서 주장했다는 것이다. 만약, 그의 조언대로 연합군이 1943년에 프랑스로 진입했었더라면 경험이 부족한 군대가 공군의 충분한 지원을 받고 있는 전투에 숙달된 독일군을 상대하게 되어서 1년 후로 계획되었던 노르망디 상륙작전보다 훨씬 더 위험했을 것이다. 그와 아이젠하워는 1942년 말에 미군의 주도로 기습적으로 시행된 북아프리카 전역의 횃불 작전에 대해서도 반대했었다. 돌이켜 생각해 보면, 횃불 작전은 시운전 성격의 작전으로 훈련이 덜 된 미군 장병과 전투경험이 없는 지휘관에게는 매우 긴요했었다. 마셜은 또한 인종에 관한 감각이 둔한 편이어서 제대로만 했다면 아마도 제2차 세계대전 중에 군대를 통합하기 위해 그가 했던 것보다 훨씬 더 많은 일을 할 수 있었을 것이다.

이러한 많은 실수는 1942년에 마셜과 아이젠하워가 세계대전을 하면서 미국의 최고위 책임자일 때 일어났던 일들이다. 그해 아이젠하워가 마셜에게 쓴 편지에는 전쟁 막바지에 보여주었던 자신감이나 확신은 거의 없었다. 전쟁 막바지에 보낸 편지에서는 마셜을 거의 친구처럼 표현했다. 1942년 말, 횃불 작전으로 북아프리카에 상륙한 후 튀니지Tunisia에서 독일군과의 사이에서 벌어진 참혹한 전투 결과와 연이어 나치에 협력했던 프랑수아 다를랑François Darlan 해군 제독을 정치적으로 어색하게 포용함으로써 촉발된 어려움을 겪고 있을 때, 그는 교체될지도 모른다는 생각을 했다. 이때가 전쟁 전체를 통틀어서 가장 취약했던 순간이었다. 후에 그는 아들에게 "어느 순간 나의 교체 필요성이 제기될 가능성이 있고, 그 결과로 경질이 될 수도 있다. 그렇다고 해서 나에 대해 걱정할 필요는 없다. 만약 그것이 문제를 줄이는 방편이 된다면 나는 그렇게 하도록 가장 먼저 건의할 것이다"라고 이야기했다. 마셜과 아이젠하워는 서로에게 완전하게 솔직하지는 않았다. 특히 아프리카에서 횃불 작전을 지휘할 최전방 미군 지휘관을 선발하는 중요한 인사 결정에서 둘 사이가 흔들리는 모습을 연출했다. 마셜이 아이젠하워에게 로이드 프레덴달Lloyd Fredendall을 야전사령관으로 제안했을 때 아이젠하워는 일말의 의문이 들었다. 아이크는 "그는 본능적으로 신뢰가 가는 사람이 아닙니다"라고 마셜에게 조심스럽게 편지를 썼다. 하지만 아이젠하워가 마셜의 마음에 들었었듯이 이번에는 마셜에게 프레덴달이 최고의 패로 보였다. 1942년 12월까지 아이젠하워는 프레덴달에게 호의적 감정을 가지고 있었다. 그는 전쟁 기간에 자신의 개인 보좌관이자 절친인 예비역 해군 해리 버처Harry Butcher에게 프레덴달과 패튼을 예하 지휘관 중에서 가장 능력 있는 사람으로 생각한다는 말을 했다. 그가 버처에게 "내 생각으로는 지휘관에게 요구되는 사항을 충족시키는데 가장 근접한 사람은 패튼이다. 비록 프레덴달이 패튼이 가지고 있는 미래 과업에 대해 예측하고 준비하는 상상력을 가지고 있지 않지만 현재로서는 프레덴탈이 우선이라고 생각한다"고 말했다. 1943년 2월 4일, 아이젠하워는 다른 두 사람과 함께 프레덴달을 중장으로 진급시킬 것을 추천했다. 또한 그는 같은 날 프레덴달에게 예하 지휘관들이 자신들의 지휘소에 너무 가까이 있지 않도록 할 것을 촉구하는 편지를 보내면서 "장군들은 육군의 다른 모든 물품처럼 소모품이다"라는 조언을 했다.

그렇기 때문에 며칠 후에 프레덴달이 어떻게 위치해 있는지를 확인하기 위해 그의 사령부 본부를 방문했을 때 아이젠하워는 매우 당혹스러워했다. "그곳은 최전선으로부터 너무나 멀었다. 후방으로 100킬로미터나 떨어져 있었으며 깊고 접근이 불가능한 협곡에 있었다"라고 후에 썼다. 전투부대의 취약한 전투진지나 방어기지를 구축해야 할 200명의 육군 공병 전투원이 프레덴달의 참모들이 안전한 지역에 머무르도록 하기 위해 산비탈에 굴을 파는 데 투입되었다. 프레덴달의 과도한 조심성에 대한 아이젠하워의 경멸은 회고록에서 분명하게 드러난다. "전쟁 중에 사단 혹은 그 이상의 사령부가 자신의 안전을 챙기기 위해 지하에 피난시설을 만드는 것을 본 건 그때가 유일했다." 이러한 언급은 회고록의 문맥을 고려했을 때 엄청나게 놀라운 것이었다. 그 문장을 제외하고, 아이젠하워는 과거 자신의 부하에 대해 말할 때 언제나 예의를 갖춘 표현을 사용했다.

차량을 타고 전방으로 이동하면서 아이젠하워는 독일군에 대항하는 미군의 나태한 태도에 몸을 떨었다. 그는 이틀에 걸쳐 튀니지의 페이드

Faid 협곡에서 최전선 부대를 검열했는데, 지뢰지대를 설치하지 않았거나 방어준비를 하지 않은 것을 보고 매우 놀랐다. 그는 그들에게 날이 밝는 대로 우선적으로 그렇게 하라고 지시한 후 새벽 3시에 그곳을 떠났다. 2시간 후 해가 뜨기도 전에, 전 부대가 독일군에 의해 포로로 붙잡혔다. 이 사건은 제2차 세계대전 중 유럽과 아프리카에서 미 지상군 최악의 패배인 '카세린 협곡 Kasserine Pass 전투'로 알려진 치욕적인 전투의 시작점이었다. 일주일 만에 연합군에서 300명에 달하는 전사자와 부상자 3,000명, 실종자 4,000여 명이 발생했는데 실종자 대부분은 포로가 되었다. 약 200대에 달하는 전차도 잃었다. "오늘, 오만하고 건방진 미군이 역사상 가장 큰 패배로 모욕을 당했다"고 아이젠하워의 부관인 버처가 자서전에 기록했다. "이것은 우리뿐 아니라 영국에게도 당혹스러운 일이었다." 카세린 협곡 전투에서 나타난 몇 안 되는 희망의 불빛 중의 하나는 윌리엄 웨스트모어랜드William Westmoreland 중령이 지휘했던 제9 보병사단 포병대대가 보여준 전투역량이었다. 그들은 전투지역으로 들어가 제때에 화력을 운용하여 독일군 기갑부대의 공세를 둔화시켰다.

　카세린 협곡 전투를 보며 아이젠하워는 정신을 차리고 마음속에 해임에 대한 생각을 갖게 되었다. 그는 "가장 낮은 곳에 있는 사람부터 가장 높은 곳에 있는 사람까지 우리 모두는 이것이 아이들 장난이 아니란 점을 깨달았습니다"라고 정중하게 반성하는 편지를 마셜에게 보냈다. 그는 전쟁이 끝난 후 미군 부대들은 "후줄근하고… 피곤에 찌들었으며… 사기가 완전히 바닥인… 모습으로" 전투에서 빠져나왔다고 말했다. 카세린 협곡의 패배가 됭케르크Dunkirk, 바탄Bataan, 홍콩Hong Kong, 싱가포르Singapore, 수라바야Surabaya, 토브룩Tobruk 같이 연합국에 손실을 가중시켰기 때문에 아이젠하워는 특히 고통스러웠다. 그는 이 사건을 회고록에서 "어두운 기억"이라는 말로 표현했다.

　아이젠하워는 몇 가지 변화를 도모하기로 결심했다. 카세린 협곡 전투가 끝난 2월 24일, 그는 자신의 오랜 친구이자 제29 보병사단장인 레오나드 게로우Leonard Gerow에게 "무자비하게" 잡초를 뽑듯이 "게으른 자, 나태한 자, 무관심한 자, 그리고 현실에 안주한 자 등을 제거해야 할 필요가 있네. 그들을 제거해야만 하네…. 제발, 자네에게 '그는 그럭저럭 합니다'라고 말하는 사람을 옆에 두지 말게. 그는 절대로 그렇게 하지 않을 테니까. 그런 사람들을 없애 버려야 하네"라는 편지를 썼다. 그가 행한 첫 주요 인사 조치는 자신의 정보참모부장인 에릭 모클러 페리맨Eric Mockler-Ferryman 준장을 해임한 것이었다. 이것은 논란을 야기한 선택이었는데, 그가 영국인이었기 때문이었다. 사실, 아이젠하워의 정보참모는 영국인이어야 했는데, 그 이유는 연합국들이 영국의 '울트라'(제2차 세계대전에서 독일군의 암호를 해독한 장비의 이름. 영화 〈이미테이션 게임〉에는 영국 컴퓨터의 아버지 앨런 튜링이 자신이 만든 컴퓨터와 프로그램으로 독일군 암호를 해독하는 실화가 그려져 있다.–옮긴이)로 독일군 교신의 비밀사항을 감청하여 정보를 얻고 있었기 때문이었다. 해임이 되자 영국인들 사이에서 질이 낮은 미군의 교육과 리더십에 대해 투덜거리는 소리가 터져 나오기 시작했다. 몽고메리 장군은 일기에 미군은 "매우 아마추어"라고 썼다. 눈에 거슬리는 평가이기는 하지만, 그가 관찰한 바에 따르면 당시 미군의 훈련 수준이 낮았고 장비도 부족했으니 그렇게 불공정한 평가는 아니었다. 이 지역의 영국군 사령관인 중장 존 크로커John Crocker 경은 아내에게 보낸 편지에서 다음과 같이 말했다. "날 믿어요. 우리가 미군에게 배울 것은 하나도 없다오." 크로커는 1941년 2월에 주방위군이 동원되어 창설된 제34 보병사단을 비판하면서 자신의 관점을 기자들과 공유했다. 이것은 미국인들도 익히 알고 있

1943년 시칠리아를 방문한 루스벨트 대통령과 아이젠하워. 아이젠하워의 뒤로 패튼이 보인다. 카세린 협곡 전투를 보며 아이젠하워는 정신을 차리고 마음속에 해임에 대한 생각을 하게 되었다.
(사진 출처: Wikipedia Commons/Public Domain)

는 내용이다. "개놈의 새끼들! 공식적으로 우리 군대를 겁쟁이라고 불렀어"라고 패튼이 일기에 적었다. 영국 장교들은 아이젠하워가 자신의 영국군 참모에게 그랬던 것만큼 미군 부하들에게도 충분히 단호할 것인지에 대해 약간 궁금했었을 것이다.

아이젠하워는 프레덴달에게서 "기이한 무관심"이 발견되어 그를 보직해임할 생각이라고 마셜에게 보고했다. 아이크는 이미 2월 말에 있었던 전투 중에 프레덴달이 이틀 연속으로 아침 11시까지 늦잠을 잤다는 내부 보고를 받았다. 같은 날, 자신이 믿고 있던 것과는 정반대로 영국군은 프레덴달에게서 깊은 인상을 받지 못했으며, 특히 그의 참모들이 작성한 계획의 질에 대해 매우 언짢아한다는 말을 들었다. 아이젠하워는 편지에 추신을 덧붙였다. 그는 "진짜 걱정은 그가 팀을 발전시키는 데 명백하게 무능하다는 점입니다"라고 썼다. 이 말은 마셜에게 많은 것을 의미했다. 동맹군이 갖는 우려에 대한 보고가 결정적이었다. 영국군이 프레덴달을 원하지 않는다면 그를 내보내는 게 쉬울 뿐 아니라 필요하기도 한 조치였다. 이틀 후, 아이젠하워는 프레덴달을 해임했고 3월 11일에 미국으로 돌아가서 의미 없는 진급을 했으나 훈련부대 지휘관으로 사람들에게서 잊혀갔다.

아이젠하워는 프레덴달의 지휘권을 패튼에게 넘기며 두 가지 명확한 명령을 내렸다. 첫 번째는 패튼 스스로 잘 알고 있는 것인데, 아이크는 자신의 오랜 친구에게 "개인적으로 무모한 행동을 하지 말게"라고 했다. 두 번째는 아이젠하워 자신이 숙고하고 있던 교훈이었다. 그는 패튼에게 "무능한 장교들을 해임할 때 칼같이 냉정해야 하네. 만약 누군가 실패한다면 그를 나에게 보내고 그 사람에 대한 걱정은 그만두게." 아이젠하워가 해임된 정보참모부장 자리를 대체한 영국 정보장교를 만났을 때, 그는 다음과 같은 지침을 주었다. "만약 누군가가 일을 잘 처리하지 못하고 문제를 일으킨다면 나는 그를 즉시 해임할 수 있는 권한을 갖고 있네" '보임과 해임'이 구호였다.

최전선 부대에 패튼은 인상적으로 기억되었다. "장화를 신고 황갈색 반바지와 아이크가 즐겨 입는 자켓에 진주로 손잡이를 장식한 두 자루의 권총을 찬 채 별 세 개가 그려진 반짝이는 철모를 쓰고" 행진하듯 다니는 패튼을 포병대대를 지휘하는 웨스트모어랜드Westmoreland 중령이 알아차리는 건 어렵지 않았다. 그의 지프차는 번쩍거리는 별들로 장식된, 엔진이 달린 크리스마스트리처럼 보였다. 전도가 유망한 다른 장교인 제임스 포크^{James Polk} 대령은 패튼의 모습을 "서부개척 시대에 카우보이가 여우사냥 준비를 마친 것"이라고 묘사했다.

　프레덴달의 후임자가 된 날 저녁에, 패튼은 "프레덴달은 약간 미쳤거나 겁을 먹은 것 같다"고 일기에 적었다. 이 말은 그의 경력에 치명적인 묘비명이었다. 패튼은 예하 사단장 중 한 명인 올랜도 워드^{Orlando Ward}에게 의심의 눈초리를 보냈다. 군단 지휘권을 인수한 지 얼마 지나지 않아 패튼은 "워드는 힘이 부족하다…. 그의 사단은 기가 죽어 있으며 조마조마해 보인다"라고 적었다. 대서양의 다른 쪽에서는 마셜이 워드의 반발을 눈치채고 참모총장 비서실의 고위직에서 근무했던 장군에게 그가 나를 불안하게 하는 비관주의적 인상을 주고 있다며 "나는 당신과 당신 경력에 매우 관심이 많지만, 필요에 의해 우리군의 전투정신을 발전시키는 데 더 큰 관심이 있다"고 경고하는 편지를 쓰도록 했다. 그러나 패튼은 영국 장군 해롤드 알렉산더^{Harold Alexander}가 "워드 장군은 미군 최초의 기갑사단을 지휘할 적임자가 아니다"라고 한 말을 듣기 전까지는 워드에 대한 조치를 하지 않았다. 해임은 마지막 한 방이었다. 자신의 회고록에서 아이젠하워는 프레덴달과 워드의 해임은 미군의 사기를 증진시키는 데 필요한 일이었다고 밝혔다. 북아프리카 카세린 협곡 전투에서 패배한 후에 "미군은 빠르게 회복할 필요가 있었다."

　런던에서 아이젠하워의 전임자였던 체니 장군처럼 워드는 본토로 보내졌다. 그러나 체니와 다르게 워드는 마셜의 호출을 받았는데 그에게 '독일군이 연합군보다 더 효율적이라는 말을 그만하라'라는 메시지를 전달하기 위해서였던 것 같았다. 워드는 지각없는 행동에 대해서는 용서를 받았다. 부분적으로는 그가 진실을 말했기 때문이고 다른 이유는 전쟁 전에 그가 마셜과 비교적 친밀해서 업무를 끝내고 종종 워싱턴의 코네티컷가 Connecticut Avenue를 함께 걸으며 집으로 가곤 했기 때문일 것이다. 워드는 텍사스에 있는 훈련부대로 전속되었다가 다음에 오클라호마 Oklahoma에 위치한 포트 실 Fort Sill의 포병학교 교장으로 근무했다. 전쟁 막바지 무렵에 그는 유럽의 다른 전투사단인 제20 기갑사단을 지휘했으며 전쟁 후에는 짧지만 5군단을 지휘하기도 했다.

패튼은 워드를 대체하여 어니스트 하몬 Ernest Harmon을 제2 기갑사단장으로 임명하면서 동쪽으로 가라고 지시했다. 하몬은 패튼에게 "좋습니다. 공격이나 방어 중 어느 것을 원하십니까?"고 물었다.

하몬의 설명에 따르면 패튼은 전형적인 퉁명스러운 말투로 "뭐 그리 멍청한 질문이 많은가?"라고 응답했다.

하몬은 "제 질문이 멍청하다고 생각하지 않습니다"라며 자신의 견해를 고수했다. 패튼을 상대할 때는 자신의 주장을 굽히지 않는 것이 언제나 중요하다. "저는 단지 제가 공격할지, 방어를 해야 할지를 묻는 가장 기초적인 질문을 한 겁니다." 패튼은 그에게 대답을 하지 않았다. 그래서 그는 스스로 공격하기로 결정했는데, 이러한 행동이 제2차 세계대전에서 언제나 가장 올바른 태도였다.

1943년 5월 고대 카르타고 Carthage가 있었던 튀니지 Tunisia에서의 승리는 서부에서 연합군이 달성한 최초의 승리였다. 이것은 어렸을 때 고대 로마와 그리스의 영웅들, 특히 카르타고 사람들에 대해서 많이 읽었던 아이젠하워에게 또 다른 의미를 가져다주었다. 그는 "모든 고대의 인물 중에서 한니발 Hannibal을 가장 좋아한다"고 술회했다. 튀니지에서의 승리를 되새기면서 그는 오늘날의 맥락에서 조금은 이상하게 보일 수 있는 결론에 도달했다.

> 통일성이라는 개념과 동맹군 지휘관에 대한 즉각적이고 끊임없는 충성은 승리의 기초이다. 각자의 정부나 혹은 많은 중요한 부하들에게 신뢰를 잃은 지휘관은 그 순간에 해임되어야 한다.

행간을 읽으면, 그는 완곡하게 프레덴달과 워드가 연합군의 통일성이라는 더 큰 목표를 위해 희생되었다고 말하고 싶었던 것처럼 보인다. 덧붙여서 아이젠하워는 핵심을 찌르며 "이것이 튀니지에서 연합군이 배운 큰 교훈이었다"라고 했다. 다시 말해서, 연합해서 하는 전쟁에서 장군들은 단순히 자국 지도자들의 신뢰를 잃었을 때만이 아니라 그 이전에 동맹국 지도자들의 지지를 잃었을 때 해임되어야 한다는 뜻이었다.

프레덴달과 워드가 해임된 지 얼마 지나지 않아 마셜은 미군의 상태에 대한 두 번째 보고서를 배포했는데, 이것은 전쟁에 참전한 이래 처음으로 배포된 것이었다. 그 기회를 이용해서 그는 부록에서 장군에게 요구되는 자질에 대해서 논했다.

> 군사적 기술이나 능력에서 최고의 기준에 부합되고, 전쟁의 현대적 기준에 대해서 포괄적인 이해를 한 상태에서 행동으로 옮기며, 육체적인 활력, 도덕적 용기, 그리고 현대의 전투 환경이 주는 부담을 이겨내는 데 필요한 강한 성격과 유연한 마음가짐

이러한 묘사는 태평양에서 쇼트 제독이, 아프리카에서는 프레덴달 장군이, 그리고 전쟁성에 있는 육군본부 일반참모부의 고위 장교들이 연달아 해임된 첫 번째 인사 태풍이 있은 후에 나왔다. 하지만 내용은 '유연한 마음가짐'을 추가한 것을 빼고는 제1차 세계대전에서 구상했던 리더십

목록(여기에 관해서는 이 책의 40쪽을 참고하기 바란다. - 옮긴이)과 대동소이했다. 1941년에서 1943년 초까지 있었던 패배는 장군들을 관리하는 마셜의 방정식을 바꾸게 하였다. 그들은 적응하거나 성공해야 했다. 그렇지 않으면 교체될 것이었다. 그러나 적어도 마셜과 아이젠하워는 소소한 것까지 세부적으로 관리하지는 않았다. 아이젠하워가 말한 바와 같이 "만약 야전 지휘관에 의해 얻어진 결론이 마음에 들지 않으면, 그에게 올바른 충고를 하거나 꾸짖거나 괴롭힐 것이 아니라 그냥 다른 지휘관으로 바꿔야 한다."

해임의 위험은 고위 장교들이 과도한 감독을 하지 않게 하도록 지불해야 하는 대가이다. 해임은 직관에 반하는 것이므로 지휘관을 해임하는 것보다 더 거슬리는 것은 없다. 그렇지만 역사는 그것이 상식적이라는 것을 보여준다. 육군이 보직 교체 제도를 멈추려고 했던 1950년대와 1960년대에 상관에 의한 간섭이 눈에 띄게 증가했다. 해임의 전통은 베트남 전쟁에서 완전히 사라졌다. 우연의 일치는 아니겠지만, 우리의 뇌리에 오래 남아 있는 갈등의 이미지 중 하나는 중위, 대위들이 자기들 머리 위에서 헬리콥터를 타고 선회하고 있는 대대장, 여단장, 심지어 사단장을 계속 올려다보는 모습일 것이다.

3

조지 패튼

전문가

장군의 리더십에 관한 마셜의 모델은 융통성 없이 꽉 막힌 틀이 아니었다. 오히려 예외를 위한 여지를 가지고 있었는데, 특별히 고위 지휘관에게는 더욱 그러했다. 마셜은 그들이 가지고 있는 다른 무엇과도 바꿀 수 없는 전투 효율성 때문에 조지 패튼George Patton과 같은 이단자들을 참고 견뎠다.

   패튼이 죽은 지 70여 년이 지난 지금, 그는 우리의 가장 뛰어난 장군들 중 한 명으로 남아 있다. 제2차 세계대전이 일어나기 수년 전에 마셜의 친구인 어니스트 하몬Ernest Harmon 소장은 언젠가 마셜의 부인이 젊은 패튼을 향해 "당신은 전혀 균형 감각이 없군요."라고 올바르게 꾸짖었다고 전하면서, 패튼에 대해 "기이하고, 영민하며, 감정 기복이 심한 사람"이라고 썼다. 흥분을 잘하는 패튼은 다른 장교들의 경질에 대해서는 전혀 모르는 듯이 행동했지만, 그는 특이한 단점 외에도 예외적인 능력이 있는 사람으로 여겨졌다. 마셜은 패튼에게 어릿광대 같은 면이 있으나 동시에 천부적으로 타고난 싸움꾼이라는 결론을 내렸다. 아이크는 제2차 세계대전 초기에 "패튼은 모든 일에서 매우 업무 지향적이고, 분별력이 있으며, 열정적인 자세가 돋보입니다"라고 마셜에게 보고하면서 패튼의 보호자임을 자처했다. 자신의 상급자에게 부하에 관해 설명을 하면서 "분별력 있는"이라는 단어를 사용하는 것은 아이크의 방식으로는 매우 이례적인 것이었다.

패튼에게 최악의 불명예스런 일은 1943년 중반에 시칠리아 전역에서 병원에 입원한 이등병 2명에게 잘못된 행동을 함으로써 발생했다. 그 중 1명은 전투피로증(지금은 외상 후 스트레스 장애 또는 PTSD라고 부름)으로 입원했다가 회복 중에 있었다. 1943년 8월 3일, 패튼은 제15 후송병원 텐트에 들어가서 제1 보병사단 소속의 찰스 컬Charles Kuhl 이병에게 병명이 무엇이냐고 물었다. 컬 이병은 "저는 전투를 할 수 없을 것 같습니다"라고 대답했다. 당시 사건을 기록한 의무장교인 페린 롱Perrin Long 중령의 보고에 따르면, "그러자 장군이 갑자기 화를 벌컥 내면서 병사에게 겁쟁이 같은 놈이라고 욕을 한 후에 자신의 장갑으로 이병의 뺨을 때렸고 마지막에는 그의 목덜미를 잡고 텐트 밖으로 던져버렸다. 의무병이 즉시 그를 병동 텐트로 옮겼다." 최종적으로 컬 이등병은 만성적인 이질과 말라리아 진단을 받았다. 이것은 모범을 보여야 할 장군이 절대로 해서는 안 되는 극도의 군기문란 행동이었다. 또한 단호하게 반미국적인 것이었다.

1943년 8월 10일에 패튼은 폴 베넷Paul Bennett 이병에게도 비슷하게 거친 행동을 해서 문제를 만들었다. 베넷은 실제로 자신의 의사에 반해 후송되었으며 "웅크리고 떨고 있음에도 불구하고 자신의 포병부대로의 복귀를 요청했었다. 패튼이 어디가 아프냐?"고 묻자 베넷은 "신경쇠약"이라고 말했다.

패튼은 "제기랄, 뭐 신경쇠약이라고! 지옥에나 가라, 이 겁쟁이야!"라며 소리쳤다. 그러고는 베넷의 뺨을 때리고 나서 "젠장, 당장 울음을 그쳐! 나는 울면서 앉아 있는 개자식을 보면 총에 맞아 죽었으면 좋겠다고 생각한다"라고 말했다. 의무대 롱 중령에 의해 재확인된 바에 따르면, 패튼은 다시 뺨을 때렸는데 얼마나 세게 때렸는지 이병의 헬멧 내피가 옆 텐트에 부딪혔다. 패튼은 군의관에게 베넷을 전선으로 돌려보내라고 명령했다. 패튼은 베넷에게 "너는 싸우러 가야 한다. 만약 명령을 어기면 벽에 세워 놓고 총살하겠다"고 말했다. 그러고는 권총으로 손을 뻗으며 "나에게는 징징대는 겁쟁이를 직접 쏘아야 할 의무가 있다"고 말했다.

여기에 사실과 관련하여 약간의 의문이 있다. 패튼은 두 사건을 자랑스럽게 자신의 일기에 썼는데 베넷에 대해서 "그에게 영혼이 있다면 내가 그의 영혼을 구할 수 있었을 것"이라고 기록했다.

병사를 때린 패튼의 둔감함은 그와 아이젠하워가 관찰했던 더글러스 맥아더의 공적을 회상한다면 더 잘 이해가 될 것이다. 두 사람은 더글러스 맥아더가 육군참모총장일 때인 1932년에 맥아더가 따귀를 때리는 것보다 훨씬 더 가혹한 짓을 주관하는 자리에 함께 있었다. 맥아더가 저지른 짓은 경제 대공황으로 타격을 입은 제1차 세계대전 참전용사 수천 명이 1945년까지 지불이 유보된 연금을 조기에 지급할 것을 요청하며 벌였던 "보너스 시위대"에게 최루가스를 던지고 폭력을 행사한 것이었다. 맥아더는 시위대를 해산하는 것뿐만 아니라 수도 워싱턴 D.C.에서 멀지 않은 곳에 있던 그들의 야영지까지 불태워 버리라고 명령함으로써 그가 받은 명령을 넘어섰거나 아니면 명령을 무시했었다. 맥아더는 "참전용사들은 십 분의 일도 안 될 것이며 시위대는 악질적인 공산주의자, 술주정뱅이, 범죄자들"이라고 주장했다. 아이젠하워는 맥아더에게 여기에 개입하지 말 것을 조언했었다고 말했다. 그는 또한 시위대 야영지로 가기 위해 아나코스티아Anacostia 강을 넘지 말라는 후버Hoover 대통령의 명령이 내려왔다고 맥아더에게 보고하자 맥아더는 "나는 그들을 보고 싶지도, 그들의 이야기를 듣고 싶지도 않다"고 하고는 다리를 넘었다고 증언했다.

1943년에 아이젠하워는 패튼을 해임시킬 충분한 이유가 있었지만 그는 자신의 뜻을 접고 패튼을 구하려고 노력했다. 뺨을 때린 불상사에 추가하여, 패튼은 시칠리아 작전을 지휘하면서 명령에 앞서서 사격을 시작했고, 독일군이 섬의 동쪽 끝에 집중하고 있는 상태에서 섬 서쪽 끝을 향하는 의문스러운 기동을 전개함으로써 마셜이 강조하던 연합군과의 팀워크를 위반했다. 패튼의 황당한 실수에도 불구하고 아이젠하워는 그의 경질을 피하고 싶었다. 대신에 아이젠하워는 패튼에게 질책성 편지를 보내서 부대원들에게 사과할 것을 요구했다. 아이젠하워는 깊이 뉘우친다는 패튼의 사과편지를 혼자만 간직한 채 사건에 대해 알고 있는 기자 3명에게 피해자들의 이야기를 기록으로 남기지 말아줄 것을 설득했다. 며칠 후, 아이젠하워는 패튼을 정식permanent rank 소장(당시에 미군은 전시 진급을 통해 임시로 상위 계급으로 먼저 진급시켰다. 정식 계급으로의 진급은 별도 절차를 밟았다. - 옮긴이)으로 진급시켜줄 것을 요청하는 편지를 마셜에게 보냈다. 요청은 결국 승인되었다. 아이젠하워는 "조지 패튼은 총장님과 제가 이미 알고 있으며, 그것으로 인해 이번 전역에서 저를 심란하게 만든 불행한 개인적 특성을 계속해서 표출하고 있습니다. 부하들에게 충동적으로 호통을 치는 버릇이 개인에 대한 학대로까지 확대되어 최소한 2개의 특정한 사례가 확인되었습니다. 저는 가장 극단적인 조치를 취해야 했었습니다만, 지금 패튼이 자신을 고치지 않으면 희망이 없습니다. 개인적으로는 패튼이

1943년 시칠리아의 메세나로 향하는 도중 라일 버나드Lyle Bernard 중령과 전략에 대해 논의하고 있는 패튼. 몇 차례의 해임 사유에도 불구하고 군사적 효율성 때문에 아이젠하워는 패튼을 중용했다. (사진 출처: Wikipedia Commons/Public Domain)

고쳐질 것이라고 믿습니다"라고 편지에 썼다.

몇 달 후인 1943년 11월에 뺨을 때린 사건이 보도되었다. 민주주의의 이름으로 싸우는 전쟁에서 미국 장군이 술집 불량배와 같은 행동을 하는 것은 참담한 일이었다. 아이젠하워는 그럴 것이라는 점을 미리 알고서 패튼에게 병사들에게 사과하라는 명령을 내리면서 그들에게 "자유민주주의 국가의 전투원인 그들의 위치를 존경했다"라는 말을 하라고 했다.

아이젠하워의 희망에도 불구하고 패튼은 고쳐지지 않았다. 뺨을 때린 논란이 거의 끝나가던 1944년 봄에 패튼은 다시 신문의 1면을 장식했다. 이번에는 영국의 너츠포드Knutsford에서 열린 공개행사에서 "미국과 영국이 세계를 지배하는 것은 명백한 운명"이라고 말한 것이 설화를 일으켰다. 그의 망언에 이어서 신문이 대대적으로 공격하자 아이젠하워는 마셜에게 "패튼은 고위 지휘관들이 자신의 행동이 여론에 어떤 영향을 미치는지를 인식해야 하는 모든 문제에 대해 합리적인 양식을 지니고 있지 않습니다"라고 말했다. 아이젠하워는 자신의 오랜 친구인 패튼에게 살얼음판 위에 서 있는 상태라고 분명히 알려주면서 "나는 자네가 혀를 잘못 놀리는 것에 정말로 진저리가 날 정도이며, 군 고위 인사로서 가져야 할 필수적인 사리 분별력이 있는지 의심하기 시작했네"라고 말했다. 아이젠하워는 마셜에게 "솔직하게 저는 패튼이 습관적으로 모두를 어려움에 빠지게 하는 것에 질렸습니다"라고 썼다.

하지만 이번에도 아이젠하워는 패튼을 해임하지 않았다. 그러면서 자신이 볼 때 그 친구가 "균형감각을 잃었지만 그럼에도 공세적 기질"을 가지고 있기 때문이라는 이유를 들어 마셜을 설득했다. 패튼을 알고 있으며 시칠리아에서 그의 밑에서 근무했던 제임스 가빈James Gavin은 아이젠하워가 패튼을 해임하는 것이 정당하다는 결론을 내렸지만 "그를 대신할 사람을 찾을 수 없었고 그와 같은 상위 제대의 장군 리더십은 희소했다. 마셜이나 패튼 외에는 딱 맞는 인물이 없다"고 했다.

또한 아이젠하워가 패튼을 관리하는 데 이상한 개인적인 요소도 있었다. 아이크는 오랜 역사를 지닌 기병에 대해 확실한 자부심을 가지고 있는 것으로 보였다. 이러한 면이 그들 사이의 우정이 오래 지속되도록 했고, 서로를 돕는 의무감이 되었을 거라는 데에는 의심할 여지가 없다. 전

1945년 벨기에의 바스토뉴에서 전쟁의 피해를 조사하고 있는 브래들리, 아이젠하워, 패튼(왼쪽부터) 모습. 자신의 오랜 친구에 대한 아이젠하워의 평가는 모든 연합군 장군 가운데 그를 가장 뛰어난 장군 중의 한 명이라고 본 독일 장교들보다는 훨씬 인색했다. (사진 출처: Wikipedia Commons/ Public Domain)

쟁이 시작되었을 때, 아이젠하워를 보살핀 것은 패튼이었다. 아이젠하워의 동료인 웨드마이어Wedemeyer가 패튼을 어떻게 할 것인가에 대한 논쟁 중에 아이젠하워에게 말한 것처럼 "제기랄, 아이크. 스스로를 돌아보게. 자네가 패튼을 만든 게 아니라 그가 자네를 만들어준 거야"라고 했다. 패튼 역시 1942년 초에 아이젠하워에게 "자네가 나의 가장 오랜 친구일세"라고 이야기했었고, 1년 후에는 아이젠하워가 같은 말을 돌려주었다. 그러나 가빈이 맞았다. 무엇보다도 아이젠하워는 군사적 효율성 때문에 패튼이 필요하다는 것을 알았다.

자신의 오랜 친구에 대한 아이젠하워의 평가는 모든 연합군 장군 가운데 그를 가장 뛰어난 장군 중의 한 명이라고 본 독일 장교들보다는 훨씬 인색했다. 독일 전쟁포로였던 중령 프라이헤어 폰 방엔하임Freiherr von Wangenheim 경이 자신을 포로로 잡은 군인에게 "패튼은 보병과 전차의 협동 작전에 있어서 가장 뛰어난 현대적 장군이자 최고의 지휘관이다"라고 이야기했다.

패튼에 대한 아이젠하워의 마지막 이야기는 20년이 지난 이후에 자신의 마지막 회고록 『쉬어At Ease』에 나온다. 거기에서는 패튼을 "신속하고 압도적인 공세 작전의 달인"이라고 반복해서 부르면서 "육군이 알고 있는 추격에 관한 한 최고의 리더"라는 칭찬을 했다. 그것은 최상급의 표현이고 고귀한 말이지만 제한적인 의미도 품고 있다. 즉, 아이젠하워는 패튼을 최고의 군인이라고는 불렀는데 좁게 표현한 부분에서만 최고였다. 아이젠하워는 패튼을 최고의 장군 또는 최고 지휘관이라고 하지 않았고, 심지어 공세작전에 관해서도 마찬가지 입장이었다. 퇴각하는 적군을 추적하는 단일 임무에서만 탁월했다는 것이 아이젠하워의 관점이었다. 임무가 한정적이고 작았더라도 그것은 1944년 후반기에서 1945년 초에 미군이 유럽 전역에서 직면했던 명확한 과업이었고, 그래서 패튼이 불명예스럽게 고향으로 가지 않은 중요한 이유가 된 것 같다. 모든 것을 감안할 때, 아이젠하워가 패튼을 지킨 것은 올바른 일이었다. 현대의 미군에 패튼의 역동성과 색깔을 가지고 있는 고위 지휘관이 얼마 안 된다는 것이 더 좋지 않은 일이다.

4

마크 클라크

이도 저도 아닌 지휘관

패튼처럼 마크 클라크^{Mark Clark} 중장도 아이젠하워와 가까운 사이였지만 전투 현장에서는 패튼보다 훨씬 덜 효과적이었다. 클라크 역시 좋아하기 어려운 사람이었다. 패튼은 일기에 "클라크와 함께하는 것은 살이 떨리는 일"이라고 썼다. 10개월 후에 패튼은 "누구라도 클라크 밑에서 근무하면 위험에 빠진다"고 말했다. 1943년에서 1944년까지 중요도가 떨어지는 이탈리아 전구의 미군 사령관이었던 클라크는 사단장을 감독하는 군단장 2명을 해임했다. 만약 누군가 책임지고 나가야 한다면 클라크의 부하 2명이 아니라 클라크가 해임되었어야 한다는 강력한 주장이 제기될 수 있다. 그는 해임될 만큼 나쁘지 않았지만, 그렇다고 존경할 만큼 훌륭하지도 않았다.

패튼은 언제나 믿을만한 보고자는 아니었지만 클라크에 대한 그의 경계심은 1943년 가을과 이어지는 겨울에 이탈리아에서 드러났다. 시칠리아 전역에 이어서 미·영 연합군은 1943년 9월 9일에 이탈리아 본토의 나폴리Naples로부터 50킬로미터 남동쪽에 위치한 살레르노Salerno에 상륙했다. 이 공격은 클라크가 자신의 책임하에서 처음으로 시행한 전쟁 지휘였는데, "거의 재앙에 가까운 수준"이었다. 독일군의 기준에서 보면 이때의 독일군 역습은 별로 치열하지 않았다. 그럼에도 불구하고 클라크는 1943년 9월 12일까지 공황에 빠져 허우적거렸다. 그는 부하들이 바다로 밀려나지 않을까 두려워했고, 해안에 적재해 놓은 산같이 많은 식량, 차량, 유류, 탄약, 기타 보급품의 파괴를 명령해야 하는지를 노심초사했다.

다른 사람들은 클라크보다는 덜 흔들렸다. 제45 사단장인 용맹한 트로이 미들턴Troy Middleton 소장에게 클라크가 철수를 고려 중이라고 말하자 미들턴 소장은 격하게 반응했다. "마크, 우리 사단에 충분한 탄약과 보급품을 남겨주십시오. 45사단은 남아 있겠습니다"라고 말했다. 공황에 빠진 클라크의 생각을 듣자마자 영국군 최고 선임자인 해롤드 알렉산더Harold Alexander 대장이 지휘봉으로 군복 바지를 찢으며 "절대 안 돼, 절대 그럴 수 없어"라고 했다. 그는 "철수는 없네. 우리는 여기에서부터 진격한다"고 명령했다. 그것으로 철수를 하고자 했던 클라크의 시간 낭비는 종결되었다.

그러나 클라크는 비난을 가라앉힐 필요가 있었다. 그는 담배 창고에 군단사령부를 설치한 예하 5군단장 어니스트 마이크 달리Ernest Mike Dawley에게 전화했다. 달리는 독일군이 자신들의 방어선을 돌파하여 미군의 후방지역으로 흩어지고 있어 극히 어려운 상황이라고 보고했다.

"그래서, 어떻게 할 거야?"라고 클라크가 물었다.

"할 수 있는 게 없습니다"라고 달리가 말했다. 클라크의 말에 의하면 달리는 "저는 예비대가 없습니다. 할 수 있는 것은 기도뿐입니다"라고 했다.

클라크는 그의 이런 반응에 혼란스러워졌으며 상황이 안정되기까지 일주일 정도를 그 상태로 보내기로 했다고 후에 썼다. 클라크의 제2차 세계대전 회고록은 전쟁으로부터 얻어진 정보가 가장 적은 것 중 하나이며 진실을 밝히는 몇 가지 내용보다 생략으로 더 주목받는 경향이 있다. 이 사건에 대한 그의 설명도 회고록과 같이 중요한 사항이 누락되었다. 클라크는 상관인 알렉산더가 달리에 대해 "나는 자네의 일을 방해하고 싶지 않네. 지휘관을 평가하는 게임에 관한 한 나는 10년의 경험을 가지고 있다네. 자네가 믿을 수 없는 사람과 같이 있다는 것을 분명히 말할 수 있으니 즉시 달리를 교체할 것을 제안하네"라고 자기에게 말했던 중요한 사실을 기록하지 않았던 것이다.

클라크의 가장 든든한 지원자인 아이젠하워는 달리의 인성에 대하여 더 나쁜 인식을 가지고 있었다. 전투 현장을 방문하는 동안에 아이젠하워가 클라크에게 "하나님 맙소사, 마이크! 도대체 부대를 어떻게 이리 엉망으로 관리하고 있는 거요?"라고 물었다. 그의 날카로운 질문은 누군가 책망을 들어야 한다면 클라크는 아니어야 한다는 것을 다른 사람에게 명확하게 보이려고 일부러 그렇게 했을 가능성이 크다. 군 생활 초반부터 클라크의 친구이자 조언자 역할을 했던 제36 사단장 프레드 워커Fred Walker 소장은 "클라크보다 달리가 임무를 더 잘했다"고 믿었다. 아이젠하워는 달리를 해임하려는 클라크의 결정을 지지했으며 마셜에게 편지로 자신의 견해를 설명했다. "상황이 정말로 나빠 보이므로 그를 지휘관 자리에서 해임하겠습니다." 덧붙여서 그는 해임되는 그를 강등하도록 허가해 달라고 했다. 달리는 본토로 귀국해서 제1차 세계대전 중에 함께 근무했던 마셜을 만나러 갔다. 육군 역사학자가 마셜을 인터뷰하여 기록한 내용에 따르면, 처음에 마셜은 달리의 보직 해임에 대해서 어느 정도 염려를 하고 있었는데 "그의 이야기를 들은 후에는 그가 더 빨리 해임되었어야 했다고 달리에게 말했다." 달리는 전투지휘관으로 실패했다. 그러나 클라크는 살아남았다.

 클라크 부하로 근무했던 최고의 장교들은 전투지휘에서 보인 그의 능력에 의심을 품으며 그에게서 멀어졌다. 그들은 특히 클라크에게는 장군 리더십에 있어서 가장 신비로운 기술이라고 할 수 있는 전장의 전개를 감지하는 능력이 결핍되었다고 진술했다. "그의 가장 큰 약점은 자신의 홍보에 큰 관심을 두고 있는 것이었다. 그와 같은 잘못된 관심이 최고의 지휘관임을 나타내는 전투 감각을 체득하는 데 방해가 되었다고 종종 생각했다"고 제2차 세계대전 중 최고의 미군 장군 가운데 한 사람이자 패튼의 오랜 폴로 경기 친구인 루시안 트루스콧 Lucian Truscott이 기록했다. 또 다른 제2차 세계대전 참전 고위 장군인 제임스 가빈 James Gavin은 수십 년 후에 매튜 리지웨이 Matthew Ridgway에게 보낸 편지에서 "클라크가 군인이 무엇을 할 수 있고 무엇을 할 수 없는지와 임무를 완수하기 위해 얼마나 많은 힘을 들여야 하는지에 대한 감각을 전혀 가지고 있지 않다는 것을 항상 느끼고 있었다"면서 트루스콧과 거의 같은 결론에 도달했다. 클라크 예하의 2개 군단을 상대했던 독일군은 그들이 "독립적으로 운용되며 리더십과는 전혀 연계되지 않는" 부대로 보았다고 포로가 된 독일군 정보장교가 신랄하게 비판했다. 클라크는 부대 간의 연계와 협조 면에서 최악이었다. 클라크는 달리의 6군단장 후임으로 그에 비해 더 나을 것도 없는 존 루카스 John Lucas 소장을 임명했다. 루카스는 이해하기 어려운 선택이었다. 어느 역사학자는 그가 "가냘프며 노처녀같이 까칠한 자질을 가진 감수성이 예민하고 자비심이 많은 남자"라는 인상을 남겼다고 기록했다.

1944년의 처음 2개월 동안에 보인 루카스의 행동은 마셜이 오랫동안 군에서 없애려 했었고, 혹시 군에 남아 있다 하더라도 전투지휘관 자리를 주지 않으려고 했던, 피로에 지쳐 있고 노쇠하며 염세적인 제1차 세계대전의 장군 모습과 흡사했다. 루카스가 어떻게 마셜의 그물망에서 빠져나갔는지는 정확히 알 수 없지만 아마도 노르망디 상륙작전계획에 집중하느라 마셜의 관심이 이탈리아 전역에서 멀어졌을 가능성이 있다. 1944년 1월에 연합군은 이탈리아 로마 남쪽에 있는 안지오Anzio까지 개구리 뛰기식 기동(적의 저항을 모두 제거하지 않고 속도 발휘를 위해 중요한 지점만을 선별적으로 확보하는 기동 방식 – 옮긴이)을 함으로써 남부 이탈리아에서의 독일군 저항을 측면에서 공격하려 했다. 루카스는 자신의 일기에서 그러한 과감한 작전을 크게 우려하는 심정을 털어놓았다. 상급자들과의 회의를 마친 후에 그는 "나는 도살장에 끌려가는 양이라는 생각이 들었다"라고 기록했다.

　같은 달에는, "명령대로 하겠지만 '리틀 빅 혼 전투Battles of Little Big Horn'(조지 암스트롱 커스터 중령이 지휘하는 미국군과 평원 인디언인 다코타족, 북부 샤이엔족 사이에 1876년 6월 25일 벌어진 전투. 커스터 부대는 이 전투에서 전멸했다.– 옮긴이)와 같이 이번 전투는 재미가 없으며, 만약 실패한다면 클라크를 망치게 하고 많은 부하가 죽을 것이며 전쟁이 틀림없이 길어질 것이다"라고 썼다. 이것은 독일군을 상대하는 데 좋은 마음가짐이 아니었다. 자신의 부대가 열세하다고 믿었기 때문에 루카스는 조심스럽게 작전을 전개했다. 기습이 완벽하게 성공해서 상륙에 대한 저항이 사실상 없었음에도 불구하고 루카스는 확보해야 할 고지가 있는 언덕으로 부대를 밀어붙이지 않았다. 그는 자신의 앞에 있는 언덕을 확보할 수는 있겠지만 계속 유지할 수는 없다는 견해를 가지고 있었다. 대신에 그는 참호를 파서 들어

앉았으며 보급품을 운반해 오도록 했다. "이러한 종류의 중압감은 끔찍한 짐이야. 이러려고 장군이 되지는 않았어"라고 루카스는 일기에 적었다.

안지오 작전은 살레르노보다 더 엉망진창이었다는 게 입증되었다. 아이젠하워가 나중에 기술한 바와 같이, 안지오에서는 피가 강을 이루고 있었다. 제1차 세계대전에서 갈리폴리Gallipoli가 연합군에게 '잊히지 않는 상처'가 되었던 것처럼 제2차 세계대전에서 안지오가 그와 같다는 생각을 들게 했다. 마셜은 몇 년 후에 역사가에게 영국군은 안지오에서 쓸 수 있는 한 방이 없었다고 말하면서, 그들의 전투력은 완전히 소진되었고 사기는 땅에 떨어졌다고 생각했다. 이것은 2년 전에 영국인들이 미국인을 그렇게 경멸했던 북아프리카에서의 교훈이 완전히 뒤바뀐 것이었다. "이탈리아에서의 상황은 정반대였다. 미군은 교훈을 얻어 훈련되어 있었지만 영국군 사단들은 기진맥진한 상태여서 더는 싸울 여력이 없었다. 미군 사단은 나아지고, 영국군은 악화되는 상황으로 흘러갔다"고 마셜이 역사가에게 말했다.

클라크는 위기에 처했을 때 자신을 제외한 모든 사람을 탓하는 경향이 있었다. 안지오에서의 혼란에 직면해 그는 루카스에게서 조심하는 게 좋겠다는 조언을 들었었는데, 그런 조언을 했다고 루카스를 질책함으로써 본인의 진짜 속마음을 드러냈다. 공격이 교착상태에 빠진 1944년 1월 하순의 어느 회의에서 클라크는 예하 사단장들이 형편없는 작전계획을 세웠다며 그들을 맹렬하게 비난했다. 군단장인 루카스가 앞으로 나와서 클라크가 계획들을 승인했으니 그가 비난을 받아야 한다고 말했다. 클라크는 루카스의 말을 무시한 채, 이번에는 독일 방어선 돌파 과정에서 전멸한 레인저 대대를 관장했던 윌리엄 다비William Darby 대령과 루시안 트루스콧 소장을 연이어서 공격하기 시작했다. 트루스콧은 자신이 레인저 대대의 원형을 조직했으며, 자신과 다비는 레인저의 전투능력이 육군의 누구보다 뛰어나다는 것을 잘 알고 있다며 시큰둥하게 응답했다. "상황은 그걸로 끝났다"고 트루스콧은 술회했다.

만약 클라크가 실패한 기습 공격의 책임을 지지 않는다면 다른 누군가가 져야 했다. 상륙한 지 1개월이 지난 2월 22일에 루카스는 클라크에게서 메시지를 받았다. 루카스는 자신의 전투일기의 마지막 내용으로 "오늘 클라크가 8명의 장군을 대동하고 온단다. 이건 또 뭐지?"라고 기록했다. 클라크는 그를 버리고 트루스콧으로 교체하기 위해서 오는 중이었다.

루카스가 내륙으로 밀고 들어갔었더라도 작전이 성공했을지 명확히 알 수는 없지만, 동료들은 그가 그러한 적극적인 노력을 하지 않았기 때문에 해임이 정당하다고 보았다. 어쨌든, 클라크가 루카스에게 내륙으로 기동하라고 독려했었는지에 대한 증거는 없지만 그가 그것에 반대하는 조언을 했다는 증거는 차고 넘친다. 루카스를 희생양으로 삼은 것에 대한 당혹감을 반영하듯 클라크는 자신의 일기에서 해임에 관한 어떠한 언급도 하지 않았다. "한 문장 안에서 6군단장이 존 루카스로 되어 있다가, 다음에는 루시안 트루스콧으로 기술되어 있다"고 영국 역사가 로이드 클라크Lloyd Clark가 능글맞게 지적했다. 클라크는 나중에 영국의 명령에 따라서 루카스를 해임했으며 자신도 거기에 동의했다고 덧붙였다. "조니 루카스에 대한 나의 감정은 그가 정신적으로나 육체적으로 몹시 지쳐있었다는 것이었다"라고 말했다. 트루스콧도 자신의 오랜 친구인 루카스의 해임을 보면서 "내 전쟁 경험 중에서 가장 슬픈 경험의 하나였다"고 기록했다.

안지오 전투를 가장 현대적으로 잘 조명하고 연구한 작가인 줄리안 톰슨Julian Thompson 영국 소장은 루카스의 해임은 불공정했지만 옳은 일이었다고 결론을 내렸다. 그의 설명에 의하면, 기본적으로 안지오 작전은 잘 못 계획되고 수행되었기 때문에 다른 지휘관이 했더라도 더 나은 결과를 가져오지는 않았을 것 같다고 설명했다. 그러면서 루카스의 따분한 지휘 스타일을 고려하면 그의 해임은 필요하지도 그리고 시간적으로도 적합하지 않았는데, 해임의 이유가 전에 무엇을 했느냐가 아니라 앞으로 있을 돌파를 위한 치열한 전투에 이은 3개월의 방어전투에 대한 것이었기 때문이라고 말했다. 1982년 봄 포클랜드Falkland 전쟁에서 특공연대를 지휘했던 톰슨(1982년 5월, 포클랜드 전쟁에서 영국군 제3 코만도여단을 지휘해 상륙작전을 위한 교두보 확보 임무를 수행했다.-옮긴이)은 그러한 모든 것을 보면서 다음의 결론에 도달했다. 안지오 전투는 전술적 수준에서는 비록 형편없이 계획되고 수행되었지만 그럼에도 불구하고 전략적 성공이었다고 보는 이유는 그 작전이 독일군 부대를 프랑스에서 이탈리아로 전환하도록 강요했기 때문이다. 5개월 후 연합군이 북부 프랑스를 침공했을 때, 이때 있었던 독일군의 이탈리아 전환은 다른 결과를 만들어냈다.

클라크의 의도가 무엇이든 간에 루카스를 해임한 그의 행동은 정당했다는 게 결과론적으로 입증되었다. 트루스콧은 전임자인 루카스와 전혀 다른 역동적인 지휘관임을 스스로 증명했다. 그는 지휘소 안에 머물러 있지 않고 최전선 부대들을 여기저기 방문했으며 미군 지휘부에 대한 영국군의 신뢰를 회복시켰다. "둥근 천장의 와인 저장소에 설치된 지휘소에서 자주 나오지 않았고 어쩌다 부대를 방문할 때조차도 신뢰와 긍정의 모습을 투영하는 데 실패했던 루카스와는 다르게 트루스콧은 필요한 감정적 반응을 끌어냈다"고 역사가 마틴 블루멘슨Martin Blumenson이 썼다. 그런데도 로마까지 64킬로미터를 진격하는 데 3개월이 더 걸렸다.

아랫사람과 상급자들이 싫어하며 신뢰하지 않았던 "불평꾼" 클라크는 자리에서 물러났어야 했다. 그러나 영국군 장교들은 미군의 지원 없이 그러한 움직임을 벌이는 데 주저했고, 미군 장교들은 클라크가 아이젠하워와 매우 친하다는 것을 알고 있어서 조심스러워 했다. 또한 클라크를 대체할 만한 사람이 없었다는 것도 한몫했다. 제이콥 데버스Jacob Devers라는 미국 장군이 "클라크는 자신이 전지전능하다고 생각하네. 내가 그 골칫덩어리를 해임할 수만 있다면 그리할 텐데 나는 할 수가 없네"라고 영국군 동료에게 말했다. 지극히 평범했지만 누구도 건드릴 수 없었던 클라크의 사례는 정치와 인간관계로 인해서 반드시 이루어졌어야 할 일이 방해받는다는 결점을 마셜 시스템이 가지고 있다는 것을 보여주었다.

클라크가 자신의 주변에 있는 것을 좋아했던 한 명의 장군은 아마 이탈리아 전선에서 그를 상대했던 독일군 육군 원수 알베르트 케셀링Albert Kesselring이었을 것이다. 그는 일찍이 클라크가 모험을 싫어한다는 것을 알아차리고 몇 달에 걸쳐서 그 점을 자신에게 유리하도록 활용했다. 아이젠하워의 총애를 받던 두 명의 장군이 있었는데, 그중 한 명인 패튼은 독일군들이 모든 미군 장군 중에서 마주치기를 가장 두려워했던 반면에, 다른 한 명인 클라크는 가장 환영받는 상대였다는 사실은 참으로 아이러니하다.

다른 몇 명의 장군들과 다르게 클라크는 시간이 지나도 평판이 나아질 기미를 보이지 않은 것으로 유명했다. 미국에서 가장 뛰어난 군사학자 중의 두 명인 윌리엄슨 머레이Williamson Murray와 앨런 밀레Allan Millett는 클라크를 "야심은 있으나 부하들에게 무자비했고, 부하들의 목숨을 낭비했으며, 동맹군의 어려움에 대해서 동정적이지 않았고, 무엇보다도 본질보다 형식에 치우친 사람으로 가장 기대에 어긋난 전시 미군 장군 가운데 한 명"이라고 결론지었다. 장군 수십 명이 경질되었던 그 전쟁에서 클라크가 살아남았다는 사실은 육군의 미래에 암울한 우려를 던지는 신호였다. 요즘의 장군들을 보면, 패튼 같은 사람보다는 클라크 같은 사람이 훨씬 더 많다.

5

"끔찍한 테리" 앨런

마셜과 그의 추종자들 간의 갈등

테리 드 라 앨런Terry de la Mesa Allen 소장의 사례는 마셜 체계에 도전한 또 다른 대표적 사례였다. 마셜은 초강대국의 길로 들어서고 있는 미국 군대에서의 장군 리더십 본질에 대해 유럽에 주둔한 미군 최고위 장군인 아이젠하워와 브래들리와 의견을 달리했다. 앨런 장군을 어떻게 할 것인가가 불일치의 요점이었다.

별명이 "끔찍한 테리(그가 보인 행태가 끔찍해서 terrible이라는 단어가 Terry라는 이름과 운율이 맞아 그렇게 불린 것으로 여겨진다. - 옮긴이)"였던 앨런은 구식 육군 스타일의 군인이었다. 그는 미국 서부에서 말을 타고 흙먼지를 날리며 달리는 거칠고, 단정치 않으며, 광적으로 속도를 즐기면서, 두주불사의 술고래인 기병의 전범이었다. 젊은 위관장교 시절인 1913년 그는 6명의 기병을 이끌고 국경을 넘는 30명의 소도둑을 공격하여 일망타진했다. 제1차 세계대전에 참전해서는 얼굴에 총상을 입고도 치료를 위한 후송을 거부해서 육군에서 일약 유명해졌다. 1920년, 그는 "카우보이 대 기병" 간에 벌어진 중부 텍사스 480킬로미터의 거리를 횡단하는 경마 경주에 육군 대표로 참가하여 101시간 56분의 기록으로 우승했다. 앨런은 아이젠하워와 포트 레번워스Fort Leavenworth에 있는 지휘참모대학에서 함께 공부한 동기생이었는데, 아이젠하워가 수석을 차지한 반면 앨런은 241명 중 221등이라는 꼴찌에 가까운 성적으로 졸업했다. 아이젠하워는 음주를 꺼리지 않았다. 그는 금주령 기간에도 메릴랜드Maryland에 있는 포트 미드Fort Meade에서 밀주를 만들기도 했으며, 전쟁 전에는 워싱턴에 있는 포트 루이스Fort Lewis의 제15 보병연대에 근무하면서 '맥주통 폴카Beer Barrel Polka'를 연대의 공식 행진곡으로 선포하기도 했다. 그러나 아이젠하워는 술버릇에서 앨런과는 달랐다. 앨런은 엄청난 음주가로 부관의 기억에 의하면 어느 파티에선가는 "고주망태가 되어서 자기 발로 차에 오르지도 못할 정도"였다. 마셜은 앨런이 여러 면에서 과하다는 사실을 알고 있었지만, 그가 보인 전투지휘관 능력을 더 중요하게 생각했다. 전쟁 전에 썼던 편지에서 마셜은 그를 "모든 부하에게서 열정을 불러일으키고 불가능한 임무를 수행할 수 있는 흔치 않은" 장교 중의 한 명이라고 묘사했다. 전쟁 준비를 잘하지 않았던 미군이 막 창설된 부대를 전투에 보내야 할 때, 이러한 그의 특성이 전쟁 초기에 특별히 도움이 되리라는 점을 마셜은 이미 알고 있었던 것으로 보인다. 1940년 10월에 마셜은 여러 부하의 반대에도 불구하고 앨런을 준장으로 진급시켰다. 제2차 세계대전 동안에 마셜의 부관이었던 메릴 파스코Merrill Pasco는 "아무도 테리 앨런의 장군 진급을 원하지 않았는데 마셜이 밀어붙였다"고 회상했다. "내 기억으로는 인사참모부장이 앨런의 진급을 반대하는데도 불구하고 고집을 부렸던 사람 중 한 명이 마셜이었다"고 인사책임자가 말했다. 앨런이 중령 시절에 제7 기병연대장에게 호되게 혼나고 군법회의에 회부될지도 모르는 상황에 빠져 있었을 때, 중령에서 대령을 건너뛰고 준장으로 진급한 소식이 전보로 도착해서 자신을 질책하던 대령을 앞지르는 일이 벌어졌다.

마셜은 계속해서 앨런을 지켜주려고 했다. 2년 후 미국이 세계 전쟁의 한복판으로 들어갈지의 여부를 살피고 있을 때, 마셜은 앨런의 음주 습관에 대해 걱정하는 개인 서신을 보냈다. "자네가 음주를 많이 한다는 사실을 다양한 경로를 통해서 듣고 있네. 술에 취한 상태로 나타났다는 게 아니라 낮에 술을 마신다는 뜻이네"라고 썼다. 그러면서도 앨런이 좋아하는 제1 보병사단장 직위에 계속 두었다. 언젠가 앨런은 "제1 보병사단장이라는 자리는 가장 훌륭한 군대에서 최고로 영광스러운 직책이다"라고 사단에 새로 전입해 온 장병들에게 말했다.

앨런이 가지고 있는 두 가지 면을 모두 이해한 마셜의 직관력은 정확했다. 앨런은 상급자들에게는 악동이고 짜증 나는 유형이었지만, 미국이 유럽과 아프리카에서 전쟁에 참여하여 벌인 첫 1년의 전투에서 육군의 가장 뛰어난 전투지휘관 중의 한 명이었다. 해임된 프레덴달로부터 지휘권을 인계받은 지 얼마 안 된 1943년 3월 17일 이른 아침에, 조지 패튼 중장은 튀니지에서 독일군을 향해 공격작전을 개시한 제1 보병사단의 전투 현장을 보기 위해 최전선에 도착했다. 병력 이동이나 다른 공격이 임박했다는 징후가 없는 것을 확인한 패튼은 앨런을 찾기 위해 자리를 박차고 나섰다. 이동에 관한 아무런 징후가 없는 이유는 필시 공격 진행이 더뎌지고 있기 때문이라고 믿었던 패튼은 앨런에게 "이게 뭐하는 짓이야?"라고 으르렁거렸다. 그러나 앨런은 패튼의 예상과 다르게 계획했던 것보다 일찍 공격을 결정했고, 부대는 공격집결지를 이미 떠났을 뿐만 아니라 일련의 첫 번째 목표에 도착했다고 보고했다. 앨런은 패튼을 뛰어넘고 미군의 지휘 아래에서 독일군에게 처음으로 승리한 전투의 선봉에 있었다.

앨런은 자신이 육군의 새로운 작전 수행 방법에 적응하는 것이 어렵다는 점을 알았다. 그는 팀워크를 우선으로 하는 마셜 - 아이젠하워 인맥의 팀원이 되기 위해 무던히 노력했지만 마음까지 그렇지는 않았다. 앨런은 전투 후에 튀니지 아몬드 나무 almond tree 아래에서 이루어진 즉석 기자회견에서 "나는 우리 사단이 오늘 꽤 전투를 잘했다고 생각합니다"라고 했다. 앨런은 맞는 말을 하는 것으로 기자회견을 시작했다. "나는 그것이 무엇이든 팀워크를 따라야 한다는 점을 강조하고 싶습니다. 사단 부대원 모두가 칭찬받을 자격이 있습니다. 포병이 그렇고, 공병도 당연하고, 용감한 전차 파괴자들도, 수색대대원들까지 모두다. 그리고 의무부대원들과 모든 차량을 운전한 수송요원들도 잊지 말아야 합니다"라고 했다. 그러나 이러한 행동은 오래가지 않았고 곧 방향을 확 바꾸어 손가락질을 하면서 빈정대기 시작했다. "내가 공중지원에 대해 화가 났다는 것을 누구도 알지 않기를 바랍니다. 나는 공군이 이곳에서 해야 할 일이 많을 것이라고 추측합니다. 전선에 있는 다른 사단이 2~3개 독일군 기갑사단의 공격을 받아서 공군이 우선적으로 그곳을 지원했을 것이라고 생각합니다. 그런데 전투에 참가한 여기에 있는 모든 사람은 그렇지 않다는 것을 알고 있습니다." 앨런은 심지어 "나는 그들의 전차 엔진에 문제가 있었다고 생각합니다"라고 하며 인접 지역을 담당하는 다른 육군부대인 올랜도 워드 Orlando Ward의 제1 기갑사단을 조롱했다.

전쟁 중에 앨런에게 가장 좋았던 날은 1943년 7월 11일, 시칠리아에 미군이 상륙한 다음 날이었다. 역사상 가장 큰 상륙작전이었으나 곧 난관에 봉착했다. 미군 공정부대와 영국군이 섬 동쪽에서 병행 공격하는 가운데 미군들은 시칠리아 섬의 남쪽 중앙으로 폭풍처럼 기습 상륙을 했다.

그러나 강한 바람과 거친 파도가 상륙을 방해했다. 독일군은 미군을 향해 섬의 능선에서 해안으로 내려오면서 강렬하게 반격했다. 독일군 전차부대는 수제선water's edge(강이나 호수, 바다 등의 물과 땅이 닿아서 이루는 선 - 옮긴이)으로부터 1,800미터 안까지 들어와서 압박했다. 앨런의 보병 전투원들은 전차가 지날 때 땅을 파고 숨어 있다가 뒤따라오는 독일군 보병부대를 공격했다. 앨런 사단의 포병 대부분은 아직 상륙을 하지 못했기 때문에 그는 해군의 함포사격을 요청했다. 구축함과 순양함들이 큰 파도를 넘어 거의 좌초될 뻔한 상태로 독일군 전차와 교전하기 시작했다. 사단의 모든 장병이 자신들의 진지를 고수하며 치열하게 싸우고 있던 그날 밤, 앨런은 놀랍게도 "사단은 자정에 공격을 개시하라"는 명령을 하달했다. 이것은 그야말로 눈부신 공세 전환이었다. 앨런은 육군에서 이례적으로 야간전투훈련을 강조해왔기 때문에 야간 작전으로 인해 일부 병사가 혼란 속에서 길을 잃을 수는 있지만 궁극적으로는 장시간의 주간 공격으로 사망하는 것보다는 희생자가 훨씬 적을 것이라고 판단하고 자신 있게 명령을 내릴 수 있었다. 전투 시점을 잡는 감각은 흠잡을 데가 없었다. 사단의 공격으로 인해서 새벽에 계획된 공격을 위해 집결지로 이동하던 독일군 증원부대는 기습을 당했다.

심지어 앨런의 천적인 오마 브래들리Omar Bradley 중장도 독일군의 기습적인 궤멸에 큰 감명을 받았고, 후에 교차하는 심정을 다음과 같이 기록했다.

나는 미군의 어떤 사단이 적 전차가 돌파해 오는 상황에서 교두보를 확보하기 위해 제시간에 적을 격퇴시킬 수 있을지 의문이다. 오로지 삐딱한 제1 보병사단과 이에 못지않게 삐딱한 앨런 사단장만이 공격을 감행할 강인함과 경험을 가지고 있다. 풋내기 사단은 쉽게 공황에 빠져서 상륙작전을 상당히 혼란스럽게 만들었을 것이다.

브래들리는 앨런의 리더십을 간접적으로만 칭찬했다. 그는 앨런 사단이 달성했던 성과를 존중했지만 앨런이 지휘한 방식에 대해서는 자신의 원래 생각을 견지했다.

해안 교두보를 확보한 후, 앨런은 1사단을 이끌고 더운 시칠리아의 산악지대 내부로 진입해 결국 시칠리아에서 가장 고지대에 있는 도시이며 독일 방어선의 핵심지역인 트로이나Troina 인근, 섬 중심부에서 일주일 동안 전투를 벌였다. 앨런의 사단을 상대로 최소한 24번의 역습을 시도했던 적군과의 교전은 매우 치열했다. 제1 보병사단에 배속된 포병대대장 웨스트모어랜드Westmoreland가 타고 있던 차량이 독일군 지뢰를 밟아 하늘로 날아갔으나 구사일생으로 살아났다. 앨런과 그의 제1 보병사단은 패튼의 평가에서 시칠리아 전역 중 "가장 힘들었던 전투"에서 승리했다. 역사가 존 루카스John Lucas의 견해도 이 전투가 그때까지 가장 치열한 전투였다. 앨런이 나중에 쓴 기록에 의하면 "어떠한 대가를 치르더라도 반드시 트로이나를 사수하라는 명령을 받았다고 독일군 포로들에게서 들었다"고 했다. 트로이나가 함락된 그 주에 앨런은 《타임Time》지 표지에 등장했다.

그러고 나서 믿기 힘든 보직 이동이 있었다. 트로이나 전투가 끝나자 브래들리는 앨런을 제1 보병사단장에서 경질했다. 앨런의 후임으로는 마셜이 총애하는 클래런스 휴브너Clarence Huebner 소장이 임명되었다. 그는 해롤드 알렉산더 장군의 부참모장으로 있다가 지난달에 해임되었던 인물로, 이는 휴브너가 영국군 사령관의 지속적인 미군 폄하를 잠자코 받아들이려 하지 않았기 때문으로 보였다. 브래들리는 앨런의 부사단장인 시어도어 루스벨트 주니어Theodore Roosevelt Jr.를 보직 교체하면서 이 점을 강조했다. 설상가상으로 그는 앨런에게 경질 사유에 관해서 설명조차 하지 않았다. 사단 포병부대장은 보직 교체 후에 "테리가 무너지는 것을 보는 건 고통스러웠고 많은 사람은 그가 회복할 수 있을지 궁금해했다"고 당시를 회상했다. 앨런은 나중에 "나를 속였다"며 매우 분통해 하는 마음을 부관에게 털어놓았다. 앨런이 부인에게 보직 교체에 관해서 무슨 일이 있었는지, 왜 그랬는지 연필로 직접 쓴 편지를 읽다 보면 눈물이 앞을 가린다. 그가 패튼을 보러 갔을 때, 패튼은 앨런이 군단장으로 가기 위해 아마도 진급 준비를 하는 차원에서 보직 이동을 한 것이 아닐까 생각한다는, 전혀 도움이 되지 않는 이야기를 했다.

왜 테리 앨런이 해임되었을까? 이것은 몇 가지 사안을 검토할 필요가 있는 문제이다. 앨런이 1942~1943년 사이의 유럽 전역에서 육군의 가장 성공적인 야전 지휘관이었기 때문에 그의 해임은 전투 실패에 따른 결과가 될 수 없다.

브래들리의 공식 발표에는 앨런의 경질에 대한 이유가 불명확했다. 2009년에 역사적 기록을 연구한 리처드 존슨Richard Johnson 소령이 관찰한 바에 따르면, 브래들리의 두 권의 자서전에 "앨런의 일관성이 부족하고 혼란스러운 면"이 이유로 기록되어 있다고 했다. 해임의 근거에 대한 여러 시각이 존재한다. 앨런이 피로에 지쳐있었다는 아이젠하워의 주장, 앨런의 군대가 군기가 부족했다는 브래들리 자서전에서의 주장, 앨런이 독일군에게 지나치게 공격적이어서 그랬다는 신뢰성이 떨어지는, 또 다른 버전의 브래들리의 자서전이 그것이다. 그러나 진짜 이유는 간단하다. 브래들리와 아이젠하워가 앨런 같은 유형을 좋아하지 않았기 때문이었다.

브래들리는 앨런을 용납해서는 안 될 부류의 장군이라고 생각했다. 브래들리는 자서전에서 "앨런은 전쟁을 함께하는 집단 안에서 숨기는 것이 너무 많은 개인주의 성향의 장군이다"라고 표현했다.

그러나 새로운 사단장은 자신의 상급자를 잘 파악하지 못했다. 마셜은 마침 시칠리아로 진격하기 전에 제1 보병사단을 방문했었는데, 떠나면서 "사단의 전투 모습을 본 모든 사람은 존경과 찬사를 보낼 것이다"라는 편지를 써서 자신이 받은 감동을 표현했다. 실의에 빠진 앨런이 미국으로 돌아왔을 때 마셜은 사실상 브래들리의 결정을 무효화했다. 9월이 끝날 무렵, 마셜은 앨런이 지휘할 사단을 찾았다. 결국 마셜은 앨런에게 제104 보병사단을 맡겨 미국에서 훈련하게 했다. 다른 많은 훈련부대의 장군들과 다르게 앨런의 사단은 해외로 파병되어 전투에 참가하는 것이 허락되었다. 이러한 인사이동은 학교 기관에서 근무하는 장군들에게는 흔치 않은 일이었다.

"테리는 부랑자에 지나지 않았다. 나의 동기생이지만 떠돌이일 뿐이었다…. 구식 군인 테리 앨런이 해임된 이유는 마셜이 그를 귀국시켜 다른 사단을 맡기려고 했기 때문이다"라고 아이젠하워의 오랜 친구이자 전쟁 초기에 육군본부 인사참모부장으로 근무했던 웨이드 헤이슬립Wade Haislip 대장이 말했다.

1년 후 앨런은 제104 보병사단을 지휘하여 노르망디에 상륙한 후 프랑스를 가로질러 독일로 진격했다. 그의 군단장인 조 콜린스Joe Collins는 앨런을 "문제아"라고 생각했으나, 새로 창설된 앨런의 제104 보병사단은 그가 과거에 지휘했던 제1 보병사단과 비교해서 "예전과 다름없이 훌륭한" 부대라고 평가했다. 예상한 그대로, 앨런은 특히 인상 깊은 야간공격을 펼쳐서 독일군 방어선을 돌파함으로써 그가 부하들에게 강한 훈련을 시켰음을 입증했다. 코트니 호지스 Courtney Hodges 장군의 부관은 사령부 일기에 "모든 포병부대가 교범대로 환상적인 작전을 펼쳤다. 호지스 장군이 특히나 좋아했던 제104 보병사단의 능력은 강력하게 공격한 다음에 확보한 지형을 확고하게 유지하는 것이었다"라고 기록했다.

앨런이 전투에서 리더십의 역할을 보여주었기 때문에 단기적으로는 마셜의 판단이 맞았다고 볼 수 있지만, 장기적으로 육군의 미래를 만든다는 차원에서 보면 아이젠하워, 심지어 브래들리까지도 이 논쟁의 승자가 되었다. 제2차 세계대전 이후에 테리 앨런 같은 유형의 장군이 육군 최고위 자리에 오른 사례는 없다. 아이젠하워와 브래들리는 협조적인 팀플레이를 하는 장군을 원했지 개성이 강한 독불장군은 원치 않았다. 아이젠하워는 천변만화하는 현대전에서 비협조적인 사람은 위험하다고 믿었다. 아이젠하워는 "지휘조직을 이루려는 목적이 부적합한 사람들에 의해서 실패로 돌아가게 될 것이다. 지휘조직은 적에게 영향을 미치는 보급과 광대한 땅, 하늘, 바다, 그리고 군수지원부대에 있어서 핵심적인 사항이다"라고 후에 기록했다.

6
아이젠하워가 몽고메리 관리하기

아이젠하워는 버나드 로 몽고메리Bernard Law Montgomery를 다루어야 한다는 더 커다란 문제를 안고 있었다. 전쟁 단계의 최고 절정기였던 1944년 6월 6일 노르망디 상륙작전에서부터 유럽 승전일까지 335일 동안에 프랑스와 독일을 담당했던 영국군 최고 지휘관과의 관계같이 아이젠하워가 자기 일을 처리하는 비상한 능력을 나타낸 것은 없다.

몽고메리의 두드러진 특성 중에서도 주목할 만한 능력은 자기 자신에 관한 불만을 말하는 것으로 시작해서 불만을 확산시켜 나간다는 것이었다. "확실히 내 입으로 나의 어린 시절은 불행했었다고 이야기할 수 있다"고 자서전 세 번째 문장에 썼다. 어른이 되어서도 그는 사회적으로 서툴고 다른 사람의 마음을 읽지 못하는 여전히 별난 사람이었다.

시칠리아에 대한 연합군 침공계획을 논의하는 회의에서 그는 "많은 사람이 나를 짜증 나는 사람으로 여긴다는 것을 잘 안다. 나는 이것이 사실일 가능성이 매우 크다고 생각한다. 나는 짜증 내지 않으려고 열심히 노력하지만 전쟁을 하면서 행해졌던 많은 실수와 재앙을 보면서 다시는 그런 일을 보고 싶지 않다는 생각에 지나치게 걱정을 하고 있었나 보다. 이런 것들이 사람들에게 피곤하게 받아들여진 것 같다"고 말했다.

몽고메리는 확실히 아이젠하워를 편하게 만들어주려고 노력하지 않았다. 전쟁 초반에 있었던 그들 간의 첫 번째 회의에서 몽고메리는 "내 방에서는 금연이오"라고 하며 아이젠하워에게 담배를 끄라고 지시했다. 모욕감을 느낀 골초 아이젠하워는 신경질적으로 담배를 비벼서 껐다. 회의가 끝나서 떠나면서도 아이젠하워의 얼굴은 붉게 상기되어 있었으며, 그의 이마에는 핏줄이 돋아 있었다고 운전기사이자 친구인 캐이 서머스비Kay Summersby가 나중에 회고했다.

전쟁 동안에 몽고메리 사령부를 취재했고, 그를 인터뷰했던 신문기자 체스터 윌모트Chester Wilmot는 전쟁 중에 몽고메리가 경험했던 미군에 관한 견해를 그의 저서 『유럽을 위한 투쟁The Struggle for Europe』에서 밝혔다. 그 책에서 그는 "사람들을 대할 때 미국인들은 종종 자기 자신에 대해 확신하지 못하며, 유럽 사람들이 유치하고 심지어 미숙하다고까지 여기는 행동을 함으로써 자신들의 열등감을 저버리려 한다"라고 지극히 겸손하게 표현했다.

예하부대 지휘관에게 무엇을 하라는 말을 하되 어떻게 하라는 말을 하지 않는 자율적이고 훨씬 더 융통성 있는 제2차 세계대전 당시의 미군 지휘 스타일을 신문기자 윌모트는 미국 역사의 불행한 정신적 부산물이라고 해석했다. "미국의 탄생에서부터 시작된 권위에 대한 분노의 특징이 그들의 군대에 대한 지휘 정책에 영향에 주었다는 것은 의심할 여지가 없으며, 모든 제대에서 상당한 독립성과 책임의 위임으로 이어졌다"고 했

1943년 7월 시칠리아 팔레르모의 패튼을 방문한 몽고메리. 몽고메리는 전쟁 초기 미군의 능력을 과소평가했다. (사진 출처: Wikipedia Commons/Public Domain)

다. 이러한 차이점이 몽고메리가 이미 잘 짜인 전투에서 효과적일지 모르나, 즉흥적인 임기응변의 지휘와 추격작전은 서툴다고 미군 장군들이 생각하게 만든 하나의 이유가 된다. 월모트는 몽고메리의 신중한 접근은 미국인이 갖지 않은 어느 정도의 "인내와 규제를 요구한다. 몽고메리의 접근은 과학적인 데 비해, 미국인들은 감성적이다"라고 분석했다. 확실히 몽고메리에 의해 영감을 받았다고 느껴지는 그러한 분석을 읽다 보면, 사람들은 아이젠하워가 몽고메리와 영국 장교들을 다루면서 보여주었던 자제력에 경이로워질 수밖에 없다. 특히, 몽고메리가 1944년 7월 프랑스 서북부에서 벌어진 '굿우드 작전Operation Goodwood'에서 캉Caen을 넘어서 겨우 10킬로미터를 전진하면서 당시 영국군이 프랑스에서 보유하고 있었던 전차의 3분의 1이나 되는 400여 대를 잃었음에도 아이젠하워는 참고 넘어갔다.

1944년 늦은 여름 내내, 아이젠하워와 몽고메리는 독일에 대한 최종 공격전략을 놓고 옥신각신했다. 그들은 또한 전역에서 적용할 사령부의 지휘구조와 몽고메리가 옹호하는 어떤 고위 장군(확실히 자기 자신을 지칭하는)을 "지상군 총사령관"으로 지명해야 하느냐에 대해서도 티격태격했다. 바보가 아닌 바에야 누가 보아도 몽고메리의 주장은 아이젠하워가 사령관을 하기에는 무능력하다는 것이었다. 필요한 통신장비 체계가 유럽대륙에 아직 준비되지 못한 상태였음에도 불구하고, 마셜은 정치적인 이유로 사령부를 영국에서 프랑스로 이전할 것을 아이젠하워에게 명령했다. 9월 1일에 몽고메리의 후임으로 아이젠하워가 공식적으로 연합군의 지상군 사령관이 되었고, 사령부를 프랑스로 옮겼다. 그는 몽 생 미셸 Mont-Saint-Michel 섬에 있는 수도원 인근 빌라에 지휘소를 설치했다. 같은 날 영국은 몽고메리를 육군 원수로 진급시키는 것으로 맞불을 놓았다. 1944년 늦은 여름의 이런 특이한 관계가 어색하고 의미심장한 변화를 가져왔다. 미국은 뒤늦게 전쟁에 참전했다. 프랑스의 허망한 붕괴, 됭케르크에서 있었던 30만 명 이상 병력의 철수, 노르웨이Norway와 크레타Crete 섬에서의 통렬한 패배, 그리고 이어진 영국 본토에 대한 공중 폭격과 독일의 전격전을 영국이 겪었던 그 몇 년 동안에, 미국은 참전하지 않았다. 마침내 미국이 참전했으나, 영국은 그들을 이류 군대로 생각하며 대했다. 1944년 6월에 있었던 노르망디 상륙작전은 미국이 생각했던 것보다 더 영국에게는 반갑고도 씁쓸한 사건이었다. 영국군은 4년 전에 도망쳐 나왔던 프랑스로 되돌아 왔지만, 미군은 프랑스에 들어갔다. 물론, 영국은 30여 년 전에 프랑스 전쟁터에서 청년 세대를 잃었다. 1944년 중반, 두 연합군 사이의 세력 균형에 변화가 생겼고 신흥국 미국이 영국을 누르고 우위에 서기 위해 노력 중이었다. "영국은 가장 오랫동안 독일과 끊임없이 싸워왔었고, 그중에서 일부는 온전히 홀로 싸우기도 했었지만, 이제는 중앙 무대에서 정말로 밀려나는 존재가 되었다"고 영국 역사가 노먼 겔브Norman Gelb가 언급했다.

9월 2일, 아이젠하워는 샤르트르Chartres(파리에서 남서쪽으로 90킬로미터 떨어진 곳에 위치한 도시. -옮긴이)에서 브래들리 및 패튼과 별로 기분 좋지 않은 주제에 관한 회의를 위해 이제 막 프랑스에 설치한 사령부인 빌라를 출발했다. 이 회의는 부대들이 계획보다 빨리 진출하고 있는 상황에서 연료 보급 부족으로 준비된 공세작전이 얼마나 축소되는지를 논의하기 위한 자리였다. 패튼은 하루 152만 리터의 유류를 원했으나, 8월 30일에는 겨우 122만 리터의 유류만 보급받았다.(패튼은 예하부대 중 하나가 독일 공군의 연료 38만 리터 이상을 노획한 사실을 오랜 친구인 아이젠하워에게 밝히지 않았다.) 이것은 인력과 물품을 대량 생산해 냄으로써 전쟁에서 급속하게 우월적 위치로 올라섰던 미국에는 불행한 역설이었다. 언제나 다른 사람들의 감정보다 항상 자신의 감정에 더 신경을 쓰는 패튼의 눈으로 보기에도 아이젠하워는 회의 간에 매우 굳어있었다. "아이젠하워는 교황처럼 근엄했고, 클라우제비츠를 인용하여 이야기를 했다. 그는 우리가 이룬 것에 대해 축하한다거나 기쁘다는 말도 하지 않았다"고 패튼이 말했다.

아이젠하워의 나쁜 일진은 아직 끝나지 않았다. 회의 후에 복귀하던 B-25 지휘기의 오른쪽 엔진이 소음기의 고장으로 인해서 불이 붙었다. 승무원들은 샤르트르로 되돌아갔고, 그곳에서 아이젠하워는 185마력 짜리 약한 엔진으로 구동하는, 소형 정찰기와 유사한 2인승 L-5 관측기로 갈아탔다. 노르망디로 돌아오던 중, 작은 비행기는 돌풍을 만나 지정된 활주로에 착륙하는 것이 불가능했다. 조종사 리처드 언더우드Richard Underwood 중위는 연료가 떨어져 가자 방향을 바꾸어 평평한 해변에 착륙했다. 몽 생 미셸 섬의 성난 파도가 비행기 안으로 들이치자 수위가 올라가는 바닷물로부터 항공기를 보호하기 위해 장군과 중위가 젖은 모래 해변을 가로질러 비행기를 더 높은 지형으로 밀어서 이동시켰다. 그 순간, 그들은 해변에 설치되었던 지뢰가 제거되었는지 알지 못한다는 걸 깨달았다. 비행기를 옮기다가 아이젠하워는 몇 년 전에 부상당한 왼쪽이 아니라 그때까지 좋다고 생각했던 오른쪽 무릎을 심하게 접질렸다. 아이젠하워는 사령부의 업무로 긴장한 상태였기 때문에 하루에 담배 4갑을 피우고 커피를 15잔이나 마셨다.(항상 믿을 만한 사실을 기록하는 사람은 아니었지만 패튼은 그해 봄 일기에 "아이젠하워는 커피를 너무 많이 마신다"고 썼다). 아이젠하워는 언더우드 중위와 함께 군용 지프를 만나기 전까지 "세찬 빗속에서 힘든 걸음을 옮겨서" 차량이 잘 다니지 않는 뒷길을 2킬로미터 정도 걸었다. 그들은 마침 지나가는 지프를 불러 세웠다. 운전석에 있던 부사관은 비에 흠뻑 젖은 채 더러운 길을 따라 다리를 저는 모습의 유럽 최고 사령관을 마주치자 놀랐다. 차가 사령부에 도착하고 두 명의 병사가 아이크를 부축하여 2층으로 올라가는 모습을 보았을 때, 부관 또한 놀라기는 마찬가지였다.

일주일이 지나서 아이젠하워는 무릎에 처음으로 깁스를 하고서 고무로 고정한 상태로 다리를 펴고 앉아 있어야 했는데 이것이 극도로 불편하게 만들었다. 영국의 맥아더라 할 수 있는 몽고메리와 협상하기에 좋은 상태가 아니었다. 몽고메리나 맥아더는 본인만 먼저 생각하는 이기주의적인 행동으로 인해 낮게 평가되면서도 여러 정치적인 이유로 누구도 건드릴 수 없는 장군들이었다. 웨이글리Weigley는 몽고메리를 "오만하며 매와 같은 외톨이"라고 묘사했다. 아이젠하워는 애초에 몽고메리를 노르망디 상륙작전 지휘관으로 선택할 생각이 없었다. 그는 남자다워서 좋아하고, 군인으로 열망하며, 전략가로서 존경하던 해롤드 알렉산더 장군을 요청했다. 아이젠하워는 처칠Churchill 영국 총리가 몽고메리를 선호한다는 사실을 "어쩔 수 없이 받아들여야" 했다. 그것이 가능한 최소한의 지지였다.

아이젠하워가 몽고메리를 만나고 싶다 하자, 그는 "지금 당장은" 너무 바빠서 만나러 갈 수가 없다고 했다. 그러면서 몽고메리는 아이젠하워가 자신을 보러 온다면 환영할 것이라고 덧붙였다. 아이젠하워가 온다면 앞으로 독일군을 어떻게 할 것인지에 대한 자신의 견해를 전달할 수 있을 것이라 하면서 "내일 점심을 함께 하면 매우 기쁠 것이다"라고 말했다. 아이젠하워는 초대를 거절했다. 5일 후에 그런 만남을 열 수 있는지를 다시 논의할 때, 몽고메리는 만남의 조건으로 배석자 없이 진행할 것과 누군가 참석할 경우에는 발언권을 주지 않는다는 요구를 했다. 이러한 요구는 이례적이었지만 1944년에 몽고메리에게나 다른 연합군들에게 그러했듯이, 아이젠하워는 억지로 참으면서 뒤로 한 걸음 물러섰다. 사실 아이젠하워는 몇몇 미군 장교들에게 "영국이 보유한 최고의 장군"이라는 놀림을 당했다. 이 조롱은 패튼의 제3군을 동행 취재했던 연합군 담당 기자협회를 통해서 아이젠하워의 귀에까지 들어갔다. 빈정거리는 장교들이 알 수 없는 것이 있었으니 그런 놀림을 받는다는 것이 아이젠하워에게는 최고의 칭찬이었다. 왜냐하면 이것은 연합군과 반드시 협력하라는 마셜의 명령을 엄격히 이행하는 것을 의미했고, 경험이 많은 영국군들이 미군을 중무장한 아마추어로 취급하는 경향이 강한 상황에서 미국이 지배적 위치로 올라감으로써 영국과 미국의 관계가 근본적으로 변화된 지난 1년 동안에도 그렇게 하고 있었다는 것을 의미했기 때문이었다. 쌀쌀했지만 햇살이 좋았던 1944년 9월 10일 일요일 오후에 드디어 둘의 만남이 이루어졌다. 만남은 브뤼셀Brussels의 활주로에 있는 아이젠하워의 항공기에서 이루어졌다. 아이젠하워는 몽고메리 사령부가 있는 도시를 방문했으나, 그는 여전히 자신의 영역에서 만남이 열리도록 애를 썼었다. 몽고메리는 비행기로 올라와 자신의 보좌관은 그대로 있게 하면서 아이젠하워의 보좌관을 나가라고 요청하는 것으로 대화를 시작했다. 그는 "나의 상황에 대해 충분히 설명했다. 아이젠하워가 내 관점을 알게 되는 긴요한 대화였다"고 자서전에 썼다. 몽고메리는 아이젠하워를 유럽 연합군 최고사령관이라는 상급자에 대한 대우는커녕 군사적으로 동등하다는 생각을 전혀 하고 있지 않다는 자신의 경멸감을 감추려 하지 않았다. 아이젠하워를 만나기 몇 주 전에 다른 영국군 장군에게 쓴 편지에서 몽고메리는 아이젠하워가 "어떻게 전쟁을 운용할 것인가에 대해 절대적이고 완벽하게 무지"하다고 불평했다. 그것은 그가 그날 브뤼셀에서 아이크에게 전달한 메시지와 기본적으로 같았다.

  몽고메리는 아이젠하워의 서명이 있는 한 다발의 최근 서류들을 안주머니에서 꺼내는 것으로 논의를 시작했다. 그러고는 서류 뭉치들을 들어 올리면서 아이젠하워에게 정말로 그가 서명한 게 맞는지를 물었다. 그렇다고 아이젠하워가 대답했다. 몽고메리는 "음~, 이것들은 그냥 쓰레기네"라고 말했다. 아이젠하워는 말없이 앉아서 그가 하는 말을 받아들였는데 아마도 자신 만큼 사회적으로 서툰른 몽고메리가 결국 도를 넘으리라는 것을 알고 있는 듯했다. 영국 장군이 잘난 체하는 장광설을 잠시 멈추는 순간, 아이젠하워는 손을 뻗어 그의 무릎을 토닥거리며 부드럽지만 명확하게 "진정해, 몬티! 그런 식으로 나한테 말하면 안 되지. 내가 당신의 상관이야"라고 했다. 몽고메리는 즉시 잘못을 깨달은 모습으로 "미안합니다, 아이크!"라고 대응했다.

독일 침공작전에서 협소하게 한 곳의 전선만 돌파하자는 몽고메리의 신념을 시험하려고 아이젠하워는 기꺼이 브뤼셀로부터 날아왔다. 시범적 작전은 네덜란드 남동쪽을 가로질러 독일 국경선까지 이어지며 적 후방 120킬로미터 지점에 대규모 공정부대의 낙하와 무동력 글라이더 착륙으로 시작되었다.(게다가 마셜은 아이젠하워에게 공정부대를 더 혁신적으로 운용할 생각을 하라고 압박했다.) 영화 〈머나먼 다리a bridge too far〉로 기억되는 마켓 가든 작전Operation Market Garden은 전쟁 중에 벌인 최악의 도박 중의 하나였다.

아이젠하워는 몽고메리에게 자살을 하라고 밧줄을 줄 정도로 냉혹한 마키아벨리적인 존재는 아니었다. 오히려 그는 전장에서 한 지역에 대한 정면을 돌파하는 작전을 기꺼이 시험해 보려 했다. "나는 마켓 가든 작전을 승인했을 뿐 아니라 시행해야 한다고 역설했다"고 몇 년이 지난 후에 주장했다. 전투는 몽고메리가 가지고 있는 많은 약점을 드러냈는데, 특히 기동성이 뛰어난 부대를 지휘함에 너무나 조심스러웠다. 역사가 존 엘리스John Ellis는 다음과 같이 그의 과도한 조심성을 기술했다.

> 마켓 가든 작전의 거의 모든 장면은… 북아프리카에서 이미 명백해진 것을 단순히 재확인하는 것이었다. 몽고메리는 넉넉한 준비시간을 가지고 막대한 군수물자의 우위 속에서 급하게 시간에 쫓기지 않고 하는 방어나 공격작전이 아닌 다른 유형의 전투를 수행할 능력이 없다. 혹자는 마켓 가든 작전은 몽고메리와 그의 부대가 계획수립 과정에서의 심각한 실수와 함께 작전적이고 전술적인 지휘에서도 중대한 부족함을 드러낸 최악의 사례를 만들어 낸 것이라고까지 비판한다.

마켓가든 작전에서 연합군 공정부대가 적 후방에 낙하하는 모습. 몽고메리에 의한 마켓 가든 작전 Operation Market Garden은 전쟁 중에 벌인 최악의 도박 중의 하나로 참담한 실패를 거둔 작전이었다. (사진 출처: Wikipedia Commons/Public Domain)

그것은 몽고메리가 네덜란드를 가로질러 독일로 향하는 제한된 공격을 감행할 수 없다는 강력한 증거였다. 20여 년 후 대통령을 마치고 은퇴해 게티스버그의 농장으로 돌아갈 때까지 마음에 담아두고 있던 아이젠하워는 몽고메리가 "독일군에게 밀려나고도 아직까지 한 곳의 정면에 대한 공격을 말했다. 강을 건널 수 없는데 어떻게 공격할 것인가? 나는 어떤 망할 역사가가 이것에 대해 그를 호되게 질책할 것이라 생각한다"라고 말하는 것으로 이 전투의 결과를 요약했다. 몽고메리와 그를 지지하는 측에서는 형편없는 군수지원 때문에 공격이 좌절되었다고 불평했다.

비록 몽고메리가 자신이 얼마나 피곤한 사람이었는지 알았다 하더라도 그런 행동의 결과로 일어날 일을 좀처럼 헤아리지 못했던 것 같았다. 그의 견해로는 아이젠하워, 브래들리, 그리고 그들의 부하들은 군사적 상황이나 더 큰 정치적 쟁점들 중에서 하나도 제대로 장악하지 못하고 있다는 것이었다. 특히 경제적 어려움으로 인해서 병력이 부족했던 영국의 입장에서는 가능한 전쟁을 빨리 끝내는 것이 필요하다는 사실을 알아채지 못했다. "미국 장군들은 영국을 이해하지 못했다. 전쟁이 결코 미국 본토까지 번지지는 않았다"고 자서전에 썼다. 협력관계가 어떻게 변했는지를 이해하지 못했던 몽고메리는 아이젠하워를 계속해서 어린아이로 취급했다. 아이젠하워는 몽고메리가 자신에게 말했던 "꼼꼼한 권고"를 따르지 않으면 연합국의 노력은 실패할 것이라는 신호를 그가 보내고 있는 것이라고 믿었다. 1944년 말 북유럽 전역의 유일한 주요 반격 작전인 벌지 전투Battle of the Bulge가 절정에 달했을 때, 아이젠하워는 브래들리의 극렬한 반대에도 불구하고 야전군 지휘권을 브래들리로부터 몽고메리에게로 이양하는데 용기와 지휘능력 모두를 보여주었다. 하지만 몽고메리는 아이젠하워가 했던 결심의 기술을 제대로 보지 못했고, 대신에 아이젠하워를 혼란스럽고 당황케 하는 결심을 했다. 그 전투 이후에도 몽고메리는 전략적인 면에서 아이젠하워를 계속 괴롭혔다.

다른 많은 영국군 장교들처럼 몽고메리는 미군과 영국군이 1943년의 아프리카와 남부 유럽, 1944년의 북유럽에서 함께 싸웠기 때문에 표면적으로는 더 비슷해지는 것처럼 보였지만 사실은 사이가 멀어져가고 있다는 것을 이해하지 못하는 것 같았다. 이렇게 사이가 벌어지게 된 데에는 두 가지의 주요한 이유가 있었다. 첫째는 미군의 기동성과 화력의 급격한 향상이었다. 패튼 장군은 벌지 전투가 최고조에 달했을 때, 자서전에 "우리의 기동속도는 내가 보아도 경이로울 지경이다"고 썼다. 거의 비슷한 시기에, 미군 장군 중에서 급부상하고 있던 젊은 장군 J. 로튼 콜린스J. Lawton Collins는 자신의 임시 사령관인 몽고메리와 부대 편조를 군단으로 할지 아니면 몇 개의 사단 형태로 할지에 대한 논쟁을 벌이고 있었다. 몽고메리는 "조, 단일 도로를 통해서는 군단이 필요로 하는 보급지원을 할 수 없다네"라며 자신 휘하의 미군 부하를 어린아이 다루듯이 말했다. 콜린스는 격분하여 존경하지 않는 태도로 "글쎄요, 몬티. 영국군은 할 수 없어도 미군은 할 수 있습니다"라며 받아들이기 어려운 진실을 말해버렸다.

두 번째 큰 차이점은, 아프리카와 이탈리아에서 전투를 하면서 미군은 어떻게 이점을 활용해야 하는지를 충분히 배웠다는 것이다. 사실, 단지 병력 숫자와 기동력에서뿐 아니라, 군사 능력과 효율성에서도 영국군을 능가하고 있었다. 그것은 유럽에서 위험을 감수하겠다는 것으로 달리 말해서 더 많은 군인을 희생할 용의가 있다는 의미였다.

중동의 영향력 있는 역사가인 버나드 루이스Bernard Lewis는 영국군에서 정보장교로 있을 때 미국인에 대한 두 가지 두드러진 인상을 다음과 같이 기억했다.

하나는, 미국인들은 가르치기 어렵다는 점이다. 미군이 전쟁에 참가했을 때 영국에 있던 우리는 2년 이상 전쟁을 하고 있었다. 우리는 많은 실수를 했고, 실수로부터 무언가를 배웠다. 우리는 교훈들을 우리의 새로운 연합국에 전달하려고 했고 우리가 치른 피와 노력을 그들이 똑같

1944년 7월 노르망디 제21군단 본부에서 담소를 나누는 패튼, 브래들리, 몽고메리(왼쪽부터). 팀플레이를 강조하는 마셜은 몽고메리가 "극도의 이기주의"를 바탕으로 움직인다고 믿었지만, 전쟁이 거의 끝날 때까지 그에 대한 공격을 하지 않았다. (사진 출처: Wikipedia Commons/Public Domain)

이 치르지 않도록 하고자 노력했다. 그러나 그들은 들으려 하지 않았다. 그들의 방식은 우리 방식이 아니었고, 그들은 자신들의 방식대로 했다. 그래서 그들은 앞서 나갔고 실수를 저질렀다. 어떤 것은 우리 방식을 반복했고 어떤 것은 새롭게, 또 어떤 것은 처음 보는 방식으로 했다. 무엇이 새롭고 처음 등장한 것이었을까? 이것이 두 번째로 지속된 인상이었다. 그것은 바로 속도였다. 그들은 실수를 인식했으며, 실수를 수정하기 위한 수단을 고안하고 적용하는 데 빨랐다. 우리 경험에는 있지도 않은 것이었다.

조지 마셜도 비슷한 결론에 도달했다. 적이었던 독일과 마찬가지로, 전쟁 후반에 영국 장군 해롤드 알렉산더가 마셜에게 미군은 "기본적인 훈련만 된 것 같다"라고 놀렸을 때, 마셜은 날카롭게 "맞아요, 미군은 전쟁을 막 시작했고, 많은 실수를 할 것입니다. 그러나 한 번의 실수 후에는 실수를 반복하지는 않을 것입니다. 영국군도 같은 방법으로 전쟁을 시작했는데 1년간 계속하여 같은 실수를 반복하는군요"라고 답변했다. 대화를 듣고 있던 처칠이 재빨리 끼어들어서 화제를 바꾸었다. 어쩌면 더욱 의미심장한 것은 독일군 지휘관들이 미군의 적응성에 대해 비슷한 결론에 도달했다는 점이다. 전쟁을 통해서 가장 유명해진 독일 육군 원수 에르빈 롬멜Erwin Rommel은 "미국인이 근대전쟁에 적응하는 속도는 실로 놀랍다"고 언급했다. "아프리카에서의 전쟁 경험을 통해서 미군은 영국군보다 더 효율적으로 변했다고 말하는 것이 옳다. 교육이 재교육보다 더 쉽다는 진리를 확인했다고 해도 과언이 아니다"라고 했다. 다른 독일군 장군 프리드리히 폰 멜렌틴Friedrich von Mellenthin 소장은 "영국군은 광활한 사막에서의 기동전 문제를 해결한 적이 없다고 생각한다. 일반적으로, 영국군의 전쟁 방식은 느리고, 융통성이 없으며, 정형적이다"고 한층 더 자세하게 말했다. 미군의 기동성이 더욱 강화되었던 1944년 여름에서 가을 동안에 연합군 안에서의 이러한 추세가 명확해졌다.

1944년 그해에 독일군 최고 사령부는 일련의 전장에 대한 연구를 통해서 미군이 전략적으로 "빠르게" 적응한다는 것을 인정했다. 현대적인 이스라엘 기갑 여단장에서 역사가로 변신한 메이어 핀켈Meir Finkel은 최근의 연구에서 영국군이 제2차 세계대전에서 "고지식한 지휘력과 조직의 융통성이 낮았기 때문에" 힘들어했다는 결론을 도출했다. 요컨대, 미군 장군들은 영국군 장군들과는 비교할 수 없게 개선되었다. 마침내 1944년 12

월 말, 아이젠하워는 골치 아픈 몽고메리의 경질을 요구하며 위협을 가하기 시작했다. 몽고메리의 상냥한 참모장인 소장 프란시스 드 긴간 경은 문제가 있음을 감지하고 아이젠하워를 만나러 프랑스 파리로 날아갔다. 그가 본 아이젠하워는 "진짜 걱정스러울 정도로 피곤하며 모습"이었다. 아이젠하워는 드 긴간에게 몽고메리와의 마찰에 지쳐서 최고의 전쟁 수행기구인 연합 참모본부Combined Chiefs of Staff(제2차 세계대전 당시 영국의 윈스턴 처칠 총리와 미국의 루스벨트 대통령의 승인에 따라 양국의 주요 정책을 결정했던 기구 – 옮긴이)에게 몽고메리와 자신, 둘 중에서 하나를 선택하라고 요청하겠다는 말을 했다. 영국 총리 처칠은 1944년 초, 아이젠하워에게 영국 정부는 영국군 장교의 보직 교체에 대해 어떤 반대도 하지 않겠다고 굳게 약속했었다. 이제 아이젠하워는 이것을 비장의 카드로 사용할지를 심사숙고하는 중이었다. 그는 마셜에게 보낼 준비가 된 전문의 초안을 드 긴간에게 보여주며 상황을 설명했다. 아이크는 수십 년 후 "그는 내가 명령한 대로, 또는 하느님이 지시한 대로 할 것이다. 연합 참모본부에서 우리 중 한 명을 내보낼 텐데 신의 뜻대로라면 나는 아닐 것 같다"는 내용의 메시지였다고 말했다. 드 긴간은 평가에 동의했다. "미군이 더 강한 동맹이기 때문에 이것은 정말로 몽고메리가 가야 할 사람이라는 것을 의미했다." 전보에서 아이젠하워는 북아프리카에서부터 알고 존경했던 알렉산더가 몽고메리를 대체할 것이라고 제안했다. 드 긴간 소장은 아이젠하워에게 전보 발송을 24시간 미뤄주면 그동안에 벨기에의 몽고메리 사령부로 복귀하여 몬티가 미군과의 관계를 어떻게 악화시켰는지 이해시키겠다고 했다.

드 긴간은 눈 폭풍을 뚫고 몽고메리 사령부로 되돌아와서 "사령관님이 가셔야만 하는 상황인 것 같습니다"라고 보고했다. 그 말을 들은 몽고메리는 "진정으로 완전히" 놀란 모습이었다. 결국, 그는 자신의 초라한 처지를 이해하고 돌아오는 비행기 안에서 드 긴간이 정성 들여 작성한 사과의 편지에 서명을 해 발송했다.

그러한 사과의 변들은 몽고메리의 말이 아니었기 때문에 그 교훈은 그의 마음에 새겨지지 않은 것 같았다. 패튼처럼 그는 자신의 방식을 고수했고, 실수를 반복했다. 일주일이 채 지나지 않았을 때, 연합군의 벌지 전투 승전에 관한 기자회견 자리에서 자신이 공을 세운 것처럼 행동해 아이젠하워를 화나게 만들었다. 실제로 벌지 전투는 미군이 치른 어떤 전투보다도 큰 전투였다. 이 전투에서 미군은 전사자 1만 9,000명과 부상자 6만여 명이 발생한 반면에 영국군은 단지 200명 사망에 부상, 실종, 포로를 전부 합쳐서 1,200명의 손실을 입은 것이 전부였다. 그러나 몽고메리는 동맹국들을 곤경에서 벗어나게 한 공로를 가로채는 것처럼 보이는 행동을 했다. 독일군이 공격했을 때, 그는 "나는 이미 예견하고 있었지"라며 우쭐댔다. 그러고는 다음과 같이 설명했다.

> 상황이 나빠지기 시작했다…. 나는 가용한 영국군의 모든 전력을 투입했다…. 마침내 그것이 멋지게 먹혔다. 그리고 오늘 영국군 사단들은 미 제1군의 우측방에서 격렬하게 교전하는 중이다. 기자 여러분들은 독일군에게 심대한 타격을 입어 사투하는 미군의 양측방에서 싸우고 있는 영국군의 장면을 보고 있다. 연합군은 이래야 한다는 것을 보여주는 아주 좋은 장면이다.

몽고메리의 언급은 본인도 깜짝 놀랄 만큼 미국 국민에게 정치적 파장을 불러일으켰다. 그의 둔감한 방식에 따르면, 실제로 나쁜 상황에서 최고의 태도를 하고 있었다고 생각하는 것으로 보였다. 몽고메리는 자서전에서 벌지 전투는 아이젠하워가 갈팡질팡하는 바람에 치른 불필요한 전투였다는, 자신의 생각을 밝히지 않은 것에 미국인들은 감사해야 한다고 했다. "아르덴Ardennes 지역의 전투에 대해서 내가 말하지 않은 것은 연합군은 정말 '코피가 터졌고' 미군의 피해가 거의 8만 명의 사상자에 이르렀다는 것이다. 이러한 일들은 위대한 노르망디 승리 이후에 우리가 전역에서 전투를 제대로 했다면 절대 일어나지 않았을 것이며, 혹은 겨울 전투로 발전되어 감에 따라서 지상군 배비에서 적절한 전술적인 균형을 보장했었더라면 일어나지 않았을 것이다"라고 말했다.

모든 미군 지휘관들이 몽고메리를 비판하는 것은 아니다. 아르덴 전투의 영웅 중의 한 사람인 브루스 클라크Bruce Clarke 장군은 "벌지 전투에서 목격한 위대한 장군의 리더십은 아마도 몽고메리 장군이었다고 생각한다. 알다시피, 그는 벌지의 절반인 북부 지역에서 지휘했으며 나는 그의 지휘 아래 생 비트Saint Vith에서 전투했다. 몽고메리 장군에게서 가장 인상 깊게 느꼈던 것은 그가 차분하며 침착했다는 점이었다. 그는 감정적이지 않았다"라고 나중에 말했다. 공세적 기질을 가지고 있는 다른 장군인 매튜 리지웨이도 마찬가지로 몽고메리의 지휘를 받고 있었을 때가 "제일 만족스러웠다"고 언급했다. 리지웨이는 "그는 자신이 원하는 작전의 일반적 지침만을 이야기하고, 나를 완전히 자유롭게 행동하도록 해주었다"고 설명했다. 그러나 몽고메리 지휘하에서 잠깐 함께 전쟁에 참가했던 윌리엄 심슨William Simpson 중장이 마셜의 전기작가 중 한 명인 포레스트 포그Forrest Pogue에게 말한 바에 따르면, 몽고메리는 독일의 핵심적 돌출부인 벌지를 잘라낼 수 있었을 것이라 생각했으나 아이젠하워는 몽고메리에게 그렇게 하라는 지시를 내리지 않는 실수를 저질렀다고 했다.

아이젠하워는 아마도 다른 영국군 장교들이 몽고메리를 이해하는 것보다 자신이 그를 더 잘 이해한다고 생각했다. "그 사건은 다른 비슷한 어떤 전쟁보다 더 많은 걱정과 고통을 주었다. 그러한 일로 인해서 최종 성공에도 불구하고 보편적인 만족이 손상된 게 유감이었다"고 나중에 아이젠하워는 기록했다. 협조 자세에 관한 한 아이젠하워 다음으로 단호했던 미군 고위 지휘관인 심슨마저도 몽고메리가 독일 내로 진격하는 과정에서 자신의 부대를 옆으로 밀어냈다고 항의했다. 라인강 도하계획에서 몽고메리는 결국 심슨의 제9군에 역할을 부여했다.

마셜은 몽고메리가 "극도의 이기주의"를 바탕으로 움직인다고 믿었지만, 전쟁이 거의 끝날 때까지 그에 대한 공격을 하지 않았다. 마침내 1945년 1월에 폭풍우가 몰아치는 몰타^{Malta} 섬에서 영국 합참의장과의 회담에서 마셜은 비공개를 요청한 후에 영국 총리 처칠의 핵심 군사 자문역이었던 육군 원수 앨런 부룩$^{Alan\ Brooke}$에게 몽고메리에 대한 불만을 토로했다. 비공개회의의 기록은 남아 있지 않지만 이에 대해 인터뷰한 마셜의 전기작가는 마셜의 주요한 비난 내용은 "몽고메리가 팀의 일원이 되기를 꺼려한다"는 것이라고 말했다. 몽고메리의 그러한 태도는 마셜의 눈에는 보직 해임을 시키기 위한 충분하고 정당한 명분이었다.

아이젠하워와 몽고메리 사이에 관한 오해는 전쟁이 끝난 후 각자의 설명을 책으로 펴냄으로써 더욱 깊어졌다. 몽고메리는 1958년 자서전에서 "아이젠하워는 이제 나의 가장 소중한 친구"라고 주장했다. 그 말이 사실이라면, 이것은 몽고메리가 정말로 얼마나 고립되어 있는지를 나타내는 서글픈 지표이다. 그 책에서 자신의 묘사에 자극을 받은 아이젠하워는 거기에 동의하지 않으면서 어느 역사가에게 "진실을 말할 수 없는 사람과 계속 연락하는 것에 관심이 없다"며 몽고메리와 연락을 끊었다고 사실대

1945년 6월 5일 프랑크푸르트의 아이젠하워의 본부에서 승리훈장order of victory을 받는 몽고메리. 중앙 왼쪽부터 몽고메리, 아이젠하워, 주코프 소련 원수. 끝없는 갈등관계였던 몽고메리와 아이젠하워가 동의한 한 가지 사항은 신속한 보직 교체의 필요성이었다. (사진 출처: Wikipedia Commons/ Public Domain)

로 이야기했다.

그럼에도 불구하고 몽고메리와 아이젠하워가 동의한 한 가지 사항은 신속한 보직 교체의 필요성이었다. 몽고메리는 자서전에서 "부담을 견딜 수 없거나 지쳐 있는 어느 제대의 지휘관과 참모장교들은 무자비하게 뽑아내서 교체해야 한다…. 예리하고 똑똑한 젊은 장교들이 주도권을 갖지 못하게 방해하는 '죽은 나무'를 제거해야 할 긴급한 필요가 있다"라고 썼다. 그가 행했던 야만적인 사례의 하나는 10킬로미터 구보를 완주하면 죽을지도 모른다는 생각을 한 살찐 대령에게 "죽음을 생각하고 있다면 지금 죽는 것이 나을 것이다. 그러면 쉽고 편하게 교체할 수 있을 테니까"라고 말했었다. 그의 해임 원칙은 "기대했던 도움을 받고서도 실패한다면 해임되어야 한다"는 것이었다.

시간이 지남에 따라 몽고메리와 아이젠하워의 관계는 남북전쟁 당시 링컨Lincoln 대통령과 북군 사령관 조지 맥클렐런George McClellan의 관계처럼 지속적으로 악화되었다. 즉, 마음이 좁은 경멸자는 덜 교양 있는 상급자가 더 크고 강한 전략적 감각을 지니고 있다는 사실을 이해하지 못하고 있음을 보여주었다. 아이젠하워와 몽고메리 사이의 탈도 많았던 브뤼셀 회의는 몇 년이 지난 후에도 아이젠하워의 마음에 남아 있었다. 아이젠하워가 대통령 자리에서 내려온 후인 1959년 9월 10일 일기에 "15년 전 오늘, 브뤼셀의 활주로에서 몽고메리를 만났다…. 그는 베를린으로 가자는 엉뚱한 제안을 했었다"고 적었다.

아이젠하워가 몽고메리와 영국군 장교들을 다루었던 것이 사실 제2차 세계대전에서 그가 이루어낸 가장 위대한 공로일지도 모른다. 그가 너무나 자연스럽게 행동했기 때문에 감동을 자아내는 그의 역량이 주었던 교훈을 잊는 것 같다. 그 후의 전쟁에서, 미군 장군들은 다른 나라의 연합군 장군들을 그처럼 사려 깊게 대하지 않았다. 특히 베트남 전쟁에서는 전투의 최첨단에서 남베트남군을 가능한 범위 안에서 적극적으로 지원하는 대신에 그들을 팔꿈치로 밀어냈다. 그들과 더 가까이 협력했더라면, 그리고 조금은 덜 경멸했더라면 베트남에서의 전쟁 수행은 어느 정도 달라졌을지도 모른다.

7

더글러스 맥아더

대통령을 꿈꾼 장군

더글러스 맥아더Douglas MacArthur는 구질서의 종말이며 제2차 세계대전에서 대단히 이례적인 인물이었다. 그는 낮은 자세로 끊임없이 팀의 일원으로 행동하기를 원하는 마셜의 장군상에는 전혀 부합되지 않는 사람이었다. 그것이 그가 중요한 순간 루스벨트Roosevelt에 의해서 마셜만큼 중요한 인물로 관리되었던 하나의 이유일지도 모른다. 자신은 경질될 수 없다고 믿었던 몽고메리와 마찬가지로 맥아더도 군인이든 민간인이든 자신의 상급자와의 전략적 담론의 질이 저하되고 집단적인 의사결정 과정의 효율성이 떨어진다는 것을 보여준다. 맥아더는 역사적으로 민군 담론에서 가장 크게 부정적인 영향을 미쳤으며, 이러한 영향은 오래 남아 베트남 전쟁에까지 영향을 주었다.

남북전쟁에 참전했던 장군의 아들로 태어난 맥아더는 제1차 세계대전에서 제42 사단의 참모장으로 두각을 나타냈었으며, 얼마 안 되어 준장으로 진급했다. 전쟁 후에는 육군사관학교의 교장을 역임했고, 이어서 1930년부터 5년간 육군참모총장으로 재직했다. 1940년대에는 일본과 싸우는 남서태평양 전구의 미군 최고사령관을 지냈다. 맥아더는 육군의 새로운 리더십 스타일과는 동떨어져 있었다. 마셜, 아이젠하워, 그리고 브래들리 같은 장군들은 조용하고, 단호하며, 협조적인 장교들을 총애했다. 맥아더에게는 그런 특성들이 전혀 없었다. "맥아더의 사명감이란 오로지 자신에 대한 사명감이며, 그의 리더십 스타일은 퉁명스럽고, 감정적이며, 대단히 개인적이었다"고 역사학자 로버트 베를린Robert Berlin이 평가했다.

1930년대 초반, 맥아더는 육군참모총장으로 재직하면서 마셜의 경력을 방해하려고 했을지도 모른다. "맥아더는 마셜이 육군참모총장이 될 때까지 그를 억누르려 했다"고 오마 브래들리Omar Bradley가 맥아더의 혐의를 제기한 적이 있었다. 마셜이니까 참았지 다른 사람이었다면 맥아더를 몹시 원망했을 것이다. 수십 년에 걸쳐서 두 사람과 반복적으로 근무했었던 매튜 리지웨이Matthew Ridgway는 죽기 전에 "마셜은 맥아더와는 완전히 반대의 성격"이라고 단적으로 말하면서 "마셜은 부하들에게 모든 공로를 돌리며 언제나 뒤에서 보이지 않게 일을 했는데 비해, 맥아더는 정반대로 모든 공을 자신이 차지하려고 했다"고 증언했다.

결국, 맥아더라는 사람과 그가 대표했던 정치적 문제는 역사상 지상 최대의 공격인 노르망디 상륙작전의 지휘권을 마셜이 갖지 못하게 하는데 어느 정도 영향을 주었을지도 모른다. 루스벨트는 마셜이 노르망디 상륙작전을 지휘할 적임자라고 생각했으면서도 그를 임명하지 못했던 이유가 마셜이 워싱턴에 없으면 잠을 잘 수 없을 것 같았기 때문이었다고 고백했었다.

마셜이 육군참모총장으로 전쟁의 여러 복잡한 문제들을 풀 수 있도록

1944년 10월 20일 "내가 돌아왔다"라는 말을 하며 필리핀의 레이테에 상륙하는 맥아더. 마셜은 부하들에게 모든 공로를 돌리며 언제나 뒤에서 보이지 않게 일을 했는데 비해, 맥아더는 정반대로 모든 공을 자신이 차지하려고 했다. (사진 출처: Wikipedia Commons/Public Domain)

도와줌으로써 루스벨트에게 꼭 필요했다는 것에는 의문이 없었다. 하지만 마셜이 워싱턴에 있어야 했던 다른 이유는 그가 맥아더를 통제할 수 있는 거의 유일한 장교였다는 것 또한 명백했다. 1942년 8월, 마셜은 맥아더를 미국의 전략에 따르게 만들어야 할 필요를 느껴 "장군의 사령부에서 워싱턴포스트에 보낸 기사에 따르면 장군이 간접적으로 미국의 전략에 반대하고 있다는 인상을 주었는데 나는 이것이 잘못된 인상을 주는 것이라고 생각한다"는 편지를 썼다.(물론 이것은 잘못된 인상이 아니었다. 그러나 마셜은 그렇게 말하는 것이 맥아더에게 출구전략의 길을 열어준다는 점을 알고 있었다.) 1943년 2월, 마셜은 이번에는 해군과 협력하라는 내용으로 맥아더에게 다시 편지를 보냈다. 맥아더는 해군성 장관과 태평양함대 사령관인 체스터 니미츠Chester Nimitz 제독을 만나는 것을 거절했었다. 편지에서 마셜은 "해군과 만나는 그런 회의는 아무 의미도 없다고 지적한 맥아더의 메시지를 받았다"는 말을 전해 들었다고 언급했다.

1944년에 헨리 스팀슨 전쟁성 장관은 자서전에서 "사실 마셜은 자신의 손으로 모든 것을 통제했다"며 마셜의 독특한 역할에 대해 말했다. 마셜이 했던 모든 일 중의 일부는 맥아더를 견제하면서 조심스럽게 그를 밟아주었던 것이 포함되었다. 같은 해에 스팀슨은 법령에 명시된 정년인 64세에 맥아더를 전역시키지 않겠다는 발표를 했다. 만약 마셜이 노르망디 상륙작전을 지휘하기 위해서 유럽으로 갔더라면 아이젠하워가 워싱턴에서 육군참모총장 직책을 수행했을 것이다. 이 말은, 아이젠하워가 마음속으로 경멸하는 자신의 전임 상관 맥아더를 관리해야 한다는, 전쟁기간 중 다른 어떤 일보다 더 불가능한 과업과 마주해야 한다는 뜻이었다. 앨버트 웨드마이어Albert Wedemeyer 장군은 언젠가 아이젠하워와 맥아더가 "서로에 대해 심하게 악담하는 것을 들었다"고 말했다.

맥아더를 단순히 해임시키는 것은 불가능했던 것으로 보인다. 맥아더는 자신의 군사 능력과는 관계없이, 대통령을 비판하면서 밖에 있는 것보다 육군 내에서 부분적이나마 정치적 입지를 확보하는 게 더 쉽다고 생각해서 태평양에서 지휘권을 유지하려고 했던 것으로 여겨진다. 루스벨트 대통령과 최고위 군사지도자들 간의 관계에 관한 한 기념비적인 연구를 했던 역사가 에릭 라라비Eric Larrabee는 여기에서 한 걸음 더 들어간 분석을 했다. 라라비는 대통령이 맥아더를 그대로 둔 이유로 부분적으로는 늙은 장군이 군복을 입고 현직에 있는 게 정치적으로 덜 위험할 뿐 아니라, 전쟁에 대한 초당적 지원을 유지하기 위해서는 마키아벨리식 계산법에 따라서 맥아더와 같은 '쓸 만한 바보'가 필요했기 때문이었다고 분석했다. 지금은 간과하여 잊어버리기 쉽지만, 그때까지도 정치적으로 강력한 뉴딜 정책 반대파, 공화당 고립주의자들, 그리고 중서부 출신의 평화주의자들이 잠재적으로 존재하고 있었다. 라라비는 『미국이 참전한 후 After our entry into the war』에서 자신이 관찰한 바를 다음과 같이 썼다.

일시적으로 승리를 위한 합의에 참여했지만 격정적으로 참전에 반대했던 국내 세력은 여전히 존재했다. 의회는 참전에 대해 충분히 강경하고 경계심을 갖도록 하는 목소리를 대표했다. 그들을 그러한 공감대에 묶어두기 위해서는 보수주의자이며, 신고립주의의 군사 영웅이 이상적이었을 것이다. 그 사람은 그들을 결집시키는 데 충분히 위대하고, 진실된 위협을 주기에는 충분히 순진무구한 사람으로 반 뉴딜 정책의 진정한 자격증을 가진 채 아직은 저 멀리 극동에 있는 사람이었다. 나는 이것이 루스벨트 대통령이 더글러스 맥아더를 수수께끼같이 관리한 이유를 설명해준다고 생각한다. 맥아더는 그러한 조건에 완벽하게 부합되며, 그렇기 때문에 섬세하게 선택된 순간에 이를 때까지 맥아더는 양육됐고, 그의 욕망을 충족시켜주었다.

라라비의 해석을 뒷받침하는 것은 맥아더가 필리핀을 떠나라는 명령을 받은 후, 마셜이 맥아더가 자발적이든 아니든 포위된 자신의 부대를 떠났다는 사실을 부분적으로 은폐하기 위해 그에게 명예훈장 Medal of Honor(전투원에게 의회의 이름으로 대통령이 수여하는 최고의 훈장 - 옮긴이)을 수여하라고 압박을 가했다는 사실이다. 서훈을 위한 문서는 마셜이 직접 작성했으며 맥아더의 훈장수여를 반대했던 아이젠하워가 다듬었다. 국가 최고의 훈장을 맥아더에게 수여한 것은 마셜의 계산된 행동의 하나일 수 있으며 그 이면에는 순수한 냉소주의가 깔려 있었다. "맥아더가 휘하의 모든 군대를 위험한 필리핀의 코레히도르Corregidor 섬에 놔두고 혼자 떠났다는 말을 막을 수 있다면 나는 무엇이든 하고 싶었다"며 "최고 훈장이 도움이 될 것으로 생각해 공적서의 초안을 직접 작성했다"고 마셜은 몇 년 후 밝혔다. 1942년 6월, 부대를 방문하기 위해 오던 중에 일본의 공격으로 인해 오작동한 항공기에 탑승했던, 당시 하원의원이었던 린든 존슨Lyndon Johnson에게 은성무공훈장을 수여한 맥아더는 명예훈장이 정치적 수단으로 사용된다는 점을 잘 이해하고 있었다. "다른 어떤 승무원도, 심지어 고장 난 비행기를 착륙시킨 조종사조차 훈장을 받지 못했다"고 역사가이자 육군 장교였던 H. R. 맥매스터H. R. McMaster가 말했다.

그러나 맥아더의 명예훈장 수상은 다른 부대원들을 참을 수 없게 만들었다. 전쟁 후에 로버트 아이첼버거Robert Eichelberger 중장은 자신의 친구 아이젠하워가 북아프리카 전역에서 명예훈장을 거부했다는 말을 들은 것을 기억했다. "왜냐하면 그는 맥아더를 의미하는, 전투진지에 앉아 있는 것으로 명예훈장을 받은 사람을 기억하고 있었기 때문이었다." 맥아더의 훈장 수상은 커다란 짜증을 야기시켰는데, 그 이유는 아이첼버거 장군과 맥아더의 부하이자 필리핀에서 계급이 가장 높았던 미군 포로인 조나단 웨인라이트Jonathan Wainwright 소장에게 명예훈장을 수여하려고 하던 노력을 맥아더가 방해했었기 때문이었다.(전쟁 후에 마셜은 웨인라이트의 명예훈장 후보지명을 위해 노력했고 결과는 성공적이었다.) 맥아더는 또한 아이첼버거를 유럽사령부로 보내라는 마셜의 요청도 거부했다. 맥아더 휘하의 고위급 지휘관들, 예를 들어 아이첼버거, 월터 크루거$^{Walter\ Krueger}$, 오스카 그리스월드$^{Oscar\ Griswold}$, 그리고 알렉산더 패치$^{Alexander\ Patch}$ 같은 사람들이 오늘날 거의 알려져 있지 않은 것은 우연이 아니다. "아이젠하워가 동료들이나 역사가들 사이에서 자신의 휘하 장교들이 이룬 성취에 대한 공로를 인정받고 경력을 높여주는 데 힘썼던 반면에, 맥아더는 부하들이 대중에게 많은 인정을 받는 것을 의도적으로 거부했다"고 역사가 스테판 타피$^{Stephen\ Taaffe}$가 기술했다.

루스벨트는 맥아더에 관해서는 거의 순진하지 않았다. 그는 맥아더에게 수년간 경계의 눈길을 보냈다. 맥아더가 육군참모총장으로 재직하던 당시에 대통령 후보였던 루스벨트는 맥아더를 "이 나라에서 가장 위험한 두 사람 중 한 명"이라고 개인적으로 공격했다. 루스벨트가 자신의 친구와 보좌관에게 말한 다른 한 명은 상원의원 휴이 롱$^{Huey\ Long}$이었다. 이것은 루스벨트를 이해하는 데 있어 매우 유용한 맥락이었는데, 그가 미합중국 체제를 위협하는 존재로 오른쪽에는 군인을, 왼쪽에는 상원의원인 두 사람을 점찍었다는 걸 나타냈기 때문이었다. 롱과 맥아더에 대해 루스벨트는 자신의 대통령 취임을 앞두고 "두 사람을 길들이고, 유용하게 활용해야 한다"는 것이었다.

대통령이 되고 얼마 지나지 않아 루스벨트는 육군의 예산이 불충분하다는 것에 화가 난 맥아더 육군참모총장과 충돌했다. 맥아더는 백악관 회의에서 "나는 앞뒤를 가리지 않고 말했다"며 "다음 전쟁에서 패한다면 진흙땅에 누운 채 적의 대검이 배 위에 있고 목은 적군의 발에 밟혀 죽어가면서 뱉어낸 미국 군인들의 마지막 저주가 내 이름 맥아더가 아니라 루스벨트이기를 원한다고 말함으로써 예산 삭감의 일반적인 효과를 이야기하려 했다"라고 회고록에 썼다.

　루스벨트는 "대통령에게 그런 식으로 말하지 마시오!"라고 되받아서 고함을 질렀고, 맥아더는 즉시 사과한 후에 밖으로 나가서 백악관 계단에 구토했다고 적었다.

　그래서 맥아더가 전쟁을 지원하는 정치적 공감대의 무의식적 지원자 역할을 하게 만들려면 자리를 지키고 있도록 해야 했으며, 면밀하게 그를 관찰할 필요가 있었다. 그리고 이것은 마셜이 유럽에 갈 수 없다는 것을 의미했다.

대통령 후보 맥아더

　장군의 역할에 대한 개념에서 맥아더는 당시의 마셜이나 다른 최고위 미군 장군들과는 매우 다른 생각을 하고 있었다. 그는 패튼, 클라크, 앨런의 사례가 아닌 다른 방법으로 규칙의 예외를 증명한 사람이었다. 세 사람은 마셜 체계에 도전적이었으나 체계 안에서 움직였던 반면에 맥아더는 마셜 체계의 밖에 있었다. 아이젠하워는 임종 직전에 "내가 알고 있는 대부분의 고위 장교들은 군과 정치 사이의 명확한 경계선을 그었지만, 맥아더는 경계선의 존재를 알고 있으면서도 거의 무시했다"고 회고했다.

　역설적이게도 맥아더는 실제로 미국 정치를 이해하는 데 특별하게 능숙하지 못했는데, 부분적인 이유는 그가 제2차 세계대전이 발발하기 전부터 1951년 한국전쟁 사령관에서 해임되기까지 10년 넘게 미국에 가지 않았기 때문이었다. 아이젠하워는 1933년부터 1935년까지 육군참모총장 맥아더의 참모장교로 워싱턴에서 근무한 다음, 제2차 세계대전이 발발하기 전까지 몇 년 동안 필리핀에서 그를 위해 일했었는데, 언젠가 1936년 대통령 선거에서 누가 이길지를 두고 맥아더와 뜨거운 논쟁을 벌였다. 맥아더는 앨프 랜던Alf Landon이 승자가 될 것으로 확신하고 이에 대한 계획을 세웠다. "맥아더는 《리터러리 다이제스트Literary Digest》(1890년에 창간된 영향력 있는 미국의 주간지 - 옮긴이)의 여론 결과를 계속 주시했으며, 랜던이 압도적인 차이로 승리할 것이라 확신했다"고 아이젠하워는 일기장에 몇 안 되는 개인적인 글 중 하나로 썼다. 그는 간헐적으로 출간되는 잡지들을 구독해서 읽고 당시의 문제에 대한 자신의 생각들을 정리하곤 했었다. "나는 아이젠하워와 랜던의 고향 친구에게서 온 편지를 그에게 보여주었다… 편지에는 랜던이 고향인 캔사스Kansas에서조차 이길 수 없어서 화가 엄청나게 날 것이라고 예상했다"고 했다. 맥아더는 아이젠하워와 그의 편을 든 장교에게 그들은 "분명한 증거를 가지고 내린 판단을 표현하는 것을 두려워하는 겁 많고 소심한 사람들"이라고 질책했다.

또한 맥아더는 아이젠하워나 다른 장교들과는 다른 윤리적 기준을 갖고 있었다. 1942년에 그는 필리핀 정부로부터 50만 달러 상당의 선물을 받았다. 아이젠하워는 외국 정부로부터 이와 유사한 선물을 받는 것은 육군의 관습과 규정에 모두 위배된다고 인식하여 선물을 거절했었다. 아이젠하워는 또한 맥아더가 필리핀 정부에 그에게 원수의 직함을 주도록 압력을 가했다고 언급하면서, 필리핀군은 "사실상 존재하지 않기" 때문에 이러한 요청이 "터무니없고 거만하다"고 느꼈었다. 여기에 더하여 아이젠하워는 맥아더가 자신이 선호하던 휴 드럼Hugh Drum이 아니라 마셜이 육군참모총장에 지명될 것이라는 사실을 알고서 분노했다고 기억했다. "맥아더가 말하고자 했던 것은 이 세상과는 완전히 다른 그 무엇"이었다.

맥아더가 언제부터 대통령이 되고자 생각했는지는 명확하지 않지만, 제2차 세계대전 중반에 가능성을 염두에 뒀던 것은 확실하다. 1943년과

1944년 초, 그는 대통령 후보로 나서는 문제를 부하들과 논의했다. 당시 예하 군단장이었던 아이첼버거 장군은 아내에게 쓴 1943년 6월 2일 자 편지에서 "사령관이 내년에 공화당 후보로 지명되는 것에 관해서 이야기 했는데, 후보자격 획득을 기대한다는 것을 알 수 있었소. 나도 그렇게 되리라 생각하오."라고 했다. 맥아더는 전쟁 중, 공화당 내의 권위자들, 예를 들어서 미시건 주 상원의원 아더 반덴버그Arthur Vandenberg와 전임 대통령 허버트 후버Herbert Hoover 같은 사람들의 생각을 알아보기 위해 자신의 참모장과 정보참모부장을 태평양 넘어 워싱턴과 뉴욕으로 보냈다. 공화당의 거물인 반덴버그 상원의원은 맥아더 장군이 후보로 지명 될 유일한 기회는 토머스 듀이Thomas Dewey와 웬들 윌키Wendell Willkie 사이의 예비선거가 교착상태에 빠졌을 때라고 계산했다. 그런데 1944년 4월경에 윌키 후보는 위스콘신 주 예비선거에서 듀이에게 깨끗하게 졌음을 인정하며 물러났다. 같은 달, 일리노이 주 예비선거에서 맥아더는 구속력 없는 선호도 투표에서 55만 표의 지지를 받았다. 그 선거가 끝난 직후에, 네브라스카 주 공화당 의원 앨버트 밀러Albert Miller는 자신과 맥아더 사이에 오간 편지 2통을 공개했다. 초선 의원인 밀러는 9월에 "이런 뉴딜 정책이 이번에 중단되지 않으면 미국인 삶의 방식은 영원히 어두울 것으로 확신합니다"라고 하며 "장군은 문명과 아직 태어나지 않은 아이들을 위하여 지명을 수락해야 합니다. 장군은 다음 대통령이 될 것입니다"라고 썼다. 여기에 덧붙여 밀러는 맥아더가 48개 주 전체를 석권할 것을 확신한다고 했다. 맥아더는 10월에 "당신의 달콤한 예측"에 동의하지는 않지만 "지혜롭고 의원의 도道를 갖춘 탁견에는 전적으로 동의한다"는 답장을 보냈다. 1944년 초에는 비슷한 정서를 표현한 후속 편지들이 오갔다. 그러한 것을 공개함으로써 맥아더의 후보 출마에 활력을 다시 불어넣으려던 밀러의 노력은 실패로 끝났다. 공화당 전당대회에서 듀이는 1,056표를 얻었으나 맥아더는 단 1표를 받았다. 만장일치가 깨진 이유는 맥아더의 이름이 당 후보에 오르는 것을 막기 위한 공화당 지도부의 빠른 움직임에 항의하여 위스콘신 주 대표가 맥아더에게 투표했기 때문이었다.

1944년 말, 맥아더는 정치적 거장인 루스벨트가 미국이 일본에 대항하여 공세로 전환할 때 필리핀을 우회하는 어떤 결정도 국내 정치와 연루될 가능성이 있다고 한 연설을 들으면서 자신이 얼마나 정치적으로 순진했었는지를 알게 되었다고 밝혔다. 맥아더의 부관이자 전기작가인 한 장교의 말에 의하면, 맥아더가 하와이 회의에서 루스벨트에게 "국민이 화가 많이 나서 이번 가을 투표에서 대통령에게 완전한 분노를 표출할 것이라고 감히 말씀드릴 수 있습니다"라고 했다. 그러한 사려 깊지 못한 언급은 루스벨트에게 자신이 정확히 원하는 곳에 맥아더를 있게 해야 한다는 확신을 심어주었다.

맥아더의 그해 대통령 유세는 흐지부지되었지만, 그는 거기에서 교훈을 얻지 못했다. 아이젠하워는 1946년 도쿄에서 맥아더와 저녁 만찬을 했는데, 두 사람은 대통령이 되려는 야망에 대해 서로의 생각을 타진했다. 당시의 유명한 기자인 조셉 알솝(Joseph Alsop)에게 전했던 아이젠하워의 설명에 의하면, 아이크 자신은 정치에 관여하고 싶지 않다고 말하며 마셜 장군의 원칙을 언급했다고 했다. 알솝은 계속해서 아이젠하워는 옛일에 관한 순수한 분노로 인해서 얼굴이 끓인 사탕무처럼 붉은 색깔로 바뀌어 장황히 하던 말을 끊고서는 "그때 맥아더가 나한테 뭐라고 했는지 알아?…. 그는 몸을 구부려 내 무릎을 두드리면서 '좋아요, 계속 그렇게 하면 확실히 대통령이 될 거야'라고 뻔뻔스럽게 말했지"라고 이야기했다. 마침내, 맥아더는 대통령 자리에 도전하지 않겠지만, 선량한 일개 시민으로 "국민이 요청하는 어떠한 공적 직분을 받아들이는 것"을 회피하지 않겠다는 성명을 발표했다. 1948년에는 부름이 없었다. 1952년 대통령 선거 때까지 맥아더는 부름에 대한 허망한 희망을 놓지 않았다.

루스벨트가 제2차 세계대전에서 맥아더를 그렇게 다루었던 것이 자신에게는 올바른 조치였을지는 모르겠지만, 자신의 후계자에게는 정치적 장애물을 설치해 놓는 결과를 가져왔다. 결국에 맥아더는 루스벨트보다 덜 교묘한 해리 트루먼Harry Truman이 처리해야 할 일로 남겨졌다. 1951년, 맥아더의 지속적인 정치적 장난질과 명령 이행 거부는 미군 역사상 가장 극적인 장군의 해임을 불러왔다. 맥아더의 유산은 군사 영역에서는 제한적이어서 단지 윌리엄 웨스트모어랜드William Westmoreland(베트남 전쟁을 지휘한 육군 대장으로 당시 대통령 후보로 거론됨 - 옮긴이)에게만 영향을 주었고 그 후로 큰 영향은 없었지만, 미국 정치에는 독배가 되어서 존슨 대통령과 베트남 전쟁을 수행하는 장군들과의 담론을 왜곡시키게 될 것이다.

육군에서 결국 맥아더는 미래의 육군 지도자들이 피하고 싶어 하는 부정적 사례로 여겨졌다. 만약, 대담하고 극적이며 거물급인 인물에 대한 경계심이 오늘날 육군에 남아 있다면, 그러한 원인의 대부분은 맥아더의 기록(그보다는 작지만 패튼의 기록도)이 차지할 것이다. 미국 장군의 새로운 모델은 상당히 다르고 건조한 인물일 것이다. 그는 연합군이 유럽 전쟁에서 승리하는 것을 조용히 돕고 있었다.

8

윌리엄 심슨

마셜 체계와 미국 장군의 새 모델

만약 맥아더(연합군 중에서는 몽고메리)가 마셜과 아이젠하워에게 그들이 원하는 유형과 반대되는 장군상을 보여주었다고 한다면, 눈 덮인 벌지에 서 있었던 1944년의 마지막 2주 동안의 전투는 그들이 원하는 바로 그 모델을 보여주었다. 역설적이게도, 그러한 모델을 의인화한 장군은 오늘날 심지어 육군 내에서조차 잊혔다. 하지만 그가 구현했던 가치들은 수십 년 동안 육군의 가치들 그대로의 모습이었다.

   1944년 중반, 북서 유럽의 연합군 진격에 대응하기 위해 실시된 독일군의 주요한 공세작전이었던 벌지 전투는 제2차 세계대전 동안 서유럽에서 벌어진 가장 중요한 전투 중의 하나였다. 아이젠하워는 매우 마셜다운 어조로 아래와 같이 썼다.

> 이런 종류의 전투에서는 무엇보다도 단호함, 침착함, 낙관적인 마음을

갖는 지휘관이 필요하다. 그러한 자세는 상충되는 보고, 의심스러움과 불확실성이라는 그물망을 뚫고 적의 모든 약점을 활용하여 승리로 나아가게 한다.

아이젠하워가 직접 말하지는 않았지만, 고위 지휘관으로 어떤 사람이 가장 부합하는지를 묘사한다면 그것은 허풍 떠는 패튼도, 전전긍긍하는 호지스Hodges도 아니라, 190센티미터가 넘는 큰 키에 대머리인 텍사스 출신 윌리엄 심슨William Hood Simpson일 것이다. 남부 연합 기병대 출신의 아들인 그는 조용하고, 능력이 출중하며, 단호한 낙관주의 성격의 장군으로, 현시대의 육군이 제시하는 장군의 모델 그 자체인 사람이었다. 그는 벌지 전투 초기에 노획한 독일군 공세작전계획을 본 적이 있었다. 그것을 짧게 훑어보고는 "음, 우리가 처해 있는 상황으로 봐서는 그리 걱정할 게 없다고 느껴지네. 우리는 힘든 전투를 해야 하지만 결국에는 이 전투를 끝내게 될 것이야"라고 말했다. 전투를 하는 동안에 그의 주도로 별도의 홍보도 하지 않고 호지스 군을 지원하기 위하여 단 6일 만에 완전 편성한 5개 사단을 보냈다. 역사가 J. D. 모어록J. D. Morelock은 벌지 전투 동안 "실제로 심슨 장군의 제9군 부대들은 패튼의 제3군 부대들과 비교해 더 많이, 더 빠르게 전투에 투입되었다"고 했다.

심슨은 패튼처럼 똑똑하고 적응성이 있으며 공격적이었다. 그러나 그는 자신보다 많이 알려진 동료 패튼과는 다르게 팀의 일원으로 활동했고 솔직했으며 자기를 내세우지 않는 언행을 했다. 그는 전간기戰間期 동안에 14년을 소령으로 근무하면서 스스로 낮추는 법을 알았다. 또한 그는 필리핀 모로족Moros族(필리핀 술루 제도, 팔라완 섬, 민다나오 섬에 분포하는 이슬람 주민으로 약 250만 명으로 추산된다. 모로 전쟁은 1901년부터 13년 동안 지속된 미군과 이슬람교도 간의 산발적 전쟁을 말한다. - 옮긴이)과 멕시코 판초 비야Pancho Villa(하층민을 대변하고 농지개혁을 이끈 멕시코 혁명의 지도자. 1916년 퍼싱이 이끄는 수천의 미군 병력과 전투를 벌였다. - 옮긴이) 무리와의 전투, 그리고 독일과의 제1·2차 세계대전에 참전하여 싸우는 법을 배웠다.

그는 참모들을 잘 활용했다. 군단장들은 심슨과 함께 근무하는 것을 좋아했다. 심슨의 부하 장군 중의 한 사람이자 남북전쟁 참전 장군의 손자인 알반 길렘Alvan Gillem은 심슨이 "밝고, 매우 친근감이 있으며, 이해심이 많고, 협조적"이었다고 회고했다. 참고로 같은 이름의 그의 할아버지 알반 길렘은 테네시Tennessee 태생이었음에도 남북전쟁에서 남부 연합군으로 싸웠던 유명한 장군이었다. 제2 기갑사단장 어니스트 하몬Ernest Harmon 소장은 심슨의 제9군에 배속된 것을 기뻐했다며 "군대 밖으로는 거의 알려지지 않았지만 심슨은 유럽 전구에서 진정으로 위대한 리더 중의 한 명이었다. 그는 장군들의 장군이었다…. 그의 밑에서 함께 싸우는 것은 기쁨이었다"고 술회했다. 심슨은 예하 지휘관들이 공훈을 얻고 신문 사진에 그러한 장면이 나오도록 기회를 주기 위해서 그들이 독일군 장군들의 항복을 공개적으로 받는 걸 좋아했다. "침착하고 차분한 그는 참견을 자제하였으며 자신이 질문을 하기 전까지 보고자가 준비된 내용을 충분히 보고하도록 허락했다"고 육군 중령 토머스 스톤Thomas Stone이 기록을 남겼다. 모든 예하 제대가 심슨의 작전이 매끄럽고 원활하였다고 평가했다. 제75 보병사단에서 부사관으로 근무한 버나드 루Bernard Leu는 명령이 계획을 수립하기에 충분한 시간을 두고 하달되었다면서, 사단이 다른 2개 군에 속해서 작전했었을 때에 이러한 일은 없었다고 회상했다.

하지만 심슨의 가장 놀라운 점은 자신과 제9군에 관한 많은 박사 학위

논문과 책에서 격렬한 회의도, 드러날 만한 일화도, 기억에 남는 구절도, 그와 관련된 것은 아무것도 언급되지 않았다는 것일지 모른다. 여기에는 보여주기식이 아니라 늘 변함없이 지휘하는 리더 밑에서 효율적이고 낮은 자세로 일하는 사령부의 모습만 오직 기술되었을 뿐이었다. "심슨은 미리 생각하되 말을 많이 하지 않았다. 이것이 내가 그를 좋아한 이유다"라고 제이콥 데버스 Jacob Devers 장군이 회상했다.

벌지 전투의 중간마다 심슨은 아이젠하워에게 제9군이 몽고메리와 함께 원활하고 즐겁게 근무하고 있다고 보고했다. "우리의 자부심은 높아졌다"고도 했다. 그는 개인적으로 몽고메리가 "젠체하는 거만한 사람"이라는 걸 알았고, 가용한 영국군 3개 사단으로 벌지 북동쪽 모서리 지역에서 독일군에게 피해를 주어 궁지에 몰아넣을 수 있는 공격이 가능했었음에도 조심성이 너무 많아서 그러지 못했다는 사실도 알고 있었지만 전쟁 기간에 혼자만의 비밀로 간직했다. 심슨은 자만하지 않고 다른 사람들과 함께 일할 수 있는 훌륭한 능력을 갖춘 낙관적인 팀플레이어로 마셜과 아이젠하워가 찾는 바로 그런 장군이었다. 그런 의미에서 잊힌 심슨은 전후 몇 년 동안, 그리고 실제로 수십 년 동안 육군의 리더들이 추구할 이상적인 장군 리더십을 구체화했다. 이것은 나쁜 모델이 아니지만, 몇 가지 감춰진 위험도 내포하고 있었다.

아이젠하워는 심슨의 강점을 인식했었고, 자서전에서 다루었던 다른 장교들에 비해서 심슨에게 더 호의적인 평가를 보냈다.

> 만약 심슨이 육군 지휘관으로 단 하나의 실수를 한 적이 있다 해도 나는 결코 그것을 마음에 담아두지 않을 것이다. 나는 심슨이 극심한 위장병으로 수년간 고생했다는 것을 전쟁 후에야 알았는데, 그가 전쟁 중

1945년 3월 독일 아헨Aachen 인근의 지그프리트Siegfried 선을 둘러 보는 윈스턴 처칠과 연합국 장군들. 왼쪽부터 앨런 브룩 원수, 몽고메리 원수, 처칠 총리, 심슨 장군. 아이젠하워와 브래들리의 찬사에도 불구하고 심슨은 제2차 세계대전의 서부전선에서 가장 잊힌 장군이 되었다. (사진 출처: Wikipedia Commons/Public Domain)

에 아팠을 거라고는 전혀 의심하지 않았었다. 깨어있고 지적이며 전문적 능력을 갖춘 그는 모든 군인의 존경을 받을 리더의 전범이라고 생각한다. 그의 눈부신 공적을 감안하면, 전쟁 후에 4성 장군으로 진급할 수 있는 업적을 쌓았음에도 불구하고 건강 때문에 전역을 강요당한 것은 매우 불행한 일이었다.

브래들리도 그의 지휘를 "비상식적인 정상"이라는, '브래들리 풍'의 찬사를 보내며 심슨 같은 스타일을 좋아했다. 그런 모든 찬사에도 불구하고 영국의 역사학자 존 잉글리쉬John English는 심슨이 "제2차 세계대전의 서부 전선에서 가장 잊힌 야전군 사령관"이라고 평가했다. 마셜은 이를 칭찬으로 받아들일 것이고, 심슨 역시도 아마 그렇게 받아들였을 것으로 보인다.

심슨 같은 장군을 배출한 마셜 체계는 마셜보다 덜 숙련된 사람들을 다루다 보니, 특징 없고 독창성이 부족하며 위험을 회피하려는 리더들을 양산하는 결과로 귀착될 수 있었다. 리더들이 임무 실패 혹은 아예 행동조차 하지 않음으로써 해임될 수 있다는 사실에 더는 자극을 받지 않게 되었을 때, 그러한 결과는 당연한 사실이 될 것이다.

마셜 체계의 효과성

전쟁 후에, 다른 장군과는 다르게 제임스 가빈James Gavin 장군은 1944년과 1945년에 육군에서 시행된 많은 경질로 인해 너무 많은 사단장이 해임됨으로써 사단장 적임자 부족 사태를 가져오기 시작했다면서 비판적인 태도를 취했다. 아이젠하워의 입장에서는 "임무 수행의 결과가 있어야 했고, 당연히 냉정했어야 했겠지만, 내 생각에 마침내 그에게는 훌륭한 지휘관이 부족하게 되었다"고 말했다. 가빈이 전적으로 지휘관의 보직 해임을 반대한 것은 아니었다. 예를 들어, 1944년 6월 7일 그는 한 대대에 메르데레Merderet 강(노르망디에 있는 강 - 옮긴이)을 가로지르는 둑길을 따라서 공격하라는 명령을 내렸을 때, 대대장이 "몸이 좋지 않습니다"라고 대답했다. 그러자 숨도 쉬지 않은 채 "그를 보직 해임하고 다른 장교에게 대대 지휘권을 맡겨라"고 지시했다. 하지만 가빈은 전투경험이 적은 부대를 지휘하며 싸우는 지휘관을 해임하는 것에 대해서는 특별히 더 비판적이었다. "첫 전투에서의 충격으로 기대에 못 미쳐 보이는 사람들을 일괄적으로 해임하는 것은 우리가 감당할 수 없는 사치일 뿐만 아니라 육군 전체적으로도 커다란 해가 된다"고 했다.

가빈은 검증이 안 된 부대를 지휘하던 신임 지휘관을 해임하는 것에 관해 중요한 점을 지적했다. 그러한 주장을 제기한 사람은 가빈 혼자만이 아니었는데, 육군의 최고의 공식적 역사학자 중의 한 명인 마틴 블루맨슨Martin Blumenson은 1971년에 제2차 세계대전에서의 보직 해임이 "모두 그렇지는 않았지만 부당했다"는 결론을 내렸다. 한국전쟁과 베트남 전쟁에서 지휘관들이 더욱 전문적으로 관리되었다고 믿는 그는 두 전쟁의 중요한 차이점을 다음과 같이 보았다. 육군이 제2차 세계대전에서 승리를 했지만, 같은 접근법을 활용했던 한국전쟁은 교착상태에 빠졌고, 베트남 전쟁에서는 병력의 손실이 컸다. 그럼에도 그러한 결과들에 대해 군이 홀로 혹은 1차적으로 비난받아서는 안 된다.

가빈과 블루맨슨은 특히 보직 해임된 장교들을 내보내지 않음으로써 발생하는 기회비용에 대해서는 비판의 무게를 두지 않은 것으로 보인다. 단기적으로는, 아이젠하워가 말했던 것처럼 보직 해임은 종종 사기를 증진시켰다. 장기적으로 보직 해임은 신세대 장교들에게 제2차 세계대전을 통해서 떠오를 수 있는 기회로 작용했다. 가빈의 경우가 여기에 부합되는 가장 두드러진 예가 될 것이다. 특히 테리 앨런의 사례가 그러했듯이 몇 명의 보직 해임은 공정하지 않았다. 그러나 테리 앨런의 해임이 제1 보병사단의 전투 효율성에 우려했던 나쁜 영향을 미치지는 않았던 것으로 보인다. 다른 사례라고 할 수 있는 제3 기갑사단장 르로이 왓슨Leroy Watson을 대체한 모리스 로즈Maurice Rose 소장과 루카스Lucas 6군단장을 대체한 트루스콧Truscott 중장의 경우는 부대 지휘의 질이 명확하게 개선되었다. 그런데 전쟁 말기에는 장군의 해임은 없었고, 해임하지 않음으로써 발생된 비용들은 더 명확해졌다.

마셜, 브래들리, 아이젠하워 등이 의식적이든 아니든 보병이 아닌 다른 병과 출신의 전쟁 비적응 장군들에게 인내심을 가지고 있었는지 질문할 만한 가치가 있다. 기병과 그의 후예인 기갑병과 출신들은 확실히 그렇게 생각하는 것 같았다. 제2차 세계대전 동안에 제1·2 기갑사단과 잠시지만 제3 기갑사단을 지휘했던 어니스트 하몬Ernest Harmon은 호지스의 제1군 작전을 "느리고, 조심스러우며, 속도감이 전혀 없는 전형적인 보병작전"이었다며 비판했다. 미군 지휘부는 마셜, 아이젠하워, 브래들리 등 원래 병과가 보병인 사람들이 주류를 형성했다. 제2차 세계대전 동안에 육군 대장의 59%는 보병이었으며, 다른 전투병과들 예를 들어 포병, 기병, 기갑, 공병 등에서는 1명의 대장도 배출하지 못했다.

독일군은 영국군과 미군이 느리게 작전을 진행하는 경향을 알아차렸다. 어느 독일군 장군은 "동부 전선과 비교해서 서부 전선은 그들의 절대적인 물질적 우위에도 불구하고 느리며 정해진 방법대로 전투를 수행했기 때문에 불가능해 보이는 상황을 가능하게 바로 잡을 수 있는 상황으로 만들지 못했다"고 진술했다. 잘 보이지 않는 점이기는 하지만, 팀워크에 대한 집착은 신중함과 결합 되어 우직하게 앞으로만 걷는 부대를 만들어 냈다. 이러한 결과는 패튼의 열정과 테리 앨런의 저돌성을 보유한 지휘관이 없는 상황에서 특별히 더욱 그러했다.

아이젠하워가 종전을 선언하기 위해서 선택한 태도는 마셜이 기대하는 장군상 그대로였다. 독일이 항복한 후, 아이젠하워 사령부 참모부는 장황한 승전 성명문을 작성하기 시작했다. 아이젠하워는 참모들이 작성해 온 고상한 산문散文을 기각한 대신에 아주 간단명료하게 "연합군의 임무는 1945년 5월 7일, 현지 시각 02 : 41에 완수되었다"라고 발표했다. 그것은 너무 평이해서 유창해 보이지 않았고, 마치 그 당시의 군대말로 표현하자면 "그만하면 됐어" 정도였다.

종전은 또한 패튼의 전매특허인 전투 효율성이라는 방패를 벗겨버렸고, 다음에는 그의 입을 다물게 만들었다. 두 사람 사이의 오랜 우정이 무엇을 의미했든지 간에, 아이젠하워에게는 더는 패튼으로 하여금 독일군을 추격하게 할 필요가 없어졌다. 그는 1945년 10월에 패튼을 제3 야전군 사령관에서 해임했다.

마셜 체계의 정치학

제2차 세계대전 동안에 지휘관들을 해임했던 것은 대내외에 육군의 본질과 책임을 알리는 의도적인 정치적 행위였다. 루스벨트는 이것에 대해 자신이 추진했던 뉴딜 정책에 빗대어 언젠가 "뉴딜 전쟁New Deal War"(단어 표현을 살펴보면, Deal이라는 단어는 '해임'으로 '거래'가 일어나고, War라는 말은 장군들이 '전쟁'과 관련되고 또한 해임 자체가 죽고 사는 '전쟁'과 비슷해서 그렇게 표현한 것으로 추정된다.- 옮긴이)이라고 표현했다. 마셜의 눈에는 장교들을 기꺼이 해임하는 것이 상대적으로 적은 숫자인 장교단보다 더 큰 무리인 병사들을 더 잘 보살피고 있다는 신호를 국민에게 보여주는 것이었다. 마셜의 귀족적 태도에도 불구하고, 이것은 의원들이 좋아하지만 마셜은 부족하다고 생각한 장군의 운명에 대해 질의한 의원들에게 그가 하는 민주적 주장이었다. 1943년에 버지니아Virginia 주 상원의원인 카터 글라스Carter

Glass가 미시시피Mississippi 빌록시Biloxi에 있는 키슬러 필드Keesler Field 기지 지휘관 로버트 E. M. 굴릭Robert E. M. Goolrick 대령이 왜 장군이 안 되었는지 물었을 때, 마셜은 군의 최상위 계급을 선발하는 자신의 접근법을 설명했다. "우리가 장군을 선발하는 오직 하나의 원칙은 그와 관련된 유명인사가 누구인지를 고려하는 것이 아니라 그가 보인 업무의 효율성입니다."

> 우리가 지속적으로 조심해야 하는 것은 두 가지이다. 하나는 장군이라는 계급에 붙어 있는 명예에 너무 많은 강조를 하지 말아야 한다. 두 번째는 병사들의 신뢰를 받는 사람과 불필요한 희생 없이 전쟁을 성공적으로 수행할 수 있는 기술과 육체적 인내력을 가진 사람을 너무 적게 선발하지 않아야 한다. 적과의 모든 전투에서 출중하고 숙련된 리더십의 중요성이 새롭게 강조되어왔다. 다른 모든 고려사항은 이것에 비하면 사소한 것들이다.

민주주의를 위해 싸우는 전쟁에서 상식이 있는 군인들을 찾으려는 것은 중요한 고려사항이었고, 마셜은 이 관점을 2년 주기로 작성하는 육군 태세 보고서에 반복해서 담았다. 1941년의 보고서에서는 전쟁 전에 나이 많은 장교들을 정리하는 것에 대해 논의하면서 "이 모든 문제에서 장교 개인의 이익보다는 군인과 국가의 이익이 지배해왔다"라고 설명했다. 다음 보고서에서는 병사 중에서 장교를 선발하는 것이 "민주적 이론"에 부합한다고 제도의 정당성을 주장했다. 그리고 이것은 실제로 이루어져서 제2차 세계대전에서는 육군 장교의 3분의 2가 병사로부터 선발되었다. 유럽 승전일과 일본 승전일(V-E day는 유럽 승전일로 5월 8일이며, V-J day는 일본 승전일로 우리의 광복절인 8월 15일이다. - 옮긴이) 사이에 쓴 전쟁 기간의 마지막 보고서는 "미국 민주주의 힘이 이처럼 분명했던 적은 없었다"는 말로 시작했다.

마찬가지로 초안이 구상될 때, 마셜은 국민의 지지를 받을 수 있는 방식으로 구성되어야 한다고 계획관planner들에게 말했다. '1940년의 의무 징병 등록법Selective Service Act'(1940년 9월 16일 제정된 이 법안은 미국 역사상 최초의 평시 징집법이었다. 21세에서 36세 사이의 남성들을 지역 징집위원회에 등록하도록 규정했다.-옮긴이)을 취재하기 위해 워싱턴에 온 폴 니츠Paul Nitze는 "뉴욕 월스트리트에서 일생을 보낸 우리 같은 사람들은 주로 문제를 해결하는 것에만 관심이 있다"며 다음과 같이 말했다.

> 우리는 우리의 행동들이 어떻게 민주주의 시스템에 영향을 미칠지 깊이 생각할 필요가 거의 없다고 생각했다. 마셜은 우리를 교육시켰다. 신병 선발과 징병 연기는 문제 해결에 단순히 숫자나 기계적 이상의 것을 어떻게 다루어야 하는지를 보여주는 좋은 사례였다. 마셜의 관점은 실제로 공정하고 평등할 뿐 아니라 그렇다고 보이는 기준에 따라 징집 대상자들을 선택하거나 연기를 허용해야 한다는 것이었다.

징집병들이 선발되자 마셜은 그들에게 전쟁을 해야 하는 필요성을 설명해야 한다고 주장했다. 그는 그러한 목적으로 제작된 팸플릿에 실망하여 당시 할리우드 최고 영화감독 중 하나였던 프랭크 캐프라Frank Capra에게 "왜 우리는 싸우는가?"라는 제목으로 신병 교육용 영상 시리즈를 만들어 줄 것을 요청했다.

마셜은 이러한 모든 것이 단지 효과적인 전투병을 얻기 위해서 뿐 아니라 육군의 미래도 지키기 위함이라고 했다. 그는 자신이 목격한 1920

"Beautiful view. Is there one for the enlisted men?"

년대와 1930년대 미국 사회 안에서의 반군주의는 부분적으로 제1차 세계대전 동안 군에서 장교들이 병사들을 가혹하게 처벌했기 때문이라고 믿었다. "그러한 행태는 절대 잊히지 않으며 분통이 터지는 일이다"라고 말했다. 그래서 마셜은 이 임시 병사들, 혹은 그가 "미래의 시민"이라고 불렀던 사람들에게 가능한 한 적절하고 합리적 대우를 하기로 결심했다. 마셜이 제1차 세계대전 후에 중령으로 중국에서 근무할 때, 병사를 구타하는 장교에게 "네가 때리는 병사 또한 너와 똑같은 미국 시민이라는 것을 명심해야 한다"고 가르쳤었다. 그의 이러한 인식은 제2차 세계대전 동안 다양한 방법으로 반영되었는데, 장교들의 가식을 조롱했던 빌 몰딘Bill Mauldin (예비역 미국 육군 하사 출신의 만화가. 제2차 세계대전 참전군인들의 생활상을 다룬 풍자화로 인기를 끌었다. – 옮긴이)의 만화에 잘 포착되어있다.('아름다운 경치'라는 만화에서는 알프스의 일몰을 바라보며 한 장교가 "병사들이 보는 별도의 산도 있나?"라고 다른 장교에게 말하는 풍자화를 그렸다.) 몰딘의 풍자만화는 사단장 트로이 미들턴Troy Middleton에 의해서 제45 사단 신문에 처음으로 게재되었다. 미들턴은 몰딘의 작품이 사단 부대원의 사기를 높여주고, 도움이 되지 않는 루머를 제거하는 데 유용한 수단이 되는 사단 신문을 보는 독자들의 관심을 모을 수 있다고 믿었기 때문에 자유로운 영혼을 가진 만화가를 보호했다. 미들턴의 상급 지휘관이었던 조지 패튼이 그에게 "몰딘과 그의 풍자만화들을 없애라"고 하자 미들턴은 서면 지시로 내려 달라고 요청하는 것으로 슬쩍 비껴갔다. 그러자 패튼은 포기했다고 미들턴은 회고했다.

특정한 유형의 장군 육성을 주장한 마셜의 방침이 덜 직접적으로 정치적 영향을 미쳤는지 생각해 볼 가치가 있다. 그것은 미국 사람들의 생활에서 군사독재자의 하락을 부추기고, "백마 탄 남자"를 동경하는 미국의 경향을 군대로부터 정치적 삶으로 이동시키도록 부추겼다. 조지 워싱턴George Washington을 시작으로 해서 18세기에서 19세기의 미국에서는 장군이 대통령으로 신분이 격상되는 강한 전통이 있었다. 뛰어난 군사 경력을 바탕으로 대통령이 된 사람은 모두 합해서 13명이다. 그들을 나열하면, 워싱턴Washington(초대), 아이젠하워(34대), 그랜트Grant(18대), 앤드류 잭슨Andrew(17대), 윌리엄 해리슨William Harrison(9대), 재커리 테일러Zachary Taylor(12대), 러더포드 B. 헤이즈Rutherford B. Hayes(19대), 제임스 가필드James Garfield(20대), 벤자민 해리슨Benjamin Harrison(23대), 시어도어 루스벨트Theodore

Roosevelt(26대), 해리 트루먼Harry Truman(33대), 존 F. 케네디John F. Kennedy(35대), 그리고 아버지 부시Bush(41대)이다. 목록의 첫 번째부터 아홉 번째인 해리슨까지는 장군 계급이었다. 추가로 다른 4명의 장군이 대통령 후보 선출에서 낙선했다. 그러나 남북전쟁이 끝나고 몇 달 동안 컴버랜드Cumberland 군의 육군 준장이었고, 1888년 대통령 선거에서 승리했던 벤자민 해리슨Benjamin Harrison 이후로는 오직 한 사람만이 대통령으로 당선되었는데 장군 계급으로 마지막으로 대통령이 된 사람은 마셜의 추종자이며 쿠데타 가능성이 가장 낮은 장교인 아이젠하워였다.

의도적으로 정치와 거리를 두고 있는 마셜 원칙의 본질은 장군을 정치인으로서는 패배하게 만들었다. 아이젠하워 이후로 대통령 출마를 만지작거렸던 사람들은 대중의 눈에는 그들의 경험이 권위와는 동떨어졌음을 드러내면서 예비 경선에서조차 떨어지는 망신을 당했다. 이것은 1988년에는 공화당의 알렉산더 헤이그 주니어Alexander Haig Jr. 대장이, 그리고 2004년에는 민주당의 웨슬리 클라크Wesley Clark 장군이 대통령 선거에 나섰다가 지지부진해지면서 양대 미국 정당에서 공히 입증되었다. 1968년에는 커티스 르메이Curtis LeMay 공군 대장이 전임 앨러바마 주지사이자 분리주의인 조지 윌리스George Wallace의 무소속 러닝 메이트로 공직에 출마했지만 승리하지 못했다. 주州 차원에서도 장군들은 낮게 평가되었다. 제24 보병사단장으로 재직하던 1962년에 존 버치 소사이어티John Birch Society(1958년에 설립된 미국의 우익 정치단체로 반공주의와 사회보수주의를 지지한다.-옮긴이)에서 발췌한 문헌을 활용하여 부대원들을 세뇌하려 했다는 문제로 사임한 에드윈 워커Edwin Walker 소장이 텍사스 주지사 선거에 출마했다가 공화당 예비선거에서 6위로 꼴찌가 되었다.(1963년 초에 워커 소장은 리 하비 오스왈드Lee Harvey Oswald에 의한 저격으로 가벼운 부상을 입었는데, 케네디 대통령의 암살을 조사한 워렌 위원회Warren Commission의 조사결과에 따르면 그가 다음 해에 동일한 소총으로 존 케네디 대통령을 암살한 범인이었다.) 1974년에는 윌리엄 웨스트모어랜드 대장이 사우스캐롤라이나South Carolina 공화당 주지사 후보 선거에서 패했다. 2011년, 리카르도 산체스Ricardo Sanchez 중장이 텍사스 주 민주당 상원의원 후보 경선에 나갔으나 선거모금이 제대로 되지 않아 예비선거 투표 전에 중도 하차했다.

마셜 체계의 유산

조지 마셜이 체계의 기본 틀을 세웠고, 드와이트 아이젠하워가 실행에 옮겼지만 전쟁 후에 육군 안에서 지배적으로 부상한 것은 오마 브래들리의 정체성일 수 있다. 전쟁이 끝난 지 얼마 안 되어서 마셜과 아이젠하워 두 사람이 떠나며 브래들리가 아이젠하워의 뒤를 이어 1948년에 육군참모총장이 되었으며 1년 후에는 합참의장이 되었다. 이것은 은총이자 저주였다. 그가 종군기자 어니 파일Ernie Pyle이 제시한 사랑받는 "미군들의 장군GI's general"은 아니었지만 브래들리는 개인적 교류에서 품위 있고 침착한 사람으로 명성이 자자했다. 하지만 전쟁 중 그의 사령부 운영은 좋은 평을 듣지 못했다. 특히, 1944~1945년 사이에는 군사 역사학자 러셀 웨이글리Russell Weigley가 말했던 것처럼 "짜증 나게 만드는 의심 증세"라는 악명으로 입에 오르내렸다.

수십 년 전의 관점에서 돌아보면 웨이글리는 브래들리를 "단지 유능한 장군" 정도로 평가했다. 1944~1945년 동안에 브래들리는 엄청난 전력의 우위를 가지고 부대를 지휘했다. 병력 면에서 적보다 우위에 있었고, 예하부대는 대체적으로 제병 협동전투에 맞도록 훈련되었으며 팀워크에 대한 군기가 잡혀 있어서 전술적으로 효율성을 발휘할 수 있는 모델이었다. 그 부대들은 일명 지그프리트 방어선 Siegfried Line 으로 불리던 독일의 서부국경 요새 진지들을 숙달된 공격으로 돌파했다. 그 장면을 웨이글리는 "전방 관측자들이 보조 진지에서 적을 격멸하기 위해 표적에 포병 화력을 운용하게 하고, 이어서 전차가 철갑탄으로 돌파구 입구를 폭파시킨 후에 보병들이 진입하여 독일군을 항복하게 했다"고 묘사했다. 브래들리는 기갑 전력에서 20대 1의 우위를 누렸고, 독일이 단 537대의 공군 항공기가 가용한 것에 비해 약 1만 3,000여 대의 연합군 전투기와 폭격기를 운용함으로써 공중전력 면에서는 더 압도적인 전력 우위에 있었다.

이러한 전투력의 우세 하에서 적보다 많은 아군의 능력을 갖추고도 포위된 적에게서 항복을 받아내는 데 몇 달이 걸렸다. 2011년부터 '아프가니스탄 NATO 이양부대 NATO transition forces in Afghanistan'(아프가니스탄의 군사 지휘권을 넘기기 위한 중간 임무 수행 부대 – 옮긴이)를 지휘한 대니얼 볼거 Daniel Bolger 중장은 브래들리 지휘하에 육군이 많은 성공을 거두었지만, 아래와 같은 실패도 있었다고 기록했다.

> 실패한 전투의 횟수가 충격적일 만큼 많았고, 잃어버린 승리의 기회들이 너무나 많았다. 목가적 풍경의 평온했던 노르망디에서 있었던 지옥 같은 학살과 프랑스 팔레즈 Falaise (노르망디 캉 남쪽의 도시 – 옮긴이) 에서의 불완전한 포위, 가을에 지그프리트 선에 이르기까지 값비싼 대가를 치르게 한 혼란, 독일 휘르트겐 숲에서의 피비린내 났던 전투, 아르덴 삼림지대에서 당한 초기의 충격적인 기습과 레마겐 Remagen (독일 라인 강 변의 도시 – 옮긴이)에서 교두보 확보에 직면하여 결과적으로 독일군을 지원하고 병력을 충원해 주었던 핵심부대를 제거하는 데 자발적이지 못

했던 행동들…. 이 모든 것들이 전역작전의 전 기간에 걸쳐서 마음 아픈 장황한 설명을 만들어냈다.

아이젠하워가 전쟁에서 얻은 교훈은 협조가 다른 무엇보다 중요하다는 것이었다. 그는 자신이 핵심 제작자였던 유럽 전쟁이 어떻게 전개되어 왔는지를 다룬 영국-미국의 합작 다큐멘터리 〈진실한 승리The True Glory〉에서 이 점을 강조했다. 확연히 피곤해 보이고 눈 밑 피부가 늘어진 채 평소와 같이 웃는 모습도 보이지 않으면서 아이젠하워는 "팀워크가 전쟁을 승리하게 만듭니다"라고 말했다. "내가 말하는 팀워크는 국가 간, 군별, 사람들 사이에서 지휘계통을 따라서 미군 병사나 영국군 병사, 그리고 고급 장교에 이르기까지 모두의 협조를 의미합니다"라고 말했다. 그가 태평양 전쟁이 끝나기 전인 유럽 전승일 이후에 이 성명을 발표했기 때문에 이것은 역사적 관찰에서 나온 게 아니었다. 당시 군 계획관들은 태평양 전쟁이 몇 년 더 계속될 것으로 생각했다.

승리의 여운 속에서, 이러한 능력의 잠재적인 함정 즉, 어느 정도 협조적인 장군 리더십의 모델이 가진 함정들이 눈에 덜 띄었다. 그들이 처음 나타났을 때의 결점들은 대체로 패튼이 브래들리에게서 본 것과 같은 종류였다. 패튼은 1944년에 10월에 "브래들리가 조금만 더 대담했으면 좋겠다"고 썼다. 역사학자 웨이글리가 동의하는 바와 같이 1944년과 1945년에 군사 지도자의 리더십 본질은 "상상도 할 수 없는 조심성에 이르렀다. 대체로 유능하긴 했지만 안전 최우선에 중독된 듯했다." 제2차 세계대전에 참전한 용사이자 유럽 전구 전쟁사 전문가가 된 마틴 블루맨슨은 유럽 전역에서의 미군 리더십은 "근본적으로 단조롭고 느렸다. 지휘관들이 대체로 용감하기보다는 솜씨 좋은 장인 같았고, 대담하기보다는 신중한 모습이었다"고 했다. 제임스 가빈은 "만약 지휘관들이 기꺼이 더 많은 위험을 감수했더라면 인명과 자원의 피해를 꽤 많이 줄여서" 전쟁을 몇 달 일찍 끝낼 수 있었을 것이라고 결론지었다.

그것은 혼란스러운 유산이었다. 역사학자 볼거Bolger는 브래들리가 선호하던 종류의 리더십 아래에서는 "패배를 피하겠지만, 안전 일변도로 하다가 승리 또한 피하게 될 것"이라고 했다. 향후 수십 년에 걸쳐서 한국, 베트남, 그리고 이라크에서 미군 장군들에 의해서 종종 취해지는 위험을 회피하려는 접근과 그들의 의도된 행동으로 전쟁이 교착 또는 더 나쁜 상태가 된다는 기록을 볼 때 그것은 불길한 예언이었다.

제2차 세계대전에서 가장 높은 지위에 오른 사람들은 대체로 조직적인 사람들이었다. 그러나 많은 부분에서, 그들은 실패를 소중히 여기고 감추는 대신에 그들 사이에서 실패를 제거하는 것으로 성공적인 조직의 일원이 되었다. 그러나 그런 것들은 다음 전쟁에서는 일어나지 않을 일이었다. 다음의 전쟁은 어떤 것이 승리인지, 심지어 승리가 달성 가능한 것인지조차 알기가 더욱 어려워질 것이기 때문이다.

제 2 부

한국전쟁

제2차 세계대전을 승리로 이끄는 데 중요한 역할을 했던 육군은 1948년에는 골격조차 남아 있지 않았다. 육군은 55만 5,000명의 병력을 운용하고 있었지만, 더 나쁜 것은 그중에서 전투 준비가 된 사단은 아무리 짜내어도 2와 3분의 1개 사단에 불과했다는 것이었다. 이들의 약 절반은 독일과 일본에서 점령군 역할을 수행하고 있었으며, 그 외에도 오스트리아, 대한민국, 이탈리아의 트리에스테Trieste(아드리아 해海 북부, 슬로베니아와의 국경지대에 있는 항구도시 – 옮긴이)에 배치되어 있었다. 나치와 일본제국을 상대로 승리했던 육군이 1950년 한국에서 북한 인민군에 의해 두들겨 맞고 바다에 수장될 위협에 빠졌다.

9

윌리엄 딘과 더글러스 맥아더

자멸한 두 장군

1950년 6월의 한국전쟁은 미군 장군 2명의 몰락과 함께 시작했다. 한 명은 전장에서, 다른 한 명은 최고사령부에서…. 지금은 "잊힌 전쟁"으로 불리는 한국전쟁에서는 역사상 가장 훌륭한 미군 지도자 2명의 일화가 생겨났는데, 첫 번째가 해병 소장 올리버 스미스Oliver Smith였고, 두 번째는 육군 중장 매튜 리지웨이Matthew Ridgway와 관련된 것이었다.

한국전쟁의 첫 단계가 얼마나 처참했는지를 기억하는 사람은 거의 없다. 그것은 제2차 세계대전의 그 어려웠던 첫 몇 달보다 더 굴욕적이었고, 어떤 면에서는 실망스러웠던 베트남 전쟁 말기보다도 더 나빴었다. 미군은 한 번도 아니고 두 번씩이나 해군의 함포 지원과 군수지원은 고사하고 중포병이나 현대화된 전차도 부족한 "농민 군대"(처음은 북한 인민군, 두 번째는 6개월 후에 대적한 중공군)에 의해서 한반도 남쪽으로 밀려났다. 북한 인민군은 가장 기본적이고 군사적 필수 요소인 리더십에서 놀라울 정도로 미군을 압도했다. 더구나 이러한 좌절이 제2차 세계대전에서 세계적인 승리를 거둔지 불과 5년 만에 나타났다는 것이었다.

한국전쟁의 첫 번째 교훈은 미군이 그사이에 어떻게 약화되었는지에 관한 것이었다. 군을 부당하게 대우한 트루먼Truman 행정부의 정책과 더불어 전후 인사 정책의 변화가 가져온 결과로 육군이 한국전쟁에 참전했을 때는 "정신적, 육체적 어떤 면에서도 전쟁을 할 준비가 되어 있지 않았다. 야전군, 군단, 사단, 연대, 대대에 이르기까지 노쇠했고 경험이 없었으며 때로는 무능했다. 또한 한국의 혹독한 기후에 맞서 싸울 수 있는 체력이 없었다"고 갈등의 역사에 관한 최고의 글을 쓴 사람 중의 한 명인 전쟁 역사학자 클레이 블레어Clay Blair가 말했다.

전쟁이 끝날 무렵인 1953년에, 장군 리더십에 대한 마셜의 접근법은 심각하게 붕괴되었다. 여기에는 소규모의 인기 없는 전쟁에서 고위 장교들을 해임하는 것이 정치적으로 어렵기 때문이라는 부분적인 이유가 있었다. 육군 최고위 지휘부에서는 전쟁 초기에 고위 장교를 대규모로 해임하는 것이 국회의원들의 불편한 질문을 받는 청문회로 연결되지 않을까 하는 두려움을 가지고 있었다. 의원들의 어려운 질문을 피하려고 부적합한 장군들에게 미군을 지휘하게 함으로써 비참한 결과를 기꺼이 받아들이는 것처럼 보이는 시스템에 대해 의아하게 생각해야만 한다.

딘 장군의 몰락

한국전쟁에 가장 먼저 투입된 사단의 지휘관인 윌리엄 딘William Dean 소장의 끔찍한 이야기는 전쟁 초기에 곤경에 빠졌던 미군 리더의 극단적인 사례를 보여주는 것이었다. 한국은 제2차 세계대전 종전 직전까지 일본의 식민지였다가 전쟁이 끝난 후에 북쪽은 소련군이, 남쪽은 미군에 의해 점령되었다가 1948년에 경쟁하는 2개의 정부로 분리되었다. 2년 후, 북쪽의 공산군이 남쪽의 대한민국을 침공했을 때, 딘은 일본에 주둔한 제24 사단을 지휘하고 있었다. 일본에 주둔해 있던 미군 중 실제로 북한군의 남침 소식을 가장 먼저 알게 된 사람은 딘 장군이 아니라 나중에 장군과 국무장관이 된 젊은 위관장교 알렉산더 헤이그 주니어Alexander Haig Jr.였다. 도쿄에 있는 맥아더 사령부의 당직 장교로 근무 중이던 그는 1950년 6월 25일 고요한 일요일 아침에 북한이 침공한 상황을 알게 되었다.

7월 3일에 한국에 도착한 딘은 수습 불가능한 상황에 부닥치고 말았다. 북한 공산군은 파죽지세로 남쪽을 향해 진격했고, 한국 군대는 전 전선에 걸쳐서 도주하고 있었으며 도로는 피난민들로 꽉 막혀 있었다. 미군들은 단지 훈련이 덜 되어 있다는 것만이 아니라 실제로 화력에서도 압도당하고 있다는 사실을 알면서도 급하게 전선으로 투입되었다. 딘 사단장은 7월 7일 오후에 제34 보병연대장을 해임하고 "내가 다른 사람에게 큰 소리로 말하기 전에 나의 의도를 읽을 수 있는 사람"이라고 늘 이야기하던 자신의 오랜 친구인 로버트 마틴Robert Martin 대령에게 연대의 지휘를 맡겼다. 다음날, 북한군 전차가 코너를 돌아 나와서 85밀리미터 전차포를 8미터 가량 떨어진 곳에서 발사하여 마틴의 부대를 반으로 갈라놓자 미군들은 급히 후퇴하기 시작했다.

딘은 괜찮은 사람이었지만, 그 후 며칠 동안에 보인 그의 행동은 장군으로서는 낙제점이었다. 자신의 책임이었던 철수 명령을 내리는 대신에 그는 바주카포 팀을 이끌고 개별 표적을 찾아 나서는 분대장과 같은 행동을 했다. 어느 순간 그는 대전차 전투가 제대로 수행되지 못하는 것에 매우 화가 나서 45구경 권총을 가지고 지나가는 북한군 전차를 향해 쏘

1950년 7월 7일 대전 인근 비행장에서 워커 사령관과 대화하는 딘 장군(오른쪽). 딘은 장군의 역할을 하지 않고 분대장 같은 행동을 하다가 북한군의 포로가 되었다. (사진 출처: Wikipedia Commons/ Public Domain)

았다. 그는 부상을 입은 채 실종되었다가 은신처를 우연히 발견한 농민에게 음식을 구걸하다 포로가 될 때까지 35일 동안을 산속에서 헤매었다. 포획되었을 당시의 그는 기진맥진한 상태였으며 사기라고는 전혀 없는 모습이었다. 그는 "모든 미군 장군들이 나같이 멍청하지 않다는 것을 명심해라. 너희는 가장 바보 같은 놈을 잡은 거야"라고 북한군 심문자에게 말했다. 상당히 오랜 시간 동안 서 있거나 눕는 것을 금지당한 그는 흙벽에 기대어 앉은 채 짧은 전투 상황을 마음속으로 계속해서 되새겨 보았다. 딘을 변호하자면, 적어도 그는 전투 현장에 있었다. 후에 육군참모총장이 된 해럴드 존슨Harold Johnson 중령은 한국전쟁 첫 번째 일주일간의 전투에 대해 자신의 어머니에게 쓴 편지에서 "후방으로 3~5킬로미터 정도 내려가지 않은 한 여기에서는 어떤 미군 장군도 만나지 못합니다"라고 했었다. 존슨의 연대장은 자신이 다른 곳으로 보직을 옮기기 전 2개월 동안에 단 한 번만 대대 지휘소를 방문했다.

1953년에 석방된 딘은 자신이 명예훈장을 받았었다는 사실을 알게 되었다. 그러나 그는 제2차 세계대전의 맥아더(여기에 대해서는 제7장 '더글러스 맥아더' '대통령을 꿈꾼 장군'에 나오는 내용을 확인하기 바란다. – 옮긴이)와는 달리 훈장 수상에 대해 진솔하게 당혹감을 표현했다. 그는 뼈에 사무친 어조로 "진짜 영웅들은 한국에 있는데 나는 그런 영웅 중의 한 명이 아니다. 그곳에는 뛰어난 지휘관들이 있었다. 나는 길을 잃어 포로가 된 장군이다. 나보다 임무 수행을 더 잘했었고, 작전 중에 전사한 사람들도 있었다. 그들은 인정도 받지 못하는데 내가 훈장을 받는 것은 수치스러운 일이다. 지휘관으로 내가 한 일을 생각하면 나무로 만든 별조차도 받아서는 안 된다"고 말했다.

전투에서 포로가 되었던 경험으로 인해 그는 거의 회복하기 어려운 상태가 되었다. 젊은 장교로 전쟁 전에 딘 장군과 함께 사냥하러 다녔던 헨리 에머슨Henry Emerson은 전쟁이 끝나고 몇 년 후에 딘이 포트 베닝Fort Benning에 위치한 보병학교에서 말하는 것을 듣고 받은 심적인 충격을 다음과 같이 남겼다.

> 나는 그를 알아보지 못했다. 50년은 더 늙어 보이는 수척한 사람이 말을 하기 시작했고, 그가 미쳤다는 것을 곧 알아차렸다. 그의 말은 앞뒤가 맞지 않았다. 그가 우리에게 읽어준 '버섯에 설탕은 조금만 넣어라…'로 시작하는 자작시는 평생 잊을 수 없는 웃음거리였다. 그는 계속해서 시를 낭송했고 실제로 내 옆의 고등군사반 학생 녀석들이 낄낄

거리고 웃었다. 그것이 끝나자, 딘 장군은 함께 근무했던 사람들과 기꺼이 악수할 것이라고 말했다. 장교 6~7명이 딘 장군에게 다가갔고, 나는 일부러 줄의 끝에 서서 마지막으로 경례하고 악수를 나누면서 "딘 장군님, 저는 행크 에머슨입니다. 한국의 강릉과 24전초를 지휘했었으며 우리는 함께 거위사냥을 했었습니다"라고 말했다. 그는 전혀 기억에 없는 사람처럼 나를 쳐다보았다. 침을 흘리진 않았지만, 다음에는 그렇게 할 것 같았다. 그는 나를 달나라에서 온 사람처럼 대했다. 울고 싶었고, 그를 안아주고 싶었다. 나는 어찌할 바를 몰랐다.

딘이 포로가 된 지 얼마 안 되어서 유능했지만 성미가 고약한 그의 상급자인 월턴 워커Walton Walker 중장이 거의 경질될 뻔했다. 트루먼은 당시 대통령 보좌관인 애버럴 해리먼Averell Harriman과 리지웨이를 보내서 맥아더를 만나게 했다. 세 명 모두 한국전쟁 지상군 사령관으로서 워커가 보여준 역량에 만족하지 않았지만 아무도 그에 관한 이야기를 꺼내려 하지 않았다. "에드워드 알몬드Edward Almond에 의해 지속적으로 약화되었던 워커에 대한 맥아더의 신뢰가 이 당시에 이미 완전히 무너진 상태였다는 것을 해리먼 특별 보좌관이나 리지웨이 둘 중 어느 한 사람도 알지 못했다"고 맥아더가 한국전쟁에서 가장 좋아했던 지휘관인 에드워드 알몬드 소장을 언급하면서 역사학자 클레이 블레어Clay Blair가 기록했다. 한국의 수도 서울을 탈환하기 위해 실시한 인천 상륙작전을 성공적으로 이끌어 주가를 높이던 9월에 맥아더는 다시 워커의 해임 문제를 거론했다. 맥아더는 예하 지휘관들에게 더 강력한 지상군 사령관이 필요한지 아닌지를 공개적으로 물었다.

제2차 세계대전 때에도 형편없는 지휘관들이 있었지만, 한국전쟁에서 그런 행동을 한 몇몇 사람들의 지휘권이 그대로 남아 있었다는 것은 상상하기 어렵다. 제4 보병연대 예하인 자신의 대대가 적에게 맹렬히 공격을 받았던 멜빈 블레어Melvin Blair 중령의 경우를 생각해 보자. 그는 도망쳐 멀리서 자신의 부대가 절단되는 것을 지켜보았다. 나중에 그는 병사들이 도망쳤다고 고발했다. 결국 블레어는 해임됐다. 그는 1954년에 전역한 후, 1957년에 '빙 크로스비Bing Crosby 전국 프로암 골프 선수권 대회'에서 4만 달러 이상의 돈을 훔치는 무장 강도질을 시도했다고 뉴스의 헤드라인을 장식했다. 1년 후에 그는 유죄를 인정했고 5년형에서 2년형으로 감형을 선고받아 복역하다가 14개월 만에 가석방되었다.

맥아더의 몰락

한국전쟁의 첫해는 44년간 군에 있었던 정말 놀라운 최고 지휘관 더글러스 맥아더의 마지막 해였다. 허영심이 많고, 거짓말을 잘하는 성격의 맥아더는 변덕스러운 장군이었으며, 상황 파악이 어려운 전쟁의 초기 단계에서 최악의 상황에 빠지곤 했다. 1941년 진주만에서 일본군의 기습공격이 있을 것이라는 정보를 받은 후에도 자신이 사령관으로 있는 필리핀에 배치된 미군 비행기들을 소산(군사적으로 무기나 부대들을 분산시켜 놓은 행위 - 옮긴이)시키지 않음으로써 최신형 P-40 전투기와 B-17 폭격기들의 대부분을 상실하는 결과를 가져왔다. 비슷하게도 1950년 6월에는 북한군의 능력을 대단히 과소평가했다. 그는 군대를 다룰 때는 경솔했고 워싱턴의 상사를 대할 때는 오만함을 드러냄으로써 오해를 가중시켰다. 맥아더를 옹호하는 사람들은 그가 성공적으로 일본 점령을 감독했고(다른 장군도 그렇게 잘할 수 없었을지는 분명하지 않다), 그 후에 인천 상륙작전을 하

1950년 9월 15일 코트니 휘트니 장군(왼쪽), 에드워드 알몬드 장군(오른쪽)과 함께 맥킨리 함에서 인천의 해상 포격을 지켜보는 맥아더. 한국전쟁에서 맥아더는 그가 보고해야 하는 상사들을 거의 동료로 생각하지 않는 것처럼 보였다. (사진 출처: Wikipedia Commons/Public Domain)

고 싶어 했던 거의 유일한 인물이었다고 주장한다.(비록 그러한 상륙이 과도하게 신장된 북한군의 후방지역에서 전투하는 것과 같은 효과를 낼 수 있는, 해안에서 더 먼 남쪽에서 시행되었더라도 덜 위험하고 성공적이었을 지도 모른다.)

1950년의 맥아더는 70세로 자신의 전성기를 훨씬 지난 때였다. 그의 신체 능력은 약해지고 있었지만 자존감은 변함없이 강건했다. 제2차 세계대전 동안에 그는 심지어 마셜과 루스벨트 대통령에게도 고압적이었다. 마셜은 제2차 세계대전 중의 어느 날, 워싱턴에서 맥아더와 대화를 나누던 가운데 맥아더가 참모들에 대해서 언급하자 마셜이 "장군께서는 참모는 없고 궁궐만 갖고 계시는군요"라고 답변했다. 한국전쟁에서 맥아더는 그가 보고해야 하는 상사들을 거의 동료로 생각하지 않는 것처럼 보였다. 맥아더와 관련된 한국전쟁에서의 미스터리는 그가 해임되었다는 것이 아니고, 해임되는 데 너무 오래 걸렸다는 것이었다. 맥아더가 명령과 정책에 대해 반대했던 대통령은 트루먼이 세 번째였다. 처음은 후버Hoover 대통령으로 (아이젠하워에 따르면) 맥아더는 '보너스 지급을 위한 시위행렬'에 대응하기 위한 후버 대통령의 명령을 무시했고, 두 번째는 루스벨트 대통령인데 맥아더는 대통령 취임 직후에 그에게 겁을 주려고 했다.

앞선 전쟁과는 다르게 맥아더는 모든 군사적 수단을 손에 가지고 있었다. 미군들은 공중·해상 통제권을 확보하고 있었고 적군이 가지고 있지 않은 일련의 지상군 무기들을 보유하고 있었다. 또한 부대들을 지상·해상·공중으로 신속하게 이동시킬 수 있는 능력을 갖추었는데 반하여, 북한군은 1950년 말에 참전했던 중공군과 마찬가지로 거의 모든 현대적 형태의 지원이 부족했다. 예를 들어 중공군에는 트럭이 거의 없었고, 군의관은 3만 3,000명당 1명꼴이었다.

맥아더는 분할된 지휘구조로 전쟁에 임했는데 이것이 작전을 더욱 어렵게 만들었다. 그러한 지휘구조는 불필요하게 복잡한 일련의 상륙작전과 공정작전을 만들어 냄으로써 추가적인 피해를 불러왔다. 그는 한반도 서쪽에 일부를, 그리고 동쪽 해안가에 잔여 부대를 배치함으로써 둘 사이에 있는 산악지역으로 인하여 서로가 지원할 수 없는 상황을 만들었다. 도쿄 사령부에 있으면서 간혹 한국의 전투 지역을 방문했던 맥아더보다 워싱턴에 있던 육군참모총장 J. 로턴 콜린스J. Lawton Collins가 "훨씬 더 전장 상황을 잘 느끼고" 있었다.

아마도 가장 큰 피해는 마셜의 접근법을 좋아하지 않는 맥아더가 경험이 부족한데도 능력이 아니라 개인적인 충성심 때문에 선택한 동료들에게 전투의 지휘를 맡겼다는 것이다. 그는 부하들에게 아부하는 분위기를 독려했다. 언젠가는 부하 중에 한 사람이 맥아더의 항공기가 도쿄 사령부로 복귀하는 길에 적의 장악하에 있는 지역을 넘어서 비행했다는 이유로 공군 십자훈장 수여 건의를 수락했었는데, 복귀 비행 중에 적 비행기는 없었고 지상에도 적은 없었다.

또한 맥아더는 트루먼 대통령과의 갈등을 키워나갔다. 7월에 그가 대만을 방문했는데 그때까지 중국의 공격에 대항하여 대만을 보호할 것인지 아닌지가 정책적으로 아직 결정 나지 않은 상태였다. 8월에 해외 참전 용사들에게 보낸 성명서에서 그는 중공으로부터 대만을 방어하기 위한 군사 지원의 필요성을 나타내는 표현을 했다. 그 문제로 백악관에서 질의를 받았을 때, 맥아더는 마치 동아시아 주둔 미군 사령관이 그 지역에서 미국의 군사 정책과 자신을 분리할 수 있는 것처럼 개인적 의견을 표명하고 있었을 뿐이라고 솔직하지 못하게 항의했다. 한 달 후인 1950년 9월 중순에, 트루먼은 국방장관 루이스 존슨Louis Johnson이 부분적으로 백악관의 정책에 반하여 맥아더의 편을 든다고 생각하여 그를 장관 자리에서 해임했다. 트루먼의 대통령 선거본부에서 선거자금 모금 책임자였던 존슨은 많은 사람에게 무능하고 못마땅한 참견을 하는 사람으로 여겨졌었기 때문에 그의 해임은 군의 사기를 북돋워 주는 부수적 효과를 가져왔다. 한국으로 향하는 배 위에서 이 소식을 들었던 포병장교 제임스 딜James Dill은 "지금까지 미군 안에서 본 적이 없었던 반응이었다. 배 전체에 환호성이 울려 퍼졌고, 장병들은 서로의 등을 두드리며 박수를 쳤다"고 회상했다.

가장 기억할 만한 일은, 10월 중순에 트루먼이 맥아더를 만나기 위해서 중앙 태평양에 있는 웨이크 섬으로 날아왔다는 것이었다. 맥아더가 제

트루먼 대통령(오른쪽)과 맥아더 장군이 1950년 10월 15일 웨이크 섬에서 만났다. 회의가 끝난 후 맥아더에게 훈장을 달아주고 있는 트루먼. 맥아더는 트루먼에게 경례를 하지 않았는데 이는 미국의 군사적 전통에서 크게 어긋나는 일이었다. (사진 출처: Wikipedia Commons/Public Domain)

2차 세계대전 발발 이전부터 미국 본토에 가지 않았기 때문에 두 사람이 만난 것은 그때가 유일했다. 실제로도 맥아더는 그 이듬해에 해임될 때까지 미국에 가지 않았다. 한국전쟁이 발발하기 전에 회담을 위해 워싱턴으로 오라는 트루먼 행정부의 요청을 맥아더가 거절했었다. 인천 상륙작전의 성공으로 상한가를 치고 있던 시기의 맥아더는 웨이크 섬에서의 만남을 동등한 것으로 보지 않고 약해 보이는 대통령에 의해 위대한 사령관이 정치적 소품으로 이용된 하나의 사례처럼 보았다. 맥아더가 트루먼 대통령을 영접했을 때, 거수경례 없이 악수를 했는데 이것은 미국의 군사 전통에서 크게 벗어난 일이었다. 반대로, 맥아더는 자신이 존중받아야 한다고 믿는 듯했다.

대통령과 장군은 작고 척박한 섬에 있는 유일한 소형 승용차인 1937년형 쉐보레Chevrolet 뒷자리에 함께 앉았다. 정보기관 요원으로 차를 운전했던 프랭크 보링Frank Boring은 그들의 대화를 엿들었다. 트루먼 대통령이 "들으시오! 알다시피 나는 대통령이고 당신은 나를 위해 일하는 장군이오. 장군은 어떠한 정치적 결정도 할 수 없소. 그건 내가 하는 거요. 장군은 어떤 결정도 해서는 안 되오. 그렇지 않으면 내가 전화해 장군을 그 자리에서 물러나도록 할 거요. 한 번만 더 그런 행동을 하면 해임할 거요"라는 말을 했다고 보링은 회고했다. 그것은 미국 시스템하에서 일어나야 하는 민군 담론 방식으로서 아주 훌륭하고 직설적인 표현이었다. 그러나 맥아더는 특히 자신이 경멸하는 대통령에게서 듣는 그러한 책망에 귀를 기울이는 선을 훨씬 넘어섰다.

은밀한 대화가 끝난 후에, 두 사람은 보좌관들을 포함한 공식회의를 위해서 민간항공위원회가 보유한 작은 단층 건물로 이동했다. 당시 합참의장이던 오마 브래들리가 편집한 비망록에 따르면, 맥아더는 대통령과 수행단에 "남북한 전역에서 적의 공식적 저항은 추수감사절 전까지 끝날 것입니다"라는 말을 하는 것으로 회의를 시작했다. 그는 또한 "크리스마스 전까지 8군사령부가 일본으로 복귀"하는 것을 기대한다고 했다.

트루먼 대통령은 "중공과 러시아의 개입 가능성은 얼마나 되겠소?"라고 물었다.

맥아더는 전선에 관한 좋은 소식을 가지고 있었다. 그는 중공은 아직 개입하지 않았으며, 아마도 개입하지 않을 것이라고 말함으로써 회의에 참석한 사람들을 안심시켰다. 맥아더는 이어서 만약 중공이 개입한다면 "지금 우리는 한국에 공군기지를 가지고 있기 때문에 중공군이 평양으로 내려오려고 하면 사상 최대의 살육을 당할 것입니다"라고 설명했다.(공정하게 말하면, 미 중앙정보부도 거의 동일한 결론에 도달한 분석을 방금 발표했다.) 맥아더는 자신의 74세 생일에 진행했고 죽은 후에야 공개된 인터뷰 두 개 중 하나에서 자신이 그런 말을 했다는 사실을 부인했다. 그러나 맥아더의 증언은 신뢰할 수 없는 것이, 그는 특별한 순간에 자신의 명성에 가장 좋은 것이라고 생각되는 건 무엇이든지 이야기하는 습관을 지니고 있었다. 가장 믿을 수 없는 것은 1961년에 마셜의 전기 작가 중 한 명인 포레스트 포그Forrest Pogue와 인터뷰를 하면서 자신이 대통령 선거에 출마하거나 대통령이 되는 것에 전혀 관심이 없다고 주장한 것이었다.

베트남에서의 프랑스 문제와 같은 다른 아시아의 문제를 논의하는 등 거의 3시간에 이르는 대화 끝에 대통령은 회의를 마치고 공동 성명서를 준비하는 동안 점심을 먹자고 제안했다. 맥아더는 도쿄로 급히 돌아가야 한다며 대통령의 점심 초대를 거절했다. 이 역시 대통령의 초청은 명령의 효력을 가지는 것으로 간주하는 미국의 군사 전통을 위반한 것이었다. 맥아더는 회의 후에 트루먼 대통령에 대하여 개인적 평가를 썼는데 "그는 역사적 지식에 대한 엄청난 자부심이 있는 것으로 보이지만 피상적인 수준이다. 특히 극동 아시아에 대해서는 대통령이 거의 알지 못했다"라고 했다. 이것은 아시아 정책에서 그와 의견이 다른 사람에 대한 맥아더의 표준적인 반박 행태를 그대로 보여준 것이었다. 웨이크 섬 회의에 대한 그의 일반적 결론은 트루먼 대통령과 주위의 사람들이 용기를 잃어서 "특이하고 불길한 변화가 워싱턴에서 일어나고 있다"는 것이었다. 웨이크 섬에서의 회의를 다른 장군과 함께했더라면 소모적인 민군 담론이 개선될 기회가 생겼을지도 모른다. 그러나 맥아더와 토의했었기 때문에 민군 담론의 개선은 너무 늦었고, 전쟁 중에 있었던 대통령과 최고위 장군 간의 대화가 붕괴되고 있다는 것이 이 회의를 통해 분명해졌다.

며칠 후, 맥아더는 도쿄 주재 기자들에게 "전쟁은 분명히 곧 끝날 것"이라고 장담했다. 우리가 지금 알고 있는 바와 같이, 이 시점에는 한국전의 중공군 총사령관 펑더화이彭德懷가 이미 한국으로 이동하고 있었다. 그 다음 주에, 크리스마스 전까지 전쟁에서 승리할 것이라고 맥아더가 발표했을 때에는 이미 펑더화이의 병력 약 18만 명이 한국에 들어와 있었다. 11월 24일, 맥아더는 미군의 새로운 공세가 그날 개시되었다면서 "잘 된다면… 모든 실질적인 목적을 위해 전쟁을 끝내고, 한국에서 평화와 통일을 회복하고 미국이 주도하는 유엔군의 신속한 철수를 가능하게 하며 한국 국민과 대한민국이 완전한 주권과 국제적 평등을 갖는 것이 인정될 것입니다"라고 발표했다. 그것은 무리한 주문이었고 맥아더는 각 사항에 포함되는 특별한 것 하나도 달성할 수 없었다. 맥아더와 추종자들은 나중에 미군의 11월 공세는 실제 상당한 규모의 "위력 수색"이었다고 주장하고 있지만 그러한 주장은 그날 공격을 개시하라는 명령을 발령했다는 전쟁 말기의 주장과 양립할 수 없는 것이었다. 게다가, 맥아더의 명령은 한만 국경선 지역으로 미군을 진출시키지 말라는 9월 27일 자 합동참모본부의 지령을 위반한 것이었다.

이러한 일련의 오산과 잘못된 장담만으로도 대통령이 맥아더에 대한 신뢰를 상실해 그를 해임하기에 충분했을 것이다. 그러나 제2차 세계대전에서 더글러스 맥아더는 단순한 장군이 아니었고 그는 정치적으로 주요한 문제였다. 트루먼 대통령이 이어지는 몇 달 동안 맥아더를 다루는 행태는 소련이 스스로 붕괴할 때까지 소련을 봉쇄하는 미국의 새로운 정책과 비슷했다. 군에서 자신의 지지기반을 스스로 약화시키고 심지어 한국전쟁에서 예하 지휘관들까지 소원하게 만들던 일련의 과장된 성명들을 발표한 후에야 맥아더의 최후가 찾아왔다.

거의 다듬어지지 않은 맥아더의 수사는 1950년 늦가을에 발작적인 방향으로 바뀌었다. 그가 한 말은 분별력이 부족하여 오히려 그와 경쟁하는 견해들을 더 유리하게 만들었다. 그는 작은 정책적 차이점에 대해 매우 절대적이고 극단적인 표현을 사용하여 문제를 지적했다. 전쟁을 선포한 지 정확히 9일이 지났을 때, 그는 자신이 요구한 재량권을 주지 않는 한 부대들이 "마지막 파멸"에 직면할 수 있다고 말했다. 중공 폭격 계획을 보류하라는 명령을 받았을 때 맥아더는 부관에게 "군 역사상 처음으로 지휘관이 군인들의 생명과 군을 안전하게 하기 위하여 자신의 군사력을 사용하는 것을 거부당했다"고 말했다. 며칠이 지나서 맥아더는 북한 전역을 점령한다는 자신의 계획을 합동참모본부에 알리면서 "이러한 계획의 어떤 부분이라도 손을 댄다면 나의 군대는 사기를 완전히 잃을 것이고, 그에 따라서 발생할 심리적 결과는 헤아릴 수 없을 것이다"라고 경고했다. 그는 더 나아가서 한국의 어느 지역이라도 공산주의자들의 수중에 넘어가는 것을 두고 보는 것은 "부도덕한 짓이고, 최근에 자유세계가 당한 가장 큰 패배가 될 것이다"라고 주장했다.

12월 6일에, 대통령은 한국 전구에 있는 모든 지휘관에게 공개 성명서에 대해 상부의 허가를 받으라는 행정명령을 하달했다. 이 명령은 분명하게 맥아더를 겨냥한 것이었다.

이 기간에, 맥아더가 총애하던 장군인 제10 군단장 에드워드 알몬드 소장은 육군 제3, 제7사단과 함께 자신의 휘하에 있던 해병 제1사단장 올리버 스미스에게 불필요한 반감을 품고 있었다. 스미스와 알몬드는 나이가 거의 같았지만 알몬드는 거들먹거리며 그를 "젊은이"라고 불렀다. 1950년 9월에 인천 상륙작전을 함께하면서 북한군의 측방을 우회 기동했던 두 사람은 상륙작전의 성공에도 불구하고 곧 서로를 몹시 혐오했다. 역사가 셸비 스탠턴Shelby Stanton은 "이 둘은 한국전쟁에서 함께 근무한 미군 장군들 간에 가장 나빴던 관계"라고 기록했다.

중공군의 개입은 한국 북서부에 흩어져 있었던 미군 부대에는 큰 재앙이 되었는데 미 2사단에서만 3,000명이 넘는 사상자를 내는 피해를 입었다. 그들 중의 대부분은 후퇴하면서 10킬로미터에 이르는 기다란 계곡을 통과하면서 계곡 도로 양쪽에서 퇴각하는 종대 병력에 마치 "태형笞刑"을 가하듯 퍼부어대는 기관총과 박격포탄 세례에 의한 것이었다. 결코 자신의 잘못을 인정하지 않는 맥아더는 "중공군이 공격할 것을 알았더라도 내 생각에 부대 배치를 개선할 수 없었을 것"이라고 나중에 주장했다. 매튜 리지웨이 중장은 맥아더의 그러한 진술에 대해 "새빨간 거짓말이야…. 사실상 군대의 배치가 이보다 더 나쁠 수는 없었다"라고 개인적 소회를 밝혔다. 수십 년 후에 발간된 육군의 '공간사公刊史'는 리지웨이의 의견에 동의하면서 "중공군에 의해 미8군이 공격당했을 때 우측방을 열어 놓은 채 넓은 전선에 배치되어 있었으며, 예비대의 지원을 거의 받지 못했다"고 기술하고 있다.

그와 같은 재앙 이후에 로렌스 카이저Laurence Keiser 사단장은 지휘권을 상실했지만, 그의 해임은 지난 두 번의 세계대전 동안 군에서 사용되었던 것보다 뚜렷하게 신중한 방식으로 처리되었다. 그는 폐렴을 앓고 있어서 도쿄에 있는 군 병원에 입원할 필요가 있다는 내용의 메시지를 워커의 8군 사령부로부터 받았다. 그러한 속임수에 모욕을 느낀 카이저는 8군사령부 참모장 레벤 앨런Leven Allen 소장과 대립하며, "폐렴에 걸리지 않았으니 내가 쓸 침대를 잘라 버려라"고 말했다. 카이저는 존 루카스John Lucas 군단장이 1944년 2월 이탈리아 안지오 전투에서 마크 클라크 대장에 의해 해임되었을 때 루카스의 참모장으로 근무했었기 때문에 그 사건의 진상을 잘 알고 있었다.

앨런은 폐렴 메시지는 명령이라고 대답했다. "그가 응할 것인가?"라고 묻자 카이저는 "네"라고 대답했지만, 그것이 오직 명령이었기 때문이라고 했다. 앨런이 워커가 사령부에 자리를 만들어주어서 카이저를 배려할 것이라고 그를 안심시켰다. 카이저는 "워커 장군에게 엿이나 먹으라고 전해 달라"고 대응했다. 카이저는 제2 사단장 자리를 제1차 세계대전 때 제26 사단의 일원으로 참전한 로버트 매클러Robert McClure에게 인계했다. 당시에 26사단은 사단장이 퍼싱에 의해 경질되어서 유명해졌었다. 카이저는 지휘소 안에서만 근무한다는 평판을 듣고 있었는데 매클러도 그것보다 더 좋지는 않았다. 매클러는 당시 사단에 소속된 역사가 S. L. A 마셜S. L. A. Marshall에게 자신은 한물간 사람이며 마음을 안정시키기 위해서 과음을 한다고 은밀하게 시인했다. 마셜에 의하면 "나는 술을 마셔야 정신이 맑아져"라고 매클러는 말했다. 매클러가 하달한 첫 번째 명령은 사단 모든 장병은 수염을 기르고 누가 잘 길렀는지를 뽑겠다는 것이었다. 표면적인 군사상의 이유는 야간에 아군을 쉽게 식별하기 위해서였다고 했다. 그는 사단 지휘권을 인수한 지 한 달 만에 해임되었다.

한국 서부지역에서의 재앙은 만약 동부지역의 장진호 인근 산악지역에서 일어난 충격적 상황이 아니었더라면 더 잘 기억되었을 것이다. 장진호는 이전에 한국을 점령했던 일본군이 자신들의 지도에 초신Chosin이라고 사용했던 이름을 미군이 그대로 쓰는 바람에 그렇게 알려졌다.

10

장진호에서 실패한 육군 장군들

1950년 11월 말에서 12월 초까지 장진호 일원에서 있었던 전투는 본질적으로 전투와 리더십에 관한 서로 다른 미국의 두 가지 접근방식을 실험하는 장을 제공했다.

저수지 서쪽에는 해병대가, 우측에는 육군 부대들이 자리 잡고 있었다. 두 부대는 모두 같은 상급부대의 지휘를 받고 있었고, 3.5인치 대전차포 로켓이 얼어붙어 금이 갈 정도로 추웠던 겨울 날씨는 두 부대 모두에게 같았다. 장진호에 투입된 해병 사단의 참모장 그레곤 윌리엄스Gregon Williams 대령은 장갑 없이 맨손으로 무전기 수화기를 잡고 4분 정도 통화했다가 그날 밤에 손가락이 파란색으로 변하더니 동상에 걸렸다. 앨런 헤링턴Alan Herrington 해병 상병은 몇 년 후에 장진호에 대한 토론에서 "아직도 핏빛의 고드름이 눈에 선하다"고 말했다. 실제로 장진호의 한 가지 특징은 피가 응고하기도 전에 얼어버려 상처가 적갈색으로 변하는 것이 아니

미군 역사상 가장 기억될만한 전투 중의 하나인 장진호 전투에서 중요한 역할을 했던 두 명의 장군들. 더글러스 맥아더 대장(중앙)은 제1 해병사단장 올리버 스미스 해병 소장(오른쪽)에게 북쪽을 향해서 중공 국경까지 공격하라고 명령했다. 스미스 소장이 이 명령에 따르지 않았기 때문에 수천 명의 미국 해병대가 전멸당하는 군사적 재앙을 피할 수 있었다. (사진 출처: Naval History & Heritage Command)

라 분홍색과 붉은색으로 남아 있다는 것이었다. 추위가 살인적인 저주였지만 추위로 인해 상처가 얼어버렸기 때문에 시체들이 위생에 문제가 되는 것을 막아주는 예상치 못한 의학적인 이점도 가져왔다.

장진호 전투는 육군과 해병의 역사에서 가장 격렬했던 전투 중의 하나로 기억된다. 제2차 세계대전과 한국전쟁에서 살아남았던 육군 중사 캐롤 프라이스Carrol Price는 "제2차 세계대전 때 벌지 전투에도 참전했었는데 장진호 전투는 전혀 다른 양상이었다. 나는 여기에서 모든 전우를 잃었다"고 나중에 말했다.

중공군의 대규모 공격으로 육군과 해병대는 거의 20여 킬로미터를 후퇴했다. 계속해서 해병대는 육군 부대들의 생존자를 규합한 후에 또다시 32킬로미터 넘게 퇴각하는 2단계의 철수작전을 실시했다. 육군과 해병대가 같은 적을 맞아 싸웠지만 육군은 미군 역사상 최대 재앙의 하나로 기록될 만큼 유린되었던 반면에, 해병사단은 차량, 무기와 얼마의 육군 생존자들의 일부를 이끌고 질서 있는 이동을 하며 빠져나왔다.

장진호 전투는 인천 상륙작전 3개월 후에 시작되었다. 그 당시 맥아더와 그의 추종자들은 최고의 찬사를 받고 있었다. 맥아더와 그가 총애하던 알몬드는 예하부대들에게 한·만 국경선인 압록강을 향하여 공격하라고 무모하게 압박을 가했다. 중공 정부가 수천 명, 어쩌면 수십만 명의 군대를 미군과 그리 멀지 않은 한국 북부지역으로 잠입시켰다는 수많은 조짐이 있었음에도 불구하고 그들은 이렇게 압박을 가했기 때문에 충돌은 피할 수 없었다.

제32 보병연대 1대대장 돈 페이스 주니어Don Faith Jr. 중령이 장진호 우측 호숫가에 도착했을 때, 그들은 제5 해병연대를 대체하는 육군의 첫 번째 제대였다. 제5 해병연대는 다른 해병연대와 합류하기 위하여 장진호 서쪽으로 이동했다. 이러한 부대 이동은 해병 사단장 올리버 스미스 소장이 중공군의 이동으로 인해서 사단의 좌측방이 노출될 것을 우려하여 자신의 부대를 한 곳으로 모으기를 원했기 때문이었다. 노련한 지휘관인 제5 해병연대장 레이먼드 머레이Raymond Murray 중령은 장진호 우측방 호숫가의 지형을 연구해 오고 있었다. 그는 자신의 지역을 제32 보병연대 1대대장 페이스 중령에게 넘겨주면서 부대가 도착하면 더 이상 북쪽으로 밀어붙이지 말고 진지를 구축하라고 조언했다. 스미스 해병 사단장 또한 "진지에서 나오지 마라. 시간을 가지고 천천히 전진하라"고 지시했다. 제2차 세계대전에 참전하여 노르망디 상륙작전 중에 오마하 해변Omaha Beach에서 싸웠던 제7 사단의 부사단장이자 "망치 같은 행크"라는 별명의 호지즈Hodes는 북으로 이동하라는 페이스 중령의 요청을 일찌감치 거부했었다. 그럼에도 불구하고 제32 연대장 앨런 맥클레인Allan MacLean 대령이 도착하자, 1대대장 페이스 중령은 북쪽으로 장진호 호숫가 동쪽 방면까지의 공격을 허락해 달라고 연대장을 다시 압박해 결국 승인을 받아냈다. 자신의 고집으로, 페이스 중령은 인디언 전쟁의 리틀 빅 혼Little Bighorn 전투(1876년 6월 25일 몬타나 주의 리틀 빅 혼 강에서 벌어진 인디언 원주민 연합과 미 육군 제7기병연대 사이의 전투. 제7기병연대의 참패로 끝났다.-옮긴이)에서 조지 커스터George Custer 중령이 잃었던 것보다 3배가 넘는 희생을 초래할 패배의 무대를 스스로 만들었다.

장진호 우측방 호숫가에는 제7 보병사단 2개 대대가 위치했는데, 1개 대대는 제31연대 소속이었고 다른 1개 대대는 자매연대인 제32연대 예하였다. 제31 연대장은 맥클레인 대령이었다. 그는 제2차 세계대전에서 부대 이동을 계획하는 참모장교로 일했고, 전임 연대장이 인천 상륙작전 후에 능력 부족으로 해임되자 가을에 연대 지휘권을 부여받았다. 제32 연대 1대대장 페이스 중령은 이전에 부대를 이끌고 연속되는 전투를 해본 적이 없을뿐더러, 믿기 어렵지만 한국전쟁까지는 분대, 소대, 중대 또는 대대 수준의 부대에서 근무해 본 경력도 없었고 실제로 최전선 전투 부대에서 보직을 받은 적이 한 번도 없었다. 그는 제2차 세계대전의 대부분을 리지웨이 장군의 부관으로 보냈었다. 그때까지 페이스 중령의 대대와 제31 연대 모두 한국에서 많은 전투를 경험하지 못했었다. 방어전투를 실시해 본 경험이 없을 뿐 아니라, 대대보다 큰 규모의 적과 맞서본 적도 없었다. "제32 보병연대 1대대의 모든 전투경험은 적이 없는 상태에서 한강을 도하하여 서울에 진입한 것과, 서울 시내에서 소수의 북한군 잔적과 며칠간 벌인 교전이 전부였다"고 폴 버키스트Paul Berquist 소령이 나중에 육군 지휘참모대학에서 진행한 연구에서 기술했다.

과도한 오만에 사로잡혀서 페이스 중령은 북쪽으로 나아갔다. 맥클레인 대령이 제31 연대의 정보장교와 수색소대를 보내 장진호 북동쪽의 작은 만灣 근처에 전초기지를 설치하려고 했던 11월 27일 오후에 불길한 조짐이 처음 등장했다. 지프에 기관총을 거치한 수색소대는 북쪽으로 갔다가 무전 연락도, 전령에 의한 보고도 없이 사라졌다. 다시는 소식이 없었다. 페이스의 정보장교 또한 한국 주민들에게서 중공군에 관련된 첩보를 받고 있었다. 중공군들이 주민들에게 "장진호를 다시 확보하려 한다고 했지만 그 말을 들은 미군은 모두 콧방귀를 뀌었다"고 페이스 보병대대에 배속되어 해병 항공대의 공중 지원을 협조했던 해병대의 전방항공통제관 에드 스탬퍼드Ed Stamford 대위가 회상했다. "중공군은 우리에게서 그것을 뺏을 수 없어"라고 페이스의 정보장교가 말했다.

같은 날, 알몬드 장군은 제7 해병연대의 작전에 관해서 보고를 받다가 "이미 모든 것을 알고 있어"라고 끼어들면서 "당신의 정보장교는 어디 있나?" 하고 물었다.

도널드 프랑스Donald France 대위가 앞으로 나서자, 알몬드는 그에게 "최신 정보가 무엇이지?"라고 질문했다.

"장군님, 수많은 중공군이 저 산속에 있습니다"라고 프랑스가 직설적으로 대답했다.

알몬드는 자신이 11월 26일에 해병 1사단 정보참모로부터 "중공군이 장진호 지역을 공격할 능력이 없습니다"라는 보고를 받은 사실을 언급하면서 해병대 정보 책임자가 위협을 제대로 보지 못했다고 나중에 주장했다. 이것은 부끄러움을 모르는 알몬드의 뻔뻔스러운 불평이었다. 왜냐하면 해병대에는 상당수의 중공군 부대 이동에 대한 보고가 있었다는 것이 기록으로 명확하게 남아 있기 때문이다. 알몬드는 중공군이 북으로 이동하는 것처럼 보였기 때문에 공격하지 않았다고 주장하면서 요점의 뒤로 숨어버렸다. 게다가, 스미스 장군이 정확하게 우려했던 것처럼 중공군은 해병대를 북쪽으로 끌어들이기 위해 움직이고 있었다.

맥아더의 정보부장인 찰스 윌러비Charles Willoughby 소장 역시 중공군과의 충돌이 임박했다는 어떠한 이야기도 믿지 않았다. 해병대가 북으로 이동했을 때, 중공군과 조우하여 50여 명을 포로로 잡았다. 윌러비는 "그들은 중공군이 아니고 의용군이야"라고 했고, 알몬드는 해병대의 편을 들면서 그렇지 않다고 대응했다. 중공군 포로들은 심문을 받으며 자신들은 중공의 정규군이라고 진술했다. 알몬드는 윌러비 소장에게 중공군 포로들을 와서 보라고 했지만 "그것은 해병대의 거짓말이다"라고 윌러비가 대답했다.

윌러비는 특이한 성격의 소유자였다. 독일 태생으로 아돌프 바이덴바흐Adolph Weidenbach라는 이름을 가지고 있었던 그는 제1차 세계대전 전에 미국에 들어와서 개명을 했다. 윌러비는 고위급 부하로는 유일하게 1951년까지 10년을 계속해서 맥아더와 함께 근무했다. 맥아더처럼 그도 군복을 입고 있으면서 정치에 열성적으로 관여했다. 예를 들어 1940년대 말, 그는 하원을 대상으로 스페인의 극우 독재자 프란시스코 프랑코Francisco Franco 총통과의 우호관계를 넓혀야 한다는 로비를 했었다. 심지어 나중에는 당시 육군참모총장 오마 브래들리Omar Bradley에게도 그런 주장을 했다가 브래들리로부터 서면으로 그런 행동을 그만두라는 경고까지 받았었다.(같은 해에, 보수우파 성향의 신문사인 시카고 트리뷴Chicago Tribune의 로버트 맥코믹Robert McCormick이 자신이 프랑스 대사에게서 확인한 것이라며 "우리가 스페인을 인정하지 못하도록 막는 것은 유대인이다"라는 편지를 윌러비에게 썼다. 맥코믹은 덧붙여서 "나는 해리먼Harriman 부인이 유대인이라는 말을 들었지만 이 말을 의심했다. 그 전에 그녀를 몇 번 만났지만 그러한 느낌을 받지 못했다"라고 했다.)

머지않아 중공군은 공격했고 윌러비는 미군의 극동아시아 정보 수장이라는 역할을 해야 함에도 불구하고 하원에 로비를 하느라고 바빴다. 그는 메인Maine 주 상원의원 오웬 브루스터Owen Brewster에게 "최근의 선거에서 두드러진 승리와 거대한 성취를 획득하는 데 기여한 귀하와 능력 있는 공화당을 축하하며 이러한 추세가 앞으로 계속되길 희망한다"는 편지를 쓰는 데 시간을 소모했다. 그는 브루스터의 정치적 협력자인 상원의원 조 맥카시Joe McCarthy의 업적을 칭찬했고 중간선거에서 얻은 공화당의 승리는 "행정부의 극동아시아 정책에 대한 거절"이라고 갈채를 보냈다. 1월에는 위스콘신Wisconsin 출신의 좌익 사냥꾼인 맥카시를 가리켜 "핀코pinco 광야의 외로운 목소리"라는 경의를 표하면서 직접 쓴 팬 노트를 맥카시 상원의원에게 보냈다. 몇 달 후에, 윌러비가 도쿄에서 만찬을 하며 "세상에서 두 번째로 위대한 군사적 천재 프란시스코 프랑코를 위하여!"라고 축배를 제의했다. 맥아더는 윌러비를 "나의 총애하는 파시스트fascist"라고 칭하면서 그런 이야기들을 들으며 낄낄거렸다.

윌러비가 프랑코 총통을 대신하여 하원을 상대로 일하는 동안에, 중공군은 당면 임무에 초점을 맞추고 장진호 주변에 병력을 집중시켰다. 11월 27~28일 야간에 중공군은 페이스 부대의 전초기지들을 공격했고, 말발굽 모양의 불완전한 포위망의 끝 부분을 둘러쌌다. 페이스 대대의 중대장 중 한 명이었던 어윈 비거Erwin Bigger 대위는 "우리는 1분 안에 공격할 계획이었다. 다음부터는 우리는 무엇이 우리에게 닥쳤는지 거의 알지 못하는 상황에서 목숨을 걸고 싸우고 있었다"고 당시를 회상했다.

페이스의 부대에 전방항공통제관으로 배속되었던 스탬퍼드Stamford 대위는 한밤중에 포성이 들리고 근처에서 누군가 "재잘거리는 소리"를 들었다. 벙커의 문 역할을 하는 판초 우의가 옆으로 들리면서 모피로 머리를 두른 채 수류탄을 던지는 적군의 얼굴이 보였다. 그는 폭발에서 살아 났지만 다른 많은 미군은 그날 밤을 넘기지 못했다. 장진호 동쪽에 있는 2개의 육군 숙영지는 중상자들로 밤새 넘쳐났고 도로가 장애물로 차단을 당해 육군 부대뿐 아니라 남쪽의 해병대와도 단절되었다. 고립된 육군 부대는 제80 인민해방군 사단의 공격을 받았다.

중공군의 공격에도 불구하고, 알몬드는 다음날 오후에 페이스와 맥클레인의 전방지휘소에 비행기로 도착해서 계속해서 공격에 힘쓰라고 명령했다. "우리는 아직 공격 중이고 압록강까지 갈 거야"라며 120여 킬로미터 북쪽에 있는 그곳까지 간다고 그들에게 말했다는 것이 육군 공간사에 기술되어있다. "세탁쟁이 중공군 때문에 진격을 멈춰야 되겠나"라고 말했다. 이런 인종 차별적인 발언의 잘못된 충고가 자행된 적은 지금까지 없었다. 페이스가 자신의 대대는 2개 중공군 사단의 일부로부터 공격 받고 있다고 알몬드에게 보고했을 때, 알몬드는 "2개 사단이 한국에 있는 중공군의 전부다"라고 말하며 크게 화를 냈다. 정반대로 알몬드는 페이스가 마주친 중공군들은 북쪽으로 도망가는 패잔병이라고 페이스를 안심시켰다. 알몬드는 페이스에게 고지를 점령하지 못한 것은 지휘 실패라고 말했고 "페이스는 그것에 동의했다"고 회상했다. 알몬드는 높은 등급의 훈장인 은성무공훈장을 페이스를 포함한 3명의 장병에게 수여했다. 체스터 베어Chester Bair 하사는 "알몬드 장군을 태운 헬리콥터가 지역을 떠나자마자 페이스 중령이 훈장을 떼어내서 땅바닥에 내던졌다"고 기억했다.

연대는 중공군 완전편성 사단과 정면으로 맞닥뜨려 박살 나기 직전이었다. 알몬드가 전투를 독려했던 지휘관 2명은 3일 안에 모두 전사했다. 다음날 오후에는, 장진호 양쪽 호숫가의 육군과 해병대 총 4개 연대가 고립된 채 공격을 받았다. 그런 상황을 보고받고 깜짝 놀란 합참에서 맥아더에게 부대들이 과도하게 노출된 게 아닌지를 묻는 조사서를 보냈다. 맥아더는 알몬드에게 부대가 고립되지 않도록 하라는 명령을 내렸으니 안심하라는 간략한 메시지를 워싱턴에 보냈다. 어쨌든 맥아더는 "지리적으로 부대가 잘 전개된 것처럼 보이지만 실제적인 지형 조건들로 인해 물질적 이점을 얻는 것이 극히 어렵습니다"라며 워싱턴을 달랬다.

연대장 맥클레인 대령은 자신의 부대원인 줄 알고 적군 무리에 접근하다가 일찍 전사했다. 다른 대대장 2명도 극심한 부상을 당했기 때문에 호숫가 동쪽에서 차단된 육군 부대의 지휘는 페이스의 책임이 되었다. 페이스가 있는 곳으로부터 몇 킬로미터 남쪽에 위치했던 육군 전차들이 여러 차례 돌파를 시도했으나 모두 실패로 끝났다. 불행하게도, 또한 아주 부주의하게도 이 중요한 사실이 당시 그에게는 전달되지 않았다.

훌륭한 장군 리더십이 있었더라면 이때가 수많은 생명을 구할 수 있었던 순간이었다. 페이스에게는 공중 지원과 함께 부대 이동을 협조하고, 더 나은 통신 소통 체계를 구축하며, 다른 방법으로 어떤 도움을 줄 수 있는지를 알아내고, 철수를 위한 부대를 편성하고, 미군의 막강한 자산을 요청하여 운용하는 데 참견하고 지도해 줄 상급 장교가 필요했다. 하지만 그에게는 필요한 어떤 것들도 없었다. 페이스는 상급자들로부터 충분한 지원을 받지 못했다. 사단장 데이비드 바 David Barr 소장은 11월 30일 아침에 헬기로 그에게 왔었는데, "자신이 알고 있던 것보다 상황이 더욱 심각했다"고 3개월 후 육군전쟁대학교 강연에서 경험담을 이야기했다. 그것이 바 소장이 사단장으로서 가져온 조언의 전부였다. 지휘참모대 논문에서 버키스트Berquist 소령은 "바 소장은 그 순간에 페이스 중령과 함께 해결책을 찾으려고 시도하지 않았다. 바는 그 상황을 실제로 충분히 알았으며 페이스 중령이 아니라 오직 바 사단장만이 그 어떤 것이라도 협조할 수 있는 위치의 사람이었다"고 자신의 놀라움을 기술했다. 페이스와 마찬가지로 바 소장 또한 제2차 세계대전에서 전투부대를 지휘해 본 경험이 없는 참모장교 경력자였다. 이 순간에 페이스 중령에게 필요했던 것은 등을 두드리는 격려나 사기를 떨어뜨리는 비평이 아니라, 남쪽에서 육군 전차로 공격하게 하면서 조직적 후퇴가 될 수 있도록 바와 알몬드가 구체적으로 지원을 해주는 것이었다. 바 소장의 부사단장이며 전투 베테랑인 호지스 장군이 근처에 있어 쉽게 임무를 맡길 수 있었지만 그렇게 하지 않았다.

상황은 계속 악화되었다. 제임스 랜슨 주니어James Ransone Jr. 일병이 "아무것도 되는 게 없었다. 우리는 큰 타격을 입었다. 끔찍한 상황 속에 있었다. 우리는 전멸 당하고 있었다"고 당시를 회상했다. 그날 밤 무렵 지금까지 가장 결정적인 공격이 가해졌다. 새벽 3시에 중공군들이 육군 숙영지 전체를 감제瞰制하는 작은 언덕을 완벽하게 통제한 채 육군 경계지역 일부를 넘어섰다. 페이스의 진지 상황이 좋았던 적은 없었지만 이제는 지탱할 수 없었다. 중공군에 의한 3일 동안의 격렬한 공격이 끝난 다음 날 아침, 탄약이 떨어지고 의료지원의 부족으로 부상자들이 사망하자 페이스와 연대는 아군 방어선이 실제로는 없는데 있다고 믿고 남쪽 6킬로미터 떨어진 곳을 향해 이동을 개시했다. "그들은 영하의 기온에서 80시간 넘게 싸우면서 잠을 거의 자지 못했고 먹지도 못했다"고 버키스트Berquist 소령이 관찰한 결과를 기술했다. 음식을 먹지 못한 이유는 가진 식량들이 모두 얼어버렸기 때문이었다. "전사자와 부상병들이 곳곳에 있었으며, 움직일 수 없는 부상병들은 얼어 죽었다." 전사자들의 사체는 살아 있는 전우들을 위한 옷, 무기와 탄약을 제공하는 보급창고 역할을 함으로써 죽은 후에도 최후의 봉사를 다했다.

잘못될 수 있는 일들이 버젓이 행해졌지만 페이스는 그런 사실을 몰랐다. 그러나 그가 가려고 했던 육군의 임시 전초는 이미 철수하여, 안전할 것이라고 생각했던 6킬로미터 너머에는 존재하지 않았다. 안전한 곳은 11킬로미터 정도 떨어져 있는 장진호 저수지 남쪽 끝에 위치한 스미스의 해병부대 기지였으며, 그들의 규모는 페이스의 병력보다 적었다. 부상자들을 15~20명씩 실은 30대의 트럭 호송대가 대열을 형성했을 때, 중공군의 박격포탄이 빗발치듯 쏟아지면서 몇몇 주요 지휘자들이 부상을 입었다. 해병대 근접항공지원기들이 공중 지원을 위해 머리 위로 나타났다. 트럭 대열이 남쪽으로 천천히 이동을 시작하자 거의 즉각적으로 중공군이 소총 사격을 가했다. 트럭 대열을 지휘하던 제임스 모트루드James Mortrude 중위는 "트럭 대열이 숙영 경계지역을 넘어 이동하는 짧은 순간에 중공군의 자동화기 사격이 맹렬한 기세로 자신과 열려 있는 회전포탑 뒤의 사수에게 쏟아졌다"고 회상했다. 해병대에게 공중지원을 요청했지만 결과는 육군의 이동 대열 선두에 네이팜탄을 투하한 것이 전부였다. 모트루드 중위는 회전포탑 아래에 웅크릴 수 있어서 화염이 그의 머리 위로 지나갔지만 다른 사람들은 불행하게도 피해를 입었다. 부상으로 트럭의 간이침대에 누워있던 휴 로빈스Hugh Robbins 소령은 네이팜탄 폭격에 몸을 움츠리고는 트럭의 칸막이 사이로 15명의 군인들이 화염에 휩싸이는 것을 얼핏 보았다. "뒤를 돌아보니 머리에서 발끝까지 불길에 휩싸인 군인들이 뒷걸음치거나 땅 위를 구르며 비명을 지르는 처참한 모습이 보였다"고 기억했다.

랜슨Ransone 이등병은 "정말로 처참했다"며 "네이팜탄이 피부에 닿으면 바싹 타면서 얼굴, 팔, 다리에서 피부가 벗겨졌다. 피부가 마치 튀긴 감자 칩처럼 말려 있는 것 같았다. 어떤 병사는 자신을 총으로 죽여 달라고 애원했다"고 기억했다. 피부가 새까맣게 탄 어느 장교가 병사에게 담배 하나를 달라고 하고는 얼음이 얼어 있는 곳까지 걸어갔는데 그 후 다시 볼 수 없었다.

트럭 대열은 걷는 속도보다 느려서 중공군의 끊임없는 소화기 및 자동화기 사격의 세례를 받았다. 트럭 뒤에 실려 누워 있는 몇 명의 부상병은 2~3차례나 더 총에 맞았다. 차량의 왼쪽에 있는 운전병 자리는 특히 취약했는데 대열이 남쪽으로 향하고 있어서 평행하게 펼쳐진 동쪽 능선에서 내려다보면 운전병 쪽이 노출되어 적의 집중사격을 받았기 때문이었다.

십자가에 못 박혀 죽음을 기다리는 것같이 끔찍했던 2시간의 이동 후에 호송대는 설상가상으로 하천을 가로지르는 다리가 폭파되었다는 사실을 알았다. 머리 위로 비행하는 해병대 조종사에게 도로 상태에 대해 문의하는 것을 아무도 사전에 생각하지 못했었다. 트럭 대열의 선두인 M19 차량에는 강력한 50구경 기관총이 장착되어 공격자들을 쓰러뜨릴 수 있었는데 이 시점에 탄약이 다 떨어졌다. 하지만 트럭에 있는 윈치는 부서진 교량에 인접한 하천 바닥에서 트럭을 견인하는 데 유용하게 쓸 수 있었다. 트럭을 한 대씩 견인하는 작업은 주간임에도 불구하고 2시간이나 걸렸다. 이번에는 M19 차량의 연료가 바닥났다. 이러한 탄약과 연료의 고갈은 페이스와 상급 지휘관들이 통신 상태를 개선하고 협조하면서 지원했다면 막을 수 있었던 것들이었다. 미군 호송대가 하천을 가로질러 한 대씩 견인하는 동안에 중공군은 그 시간을 활용하여 능선을 따라 남으로 이동해서 미군들이 다음에 올라가야 할 언덕을 따라 진지를 구축하였다. 호송대가 이동을 재개했을 때 걸을 수 있는 몇몇 군인들이 저수지의 빙판에서 내리막길을 향해서 달려가기 시작했다. 그들은 남쪽으로 가면 저수지 남쪽 끝에 있는 해병대 전초를 만날 수 있으리라고 생각했다. 생존자의 보고에 의하면 가장 먼저 달려간 군인 중에는 이동 대열의 뒤쪽을 방어하기 위해 배치된 인원들도 있었다.

트럭 대열이 언덕 정상에 다다랐을 때, 중공군이 설치한 도로 장애물이 길을 막고 있었다. 곧 겨울의 저녁이 시작되었는데, 이것은 그들에게 남은 유일한 주요 무기인 공중 지원을 받을 수 없다는 것을 의미했다. 군기가 급속히 붕괴되었다. 장애물 측방을 방호하기 위해 언덕으로 올라가라고 파견한 장병들은 중공군을 공격하지 않고 다른 쪽 능선을 따라 계속 내려갔고 결국에는 저수지의 빙판 위에서 낚시에 걸리듯 포로로 잡혔다. 예외인 경우가 하나 있었는데, 얼 조던Earle Jordan 대위가 도로 장애물을 공격할 병사 10여 명을 모아서 장애물에 이르렀을 때 탄약이 바닥이 났지만 "고함을 지르고 가능한 시끄럽게 하면서 계속 공격했다"고 역사가 로이 애플맨Roy Appleman이 전했다.

제7 보병사단의 병력 1만 6,000여 명 중 3분의 1이 한국인이었다. 이들은 길거리에서 징집되어 급하게 약식 훈련을 받은 후에 부족한 병력을 보충하기 위해서 미군 부대에 배치되었다. 이러한 병력 보충은 압박을 받는 상황에서는 부대 운용에 방해로 작용되는 잘못된 조치였다. 페이스는 살기 위해 차량 하부에 숨어 있는 것이 명백해 보이는 2명의 한국인 병사를 발견했다. 그는 그들을 끌어내서 45구경 권총으로 즉결 처형했다. "그것은 슬프고 터무니없는 순간이었다"고 역사학자 마틴 러스Martin Russ가 말했다. "페이스는 불행한 한국 군인보다 훨씬 더 많은 훈련을 받고도 비슷하게 군기 없는 행동을 한 미군 누구에게도 총을 쏜 적이 없었다."

페이스의 단점이 무엇이든 간에 그는 계속 리더십을 발휘하려고 했다. 그의 가슴에 수류탄 파편들이 박힌 몇 분 후에 모든 신체 조직들이 함께 죽어갔다. "페이스 중령이 전사하자 각자는 자신의 살길만을 찾았다"고 베어Bair 병장이 회상했다. "지휘체계는 사라졌다." 약 400미터 정도 더 이동하자 대열은 또 다른 도로 장애물에 봉착했다. 서쪽에서 차단된 사람들이 대학살에서 주로 살아남았는데 그들은 해병대가 배치된 방어선을 향해 걸어서, 심지어는 얼음 위를 기어서 온 사람들이었다. 운전병들이 부상병을 실은 트럭 3대를 버리자 네 번째 트럭이 이 트럭들을 도로 측면으로 밀어내서 결국 부상병들을 산비탈 아래로 떨어뜨리고 말았다. 차에 있던 "부상병들은 엎어지고 으스러졌다. 부상병들이 지르는 비명은 제임스 캠벨James Campbell 중위에게 마치 세상이 미친 것처럼 보였다"고 육군의 공식기록에 적혀 있다.

그것으로 호송은 끝났다. 이제는 모두 정지된 채로 무방비 상태가 되었다. 수백 명의 부상 군인들이 트럭에 쌓인 채 뒤에 남겨져 있었다. 중공군들이 트럭 대열을 따라 속보로 걸으며 백린수류탄을 트럭 안에 던지자 추위 속에도 아직 살아 있었던 많은 부상병은 불에 타죽기 시작했다. 그래도 아직까지 몇 명은 살아남았다. 다음 날, 트럭 대열 위로 비행한 해병대 조종사가 몇몇 부상병들이 손을 흔드는 것을 보았다고 보고했다.

스미스 장군은 얼어붙은 저수지 위에서 "이들 중 몇 명은 얼음 위를 질질 끌며 걸었고, 몇몇은 정신이 나가서 원을 그리며 제자리를 돌았다"고 회고했다. 다소 거칠고 신경질적으로 보이는 해병대 제1 수송대대장 올린 비얼Olin Beall 중령에 의해 수많은 군인들이 구조되었다. 그는 3일 동안 계속해서 독자적으로 5명의 해병대원과 1명의 해군 위생병을 지프차에 태우고 얼음 위로 나가서 319명의 육군 생존자들을 찾아냈다. 이들의 대부분은 부상을 입었고 동상에 걸린 상태로 방향감각도 없는 모습이었다. 반백의 비얼 중령은 제1차 세계대전이 시작되었을 때 해병대에 병사로 입대한 후, 1922년에 전역하여 프로야구 마이너리그에서 기회를 노리고 있었다. 시즌이 끝났을 때 그는 웨스트버지니아West Virginia 블루삭스Blue Sox 의 블루리지 리그Blue Ridge League D등급 투수로 승리 없이 1패를 기록하는 별로 인상 깊지 못한 성적을 낸 후에 다시 병사로 입대하여 마침내 장교가 되었다.(블루삭스 팀의 동료였던 핵 윌슨Hack Wilson은 1922년에 84게임에서 평균 타율 3할 6푼 6리에 30개의 홈런을 기록했다. 윌슨은 뉴욕 자이언츠New York Giants 에 입단했고 나중에는 야구 명예의 전당Baseball Hall of Fame에 헌액되었다.)

어떤 때는 불과 30미터의 거리에서 중공군 소총수들이 작업을 지켜봤지만 비얼 중령과 팀원들을 쏘지 못했는데 그들이 작은 썰매를 차량에 붙여서 많은 부상자를 끌었기 때문이었다. 이틀간의 구조 작업이 끝난 후에 비얼 중령은 마침내 새까맣게 불에 탄 육군 호송대 잔해에 도착해서 생존자가 더 있는지 호송 트럭을 찾아보았다. 전사자 약 300여 명의 수를 세었지만 더는 살아 있는 동료를 찾지 못했다. 결과적으로 페이스 대대가 포함된 제31 보병연대 전투단은 모든 포와 차량을 잃었고 수많은 부상자와 모든 전사자를 뒤에 남기고 철수했다. 전체적으로 제31 보병연대의 사상자는 3,288명으로 90%라는 놀라운 비율이었다.

해병대는 제31 보병연대 생존자들에게 따뜻한 수프를 먹이고 심각한 부상자들을 항공의무후송을 시킨 다음, 전투 능력이 있다고 판단되는 병력 358명은 잠정 대대로 편성하여 해병대 책임 지역에 추가 배치했다. 스미스 장군에 따르면, 이들을 지휘했던 육군 장교는 나중에 정신착란에 시달렸다고 한다. 이 시점에서 장군들은 며칠 전에만 해도 그렇게나 하지 않았던 조치들을 취했다. 포위당했을 때는 그들을 도울 수 없을 것 같았던 미군의 기관이 광범위하고 강력한 모든 수단들을 동원해 그들을 도우러 왔다. 병사들이 호송차에서 지옥으로 떨어지는 충격을 받았던 24시간 동안에 다른 어떤 병사들은 일본에 있는 육군병원에서 깨끗한 침대 시트에서 자고 있었다.

대재앙같이 크게 실패한 이 작전에서 눈에 덜 띄고 해병대도 나중에 크게 언급하지 않은 사실은 육군 보병연대가 중공군의 공격을 받음으로써 하루나 이틀 동안의 귀중한 시간을 제1 해병사단이 벌었다는 것이었다. 페이스가 벌인 최후의 저항이 없었더라면 해병대는 장진호 남쪽 끝에 위치한 하갈우리의 주요 교차로를 유지하지 못했을 것이다. 활주로가 설치된 하갈우리는 2개의 해병연대가 장진호 북서쪽 먼 거리에서 하갈우리로 내려가기 위한 전투를 벌이는 동안에 오직 작은 병력으로만 유지되고 있었다. 그렇다고 이것이 지휘계선 상의 육군 장군들이 저지른 완전한 실패에 대한 면죄부가 될 수는 없다. 개입할 수도 있었던 노련한 제7 보병사단 부사단장 호지즈 장군, 제대로 지휘했어야 했던 제7 보병사단장 바 장군, 오만함으로 문제를 더 악화시킨 군단장 알몬드 장군, 중공군 참전의 실체적 진실을 거부했던 정보 수장 윌러비 장군, 그리고 무엇보다 혹한의 겨울에 압록강 진격을 고집한 맥아더가 문제의 육군 장군들이었다. 이들 중 몇 명이 제2차 세계대전에서 장진호 전투와 같은 무능한 리더십을 보였다면 바로 해임되었을 것이다. 그러나 한국전쟁에서는 오직 제7 보병사단장 바만이 해임되었다. 몇 개월 후, 맥아더는 다른 이유로 해임되었다.

11

장진호에서 성공한 해병 스미스 장군

장진호 전투에서 잘 알려지지 않은 것 중 하나는 제1 해병사단장인 스미스 소장이 자신이 보고해야 하는 육군 장군들보다 마셜에 더 가까운 인물이었다는 점이다. 그의 상급자인 육군 장군 네드 알몬드는 "맥아더와 같은 유형의 사람으로, 맥아더가 한 말은 아무것도 바꿀 수 없었다…. 그에게 맥아더는 신이었다"고 스미스는 기억했다.

아주 마르고 백발인 외모에서부터 스미스는 마셜과 같은 부류의 사람이었다. 7살에 변호사였던 아버지를 여의자 홀로 된 엄마는 캘리포니아로 이주해 빈곤 속에서 그를 키웠다. 캘리포니아에 있는 버클리 대학에 입학했을 때, 그의 수중에는 단돈 5달러가 전부였으며 종종 정원사로 일하며 학교를 졸업했다. 제1차 세계대전이 발발했을 때, 해병대에 입대한 그는 괌에서 전쟁 기간을 다 보냈는데 이것이 경력 관리에게 차질을 주어 전간기戰間期에는 대위 계급으로 거의 20년을 보냈다.

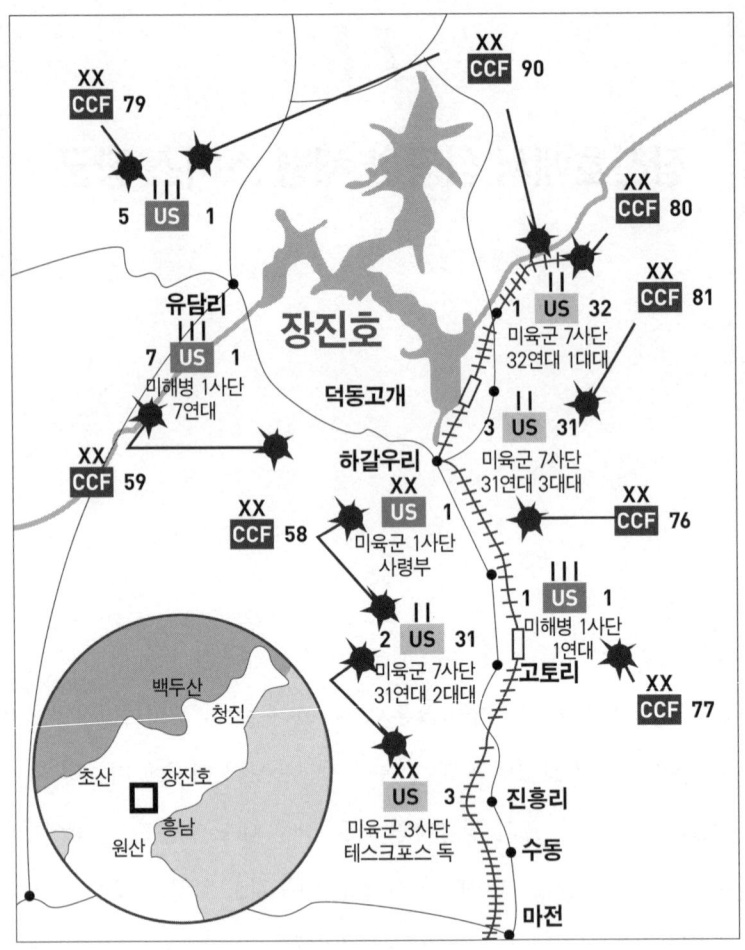

1950년 11월 장진호 전투 요도. 장진호를 중심으로 중공군CCF: Chinese communist forces이 미군을 포위하였다.(옮긴이)

1930년 초, 해병대 장교로서는 이례적으로 마셜 중령이 강의하던 육군 보병학교에 입교했다. 그곳에서, 같은 반의 베델 스미스Bedell Smith와 테리 앨런과 함께 오마 브래들리에게서는 기관총 조작법을, 조지프 스틸웰Joseph Stillwell로부터는 전술학을 배웠다. 스미스는 "마셜 중령은 자기 생각이 꽤 명확했으며 매우 엄한 남자였다"고 존경하는 마음으로 당시를 되새겼다.

　마셜과 마찬가지로 스미스는, 심지어 자신의 해병대에 대해서도 군사적 감상주의와 낭만주의를 싫어했다. 그는 1930년대에 총검을 무기로 쓰는 것이 틀렸음을 증명하는 논문을 썼다. 자신의 주장을 입증하는 증거로, 제1차 세계대전의 프랑스 북부 벨로Belleau 숲 전투(제1차 세계대전에서 프랑스의 마른 강 인근 벨로 숲에서 발생한 독일군과 연합군의 전투로 미 해병대가 26일간의 혈투 끝에 파리로 진격하던 독일군을 격퇴했다. - 옮긴이)에서 해병대가 독일군을 상대로 총검을 사용했던 사례를 제시했다. "하지만 역사를 훑어 보면서 총검에는 충격을 주는 가치가 종종 결여되었다는 사실을 발견했다. 내가 군의관들에게서 얻은 정보에 의하면 총검으로 인한 상처의 치료를 받은 사람들의 수는 그리 많지 않았다."

　조용하고 파이프 담배를 즐기며 기독교를 믿고 겉으로 보기에 과학자 같은 스미스 장군은 대중에게 열광적인 이미지로 투영되는 해병대와는 잘 맞지 않아 보였다. 그것이 오늘날 스미스라는 이름이 널리 알려지지 않은 하나의 이유다. 제2차 세계대전의 펠렐리우Peleliu 전투(1944년 9월부터 2개월간 팔라우의 펠렐리우 섬에서 벌어진 미군과 일본군의 전투로 태평양 전쟁의 대표적인 격전지였다. - 옮긴이) 하루 전날, 그는 다른 어떤 일보다 올리버 웬들 홈스Oliver Wendell Holmes(19세기 미국의 의학자, 작가 - 옮긴이)의 자서전을 읽으며 시간을 보냈다. 펠렐리우 전투는 미군 상륙부대가 대규모의 피해를 보았던 곳으로, 체스터 니미츠Chester Nimitz 제독에 따르면 미군의 어떤 상륙 기습 작전 역사에도 없었던 40%에 가까운 최고의 사상자가 발생한 전투였다. 이 경험은 스미스가 마주하게 될 장진호 전투에서 생애의 가장 어려웠던 날들을 보내면서 대학살 상황에 대해 마음을 굳게 먹도록 도움을 주었다.

장군 리더십의 본질은 전투가 일어나기 전에 무엇을 준비하느냐 하는 것이다. 장진호에서 스미스는 확실히 그렇게 행동했다. 전투가 시작되기 전에 그가 결심한 장진호 전투의 가장 중요한 사항 3가지가 바로 그러한 예가 될 것이다. 첫째로, 연대가 서로를 지원할 수 있도록 연대의 통합을 주장했다. 이것은 장진호 동쪽에 있는 제5 해병연대를 불러들이고 그 지역을 육군에게 넘기는 것을 의미했다. 두 번째로 공병들이 얼어붙은 땅을 파내 두 개의 활주로를 만드는 것을 최우선 순위로 삼았다. 그 후 며칠 동안 활주로를 통해서 해병대를 위한 보급과 병력 증원을 가능하게 하고, 예하부대에 부담을 주지 않으면서 얼어버린 도로와 산속으로 이동하는 것보다 빠르게 부상자들을 후송하려고 했다. 1950년 12월 1일 오후부터 해병대가 이 지역의 기지를 포기하고 후퇴할 때인 6일 저녁까지 단 5일 동안에 해병대와 육군은 총 4,312명의 부상자와 동상을 입은 병력의 공중 수송이 가능하도록 하갈우리 최북단에 위치한 활주로를 운용했다. 셋째, 전투의 핵심지역일 것이라고 믿는 곳에 자리했다. 장진호에 배치된 미군은 커다란 "Y"자 모습의 대형을 형성했다. 저수지 서쪽의 왼쪽 팔에는 해병대, 동쪽의 오른팔에는 육군이 배치되었다. 스미스는 장진호 서측을 해병대가 사수한다 하더라도 갈림길이 만나는 남쪽의 하갈우리를 상실한다면 끝장 날 것이라는 점을 이해하고 있었다. 11월 28일 아침, 후방 지휘소를 떠나 교차로로 날아갔다. 거기서 두 길이 합쳐져 산에서 남쪽 바다로 나가는 단 하나의 길이 시작되었다. 그는 이곳이 앞으로 있을 전투에서 지형적으로 결정적 지점이 될 것이라고 생각했다. 스미스는 "하갈우리는 어떤 희생을 치르더라도 반드시 확보해야만 했다. 여기에 활주로가 있었다⋯. 하갈우리로부터 계속되는 철수를 지원하기 위한 수단을 축적해야 하는 장소가 이곳이었다. 그리고 북서쪽에 고립된 제5, 7

해병연대 병력들의 재편성, 재보급, 장비 재보충, 그리고 사상자 후송을 준비하면서 상황을 벗어날 때까지 지켜야 할 곳이 여기였다"라고 나중에 설명했다.

　미군의 제도 아래에서 모든 장군에게는 상사가 있다. 장군 리더십 관점에서 거의 논의되지 않는 것은 자신이 보고해야 하는 사람이 대통령이든 국무총리든 장군이든 간에 그 사람을 이해해야 한다는 점이다. 상급자의 관심 사항, 전문 기술, 그리고 그의 단점이 무엇인지? 예를 들어, 맥아더 장군은 루스벨트 대통령의 정치적 지배력이나 트루먼 대통령이 화를 참는 한계점을 감지하는 데 서툴렀다. 정반대로 스미스는 자신이 보고해야 하는 육군 장군인 알몬드 중장의 전투기술과 판단력을 냉철하게 평가했다는 점이 장진호 전투에서 중요한 관건이었다.

　알몬드의 기록을 보면 누구라도 멈칫하게 된다. 그는 1915년 버지니아 군사학교를 졸업하고 제1차 세계대전 후반기 전투에서 기관총 대대를 지휘하면서 빠르게 성장했다. 제2차 세계대전 때는 특별한 공적이 기록된 게 없었다. 제2차 세계대전 동안에 조지 마셜이 저지른 가장 큰 실수 중의 하나는 인종에 대한 잘못된 인식에서 비롯되었다. 마셜은 남부 백인들이 흑인 병사들과 협력하는 방법을 가장 잘 이해하고 있다고 믿었기 때문에 인종을 분리하여 만든 흑인 육군부대를 남부 출신자의 지휘 아래에서 운용토록 했다. 마셜의 선택 중에 가장 눈에 띄는 사람이 알몬드였다. 남부 연방의 전통에 젖어 있는 자존심 강한 버지니아 출신인 알몬드는 제2차 세계대전 동안 이탈리아에서 제92 보병사단을 지휘했지만 매우 형편없는 결과를 낳았다. 마셜이 아이젠하워에게 제92 보병사단의 "보병들이 매일 밤 장비와 심지어 어떤 경우에는 군복까지 버리고 문자 그대로 해산했다"는 편지를 쓰려고 했다. 육군이 제92 사단의 작전 수행이 "만족스럽지 못하다"는 결론을 내렸을 때, 알몬드는 흑인 병사들이 애국심으로 죽음도 불사하는 전투를 원하지 않았기 때문이라고 불평했다. 그는 자신의 출신 배경으로 인해 인종문제에 관한 특별한 통찰력을 갖게 되었다고 주장했다. "남부 사람인 우리가 흑인들을 좋아하지 않는다고 생각한다. 천만의 말씀이다. 하지만 우리는 흑인들의 능력을 이해한다. 그리고 또한 그들과 책상에 함께 앉는 것을 원하지 않는다"고 말했다. 알몬드가 지휘한 불행한 부대에서 흑인들이 지휘관인 알몬드 소장에게 야유를 보내는 감정싸움으로 발전하였고, 어느 익명의 군인은 이러한 상황을 "백인 주인을 위한 노예 부대"라고 비난했다. 제92 사단이 제2차 세계대전에서 저조한 전투 결과를 보였음에도 불구하고 알몬드는 한국에 있는 군단 사령부에 92사단 출신의 참모 6명을 충원했다. 맥아더로부터 한국전쟁 지휘권을 넘겨받은 리지웨이Ridgway 장군은 흑인 병사들에 대해 전혀 다른 생각을 하고 있었다. 그는 "좋은 환경과 올바른 장교들, 제대로 된 훈련과 지휘통솔이 있다면 흑인에게는 아무 문제도 없다"고 나중에 말했다.

알몬드는 "공격적이어야 할 때 나는 공격적이었고, 조심해야 할 때도 나는 공격적으로 행동했다"고 말했던 적이 있었다. 장진호 전투는 후자에 해당되는 사례였다. 알몬드가 스미스의 사단 사령부를 방문하여 "우리는 저 길을 질주해야 한다"고 스미스와 참모들에게 말했다. 알몬드가 떠날 때까지 스미스는 혀를 깨물고 꾹 참고 있다가 참모들에게 "사단이 모두 모이고 비행장이 만들어질 때까지 어디에도 가지 않을 것이다"라고 말했다. 전투가 시작되기 전 스미스는 해병대 사령관에게 편지를 보내 자신의 불편한 심기를 털어놓았다. 그는 "우리의 좌측방은 크게 노출되어 있고,

제10 군단의 전술적 판단과 작전계획의 실효성에 대해서는 신뢰할 수가 없습니다. 부대를 분산 배치하고 위험에 빠뜨리는 임무를 부여하고 있습니다. 저는 여러 번에 걸쳐서 알몬드 군단장에게 제1 해병사단은 강력한 수단을 보유하고 있지만 분산 운용된다면 효율성이 떨어져 서로 지원할 수 없을 것이라고 보고했습니다"라고 썼다. 1950년 11월 중순 어느 시점에는 알몬드가 예하의 5개 사단(미군 사단 3개, 한국군 사단 2개)을 800킬로미터가 넘는 전선에 분산 배치했다. 스미스의 제1 해병사단은 좌로는 약 128킬로미터의 간격이, 우로는 약 160킬로미터 정도의 공간이 발생한 상태였다. 그는 "우리는 조심스럽게 행동했다. 포병 사거리 밖으로는 결코 정찰대를 보내지 않았다…. 그것은 9~12킬로미터 정도의 거리까지만 정찰대를 운용했다는 의미였다"고 나중에 말했다.

스미스는 알몬드의 판단을 전혀 신뢰하지 않은 채 자신의 부대들이 결국 철수할 수밖에 없을 것으로 예상하고, 바다로 향하는 도로를 따라서 3개의 요새진지를 구축했다. 각 요새진지는 하루 행군 거리 간격이었으며, 요새진지 안에는 보병들의 방호 하에 보급품을 적재해 놓았다. "사실은 제1 해병사단의 행군대열도 적군의 거점이 연결되어 있는 선상에 있었다"고 30년 후에 비밀이 해제되어 발간된 1951년의 보고서에 육군 역사학자 S. L. A. 마셜이 기록해 놓았다. 그는 계속해서, 중공군이 공격해왔을 때, "3개의 요새화된 거점들을 따라 전투가 진행되었다"고 기술했다. 스미스는 전투기간 내내 "우세함"을 느꼈다고 역사학자에게 말했다.

전투에 임하는 스미스의 판단을 반영하여 요새화한 3개의 거점과 다른 전초기지들의 전술적 배치는 독특했다. 스미스는 방어지역들을 확보하고 있는 한 포병과 박격포를 계속 운용할 수 있으므로 병력 면에서 압도적으로 우세한 중공군과 계속해서 싸울 수 있을 것으로 판단했다. 먼

거리에서 좋은 기회를 가지고 싸우는 것보다는 가까이에서 적의 격멸을 확실히 보장하는 근접전투를 하는 게 유리하다고 결론지었다. 그는 소수의 중공군이 진지 내로 들어와서 기관총 사수와 포병 및 박격포 운용 요원들을 대상으로 자살공격을 하지 못하도록 최대한 노력했다. 그래서 스미스는 전술적으로 중요한 몇 개의 고지들을 포기하면서 엄청나게 견고한 방어선을 구축하기 위해 부대들을 한 곳으로 집결시켰다. "원거리에서 효과적인 사살 가능성을 높일 수 있는 위치로 이동하는 대신 제1 해병사단은 근거리에서 중공군을 반드시 저지할 수 있도록 방어진지를 구축했다"고 육군 역사학자 S. L. A. 마셜이 설명했다.

장진호 전투에서 무엇이 일어났는지를 설명하는 알몬드의 언행은 거짓말로 보인다. 알몬드가 공식적으로 구술한 역사 기록과 다른 여러 곳에서도 그가 거짓말을 했다는 증거가 나온다. 그는 비행장 활주로 건설이 사활을 다투는 매우 중요한 일이므로 반복해서 스미스에게 활주로 건설을 강요했다고 주장했다. 알몬드는 "활주로 건설은 제10 군단의 '준비명령'에 의한 것이었으며, 건설 속도 보장을 위해 감독이 필요함을 반복적으로 이야기했다. 해병대 사단장은 활주로에 대해 특별한 호의를 가지고 있지 않았으며 활주로가 주는 장점들을 대수롭지 않게 여겼다"고 자신이 구술한 역사기록에서 주장했다. 알몬드는 1975년에 육군 공식 역사가 로이 애플맨 Roy Appleman에게 쓴 서신에서조차 "맞아, 내가 활주로를 만들라고 지시했어"라고 주장하면서 수십 년 동안 이러한 견해를 유지했다. 그러나 알몬드의 주장은 논리적으로 보나 문서기록을 보더라도 사실이 아니다. 알몬드는 해병대에게 북쪽으로 160여 킬로미터를 진격하라고 재촉했었는데, 그렇다면 그는 왜 바다와 가까운 곳에 비행장을 건설하기 위해 해병대가 정지하기를 원했을까? 매튜 리지웨이 장군이 나중에 쓴 것처럼 "알몬드는 여전히 낙관적으로 보고 있었지만, 스미스와 제1 해병사단은 난관을 예측하고 이에 대한 대응책을 준비했는데 나중에 이것이 스미스 장군의 지휘 아래에서 탁월한 구원책이 되었음이 증명되었다." 또한 우연하게도, 스미스가 몇 주 전에 부인에게 쓴 편지에서 자신의 관심사에 대해 언급하며 장진호에서 있을 모든 전투에 필요한 지원을 위해 비행장 활주로를 짓는 것이 절대적으로 필요하다고 했었다. 또한 스미스가 활주로 건설을 위해 육군 공병의 도움을 요구했을 때 제10군단 참모들은 그의 요청을 거절했다. 스미스가 수십 년 후에 어느 인터뷰에서, "11월 초 당시에 제10 군단은 장진호 지역에 활주로를 만드는 데 아무런 관심도 없었다. 내가 알몬드에게 보급 수송과 사상자 발생 시에 후송을 위해 항공기가 사용할 활주로가 있어야 한다고 이야기를 하자 군단장은 '무슨 사상자?'라고 말했다. 알몬드의 그러한 태도는 사상자 발생을 인정하지 않으려는 모습이었다. 그런데 장진호 전투에서 4,500명의 사상자가 발생했다"고 말했다.

　스미스는 자신의 해병대 직속상관들과도 문제가 있었다. 그 자리에서 움직이지 않은 채 부대를 통합해서 북쪽으로 조심스럽게 이동해야 한다고 주장했던 스미스는 자신의 해병대 지휘계통에 저항했다. 11월 초에, 스미스는 태평양 해병대 사령관 레뮤엘 셰퍼드Lemuel Shepherd 중장을 만나서 알몬드에 대한 우려를 전달했다. 셰퍼드는 스미스에게 군단의 계획대로 진행하라고 말했다. 셰퍼드는 스미스에게 "떳떳하게 행동하게. 알몬드 군단장에게 너무 화내지 말게. 그도 옳은 일을 하려는 걸 거야"라고 말했다고 나중에 해병대의 공식 구술 역사서에 남겼다. "나는 도주하고 있는 북한군을 빠르게 밀어붙이라고 스미스를 계속 재촉했다…. 당신도 알다시피 스미스는 모든 것을 교범대로 정확히 하기를 원했다. 그러나 전투에서 교범대로만 처리할 수는 없다. 전투에서는 주도권을 잡아야 한다. 승리할 가능성이 보일 때 기회를 잡아야 한다." 이즈음에 셰퍼드는 차기 해병대 사령관이 될 것으로 믿었기 때문에(실제로 그렇게 되었다.) 평지풍파를 일으켜 육군과 잘 지낼 수 없는 것처럼 보이게 하고 싶지 않았을 것이다. 그는 물론 알몬드와 친했다. "버지니아 군사학교 동기생인 알몬드는 언제나 자신의 사령부를 방문한 나를 최고의 예우로 맞아주었다"고 말했다. 알몬드 군단장의 참모장인 클라크 러프너 Clark Ruffner 소장 또한 버지니아 군사학교 출신이었다.

하지만 스미스에게는 조심해야 할 이유가 점점 더 많이 보였다. 알몬드가 압록강을 향해 북으로 전진할 것을 재촉했지만, 스미스와 해병대는 주변에서 생기는 불길한 징조들을 알아차리기 시작했다. 평소 사탕을 달라고 구걸하던 한국 어린이들은 어디에도 없었고, 무엇인가에 의해 쫓겨난 사슴들이 산등성이에서 내려왔다. 스미스가 중공군들이 계곡을 잇는 다리를 온전하게 두고 떠났다는 것을 알아차렸을 때, 그는 이것이 해병대를 북쪽으로 유인하려는 기만계획의 일부라고 믿으며 경계심을 갖기 시작했다. 스미스의 이러한 의심이 옳았음이 역사에 의해서 밝혀졌다. 한국전쟁에 참전한 중공군 최고사령관 펑더화이는 11월 13일에 있었던 전역 campaign 계획 회의에서 "적군을 우리 내부로 유인하는 전략을 펼쳐 적들을 하나씩 하나씩 소탕해 나갈 것이다"라고 부하들에게 말했다. 덫을 놓은 중공군의 초반의 첫수는 적을 과소평가하면서 지나치게 공격적인 알몬드를 제대로 겨냥한 움직임이었다.

북한에 있는 중공군 지휘관들은 "장진호 부근에서 해병대를 포위하여 전멸시키라"는 임무를 분명하게 부여받았었다. 이것을 감지한 스미스의 계획은 "전진속도를 늦추고, 우리의 뒤에 있는 해병 제1사단을 끌어당겨

팀 전체를 하나로 만드는 것이었는데 11월 27일까지 그것을 완료할 수가 없었다."

해병대의 부대 통합은 적시에 이루어졌다. 11월 27~28일의 동일한 야간 시간에 해병대 배치선 상 북서쪽 끝에 고립된 2개 해병연대는 중공군 2개 사단의 공격을 받았다. 세 번째 중공군 사단은 2개 해병연대 후방에서 장진호 남쪽 끝으로 향하는 후퇴로를 차단하며 유린공격을 했다. 피터 홀그룬Peter Holgrun 일병은 이런 전투에서 늘 하던 말을 남겼다. "국gook(동남 아시아인을 비하하는 말 - 옮긴이)들이 접근하자 밤새도록 사격을 했다. 나팔을 불어대며 파도처럼 공격해 왔다. 정말로 치열한 전투였다. 누가 이기고 지는지 아무 생각이 없었다." 제7 해병연대 예하의 대대장 레이 데이비스Ray Davis 중령은 총을 쏠 때 들리는 괴상한 나팔소리에 놀랐다. "전투 신호의 일종으로 보이는 중공군의 나팔 소리는 들으면 하나씩 죽어갈 것 같았다"라고 말했다.

중공군의 무자비한 야간공격에 대해서 맞대응한 해병대의 자신감은 정말로 놀라운 일이었으며 전염성도 있었다. 그들은 풍부하고 정확한 근접항공지원이 가능하다는 것을 알았다. 장진호에 있었던 육군과 해병대 장병들은 산비탈에서 내려다보거나 그들 아래의 계곡에서 날아오르는 코르세어Corsair 조종사들을 향해 손을 흔들었던 것을 기억할 것이다. 야간에는 비행기를 운용할 수 없었기 때문에 해병대는 중공군들이 미군 배치선을 향해 가장 잘 은밀하게 기어서 침투할 수 있는 배수로 좌표를 미리 확인하고 입력한 채 포격 준비를 마친 포대를 전투대기 시켜 놓았다. 스미스가 루이스 "체스티" 풀러Lewis "Chesty" Puller 대령에게 상황이 어떤지를 물어 봤을 때, 풀러는 담담하게 "좋습니다! 사방에서 적과 접촉하고 있습니다"라고 대답했다. 윌리엄 홉킨스William Hopkins 대위는 다음 날 아침까지 해병대원 5명이 자신에게 풀러가 한 말을 즐겁게 반복했다고 보고했다.

중공군이 공격을 개시했을 때, 합참의장 오마 브래들리가 제1 해병사단이 장진호 우측에 있는 육군처럼 끔찍한 운명 속에서 커다란 고통을 받을 것이라는 결론을 내렸다는 것을 스미스 장군은 나중에 알았다. "육군에서는 우리가 거기에서 끝장나 빠져나오지 못했을 것이라고 생각했다. 브래들리 대장이 합참 참모 맥기McGee 장군에게 제1 해병사단을 잃었다고 말했다는 것을 나중에 알았다"고 회상했다.

그러나 육군과 해병대 사이에는 리더십에서 커다란 차이가 있었다. 장진호 우측 호숫가에 있었던 페이스와 주변의 사람들과는 다르게 호숫가 서쪽에서 전투하던 2개 해병연대와 남쪽으로 도로를 개통하려는 노력을 하고 있던 세 번째 해병연대는 어떻게 통신을 유지하고, 보급하며, 화력지원 하에 기동하는지를 잘 알고 있는 지휘관에 의해 지휘되고 있었다. 그것 때문에 해병대는 모든 부상 장병, 대부분의 차량과 포병장비뿐 아니라 그들이 만난, 갈 곳을 모르고 헤매고 있는 육군 병사들까지 데리고 빠져나올 수 있었다. 보병이 공격할 때는 박격포, 포병, 항공기에 의한 신속하고 효과적인 화력지원에 크게 의존하게 된다. 군인이라면 장교와 병사를 가릴 것 없이 제2차 세계대전 동안에 수백 가지의 소소한 전투 계략과 술책들을 배워왔다. 예를 들어, 적군이 시끄럽게 요란 사격을 할 때는 아마도 상대방의 기관총 위치를 알아내려고 하는 것이기 때문에 가능하면 수류탄과 소총으로만 대응함으로써 기관총 위치를 노출시키지 않아야 한다. 철수할 때는 출발하면서 불을 지피고 사격을 가해 버려진 진지에서 계속 전투가 진행되고 있다고 적이 믿도록 함으로써 귀중한 얼마간의 시간이라도 벌어야 한다. 매우 추운 날에는 병사와 의무병들은 모르핀 주사기를 입에 물고 다니며 혹시 급하게 사용할 필요가 있을 때 진통제가 얼어버리는 일이 생기지 않도록 예방해야 한다.

　해병대에게는 강인함이 있었다. 제7 해병연대 F중대는 장진호 남쪽 끝으로 향하는 길을 개방해 놓기 위하여 왼쪽 언덕 정상에 있는 중요한 통로 상에 배치되어 있었다. F중대는 공중 보급을 받으면서 5일 동안 전투를 했으며 마침내는 동사한 중공군의 시쳇더미가 포함된 급조된 바리케이드 뒤에서 작전을 수행하고 있었다. "부상당한 모든 적을 죽이라는 명령이 내려왔다"고 F중대 어니스트 곤잘레스Ernest Gonzalez 일병이 기억했다. 다른 중대원 로버트 이젤Robert Ezell 일병은 고갯길의 칼바람이 너무 추워서 어느 날 아침에 따뜻한 우유를 시리얼에 붓고 나무 그루터기에 앉았을 때 우유가 얼어버렸다고 회상했다. 다른 해병대원 로버트 켈리Robert Kelly 상병은 너무 추워서 오른발에 총을 맞았다는 사실도 알지 못했는데, 전투가 끝나고 나서 절뚝거리는 것을 발견한 의무병이 그를 앉혀놓고 발을 검사했을 때에야 비로소 총에 맞은 것을 알았다. 의무병이 그를 쳐다보고 웃으면서 "이 멍청한 친구야, 너 총에 맞았어"라고 말했다.

　2개 해병연대가 장진호 서측에 설치한 전초기지로부터 스미스와 보급품들이 기다리는 하갈우리 교차로까지 내려가는 열쇠는 중공군의 장애물을 뚫고 도로를 개방하는 것이었다. 2개 연대가 도로를 직접 개방하기 위해 2번이나 시도했지만 모두 실패했었다. 제5 해병연대장 레이먼드 머레이Raymond Murray 중령과 제7 해병연대장 호머 리첸베르크Homer Litzenberg 대령은 근본적으로 다른 접근법이 필요하다는 것을 인식했다.

　장진호 전투 전체에서도 전술적으로 가장 결정적인 순간이었을지도 모르는 그때, 머레이와 리첸베르크는 대대장 레이 데이비스 중령이 지휘하는 제7 해병연대 1대대를 중공군 점령지역을 통과하게 했다. 계곡에 있는 포병부대의 보고에 따르면 기온은 영하 24도를 가리키고 있었다.

눈 덮인 계곡을 오르내리는지 얼마 후 체력이 전부 소진되었으나 데이비스의 1대대는 허리까지 차오른 눈을 헤치고 3개의 얼어붙은 능선을 넘어 12킬로미터가 넘는 거리를 이동했다. 가파른 지역에서는 "언덕 아래로 미끄러져 떨어지지 않도록 나무뿌리와 잔가지를 잡고 손과 무릎으로 기어서 올라가야 했다"고 데이비스가 말했다. 이따금 1대대는 중공군과 너무 가까이 있어서 "마늘 냄새를 맡고, 말하는 소리를 들을 수 있었다"고 찰스 맥켈러Charles McKellar 병장이 기억했다.

몹시 추운 날씨가 육체에는 위험을 주었지만 전술적으로는 도움을 주는 친구 같은 역할도 했다. 강한 소리를 내며 불어오는 바람은 무거운 짐을 잔뜩 지고 눈 위에서 움직이고 기어오르는 수백 명이 만들어낸 소리를 덮어버렸고, 적이 귀를 덮고 있도록 만들어줌으로써 잘 들리지 않게 도와주었다. 날씨는 너무 추웠고 조금이라도 쉬어야 할 정도로 기진맥진했지만 24시간 동안 쉬지 않고 이동했고, 길을 따라 적 후방 병력과 충돌하며 중공군 매복조를 기습해 사면초가에 빠진 F중대를 구할 수 있게 되었다. 데이비스 대대가 도착했을 때, 중공군 시체 450여 구가 F중대 지역에 여기저기 흩어져 있었다. 6일간의 작전이 끝났을 때 총 220명으로 증강되었던 F중대는 전사 26명, 부상 89명, 실종은 3명이었다. 전사자들을 중대 의무실 밖에 쌓아놓았는데 "아마도 6미터가 넘는 높이였다"고 맥켈러는 회고했다. 그날 아침에 추락해 가죽 비행 재킷을 입은 그대로 사망한 헬리콥터 조종사의 사체가 시신들을 쌓아놓은 맨 위에 놓여 있었다. 그는 "그 광경이 뇌리에 박혀 있었다"고 말했다. F중대의 모든 생존자는 동상이 아니면 이질에 걸려 있었다. 데이비스 1대대장과 F중대장 윌리엄 바버William Barber 대위는 명예훈장을 받았다.(장진호 전투에서 총 14명의 해병대 장병이 미군이 주는 최고 등급의 훈장을 받았다.) 데이비스의 대대는 아래로 이동해 해병대 행군 대열이 남쪽으로 이동할 때까지 고갯길을 개방했다.

　3박 4일이 넘게 진행된 이 장대한 행군과 공격은 제5 해병연대와 제7 해병연대가 혹독한 추위 속에서 중공군의 공격을 받으면서 Y자의 왼쪽 팔에서 하갈우리에 이르기까지 22킬로미터가 넘는 거리를 남쪽으로 밀고 내려올 수 있게 만들었다. 이동하는 동안에 길을 따라서 공격과 개척이 요구되는 7개의 도로 장애물이 있었다. 조심스럽게 천천히 이동하면서 2개 해병연대는 전사자 전원과 1,500여 명의 부상자들도 함께 데리고 나왔는데 그중 600명은 들것에 실려 이동했다. "전사자들의 시체는 마치 목재 더미를 묶은 것처럼 트럭에 쌓여 있었다"고 제5 해병연대의 더그 미쇼Doug Michaud 일병이 기억했다. "전사자 시체들을 싣기 위한 트럭의 공간이 부족해지면 바퀴 흙받이 위와 엔진 후드 위에 올려놓거나 화포 포열에 묶었다. 하나님 맙소사, 시체들이 너무 많았다. 유담리에 있는 부대들이 성공하리라는 것은 누구도 의심하지 않았지만 얼마나 많은 사람이 그렇게 할 수 있을까 하는 의문을 항상 가졌다"라고 후방 경계대대의 정보장교 패트릭 로Patrick Roe가 나중에 기록했다.

　스미스와 작전참모 알파 보우서Alpha Bowser 대령은 하갈우리 전술지휘소 텐트에서 퇴각로 상에 있는 파괴된 다리를 교체하는 방법에 대해 논의하고 있을 때 익숙하지 않은 소리와 점차 사람들의 육성이 커지기 시작하는 것을 들었다. 보우서 대령이 밖으로 나가자 "내리는 눈 속에서 노래를 하며" 수백 명의 해병대원이 장진호 북서쪽으로부터 걸어서 하갈우리의 사단 기지로 들어오고 있었다. 그는 "잠시 떨어져서 그 광경을 보았다면 그곳은 환상의 나라였다. 정말로 동화 속의 나라 같았다…. 아름다운, 정말로 아름다운 광경이었다"고 말했다. 그것은 2개 해병연대의 선두 제대가 해병대가와 함께 다른 친숙한 군가들을 부르며 사단 지휘소가 있는 기지로 들어오며 내는 소리였다. 보우서가 스미스를 쳐다보며 "골칫거리가 다 해결되었습니다. 우리는 해냈습니다"라고 말했다. 사상자들을 안치해 놓은 의무 텐트는 침울한 분위기였다. 제1 해병사단에 배속된 해군 군의관 찰스 할러웨이 주니어Charles Holloway Jr.는 "바닥이 거의 보이지 않을 정도로 많은 환자가 누워 있고, 앉아 있고 서 있었다. 징발한 피라미드 형태의 텐트에 정어리를 정리한 것처럼 환자들이 모여 있었고, 25명의 환자가 텐트 중앙에 설치한 난로를 중심으로 빙 둘러 앉았다. 비행기에 태워 후송할 때까지 사람의 체온과 난로의 열기로 몸이 얼지 않도록 했다"고 당시의 어려움을 회고했다.

하갈우리는 다른 중공군 사단에 의해 공격을 당하고 있었다. 하갈우리에 도착한 2개 연대의 회복과 정비에 이틀이 걸렸고 동시에 부상자들과 전사자 일부를 항공기 편으로 후송했다.(공중보급과 의무후송은 2년 전 독일 베를린 공수작전을 책임졌던 윌리엄 터너William Tunner 공군 소장이 감독했다.) 공중보급을 통해서 추가적인 보병 전투원과 탄약을 확보한 후 스미스는 중공군에 비해 수적으로는 크게 열세임에도 불구하고 이제 사단이 하갈우리를 무기한으로 지킬 수 있는 충분한 전투력을 갖추게 되었다고 판단했다. "나는 작전의 결정적 부분들은 완료되었다고 생각했다. 비록 2개 연대전투단의 전투력이 줄어들었지만 추가적인 전투력을 확보할 수 있는 고토리로 가는 길에서는 자신 있게 싸울 수 있다는 것을 확신했다"고 스미스는 전투 직후에 글을 남겼다. 새로 투입된 연대들은 하갈우리에서 거의 2일 동안 쉴 수가 없었다. 제5 해병연대 프레드 앨런Fred Allen 일병의 기억으로는 하갈우리에 도착하자마자 "땅을 파고 전투를 준비하라"는 말을 들었다. 한밤중에 아군 조명탄이 높게 떠오르면서 기억에 남을 장면을 연출했다. "마치 중국인들의 반이 계곡 아래로 내려오는 것처럼 보였다."

중공군 6개 사단의 부대들은 장진호의 Y자형 교차로에서 남쪽에 있는 바다로 향하는 유일한 도로를 따라 배치되었다. 12월 6일, 스미스는 1만여 명의 해병대를 이끌고 해안으로 향하는 행군을 개시했다. 그것은 공격하는 것보다 더 신중하게 계획되었는데 행군 대열을 엄호하기 위해 측방의 능선을 따라 측위(側衛)를 함께 이동시켰다. 행군 대형은 1,000여 대의 트럭, 전차, 여러 종류의 차량으로 구성되었지만 스미스의 명령에 따라 오직 운전병, 무전병, 의무병과 부상자들만 탑승이 허락되었다. 체온을 유지하고 적의 공격을 막기 위해서 나머지 사람들은 모두 도보로 이동했다. "우리는 정말 강력한 부대였다. 탄약, 연료, 전투식량이 충분하게 보급되었고 항공모함 탑재 항공기와 해병사단 항공기의 강력한 화력지원을 받고 있었으며 편제 포병과 전차, 그리고 보병부대의 모든 편제화기들을 가지고 있었다. 그리고 적과 싸울 준비가 된 헌신적인 장교와 병사들이 있었다"라고 훗날 기록했다. 그럼에도, 적이 설치한 9개의 도로 장애물을 뚫고 스미스가 준비한 다음 거점인 고토리에 이르는 18킬로미터를 이동하는 데 36시간이 걸렸고 사상자가 600명 이상 발생했다. 호송대열의 상공을 비행하던 알몬드가 어느 지점에서 대열이 멈추어 있는 것을 보고서는 격분하여 고토리에 비행기를 착륙시키고 스미스에게 더 빨리 움직일 필요가 있다고 훈계조로 말을 했다.

해병대가 스미스의 마지막 거점인 고토리에 진입했을 때, 제1 해병사단 수색중대원인 폴 마틴 Paul Martin 일병은 제5, 7해병연대에서 근무하던 친구들을 찾아 나섰다. "그들 대부분은 전사했다"고 그는 말했다.

고토리에서 해안 평야지대까지 남하하는 최종 구간에서 데이비스 중령 휘하의 장교 중 한 명인 조셉 오웬 Joseph Owen은 눈보라가 휘몰아치는 속에서 격전을 벌였다. "예광탄들이 눈부신 눈구름으로부터 기묘한 오렌

미 해병대 공병들이 황초령 수문교를 점검하고 있다. 460미터 높이에 이르는 절벽 꼭대기를 따라 나 있는 길을 연결하던 교량은 이미 중공군에 의해서 거의 파괴되어 있었다. 다리가 없더라도 병력들은 걸어서 건널 수 있었지만 부상자들을 실은 1,400여 대의 차량은 멈추어 서야 했다. (사진 출처: U.S Air Force)

지색의 줄무늬 모양을 그리며 우리를 향해서 날아왔다"고 기록했다. 방한 복을 입지 않고, 신장된 보급선의 가장 말단에 있었던 중공군들이 참호에서 얼어 죽은 채 발견되었다. 그들의 박격포들은 철길이 가로지르는 도로의 한 지점을 향해 조준된 상태였다. 몇 달 전에 민간인에서 징집된 해군 예비역 군의관 찰스 할러웨이Charles Holloway는 제 정신을 잃을 정도로 겁에 질리기는 했지만 폭발하는 박격포탄의 파편이 얼음벽을 때리며 내는 소리가 "자갈을 유리에 던질 때 나는 소리 같다"고 느낄 정도의 의식은 가지고 있었다.

거의 460미터 높이에 이르는 절벽 꼭대기를 따라 나 있는 길에 설치된 마지막 장애물은 절벽의 깊은 계곡이었는데 교량은 이미 중공군에 의해서 거의 파괴되어 있었다. 다리가 없더라도 병력들은 걸어서 건널 수 있었지만 사단의 차량(스미스는 고토리에서 추가로 400여 대를 이동제대에 포함시켰다.) 1,400여 대들은 멈추어 서야 했고, 트럭 위에는 부상자들이 실려 있었다. 제7 해병연대의 윌리엄 데이비스$^{William\ Davis}$ 중령은 "그들을 남겨둔다는 것은 생각할 수 없었다"라고 말했다. 사단 공병대대장 존 패트리지$^{John\ Partridge}$ 중령은 문제를 해결하기 위해 항공기로 다리를 투하하자는, 소설에나 나올 법한 방법을 제시했다.

패트리지 중령은 사상자 4,000여 명 이상을 대피시킬 수 있는 활주로의 긴급 건설을 감독한 장진호 전투의 잘 알려지지 않은 숨은 영웅 중 한 명이었다. 활주로 끝 부분이 기지 경계 책임구역으로부터 270여 미터밖에 떨어지지 않아서 공병대대원들은 때때로 중공군을 물리치기 위해 공사 도구를 내려놓고 무기를 들어야 했다. 그러나 스미스는 전례가 없는 교량을 투하해서 건설하려는 계획에 회의적이었기 때문에 공병대대장에게 자세하게 따져 물었다. "패트리지는 불평이 많고 투덜거리는 유형이었다"고 스미스는 기억했다. "공병대대장은 공군이 장간조립교(강철 트러스 구조로 만들어진 부재를 조립하여 만드는 교량 – 옮긴이)를 공중수송하여 투하시켜 본적이 없다는 것을 인정했다." 스미스는 공중 투하 시험을 했는지, 낙하산으로 투하할 때에 교량이 손상을 입을 경우에 어떻게 할 것인지, 예비계획은 있는지 등에 관해서 어떻게 조치할 것인지를 다그쳐 물었다. 마침내 패트리지는 질문에 짜증을 느껴 "나는 한강을 도하할 수 있게

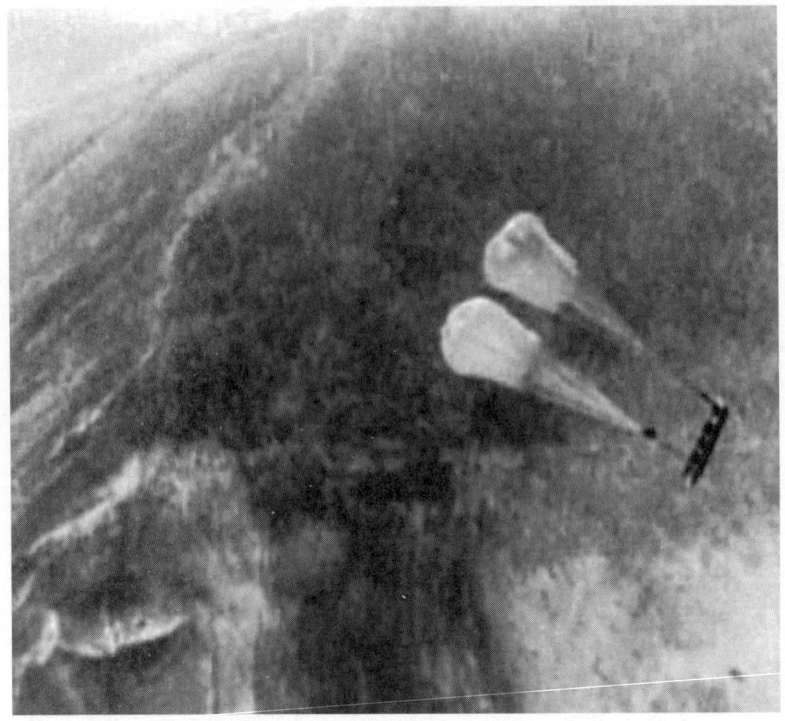

1950년 12월 7일 트레드웨이 경간 1개가 낙하산에 매달린 채 투하되고 있다. 사단 공병대대장 존 패트리지 중령은 문제를 해결하기 위해 항공기로 다리를 투하하자는 기발한 방법을 제시했다. (사진 출처: U.S Air Force)

했었고, 비행장도 건설했습니다. 그리고 이제는 다리를 만들어드리겠습니다"라고 큰 소리로 말했다. 그러자 스미스가 웃으면서 계속 진행하라고 했다. 교량 설치 계획이 제대로 시행되어서 제1 해병사단은 산악지역을 빠져나올 수 있었다. 패트리지 중령이 보인 영웅적인 노력과 스미스의 뒷받침에도 불구하고 그가 진급하지 못한 것은 실로 놀라운 일이었다.

극도로 긴장된 상태에서 평정심을 갖는 것은 조지 마셜과 스미스 둘 다 높이 평가했던 리더십의 필수요소인데, 레이 데이비스 해병 중령은 장진호 전투에서 수 주 동안에 그것을 증명했다. 제7 해병연대 1대대의 한 장교는 장진호 전투 간에 데이비스가 어느 중대가 고지에서 적에게 밀렸다는 소식을 들었을 때 딱 한 번 목소리를 높였었다고 기억했다. 철수가 거의 끝나 갈 무렵에 레이 펄Ray Pearl 상병은 얼어붙은 어둠 속에서 "너, 펄이지?"라고 묻는 목소리를 듣고서

"중령님은 괜찮으신지요?"라고 펄이 응답했다.

"이상 없어, 너는 어때?"라고 데이비스가 말했다.

"좋습니다, 대대장님. 괜찮습니다."

"좋아…. 몸조심해, 펄"

이것은 중압감이 가장 극심했던 상황에서 이루어졌기 때문에 가장 평범하지만 기억에 남을 만한 대화였다. 데이비스는 철수하여 해안에 도달했을 때 얼마나 배가 고팠는지 놀랍게도, "커다란 툿시 롤스Tootsie Rolls(초콜릿 캔디 - 옮긴이) 5~6개를 먹기 시작해 "2시간 동안에 팬케이크 17~18개를 먹었다." 데이비스 대대원 중의 한 명인 찰스 맥컬러Charles McKellar는 데이비스가 인천에 상륙했을 때 몸무게가 77킬로그램이었으나 장진호를 떠났을 때는 54킬로그램으로 줄었다고 보고했다.

압도적인 병력 열세에서도 스미스 장군은 적어도 9개 사단, 아마도 12개 사단에 이르는 중공군 사단에 큰 피해를 입혔다. 나중에 스미스는 해병대 사령관에게 자신의 사단 장병들은 "턱수염을 기른 채 많이 걸어서 발이 아프고 육체적으로 탈진된 상태로 산에서 내려왔지만 정신은 살아 있었다. 우리는 여전히 전투를 하고 있는 사단이었다"고 편지를 썼다.

스미스의 자부심은 정당했다. 중공군의 개입을 다룬 러셀 스퍼Russell Spurr의 획기적인 역사 이야기 『용의 등장Enter the Dragon』에 따르면, 석탄을 캐는 광부로부터 후난Hunan 성에서 인민군 게릴라로 변신했고 1934~1935년의 대장정에 참가했던 역전의 용사인 중공군 총사령관 펑더화이가 장진호

전투 후 베이징으로 날아갔다. 마오쩌둥 주석과 대면한 그는 자신의 병력들이 장비가 부실했고 훈련도 제대로 안 되었으며 보급상태 또한 엉망이었다고 직설적으로 말하면서, 그것으로 인해 결과적으로 미국 해병대에게 가한 공격은 재앙이 되었다고 말했다.(마오의 문화혁명 말기였던 23년 후에, 그는 암으로 쓰러지기 전까지 130회 이상의 심문과정에서 홍위병들에게 반복적으로 구타를 당했으며 굴욕적인 죄명을 목에 걸고 인민들 앞에서 가두행진을 했다.) 장진호 전투에서 해병대를 공격했던 중공군 사단들은 전사자 2만 5,000여 명, 부상자 1만 2,000여 명, 동상 환자 1만여 명 등의 대규모 인명피해를 입었다. 이 사단들은 전투지역으로부터 철수하여 다음 해인 1951년 3월까지 전투에 투입되지 못했다.

그럼에도 이 전투는 중공의 전략적 승리였다. 중공은 문맹이며 기계화되지 않은 농민군을 투입해 세계 최고의 군사력을 가진 미국과 대결해 한국의 북부지역에서 미군을 밀어냈다. 더구나 그들은 미국의 가장 뛰어난 장군 중 한 명이며 일본을 정복한 더글러스 맥아더를 상대로가 그런 일을 해낸 것이었다.

"그때까지는 정통성에 의심을 받는 깡패 정권이라고 여겨지던 공산화된 중국이 무시할 수 없는 힘을 가진 존재가 되었다"고 장진호 전투에 참전한 해병대 정보장교 패트릭 로 Patrick Roe가 결론을 내렸다.

리지웨이 장군은 장진호 전투에서 이룬 스미스의 성과에 경탄했다. "스미스 장군의 탁월한 리더십이 없었다면 우리는 북쪽에서 사단 대부분을 잃었을 것이다. 그의 리더십이 성공의 가장 큰 이유이므로 그는 위대한 사단장이었다." 스미스가 전역할 때, 육군 역사학자 S. L. A. 마셜은 한 발 더 나가 장진호 전투에서 그가 이룬 업적을 "아마도 미국 역사에서 가장 빛나는 사단 작전의 개가"라고 평했다. 그가 이룩한 것을 과장하기는

장진호에서 후퇴하는 해병대원들. 만약 제1 해병사단이 전멸했다면 공산주의의 승리가 되었을 것이고, 그 결과로 인해서 한국전쟁에서의 피해는 말할 것도 없고 그보다 훨씬 더 컸을 냉전의 피해는 헤아릴 수 없었을 것이다. (사진 출처: U.S Marine Corps History Division/Official USMC Photo/CC By 2.0)

어렵다. 단순히 명령을 따라서 압록강을 향해 돌격했다면, 아마도 스미스는 1만여 명 이상을 잃었을지 모르고 그것은 미국 역사상 가장 큰 군사적 재앙이 되었을 것이다. 만약 제1 해병사단이 전멸했다면 그것은 공산주의의 승리가 되었을 것이고, 그 결과로 한국전쟁에서의 피해는 말할 것도 없고 그보다 훨씬 더 컸을 냉전의 피해는 헤아릴 수 없었을 것이다. 미국은 한반도에서 철수해서 고립주의로 돌아갔을지 모르고, 아니면 확전되어 한국에서 핵폭탄을 사용했을 수도 있었다. 어떤 전망도 매력적이지 않다.

스미스가 오늘날의 해병대에서 별로 위대하게 기억되거나 명예롭게 존경받지 못하는 것은 놀라운 일이다. 해병대원에게 장진호 전투에서 누가 해병대를 지휘했냐고 물으면, 체스티 풀러Chesty Puller나 혹은 심지어는 착오를 범하여 제2차 세계대전에서 "울부짖는 미친" 장교로 유명했던 H. M. 스미스H. M. Smith라고 답할 것이다. 올리버 스미스가 비교적 잘 알려지지 않게 된 주된 이유는 장진호 전투 기간 직속상관인 해병대 사령관 셰퍼드Shepherd 대장과의 마찰 때문인 것 같다. 셰퍼드 사령관은 장교들에게 장진호 전투에 대해 강연하기 위해서 버지니아 콴티코Quantico에 있는 해병대 기지로 그를 한 번도 초대하지 않았다. "연대장들도, 중대장들도 전부 가서 장진호 전투에 대해서 강연했다. 모두가 했다. 스미스만 빼고"라고 그의 손녀가 비통한 마음으로 기록을 남겼다.

스미스를 이렇게 방치하는 행태는 지금도 계속되고 있다. 장진호 전투의 모습은 버지니아 콴티코 인근에 새롭게 지은 커다란 해병대 박물관에 웅장하게 전시되어 있다. 박격포탄이 거의 바닥이 나고, 전사자들이 눈에 덮여 있으며 예광탄이 활모양으로 밤하늘을 가르는 전투 모습을 묘사한 F중대의 언덕 위 모습이 방 하나 크기로 재현된 것을 보면 으스스함을 느끼게 된다. "장진호 전투는 해병대 역사의 시금석"이라고 쓴 명판이 그 근처에 있다. 그러나 올리버 스미스에 대한 것은 구석에 있는 체스티 풀러와 작은 진열장에 공유한 채 나중에 만들어진 것으로 보일 정도로 초라하게 다루어지고 있다. 이상하게도, 한국전쟁에서 유일하게 노란색과 빨간색의 해병 명판을 받은 장군은 스미스의 뒤를 이어 제1 해병사단장이 된 제럴드 토머스Gerald Thomas 였다.

군에서 전역할 즈음까지 개인 소유의 집이 없었던 그와 부인은 처음에 집을 장만할 대출금을 받기 어려웠지만 마침내 캘리포니아 로스 앨토스Los Altos에 있는 스탠포드 대학Stanford University에서 그리 멀지 않은 곳에 장미 넝쿨이 있는 작은 집을 샀고, 그곳에서 장진호에서 착용했던 전투화를 신고 정원을 가꾸며 살았다. 그는 1977년 성탄절에 영면에 들었다.

왜 리더십에서 차이가 나는가?

한국전쟁에 참전하고 몇 년 후 역사학자가 된 파리스 커클랜드Faris Kirkland는 장진호 전투에 관한 조심스러운 분석을 내놓았는데 그의 결론이 가슴을 아프게 한다. 역사적 기록을 면밀하게 살펴보고, 해병대와 육군이 만들어낸 다른 결과에 대해서 숙고한 후에 그는 해병대 1만 3,500명과 육군 4,500명은 초급 장교와 병사들의 임무 수행에서는 거의 차이가 없었음을 발견했다. 그러나 그들의 상급 장교들인 소령, 중령, 대령, 그리고 장군들에게서는 결정적인 차이점을 찾아냈다. "장진호 전투에서의 해병대 지휘관들은 해야 할 과업, 과업 수행 간의 장애 요소와 그것을 극복하게 만드는 수단에 대한 지식을 가지고 있었으며 그러한 지식을 행동으로 보여주었다. 반면에 육군 지휘관들은 대담한 돌진, 용맹과 희망을 보여주었지만 통신 운용, 정찰, 화력지원과 군수지원 같은 문제에 대한 이해가 거의 없었다"고 커크랜드는 기록했다.

핵심 요소는 전투를 지휘해봤던 경험이었다고 그는 결론지었다. 커크랜드가 기록했던 것처럼 공식적으로 육군의 전투 영웅으로 불린 장교인 페이스 중령은 전임 연대장이 전사하자 지휘권을 인계받았었는데, 그는 전투경험이 없었을 뿐 아니라 심지어 연대장이라는 직책 수행에 필요한 정규교육도 받지 않았었다. 육군 장군의 아들이었던 페이스는 간부 후보생학교에서 곧바로 리지웨이 장군에게 발탁되어 제2차 세계대전 동안 부관으로만 근무했었다. 그는 육군 고등군사반이나 지휘참모대학에 입교조차 하지 않았었다. 간부후보생학교 졸업 8년 후에 한국에서 사면초가로 포위된 연대 전투단을 이끌면서 그제서야 연대장이 무엇을 해야 하는지를 알았다. "전투 현장에서 그는 치열하고 두려움이 없었으며, 극단적으로 공격적이면서 부하들의 잘못이나 부주의에 대해서는 일체의 용서가 없었던 리지웨이 장군의 복제품이었다"라고 역사가 클레이 블레어Clay Blair가 기록했다. 커크랜드는 이러한 모든 것에도 불구하고 페이스는 진정으로 어떻게 지휘해야 할지 몰랐다며 다음과 같이 말했다.

그는 야전에서 이루어지는 군사작전의 기본을 익히지 못했다. 모든 박격포와 곡사포를 파괴하라고 명령했다. 부대 내에서 또는 보병부대들 사이에서 또는 트럭 대열에서도 통신을 위한 어떠한 준비도 하지 않았다. 11월 27일에서 12월 1일까지 계속되었던 근접항공지원을 제공한 해병대 조종사들에게 횡단할 도로의 상태나 적군의 배치 등에 대해서 물어보지도 않았다. 미리 정찰부대도 파견하지 않았다. 중간 목표를 설정하지 않았고 이동 간에 하루 또는 하루 이상을 도로에서 지내는 데 필요한 계획도 없었다. 방어 책임 지역 밖으로 줄지어 달리는 트럭 대열을 보기 전까지 적어도 제31연대 3대대의 어느 중대 하나가 빠져나가고 있다는 사실을 모르고 있었다. 포병대대장은 자신이 페이스의 지휘 아래 있었던 처음부터 31연대전투단이 전멸할 때까지 어떤 구두 명령도, 전화도, 무선 접촉도 없었다고 딱 잘라서 말했다.

비슷한 증언이 이어진다. "근접항공지원 조종사가 머리 위로 날아갈 때 전술항공통제관과의 무선 접촉을 통해 그들이 가지고 있는 수단을 활용하여 통신망을 구축할 수 있었지만, 페이스가 어떤 노력을 했는지 흔적을 찾을 수 없었다. 제31 연대가 하갈우리에 있는 제1 해병사단과 통신망을 구축하는 것의 의미, 그리고 그것을 통해서 자신의 상급부대인 제7 보병사단과 제10 군단과 연락체계를 갖게 한다는 의미를 페이스나 주요 참모들은 인식하지 못했다"고 예전에 육군 공식 역사가였던 로이 애플맨이 언급했다.

사후에 명예훈장을 받았던 페이스 중령은 "장교인사 정책의 수혜자이자 동시에 희생자였다"고 커클랜드는 결론지었다. 장진호 전투의 역사는 육군 사학자들에 의해서 편집된 공식 기록에서 단서를 더 잘 얻곤 한다. 커클랜드의 말처럼, 육군 최고 역사가인 애플맨은 페이스에 대한 어떤 비판적 글도 쓰지 않았다. "페이스에 대해 남들이 내게 하는 말처럼 나는 어떤 좋지 않은 견해도 나의 책 『장진호의 동쪽 East of Chosin』에 담지 않았고 오직 좋은 것만을 기술했다. 그 정도만큼 그의 기억과 개인적 용맹을 높게 평가했다. 그와 똑같은 전투 환경에서 그보다 더 잘할 사람이 있을지 모르겠다. 전투 초반에 그에게 열려 있던 몇 가지 가능성을 간과했다는 점은 인정한다. 이것이 그에 대한 나의 비평의 한계이다. 전투 결과에 대해 더 큰 비난을 들어야 할 사람들은 상급 지휘부이다"라고 애플맨이 편지에 썼다.

애석하게도, 페이스는 전투경험이 부족해 그해에 한국에 파병된 육군 부대에서 두각을 나타내지는 못했을 것이다. "처음에 한국전쟁의 사단장으로 임명된 장군 6명 중 4명은 제2차 세계대전 동안 어떠한 제대에서도 전투경험이 없었다"고 커클랜드가 기술했다. 페이스의 상급부대에 있는 지휘관들이 전투에 좀 더 노련했더라면, 특히 통신 유지와 보급 면에서 페이스를 지원하기 더 좋았을지 몰랐다. "지휘와 관련된 통신체계의 붕괴는 죄악에 가까운 태만"이라고 역사가 셸비 스텐튼Shelby Stanton은 결론지었다. 페이스의 상급 지휘관인 제7 보병사단장 데이비드 바 소장은 제2차 세계대전에서 제이콥 디버스Jacob Devers 장군의 참모장이었다. 커클랜드가 관찰한 것과 마찬가지로, 한국전쟁 초기 단계에 참전한 연대장 18명 중에 15명은 전투에서 부대를 지휘해본 경험이 전혀 없었다.

신임 연대장이나 사단장들이 한국전쟁에 관한 전사를 읽으며 토의할 때, "이전에 전투에서 부대를 지휘해본 적이 없었다"라는 문구가 얼마나 자주 등장하는지 놀라울 지경이었다. 이들은 제2차 세계대전 동안에 전투에 참전하는 대신 전쟁성의 전쟁계획과 또는 훈련부대 또는 지중해 전구의 계획부서의 참모장교 또는 군단 참모장으로 근무했었다. 심지어 알몬드의 참모장인 클라크 러프너Clark Ruffner 장군도 그러했는데, 그는 태평양 지역에서 육군의 훈련을 책임졌던 자신의 장인인 로버트 "넬리" 리처드슨Robert "Nelly" Richardson 장군의 참모장으로 제2차 세계대전에 참전했었다. 한국전쟁 중에 해병대는 여전히 리처드슨 장군에 대해 좋지 않은 감정을 가지고 있었는데, 1944년 사이판 군도 전투 동안에 H. M. 스미스 해병대 장군에 의해서 랄프 스미스Ralph Smith 육군 장군이 해임된 것에 대한 육군의 불평하는 반응을 조성하는 데 그가 큰 역할을 했기 때문이었다.

장교들을 공평하게 관리하는 것이 전투 현장을 지휘하는 군인들에게는 치명적일 수 있다. 육군은 한국전쟁을 제2차 세계대전에서 참모로 근무했던 장교들에게 전투에서 부대 지휘라는 "기회"를 주기 위한 장場으로 사용했는데, 그것이 참담한 결과를 낳았다. 장진호 전투 훨씬 이전부터 육군은 전투경험이 없는 사람의 리더십 문제를 인식하고 있었다. 1950년 8월에, 육군은 중령, 대령들로 구성된 전문가 집단을 한국에 보냈다. 그들은 두꺼운 보고서를 만들었는데 다른 어떤 것보다도 경험 없는 장교들을 지휘관 자리에 채우는 육군의 접근방법은 "특히 연대급과 그 이하 제대에서 리더십 부족을 불러왔으며, 경력관리 프로그램은 전투효율성을 해치고 있었다"라고 경고했다. 몇몇 지휘관들은 "패배주의적 태도를 가지고 있어서 악조건하에서 지휘할 수 있는 능력이 부족했다"는 점을 발견했다. 당시 야전군 사령관이었던 클라크 대장은 J. 로튼 콜린스 J. Lawton Collins 육군참모총장에게 "친애하는 조"라고 쓴 편지봉투에 든 보고서에 "장교 경력관리 프로그램이 전투 효율성에 미치는 해로운 영향을 설명하면서 전반적으로 부여된 과업의 변화에 따라서 다방면에 걸쳐서 다재다능한 장교를 배출하는 프로그램을 찾는 것이 반드시 필요하다"고 썼다. 장교 자질에 대한 불평의 응답으로 육군은 접근방식을 바꾸려고 시도했다. 1952년 2월, 더 나은 장교들, 그중에서도 우수한 대령들을 한국으로 보내기 위한 새로운 프로그램을 만들었다. 이 프로그램의 초점은 "제2차 세계대전 동안 전투 지휘 경험이 없는 장교 중에서 상급자가 보기에 나중에 상위 지휘관이 될 만한 잠재력 있는 장교"를 찾아서 보내려는 것이었다.

실제로는 리더십 문제를 더 심화시켰던 가정된 "해결책"은 이 시대의 육군이 소련의 위협에 집중되어있다는 한 가지 사항을 기억하기 전까지는 이해될 수 없는 것이다. 만약 제3차 세계대전이 발발한다면, 육군의 계획에 따르면 사단 80개 이상을 충원해야 했으므로 전투에서 사단과 연대를 지휘할 수 있는 가능한 많은 노련한 장교들이 필요했던 것이다. 미국은 중부유럽 소련군에 집중하고 있었기 때문에 부차적 전구인 한국전쟁이 유럽에서 미군의 집중력을 약화시키기 위한 소련의 교란행위 일지도 모른다고 우려했다. 그렇기는 하지만, 육군이 채택한 접근 방식은 남아 있는 한국전쟁 기간에 육군 장교에 대한 자질과 능력에 대한 불만이 만연할 것임을 의미했다.

반면에 해병대를 계속 존속시킬 것인지에 대한 워싱턴 행정부의 직접적인 위협에 대처하기 위해서라도 해병대는 최고의 지휘관을 한국전쟁에 보낼 이유가 충분했다. 한국전쟁 초기의 어려운 상황이 어느 정도 끝난 후 누구라도 한국에 보낼 수 있게 되었을 때, 해병대는 누구든 1차 하급 제대에서 전투를 지휘해봤던 인원들로 지휘관을 충원하려고 노력했다. 따라서 연대를 지휘하는 대령은 전투 대대장 경력을, 대대장은 중대 전투를 경험했어야 했다. 올리버 스미스는 펠렐리우에서 부사단장으로 근무했었다. 연대를 지휘했던 장교들은 해병대가 보유한 최고의 장교군에 속했다. 해병대의 상·하급자 모두에게서 괴팍한 성격으로 유명했던 호머 리첸베르크 대령은 태평양 전쟁에서 지휘했으나 보직 해임을 당했었다. 그럼에도 불구하고 스미스는 "그를 제7 해병연대장에 임명했다. 다루기 어려운 사람이지만 연대장으로 훌륭히 임무를 수행하여 불만이 없었다. 좋은 평가 결과를 주었고, 그는 준장이 되었으며 소장까지 진급했지만 사람들과 잘 어울리지 못했다. 그를 르준 Lejeune 기지로 보냈다가 다시 빼내어서 해병대 신병훈련소가 있는 패리스 아일랜드 Parris Island에 보냈다. 부하들을 너무 엄격하게 다룬 것이 문제였다"고 나중에 말했다.

제5 해병연대장 레이먼 머레이 중령은 과달카날Guadalcanal(태평양 솔로몬 제도의 섬으로 태평양 전쟁의 격전지 - 옮긴이)에서 싸웠었다. 그 후에 그는 자신의 연대장이 된 루이스 "체스티" 풀러 대령의 후임 대대장이 되었다. 풀러의 전임자는 보직 해임되었을 뿐 아니라 중령으로 강등되었다. 레이 데이비스Ray Davis는 과달카날에서 때때로 일본군의 기총사격으로 생긴 불이 폭탄을 저장한 창고에 옮겨붙기 전에 들불을 끄는 임무를 수행했다. "약 230킬로그램의 폭탄이 터지며 주위를 불태우는 것을 보며 많은 시간을 보냈다. 신관이 장착되어 있지 않아서 다행이었지만 오후 시간을 그렇게 보내는 것은 매우 아슬아슬했다"고 회상했다. 28세의 나이에 데이비스는 대대장으로 타라와Tarawa(중부 태평양의 영국령 섬으로 1943년 11월에 격전 끝에 미국이 승리를 거두었다. - 옮긴이)와 사이판Saipan 전투(태평양 전쟁에서 가장 중요한 전략적 요충지인 사이판에서 1944년 6월에 벌어졌던 전투 - 옮긴이)에 참전했었다. 그가 겪었던 가장 치열했던 사이판 전투에서 심각한 부상을 입었으며 이전에 받았던 2개의 해군 은성훈장에 하나를 더 추가했다. 놀랍게도 한국전쟁 전에 이미 4개의 해군 십자훈장을 받았고, "해병대 통틀어 가장 유명한 사람인" 체스티 풀러는 연대장으로서 장진호 전투에서 계속 데이비스와 함께했다. 풀러는 과달카날 전투에서 대대장으로 2번의 총상과 3개의 파편을 맞았음에도 불구하고 헨더슨Henderson 비행장(과달카날 섬에 고립된 미군이 완성한 비행장. 비행장의 완공을 방해하려는 일본과의 격전이 벌어졌다. - 옮긴이) 에서 일본군의 공격을 물리쳤다. 스미스의 작전참모 알파 보우서Alpha Bowser 대령은 이오지마 전투에서 포병대대를 지휘했었다. 공병참모 겸 대대장인 존 패트리지 중령은 사이판, 티니언Tinian(사이판에서 남서쪽으로 5킬로미터 떨어진 곳에 있는 섬 - 옮긴이), 이오지마 전투에 참전했던 베테랑 군인이었다. 포위되었던 F중대를 지휘하여 명예훈장을 받았던 윌리엄 바버 대위는 소대장으로 이오지마 전투에 참가했었다.

혹자는 장교 관리 정책이 한국전쟁에서 재앙을 불러왔다는 것을 명백히 주장하는 그러한 파괴적인 분석을 받아들이기 위해 육군이 잠시 멈췄을 것이라고 예상할 것이다. 그러나 커클랜드에 따르면 장진호 전투가 있은 지 수십 년 지난 후에도 육군은 그것을 무시하기로 결정했다. 그는 자신이 전에도 기고했던 육군전쟁대학교가 발행하는 군사잡지인《패러미터Parameter》에 이와 관련된 기사를 제공하려 했다가 거절당했다. 대신에 기고문은 군사사회학에 특화된 무명의 학술지《군대와 사회Armed Forces & Society》에 게재되었다.

한국에서 공산주의자들을 몰아내고자 하는 충동과, 중공의 의도와 능력에 대한 오판에서 비롯된 집중공격과 장진호의 재앙에 대한 맥아더의 반응은 여전히 놀랍기는 하지만 그의 전형적인 행동이었다. 맥아더는 어마어마한 도박을 했던 것이다. 1950년 10월에 미국은 세계적으로 상비사단 12개를 갖고 있었다. 이들 중 7개 사단이 맥아더 사령관 통제하에 한국전쟁에 참가하고 있었다. 맥아더는 7개 사단을 북으로 진격시켰다. 어느 역사가가 말한 것처럼 "500만 명이 넘는 병력과 253개 사단을 보유한 적국의 국경으로 협조 되지 않은 돌진을 시켰다…. 이러한 모든 것들은 더 이상 전진을 하지 말라는 중공의 명백한 경고에 정면으로 맞서는 것이었고, 미국 합참의 명령을 무시한 채 행해졌던 것이다." 맥아더는 트루먼 행정부에 대한 일련의 맹렬한 여론공격을 시작하는 것으로 자신의 군사적 패배를 정당화시키는 대응을 했다. 가장 두드러졌던 것은 맥아더가《유에스 뉴스 앤드 월드 리포트 U.S. News & World Report》와의 인터뷰에서 워싱턴이 자신의 지휘를 제한시켜서 작전에 차질을 빚었다고 이야기하면서 그러한 행정부의 조치는 "군 역사상 전례가 없었던 것"이며, 서구의 지도자들은 "다소 이기적이고 근시안적 존재"라고 비난했다.

육군본부의 작전참모부장인 매튜 리지웨이 중장을 비롯한 많은 사람은 맥아더가 그런 말을 하는 것을 왜 막지 않았는지 어리둥절해 했다. 장진호 전투가 진행될 때 열렸던 합동참모본부 회의가 끝난 후에 리지웨이 중장은 공군참모총장 호이트 밴덴버그Hoyt Vandenberg에게 다가가서 왜 합참에서 맥아더에게 무엇을 하라는 명령을 직접 하달하지 않느냐고 물었다. "그러면 무슨 소용이 있을까? 그는 명령에 따르지 않을 걸세. 우리가 무엇을 할 수 있겠어?"라며 밴덴버그 대장이 고개를 저으며 대답했다.

그 말에 리지웨이는 화가 치밀었다. 그는 무엇을 해야 할지 알았다. "명령을 따르지 않는 지휘관은 누구든지 해임할 수 있어요, 그렇죠?" 이 제안에 대한 밴덴버그가 보인 놀라운 반응은 "입술을 벌리며 나를 쳐다보는 눈이 어리둥절하고 신기하다는 표정"이었던 것으로 리지웨이는 기억했다.

리지웨이는 개인적으로 장진호에서의 대실패 책임은 맥아더의 탓이라고 생각했다. "나는 전투지역에서 1,100킬로미터 떨어진 도쿄에서 통제권을 유지하려는 맥아더 장군의 주장이 부적절하다고 생각한다. 많은 사상자와 뒤이은 대재앙에 대해서 포괄적 책임이 맥아더 장군에게 있다"고 몇 년 후에 기록을 남겼다. 그는 육군의 학교들이 "계획 없이 전역작전을 수행한 완벽한 사례로 장진호 전투를 꼽을 수 있을 것이다"고도 말했다.

리지웨이 장군이 불과 몇 주 후에 보고해야 할 사람이 바로 맥아더였다.

12
전세를 역전시킨 리지웨이

장진호 전투에서의 철수가 끝난 지 얼마 되지 않은 1951년 12월 23일 아침, 운전병에게 차량을 빨리 달리게 하는 것으로 악명이 높은 한국전쟁 지상군 사령관 월튼 워커$^{Walton Walker}$ 중장의 지프가 서울 북방에 있는 작은 도시 의정부를 향하여 얼음으로 뒤덮인 도로를 시속 65킬로미터의 빠른 속도로 달리고 있었다. 그의 운전병은 시속 15킬로미터로 조심스럽게 이동하는 호송차를 추월하려고 시도하다가 한국군 무기 수송트럭 후미와 충돌하였고, 그 여파로 워커 장군은 차 밖으로 튕겨 사망했다. 같은 날, 리지웨이는 워커를 대체하라는 명령을 받았다. 후임자가 그렇게 빨리 지명될 수 있었던 한 가지 이유는 맥아더가 워커를 해임하기 직전이었고 이미 후임자를 물색했기 때문이라는 소문이 오랫동안 있었기 때문이었다. 그것에 대한 확실한 증거는 표면적으로 전혀 드러나지는 않았지만 한국전쟁 참전용사인 페렌바흐$^{T. R. Fehrenbach}$가 지상군 전투에 대해서 쓴 책

『이런 전쟁This kind of war』에 따르면 "수일 동안 8군 사령부 지휘 채널을 통해 워커가 끝났다는 뒷말이 돌았다"고 했다.

　같은 시각 지구의 반대편인 워싱턴은 아직 12월 22일 저녁이었고, 리지웨이가 한국전쟁 사령관을 맡을 것이라는 소식을 들었을 때는 크리스마스이브 연회에서 위스키를 홀짝거리던 순간이었다. 그는 다음날 밤에 워싱턴을 떠나는 비행기를 탔다. 사령관으로 지휘하는 첫 시간, 첫날, 첫 주간에 그가 취했던 접근법은 20세기 미군 장군이 할 수 있는 행동의 모범 사례라고 부를 만큼 훌륭했다. 만약 이런 일이 제2차 세계대전에 일어났다면 그의 지휘권 인수는 영화에 소개되어 불멸의 장면이 되었을 것이지만, 그러한 일련의 멋진 행동은 전쟁의 규모도 작고 여론분열을 초래하며 국민에게 인기가 별로 없는 한국전쟁에서 일어났기 때문에 불운하게도 기억 대부분에서 사라졌었다.

　리지웨이는 그의 세대의 육군 장교 중에서도 가장 만족스러운 경력을 쌓아가며 행복한 군대생활을 했다. 웨스트포인트에서 맥아더의 밑에서 근무했던 그는 조직 관리 능력에서 돋보였으며, 실제로 1920년대 초 세계 최고 수준의 팀이었고 나중에 뉴욕 양키스Yankees가 인수한 뉴욕 자이언트 야구단으로부터 함께 할 것을 제의받았으나 거절했다. 그가 마셜 장군을 처음으로 만난 것은 1919년이었지만, 그 후로 맥아더보다는 마셜과 더 가까웠다. 리지웨이와 마셜은 1925~1926년 중국에 주둔한 제15 보병연대에서, 1929~1930년에는 포트 베닝에 위치한 보병학교에서, 그리고 1933~1936년에는 시카고에서 함께 근무했었다. 리지웨이의 보병학교 시절 기억에 의하면 마셜은 강한 존재감을 보였다.

내가 보병학교에 다니던 동안 마셜이 개인적으로 참석하지 않은 전술 훈련은 없었다. 마셜은 그 당시 야전에서 매우 복잡하게 사용되던 명령 내용을 간명하게 표현하는 것을 대단히 강조했었다. 그들은 제1차 세계대전에서 참모로 근무하면서 성장했었기 때문에 공격명령 같은 것을 접수하여 이해하는 데 몇 시간이 걸린다는 점을 배웠다. 그는 명령 내용 중에서 필수적인 핵심 내용만을 남기고 불필요한 것을 없애는데 큰 중점을 두었다. 그는 장교들이 일어서서 구두로 명령을 하달하면 누군가는 그것을 받아 적도록 교육했다.

육군참모총장이라는 직책이 현재보다 훨씬 중요한 시기였던 1939년 무렵에 차기 총장으로 내정되었다는 통지를 받았을 때, 마셜은 샌프란시스코에 있는 리지웨이 소령의 집에서 머물고 있었다. 같은 해, 마셜과 리지웨이는 브라질을 통과하는 군사 수송권한을 확보하기 위한 특별 임무를 함께 수행했었다. 몇 년 후, 한국전쟁에서 사령관을 끝내고 육군참모총장이 된 리지웨이는 자신의 책 『한국전쟁 The Korean War』을 마셜에게 헌정했다.

제2차 세계대전을 거치면서 리지웨이는 군의 신성으로 눈부시게 성장했다. 전쟁이 발발했을 때 대령이었던 그는 지난 24시간 동안의 전쟁 상황을 요약하여 마셜에게 아침 브리핑을 하는 장교였다. 브리핑 사본은 스팀슨 전쟁성 장관과 루스벨트 대통령에게도 보고되었다. 그 후에 제82 공정사단 부사단장으로 갔다가 이어서 시칠리아와 노르망디에서는 사단장으로, 그리고 마침내는 독일과의 벌지 전투에서는 공정군단장을 역임했다. 엄혹했던 노르망디 상륙작전에서는 12개 대대로 구성된 리지웨이의 사단에서 4주 동안 대대장 14명을 잃었다. 같은 해 말의 벌지 전투에서는 더 힘든 일을 겪었다. 그는 "아무도 다른 사람이 어디 있는지 몰랐고, 독일군에게 잡히지 않은 것만도 행운이었다"고 회고했다. 그 전쟁에서 얻은 가장 큰 교훈을 그는 이렇게 적었다.

> 부담이 너무 크면 최고의 부대도 실패할 것이다. 제2차 세계대전에서 나는 미군 최정예 부대를 지휘했었다. 전투에서 각 개인이 망가지는 것을 보았고, 부대들이 형편없게 작전하는 것도 보았다. 후자의 원인은 언제나 형편없는 리더십 때문이었다. 그러나 개인적 실패들은 때때로 리더십 때문은 아니었다. 사람들이 더 이상 견딜 수 없는 순간이 있다. 그것이 전부다. 나는 노르망디에서 자신이 견딜 수 없는 너무나 힘든 압박을 받는 사람들을 보았다. 셀 수도 없이 많은 사상자의 주위로 그들은 그냥 울면서 걸어갔다. 그런 사람들은 항상 진정시켜야 하며 후방으로 빼내야 한다. 십중팔구 그들은 괜찮아지겠지만, 그럼에도 평생을 극복하지 못하고 살 것이다.

이것은 제2차 세계대전 당시 패튼이 보여준 태도와는 극명한 대조를 보인다. 리지웨이는 패튼이나 맥아더와는 분명히 다르게 더 젊은 사람답게 현대적 리더십 접근법과 강력한 민주주의적 성향을 갖고 있었다. 한번은, 왜 자신이 연단이나 무대에서 장병들에게 이야기하는 것을 좋아하지 않는지를 설명하면서, "언제나 다른 사람보다 높은 곳에 있는 게 싫었다. 계급이 높고 경험도 많지만 나는 그들과 다를 바 없는 똑같은 사람이다. 부대를 사열할 때 절대로 사열대에 올라가지 않았다. 나는 언제나 연병장 바닥에 서서 2~3미터 정도 떨어진 지점에서 내 옆을 지나가는 장병들의 눈을 바라보면 그들은 나에게 무엇인가를 말해주고, 나도 그들에게 무언가를 눈으로 말한다"고 했다. 리지웨이는 장병들의 기분을 읽는 것도 장군이 해야 할 일 중의 하나임을 한국에 부임한 첫날, 기억할 만하게 보여주었다.

그가 한국에 도착해서 보여준 몇 주일간의 행동들은 사기가 떨어지고 침체된 군대의 운명을 어떻게 활기차게 반전시킬지를 보여준 전범이었다. 그는 한국에 있는 미군을 공세적으로 바꿀 것을 결심하면서 워싱턴을 떠났다. 한국으로 부임하는 길에 자신이 처음으로 해결해야 할 문제인 맥아더를 만나기 위해 도쿄에 잠시 들렀다. 그는 맥아더를 신뢰하지 않았을 뿐 아니라 맥아더가 한국전쟁을 제대로 지휘하지 못한다고 생각했다. 또한 맥아더가 워커의 해임을 고려했다는 것도 알고 있었다. 리지웨이는 "사람들은 살면서 누구나 결점을 가지기 마련인데 맥아더는 자신의 결점이 대중에게나 공적으로 나타나지 않도록 이상할 정도로 숨기려 했었다. 1950년 성탄절 다음날에 맥아더 사령관을 만나 보직인사를 하면서 내가 지금 위험한 지경에 있다는 것을 잘 알고 있었기 때문에 행동에 특히 조심했다. 나는 그의 기질을 잘 알고 있었다. 내가 마음에 들지 않으면 보직해임을 주저하지 않으리라는 것도 알고 있었다. 그는 관대할 수 없는 사람이었다"라고 나중에 이야기했다.

리지웨이는 특히 맥아더 장군과 트루먼 대통령 사이에서 발생하는 십자포화에 휘말리지 않도록 조심해야 했다. 리지웨이는 "1950년에 대통령의 권위가 은연중에 무례하게 취급되기 시작하더니 점점 대담해지다가 마침내는 노골적으로 명령 불복종이라고 말하지 않고서는 이해할 수 없는 지경까지 갔다"며 맥아더가 대통령에 대한 의무를 다하지 못했다고 기록했다. 맥아더와 달리 리지웨이는 트루먼 대통령이 전쟁에 관해서 이해할 만하고 설명이 가능한 전략을 추구하고 있다고 믿었다.

1944년 12월 9일 벌지 전투 중 리지웨이(왼쪽)과 제임스 가빈 장군이 대화하고 있다. 리지웨이는 패튼이나 맥아더와는 분명히 다르게 더 젊은 사람답게 현대적 리더십 접근법과 강력한 민주주의적 성향을 갖고 있었다. (사진 출처: Wikipedia Commons/Public Domain)

나는 대통령이 제3차 세계대전을 일으키는 일을 하지 않을 것이라는 점을 분명히 밝혔다고 생각했다. 맥아더에 대한 대통령의 지시는 명확했으나 많은 경우에 무시되었지만 트루먼은 제3차 세계대전 발발을 원하지 않았다. 맥아더는 중공을 공격하고, 대만 군대를 한국전쟁에 끌어들이며, 중공의 해안을 봉쇄하도록 대통령을 압박했다.

도쿄에서 맥아더와 만난 후에 리지웨이는 한국으로 날아갔다. 그날 오후에 "제군들은 최선을 다하는 나의 모습을 보게 될 것이다. 나도 제군들의 그런 모습을 기대한다"고 다짐하는 지휘서신을 부대로 발송했다. 다음 날 아침, 그는 자신이 싸워야 할 기복이 심한 한국의 지형연구에 나섰다.

그는 B-17 폭격기에 올라가 폭격기의 통로를 따라 폭탄 저장고를 가로질러 폭격수 격실로 기어들어 간 후, 노후화된 엔진 4개로 가동되는 비행기를 한국의 중부지방 강과 산을 따라서 고도 920미터로 비행하라고 조종사에게 명령했다. 그는 밖이 잘 보이는 폭격기의 콧등 부분에 설치된 아크릴 수지로 만든 곳에 앉아서 지도를 무릎 위에 펼쳐 놓고는 아래 지형을 내려다보았다. "화강암으로 이루어진 1,800미터가 넘는 산꼭대기들과 가파른 언덕, 깊고 좁은 계곡들은 마치 뱀처럼 굽이쳤다. 도로는 오솔길 수준이었고 낮은 언덕들은 키 작은 참나무와 소나무들로 덮여 있었는데 자신을 은폐시킬 줄 아는 병사에게는 훌륭한 은신처를 제공하고 있었다. 한국은 게릴라 활동을 하기에 좋은 환경이었다"고 회상했다.

비행기에서 내린 후에 리지웨이는 13분 동안 이승만 대통령을 예방하며 미국은 한국을 버리지 않을 것이라고 확언하는 정치적 활동을 벌였다. 그가 "저는 여기에 있을 것입니다"라고 대통령에게 말하는 순간, 한국 대통령의 "무표정한 얼굴이 환한 웃음으로 바뀌면서 두 손으로 내 손을 꼭 잡았다"고 회고했다.

다음으로 가장 중요한 것으로, 리지웨이는 "그는 자신감을 가지고 있는가? 자신이 무엇을 하는지 알고 있으며, 자기 지역의 지형을 알고 있는가?"라는 질문을 매번 자신에게 하면서 3일 동안 전투 현장의 지휘관들을 방문하여 그들의 마음가짐 상태를 확인했다. 이 기간에 그는 험준한 지형보다 자신을 더욱 걱정스럽게 만드는 것이 있음을 발견했다. 몇몇 장군들이 자신들의 책임지역 전방에 가보지 않았다는 것을 알고서 깜짝 놀란 그는 "사단장들이 지형을 모른다"는 결론에 도달했다. 몇몇 유명한 산들을 보면서 지휘관들 중 한 사람에게 그 산의 이름을 물었더니 "산의 이

"더 이상 후퇴를 논하지 않는다. 우리는 다시 시작한다!" 워커 장군의 후임인 리지웨이 중장(가운데)은 사기가 떨어진 부대의 의욕을 고취하고 활발한 보직 해임을 통해 1951년 초 중공군의 개입으로 열세에 처한 전쟁의 국면을 반전시켰다. (사진 출처: U.S Army)

름뿐 아니라 심지어 자기 사단 책임 지역을 흐르고 있는 강의 이름도 몰랐다. 내가 강 건너편의 지형이 어떠한지, 전차 운용은 가능한지? 를 물었더니 사단장은 그것도 알지 못했다." 리지웨이를 걱정하게 만드는 일이었다. 하위 제대의 실정도 실망스럽기는 마찬가지였다. 그는 대대장들이 "도로에 집착해" 주변의 능선을 방치하고 인접 부대와도 협력하지 않는다는 것을 알게 되었다. "자네가 지금까지 여기에서 수행한 작전 방식으로 인해서 전임자들이 죽어나간 것이었다"고 리지웨이가 어느 장교에게 말했다. 그의 다음 행보는 가능한 한 많은 부사관과 병사들을 만나는 것이었는데 이 또한 그를 놀라게 했다. "부대들은 혼란에 빠져 있었다. 전술적으로나 보급 측면에서 열악하게 관리되고 있었다. 그들은 지금 어떤 일이 벌어지고 있는지조차도 몰랐다."

리지웨이가 최전방을 시찰했을 때, 부대 전체에서 자신감의 부족이 뚜렷이 느껴졌다. "지휘소에 들어가는 순간, 나는 그것을 느낄 수 있었다. 그들의 눈에서, 걸음걸이에서, 자신감이 없음을 읽을 수 있었다. 하사에서부터 최고 지휘관에 이르기까지 그들의 얼굴에서 그것을 읽을 수 있었다. 그들에게서 정보를 끌어내야 했는데 그들은 반응이 없었고 말하기를 꺼렸다. 그들에게는 정신력이 높은 부대에서 발견되는 준비태세나 공격성이 전혀 없었다." 그의 전체적 결론은 "이등병에서부터 장군에 이르기까지 '지옥에서 탈출하자'였고 그것이 8군 전체에 만연한 상태였다. 유일한 길은 앞으로 나아가는 것이었다. 더 나빠질 수는 없었다." 리지웨이의 부관 월터 윈턴Walter Winton 중령이 당시의 전쟁 상황을 "기상은 엄청나게 나쁘고, 중공군은 맹렬했으며, 우리의 사기는 엉망이었다"고 간단명료하게 보고했다.

또한 리지웨이는 8군 사령부가 최전선에서 290킬로미터 정도 남쪽 후방에 떨어져서 따뜻하고 편안하며 조명이 좋은 건물에 위치하고 있다는 것을 알고 괴로워했다. 이것은 북아프리카 전구에서 프레덴달Fredendall 장군이 하던 짓이었다. 그는 8군 참모의 수준이 "매우 형편없다는 것"을 알았다. 그는 8군 사령부를 가능한 최전방에 가깝게 옮기라고 명령했고, 분대용 텐트(10여 명으로 구성된 분대를 수용할 정도의 크기의 텐트 - 옮긴이) 2개를 연결하여 자신의 야전 지휘소를 만들고 거대한 한반도 입체지도를 그곳에 설치하고 몇 시간씩 연구했다. 리지웨이가 장진호 전투의 지휘관 올리버 스미스 장군을 처음으로 만났던 회의에서 스미스는 그에게 더 이상 알몬드의 지휘를 받으며 작전하고 싶지 않다는 점을 알렸다. "나는 솔직하게 리지웨이 장군에게 우리는 곤경에 빠졌었고 장진호라는 사지에서 자신의 힘으로 벗어났으며 상급 지휘부에 대한 신뢰를 버렸다"고 스미스는 말했다. 그것은 비판적인 지적이었다. 스미스는 사실상 자신의 상관들을 비난하고 있었다. 리지웨이는 공감하며 해병사단을 알몬드 사령부 예하에 두지 않는 가장 좋은 방안을 찾겠다고 스미스에게 약속했다.

리지웨이는 지휘관들을 격려하면서도 한편으로는 장군급 장교 수준에 못 미치는 사람들을 평가하여 몇몇 제대에서 지휘권을 내려놓도록 했다. 그는 처음에는 작게, 나중에는 중·대대급 규모로 정찰 활동을 활발하게 전개하라고 지시했다. 이것은 그들에게 자신감과 더불어 자기 책임 지역의 지형을 알게 하는 일거양득의 능력을 얻게 하려고 고안된 것이었다. 가장 유능한 연대장 중 한 명인 존 마이켈리스John Michaelis는 "리지웨이는 한 모금의 신선한 공기였다. 그가 지프차를 타고 내 지휘소로 와서 가슴에 수류탄을 매단 채 눈을 부릅뜨고 빠르게 걸으며 나를 쳐다보던 모습을 결코 잊지 못한다"고 회상했다. 리지웨이가 마이켈리스 대령에게 만약 연대가 공격하여 목표를 확보하면 20시간 이내에 사단이, 그 다음 날에는 군단 전체가 증원될 것이라고 말해주었다. 리지웨이가 말한 것은 성공은 인정될 것이고 강력한 지원을 받게 될 것이라는 의미였지만 이전의 지휘관에게서는 결코 들어본 적이 없는 메시지였다.

48시간에 걸친 현장지도를 통해서 리지웨이가 얻은 결론은 두 가지였다. 하나는 자신의 공격적인 의도에도 불구하고 아직은 대규모 공격을 시작할 때가 아니라는 것이었다. "완전하고 명백하게 밝혀진 것은 육군이 대규모 공격작전을 할 수 있는 조건을 갖추지 못했다는 것이었다"고 술회했다. 둘째는 새로운 지휘관들이 필요하다는 것이었다. "슬프게도 리더십에 있어 많이 부족하다는 것을 발견했고 그래서 터놓고 말할 필요가 있었다. 편안함이 주는 것들을 포기하지 않으려는 것, 열악한 도로에서 벗어나는 것에 대한 두려움, 유·무선의 통신대책이 없이 이동하는 것을 대수롭지 않게 생각하는 점, 그리고 공중·해상을 지배하고 있어 화력에서 압도적으로 앞서면서도 적군을 상대하는 데 상상력이 부족한 것 등은 군인들의 실수가 아니라 최고위 정책 입안자들의 잘못이었다"고 말했다. 그러나 그는 "당장 그들을 다 교체할 수는 없다. 전체를 해체해야 할 것이다. 대신에 조금씩 조금씩 그들을 빼내야 한다"고 생각했다.

리지웨이와 육군참모총장 로튼 콜린스 대장 사이에 있었던 활발한 의사소통은 60여 년이 지난 지금에 읽어도 흥미롭다. 1951년 1월 3일에 리지웨이는 첫 번째 메시지 중의 하나로 "모든 것이 잘되어가고 있습니다. 며칠간 어려운 날들을 보냈지만 저는 부여된 임무를 완수하기 위한 8군의 능력을 확신합니다"라고 썼다. 내용이라는 본질에서뿐 아니라 그가 사용한 언어 또한 잘난 체하고 라틴어를 즐겨 쓰면서 과장된 맥아더의 메시지와는 전혀 달랐다.

5일 후 콜린스에게 보내는 장문의 편지에서 리지웨이는 자신과 콜린스는 "장군들이 임무를 제대로 수행하지 못하면 무자비하게 조치할 필요가 있습니다"라고 마무리했다. 그가 밑줄을 쳐서 설명한 문장에서 "몇몇 사단 및 군단장의 용맹성 부족"이 우려된다고 설명했다. 같은 날 따로 보낸 다른 메시지에서 콜린스에게 "탁월한 리더십을 발휘하여 고위 사령부에서 이미 인정된 젊고 활기차며 사고의 융통성이 있는 준장 3명"을 요청했다. 리지웨이는 이미 몇몇 사단장들의 교체를 고려하고 있었다. 사실 그것은 같은 날에 있었던 고위 지휘관 회의의 여섯 번째 의제였다. 며칠 후에 있었던 회의에서 리지웨이는 맥아더의 새로운 참모장인 도일 히키Doyle Hickey 소장에게 "현재의 지휘관들과는 미래 작전을 실행할 수 없다"고 단호하게 말했다. 리지웨이는 콜린스에게 보낸 후속 보고서에서 그 단락을 다시 썼다.

리지웨이의 보직 교체

리지웨이가 한국에서 행한 첫 번째 해임은 악명이 높았는데 아마도 그가 고의로 그랬던 것으로 보인다. 제1 군단 작전참모 존 지터John Jeter 대령으로부터 군단이 후퇴할 경우에 사용할 일련의 방어진지에 대해 자세한 설명을 들으면서 마음에 들지 않았던 리지웨이가 "공격계획은 무엇인가?"라고 물었다.

그런 계획은 애초부터 없었다. "없습니다. 사령관님, 군단은 철수하고 있습니다"라고 지터가 대답했다.

"작전참모, 자네는 보직 해임이야!"라고 리지웨이가 느닷없이 말했고 이 말은 한국에 주둔한 육군 전체에 전광석화처럼 빠르게 전해졌다. 사실 리지웨이는 그렇게까지 이야기하지 않았고 지휘계통을 통해서 공식적으로 조치했다. 어쨌든 효과는 같았다. 작전참모 지터는 쫓겨났고 그렇게 소문이 돌아서 리지웨이가 의도한 대로 되었다.(이것은 지터 대령의 경력에서 갑자스럽게 보직 해임된 두 번째 사례로, 그는 제2차 세계대전 말기에 당시 제8 보병사단장인 도널드 스트로Donald Stroh 소장에 의해서 연대장에서 해임되어 다른 사단에서 연대장으로 근무했었다.) 지터 대령의 후임자는 13년 후에 육군참모총장으로 임명된 해럴드 존슨Harold K. Johnson 대령이었는데, 그는 나중에 베트남 전쟁에서 사단장 1명에 의해서 보직 해임이 연이어 발생했을 때 리지웨이와는 다르게 대응했다.

리지웨이는 참모총장에게 메시지를 보내고 있었다. 그는 한국에 있는 거의 모든 육군 지휘부를 정리할 준비를 하고 있었다. 제1차 세계대전 때 퍼싱이, 그리고 제2차 세계대전 때 마셜이 했던 것처럼 장군들의 대청소를 준비하고 있었다. 이후 3개월 동안 리지웨이는 예하 군단장 1명(존 콜터John Coulter는 연락업무를 맡았다가 1년 후에 전역했다.)과 사단장 6명, 그리고 연대장 19명 중에서 14명을 교체했다.

그러나 그가 한국에서 보직 교체를 단행하는 데에는 과거보다 더 어렵게 만드는 중요한 차이가 있었다. 그는 세계대전을 지휘하고 있는 것이 아니라 규모가 작고 제한적이며 논란의 여지가 있는 "국지적 군사활동police action"을 수행하고 있는 것으로 치부되었기 때문이었다. 이러한 외부 환경에서는 마셜의 모델이 잘 작동하지 않았다. 국방부로부터의 압력 때문에 리지웨이는 자신이 추진하는 보직 교체를 정상적인 교체로 보이기 위해 노력했다. 지금까지도 역사학자들이 리지웨이는 예하 장군들을 해임하지 않았고 힘들어하는 사람들을 교체했다고 주장할 정도로 성공적인 교체를 이루어냈다. 역사학자들의 주장은 리지웨이의 당시 통신문을 살펴봄으로써 틀렸음이 입증되었다.

리지웨이가 단행한 첫 번째 장군 해임은 워싱턴에 비상을 걸었다. 로버트 맥컬러Robert McClure 소장은 2사단에서 39일간 사단을 지휘한 후인 1월 14일에 리지웨이와 알몬드에 의해 해임되었고, 자신에 의해 쫓겨났던 로렌스 카이저Laurence Keiser 소장이 후임으로 보직되었다. 2일 후에 리지웨이는 육군 인사참모부장 에드워드 브룩스Edward Brooks 중장으로부터 우려를 나타내는 비밀 메시지를 받았다. "이곳 언론에 맥컬러 소장의 해임소식이 크게 다루어졌습니다. 이미 예정된 바Barr와 처치Church의 귀국에 더하여서 게이Gay와 킨Kean도 보직 교체 후에 귀국할 가능성이 있어서 헤이슬립Wade Hampton Haislip 대장이 고위 지휘관들의 대대적인 해임으로 보이는 문제를 기술적으로 다루지 않으면 의회조사로 귀결될 것을 우려하고 있습니다"라는 내용이었다.

리지웨이는 그의 조언을 마음에 담아두지 않았음이 분명했다. 2월 중순에 리지웨이는 장군 보직 해임이 워싱턴 정가에서 많은 의문을 야기시킬 것이라고 경고했던 육군참모차장 헤이슬립 대장으로부터 크게 야단을 맞았다. 1915년에 아이젠하워를 마미 다우드Mamie Doud(아이젠하워의 부인)에게 소개시킨 것으로 기억되는 헤이슬립은 "한국에서 제기된 빠른 장교 해임에 대해 아직도 많은 의구심이 있어서 의회조사로 귀결될 것이며 그로 인해서 지금 사람들이 보여주는 모든 새로운 신뢰를 잃을 수도 있다"고 리지웨이에게 썼다. 콜린스 육군참모총장도 "장군 교체를 천천히 진행하면서 제안되는 변화가 우리에게 미치는 효과를 생각해 보기를 강력하게 제안한다"고 리지웨이에게 말했다. 제2차 세계대전 동안에 신속한 보직 교체 옹호자였던 그는 참모총장으로 보직이 바뀌자 그러한 방식이 국민 눈에 어떻게 보일지를 걱정했다. 헤이슬립은 콜린스 총장이 공개 발언에서 지금까지 있었던 제7 사단장 바 소장과 제24 사단장 존 처치 소장의 보직 해임에 대해 수긍하지 못했며 "참모총장께서는 바와 처치의 풍부한 교육훈련 등의 경험 활용을 언급하시면서 그들의 복귀를 정당화해 주었으나 집에 돌아오는 사람이 많아질수록 그러한 답변은 설득력을 잃을 것이다"고 덧붙였다.

리지웨이는 마셜의 추종자였지만 마셜이 제2차 세계대전 동안에 운영했던 장군 리더십 체계는 한국전쟁이라는 전혀 다른 성격의 전쟁이 갖는 정치적 문제로 인해서 그대로 적용하기가 어려워졌다. 리지웨이는 헤이슬립의 애칭인 "친애하는 햄"으로 시작하는 사과의 편지를 육군참모차장에게 보내면서 "전장에서 집으로 복귀하는 장군들의 문제를 다루며 제가 차장님의 희망과는 다른 행동을 한 것은 아닌지 불안했습니다"고 썼다.

결과적으로는 가능한 한 천천히 그리고 공개적으로 논란을 야기시키지 않는 범위 내에서 리지웨이가 교체 계획을 진행하는 것이 허용되었다. 이것이 의회를 진정시켰을지는 모르지만 낮은 수준에서의 교체는 과거에 비해 군내에서 더 큰 경각심을 불러일으켰다. 일반적으로는 전투부대 사단장은 육군 최고위 자리로 가는 디딤돌이지만, 이 경우에는 제2차 세계대전 동안에 종종 있었던 보직 교체처럼 지휘관에서 보직 해임이 된 후 본토에 와서 훈련부대로 이동하여 근무하다가 거기에서 조용히 전역했다.(해임된 장군 중에서, 바는 캔터기 주 포트 녹스Fort Knox의 기갑학교로, 처치는 조지아 주 포트 베닝의 보병학교로, 제2 사단장 카이저는 펜실베니아 주 육군 보충센터Infantry Replacement Center로, 제25 사단장 윌리엄 킨William Kean은 켈리포니아 주 3군단의 로버츠Camp Roberts 기지 사령관으로 간 반면에, 제1 기병사단장 호바트 게이Hobart Gay는 제4 군의 부군사령관으로 텍사스 주 샌 안토니오San Antonio 근처에 위치한 샘 휴스턴Fort Sam Houston으로 쫓겨나듯이 갔다.) 보직 해임을 줄여보려고 노력하고 있었음에도 불구하고 리지웨이는 소설가 제임스 미치너James Michener에게 "중요한 직책에 중요한 임무를 수행할 가장 적합한 사람을 찾는 노력을 하고 있습니다. 개인적 역량을 충분히 발휘할 권한은 주지만, 가능한 한 신속히 주요 업무에 충실하도록 무자비하고 엄격하게 확인하고 관찰합니다. 만약 성과를 내지 못하면 해임시킵니다"라고 자신의 접근 방식을 막힘없게 말했다. 리지웨이는 마셜 체계를 아주 분명하게 받아들였지만,

차후에 있었던 일련의 보직 교체들은 그의 언급이 처방이라기보다는 묘비명에 가까운 것으로 입증되었다.

육군참모총장 콜린스는 리지웨이의 애칭인 "친애하는 매트"로 시작하는 1951년 5월 24일에 보낸 장문의 편지에서 존 콜터John Coulter의 해임을 승인하며 "콜터 장군이 내가 바라는 대로 조금의 괴로움 없이 전역을 선택하기를 기대한다"고 썼다. 그러나 콜린스는 리지웨이가 만약 다른 군단장인 프랭크 밀번Frank Milburn 장군을 해임하겠다고 고집한다면 밀번이 근무해야 할 곳을 찾아야 할 텐데 본토에는 그를 위한 자리가 없다고 리지웨이에게 말했다. "만약 밀번이 군단장으로 근무하기에 열정을 잃었다고 생각한다면 밴 플리트Van Fleet의 부지휘관으로 임명하는 것도 괜찮을 것 같다"고 했다. 또한 리지웨이는 군단장 1명을 포함하여 몇 명의 한국군 지휘관의 해임도 건의했다.

흥미롭게도 리지웨이가 해임하려고 생각하지 않았던 지휘관 1명은 알몬드였다. 그는 알몬드의 방패막이였던 맥아더에게 싸움을 걸지 않겠다는 뜻을 확실히 했다. 그는 알몬드의 공격적 성향을 좋아했지만 자신이 해야 할 일은 화를 잘 내는 버지니아 출신의 알몬드를 때때로 억누르는 것이라는 점도 알고 있었다. "알몬드는 매우 유능한 장교였다. 무엇을 하라고 밀어붙일 필요가 없는 몇 명의 지휘관 중 하나였기 때문에 나는 그의 대담함으로 인하여 지휘가 위태롭게 되는 것은 아닌지 또는 위험한 작전을 시행하지는 않는지 눈여겨보며 확인했다"고 말했다. 그러나 리지웨이는 알몬드에 의해서 다른 사람들이 어떻게 잘못된 길을 가는지를 보았고, "알몬드가 남의 감정을 상하게 하는 경향이 있었으며 성격이 매섭고 참을성이 없음"을 직접 목격하기도 했다고 말했다.

1951년 초 한국에서 리지웨이가 행한 보직 교체의 물결은 육군 역사에 있어서 리더들을 어떻게 관리해야 하는지에 관한 지렛대라는 것이 입증되었다. 그는 장군들 전체를 보직 교체하는 동시에 자신의 움직임을 가려 달라고 국방부에 요구했다. 늘 정치적 사안에 민감한 클라크 장군이 말한 것처럼 "한국전쟁은 미국 역사상 가장 인기가 없는 전쟁"으로 인식되는 이상한 위치에서 육군은 싸우고 있었다. 진실을 말하자면 한국전쟁은 육군 내에서조차 환영받지 못했다. 리지웨이가 "원하는 장군을 한국전쟁에 데려오느라고 지옥같이 힘든 시간을 보냈다"는 말을 자신에게 했다고 현대 미군을 연구한 역사학자 로저 시실로 Roger Cirillo가 술회했다. 1943년 중반 이후, 즉 승리 가능성이 점점 더 커졌던 그 시기에 가장 많이 시행되었던 보직 교체의 경우와는 다르게 이것은 좋지 않은 방향으로 가고 있는 전쟁에서의 보직 교체였기 때문에 대중들의 눈에는 잘 못된 것으로 비쳤다. 크게 실패하고 있을 때, 실패를 인정하는 게 더 어려운 것이 인간의 본성인 법이다.

리지웨이에 의해 시행된 이런 보직 교체들은 조지 마셜이 국방장관으로 있었던 1년 동안 이루어졌다. 리지웨이는 자신의 오랜 멘토가 보직 교체를 승인할 것이라는 사실을 거의 확신하고 있었다. 마셜은 자신의 정신력이 쇠락하고 있다는 것을 알고 1년 만에 국방장관 자리에서 내려올 것을 결심했다. 국무부 시절부터 마셜을 알고 지내던 딘 애치슨 Dean Acheson(트루먼 행정부에서 마셜이 국무장관을 역임할 때 차관으로 함께 근무했으며, 마셜의 국방장관 시절에는 국무장관을 지내면서 냉전 상황에서 미국의 외교 정책을 수립했다.-옮긴이)이 국방장관을 그만두는 것에 대해 그를 설득하던 중에 늙은 군인 마셜이 가지고 있는 아픔을 알고 놀랐다. 마셜은 애치슨에게 "내가 잘 알고 있는 사람의 이름을 떠올리고 그에 대해 기억하는 것이 점점 더 어려워지고 있다면서 이러한 약점에 대해 매우 창피스럽다"

는 고백을 들었다. 그 후 몇 년 사이에 마셜의 기억력은 급속하게 악화해 1959년 10월에 영면에 들었다.

단 몇 달의 역동적인 지휘활동으로 리지웨이는 한국전쟁을 반전시켰다. 1951년 1월 말에 미군은 처음으로 중공군 사단의 공격을 정지시켰을 뿐 아니라 중공의 공격부대를 "사실상 전멸"시켰다. 몇 주 후에는 8군이 서울 인근의 주요 비행장을 탈환하며 중공군을 북쪽으로 몰아냈다. 같은 수의 부대를 가지고 1950년 가을 무렵 맥아더 지휘하에서 중공군의 공격에 패배했던 미군이 이듬해 봄에는 리지웨이의 지휘 아래 공세로 전환해 중공군 14개 사단의 절반을 궤멸시키고 거의 모든 중공군 부대를 38도선 북방으로 퇴각시켰다.

강하고 결단력이 있으며 사려 깊은 리더십이 오래 지속되었다. 리지웨이가 한국에 도착했을 때는 "부대가 완전히 와해된 상태였다"고 그의 참모장교였다가 한국전쟁에서 연대장을 역임하고 훗날 육군참모총장까지 되었던 해럴드 존슨이 말했다. "수치심에 시달렸던 시기였는데, 사실상 리지웨이는 6주 만에 패배하던 군대를 제자리로 되돌려 놓았다." 모든 사람이 리지웨이 장군에게서 감동한 것은 아니라는 점은 확실하다. 한국전쟁에 관한 저명한 미국 역사학자인 앨런 밀레Allan Millett는 리지웨이를 "장군이 된 가장 비열한 장교"라고 불렀다. 밀레는 리지웨이가 "성격이 급했고, 도전적이지 못한 사람과 작전에 대해 성급하게 판단했다. 그는 질투심에 가득 차 있었으며 기분에 따라 행동했고 대중에게 자신의 동료들을 혹평했다. 그는 절차를 무시하면서도 부하들의 완벽함을 기대하는 경향이 있었고, 자신을 우주의 중심에 두고 육군에 대한 코페르니쿠스적 관점을 가지고 있었다"고 썼다.

리지웨이가 한국에서 보지 못한 것 중 하나는 육군의 태양 같은 왕인 맥아더 장군이었는데 그가 많은 시간을 일본에 있었기 때문이었다. "맥아더 사령관은 8군이 전세를 반전시켜서 공세적인 전진을 할 때까지 8군을 방문하지 않았다"고 리지웨이는 기억했다.

한국전쟁 전투 현장에서 보인 리지웨이의 지휘는 민군관계에서도 놀라운 부수적 효과를 가져왔다. 그의 성공은 신적인 고위 장군인 맥아더를 필요한 사람이라고 여기기보다는 골치 아픈 허풍쟁이로 만들면서 맥아더의 위상을 갑자기 흔들었다. 리지웨이가 한국에 도착했을 때, 맥아더 장군과 합동참모본부는 한국을 포기하고 됭케르크처럼 바다를 통해 철수하거나, 아니면 중공과 대규모 전쟁을 시작해야 하는가에 대해 열띤 토론을 벌이고 있었다. 합동참모본부는 전자를 선호하여 맥아더에게 1950년 말 한국에서의 철수 시기를 결정하라고 지시했다. "모든 것을 추정해 볼 때 중공군이 유엔군을 한국에서 무력으로 쫓아낼 수 있는 능력을 갖추고 있음을 보여주었다"고 합참의장은 기록했다. "우리는 한국이 대규모 전쟁을 할 만한 곳이 아니라고 믿었다…. 상황 전개에 따라 어쩔 수 없이 한국에서 철수하게 될 경우에 일본에 대한 위험이 지속되는 것을 특별히 고려한다면 질서 있는 철수를 위한 마지막 합리적 기회를 사전에 결정하는 것이 중요하다"라고 썼다.

맥아더는 중국 공산주의자들과 전쟁을 하는 것이 더 좋다고 생각했다. 그래서 다음날 "중공 해안을 봉쇄하고…. 해군 함포사격과 공중 폭격을 통해서 전쟁을 지속하는 데 필요한 중공 산업시설을 파괴해야 한다"고 합참에 응수했다. 그리고 대만의 국민군이 중국 본토를 공격하도록 독려해야 한다고 건의했다. 합참의장이 국지전을 거절한다고 하자, 맥아더는 철수를 논의하는 것으로 되돌아갔다. 육군참모총장 콜린스 대장은 1950년 말에 있었던 맥아더의 전보들을 보면 "그가 너무나 서둘고 있었다"고 회상했다. 새해 초, 맥아더는 육군 작전참모부장 맥스웰 테일러Maxwell Taylor 소장에게 "만주에 있는 중공군 기지에 대한 타격을 가할 수 있는 권한을 주지 않는 한 북한지역에서 지상군이 대규모 작전을 안전하게 수행하는 것을 보장받지 못한다는 것이 기본적인 사실임을 받아들일 수 있어야 한다"고 알렸다.

맥아더가 그러한 내용의 편지를 쓰고 있었지만 리지웨이는 그의 주장이 틀렸다는 것을 증명하고 있었다. 워싱턴에 보내는 맥아더의 정치적 건의가 점점 더 호전적 태도로 변하는 것과 연계하여 맥아더와 트루먼 사이의 정치적 균형이 바뀌고 있었다는 게 기본적인 사실이었다.

13

맥아더의 마지막 저항

국무장관 딘 애치슨Dean Acheson은 자신의 회고록에 맥아더 장군이 1951년 1월까지는 "교정할 수 없을 정도로 저항적이고, 기본적으로 군 통수권자가 부여한 목표에 충성심을 가지고 있지 않다"고 기록했다. 맥아더는 워싱턴에 있는 자신의 상관들에게 전부 아니면 전무all-or-nothing의 입장을 취하며 어떤 타협안도 받아들이지 않았다. 그들의 질문이 무엇이든 간에 맥아더의 대답은 언제나 중공과 전쟁을 하지 않으면 한국에 있는 미군은 파괴된다는 것이었다. 거기에 동의하지 않는 사람은 양보만 일삼는 자이거나, 패배주의자이거나, 아니면 더 나빠지기를 바라는 사람으로 간주되었다. 반면에 리지웨이는 맥아더보다 화려하지 않지만 군사적 효율성을 증명하면서 한국 중부에 있는 한강으로 전진할 것을 결심했고, 그 후 중공군이 공격하자 진지를 파고 미군의 장점인 화력을 활용하여 그들을 격멸했다.

리지웨이가 한국에서 고삐를 쥐고 작전했던 이 기간에, 맥아더는 워싱턴으로부터 가능한 한 회피되고 무시되는, 명목상의 최고위자로 점점 변해갔다. 1951년 초, 맥아더는 전년도 12월에 있었던 정치와 관련된 개인적 언급을 그만두라는 트루먼 대통령의 행정명령을 위반하는 행위를 반복하고 있었다. 맥아더 자신 말고는 누구도 그가 왜 이런 식으로 행동하는지 알지 못했다. 한 가지 이론은 맥아더가 한국전쟁에서 빠져나오기 위해 공개적으로 불복종했다는 것으로 "대통령을 자극하기 위한 모든 수단을 사용해서 트루먼이 그를 해임하게 함으로써 한국전쟁에서의 불가피한 교착 상태에 대한 수모를 피할 수 있었을 것이다"라고 어느 역사가가 기록했다. 그럴듯한 다른 이론으로는 맥아더가 트루먼을 선거에서 이길 수 있어 아마도 그를 이어서 다음 대통령이 될 것이라고 진정으로 생각했다는 것이었고, 세 번째는 트루먼이 맥아더에게 웨이크 섬에서의 경고를 반복했음에도 불구하고 맥아더는 실패한 남성복 점주에서 루스벨트의 갑작스러운 죽음으로 우연히 대통령이 된 트루먼이 지난 수십 년간 미국인의 삶 속에서 주요 인물이었던 장군인 자신을 상대할 수 없다고 생각했다는 것이었다.

　맥아더의 머릿속에서 무엇이 진행되고 있든지 간에 그는 전쟁 수행에 있어 주요한 문제가 되었다. 합동참모본부가 지휘체계를 개선하는 방법에 대한 제안을 담은 공문을 맥아더에게 보냈을 때, 맥아더가 "매우 모욕적인 전문을 답장으로 보냈다"고 당시 합참의장 브래들리 대장은 회고했다. "나는 모욕을 받았다. 행간에 숨어 있는 뜻을 읽으면 그는 우리를 어린아이처럼 생각했고, 우리를 무슨 이야기를 하는지도 모르는 사람으로 취급했다. 그에게 우리는 고작 58세와 60세 먹은 어린아이였다." 1951년 2월 중순까지 맥아더는 대통령과 합동참모본부뿐 아니라 심지어 한국에 있는 부하 리지웨이와도 기묘한 관계를 형성하며 제자리를 돌고 있었다. 도쿄에서 있었던 기자회견에서 그는 "한국을 가로지르는 방어선을 설정하고 진지전에 돌입해야 한다는 일각의 주장은 전적으로 비현실적이고 환상적이다"라며 리지웨이의 전쟁 방식을 비난했다. 그러나 리지웨이 장군의 방식은 맥아더가 1950년 가을에 실패했던 것보다 훨씬 더 성공적이었다.

리지웨이의 리더십 관점에서 종종 간과되는 측면은 그렇게 어려웠던 시기에 맥아더를 기민하게 다루었다는 것이다. 이리저리 흔들리는 상급자와의 관계를 관리하는 것은 섬세함을 요하는 과업이다. 특히 맥아더가 한국을 방문하는 동안에 겉만 번지르르한 그의 말이 가져오는 충격을 최소화하기 위하여 리지웨이는 1951년 초에 시간을 내어 기자들에게 임박한 미군의 공세에 대해 브리핑했다. 그는 맥아더가 그에게 부여한 "행동의 자유"를 칭찬하고 그것을 암묵적으로 이용하기 위한 기회로 이용했다. 그는 또한 맥아더와 나눈 사적인 이야기를 주의 깊게 기록했었다. 맥아더가 자신에게 말한 문구는 정확한 인용구와 함께 시간과 장소까지도 써놓았다. 아마도 변덕스러운 상관이 그를 공격할 경우에 대비해 자신을 보호하기 위하여 기록을 남겼던 것으로 보인다.

하지만 맥아더는 공세가 성공적으로 진행되는 가운데 워싱턴이 자신에게 가한 제약 때문에 전쟁이 교착상태로 빠져들고 있다고 발표함으로써 리지웨이의 성공을 저평가하는 방법을 계속 찾았다. "한국 전구로 들어오는 적 지상군과 전쟁물자의 흐름이 조금도 감소되지 않고, 우리의 반격을 위한 자유의 제한이 계속 존재하며, 아군의 조직적인 전투력 강화도 없다고 가정한다면 방어선을 제때에 갖출 수가 없게 되어 이론적으로 군사적 교착상태에 이르게 된다"고 연필로 직접 쓴 글을 읽으며 기자들에게 발표했다고 역사학자 로버트 레키Robert Leckie가 전했다. 그는 자신의 민간인 상급자들이 가한 "비정상적인 군사적 억제"에 대해 강조했다. 이는 곧 전쟁 결과에 대해 회의적인 미군들에게 맥아더가 "무승부를 선언"하기 위해 던진 승부수라고 알려졌다. 지난 몇 달 동안 미군의 사기를 진작시키기 위해 노심초사했던 리지웨이에게 이 문구가 주었던 좌절감은 누구나 상상할 수 있었다.

5일 후, 리지웨이는 맥아더의 표현과 명확하게 거리를 둔 답을 했다. 그는 자신이 주재한 기자회견에서 "우리는 중공을 정복하려 한 것이 아닙니다. 우리는 공산주의를 저지하기 시작했습니다. 우리는 전장에서 우리 병사들의 우월함을 보여주었습니다. 만약 중공군이 우리를 바다로 밀어 넣는 데 실패한다면, 중공군에게 헤아릴 수 없을 만큼의 큰 패배가 될 것입니다. 만약 중공군이 한국에서 미군을 쫓아내는 데 실패한다면 그들은 엄청난 실패를 맛보게 될 것입니다"라고 발표했다. 리지웨이의 관점에서 보면 맥아더가 주장하는 것처럼 중공과의 국경선인 압록강까지 돌진하는 것은 해결책이 아니었다며 나중에 다음과 같이 설명했다.

> 북한지역의 점령은 단순히 더 많은 땅을 확보하는 것을 의미했다. 적들을 만주에 있는 주요 보급 기지로 밀어붙였다면 그들의 보급선은 크게 단축되었을 것이다. 반면에 우리 보급선은 과도하게 신장되었을 것이고 전투지역은 160킬로미터 정도에서 676킬로미터가 넘게 확장되었을 것이다. 그런 엄청난 방어선을 유지하는 데 필요한 요구를 미국 국민이 기꺼이 지원했을까? 만주에 대한 공격을 승인했을까? 아시아 대륙의 거대한 중심부로 진입한다는 것은 자유세계 모든 군대를 밑 빠진 독으로 밀어 넣을 수 있으며, 오랫동안 고초 속에서 산산조각이 나고

격멸될 수 있음을 뜻하는데 미국 국민이 그렇게 되기를 바라지 않는다고 나는 생각한다.

반면에 맥아더는 중공과 전쟁을 벌일 적기라고 믿었다. 1951년 3월 말에 그는 "우리가 중공 해안과 본토 내부의 군사기지들을 대상으로 군사적 작전을 확대하면 중공은 군사적으로 급격하게 파괴되어 파멸에 이르게 될 것이라는 점을 매우 고통스럽게 인식해야 한다"라고 새로운 중국 공산당 정부의 붕괴를 위협하는 것으로 보이는 성명을 발표했다. 맥아더는 1950년 12월의 절망적이었던 상황으로부터 회복되어 11월에 가지고 있었던 호전적 낙관론으로 되돌아갔다. 맥아더와 그의 보좌관들을 3월에 보았던 스미스 해병 장군은 "맥아더의 참모들과 이야기를 하면서 그들이 트루먼 행정부를 완전히 경멸하고 있다는 인상을 받았다. 극동아시아의 상황을 제대로 알고 있는 세계에서 유일한 사람은 맥아더뿐이라는 게 그들의 생각이었다"고 나중에 말했다.

"우리가 한국전쟁에서 승리하지 못한다면 트루먼 행정부는 수천 명의 미국 청년들을 죽인 죄로 기소되어야 한다"고 결론을 내린 공화당 하원의장 조 마틴Joe Martin의 연설에 호응하면서 맥아더는 목소리를 높였다. 마틴이 맥아더에게 연설문 사본을 보냈을 때, 맥아더는 동의하며 군 최고통수권자를 맹렬히 비난하는 편지를 써서 속달로 보냈다. 거기에 덧붙여서 그는 행정부의 제한적인 전쟁관에 효과적으로 도전하는 "승리를 대신할 수 있는 것은 없다"라는 유명한 말을 했다. 마틴은 맥아더의 편지를 대중에게 공개했다.

정치적 언급을 하지 말라는 대통령의 명령에 대한 두 건의 위반행위는 맥아더 해임에 불을 지피는 결과를 가져왔다. 마침내 1951년 4월 11일에

인기가 가장 좋았던 때인 해임된 지 2주 후, 시카고에 있는 솔저스 필드에서 연설하는 맥아더 모습. 당시 그는 다음 해 선거에서 자신이 대통령으로 선출될 것이라고 생각했다. (사진 출처: Wikipedia Commons/Public Domain)

그의 해임이 결정되었다. 일련의 잘못된 의사소통을 통해 미리 말이 새어 나오게 되자 백악관 공보비서가 극적으로 새벽 1시에 기자회견을 열어서 "매우 유감스럽게도 나는 더글러스 맥아더 장군이 공적 업무와 관련된 문제에서 미국 정부와 유엔의 정책을 전폭적으로 지지할 수 없다는 결론에 도달했습니다"라고 사안을 간결하게 요약한 트루먼의 언급을 발표했다. 이러한 설명은 사실이라는 이점이 있었다.

트루먼 대통령을 매우 멸시했던 맥아더는 그가 자신을 너무나 무시했다는 것에 놀랐다. "일상적인 예절에 비추어 사환 소년도, 여성 미화원도, 아니 어떤 부류의 하인도 그렇게 냉혹하게 품위를 무시하고 해고하는 경우는 없다"고 회고록에서 혹평했으며, 그 사건이 있은 지 13년이 지난 시점에서도 여전히 분개하고 있었다. 맥아더의 정보책임자 윌러비 공군 소장은 "악명 높은 숙청"이라고 기록했다. 트루먼과 맥아더의 사이가 너무 멀어져서 서로가 상대방을 정신적으로 확실히 불안정하다며 비난했다. 맥아더는 개인적으로 리지웨이에게 트루먼이 건강하지 못한 혼란스러운 사람이며 "정신질환"으로 고생하고 있다고 말했다. 트루먼은 그 당시에 맥아더가 "제정신이 아니어서 자신이 무엇을 하고 있는지도 몰랐다"고 나중에 이야기했다.

맥아더는 정복 영웅의 모습으로 환영을 받으며 귀국했다. 그는 호놀룰루Honolulu에서 한 번, 샌프란시스코와 워싱턴에서 각 두 번, 그리고 마지막으로 뉴욕에서는 비행기로 대서양을 최초로 횡단한 찰스 린드버그Charles Lindbergh보다 더 성대한 승리의 행진을 벌였다. 그는 상하원 합동회의에서의 연설을 트루먼 행정부가 공산주의와 "패배주의"에 대한 유화정책을 썼다고 비난하는 데 활용했다. 그는 이제 중공을 상대할 때라고 말했다. 비록 공격적 표현을 조금 쓰기는 했지만 내부적으로 건의했던 것같이 중공 공군기지에 대한 폭격을 요구하지는 않았다. 만약 미국이 중국 공산주의자들의 대만 장악을 막지 않았었더라면 캘리포니아, 오리건Oregon, 그리고 워싱턴 주의 서부 해안을 따라 우리 자신을 방어할 생각을 시작했을지 몰랐을 거라고 덧붙였다.

그러나 이런 야단법석이 있었던 후에도 국민 사이에서 맥아더의 지지도는 높아지지 않고 더 악화되었다. 1951년 5월 3일에 시작된 맥아더 해임에 관한 의회 청문회에서 그는 3일간의 증언을 통해 한국전쟁의 수행에 대한 논쟁을 서투른 민간인에 의해 좌절된 군사 전문가 중 한 사람으로 자신의 존재를 부각시키려 했다. 그러나 다른 증언을 통해 그가 합동참모본부와 깊은 갈등을 겪었다는 사실이 밝혀지자 도박은 실패로 돌아갔다.

사실 트루먼의 맥아더 해임은 군 고위 장교들의 분노를 유발하지 않았다. 1950년대 초에 미군을 지휘했던 사람들은 제2차 세계대전 때 성공적으로 임무를 수행했던 젊은 장군과 제독들로, 그들은 맥아더가 자신의 영예만을 추구하고 아랫사람들의 명예를 거부하면서 어떻게 부하들을 학대했었는지를 알고 있었다. 전쟁 동안에 맥아더가 로버트 아이첼버거 Robert Eichelberger 중장의 명예훈장 추천을 묵살했던 것과 그 행동 이후에 그에게 모욕감을 주는 다른 방법을 찾았다는 것도 잘 알고 있었다. 1947년의 어느 날 오후, 아이첼버거 중장의 부관 중 한 명이 집무실로 호출되어 들어갔다가 눈물을 뺨까지 흘리며 창밖을 보고 있는 장군을 발견했다. 아이첼버거가 오전 10시까지 맥아더의 사무실로 오라는 명령을 받고 갔으나 다른 사람들이 그를 만나러 와서 자리를 뜰 때까지 대기실에서 기다리고 있었지만, 결국 오후 2시에 맥아더가 너무 바빠서 만날 수 없다는 이야기를 들었다고 부관에게 설명했다. 아이첼버거는 "내 인생에서 그런 치욕을 겪은 적이 없었다"고 부관에게 고백했고, 이듬해에 전역해버렸다.

맥아더의 해임에 관한 의회 청문회에서 나온 가장 기억에 남는 말은 고집 센 늙은 노병인 맥아더가 아니라 그보다 덜 웅변적이고 화려하지 않은 합참의장 오마 브래들리에게서 나왔다. 그는 중공을 공격하기 위해서 해안을 봉쇄하고 군사기지들을 공중 폭격해야 한다는 맥아더의 주장을 거절했었다. "솔직하게 말씀드리면, 맥아더 장군의 전략은 우리를 잘못된 전쟁에서, 잘못된 장소와 시간에서, 적과 싸우도록 끌어들이는 것이라는 게 합참의 의견이었습니다"라고 진술했다.

청문회에서 가장 눈에 띄는 맥아더의 발언은 "더 이상 미군 군복을 입은 부하는 없다"는 우스꽝스러운 주장이었을 것이다. 백악관 직원에 의하면 트루먼의 "직접 지시"에 따라 치밀한 계획으로 《뉴욕타임스New York Times》 기자에게 전달된 웨이크 섬의 회의록이 유출되면서 맥아더의 신뢰는 더욱 손상되었다. 회의 기록에 따르면 맥아더는 중공이 전쟁에 개입할 가능성과 영향을 심각할 정도로 잘못 계산하여 그의 신뢰를 훼손하고 심지어는 바보처럼 보이게 했다. 백악관에 보낸 국민의 서신을 보면 처음에는 맥아더가 압도적으로 유리했었는데, 청문회 끝 무렵인 8주 후 6월 27일에 실시한 여론조사는 그가 불리한 것으로 바뀌었다.

공식적으로는 여전히 현역 신분임에도 불구하고 맥아더는 트루먼과 주변 사람들을 비난하는 연설을 하며 육군 제복을 입고 12개월간 전국을 활기차게 돌았다. 그의 지방 순회는 다른 사람들보다 텍사스의 부유한 극우 보수주의 석유 사업자 3인방인 H. L. 헌트H. L. Hunt, 로이 컬렌Roy Cullen, 그리고 클린트 머치슨Clint Murchison의 자금 지원으로 이루어졌다. 그러는 동안에 덜 이념적이면서 사업 지향적인 텍사스의 억만장자 시드 리처드슨Sid Richardson은 맥아더의 옛 보좌관이었던 드와이트 아이젠하워를 유혹하여 대통령 선거전에 끌어들이려고 했다.

맥아더의 오랜 보좌관 찰스 윌러비에 의하면 맥아더는 1952년에 로버트 태프트Robert Taft가 공화당 대통령 후보 지명전에서 이기면 그의 러닝메이트로 합류하기로 비공개 협약을 체결했다. 태프트가 함께 초안을 작성하고 윌러비가 보고한 서면합의서에 의하면 맥아더는 단순한 부통령 이상의 역할을 수행하여 '부副 군 통수권자'로 임명되는 것으로 되어 있었다. 1952년 7월 당시 공화당 전당대회가 시카고에서 열리는 중이었고, 맥아더를 대통령으로 만들자는 붐은 쇠퇴하고 있었으나 그에게는 마지막 기회가 남아 있었다. 그는 전당대회에서 기조연설을 했다. 맥아더가 민간인 신분으로 했던 첫 번째 연설이었는데 그것이 연설에 영향을 끼쳤다. "그가 도착해 연단에 오르자 거대한 반향이 있었고 연설하는 첫 15분 동안에는 엄청난 흥분이 있었다"고 그날 밤 일을 《뉴욕 타임즈New York Times》 기자 C. L. 설즈버거C. L. Sulzberger가 일기에 적었다. 그러나 맥아더가 계속해서 재미없게 웅얼거리자 "그 방에 있었던 열기가 점점 사라지고 있음을 느낄 수 있었다. 나는 그가 산통을 깨고 있다고 느꼈다"고 썼다. 증언에 따르면 대표들이 자기들끼리 수다를 떨며 떠드는 통에 그의 연설을 듣기 어려울 정도였다. 아이젠하워는 대통령 회고록에서 맥아더가 공화당 전당대회 기조연설을 했다는 사실은 기술했지만 냉정하게 그의 연설 내용이나 전 지휘관인 그가 시카고에서 보인 모습에 대해서는 전혀 언급하지 않았다. 예정대로 맥아더의 연설에 이어서 공산당 사냥꾼인 위스콘신Wisconsin 주 상원의원 조셉 맥카시가 연단에 올랐다.

전당대회는 실제로 유명한 육군 장군을 대통령 후보로 지명하기 위해 진행되었지만 주인공은 맥아더가 아니었다. 대신에 역사상 가장 주목할 만한 비난을 받았던 전당대회 중 하나였던 당시의 전당대회에서는 14년 전에 맥아더에 의해 강등되었던 아이젠하워에게 후보 자격이 돌아갔다. 그는 조용하고 변함없이 꾸준하며 신중한 성격의 인물로 필리핀 마닐라의 맥아더 사령부를 떠난 지 몇 년 후에는 조지 마셜의 탁월한 추종자가 되었다. 아이젠하워가 맥아더의 곁을 떠날 때, 둘의 사이는 썩 좋지 않았다. 진주만 공습이 있은 지 겨우 6주가 지난 1942년 1월에 맥아더는 일기장에 "아무리 여러 면에서 보아도 아이젠하워는 나이만 먹은 어린아이네…"라고 썼다. 아이젠하워는 1948년 이전에 아마도 맥아더가 사령부 안에서 자신을 일컬어서 "반역자"라고 언급했다는 것을 들었을 것이다. 전쟁 말기에 맥아더가 기자들과 만난 자리에서 유럽에서의 아이젠하워의 지휘에 대해 공개적으로 비판했었다는 사실을 그는 확실히 알고 있었다.

아이젠하워는 토박이 공화당원인 맥아더보다는 국제적 감각이 더 있었다. 1952년 이전에 그는 미래의 유럽과 새로운 조직인 북대서양 조약 기구에 대해 관심을 가지고 있었는데 이것이 그를 대통령 선거에 출마하도록 부추겼을지도 모른다. 또한 아이젠하워는 맥아더에 대한 혐오와 함께 만약 자신이 대통령 후보에 도전하지 않아서 그가 대통령이 될지도 모른다는 우려를 했는지 모른다. 그의 오랜 친구인 마크 클라크Mark Clark 는 제2차 세계대전이 끝난 직후 어느 날 밤 알프스 산양을 사냥하러 오스트리아에 갔을 때, 아이크가 자신에게 "내가 고향에 돌아가면 무슨 상황인지 봐야겠다"라고 말했다고 전하면서 아이젠하워가 몇 년 전부터 대통령 후보로 나설 것을 심각하게 고민했었다고 말했다. 그러나 아이젠하워는 1948년에 전쟁 동안의 부관이자 자신이 신뢰하는 해리 버처Harry Butcher 에게 대통령 선거에 출마하지 않을 것이라고 설득력 있게 말을 했기 때문에 버처는 라디오 방송에 출연하여 그런 일은 없을 것이라고 이야기했다. 몇 년 후에 그의 오랜 친구인 찰스 콜렛Charles Corlett 장군이 아이젠하워에게 대통령 출마에 대해 깊이 생각할 것을 간청했으나 그는 하지 않겠다고 단호하게 대답했다. 아이젠하워가 "친애하는 피트"라고 쓴 편지에서 "나는 정파적 정치를 하는 것에 직접 연관되는 것을 생각하기도 싫다네. 혹시라도 그 분야에 간접적이나마 손을 대는 것 이상으로 나를 따분하고 어렵게 만드는 것은 없다고 생각하네"라고 썼다.

대통령 선거에 출마하겠다는 아이젠하워의 결정을 보면서 마셜 체계에 대해 언급할 수 있는 문제는 아직 남아 있었다. 비록 아이젠하워가 맥아더가 대통령이 되는 것을 막기 위해 대통령이 되었다 해도, 마셜이 지속적으로 정치와 거리를 두려고 했던 것과 마셜의 최고 추종자인 아이젠하워가 백악관으로 입성했다는 사실을 조화시키는 것은 여전히 어렵다. 마셜이 아이젠하워의 행동에 책임질 일은 거의 없었다. 두 사람은 서로가 매우 달랐다. 실제로, 아이젠하워는 대통령 선거전에서 자신의 오랜 군 멘토인 마셜을 홀대했었다. 마셜을 비난했던 상원의원 맥카시와 함께 위스콘신 주를 여행하며 선거운동을 하던 아이젠하워는 밀워키에서의 연설 초안에서 마셜을 변호하는 내용을 삭제하자는 조언자 그룹의 의견을 허락했다. 마셜의 가장 유명한 전기 작가 중 한 명인 마크 스톨러Mark Stoler는 아이젠하워의 이러한 비겁함이 "평생 나를 괴롭혔다"고 전했다. 아이젠하워는 이미 덴버 연설에서 마셜을 옹호했기 때문에 연설의 일부를 삭제하도록 허용했던 것이라고 옹졸한 변명을 했다.

맥아더는 죽을 때까지 만약 중공에 대한 핵전쟁 시작을 승인했었다면 한국전쟁에서 이길 수 있었을 것이라고 믿었다. 1942년에 『위대한 맥아더MacArthur the Magnificient』라는 제목으로 전기를 썼었고, 전적으로 맥아더에게 우호적인 언론인인 《허스트Hearst》 신문사의 밥 컨시딘Bob Considine과 한 1954년 1월의 인터뷰에서, 맥아더는 한국전쟁에서 불과 열흘이면 승리할 수 있었다고 큰소리쳤다. 승리를 위해 맥아더에게 필요했던 것은 원자폭탄 30~50개, 해병사단 2개, 그리고 장제스蔣介石의 군대 50만 명이었다. 이것은 망상이었다. 트루먼 행정부의 고위급 토의에서 핵무기 사용 여부를 논의했었는지 모르지만, 미국이 중공을 공격할 가능성은 극히 희박했었다. 또한 중국 본토에서 막 추방되어 대만으로 간 국민당 군대의 기지가 중국 공산당 정권에 의해 취약해질 위협이 뻔히 있는데 그렇게 많은 규모의 병력을 지원할 수 있을 거라는 어떠한 증거도 없었다.

결국, 주의 깊게 지켜보는 사람들에 의해서 맥아더가 수십 년 쌓아올린 많은 이미지가 한국전쟁을 통해 벗겨졌다. 에릭 라라비Eric Larrabee가 결론을 내린 것처럼 그는 "변색된 위엄의 껍데기가 벗겨져 진짜 피그미족에 의해서 거대하게 보였던 가짜 거인"임이 드러났다. 맥아더가 육군에 남긴 유산은 거의 없었다. 마셜과는 다르게 맥아더를 추종했던 사람들 중 누구도 정부나 다른 기관에서 주요 직위에 오르지 못했다. 오늘날 맥아더는 미국 사회에서 잊힌 사람처럼 보인다. 그가 육군참모총장이었고, 명예훈장 수훈자이며, 두 개의 전쟁에서 미군 최고사령관이었음을 고려하면 놀라운 결과이다.

맥아더는 웨스트포인트를 제외한 육군 내부에서 다소 당혹스러운 존재로 기억되고 있다. "맥아더는 장군이라면 절대 그렇게 해서는 안 되는 명령 불복종의 죄를 지었다"고 벌지 전투의 영웅이며 나중에 유럽 주둔군 사령관이 된 브루스 클라크Bruce Clarke 대장이 결론을 내렸다. 현대에 맥아더가 무명에 가깝게 잊힌 것에 대한 작은 예외가 있었는데, 레이건Reagan 행정부 거의 전 기간 동안 국방장관으로 재직한 캐스퍼 와인버거Caspar Weinberger가 자신의 사무실에 맥아더 장군의 흉상을 전시했었다. 부분적으로 이것은 방문객들에게 와인버거가 몇몇 전임자들과 달리 전쟁에 참전했었다는 것을 상기시키고자 하는 목적이 있었다.(그는 제2차 세계대전 때 맥아더 참모부의 정보장교였다.) 하지만 맥아더는 미국의 다음 전쟁인 베트남 전쟁에 심대한 영향을 미치게 될 사람이었다.

존슨Johnson 대통령이 북베트남에 대한 폭격 여부를 논의하고 있을 때, 맥아더는 존슨의 마음에 지대한 영향을 미쳤다. 당시 베트남주재 미국 대사였던 맥스웰 테일러Maxwell Taylor가 회의를 위해 본토에 들어와 있었는데, 북베트남 측에서 보복할지 모른다며 북폭에 대해 의구심을 나타냈다. 존슨 대통령은 "중공군이 한국에 쏟아져 들이닥치기 직전에 맥아더가 똑같은 말을 하지 않았소?"라고 그에게 쏘아붙였다. 존슨이 하와이에서 웨스트모어랜드를 만났던 1966년 2월에, 웨스트모어랜드는 베트남에 대한 신속한 병력 증원을 요청하기 위해 압력을 가하고 있었다. 그것은 존슨이 소환한 맥아더의 악의적인 본보기였을 것이다. 1964년에 《타임Time》지가 존슨을 올해의 인물로 선정했던 것에 이어서 1965년에 올해의 인물로 선정된 웨스트모어랜드 장군에게 대통령은 "나는 장군에게 투자를 많이 하고 있소. 나에게 맥아더처럼 행동하지 않았으면 좋겠소"라고 말했다.

14
순응형 조직, 육군

1950년대 중반, 제너럴 모터스General Motors Corporation의 CEO 출신이었던 찰스 윌슨Charles Wilson 국방장관의 지시에 따라서 육군은 빠르게 "조직적인 사람들"의 집합체가 되고 있었다. "조직적인 사람"이란 말은 지난 10년 동안 비소설 분야에서 가장 많이 팔린 베스트셀러『조직의 달인The Organization Man』의 저자 윌리엄 화이트William Whyte가 처음으로 사용했던 말이었다. 조직적인 사람의 중요성을 강조하는 것은 책의 형태로 대중의 반대의견을 제기하기 위해 군을 떠난 3명의 저명한 개인주의자인 리지웨이, 테일러, 가빈의 불행한 출발이었다.

화이트가 쓴 것처럼 조직 관리자들은 그러한 반항적 유형들을 환영하지 않았다. 다음은 1950년대에 떠오르는 미국 기업의 문화를 요약한 내용이다.

"야단법석을 떨던 험난한 시절은 끝났다."

"정통적이지 않은 것은 조직에 위험하다."

"아이디어는 개인이 아니라 집단에서 나온다."

"창의적 리더십은 참모의 기능이다." 즉, 조직이 새로운 사고를 필요로 할 때 조직의 리더는 "아이디어가 많은 직원을 고용한다."

이런 특성들은 1950년대 육군에서 일어났던 일들과 매우 비슷했다. 경쟁이 수면 아래로 가라앉고, 협력에 크게 중점을 두는 그러한 조직을 보면서 화이트는 새롭고 불안한 사회적 분위기를 감지했다. 사람들은 친근한 표정을 하는 경향이 있으나 "자동적으로 보이는 얼음같이 차가운 친밀감의 모습"이지만 사실은 가면을 쓰고 서로가 확실하게 거리를 두는 것이었다. 임원들을 몇 년 단위로 이동시키는 기업의 인사 순환 정책은 "특정 장소에 따라서 달라지는 개인의 정체성"의 발전을 회피하게 만드는 경향과 함께 비인격적인 순응주의를 강화시켰다고 기업 임원들의 심리적 구조를 전문적으로 연구하는 학자인 윌리엄 헨리William Henry가 말했다.

군대에서 기업 인사 순환 정책과 유사한 인사이동은 다른 무엇보다도 연대나 그와 비슷한 부대에 덜 얽매이고 모든 상황에서 사이좋게 지내는 것으로 더 잘 알려진 존재가 된다는 것을 의미했다. 그것은 육군이 테리 앨런 같은 사람이 설 자리가 거의 없는 반면에, 윌리엄 웨스트모어랜드 같이 야심이 있고 사소한 일까지 챙기는 관리자에게 더 많은 기회가 있다는 뜻이었다.

한국전쟁에서 공수연대장이었던 1952년의 웨스트모어랜드 대령을 살펴보면 다가오는 육군의 암울한 미래를 엿볼 수 있다. "공수부대원들이

"새로운 연대장에게서 가장 크게 감명을 받은 것은 그의 세심한 보살핌이었다"고 어느 전기 작가가 썼다. "그는 자신의 대안을 제시하면서 순찰로마다 점검하기를 원했다." 예하 대대장 중 한 명은 웨스트모어랜드 지휘의 특징에 대해서 "연대장이 어깨너머로 언제나 보는듯한 느낌이었다"고 했다. 나중에 대장이 된 프레드릭 크로센Frederick Kroesen 소령은 웨스트모어랜드가 출세지상주의에 경도되어 다소 잘못한 점은 있지만 훌륭한 지휘관이라고 감탄했다. "내가 기억하기로 그는 별 하나를 더 얻을 수 있다면 아내도 군법회의에 넘길 것이라고 누군가가 말했었다"고 크로센은 회상했다.

기업주의적 접근을 지향하는 군의 경향은 전략적 사고의 발달에 의해서 강화되었다. 1950년대에 영향력 있는 경제학자에서 핵전략가로 변신한 토머스 셸링Thomas Schelling은 지적인 면으로 보면 전쟁을 하는 것은 시장에서 활동하는 것과 별로 다르지 않다고 주장하기 시작했다. "시장에서의 가격전쟁과 실제 전쟁 사이에는 의미적 연관 이상의 것이 있다"는, 지혜롭기보다는 재치 있는 글을 썼다. "파업을 선언하여 보복하겠다는 위협과 핵무기로 보복하겠다는 위협 사이에는 적어도 비슷한 점이 있다"라고 말했다. 수십 년 후에 노벨상을 받은 셸링은 이러한 유사성 안에서 군사전략을 다시 생각할 기회가 있다고 인식했다.

오늘날 전략에서는 외교 관련 문제에서 잠재적 군사력을 사용하는 것보다 이미 시작된 전쟁을 어떻게 수행하는지에 대한 관심이 적다. "억제"는 전략개념이지만, 순수하게 군사적인 것만은 아니다. 확실한 군사능력은 침략을 억제하는 데 필요하지만, 근본적으로 억제는 잠재적인 적의 선호와 의도, 그리고 이해에 대해서 조작하거나 작동을 하는 것에 영향을 미치는 것과 관련이 있다. 억제는 순전히 군사적 의미에서 무엇을 할 수 있느냐에 관한 것뿐 아니라 무엇을 할 수 있는지를 어떻게 보여줄 수 있는가에 달려있다.

그는 계속해서 이것은 소련을 어떻게 다루어야 하는지 고려하는 데에만 적용되는 것이 아니라고 말했다. 또한 소규모 교전에 대해 생각하는 방법으로 그것을 제안했다.

제한전쟁은 본질적으로 폭력과 폭력의 위협이 사용되는 교섭과정이고, 적을 강압하거나 또는 저지하려고 노력하고 상대방이 현재의 군사 능력으로 할 수 있는 모든 행동을 추구하지 않도록 하는 것이다.

위 문장은 린든 존슨 대통령이 5년 후에 베트남 전쟁에서 북베트남을 협상에서 끌어내리려고 점점 더 많은 폭격을 하려 했던 "점진적 확전" 전략에 그대로 담겨 있었다.

논리는 설득력이 있어 보였다. 1957년에 로버트 오스굿Robert Osgood은 자신의 영향력 있는 저서인 『제한 전쟁: 미국 전략에 대한 도전Limited War: The Challenge to American Strategy』에서 미국은 막대한 부를 활용해서 어떠한 소모 전쟁에서도 우세할 것이며 심지어 수백만 명의 중국과의 전쟁에서도 그럴 것이라고 주장했다. 그는 "제한전쟁은 우리의 우수한 상상력과 경제적 기반이 미군에게 엄청난 이익을 줄 것이 명확한 그런 전쟁이다. 한 작가가 관찰한 바와 같이 소모전은 중국이 이길 수 없는 단 하나의 전쟁이다"라고 하면서 정말로 독자들을 안심시켰다. 몇 년 후에 두 이론은 중국이 아니라 중국보다 더 작고 쉬운 베트남 공산군을 상대로 시험대에 올랐다. 훨씬 후에 오스굿이 다시 글에다 썼듯이 "만약 1960년대 초에 제한 전쟁에 대한 열의의 극치를 보았다면, 1960년대 말에는 그 열정이 베트남에서 가장 크게 타격받은 것을 목격했다." 역설적이게도 조지 마셜이 "결단력"이라고 표현했던 정신과 열정은 셸링의 합리주의적 접근에는 없는 요소였다.

한국전쟁 후 육군의 임무 추적

한국전쟁 이후의 육군은 놀랄 만큼 골치 아픈 조직이었다. 노르망디 상륙작전에서 힘겨운 살육을 경험했었고 그 후에 자신만의 길을 걸어서 장군이 된 윌리엄 드퓨이는 1950년대 중반에 "육군은 스스로에게 미안함을 느끼고 있었다"라고 진술했다. 좌절감을 안긴 한국전쟁을 끝내고 귀국한 육군은 어렵고 예상하지 못한 문제에 직면했다. 육군이 공산주의자들을 숨겨주고 있다고 비난하는 야비한 위스콘신 주 출신 공화당 상원의원 조셉 맥카시에 의해서 육군 지도부가 의회로부터 공격을 받고 있었다.

어느 군사사학자가 말한 바와 같이 육군에 있어서 더욱 의미가 있는 것은 1950년대가 "교리 분야에서 혼돈 속의 10년"이었다는 점이었다. 육군의 미래가 의심을 받고 있었다. 첫 번째 주요 의제는 타군에서는 혁명적인 것으로 입증된 핵무기시대에서 육군 역할에 대한 질문이었다. 공군은 미국 본토와 해외에 새로운 공군기지를 건설했고, 1955년에는 최초의 진정한 대륙 간 폭격기인 B-52를 실전 배치하면서 신속하게 확장하고 있었다. 공군은 또한 정찰위성을 발사함으로써 현명하게 우주를 향해 움직이고 있었다. 해군은 첫 번째 핵 잠수함인 노틸러스Nautilus를 1955

년에 취역시켰고, 이어서 10년이 지나자 핵탄두를 장착한 폴라리스Polaris A-1 SLBM(submarine-launched ballistic missile 잠수함에서 발사되는 탄도미사일 - 옮긴이)을 개발했다. 역사상 최초로 지상군이 미국의 가장 중요한 전력으로 여겨지지 않게 되었다. 육군 역사학자의 말처럼 지상전은 거의 진기한 것처럼 보이기 시작했다. 역사상 가장 큰 전쟁에서 중심 역할을 했던 육군의 규모는 단 10년이 지난 후에 20개 사단에서 14개 사단으로 줄어들었다.

역설적이게도 1950년대 육군이 길을 잃어버린 것은 대통령이 된 마지막 장군인 드와이트 아이젠하워가 지켜보는 가운데 일어났다. 역사학자 아드리안 루이스Adrian Lewis가 "그의 존재 자체가 육군과 깊은 관계가 있었고 그의 성격은 육군에 의해 형성되었다"고 언급했다. 아이젠하워의 군대 시절의 부관 앤드류 굿패스터Andrew Goodpaster 대령에 따르면, 심지어 대통령의 아들이자 육군 장교였던 존 아이젠하워John Eisenhower가 육군에는 명확한 임무가 결여되어 있어서 "사람들을 다소 불만족스럽고 심지어는 어리둥절하게 만들었으며, 많은 이들의 역할이 모호했다"고 아버지인 대통령에게 불평했었다.

표류하는 기분은 야전에까지 번졌다. 존 콜린스John Collins 소령은 1956년에 포트 딕스Fort Dix에 보고하면서 뉴저지 기지가 노후 된 병영막사와 골동품 같은 배관으로 유령도시의 느낌을 들게 한다고 했다. 그의 첫 대대장은 자살했고, 두 번째 대대장은 가을에 나뭇잎을 긁어모으지 않으려고 그늘을 만들어주는 나무뿌리에 소금을 뿌렸던 알코올 중독자였다. 노먼 슈워츠코프Norman Schwarzkopf가 1957년에 웨스트포인트에서 켄터키 주에 주둔한 포트 캠벨Fort Campbell에 갔을 때, 많은 장교와 부사관들이 술에 절어 있는 것을 보고 놀랐다. "하위 계급 사람들은 쓰레기 같은 모습이었고, 사명감이나 명예감 없이 시간을 보내고 있는 사람들, 알코올 중독으로 흐릿한 안갯속에서 세상을 보는 사람들 천지였다"고 말했다. 슈워츠코프의 일상 임무 중의 하나는 지휘관이 일찍 퇴근하고 술에 취해 있었던 매일 오후 6시경에 기지의 "로드 앤 건 클럽rod and gun club"에 중대장들을 모이게 하는 것이었다. "만약 금요일 오후 해피 아우어happy hour(술집에서 정상 가보다 싼 값에 술을 파는 이른 저녁 시간대 - 옮긴이)에 장교 클럽에 나타나지 않으면 나약한 여자 취급을 했다. 술 한 잔 값은 25센트였는데 7시 이전까지 가능한 많은 술을 먹어 치우는 것이 과제였다"고 슈워츠코프는 회상했다. 그는 수십 년 후에 당시 육군은 "윤리와 도덕적인 면을 포함해서 여러모로 파산 상태였다"고 기록했다.

맥스웰 테일러Maxwell Taylor는 자신이 육군참모총장으로 "1955년 6월에 워싱턴으로 돌아오자 어떤 사람들은 나에게 육군이 '난처한 입장에 빠졌다'고 이야기했다. 육군이 합참으로부터 지속적으로 중요한 결정에서 제외되는 대우를 받아 이제는 잊힌 군이 되었다고도 했었다"고 그해 포트 베닝에서 말했다. 그는 그들의 그러한 감정을 공유하지 않았다고 주장했다. 그가 솔직하게 말하지 않은 점은 포트 베닝에서 육군 부대들을 결집시키려고 노력한 말이었기에 어느 정도 용서할 수 있었다. 용서할 수 없는 것은 테일러가 진실을 이야기하지 않는 성향이 있어서 이것이 10년 후에 나라를 어렵게 만들었다는 점이다. 사실 몇 년 후에, 테일러는 1950년대 중반을 육군의 "바빌론 유수Babylonian captivity(기원전 595~538년의 기간 동안 바빌로니아가 유대 왕국을 정복한 뒤 유대인을 바빌론으로 강제 이주시킨 사건 - 옮긴이) 기간"이라고 씁쓸하게 묘사했었다. 당시 테일러의 부관 중 한 명이었던 존 쿠시먼John Cushman은 "육군은 살아남기 위해 싸우고 있었다"고 기억했다.

테일러는 육군참모총장으로서 사면초가에 빠진 육군이 공군과 해군 사이에서 지배력을 행사할 수 있는 위치로 올라가기 위해 노력하고 있었다. 1956년에 테일러는 더 분산되고 반 독립적으로 작전할 수 있는 5개의 독립된 "전투 그룹"으로 구성된 "5각 편제의 육군"을 들고나와서 사람들을 어리둥절하게 만들었다. 육군은 이러한 변화가 "핵전쟁 전투 현장"에서 생존성을 높일 것이라고 희망했다. 무게 23킬로그램, 10KT의 핵탄두를 1.6킬로미터 이상으로 사격할 수 있는 신형 "데이비 크로켓Davy Crockett"이라는 삼각대 장착 무반동총이 특징적인 새로운 무기였다. 휴대용 핵무기의 사거리가 치명적인 방사능 위협 거리보다 작은 것을 계산한 장병들은 새로운 다원식 지능 테스트라며 비꼬았다. 그런데도 1957년의 지휘참모대학에서는 핵 상황 아래에서 어떻게 작전해야 하는지에 대한 교육에 학과시간의 반을 할당했다. 1959년에 테일러는 국방비 중에서 육군 예산이 차지하는 비율이 46%인 공군의 절반인 23%인 것을 보고 한탄했다.

같은 시간에 육군의 미래 모습에 대한 질문에 다른 답변이 떠오르고 있었다. 만약 해·공군이 분쟁의 가장 첨예한 기술 영역인 핵전쟁에 중점을 둔다면 육군은 유연성과 기동력을 보이는 비기술 분야로 가서 역사적으로 해병대가 차지했던 소규모 전쟁 분야를 확보하자는 것이었다. 얼마 지나지 않아서 테일러가 1955년에 육군참모총장이 되면서 여기에 불을 지폈다. 그는 육군의 퇴역 장군들에게 보낸 편지에서 "어떠한 전쟁이라도 억제하고 이겨야 한다. 전면 전쟁으로 전환이 되기 전에 국지전을 예방하고 진압하는 것이 특별히 중요하다"고 썼다. 1957년에 육군 장교 8명이 《밀리터리 리뷰》에 〈소규모 전쟁을 위한 준비 – 통합된 전략〉이라는 논문을 게재하여 아이젠하워 행정부의 "대량보복 전략"에 반하는 논쟁을 벌였다. 그들은 소규모 공격에서는 핵무기 같은 큰 폭탄의 사용이 정당화되지 않는다고 주장했다. 같은 시간에 지휘참모대학에서는 대분란전 counterinsurgency(비정규군을 격퇴하기 위한 활동의 총체로 게릴라나 혁명가의 활동에 대해 취한 군사적 또는 정치적 활동의 총체를 말한다. - 옮긴이)에 대해 새롭게 강조하기 시작했다. 테일러는 또한 1957년에 노스캐롤라이나 North Carolina 주에 있는 포트 브랙 Fort Bragg에 "특수전학교"를 창설했다. 테일러의 팬토믹 사단은 그가 1959년에 참모총장을 그만둔 후에 곧 폐기되었지만 그가 강조했던 "국지전"에 대응한 능력을 갖는 것은 계속되었고 특히 존슨 행정부가 들어섰을 때, 테일러의 융통성 있는 대응 개념은 대통령을 매료시켜서 정책에 크게 영향을 미쳤다. 베트남으로 향하는 육군의 불운한 항해는 부분적으로 1950년대 중반에 임무를 찾기 위한 것에서부터 자라났다는 것은 과장이 아니다.

또한 육군의 많은 우울한 문제점들은 구조와 문화에 기인했다. 1950년대 중반까지는 1947년에 개정된 인사법이 시행된 지 7년밖에 안 되었고, 한국전쟁에서 도입된 전투 순환 배치는 적용된 지 4년밖에 안 되어서 미시적 관리라고 불리는 과잉 감독에 대해 불평을 하는 기사들이 쏟아져 나오는 상황이었다. 이런 비판에는 다른 근거도 있었지만, 육군이 점점 더 관료화되어서 군사 평론가 조지 필딩 엘리엇 George Fielding Eliot(군사 및 정치 분야 저술가이며 제2차 세계대전 때 방송의 군사 분석가로 활동 - 옮긴이)이 지적했듯이 육군이 영혼을 잃을 위험에 처해 있었기 때문이었다. 〈상병에서 대령까지〉에서 그는 다음과 같이 썼다.

> 전투할 장병을 양성하고 그들을 전투부대 안으로 편입시키는 것이 주요 임무인 사람들이 "시스템"이라는 거대한 기계의 톱니바퀴에 불과하다는 것을 알게 되었다. 미국의 비즈니스맨은 세계에서 가장 효율적인

개인이라는 미국 사상에 헌신하는 순교자로 미국의 모든 기관은 "비즈니스 라인에서 운용되어야" 한다는 것이었다.

엘리엇이 추가한 주요 문제점은 장병들의 지속적인 순환 인사였다. "부사관들은 새로 오는 병사들이 업무에 적응하고 주변과 친해지기 전에 교체되었다. 또한 장교들은 끊임없이 바뀌고 있었다." 육군 역사상 평시 징병제를 도입한 것은 처음이어서 육군에서 단 2년 동안 근무하는 많은 장병을 불편하게 관리하게 만들었다.

순환 보직과 미시적 관리는 각각의 결점을 상호 강화시켰다. 장병들이 많이 이동하면 할수록 서로 친해지기가 쉽지 않아 관리자들은 누가 임무를 확실히 수행하는지 또는 그렇지 않은지에 대해 알지 못하게 되기 때문에 과잉 감독하는 경향이 있었다. 순환 보직은 또한 장기적으로 장병을 육성해서 얻는 비용 대비 짧은 기간에 결과를 얻으려는 지휘관들에 의해 보상권이 남용되는 경향도 만들었다. 이런 관점에서, 장군급 임무 수행자들이 반드시 좋은 리더일 필요는 없었다. 어떤 부대에서는 장교가 출세를 위해 이를 이용한 후에 의기소침하고 피곤에 지친 부대를 뒤에 남겨두고 새로운 보직으로 이동하곤 했다. 이러한 문제가 계속되자 "종종 조직의 심각한 문제들에 대한 책임이 있는 리더들이 임무 수행을 최고로 잘한 것으로 상을 받곤 한다"고 수십 년이 지난 후에 스티븐 존스Steven Jones 대령은 지적했다.

다른 사람들은 육군에서 더 크게 증가하고 있는 이인증세離人症勢 depersonalization(자신이 낯설게 느껴지거나 자신과 분리된 느낌을 경험하는 것으로 자기 지각에 이상이 생긴 상태 – 옮긴이)을 감지했다. 로저 리틀Roger Little 대위가 1955년에 다음과 같이 한탄했다.

우리가 살고 있는 대중사회처럼 우리가 근무하는 부대들은 이웃이나 연대聯隊라기보다는 군중집단이 되어버렸다. 상하좌우로, 심지어는 전혀 다른 곳으로 사람들이 오가면서 소속감은 계속 바뀌고 있었으며, 서로가 진실로 상대를 "알지" 못했다. 연대들은 익명성으로 모인 집단과 같아서 전투를 함께했거나 야외숙영을 했던 것들에 대한 기억들이 거의 공유되지 않은 채 구성원이 공통규범을 만들기 전에 지속적으로 교체되고 있었다.

1957년에 육군은 포트 레번워스Fort Leavenworth에 있는 지휘참모대학에서 학생 장교들을 대상으로 설문조사를 했는데 결과는 확실히 우려할 만했다. 전체의 81% 학생장교들은 지휘관들이 젊은 장교들을 과잉 감독했다고 믿는다는 답변을 했다. 그들이 인용한 원인 중에는 끊임없이 완벽을 요구하는 것, 지나치게 상세한 명령의 사용, 그리고 전반적으로 젊은 장교들에 대한 신뢰 부족 등이 있었다. 지휘참모대 총장 라이오넬 맥가르Lionel McGarr 소장은 육군본부 인사참모부장에 보낸 후속편지에서, 교수와 학생 장교들은 육군이 장교를 관리하는 경향이 "조심하고 순응하는 사람에게 보상을 하고 진취적으로 주도권을 갖고자 하는 이들에게는 불이익을 준다"는 데 공감했다고 보고했다.

육군은 문제를 찾는 노력을 했지만 해결하는 데는 성공하지 못했다. 육군참모총장 테일러는 1957년 9월에 육군의 젊은 장교들이 사소한 것까지 관리를 받고 있다는 경향에 대해 우려를 나타내는 지휘서신을 고위 장군들에게 보냈다. 이듬해에 육군 야전교범 22-100 군사 리더십에서는 "과잉 감독은 진취적 주도권을 억누르고 분노를 만들어낸다"고 경고했다. 육군의 선임 지휘관들에게도 문제를 요약한 지휘서신을 내려보냈다. 그러나 이런 토론 외에 별다른 조치가 취해지지 않았다. 가장 중요한 것은 육군이 장교들을 관리하고 승진시키는 방식에서 발생하는 구조적인 것이었는데, 이 문제를 바라본 사람이 아무도 없었다.

이것에 대해 소극적이었던 한 가지 이유는 미시적 관리를 하던 시대에 최고위 계급까지 오른 사람들이 부하들에 대한 면밀하고 세세한 감독에 대해 염려할 것이 없다고 보는 점 때문이었다. 결국 그러한 것들이 자신들을 진급 사다리로 올라가도록 도와주었던 것이었기에 그렇게 믿었다. 오브리 뉴먼Aubrey Newman 소장은 "왜 많은 장군이 세세한 것에 그렇게 많은 관심을 기울이는가? 그들이 관심을 갖는 중요한 작은 것들이 자신들을 장군으로 만든 원인 중의 하나였기 때문이었다"고 기록했다. 미치도록 사람들을 화나게 만들지만, 그것은 정확한 표현이었다. 미시적 관리는 육군 문화의 일부가 되었다. 조지 필딩 엘리엇이 쓴 것처럼 그것은 육군의 영혼이 되었다. 뉴먼 장군이 지적한 대로 장군 집단은 외부의 비판에 대해 극도로 저항했다. 결국 그들은 제2차 세계대전에서 승리한 세대라고 말할 수 있었다. 나치를 패배시킨 후 다른 모든 것들은 덜 도전적인 것으로 여겨졌다.

1961년까지 육군이 지휘 개념을 잃어가고 있다는 증거가 점점 더 많아지고 있었다. 데이비드 램지 주니어David Ramsey Jr. 중령은 비록 많은 동료들은 그렇다고 믿지만, "지휘와 관리는 다른 개념이다"라고 주장하는 기고문을 《밀리터리 리뷰》에 게재했다.

외부에서 보기에 육군의 상황은 훌륭해 보였는데, 부분적으로는 밖에 있는 사람들에게 좋게 보이기 위해 많은 노력을 기울이고 있었기 때문이었다. "육군이 오늘날처럼 주도적으로 전쟁 상황으로 들어간 적이 없었다는 사실은 과장이 아니다"라고 《포춘Fortune》지가 베트남 전쟁이 격화되어 가는 중에 보도했다. 그러한 증거의 일부로 "장군과 대령들의 일부만 제외하고 모두 제2차 세계대전이나 한국전쟁 중 하나 또는 두 곳 모두에서 전투에 참가하거나 참모장교로 근무했었다"고 했다. 그러나 군 내부에서는 썩어가고 있는 흔적이 있었다. 한국전쟁 후 군을 떠났다가 1961년에 다시 입대했던 헨리 골Henry Gole은 자신이 본 군의 변화에 충격을 받았다. "1953년에는 부사관들이 했던 것들을 장교들이 하고 있었다"면서 "보여주기 식의 쇼가 많았다…. 하얀 와이셔츠에 짧은 머리카락, 반짝이는 군화는 중앙집권의 공포에 대한 두려움을 효율적으로 표현한 것 같았다"고 기억했다.

1960년대 초에 피터 도킨스Peter Dawkins 대위는 대부분의 장군보다 더 많이 알려진 육군의 유명 인사였다. 어렸을 적에 그는 소아마비를 극복했다. 웨스트포인트 재학시절에는 여단장생도, 성적이 5% 안에 들어야 뽑히는 대표생도, 그리고 미식 축구부 주장을 모두 차지한 최초의 인물이었다. 그는 절정에서 진일보하는 모습으로 하인즈만 토로피Heisman Trophy(매년 뛰어난 대학 미식축구 선수에게 주어지는 상 - 옮긴이)를 1958년에 수상했고, 로즈 장학생Rhodes scholar(미국, 독일, 영연방 등에서 영국 옥스퍼드 대학에 유학하는 학생들에게 수여되는 장학금 - 옮긴이)으로도 선발되었다. 그러나 1965년까지 그는 육군의 리더십에 감명을 받지 못했다. "이상적인 사람은 거의 아무것도 하지 않은 사람, 즉 아주 미미한 정도의 솔선수범과 상상력을 발휘해 아무 잘못도 한 적이 없는 사람인 것 같았다. 개인 자력표(개인의 업무수행 결과, 부대 지휘에서의 공과, 교육훈련 성적을 모두 기록한 인사자료 - 옮긴이) 상에 한두 개의 흠집이 있으면 매력적인 진급대상자로 여겨지지 않던 때가 있었다. 순응하고 묵인하는 사람보다 용감하게 행동하는 사람이 가끔 실수를 하는 법이다"라고 육군《보병Infantry》지에 글을 올렸다.

이 시기쯤 장군은 마셜이 설명한 자질에 따라 선발되지 않았고, 인사 관리 모델이 예상한 비율로 교체되지 않음으로써 마셜의 두 가지 체계가 무너지기 시작했다. 잘못 적용된 마셜의 장군 리더십 모형은 동료들의 평가와는 거리가 있는 조직원들을 승진시키는 경향을 나타냈다. 그들은 대중에게 책임을 지는 전문적 관리자가 아니라 주로 상호 간에 책임이 있는 폐쇄된 조합의 책임자같이 행동했다. 장군이 된다는 것은 종신 교수 자리를 얻는 것과 비슷해졌고, 군인으로 직업적 실패 때문이 아니라 도덕적 실책으로 인해서 조직을 난처하게 만들 때만 보직이 교체된다는 것을 의미했다.

그런 것들을 인식하지 못한 채, 장군들의 능력을 감시하는 활동을 중단함으로써 육군은 새로운 관행의 시작에 박차를 가했다. 한국전쟁 중에 맥아더에게서 발생했던 것처럼 민간 관료에 의해서 최고위 장군들이 교체되는 일이 베트남 전쟁과 이어진 전쟁에서 계속되었다. 전쟁이 얼마나 잘 진행될 것인지를 예측하는 몇 안 되는 변수 중의 하나는 민간 관료와 군사 지도자들 사이에서 생기는 담론의 질이다. 불행하게도, 미국의 다음 전쟁에서 장군들과 대통령 사이에서의 대화의 기류는 온화한 마셜의 정신이 아니라 맥아더의 악의적 정신이었다.

육군은 베트남으로 갈 군대였다. 그리고 지금에서 보면 베트남군에 완전히 잘못된 방향으로 여겨지는 것을 하라고 조언하고 있었다.

제 3 부

베트남 전쟁

육군에게 1950년대는 조직의 소멸을 가져올 뻔한 위기의 순간이었다. 많은 사람이 핵무기가 존재하는 새로운 시대에 지상군 역할에 대해 큰 목소리로 궁금증을 토로했다. 1955년부터 1959년까지 육군참모총장을 역임한 맥스웰 테일러 대장은 이 시기를 육군의 "바빌론 유수"라고 불렀다. 해군은 핵잠수함과 함께 핵탄두를 장착한 미사일을 개발하고 있었으며, 공군은 전략 폭격기를 보유하고 있으면서 육군 예산의 2배를 사용하는 군대의 중심 조직이 되었다. 육군은 신임 대통령 존 F. 케네디 밑에서 재래식 사단을 11개에서 16개로 늘리고, 특수전 부대를 신속하게 증강하는 등 어느 정도 반등을 이루었다. 육군은 자신들의 적절성을 지속적으로 입증하기 위해 인도차이나를 주목하고 있었다. 그러나 한편으로는 소련도 주시해야 했기 때문에 육군 병력의 3분의 1 이상을 베트남에 전개할 수가 없었다.

15

맥스웰 테일러

패전의 설계자

"가장 위대한 세대"(톰 브로커의 베스트셀러 『The Greatest Generation』의 제목에서 따온 용어로, 1900년과 1924년 사이에 태어난 미국인들을 일컬음. 이 세대는 대공황의 여파 속에서 성장해서 제2차 세계대전을 겪고 이후 미국의 부흥을 이끌었다. -옮긴이)의 일원으로 명사 대우를 받던 사람들이 베트남 전쟁에서의 역할로 인해 대중으로부터 악마가 된 바로 그 장군들이었다. 윌리엄 드퓨이는 베트남에서의 장군들이 제2차 세계대전에서 최전방의 지휘관을 했던 인물들이라고 기술한 적이 있었다. 그는 "최고사령관인 웨스트모어랜드 장군에서부터 밑으로 사단장에 이르기까지 우리 대부분은 제2차 세계대전에 연대장과 대대장으로 참전했었다"고 했다.

이들은 단순한 생존자가 아니라 세계적 규모의 전쟁에서 승리한 사람들이었다. 제1차 세계대전 무렵 태어난 이들은 청소년기에 경제 대공황을 겪었고 대학교육을 받으려고 경쟁했다. 월터 커윈^{Walter Kerwin} 장군은

"우리는 많은 것은 가져본 적이 없었다. 라디오나 차를 가져본 적이 없었다. 경제 대공황이 닥치자 아버지는 실직했고 4년이 조금 넘는 기간 동안 우리 가족은 심각한 궁핍에 처해 있었다. 그래서 나는 유년기부터 어디든 가기를 원하면 그것을 얻기 위해 싸워야 한다는 것을 명심해야 했다"라고 수십 년 후에 회상했다. 제2차 세계대전 동안 그들은 살아남았을 뿐 아니라 성장했다. 그들은 지금까지 미국이 직면했던 가장 큰 외부의 위협에 맞서 싸우고 깨부숨으로써 빠르게 진급했다. 이들이 바로 수백만 명의 육군에서 장군 역할을 했던 사람들이었다. 예를 들어 커윈 장군은 1944년 초에 소령으로 이탈리아의 안지오 해변에서 포위된 채 독일군 역습에 대응하는 효과적인 포병 운용을 계획하고 시행하는, 사실상 장군의 권한을 부여받았었다. 그해 말 프랑스에서 심각한 부상을 당했던 그는 몇 달 동안의 회복기를 거친 후 과거 리지웨이 장군이 마셜 장군에게 아침 상황을 보고하는 직책을 수행하며 전쟁의 끝을 맞았다. 마셜의 사무실 밖에서 자신의 차례를 기다리면서 그는 "준장과 소장들이 악수를 하며 나오는 것을 보았다. 마셜은 매우 이해심이 많은 사람이었지만 절제력이 강했고 매우 냉정한 사람이었다"고 기억했다. 1967년에 커윈은 베트남에 주둔한 웨스트모어랜드 사령부의 참모장이 되었다.

미국이 베트남 전쟁에 참전했을 때, 육군 장군들 사이에서 압도적으로 낙관론이 만연하고 있었다는 것을 기억하면 전쟁의 비참한 결말을 옆으로 제쳐놓는 것은 어려운 일이다. 오만에 가까운 그들의 전망은 국방부와 백악관에 있는 민간인 상급자들과도 공유되었다. 그들은 세상을 향하여 당당하게 서 있었다. 지구 반대편에서 전쟁을 벌이다 패하고, 본토에서는 사회혁명을 겪고 있으며, 인류를 달에 착륙시키는 우주계획을 동시에 진행하는 미국의 엄청난 역량은 지금 생각해봐도 매우 놀라울 지경이다.

그러나 세계를 제패하고 있는 육군 장군 세대는 덥고, 습하며, 전략적으로 중요하지 않은 동남아시아의 한구석에서 좌절감의 수렁에 빠져들게 될 것이고 실제로 국민의 지지는 서서히 약화되기 시작했다. "우리가 뒤죽박죽 혼란에 빠진 것이 가장 이상한 점이었다. 우리는 베트남의 사람과 상황, 그리고 어떤 전쟁이었는지를 알지 못했다. 우리가 그것을 알았을 때는 이미 너무 늦었다"고 31살의 나이에 제2차 세계대전에서 제6 사단 참모장을 역임했었고 베트남 전쟁에서는 군단장을 지냈던 브루스 파머 주니어Bruce Palmer Jr. 장군이 베트남 전쟁이 끝난 지 얼마 안 되어서 말했다.

이 세대는 맥스웰 테일러Maxwell Taylor 장군의 지휘 아래 베트남 전쟁으로 진입했다. 그는 제2차 세계대전 동안 제101 공정사단장을 했었지만 벌지 전투에서 가장 유명한 교전이었던 바스토뉴Bastogne(벨기에 남동부의 소도시로 룩셈부르크 국경 부근 아르덴 고지에 위치 - 옮긴이) 전투에 참전할 기회를 놓쳤었다. 1960년 육군참모총장 직에서 물러난 지 1년 만에 아이젠하워의 국방정책을 혹독히 비평하는 『불확실한 나팔 소리』The Uncertain Trumpet를 출판했다.(책의 초안 대부분은 테일러 장군의 참모들이 썼다. 그들 중에서 윌리엄 드퓨이와 존 쿠시먼John Cushman에 대해서는 뒤에서 더 언급할 것이다.) 1960년 대통령 선거에서 테일러와 그의 책은 민주당의 대통령 후보인 존 F. 케네디John F. Kennedy의 마음을 끌었다. 케네디 대통령의 동생이자 가장 가까운 조언자인 로버트 케네디Robert Kennedy는 "이 책에서 엄청난 영향을 받았다"고 말했고, 아들의 이름을 테일러에서 따왔다. 테일러의 책은 "미국이 베트남에 개입하는 데 다른 어떤 것들보다 영향을 주었을 것"이라고 데이브 리차드 파머Dave Richard Palmer 중장이 결론지었다.

1960년대 초, 테일러는 조지 마셜과는 대척점에 서 있었다. 1941~1942

마켓가든 작전에서 제101 공정사단장 테일러가 몽고메리로부터 무공훈장을 받고 있다. 제2차 세계대전이 끝난 후 그는 백악관과 거리를 두기보다는 대통령과의 개인적 관계를 자신의 권력 기반으로 삼은 고도로 정치화된 장교로 변신했다. (사진 출처: Wikipedia Commons/Public Domain)

년에 걸쳐서 마셜을 위해 일했었던 젊은 장교였음에도 불구하고 백악관과 거리를 두기보다는 대통령과의 개인적 관계를 자신의 권력 기반으로 삼은 고도로 정치화된 장교로 변신했다. 케네디가 대통령이 되자 비록 현역은 아니었지만 소설 『캉디드Candide』에 나오는 팡글로스Pangloss(프랑스의 계몽주의 철학자 볼테르의 소설. 캉디드의 스승인 팡글로스는 현세가 존재 가능한 최선의 세상이라고 설파하는 극단적 낙관주의자이자 변화를 바라지 않는 보수주의의 표상이다. -옮긴이)의 역할을 하면서 미국이 베트남 전쟁에 참전하는 데 어떤 현역 장군보다 많은 영향을 미쳤다.

테일러는 육군참모총장으로 아이젠하워 대통령에게서 인정을 받지 못하고 있다고 느꼈었다. 그러나 아이젠하워의 후계자인 케네디가 비핵화에 초점을 맞추면서 육군은 다시 각광을 받게 되었다. 개념이 부실했었던 테일러의 팬토믹 사단이 1961년에 육군에서 정식으로 채택되지 않고 버려졌지만, 백악관에서 테일러의 영향력은 커져갔다. 케네디 임기 초반인 1961년 4월 중순에 발생한 피그스 만Bay of Pigs 작전(1961년 4월 카스트로의 쿠바 정부를 전복하기 위해 미국이 훈련한 1,400명의 쿠바 망명자들이 미국의 도움으로 쿠바 남부를 공격하다 실패한 사건 - 옮긴이) 실패로 테일러가 기회를 얻었다. 쿠바 망명자들을 쿠바에 들여보내 피델 카스트로Fidel Castro 쿠바 대통령을 실각시키려고 CIA의 주도로 실시된 이 작전은 대통령이 합참을 불신하게 만드는 원인이 되었다. 대통령은 합참이 작전과 거리를 둔 채, 예견했던 문제를 자신에게 알리지 않아서 실패로 돌아갔다고 느꼈다. 그는 "'다 잘 될 겁니다'라고 말하며 과일 샐러드를 잔뜩 입에 처넣은 개자식들이 고개만 끄덕이며 앉아 있었다"고 불평했었다.

테일러가 백악관에 들어와서 처음으로 한 일은 피그스 만의 실패에 대한 조사를 지휘하여 대통령에게 보고하는 것이었다. 그는 사실상 라이먼 렘니처Lyman Lemnitzer 합참의장의 역할을 효과적으로 대체하는 새로운 자리인 케네디의 개인 국방보좌관으로 군에 있는 어느 사람보다도 대통령 집무실에 자주 출입했다. 테일러는 "하루에도 몇 번씩 매번 다양한 주제를 가지고 대통령과 만나곤 했다"고 기억했다. 그는 단지 장군으로서뿐 아니라 공개된 백악관의 공식 관료로 중요한 존재감을 나타냈다. "테일러는 케네디 대통령에게 군사적 문제 이상의 영향력을 행사했다. 대통령은 폭넓은 분야에서 박식한 지식을 가지고 신속한 정보와 건전한 판단을 하는 사람으로 그를 평가했다"고 1962년에 육군참모총장이 된 얼 휠러Earle Wheeler 대장이 말했다. 그가 백악관 참모의 일원이 되어서 공식적으로 다룬 첫 번째 과제가 '베트남을 어떻게 해야 하는가'였다.

1962년에 케네디 대통령은 렘니처 합참의장의 후임으로 테일러를 지명했고(미국은 전역한 장군도 대통령의 명에 의해 현역으로 복귀할 수 있음 - 옮긴이), 그는 1964년까지 합참의장으로 재직했다. 테일러는 백악관 사람으로 여겨졌기 때문에 합동참모회의의 다른 위원들에게서 경계를 받았다고 매정하기 짝이 없는 전기 작가인 예비역 준장 더글러스 키나드Douglas Kinnard가 기술했다. 각 군 총장들과 군 통수권자인 대통령과의 담론은 케네디 대통령 시절에 긴장 관계에 있었고, 그들의 관계는 그의 후임자 시대에도 마찬가지였다. 합참의장으로 2년 동안 근무한 후에 그는 다시 군에서 전역하고 이번에는 베트남주재 미국대사가 되었다. 거기에서 그는 미국 민간인뿐 아니라 군사적 측면까지도 관장하는 식민지 총독의 권한을 보유했다. 베트남을 떠난 후에, 테일러는 존슨 대통령의 전쟁 자문위원으로 3년 동안 근무했다. 그는 또한 베트남 전쟁을 지휘하는 최고 지휘관 3명 중 2명을 임명하는 데에도 중요한 역할을 했는데, 그들은 자신의 전 부관 중의 한 명인 폴 하킨스Paul Harkins 장군과 다른 한 사람은 웨스트모어랜드 장군이었다.

미국 국민은 윌리엄 웨스트모어랜드 장군을 베트남 전쟁 패전의 희생양으로 기억하지만 미국을 베트남 전쟁에 끌어들인 것에 대해 테일러가 더 많은 비난을 받는 것이 마땅하다. 전략 분야 전문가인 버나드 브로디Bernard Brodie는 베트남 전쟁 개입에 대한 생각을 대통령에게 입력시켰으며 당시 전쟁에서 미군의 접근을 위해 여건을 조성했던 인물인 테일러가 "다른 어떤 군인보다 미국의 베트남 전쟁 개입이라는 슬픈 이야기에 대한 책임이 크다"라고 말했다. 초대 공군참모총장이자 1950년대 대부분을 합참에서 보냈고 후에 합참의장을 역임한 네이선 트와이닝Nathan Twining 대장이 1967년에 아래와 같이 말했다.

테일러는 현재 베트남에서 우리가 처해 있는 상황에 대해 큰 책임이 있다. 우리가 모두 반대하는 조언을 했음에도 유일하게 그가 그것을 하고 싶어 했다. 우리는 날마다 여러 번에 걸쳐서 그 문제를 논의했었다. 적어도 테일러는 우리가 저 먼 베트남에서 전쟁을 할 수 있다고 믿는다는 말을 했다. 우리는 이 문제를 합동참모회의에서 몇 번씩이나 논의했었는데, 그가 유일하게 참전을 옹호했었다. 해군과 해병대, 우리 모두가 반대했지만 그는 거기에서 총을 쏘지 않으면서 전쟁을 할 수 있고, 많은 병력도 필요하지 않으며, 우리는 장비와 베트남 국민을 위한 훈련 지원을 할 것이라고 했었다. 그러한 모든 것을 가지고 그들이 우리를 위해서 싸우도록 놔두면 된다는 것이 테일러의 주장이었다. 그는 누구 못지않게 이 일에 대해 책임이 있다.

여기에서 트와이닝은 특히 자신의 역할을 허위로 진술하면서 1950년대에 베트남 전쟁 개입과 관련하여 있었던 합참의 반대 정도와 본질을 과장하고 있지만, 그럼에도 불구하고 테일러가 앞장을 섰다고 지적한 요지는 문제의 핵심을 옳게 본 것이었다.

테일러는 베트남 지상전투에 미국의 개입을 지원하도록 합참을 끌어들였다. 테일러가 개입하기 이전에 합참은 베트남이 미국의 이익의 주변부에 있다는 결론을 냈었다. 콜린스J. Lawton Collins 육군참모총장의 후임인 리지웨이는 1954년 봄, 미군이 인도차이나에서 직접적으로 전투에 참여하는 역할을 하지 못하도록 막는 강력한 내부 활동을 주도했다. 합참의장 아더 래드포드Arthur Radford 제독은 1954년 4월 초에 베트남의 디엔 비엔 푸Dien Bien Phu(베트남 북서부에 위치한 디엔 비엔 성의 성도. 1953년 11월 이곳을 재점령한 프랑스군이 견고한 진지를 구축했으나 1954년 5월에 함락되었다. - 옮긴이)에서 포위된 프랑스군에게 제한된 군사적 지원을 해야 하는지에 관해서 최고 지휘관들을 대상으로 설문조사를 실시했다. 래드포드 제독은 찬성 쪽이었고, 해군과 공군대표들은 의장과 함께 하는 쪽으로 기울고 있었다. "3발의 원자폭탄이면 인도차이나 문제를 처리할 것이다"라고 생각한 트와이닝은 "조건부 긍정"이라고 답변했다.

투표했다면 합참은 공습을 선호했을 것으로 보였다. 2대의 항공모함 박서Boxer와 필리핀 해Philippine Sea가 무기고에 소형 핵폭탄을 보유한 채 남중국해에서 작전 운용 중이었다. 투표에서 반대하는 것으로는 힘에 부쳤던 리지웨이 장군은 "나는 즉각적으로 단호하게 'No'라고 대답했다"고 회고록에 썼다. "이러한 군대 운용은 제한된 미국의 군사 능력을 위험하게 전략적으로 전환하고, 우리 군대가 결정적이지 않은 전구에서 결정적이지 않은 지역 목표 달성을 위해 개입하게 만든다"고 합참 동료들에게 1954년 4월 6일에 이야기했다. 그는 원자폭탄을 사용하면 베트남에서 지상전투를 하기 위해서 필요하다고 자신이 추정한 7~12개 사단(지원부대를 포함하면 적어도 30만여 명 수준)의 전력 소요가 줄어들겠지만 이것은 프랑스군의 철수와 중공군의 개입 여부에 따라 유동적인 것이었기 때문에 반대했었다고 다른 문서에서 언급했다. 래드포드 합참의장의 이의제기에도 불구하고 육군의 반대 의견은 대통령에게 보고되었다. 리지웨이의 반대에는 해병대 사령관이 함께 했다. 그는 또한 군 최고통수권자인 대통령이 자신의 의견과 같다는 것을 알고는 힘을 얻었다. 대통령이 된 지 얼마 지나지 않은 1951년에 아이젠하워는 베트남에 관해 "그런 전구에서 군사적 승리를 보장할 수 없음을 확신한다"고 일기에 썼다. 맥아더 장군의 조카로 국무부에서 일하는 더글러스 맥아더 2세에 따르면 1954년의 회의에서 아이젠하워는 "대통령 자리에 있는 한 베트남에 지상군을 투입하는 일은 없을 것이다"라고 맹세했다. 1956년 5월 24일 아침에 래드포드와 테일러가 참가한 회의를 하면서 아이젠하워는 "소련 주변부에서 일어나는 작은 전쟁에 병력을 투입해서 얽매이게 하지 않을 것이다"라고 강조하면서 자신의 견해를 밝혔다. 결국 리지웨이는 역사를 자기편으로 만들었다. 관련된 모든 사람은 맥아더가 트루먼 대통령에게 중공의 어떠한 한국 개입도 공습으로 중지시킬 수 있다고 확언했었지만 고통스럽게도 그렇게 되지 않았음이 4년 전에 입증되었다는 사실을 알고 있었다. 결국, 최소한 1954년까지는 육군참모총장과 해병대 사령관의 주장에 따라 미국은 프랑스를 지원하기 위한 전쟁에 개입하지 않는다고 결정했었다.

하지만 리지웨이와 그의 동조자들은 미국을 완전히 막을 수는 없었다. 1955년부터 1965년까지의 최초 10년은 미국의 베트남 개입이 수면 밑에 가라앉아 있었던 시기였다. 디엔 비엔 푸 전투를 계기로 미국은 전투 임무를 수행하지 않고 베트남 군대에 대한 군사고문과 훈련을 맡아 프랑스로부터 군사적 부담을 넘겨받으며 베트남에 발을 들여놓았다. 훗날 명백해진 패턴과 경향이 그 당시 설정되었는데 가장 두드러진 점은 베트남군을 국내의 분란전을 막는 데 적합하도록 만들기보다는 북베트남군을 격퇴하기 위한 재래식 군대로 만드는 것을 목표로 했다는 것이다. 몇 년 후에 웨스트모어랜드 장군이 관찰한 바와 같이 "미국 군사고문단은 1950년대 베트남의 주요 위협은 내부가 아니라 북베트남군으로부터 오는 것으로 보았다. 베트남군을 조직하고 훈련하는 데 있어서 미군은 자신의 모습과 같게 그들을 재래식 군대로 만들어갔다." 그러나 불행하게도 최소한 전쟁 말기까지 북쪽으로부터의 침공은 베트남이 직면한 위협이 아니었다.

1955년 말부터 1960년 말기까지 사이공에서 일했던 미국 고문관은 1944년 노르망디 전투 현장에서 보직 해임되었다가 복귀한 윌리엄스 장군이었다. 게릴라의 반란에 직면해 일반적으로는 사람들 사이에서, 이상적으로는 오랜 이웃들 사이에서 살며 경찰 기능을 수행하는 준 군사 조직이 필요했음에도 불구하고 윌리엄스와 동료들은 제2차 세계대전의 미군 사단 형태로 베트남군을 만들려고 했다. 그들은 국가 대 국가 간의 재래식 전쟁을 위한 정규군을 만들 계획이었다.

윌리엄스 중장이 "전쟁이 그렇게 진행될 것이라고 확신했다. 그래서 베트남 군대를 그렇게 훈련시키고 조직했다. 누구도 그를 설득하려 했던 기억이 없었던 이유는 그와 함께하는 것을 꺼렸기 때문이었다"라고 제임스 뮤어James Muir 육군 대령이 말했다. 또한 윌리엄스는 미국인들만 공격한 것이 아니었다. 베트남군을 위한 계획을 설명하고 있을 때 베트남군은 싸울 능력이 없다고 말하며 그의 말을 방해한 프랑스 장교에게 윌리엄스는 서부 영화에 나오는 존 웨인John Wayne이 빙의한 모습으로 "제기랄, 그들은 디엔 비엔 푸 전투에서 당신의 엉덩이에 채찍질을 했었지!"라고 대응했다. 미국대사 엘브리지 더브로Elbridge Durbrow는 윌리엄스에 관한 공식 보고서에서 "군사 분야 이외의 문제에 대한 요령이나 판단, 그리고 지역 사람들과 협조하는 능력"에 의문을 제기했다.

역설적이게도 윌리엄스는 고 딘 디엠Ngo Dinh Diem 베트남 대통령에게 민군작전 프로그램에 참여하도록 조언을 하고 있었다. 그는 디엠에게 "진정한 위험은 현지 베트민Viet Minh(프랑스 식민지배 시절인 1941년 5월에 호치민이 중공에서 결성한 베트남의 독립운동단체로 베트남의 독립투쟁을 이끌었으며 훗날 공산 베트남의 핵심 조직이 된다. – 옮긴이) 핵심 간부들에게 있다"고 말했었다. 두 사람 사이에 있었던 1955년 12월의 대화 기록에 따르면 디엠 대통령은 확실하게 동의를 표했었다. "대통령은 베트민에 성공적으로 대응하기 위해서는 그들이 사용하는 전술과 같은 방법을 써야 한다고 말했다"고 회의록에 기술되어있다.

하지만 윌리엄스는 그 생각을 따르지 않았다. 대신, 그의 독려에 따라 1958년에 베트남 정부는 윌리엄스가 북베트남군 사단에 맞서서 독자적으로 싸울 능력이 없다고 비판했던 6개 경보병 사단을 해체했다. 1950년대 후반, 공산주의자들은 인구가 많은 부유한 시골 농장을 집중적으로 공격했는데 1965년부터 1975년까지 베트남군 총참모장이었던 카오 반 비엔Cao Van Vien 대장은 이곳을 "베트남 정부의 방어체계에서 적절한 관심을 받지 못하는 지역"이라고 지적했다. 해체된 경보병 사단들은 치고 빠지는 작전으로 "시골 지역에서 점차 통제권을 확보하는" 소규모 베트콩 게릴라 부대에 대항하기 위해 유용하다는 것이 증명되었다고 응 꽝 쯔엉Ngo Quang Truong 중장이 회상했다. 그는 베트남군 장교 중에서 전투능력과 전술적 수완이 가장 뛰어난 사람 중의 하나로 여겨지던 인물이었다. 그는 계속해서 아래와 같이 말했다.

마침내 전투가 시작되자 한국전쟁과 같은 재래전 형태의 전투가 이루어지지 않았다. 오히려 도시지역 중심에서 벗어나서 체제 전복적이고 게릴라 전술에 입각한 국지전의 모습으로 시작되었다. 밤낮으로 농촌의 안전한 조직을 물어뜯으면서 소규모 전투는 점차 속도를 내었다. 커지는 분란전에 맞서면서 베트남 정규군 부대들은 자신들이 이런 유형의 전투에 적합하지 않으며 훈련되지도 않았다는 것을 알게 되었다.

1960년 2월에 베트남 정부는 시골 지역에서 대분란전 능력을 향상시키기 위해 고안된 프로그램을 새롭게 시작했다. 돌이켜 보면 이것이 올바른 방법이었으며, 9년 후에 미국에 의해 활발하게 지원되었던 프로그램이 되었다. 그러나 당시 군사고문관들은 경악했다. 이런 움직임에 대해 윌리엄스는 "전반적인 전력 증강을 파괴하는 조급하고 잘못된 생각"이라고 비판했다. 그해 9월에 윌리엄스는 베트남을 떠났다. 쯔엉 장군은 그가 남긴 유산은 "오랜 시간 동안 돌이킬 수 없을 정도로 잃어버린" 시간이었고 그 기간 베트남의 마을들에 보안이 강화될 수 있었다.(이것이 먹고는 싶으나 꺼려지는 신 포도로 치부되지 않도록 1966년 3월에 육군 참모들이 연구를 하여 같은 결론에 이르렀다. 1954~1961년에 있었던 대부분의 군사 조언은 베트남 정규군이 공공연한 무력 침략을 격퇴할 수 있는 재래식 전력 구조를 갖도록 육성하는 것이었다. 일어난 사건들은 이러한 정형화가 크게 잘못된 것이었음을 입증했다.)

윌리엄스는 1960년 말에 약간 기이한 성격을 가진 라이오넬 맥가르Lionel McGarr 중장으로 교체되었다. 그는 며칠에 한 번씩 사이공에 머물며 철제 셔터를 굳게 닫고 부하들에게 하달할 지시사항을 녹음하는 습관이 있었다. 심지어 그는 전임자보다 더 못한 사람이었다. 맥가르 장군과 "팬토믹 사단"에서 함께 근무했었고 나중에 중장이 되었던 존 쿠시먼John Cushman은 "맥가르는 변화에 적합한 인물이 아니었다. 그는 무뚝뚝하고, 거칠며, 유머가 없고 의심 많은 성격의 소유자로 사람들이 좋아할 유형은 아니었다"고 말했다. 심지어 육군의 공식적 역사에서는 그의 베트남 재임 기간에 대해 맥가르는 "사이공과 워싱턴 모두에게서 전혀 인기가 없었다"고 평가했다.

1961년에 영국이 반란분자를 죽이는 것보다 주민들을 통제하여 승리하는 데 목표를 둔 전통적인 대분란전 계획을 제공했지만, 맥가르는 무엇보다도 그것을 실행하는 데 너무 오래 걸릴 것이고 또한 그러한 작전이 베트남군에 주입될 필요가 있다고 생각한 "공격 정신"을 약화시킬 것이라고 걱정하면서 채택을 반대했다. 7년 동안 베트남군 총참모부 작전참모부장이었던 짠 딘 토Tran Dinh Tho 준장은 1960년대에 걸쳐서 미국이 대분란전과 민군작전pacification operations(군사작전의 수행을 보장하고 국가정책을 실현하기 위하여 군부대와 정부, 비정부기구 및 주민과 관계를 구축, 유지, 확대하는 활동을 의미 - 옮긴이)에 관해 단지 "미온적인 관심"만 보이며 자신들의 임무로 여기지 않았다고 기억했다. 그러는 동안에 미국은 1960년대 중반 "미군의 모습을 거울삼아서" 미군처럼 모든 베트남 사단에 군악대를 두는 등 베트남군을 재래식 군대로 강화하는 데 집중하고 있었다고 어느 미군 장군이 회고했다. 훗날 1990년대에 육군참모총장이 되었지만 당시에는 젊은 베트남 고문관이었던 고든 설리번Gordon Sullivan은 "미군 고문관들의 노력에 일관성이 있고, '좋아, 이것이 우리가 하려는 것이다'라는 느낌을 전혀 받지 못했다"고 술회했다.

논리가 불일치했던 것의 일부는 필요로 한 것과 시행된 것 사이의 차이에서 비롯되었다. 장군들의 과업 중 하나는 군사 관료주의 체제가 상부의 지침에 응하도록 보장하는 것인데 이것이 베트남에서 문제를 일으켰다. 1967년에 민군작전 프로그램을 인수하였던 중앙정보부 요원 로버트 코머Robert Komer는 몇 년 후에 "시초부터 미국과 베트남 정부의 경찰이 요구했던 혼합된 대분란전 전략과 실질적인 대응을 위한 우리의 압도적인 재래식 전력과 군사적 본질 사이에서 놀랄만한 단절이 있었다"고 썼다. 그는 군 관료들이 지시받은 대로 한 것이 아니라 할 줄 아는 대로 한 것이라고 결론지었다.

합참의 인도차이나 반도에 대한 태도는 테일러가 케네디 백악관에서 권력을 잡은 후에 바뀌었다. 각 군 총장들은 베트남에 대한 직접적인 군사 개입을 지원하기 시작했다. "케네디가 선호하는 전투 현장은 육군이 1954년에는 개입하지 않기를 바랐던 지역인 동남아시아로 보였다"고 제이 파커Jay Parker 육군 소령이 썼다. "그러한 거부감이 완전하게 사라지지 않은 채 개입은 시작되었고, 육군은 국가안보의 필수 요소이며 육군의 역할을 검증하는 수단으로 군사 개입을 기꺼이 받아들였다." 또한 1961년 11월에 있었던 대통령과의 대담 결과를 기록한 문서에 따르면 테일러는 북베트남에 대한 폭격을 논의한 첫 번째 미국 관리로 보였다. "아시아의 큰 전쟁으로 역행할 위험들이…. 현재는 존재하지만 인상적이지는 않다"라고 케네디는 확신했다. 그가 그렇게 예측한 가장 큰 배경에는 "북베트남군은 재래식 폭격에 극히 취약하다"는 인식이 있었다. 전역의 본질에 대해 1964년에 논의했을 때, 대통령과 웨스트모어랜드는 그들이 "조심스럽게 조직된 폭격 공격"이라고 명명한 단계적인 대응을 함께 주장했다.

군 수뇌부는 계속 그들만의 생각을 하고 있었지만 테일러와 케네디의 참모들은 그것을 별로 좋아하지 않았다. 당시 육군참모총장 조지 데커George Decker 장군은 1961년 4월에 케네디 대통령에게 "동남아시아에서 재래식 전쟁으로는 이길 수 없습니다. 만약 우리가 참전하면 승리해야 하는데 그러기 위해서는 하노이와 중공을 폭격해야 하고 아마도 여기에는 핵무기도 사용될 것입니다"라고 말했다. 데커는 통상적인 임기의 반인 2년 동안만 육군참모총장으로 재직했다. 렘니처Lemnitzer 합참의장도 그와 마찬가지로 짧게 근무했다. 테일러는 데커의 후임자로 순응적 성격의 얼 휠러Earle Wheeler를 차기 육군참모총장으로 대통령에게 추천했다. 그러면서 테일러 자신은 합참의장이 되었다.

1960년대 초의 테일러는 조지 마셜과는 거의 대척점에 있었다. 그는 매우 정치적이었으며, 장군들 사이의 불신을 진정시키려 하지 않고 오히려 이용했다. 그는 자기가 알고 있는 것을 말하는 것이 아니라 말해야 한다고 생각한 것을 말하는 습관이 있었다. 수십 년 후에 쓴 연구에서 H. R. 맥매스터 소장H. R. McMaster(트럼프 행정부의 초대 국가안보좌관. 1998년 5월, 베트남 전쟁을 수렁에 빠뜨렸던 워싱턴 정가의 정책 결정과 군사전략을 통렬히 비판한 화제작 『직무유기Dereliction of Duty』를 집필했다. – 옮긴이)은 테일러의 성격적 결함이 미국이 베트남에 깊숙이 개입하는 데 중심적 역할을 했다며 다음과 같이 결론지었다.

> 그가 그렇게 하는 것이 편한 방편이라는 것을 알았을 때, 그는 합참, 언론, 그리고 국가안보회의를 잘못된 방향으로 이끌었다. 그는 의도적으로 자신의 군 동료들을 거의 영향력이 없는 위치로 좌천시켰고 점진적 압박 개념에 대한 합참의 반대를 억누르면서 국방장관 맥나마라를 지원했다. 각 군 총장들이 반대의 의견을 표명하지 못하게 하려고 그는 대통령이 변경이 불가능한 결정을 모호하게 하고 합참의 전쟁개념이 언젠가 실현될 수 있다는 거짓 약속을 하는 불신과 기만에 기반한 관계를 만드는 것을 도왔다.

자신의 영향력을 확대하기 위하여 테일러는 베트남에 주둔하는 미군에 신임 사령관이 있어야 한다는 중요한 변화를 제안했다. 그는 제2차 세계대전 때 패튼 장군의 참모로서 시칠리아 침공계획 초안을 만드는 데

베트남에서의 테일러 부자. 아들 토마스 테일러가 베트남에서 복무하기 위해 도착한 날 아버지 맥스웰 테일러는 베트남을 떠났다. 그들의 뒤로 웨스트모어랜드가 보인다. 베트남 전쟁 개입에 대한 생각을 대통령에게 입력시킨 테일러는 다른 어떤 군인보다 미국의 베트남 전쟁 개입에 대한 책임이 컸다. (사진 출처: Wikipedia Commons/Public Domain)

일조한 폴 하킨스Paul Harkins를 염두에 두고 있었다. 패튼이 죽고 나서 하킨스는 "테일러는 나를 자기 아들로 입양한 셈이었다"고 말했었다. 테일러의 영향력 아래에서 그는 베트남에 파견된 미국 군사 고문들이 이루었던 노력을 넘겨받았다.

하킨스 장군은 베트남에 전혀 적합하지 않았다. 나중에 육군 장군이 되었지만 당시에는 하킨스 장군의 경쟁자였던 헨리 캐벗 로지Henry Cabot Lodge 미국대사의 보좌관이었던 존 던John Dunn 중령은 "하킨스는 완전한 재난 덩어리였다. 그는 모든 정치적 고려사항들에 대해 전혀 감각이 없었으며 당시 베트남 정부에 있던 누구에게나 맹목적으로 충성했다. 그는 영리하지 못한 사람이었다"고 말했다. 린든 존슨이 암살당한 케네디를 계승한 지 불과 6주 후인 1964년 초에 국가안보보좌관 맥조지 번디McGeorge Bundy는 새로운 대통령에게 "일급비밀 – 눈으로만 볼 것"이라는 겉표지가 붙어 있는 메모를 보고했는데, 그 메모에는 베트남에 있는 최고위 장군이 패배자라고 쓰여 있었다. 그는 "현재 베트남에 있는 하킨스 장군이 베트남에서 전쟁을 하는 데 적임자라고 믿는 사람은 테일러를 제외하고 행정부 고위층 안에는 아무도 없습니다"라고 존슨에게 보고했다.

> 하킨스의 보고와 분석은 인상적이지 않았고, 현실 상황을 제대로 파악하지 못하고 있었다…. 하킨스와 그의 군단은 수개월 동안 군사 상황을 대단히 잘못 파악하고 있었다…. 맥나마라 스스로도 하킨스를 교체해야 한다고 생각했다.

맥나마라McNamara 국방장관은 하킨스에게 완전히 실망하여 대통령 역사학자 헨리 그래프Henry Graff에게 "늙은 기갑 출신 장교는 쓸모가 전혀 없어서 해임됐어"라고 말했다. 맥나마라는 거기에 덧붙여서 문제는 기본에 관한 것이라며 "당신에게는 지적인 사람이 옆에 있을 필요가 있다"고 말했다. 하킨스를 "좋은 친구"라 생각하는 돈 스태리Donn Starry 장군은 장군 해임의 본질에 관해서는 맥나마라의 의견에 동의했다. "하킨스 장군이 해임되고 베트남에서 나오게 된 데에는 지방의 촌락에서 일이 잘 풀리지 않았던 것이 큰 부분을 차지했다"라고 말했다. 육군의 공식 전쟁 역사서는 대개 인사이동에 대해 언급조차 하지 않을 정도로 매우 신중한 편이지만 하킨스 장군 시대를 다룬 책에서는 1964년 5월에 대통령이 "갑자기" 워싱턴으로 복귀하라 했고, 그 후에 베트남으로 복귀하라는 이야기는 하지 않았다고 하면서 "당황하고 괴로워하는 하킨스는 얄팍하게 위장된 해임"이라고 간주했다.

그것으로 웨스트모어랜드의 갈 길은 깔끔하게 정리되었다.

16
윌리엄 웨스트모어랜드

조직관리에 밝은 장군

웨스트모어랜드가 하킨스의 후임으로 베트남 주둔 미군 사령관에 임명된 것은 케네디Kennedy 대통령이 서거한 지 얼마 안 된 불안정한 시기에 장군들과는 익숙하지도 편하지도 않은 관계인 신임 대통령 존슨에 의해서였다. 비록 히킨스를 선택했던 것이 결과적으로 잘되지 않았지만, 맥스웰 테일러는 히킨스의 후임을 선임하는 데 필요 이상의 영향력을 미쳤다. "웨스트모어랜드 대장은 테일러 장군이 뽑은 사람"이라고 당시 육군참모본부 작전부장 해롤드 K. 존슨Harold K. Johnson 장군은 회고했다.

다른 무엇보다도 웨스트모어랜드는 정말로 테일러를 쏙 빼닮은 사람이었다. 두 사람은 웨스트모어랜드가 테일러의 사령부를 돌아다니다가 테일러의 낙하산 부대를 위해 자기의 포병대대를 지원했던 1943년 여름 시칠리아에서 처음 만났다. 포병부대에서 많이 보유하고 있는 트럭이 경보병 부대에서는 부족했기 때문에 그의 제의는 뜨거운 환영을 받았다. 테일러가 육군참모총장이 된 12년 후 웨스트모어랜드는 육군본부의 참모장이라고 할 수 있는 비서실장에 임명되었다.

1960년에 웨스트모어랜드는 웨스트포인트 교장이 되었는데 그곳에서 있었던 가장 기억나는 사건은 웨스트포인트 미식 축구팀 감독으로 빈스 롬바르디Vince Lombardi(미국의 저명한 미식축구 감독. 수퍼볼 우승팀에는 그의 이름을 딴 빈스 롬바르디 트로피를 수여하고 있다. - 옮긴이)를 고용하려는 계획을 거부한 것이었다. 그는 "롬바르디는 너무 거칠고, 지나치게 승리에 집착하며, 레드 브레이크Earl "Red" Blaik(1941~1958년 웨스트포인트에서 수석코치를 맡아 1944년부터 3년 연속으로 전국 선수권 대회에서 우승했으며 1964년 대학 미식 축구 명예의 전당에 헌액되었다. - 옮긴이)의 수석 코치로 있으면서 생도의 뺨을 때렸다. 이런 사람을 생도 주변에 두고 싶지 않았다"고 친구이자 부하인 필립 데이비슨Phillip Davidson 장군에게 말했다. 그는 자기 자신은 그렇지 않으면서도 멋지게 보이고 싶은 습관을 테니스 경기에까지 확장한 것 같았다. 그의 가장 뛰어난 전기 작가 루이스 설리Lewis Sorley는 웨스트모어랜드의 부관이 종종 그와 테니스를 하는 교수에게 전화하여 장군이 자주 이기게 해줄 것을 제의했었다고 말했다. 웨스트모어랜드가 웨스트포인트 교장으로서 마지막으로 주관한 1963년 졸업식의 연설자(미국에서 사관학교 졸업식 연설자로 위촉되는 것은 개인적으로 대단한 명예로 인식된다. - 옮긴이)는 테일러 장군이었다.

웨스트모어랜드의 단점은 육군에 널리 알려져 있었다. 공수 보병장교로 전환하기 이전에 포병이었던 존슨Johnson 대장은 웨스트모어랜드의 선택을 반기지 않았다. 존슨은 "당시 웨스트모어랜드가 베트남에 가기 위한 최고의 자격을 가지고 있다고 느끼지 못했다. 왜냐하면 베트남은 실제적으로 분·소대 지휘자들이 그곳에 거주하는 많은 주민과 부대끼면서 싸우는 보병 전쟁이기 때문이었다"라고 덧붙였다. "나는 웨스트모어랜드 장군의 팬이 아니었고 결코 그런 생각을 해본 적도 없었다. 그리고 베트남 전쟁 결과를 보거나, 후에 그가 육군참모총장으로 재임하며 했던 것들을 보더라도 나는 확실히 그의 팬이 되지 못했다"고 말했다. 웨스트모어랜드의 이름이 베트남 주둔 미군 사령관으로 거명될 때, 아모스 조던Amos Jordan 준장이 육군성 장관 사이러스 밴스Cyrus Vance에게 반대 의사를 표명했다. 웨스트모어랜드가 웨스트포인트 교장일 때 교수 요원이었던 조던 준장은 "그는 때 빼고 광을 내는 데는 귀신같은 사람이다. 그러나 베트남 전쟁은 대분란전인데 그것을 어떻게 다루어야 하는지에 대해서는 전혀 모른다"고 말했다. 하지만 밴스는 이미 결정된 사안이라고 응답했다.

월리엄 웨스트모어랜드 장군 자신은 군사적 분야보다는 기업 경영에 관해서 더 많은 교육을 받은 조직적인 군인으로, 육군에서는 그동안에 없었던 새로운 존재였다. 설리에 따르면, 그는 이상한 특질의 조합을 가지고 있는 사람으로 정열적이고 야망이 넘쳤으나 놀라울 정도로 호기심이 없고, 보이스카우트 윤리를 따르면서도 거짓으로 꾸미는 행동까지 하는 특이한 인물이었다. 그는 제2차 세계대전에서 대대장으로 뛰어난 활약을 펼쳤다. 특히 전쟁 초기 튀니지의 케서린 협곡 전투에서 결정적 순간에 탁월한 역량을 발휘했었다. 그 후의 경력에서는 과격하고 저돌적인 테리 앨런의 모습과는 정반대로 좋은 것보다는 좋아 보이는 것을 취하는 공허한 모습을 보여주었다. 그러나 그의 이런 행동은 불확실성이 많았던 1950년대의 육군에서는 실망스러울 정도로 일반적인 것이었다. 예를 들어, 자서전에서 자신을 군의 역사를 공부하는 학생으로 항상 머리맡에 몇 권의 고전을 두었던 사람이라고 묘사했지만 모두 거짓말이었다. "그는 단지 어떤 것에도 관심이 없었다"고 웨스트모어랜드가 자서전을 쓸 때 도움을 준 군사학자 찰스 맥도날드Charles MacDonald가 설리에게 말했다. "나는 그가 오랜 시간을 투자해서 책을 처음부터 끝까지 읽은 적이 한 번도 없다고 감히 말할 수 있다"고도 했다. 다른 장교인 찰스 시몬스Charles Simmons 중장은 "웨스트모어랜드는 지적으로 깊이가 매우 얕으며 공부나 읽고 배우는 것에 노력을 기울이지 않는다"고 했다. 웨스트모어랜드는 1967년 4월의 상·하원 합동연설에 초대되어 연설할 생각이 없었다고 사람들에게 이야기했지만, 사실은 사이공을 떠나기 전에 의회 연설에 대해 통보를 받고 몇 주 동안 연설을 준비했었다.

그러한 사소한 거짓 행동들이 크게 해로운 것은 아니었지만, 이 습관은 전쟁 수행과정에 대한 자기방어를 하면서 이후 수십 년 동안 이어졌다. 그는 1967년 4월 워싱턴에 와서 대통령에게 "(전쟁이) 교차점"에 도달했다고 말하고, 그해 11월에는《미트 더 프레스Meet the Press》와의 인터뷰에서 북베트남의 "병력 교체는 불가"하다고 주장함으로써 자신의 소모전략attrition strategy이 제대로 작동하고 있는 것처럼 잘못된 증거를 제공했다. 설리가 지적했듯이 "그것들은 결코 정확한 사실이 아니었다." 그는 육군참모총장으로서 누락과 회피로 가득 차 있는 베트남 전사 발간을 감독했었는데《리더스 다이제스트Reader's Digest》편집자에게 "이것이 전쟁에 관한 유일하게 진정한 출판물이라는 것은 사실"이라고 주장했다. 웨스트모어랜드는 인생 후반에 이르러서도 역사가들이 문서 기록에 의해서 명확하게 사실인 것으로 밝힌 것까지 때때로 완강하게 부인했다. 예를 들어, 그는 해병대에서 일하는 역사가들에게 자신이 해병대의 전술 능력에 대해 낮은 평가를 내렸다는 사실을 부인했다. "이미 존재하는 증거를 보여주는 일련의 문서들을 고려할 때, 이는 거짓일 뿐 아니라 무모했다"고 설리가 기록했다. 결국 그 순간에 듣기 좋은 말을 하는 그의 습관은 그가 CBS 뉴

1966년 10월 베트남에서 장병들에게 훈장을 수여하는 존슨 대통령과 웨스트모어랜드. 웨스트모어랜드가 베트남전에서 저지른 최대의 실패는 민간인 상급자와 어떤 관계를 가져야 하는지를 이해하지 못했다는 것이다. (사진 출처: Wikipedia Commons/Public Domain)

스를 명예훼손으로 고소했을 때, 방송사의 변호인이 그의 증언을 약화시키는 회고록 단락들을 읽음으로써 그를 옭아매는 데 일조했다.

웨스트모어랜드는 어리석었는가? 그는 분명히 지적으로 별 관심이 없는 사람이라는 인상을 주었고 어쩌면 그것보다 더 나쁠 수 있었다. 사이공에 있는 웨스트모어랜드 사령부에서 근무했고 후에 중장이 된 월터 울머Walter Ulmer는 "인지적으로 복잡한 사안을 다루는 웨스트모어랜드 장군의 능력은 대단히 제한적이었다"고 기억했다. 에드윈 시몬스Edwin Simmons 준장은 웨스트모어랜드가 방을 가득 채운 지휘관들에게 제2차 세계대전 이후로 자신의 지갑에 간직하고 다녔던 전쟁 원칙을 읽어주었다는 것을 기억했다. 시몬스가 말한 것처럼 그 규칙들은 부대에서 따뜻한 식사와 우편물을 제공해야 하고, 병사들의 발 상태를 점검해야 한다는 등 "분대장이 해야 할 진부한 이야기들"이었다. 이것은 역경 속에서 전보다 못한 능력 수준으로 퇴보하는 지휘관의 다른 사례이다. 베트남에서 미군 장군들이 하늘에 떠 있는 분대장의 모습을 지속적으로 보인 경향성도 그와 같은 것이었다.

육군참모총장으로서 웨스트모어랜드는 종종 펜타곤에 있는 다른 사람들에게 깊은 인상을 주지 못했다. 합참의장의 보좌관이었던 로버트 베켈Robert Beckel 공군 중장은 "웨스트모어랜드는 좀 멍청해 보였다"고 말했다. 육군의 유명한 사학자 중의 한 명인 러셀 웨이글리Russell Weigley는 "웨스트모어랜드는 문제의 본질을 제대로 파악하지 못했고 일련의 절차를 따라가는 것도 잘하지 못했다"면서 그의 멍청함이 존슨 대통령에게도 좋지 않은 영향을 미쳤다고 말했다. 그는 "전쟁을 치를 능력이 없는 대통령이 웨스트모어랜드 같이 제한된 능력을 갖춘 장군을 그렇게 오랫 동안 베트남 군사지원 사령관으로 임무를 수행토록 허용했었다"고 결론지었다. 그러나 스스로가 지적인 사람이며 전역 후에는 프린스턴 대학에서 박사 학위를 받았고, 웨스트모어랜드를 잘 알고 있으며, 1950년대에는 펜타곤에서, 그런 다음 십 년 후에는 사이공에서 그를 위해 일했던 더글러스 키나드Douglas Kinnard 준장은 그가 어리석은 것이 아니라 "이론적인 것에는 관심이 없었고, 분석적이지도 않았지만, 실용적인 사람이었다"고 말했다.

1964년에 베트남 지상군 사령관으로 임명되어 그 후 3년 동안 육군을 망친 그가 육군의 교육기관 중에서 포트 베닝에 있는 공수학교와 하와이에 있는 조리 및 제빵 학교 단 두 개 과정만 수료했다는 것은 가장 놀랄 만한 일일 것이다. 베트남에서 웨스트모어랜드 사령부 정보참모부장이었던 필립 데이비드슨Phillip Davidson 중장은 "그는 특이하게도 육군의 정규 교육과정을 받지 못했다. 자신이 육군의 정규 군사 교육을 덜 받은 것이 베트남 전쟁을 수행하는 데 유리하다고 생각한다고 나에게 말했다"고 증언했다. 웨스트모어랜드는 육군전쟁대학교도, 지휘참모대학 과정도 다니지 않았지만 육군이 민간의 기업 경영 방법을 육군에 적용하기 위해 새롭게 강조하는 것에 지속적인 관심을 보였으며, 육군 장교로서는 처음으로 1954년 가을에 하버드 대학의 13주 과정의 경영대학 고위 관리 과정을 이수했다. 스탠리 카노우 Stanley Karnow는 자신의 베트남 전사에 "웨스트모어랜드는 명령에 복종하는 부지런하고 규율이 잡힌 조직적인 인물로, 군복을 입고 있는 회사의 대표였으며, 테일러처럼 전쟁을 근본적으로 경영 연습으로 보았다"고 썼다.

베트남에서 웨스트모어랜드는 육군의 지휘기법이 리더십에서 관리로 전환했음을 보여주는 가장 중요한 사례였다. 1969년 베트남에서 제11 기병연대 정보장교로 용맹함을 보여 훈장을 받았던 앤드류 오메라 주니어 Andrew O'Meara Jr. 중령이 다음과 같이 썼다.

> 미래의 언젠가는 미국의 베트남 참전이 군 역사상 가장 훌륭하게 관리된 주요 전구의 하나로 여겨질 수 있을 것이다. 미국 본토에서 수천 킬로미터 떨어진 적의 강력한 거점에 대항하여 몇 년에 걸친 지속적인 전투에 거의 50만의 병력이 운용되었다. 그들은 같은 규모의 역사상 어떤 군대보다 더 적게 질병에 걸렸고, 더 나은 의학적 치료를 받았으며, 더 좋은 급양, 보급과 정비지원을 향유했다.

그러나 오메라 중령은 계속해서 그것이 모두 무익한 것이라고 주장했다. 육군 장군들은 자신들이 치르는 전쟁을 이해해야 하고 적과 싸우는 효과적인 대응 방법을 찾아야 한다는 기본 과업에서부터 실패했다. 그는

"아름답게 관리되었지만 적절하지 못한 지휘를 받았다. 맥나마라 장관의 육군인 우리는 비록 물자에서는 세계 최고로 풍족했지만 야전에 나가서는 정신적으로 세계에서 가장 가난한 군대였다"라고 기록했다. 웨스트모어랜드는 테일러의 복사판이었지만, 그가 나아가고 있는 것처럼 보이는 별은 맥아더였다. 웨스트모어랜드의 자서전에는 맥아더가 여기저기에서 불쑥 나타난다. 그와의 만남에 관한 일화로 자서전이 시작되고, 시작하자마자 3페이지 후에는 맥아더의 말을 인용했고 회고록 전반에 걸쳐서 반복적으로 그를 들먹였다. 끝에서 두 번째 장은 트루먼 행정부에 대항하여 맥아더가 의식적으로 전투의 메아리처럼 외쳤던 "승리를 대체할 수 있는 것은 없다"라는 제목을 달고 있었다.

　맥아더와 마찬가지로 웨스트모어랜드가 저지른 최대의 실패는 전쟁을 잘못 이해한 것이 아니라, 민간인 상급자와 어떤 관계를 가져야 하는지를 이해하지 못했다는 것이다. 웨스트모어랜드는 정치 지도자들은 장기적 목표만 이야기하고, 군사전문가에게 길을 내주어야 한다는 맥아더의 마음가짐을 물려받았다. 제2차 세계대전과 같은 대규모 전쟁에서 이러한 태도는 그저 귀찮은 것으로 치부되어서 루스벨트와 처칠 두 사람은 그런 것들을 옆으로 치워버릴 정도로 충분한 힘과 자신감을 느끼고 있었다. 그러나 한국전쟁과 베트남 전쟁 같은 소규모 전쟁에서는 이런 관점이 재앙과 같다는 것이 증명되었다. 왜냐하면 이런 갈등의 본질은 전쟁을 어떻게 끝낼 것인가와 같은 군사적 사안이 아니라 정치적인 것이기 때문이었다. 두 전쟁 모두 제2차 세계대전처럼 끝까지 싸우지 않았다. 사실, 베트남 전쟁에서는 정치인들이 웨스트모어랜드 장군의 업무에 간섭하지 않았고, 오히려 그가 능력도 없으면서 정치인들의 영역에 손을 대었다. 하지만 그는 민간 관료들이 질문과 제안을 통해 그를 괴롭히면서 무식하고 부패한 자들이 자기 일을 간섭하고 있다고 생각했다. 웨트스모어랜드가 "합참의장은 자신의 민간인 상급자인 대통령 및 국방장관과 함께 지내면서 군대에서 필요로 하는 것들을 그들이 이해하기 쉬운 용어로 설득시키려고 애쓰는 자리이다"라고 글을 썼던 것을 보면 분명히 맥아더와 같은 생각을 하고 있었음을 알 수 있었다.

게다가 웨스트모어랜드의 베트남 전쟁 지휘는 전략 방향의 부재로 고생했는데, 그는 오로지 자신의 분야라고 고려한 것에만 상급자들이 관여하도록 강요했다. 미국 지상군이 전쟁에 어떻게 투입되었는지에 대한 그의 설명은 충돌의 가장 중요한 두세 가지 결정 지점 중 하나일지 모르지만, 이 설명은 전쟁이 어떻게 발생했는지에 대해 주목할 가치가 있다. 존슨 대통령이 협상에 참여하도록 유도하기 위하여 북베트남에 대한 폭격을 결심했을 때, 웨스트모어랜드는 "우리는 제트기가 뜨고 내릴 수 있는 3개의 비행장을 가지고 있었다. 나는 비행장이 매우 취약하다는 점을 알고 있었다. 북폭이 전략적으로 실행 가능해지려면 비행장들을 보호해야만 했다. 나는 베트남인들이 비행장에 있는 미군 항공기를 보호할 능력이 없을까 봐 걱정했었다. 그래서 부대에 내린 첫 번째 요구는 비행장의 방호와 핵심적으로 연관되어 있었다"고 말했다. 그의 우상인 맥아더처럼, 웨스트모어랜드 또한 워싱턴에서 있었던 사건들을 음모론적 시각으로 보는 경향이 있었다. 그는 왜 자신이 더는 국방장관의 전폭적인 지지를 받지 못했는지에 대한 설명을 하려고 애쓰면서 "몹시 허둥대는 사람들이 맥나마라 장관에게로 간 것이 분명했다"고 말했다. 1966년에 하와이에서 있었던 회의에서 존슨 대통령은 웨스트모어랜드에게 "맥아더처럼 나에게 대들지 말라"고 명시적으로 경고했다. 그러한 경고는 그에게 소용이 없었다. 웨스트모어랜드는 "대통령을 거스를 생각을 해본 적이 없기 때문에 아무런 대응도 하지 않았다"고 나중에 기록했다. 사람들은 존슨 대통령이 웨스트모어랜드의 침묵으로 마음을 놓게 되었는지 궁금해했다.

웨스트모어랜드는 베트남에서 가장 재래적인 접근 방법을 택했다. 그는 "적과 적의 자원을 찾아서 격멸하는 것이 언제나 군사작전의 기본목표"라고 믿었다. 이러한 명백한 접근이 미국 군사사상의 주류임에는 틀림이 없지만 적을 격멸한다는 것은 유일하게 이루기 어려운 목표이고, 그래서 "언제나"라고 하는 것은 군사작전의 목적이 될 수 없다. 예를 들어서, 더 약한 적은 상대방에게 직접 대항하기보다는 종종 도망 다니면서 상대방의 보급선이 신장되도록 만들고, 군사작전뿐 아니라 악천후 속에서 습격 및 약탈 등으로 적을 취약하게 만든다. 이것은 영국이 미국의 독립전쟁에서 얻은 실패의 큰 교훈이었다. 혹은, 군사력은 적을 무의미하게 만들려 할 수도 있으며 주민들을 자극하여 대중의 지지를 잃게 만들 수도 있다. 이것은 한국전쟁에서의 교훈이었다. 혹은 베트남에서처럼 적은 그냥 잠복한 상태로 있으면서 미군들보다 더 오래 견디기만 하면 되는 것이다.

웨스트모어랜드와 작전참모부장 윌리엄 드퓨이는 베트남 사람들을 소중한 존재라기보다는 장애물로 여기는 경향이 있었다. 두 사람만 그랬던 것은 아니었다. 노먼 슈워츠코프 Norman Schwarzkopf가 자서전에 기록한 1965년의 가장 놀라운 순간은 베트남에서 군사고문관으로 일하면서 자신의 업무 파트너인 베트남 사람을 미군 장교클럽에 데리고 들어가려는데 클럽 관리인에게서 "우리는 베트남 사람에게는 봉사하지 않습니다"라는 말을 들었던 때였다. 그것은 상징적인 실수였지만 그러한 접근은 전술적으로 엄청난 비용을 수반했다. 웨스트모어랜드가 시골 산악지역으로 적들을 쫓아가자 베트콩들은 엄폐되어 보호받지 못하는 지역 내로 이동했고 거기에 있던 주민들은 공산주의자들의 보복에 무방비로 노출되었다.

프레데릭 웨이안드 Frederick Weyand 장군은 제25 보병사단을 이끌고 1964년부터 1969년까지 베트남 전쟁에 참전했다. 그에게는 결국 베트남 전쟁이 전투부대 지휘관으로서는 마지막 보직이었고, 추후 1974년에 육군참모총장이 되었다. 그는 당시를 돌이켜보면서 웨스트모어랜드의 접근이 본질적으로 부질없었다며 아래와 같이 주장했다.

> 우리 사단이 웨스트모어랜드 장군으로부터 북쪽으로 이동해서 베트콩 기지 지역을 처리하라는 명령을 받았을 때, 나는 물론 전혀 행복하지 않았다. 때때로 그곳에 적군의 주력부대가 있기도 했지만 대부분은 그렇지 않았다. 적의 주력부대를 찾아 정찰과 격멸 임무를 수행하러 자리를 뜰 때마다 호 응아 Hau Nghia (사이공 서쪽의 도시로 캄보디아와 국경을 접하고 있다. -옮긴이) 지방의 일부 또는 전부가 보호되도록 하지 못한 채 작전을 나가야 했다. 내 경험으로 기분이 나빴었는데, 우리가 그 지역에 복귀해서 발견한 것은 베트콩들이 마을 안으로 들어와서 지방 관리들을 협박했고, 교사들을 암살했으며, 농민들에게까지 겁을 주었다는 것이었다. 대체로 그것으로 인해서 우리가 그동안 발전시켰던 수많은 것들이 사라졌다. 나는 더 큰 전쟁으로 옮겨가는 이러한 행태에 대해 지속적으로 반대했다.

웨스트모어랜드는 미국 리더십 분야에서 확실히 얼굴을 들 수 없게 되었다. 전쟁 지도자로서 그와 관련된 일화를 다룬 사람들은 거의 없었지만 있었다 하더라도 호의적이지 않은 이야기만 했다. 예비역 준장 더글러스 키너드Douglas Kinnard가 베트남 전쟁에서의 미군 장군들에 관해 쓴 가장 탁월한 연구 중의 하나가 된 책의 제목을 『전쟁 경영자The War Managers』라고 지은 것은 우연이 아니었다. 역사가 존 게이츠John Gates는 "베트남 전쟁은 위원회에서 수행된 전쟁처럼 보였다"고 말했다. 그는 베트남 전쟁에서 가장 기억나는 두 명의 장교가 있으니, 그들은 웨스트모어랜드 장군과 미 라이My Lai(베트남 남부의 작은 마을로 1968년에 미군이 이곳 주민을 대량 학살했다. - 옮긴이) 학살로 악명을 얻은 윌리엄 캘리William Calley 중위라고 덧붙였다. 미국을 베트남 전쟁으로 끌어들인 가장 큰 책임이 있었고, 몇 가지 기본적인 잘못을 저질렀던 장군인 테일러는 군역사학자들을 제외하고는 베트남 전쟁과 관련해서 거의 기억되지 않는 존재가 되었다.

17

윌리엄 드퓨이

베트남에서 제2차 세계대전처럼 지휘한 장군

웨스트모어랜드와는 다르게 윌리엄 드퓨이는 똑똑하고 사려 깊은 장군이었다. 그는 자기 직업의 전문성과 당면한 전쟁에 대해 이해하기 위하여 지속적으로 헌신했었다. 그러나 불행하게도 그의 전문성과 베트남 전쟁에 대한 이해가 모두 부족했다는 것이 베트남에서 증명되었다.

1944년 노르망디 상륙작전에 참가했던 젊은 장교 드퓨이는 미군 지휘관들의 무능함으로 인해 제90 사단이 2개월 동안 살육당하는 것을 현장에서 목격했었다. "우리는 자격을 갖추지 못한 책임자들과 전장에 갔었다. 그러한 무능함으로 인해서 부대가 무너지고 전술적으로 실패하여 믿을 수 없을 정도의 사상자가 발생했었다. 이러한 모든 것이 선악을 불문하고 내 마음과 태도에 지울 수 없이 각인되었다"고 노르망디에 대해 말했다. 그해 여름에 그는 자신의 사단장 두 명이 해임되는 것을 보았었다. 22년 뒤인 1966년 3월, 드퓨이는 마침내 웨스트모어랜드 사령부의 작전

참모를 마치고 전통에 빛나는 제1 보병사단장으로 임명되었다. 이 사단은 마셜 장군이 제1차 세계대전 동안 사단의 일원으로 근무했었고, 테리 앨런 장군이 제2차 세계대전에서 지휘했었던 사단이다. 놀랄만한 반전은 드퓨이도 거의 보직 해임을 당할 뻔했었다는 것이다.

키 170센티미터에, 몸무게 66킬로그램인 "밴텀급 수탉 같은" 카리스마를 가진 드퓨이 장군은 제1 사단을 지휘하면서 자신이 제2차 세계대전을 통해서 배운 두 가지 교훈을 적용했다. 첫 번째로, 그는 적의 진지에 대해 주로 포병과 공중 폭격을 활용해서 엄청난 양의 화력을 집중하는 데 초점을 맞췄고, 둘째는 비효율적이라고 생각한 사람은 모두 제거해 버리는 길을 택했다. 그러나 슬프게도 두 가지 교훈 모두 실제로 효과는 없었다. 아낌없는 화력 운용은 주민들 속에서 싸우는 제한전쟁의 성격을 지니는 베트남의 상황에서는 부적절했다.

실패한 장교들의 빠른 교체라는 두 번째 교훈은 1960년대의 육군에서 별로 환영받지 못했다. 그는 "유연한 사고를 하며, 많은 지시를 할 필요가 없고, 일반적 방향만 제시해 주면 스스로 깨우쳐 유용한 결과를 만들어 내는 사람들을 원했다"고 나중에 설명했다. 드퓨이는 1년 동안 제1 보병사단을 지휘하면서 고위급 장교 11명을 해임했다. 드퓨이 사무실의 육군 인사기록을 살펴본 돈 스태리Donn Starry 장군에 따르면 7명의 대대장을 포함해서 더 많은 수의 소령, 대위, 주임상사들이 망라된 총 56명이 한해에 해임되었다. 스태리는 드퓨이의 이러한 접근에 동의했다. 몇 년 후에 그는 다른 사단에서 드퓨이가 했던 것처럼 무관용 원칙을 적용하지 않았던 것이 베트남 전쟁에서의 문제였다고 지적했다.

드퓨이의 일도양단—刀兩斷식 장교 관리는 당시 육군참모총장 해럴드 존슨Harold K. Johnson 대장의 심기를 불편하게 만들었다. 존슨은 "만약 모든 사단장들이 드퓨이와 같이 보직 해임을 시킨다면 얼마 안 되어서 소령이나 중령 자원은 고갈되고 말 것이다. 그는 마치 땅콩을 먹어 치우듯 보직 해임을 한다"고 부하들에게 불평했다. 존슨은 드퓨이에게 보직 해임을 늦추고, 부하들에게 한 번 더 기회를 주며, 변덕스러운 행동을 멈추라고 지시하는 서신을 보냈다. 존슨은 사람들을 훈련시키는 것도 사단장의 임무 중 하나라고 말했다. 존슨은 그가 15년 전 대령 시절에 리지웨이 대장에 의해서 일련의 사단장과 연대장들이 교체됨으로써 사기가 올라가 한국전쟁이 승리와 성공으로 전환되었던 것을 목격했던 사람이었기 때문에 이러한 그의 조치는 주목할 만했다.

서면 메시지가 받아들여지지 않자 베트남으로 현장 지도를 갔던 존슨은 1966년 크리스마스 날에 직접 드퓨이에게 그 지시를 반복했다. 드와이트 아이젠하워와 오마 브래들리가 제2차 세계대전 유럽에서 미군을 지휘하면서 사단장은 잘못하는 예하 지휘관을 해임해야 하며 만약 그렇게 하지 않으면 사단장을 해임하겠다는 지휘 철학을 펼쳤던 것이 겨우 20년 조금 지났을 뿐이었다. 브래들리는 회고록에 "많은 사단장이 실패했던 이유는 자신의 지휘능력이 부족해서가 아니라 예하 지휘관들을 충분히 엄하게 대하지 않았기 때문이다"라고 썼다. 그러나 시대가 바뀌어서 당대 육군참모총장은 예하 지휘관들을 해임하라고 사단장들을 압박하는 대신에 보직 교체를 그만두라고 명령하는 전혀 다른 메시지를 보내고 있었다.

존슨 참모총장의 크리스마스 부대 방문은 총장과 수행원들에 대한 드퓨이 사단장의 브리핑으로 시작되었다. 드퓨이는 "자격을 갖춘 자기 몫의 병력을 받지 못하고 있다"고 불평하면서 인사 관리 문제에 관한 토의를 시작했다. 참모총장은 브리핑이 끝날 때까지 아무 말도 하지 않고 있었는데 식당으로 걸어가면서 드퓨이가 다시 인사 문제를 꺼냈다. 그러자 참모총장이 마침내 사단장에게 "빌, 위대한 리더의 표시는 자신이 보유하고 있는 자원으로 임무를 완수하는 것이라고 생각하네"라고 말했다.

드퓨이는 집요함을 빼면 남는 것이 없는 사람이었다. 드퓨이와 부사단장 제임스 홀링스워스 James Hollingsworth 준장은 그날 늦게 드퓨이의 간이 숙소에서 존슨을 다시 만났다. 존슨은 드퓨이와 같이 타고난 싸움꾼인 제임스 준장을 향해서 "자네가 너무 많은 대대장을 해임하고 있어. 자네는 그들을 훈련을 시켜야 하는 사람이야"라고 말했다.

"제가 답변 드리겠습니다"라고 드퓨이가 끼어들었다.

"아닙니다. 사단장님, 총장님이 제게 물으셨습니다"라고 홀링스워스가 답했다. 그리고 나서 참모총장을 바라보면서 "총장님, 저는 총장님이 그들을 훈련시키셔야 하며, 우리는 그들을 데리고 여기서 적과 싸워야 하고 전우들의 생명을 구해야 한다고 생각합니다"라고 말했다. 그것은 뻔뻔스럽고 무례한 발언이었다.

드퓨이는 홀링스워스를 지지했다. "저는 훈련장을 운영하기 위해 여기에 온 것이 아닙니다. 사람들이 죽어 나가고 있습니다"라고 소리쳤다. 드퓨이의 견해로는 지휘는 권리가 아니라 자격을 갖춘 사람이 얻어야 하는 특권이었다. 그는 대대 부지휘관이나 작전 장교 경험도 없이 대대를 지휘하는 대대장에게 병사들을 맡기는 것은 불공평하다고 생각했다.

드퓨이는 자신의 제2차 세계대전의 경험을 존슨 참모총장에게 설명했다. "저는 평상시라면 해임되었어야 할 대대장 3명과 노르망디에서 전투했었습니다"라고 어느 인터뷰에서 했던 말과 비슷한 내용을 존슨에게 했다. "그중 한 명은 겁쟁이였었고, 한 명은 시카고 출신 3류 건달이었으며, 나머지 하나는 술주정뱅이였습니다." 제2차 세계대전을 떠올리게 하는 것은 정치적 접근법이 아니었다. 존슨은 전쟁 초기에 필리핀 전구 바탄에서 일본군에게 포로로 붙잡혀서 나머지 기간을 포로수용소에서 생활했었던 아픈 기억이 있었기 때문이다. 드퓨이는 1944년으로 돌아가서 참모총장에게 "우리가 용서받을 수 없는 막대한 사상자"를 냈던 이유는 무능한 지휘관들을 깨끗하게 해임하지 못했기 때문이라고 했다. "노르망디를 돌파하기까지 걸렸던 6주 동안에 제90 사단의 병사는 100%, 장교들은 150%가 손실을 보았습니다. 그것이 제 몸에 깊숙이 스며들어 지워지지 않는 상처로 남아 있습니다"라고 말했다.

드퓨이는 더 깊게 들어갔다. 그는 개인적인 진실함 때문에 자기 생각을 바꿀 수 없다고 총장에게 말했다. 그것은 조용한 도전이었다. 드퓨이는 나중에 "저를 해임하시거나, 아니면 일을 배울 기미가 별로 없으면서 많은 사람을 죽게 한다고 생각되는 장교들을 제가 계속 해임할 수 있게 하시거나 둘 중의 하나를 택하셔야 합니다. 총장님도 죽은 장병들을 다시 살릴 수는 없습니다"라고 말했었다고 회고했다.

존슨은 드퓨이와 전혀 다른 견해를 고수했다. "육군에 있는 모든 장교를 검증하여 그들 중에서 최고의 장교들을 가려내는 여과기 역할을 자네에게 맡길 생각은 없네"라고 대답했다.

드퓨이는 30분에 걸친 총장과의 대치를 낙담한 채로 끝냈다. "총장님은 바로 떠났고, 나는 아마도 해임이 될 거야"라고 드퓨이는 자신의 제1 여단장 시드니 베리Sidney Berry에게 털어놓았다. 곧바로 그는 해임된 장교들의 명단과 그들의 해임 이유를 기술한 자기 방어용 편지를 존슨에게 보냈다.

a. 윌리엄 심슨William Simpson 중령 – 정보참모 심슨 중령은 군인의 특징을 전혀 갖추고 있지 않으며, 단정하지 못하고 뚱뚱하다. 제1 보병사단의 대표로 브리핑하며 모든 사람에게 나쁜 인상을 주었다.

b. 제임스 던든James Dundon 중령 – 군사 경찰인 던든 중령은 어떠한 종류의 능력도 보유하지 못했다. 주도적이지 못하고, 상상력도 없으며, 자신의 업무를 분별력 없이 비지성적으로 반복해서 처리했다.

그의 평가는 계속 이어졌다. 존 헌트John Hunt 중령에 대해서는 "무가치함"이라고 썼으며, 포병대대장인 제임스 쾨닉James Koenig 중령은 "다른 사람의 지지를 받을 만한 성격을 갖고 있지 못하며" 우군과 민간인에게 피해를 준 포병 사격을 하여 "중대한 과실"을 저지른 책임이 있었다. 또 다른 포병대대장인 엘머 버즈아이Elmer Birdseye 중령은 "너무 심약한 장교"였고, 보병대대장인 로널드 타이스Ronald Theiss 소령은 "입으로만 지휘하는 자로 모든 질문에 맞는 대답"을 하지만 실제로 자신의 대대에서 무슨 일이 일어나는지 전혀 알지 못했다. "전투에서 부하들을 믿고 맡길 수 없는 삼류 장교였다"고 평했다. 드퓨이는 계속해서 부하들에게 "지휘관은 유능해야만 한다. 지휘관은 부하들을 잘 돌볼 수도 있지만, 그들을 죽게도 만들 수 있다. 나는 그런 사람들과 다투며 보낼 시간이 없다. 나는 그들을 해임시킬 것이다. 왜냐하면 어느 누구의 경력관리도 병사들의 목숨만큼 가치가 있는 것이 아니기 때문이다"고 말했다.

드퓨이의 부하 몇몇은 그의 전투기술에 경탄했다. "소부대 전술에 관한 한 드퓨이는 천재였다"고 드퓨이의 밑에서 사단 작전 장교로 근무하다가 대대장이 된 알렉산더 헤이그Alexander Haig가 진술했다. 헤이그에 이어서 사단 작전 장교를 마치고 추후에 장군이 된 폴 고먼Paul Gorman은 드퓨이는 "이상적인 지휘관이었다. 무엇보다도 적을 찾아내고 적의 다음 행동을 예측하는 그의 동물적 감각에서 많은 것을 배울 수 있었다고 존경을 표했다. 드퓨이는 전쟁의 더 큰 관점과 더불어 소총수 수준에 해당하는 세세한 부분들까지 알고 있었다. 나는 그가 진정한 군사적 천재라고 생각한다"고 결론지었다.

그러나 다른 사람들은 드퓨이가 자신의 부하들을 상담했어야 했을 때 그들을 해임해버림으로써 그들에게 기회도 주지 않고 너무 빠르게 해임했다고 비평했다. 프레드릭 브라운Frederic Brown은 베트남과 펜타곤 두 곳에서 드퓨이와 많이 근무한 경험이 있었다. 드퓨이는 그에게 친밀한 멘토 역할을 해주었으며 때로는 그들의 계급 차이에도 불구하고 가족을 동반한 식사도 함께했었다. 중장으로 전역한 브라운은 드퓨이가 제1 보병사단장으로서 부하들을 다루는 방법에서 크게 애증이 교체되는 경험을 했다. "드퓨이가 전술 지휘에서 탁월하며 직업적인 수준에서도 예외적 존재라는 데에는 의문의 여지가 없었다"고 그는 회상했다. "소대가 진지를 구축하고, 화력 계획을 수립하는 등이 끝나기 전까지 일과가 끝나는 법이 없었다"고 했고, 동시에 그는 "배울 수 있는 시간이 허용되지 않은 채 즉각적으로 뛰어난 성과의 달성이 요구되었다"고도 말했다. 특히 육군이 최고의 장교들을 드퓨이 사단에 보내면서 다른 부대들이 피해를 당했다는 점을 고려할 때 "전반적인 영향은 기능 장애에 가까웠다고 생각한다"고 말했다. 브라운은 "일단 전투에서 벗어나면 그는 함께 일하는 사람들에게 있어서 최고의 선생님, 교관, 그리고 멘토였다"고 덧붙였다.

드퓨이의 제1 보병사단으로부터 사이공 강 건너편에서 작전하는 제25 보병사단의 지휘관 프레드릭 웨이안드Frederick Weyand는 자신의 동료 드퓨이의 인사 관리를 못마땅하게 여겼다. "빌은 처음부터 자신의 기준에 맞지 않는 장교들을 받아들이지 않았다. 나는 빌이 좋은 리더가 될 수 있는 잠재력을 가진 우수한 많은 장교에게 잘 할 수 있는 기회를 주지도 않으면서 그들에게 상처만 입혔다고 생각한다"고 했다.

이상하게도 테리 앨런이 제1 보병사단장에서 해임될 즈음에 그가 《타임》지 표지에 나왔었던 것처럼 드퓨이도 육군참모총장과 대치하기 몇 주 전에 제1 보병사단장으로 《뉴스위크Newsweek》의 표지에 실렸다. 이러한 평행 이론이 의미가 있는 것은, 드퓨이가 사실상 그 시대의 "말썽꾼 테리"였기 때문으로 새로운 전쟁에 오래된 행태를 갖다 붙이는 시대착오적인 면을 가졌고, 그것으로 인해 자신의 상급자들과 충돌했던 것이 비슷했기 때문이었다. 제1 보병사단장으로서 두 사람의 경력 차이는 앨런이 해임당하고 드퓨이가 존슨 총장과 만난 22년 동안에 육군이 어떻게 변화했는지를 단적으로 보여주는 것이었다. 앨런이 그랬던 것처럼 제2차 세계대전 동안에 인사 체계와 상충하는 장군들은 확실하게 해임이 되었다.

역설적이게도, 장군들을 관리하기 위한 도구로서의 해임에 대한 거부감이 육군 내부에서 커졌기 때문에 드퓨이는 자신이 생각했던 것보다 안전하게 자리를 지킬 수 있었다. 존슨은 그를 해임하지 않았다. 대신에 존슨은 드퓨이가 희망한 보병학교장으로 보내지 않았을 뿐 아니라 펜타곤의 참모 보직도 허락하지 않는 것으로 복수했다. 게다가, 존슨은 미래를 보장받지 못하고 춥고 배고픈 곳이어서 그즈음에는 육군의 추방지로 여겨졌던 합참의 보직으로 그를 보내버렸다. 역설적이게도 합참에서 합참의장의 대분란전에 관한 특별참모 역할을 수행하면서 드퓨이는 사단장 때 강조했던 "정찰하여 격멸"이라는 개념을 가지고 베트남 전쟁에 관해서 합참의장을 확실하게 보좌했다.

존슨이 전역하자 드퓨이는 전통적 육군의 환영을 받으며 복귀했으며 다시 경력이 살아나기 시작했다. 그는 두 번에 걸친 진급으로 대장이 되었고 전후 육군을 재건하는 일의 선봉으로 나섰다. 그가 중점을 두었던 전술, 군기, 그리고 화력 운용은 1970~1980년대에 육군이 요구했던 것과 정확하게 일치했다. 이것은 1991년에 쿠웨이트를 점령한 이라크를 몰아낸 100시간 전투에서 결실을 보았다.

돌이켜 보면, 베트남 전쟁을 위해서는 존슨이 드퓨이를 해임하는 것이 올바른 일이었을 것이다. 적에 대한 대량의 화력 운영 접근방식이 베트남에서 취해야 할 올바른 방향인지는 분명하지 않다. 드퓨이는 정답을 가지고 있었으나 잘못된 질문에 대한 정답이었다. 제2차 세계대전에서의 과제는 적에게 어떻게 화력을 운용할 것인가였는데, 드퓨이는 그러한 전투의 최고 권위자가 되기 위해 열심히 노력했었다. 드퓨이는 1965년에 기자들에게 "우리는 적을 밟아 죽일 겁니다. 나는 다른 방법을 모릅니다"고 말했다. 그러나 베트남에서 적을 죽이는 것이 올바른 방법은 아니었다. 적어도 가장 중요한 일은 아니었다. 웨스트모어랜드와 맥나마라처럼 하버드 대학교 경영대학원에서 공부했던 CIA 중견 요원 로버트 코머 Robert Komer는 베트남 촌락에서 베트콩 간부를 대상으로 감시하는 피닉스 프로그램 Phoenix Program (1967년부터 1972년까지 지속된 이 프로그램은 침투, 고문, 생포, 대테러, 심문, 암살을 통해 베트콩을 식별하고 파괴하기 위해 미 중앙정보부가 기획하고 조정한 미군, 호주군, 남베트남군의 작전 - 옮긴이)을 감독했던 것 때문에 전범으로 기소되었지만 결코 물러서지 않았었다. 그러나 코머가 말했던 것처럼 "고통으로 점철된 베트남 전쟁에서 화력 운용만이 유일한 답은 아니었다."

불운하게도 육군이 알고 있는 유일한 답은 화력 운용이었다. 어느 육군 사학자가 "화력 운용은 전쟁에서 미군 작전의 지배적인 특징이 되었다"고 썼다. 수십 년 후에 워싱턴 포스트의 사장이 된 육군 전문가 도널드 그레이엄Donald Graham은 베트콩 저격수 1명이 미군 4명을 쓰러뜨리자 육군은 그들을 구해내기 위해서 3회의 공중공습, 몇 발의 헬리콥터 로켓 공격, 1,000발 이상의 포병 사격을 했다고 말했다. 해병대원 칼튼 셔우드 Carlton Sherwood는 대대장이 베트콩 저격수 1명에 대한 공중공습을 요청하는 것을 보았다고 했다. 1966년 11월 8일 하루 동안에 포병이 1회의 작전을 벌이면서 1만 4,000발이 넘는 사격을 했다.

이러한 화력의 태풍은 민간인들을 충분히 고려하지 않은 채 시행되었다. 민간인들이 진정으로 소중했지만, 미군은 그들을 전쟁터의 일부로 취급하는 경향이 있었다. 베트남군을 도와주고 있던 젊은 정보장교 스튜어트 해링턴Stuart Herrington은 농촌 지역을 안정화하기 위해 자신이 수개월 동안 학교를 짓고 관개시설을 구축했던 것을 기억했다. 그 후에 2인 1조의 베트콩 조직이 밤중에 살금살금 마을로 숨어들어 임시로 그 지역에 주둔하던 재래식 부대를 저격했다. 미군 지휘관은 마을에 포병사격을 하는 것으로 대응하기를 원했다. "곡사포와 다른 무기까지 동원하여 시행된 가공할 만한 일제사격으로 미군은 우리가 그동안 이루었던 모든 것들을 무위로 돌렸다"고 해링턴이 말했다. "그들이 통제하지 못하는 어떤 것 때문에 마을에 사는 사람들의 생활이 낭비될 수 없으며, 자신은 이것을 더 이상 할 수 없다는 것을 지휘계통을 통해서 '설득'하는 데 엄청난 설득과 개입이 필요했었다"고 말했다.

그렇게 무모한 무기운용은 이 사례에서 끝나지 않았다. 윌리엄 풀턴 William Fulton이 메콩 삼각주Mekong Delta 평야 지역에서 여단의 지휘권을 인수했던 1967년 중반, 그는 전임자가 마을 사람들을 타격할 것을 우려해 적의 박격포 사격에 대응하지 않은 것을 직무유기라고 간주했다. 그가 지휘했던 첫 야간작전 동안에 지상 레이더가 "675건 이상의 표적을 포착하자 그는 개별 표적마다 포병 사격을 했다. 숲 속에서 소리를 내는 것이 물소든 농부든 상관하지 않고 나는 초토화시켰다. 그 이후에 동 땀Dong Tam에 있는 동안 적의 박격포 사격을 당해본 적이 없었다"고 말했다. 풀턴은 사격의 효과로 마을 사람들의 충성심이 어느 쪽으로 갈 것인가에 대해서는 언급하지 않았다. 그는 알지 못했거나 신경조차 쓰지 않았다. 그레고리 대디스Gregory Daddis 육군 대령이 수십 년 후에 기록한 것처럼 "육군이 승패를 결정할 수 없었다는 것은 베트남 전쟁의 최종결과를 설명하는 데 큰 도움이 되었다."

드퓨이는 이러한 성급한 접근 방식의 가장 중요한 지지자였으며 전장에 화력을 투입하는 데는 탁월했으나 이것이 역효과를 부르거나 아니면 무관한지를 고려하기 위해 멈추지 않았던 것 같았다. 그 역할에서 그는 베트남에 대한 육군의 접근을 전형적으로 보여주었다. 오랜 숙고 끝에 몇 가지 속마음을 털어놓은 것은 그로부터 몇 년 후였다. 그는 "사람들은 자신이 잘했던 것들만 볼 뿐이지 자기가 저지른 큰 실수들은 보지 않는다"고 1989년에 이야기했다. "제1 보병사단장으로 근무했을 때는 책임 지역 안에서 제9 베트콩사단과 다른 주력부대들을 찾느라고 정신이 팔렸었다"며, 그는 자신이 전술적으로는 훌륭했던 반면에 "다음 단계인 작전적 수준으로 가는 것에서는 부족했다. 베트남 전쟁에서 그런 생각을 하지 않았는데 그것에 대한 대가를 지불했다"고 결론을 내렸다. 드퓨이가 장군으로 화력 운용에 진력하는 것을 좀 줄이고 더 큰 효과들에 집중했었더라면 그는 더 쓸모 있는 장군이 되어서 자신의 장병, 상급자, 대의명분, 그리고 국가를 위해 더 잘 봉사했을 것이다. 드퓨이의 천적인 해럴드 존슨

Harold Johnson은 나중에 "화력이 별로 효과를 발휘하지 못하는 곳인 베트남에서 화력 전쟁을 벌였다"고 말했다. 막대한 양의 포병탄약과 함께 다른 폭발물도 사용했지만 이미 그곳에 있지 않은 적에게는 의미가 없었다. 드퓨이의 추종자 돈 스태리도 몇 년 후에 "보병부대가 적과 접촉하여 교전하며 화력을 요청하고 포병 및 공중 폭격이 이루어지기까지 걸리는 시간적 차이로 인해서 적은 도망가기에 충분한 시간을 벌었다"면서 동의를 표했다. 그들에게 도망갈 시간을 충분히 주었기 때문에 그래서 우리는 그 지점에 있지도 않은 적에게 매번 막대한 양의 화력을 쏟아부었다고 말했다.

드퓨이가 육군참모총장 존슨과 대치한 일이 있은 지 얼마 되지 않은 1967년 2월, 그는 제1 보병사단장 자리를 인계하고 미국으로 돌아갔다. 귀국한 지 한 달 후에 그는 오래전에 전역했지만 자신의 옛 부대인 제1 보병사단이 좀 더 효과적으로 싸우도록 아낌없이 조언한 테리 앨런 예비역 소장에게 감사의 편지를 보냈다. 드퓨이는 "장군님의 훈련 지침을 살펴보면서 그것이 흥미롭고 유용하다는 것을 알았습니다. 언젠가는 장군님을 만나기를 늘 희망합니다"라고 썼다. 정확히 6개월이 지난 후에 앨런의 아들로 같은 이름을 가졌던 테리 앨런 주니어 중령이 제1 보병사단 대대장을 맡은 지 얼마 안 되어 매복에 걸려 전사했다.

드퓨이가 제1 보병사단을 떠남과 함께 제2차 세계대전 방식의 보직 해임은 종언을 고했다. 역설적이게도, 육군이 보직 해임 관행을 포기하기로 했을 때, 미국 경영학의 태두인 피터 드러커Peter Drucker가 1966년에 출간된 이래 수십 년 간 미국의 경영 생활에 영향을 미친 자신의 책 『효과적인 최고 경영자The Effective Executive』에서 육군을 다음과 같이 인용했다.

계속해서 탁월한 성과를 내지 못하는 사람, 특히 그런 관리자를 그 자리에서 무자비하게 해임하는 것이 최고 경영자의 의무이다. 그런 사람들이 자리를 지키게 놔두면 다른 사람들까지 망가진다. 그것은 조직 전체에 대단히 불공평한 일이다. 상사의 무능함으로 인해 성과 및 인정의 기회를 부적절하게 빼앗긴 부하는 불공평한 대우를 받는 것이다. 무엇보다도, 그것은 그 사람에게 있어서 의미 없는 잔인한 처사이다. 그가 수긍하든 안 하든 <u>스스로</u> 불충분하다는 것을 알고 있다.

드러커가 자신의 주장을 뒷받침하기 위해 인용한 첫 번째 예는 민간기업 세계에서 나온 것이 아니라 1940년대 육군에서 나온 것이었다. "제2차 세계대전 중에 마셜 대장은 우수하지 않다고 판명된 장군들은 즉각 해임되어야 한다고 주장했다." 그러나 1960년대의 육군은 드러커가 책에서 강조했던 모델에서 멀리 비껴 있었다.

18
1960년대의 장군 리더십 붕괴

최고의 자리에서

미국 정부에서 전쟁을 수행하는데 긴요했던 민간 정치 지도자와 군사 최고위 장군들 사이에서의 담론은 이미 케네디 대통령 시절에 긴장 상태에 있다가 린든 존슨 대통령 치하에서는 완전히 무너지기 시작했다. 장군들에 대한 존슨 대통령의 불신은 웨스트모어랜드 장군에 의해서 대통령이 도전을 받거나 아니면 잘못 인도될 가능성을 크게 확장시켰다. 존슨은 제일 친한 전기 작가 도리스 컨스 굿윈Doris Kearns Goodwin에게 "군을 의심하는 이유는 그들이 모든 평가에서 항상 편협하기 때문이라네. 그들은 모든 것을 군사적 관점에서만 바라보지…. 오우! 나는 그것이 다가옴을 볼 수 있어. 나는 그 냄새가 싫어. 그것에 관한 아무것도 좋아하지 않았지만 베트남의 상황이 나를 가장 괴롭히고 있다는 생각이 들어. 그들은 결코 베트남에서 무너지지 않을 것 같거든. 그들은 언제나 서로 싸워. 나쁜 놈들, 정말 나쁜 놈들"이라고 말했다.

차이점을 발견하고 탐구하기 위해 간단하고 솔직하게 대화함으로써 최선의 정책이 만들어진다. 그러나 존슨은 그러한 차이점들을 두려워했고("그들은 언제나 서로 싸워. 나쁜 놈들, 정말 나쁜 놈들"이라고 말한 데서 보는 것처럼), 차이를 숨기고 최소화하는 대신에 정책을 수립하기 위해 고안된 절차를 사용했다. 오늘날까지 군대 안에 끈질기게 남아 있는 신화같이 유명한 말은 전쟁을 다루는데 고위직 민간인들이 너무 깊게 관여한다는 것이다. 사실, 문제는 고위직 민간인들이 전쟁에 관한 결심에 너무 많이 관여하는 것이 아니었고 오히려 군 최고위 지도자들의 참여가 적다는 것이었다. 존슨 대통령, 맥스웰 테일러, 그리고 로버트 맥나마라는 합참을 군사 조언자가 아니라 필요하다면 속여서라도 극복해야 할 정치적 방해물로 취급했다. 그들은 정책을 만드는 데 합동참모회의 위원들이 관여하지 않게 하면서 심지어는 그것에 대한 정보를 주지도 않으려 했다.

존슨 대통령 시절의 미국 정부는 웨스트모어랜드 대장이 아래에 요약한 것과 같은 점진적 압박 정책을 추구했다.

> 지상 및 공중활동과 더불어 북폭을 통한 압박을 높여감으로써 하노이 측이 협상에 나오도록 만들려는 희망은 계속되었다. 미국의 의도를 알리고 북베트남이 대응을 위한 시간을 얻기 위해 공중전의 적절한 중지가 이루어져야 했다.

정책 형성체계가 제대로 작동했었더라면 점진적 압박전략 접근이 지혜롭게 검토되었을 것이다. 그러나 그렇게 하는 대신에 백악관은 군 수뇌부를 배제했고, 군 수뇌부는 다른 장군들의 말을 듣지 않으려 했던 것으로 보였다. 웨스트모어랜드와 드퓨이가 추진한 접근법은 군 수뇌부 사이에서 보편적인 지지를 거의 받지 못했다. 특히 적 전사자의 숫자를 세어 성과를 측정하는 지침을 엄청나게 싫어했던 웨이안드Weyand 장군은 "그것은 얼핏 보아도 터무니없는 짓으로 보였다"라며, "나는 제25 보병사단에서 적 사망자를 어떻게 세었는지 몰랐다. 아무 관심도 없었다"고 말했다. 소모전략, 사체 숫자 세기, 그리고 "정찰하여 격멸"하라는 웨스트모어랜드의 삼위일체식 접근은 신성불가침이었다. "나는 그 세 가지 중에서 어떤 것도 좋아하지 않았다"고 웨이안드가 말했다.

웨이안드 혼자서만 그렇게 생각했던 게 아니었다. 예비역 육군 준장 더글러스 키너드Douglas Kinnard가 베트남 전쟁에서 참전했던 장군들에게 전쟁 수행에 관한 조사를 했더니 "정찰하여 격멸하라"는 개념의 효과에 대해서 3개 집단으로 고르게 나뉘어 있었다. 38%는 "건전한 개념이다"라고 응답했고, 26%는 처음에는 괜찮았는데 "나중에 그렇지 않았다"고 답변했으며, 32%는 "건전하지 않은 개념"이라고 응답했다. 드퓨이 자신도 수십 년 후에는 소모전략이 검증되지 않은 전제에 기반했다고 고백하며 "우리는 북베트남 정권의 가공할 만한 본성에 대해 몰랐다. 그들이 그렇게 변함없이 완강하게 헌신적인 사람들이라는 것을 몰랐다. 기꺼이 손실을 감수하는 그들의 마음가짐은 우리와 비교할 수 없을 정도였다"고 말했다. 다른 장군 브루스 파머Bruce Palmer도 "적을 찾아 격멸하여 소모적인 전투를 진행하면 그들을 쉽게 먹어치움으로써 간단히 그들의 전투 의지를 꺾을 수 있으리라고 믿었지만 우리는 그 사람들을 과소평가했다. 그러한 방법으로는 그들을 그만두게 만들 수 없었다"고 비슷한 결론을 내렸다. 그는 장군들이 잘못 이해한 다른 결정적 요인은 "본토에 있는 미국 국민이 얼마나 오래 우리를 지원할 것인가"였다고 핵심적인 말을 덧붙였다. 정책 형성체계가 무너지지 않았더라면, 존슨 대통령과 주변 사람들이 전쟁 수행에 대한 군부의 우려를 더 잘 이해했었을 것이고, 군 최고위 장군들은 그러한 접근이 마주치게 될 국내 정치의 한계를 이해했었을 것이다.

1962년 10월부터 1964년 6월까지 합참의장으로 재직한 테일러 대장은 합참의 다른 구성원들이 소모전 정책에 대해서 가지고 있던 불안을 맥나마라가 경시하도록 부추김으로써 민군담론의 질을 더 떨어뜨렸다. 결국에, 맥나마라가 대통령에게 소모전략을 전달할 때, 그것에 대한 합참의 우려를 축소해서 보고했다. 합동참모회의 위원인 각 군 총장들도 그들 나름의 생각으로 대통령에게서 멀어진 채 문제를 제기하지 않았다. 로버트 맥나마라 국방장관(그도 하버드 대학 경영대학원 출신이다.)과 테일러 의장은 군사 지도자들과 대통령 사이의 비공식 채널을 끊어 놓음으로써 실제로 민군 사이의 의사소통을 줄여나갔다. 그러한 대체 커뮤니케이션 라인 alternate lines of communication은 핵심 가정이 잘못 설정되었을 때나, 오래 지속되는 견해 차이를 표면화시켜야 할 때, 정책 결정 절차를 바로 잡는 데 중요한 도움이 된다.

아무도 미국 국민에게 지구 반대편에서 장기간에 걸친 소모전을 하기 원했는지 물어보지 않았다. 사실은 당시의 모든 역사적 증거는 미국 국민이 원하지 않았음을 시사했다. 그럼에도 웨스트모어랜드는 국민이 자신의 전략을 간섭했다고 비난했다. "하노이 측이 협상하고자 하는 우리의 신호를 알아차리지 못했던 한 가지 이유는 대중 매체에 의한 선정적 보도와 국내의 크고 감정적인 반대 목소리에 의해서 우리의 메시지가 왜곡되었기 때문이다"고 말했다. 점진적 접근을 선호하는 사람들이 보냈던 신호는 하노이 측에 의해서 미국이 전면 공격을 하지 않을 것이라는 의미로 해석되었다.

합참은 자신들의 직무에 완전히 실패하지 않았다. 점진적 전략 접근에 짜증이 난 합참은 테일러 합참의장의 임기가 거의 끝날 무렵인 1964년 6월에 그에게 반란을 일으키기 직전까지 이르렀다. 그해 5월 30일, 각 군 총장들은 테일러 의장을 제외한 상태에서 회동했고, 국방장관을 향해 "정의의 결여, 심지어 각각의 목표와 관련된 목표와 행동 과정에 대한 혼란조차도" 우려한다는 성명을 발표했다. 또한 그들은 신호와 메시지를 보내기 위해서 군사력을 사용하는 전체적 접근법에 대해서도 의문을 제기했다. 각 군 총장들은 맥나마라 장관이 테일러 의장, 딘 러스크Dean Rusk 국무장관, 그리고 다른 고위 관리들과 호놀룰루에서 베트남 전쟁에 대해 회의를 하기 전에 자신들의 메시지를 읽게 하려는 의도를 가지고 있었다. 그러나 6월 1일 테일러 의장은 메모의 문구에 각 군 총장들의 의도가 정확하게 반영되었는지 확신하지 못하겠다는 이유를 들어 맥나마라에게 보낸 합참의 메모를 철회하라고 지시했다. 그러한 사실에 격분한 각 군 총장들은 다시 만나 일부 어휘를 수정하여 새롭게 작성한 메모를 호놀룰루로 보내면서 그것을 국방장관에게 제출할 것을 명시적으로 테일러 의장에게 요구했다. 해병대 사령관 역시 테일러가 메모를 정확하게 전달했는지를 검증하기 위해 자신의 해병대 비공식 채널을 활용했다. 그러한 의혹은 충분한 근거가 있었다. "각 군 총장들의 촉구에도 불구하고, 테일러는 메모를 호놀룰루 회의 참석자에게 제출하지 않았고, 메모를 숨긴 채 회의에서 합참의 입장에 정면으로 반대했다"고 맥매스터 소장이 썼다.

불명료함이 접근방식으로 받아들여지자 그것을 떨쳐내기가 어려워졌다. 오레곤 주 상원의원 웨인 모스Wayne Morse가 1964년에 있었던 통킹 만Gulf of Tonkin 사건(1964년 8월 2일 통킹 만 해상에서 북베트남 해군 소속 어뢰정 3척이 미 해군 구축함을 선제공격하여 양국 함대가 교전한 사건. 이 사건을 계기로 미국은 본격적으로 베트남 전쟁에 개입하였다. - 옮긴이)에 대해 테일러 의장에게 회의적인 질문을 했을 때, "테일러는 오해의 소지가 있는 답변을 했다"고 맥매스터가 말했다.

1964년 말, 각 군 총장들은 다시 반대 의견을 표명했다. 테일러는 베트남주재 미국대사로 임명되어 베트남으로 갔고, 테일러의 건의에 따라 얼 휠러Earle Wheeler 대장이 후임 합참의장으로 지명되었다. 합참의장 자리에서 좌절감이 점점 커지던 휠러는 결국 각 군 총장들이 북베트남으로 활발하게 전쟁을 전개하지 않는다면 베트남에서 미군을 철수해야 한다는 의견을 대통령에게 제기할 준비가 되어 있다고 맥나마라에게 말했다. 맥나마라는 각 군 총장들을 만나서 북베트남에 대한 폭격으로부터 중공과 지상전을 벌이는 것까지 일련의 주요 확대 조치를 기꺼이 받아들일 의향이 있다는 약속을 함으로써 그들의 대담한 행동을 막았다. 그러나 그는 자신이 약속한 어느 것도 하고 싶어 하지 않았다. 각 군 총장들이 자신들의 견해를 기술한 메모를 대통령에게 제출했을 때, 맥나마라는 핵심 문구를 빼버렸다. 맥매스터는 그러한 회피의 결과로 "대통령 정책의 기저를 이루는 가정이 전략과 전쟁에 관하여 미합중국 대통령을 보좌하며 법과 전통에 따라서 책임을 지는 하나밖에 없는 공식 기구에 의해서 의심 없이 받아들여지게 되었다"고 결론지었다.

존슨 대통령은 확실히 능력 있는 전시 통수권자는 아니었지만 여전히 교활한 조종자였다. 1965년 중반에, 그는 "당신들은 나의 팀이고, 모두가 존슨의 사람들이다"고 말하며 합참을 회유했다. 이 시점에서 현역 군인들의 의무감이 대통령에 대한 예의보다 우선했어야 했다. 각 군 총장들은 마셜이 확실히 그랬던 것처럼 군인은 대통령의 사람이 아니고 국가의 사람이라고 말함으로써 대통령이 제대로 결심하도록 강요했었어야 했다. 하지만 대통령은 그들을 다루는 법을 잘 알고 있었고, 사실 그들은 국회의원들을 만났을 때, 존슨의 부하처럼 처신했으며 자신들의 직무에 진술하지 않았다.

결국 1965년 11월 휠러 합참의장과 다른 합참 요원들은 용기 있게 단일 대오를 형성하여 백악관으로 갔다. 그들은 점진적 압박 정책의 종결을 대통령에게 요구했으며, 그러한 정책이 북베트남에 대한 대규모 공세 작전으로 대체되어야 한다고 영향력을 행사했다. 공군과 해군의 제트기로 북베트남에 대해 강력한 공중 공격을 시행하며 기뢰를 설치하여 항구를 봉쇄하기를 원했다. 더 나아가서 그들은 신속하며 "압도적인 해·공군력"의 활용을 요청했다. 그러나 존슨은 이것이 환영할 수 없는 만남이라는 점을 분명히 했다. 그는 합참의장을 비롯한 장군들에게 앉을 것을 권유하지는 않았지만, 그들이 반원형으로 서서 자신들의 의견을 건의하는 것을 주의 깊게 들어주기는 했다.

각 군 총장들의 건의가 끝나자, 대통령은 그들을 세워 둔 채 그들에게서 등을 돌리고 약 1분 동안 그들의 건의사항을 저울질하는 듯한 연출된 행동을 했다. 그러고 나서 그는 화를 내면서 그들을 향해 빙글 돌아섰다. 회의를 위한 지도를 가지고 회의장에 참석했던 해병 소령 찰스 쿠퍼 Charles Cooper는 "대통령이 큰 소리로 욕설을 퍼부으며 그들을 저주했고, 조롱하기까지 했다"고 당시를 기억했다. 나중에 해병 중장으로 진급했던 그는 "대통령이 내뱉은 욕 중에는 똥을 쌀 놈, 멍청한 놈, 잘난 체하는 개자식들" 등이 있었다고 회상했다. 육군참모총장과 해병대 사령관이 날카롭고 신속한 확전에 대한 지지를 천명하자 존슨 대통령은 그들에게 다시 "이 개자식들아, 너희들은 '군사적 타당성'이라는 멍청하기 짝이 없는 헛소

1967년 11월 백악관에서 존슨에게 보고하고 있는 웨스트모어랜드. 존슨 대통령과 고위 군 지도자들과의 관계는 전임자인 케네디 시절보다 훨씬 악화되었다. (사진 출처: Wikipedia Commons/Public Domain)

리로 제3차 세계대전을 일으키라고 하는 거야"라고 소리치며 "여기에서 당장 나가!"라고 명령했다.

해군 작전참모부장 데이비드 맥도날드 David McDonald 해군 제독이 자신의 차로 돌아와서 "대통령에게 군사적으로 조언하는 5명의 최고위 장군들이 대통령으로부터 그런 끔찍한 곤욕을 당하는 광경을 내 인생에서 볼 줄은 꿈에도 몰랐다"고 말했다. 존슨은 강력하게 반격했다. 3년 후 휠러 대장을 만난 헨리 키신저 Henry Kissinger는 휠러가 "경계심에 가득 찬 비글 beagle(다리가 짧고 몸집도 작은 사냥개 – 옮긴이)을 닮아 다음 공격을 주시하는 부드럽고 검은 눈"을 가진 매 맞은 개 같이 보였다고 말했다. 해럴드 존슨 육군 참모총장은 몇 년 후 육군전쟁대학교에서 학생장교들에게 그 시점에 육군참모총장을 사임하기로 결정했었다고 말했다. "사임하기 위해 백악관을 가는 길에, 나가는 것보다 현 체제 안에서 더 많은 일을 할 수 있겠다는 생각이 들었다. 도덕적 용기가 없었다는 비난은 기꺼이 감수하겠다"고 강연했다. 그는 감정적으로든 직업적으로든 제자리에서 후퇴하는 것처럼 보였다. "내가 합동참모회의 일원으로 특별한 역할을 하기 위한 참가자가 아니라 그저 관찰자라는 느낌을 받았다"고 말했다.

존슨 대통령의 짜증은 현대사회에서 있어야 할 장군과 대통령 사이의 담론이라는 관점에서 보면 낙제점이었다. 그중에서 특히, 존슨의 폭발은 대통령으로부터 사회적이고 감정적인 거리를 유지하기 위해 노력한다는 조지 마셜의 지혜를 떠올리게 한다. 만일 존슨 대통령이 합동참모회의 위원들에게 모욕적으로 말했던 것처럼 루스벨트 대통령이 마셜에게 그렇게 말했었더라면 마셜은 거의 틀림없이 자신이 대통령의 신임을 받고 있지 못하기 때문에 마땅히 육군참모총장 자리에서 내려와야 한다고 했을 것이다. 1965년 11월 그 회의에 참가한 장군 중에는 아무도 마셜처럼 행동하지 않았는데, 그것은 군 리더십의 질이 떨어지는 신호였다. 전쟁을 다루는 데 있어서 합참의 직업적이고 도덕적 실패를 학문적으로 연구한 자신의 책인 『직무유기 Dereliction of duty』에서 맥매스터 장군이 말한 바와 같이 그러한 실수는 더 큰 죄를 인내하게 하는 단초가 되었다. "대통령이 거짓말을 했고, 각 군 총장들도 자신처럼 거짓말을 했거나 또는 적어도 모든 진실을 서로 숨기고 있다고 생각했다. 대통령은 그들을 그 자리에 임명하지 말았어야 했지만, 장군들도 대통령이 그렇게 행동했을 때 참지 말았어야 했다"고 썼다. 굿윈이 이것은 존슨 대통령이 "자신의 후원자이며 전형이자 마침내 자신의 업적을 가늠하는 척도"라고 생각한 루스벨트 대통령의 사례에 부응하지 못했다는 증거였다. 루스벨트와 달리 존슨은 전쟁에 대해 전혀 국민에게 설명하지 않았다. 뛰어난 언론인 중에서 최후의 "강경파"였던 조셉 알솝Joseph Alsop은 "존슨 대통령과 주변의 조언자들은 장기적인 군사작전에서 발생한 암울한 전투 결과와 왜 참전해서 싸워야 하는지에 대한 이유를 적절하게 국민에게 설명할 준비를 하나도 하지 않았다"고 말했다. 대통령이나 합참 누구도 베트남 전쟁에서 자신들의 의무를 제대로 하지 않았다.

전투 현장에서

미국이 베트남 전쟁에 참전하게 된 배경을 간결하게 정리하면 다음과 같다. 베트남의 상황이 1964년에 급격하게 악화되었다. 1965년에 들어서자 미군이 증원되지 않으면 베트남 정부가 무너질 위험한 상황으로 발전했다. 1966년, 육군과 해병대는 베트남에 전개되어 자신들의 기지를 방호하기 위해 싸웠다. 1967년, 미군은 기지와 병참선을 운용하면서 적군과 전투를 벌이기 시작했다. 그들은 놀라울 정도로 그러한 작전을 잘 수행했다. 갈대평원Plain of Reeds(메콩강 삼각주에 있는 내륙 습지 - 옮긴이) 남쪽에 있는 쩌우 타인Chau Thanh 지역 원로 공산당원들은 지역 전사들이 후퇴하고 있다고 비난했다. 이에 대해 전사들은 "우리보다 10배나 강한 적을 만났다. 그래서 감히 저항할 수가 없었다. 만약 계속 저항했더라면 우리는 전멸 당했을 것이다. 적들은 기계화된 장비와 최신 무기로 무장했다"고 항변했다. 군사적 철수가 베트콩 혹은 민족해방전선이라고 불리는 세력에게 정치적 결과를 가져왔다고 북서쪽에 위치한 지역 마을 서기가 설명했다. "떰 히엡Tam Hiep 마을 주민들의 신뢰는 흔들렸고, 민족해방전선과의 모든 관계를 단절하길 원했다. 그들 대부분은 세금을 내고 있었는데, 그들을 남겨두고 민족해방전선은 떠났다."

양측은 1968년 초에 벌어져 전쟁의 결정적 전역으로 판명될 대회전을 향해서 가고 있었다. 그때까지는 전쟁에서 놀라우리만큼 흔한 상황인 진정한 진행 감각을 발전시킬 가능성이 미국과 북베트남군 모두에게 있었다. 만약 미군이 1967년에 베트콩과 북베트남 지원자들에게 압력을 가했더라면 공산주의자들은 그 시기에 그들이 세계 최강의 전투력을 가진 군대를 전투 현장에서 만났다고 결론지었을 것이고, 전차, 폭격기, 헬리콥터 등이 없음에도 불구하고 살아남았거나 새로 등장한 미군을 어떻게 다루어야 할지를 배웠을 것이다. 북베트남 국방장관 보우 엔 지압 Vo Nguyen Giap은 그해 9월에 "지금처럼 상황이 좋았던 적은 없었다. 군대와 인민들은 적과 싸우기 위해 일어섰다"고 썼다. 바로 그때 공산주의자들은 5개월 후에 있을 대규모 공세를 계획하고 있었다.

사실 1967년 말까지 베트남 전쟁이 미 육군을 약화시키기 시작했다는 징후가 있었다. 이 전쟁은 준비되지 않은 육군으로서는 원하지 않는 전쟁이었다. 1967년부터 1968년까지 베트남 전쟁에서 육군 정보장교로 참전했던 찰스 크론 Charles Krohn은 "1960년대의 장교단은 러시아와 싸우는 훈련을 했다"고 수십 년 후에 글을 남겼다. "그들은 부대와 부대가 부딪치는 대규모 전차 및 기계화 보병들의 전투를 마음속으로 상상했었다. 베트남에서 모든 미군 장교들은 작고 거지 같은 약한 군대와 싸우는 것을 꿈꾸었는데, 적어도 그들이 그곳에 있는 동안에 결코 그렇게 되지 못했다"고 말했다. 베트남에서 전투를 하면서 육군은 "표준 작전 목록들"에서 벗어난 대분란전 과업이나 이론에는 큰 관심이 없었다고 육군 분석가인 앤드류 크레피네비치 Andrew Krepinevich는 말했다. 대분란전의 과업에는 "소규모 지역에 대한 장기적 정찰, 야간 작전의 폭넓은 활용, 게릴라 부대보다는 반란군의 기반시설과 관련된 정보 획득의 강조" 등의 전술이 포함되었다.

베트남에서 미국 육군은 고의적으로 몇 가지 사안을 무시했다. 육군은 말레이시아에 있는 영국군 밀림전 학교에 고위 장교들을 보낼 필요가 없다고 보았다. 10년 전에 프랑스가 적보다 더 치열하게 열심히 싸웠음에도 불구하고 베트남에서 더 높은 사상자 비율로 피해 본 경험을 사례연구로 채택해서 공부하지도 않았다. 국방부의 분석가 토마스 타이어Thomas Thayer는 유창한 영어 소통능력으로 외교관으로 발탁된 베트남 참전용사인 사이공 주재 프랑스 국방무관이 18개월 동안 임무를 수행하면서 단 1명의 미군이 프랑스군의 베트남 전쟁 교훈을 공유하기 위해 방문했었다는 사실을 자신에게 말했다고 전했다. 더 놀라울 일은 미 중앙정보부의 프로그램에 따라서 육군 특수부대 요원들이 마을 사람들에게 자체 방호를 위한 훈련을 시작했을 때, 현지인을 무장시킨 그 프로그램은 베트콩에 대항하기 위한 "거의 틀림없이 성공을 기록할 수준"으로 작동되었다는 점이었다. 훈련 프로그램을 운용한 마을 주변 지역은 안전 측면에서 뛰어난 성과를 달성했다. 그러자 당시 베트남주재 미국대사였던 맥스웰 테일러는 중앙정보부에 프로그램을 미군에게 넘기도록 지시했는데, 그 결과 임무의 효율성이 크게 떨어졌다. 1959년부터 1962년까지 중앙정보부 사이공 지부장이었다가, 1968년에는 극동지역 책임자가 된 윌리엄 콜비William Colby는 "자체 방호를 위한 조직을 만든 후에 마을 스스로 베트콩에 대한 방호 역량을 키우고 확대되어 적을 쫓아내는 것이 우리의 지침이었다"고 기억했다. "군이 프로그램을 인수했을 때" 그것은 '군이 이들을 데리고 공격 임무에 활용하라'는 뜻으로 변질되었다. 군은 그들을 캄보디아

국경으로 보냈고 그들은 숲속에서 적을 찾아다녔는데 그것은 전반적인 전략과 전혀 관계가 없었다. 다시 말해서, 웨이안드 장군이 제25 사단을 잘못 운용했던 것처럼 그들도 잘못 운용해서 똑같이 초라한 결과를 가져왔다. 군에서 운용을 통제했던 몇 년이 지나자, 마을 방호 프로그램은 붕괴되었다.

육군 지휘관들은 전쟁 초기에 베트콩들의 주 보급원이 지역에 있는 촌락이라는 점을 간과했다. 베트콩은 인구 밀집지역 주변에서 신병을 모집했고, 정부군은 노획하거나 구매해서 무기를 확보했다. 예를 들어, 당시 베트콩 관리였던 쯔엉 누 땅Truong Nhu Tang은 자신의 예하부대가 담배와 라디오뿐 아니라 심지어 수류탄과 대인지뢰 같은 무기를 베트남군 장교들에게서 구매했었다고 증언했다. 프랜시스 웨스트Francis West는 1967년의 연구에서 "구릉지역에서의 끊임없는 미군의 작전이 적을 주민들로부터 벌어지게 한다는 근거는 커다란 의미로 보자면 전쟁은 작은 부락에서 시작했고, 미군들이 구릉지역으로 갔을 때는 이미 그들이 주민들 사이에 숨어 있었다는 사실을 작전적으로 거부하는 것에 불과했다"고 썼다. 그는 남베트남 사람들이 특히 대규모 베트콩 부대를 두려워하지 않았던 이유는 미군들이 그 부대를 추적하고 상대할 수 있다는 것을 알고 있었기 때문이었다고 기술했다. 관리들이 더 우려했던 것은 "교활하고 선택된 표적을 죽이며 헌신적으로 전쟁에 참여하는 지방 베트콩들이었다"라고 웨스트가 썼다.

베트남에서 육군 지휘관들은 자신들의 최고 정보원들의 지식마저도 무시했다. 전투가 임박해 현장의 고문관들이 사이공의 미군 본부로부터 하달된 낙관적 보고서에 이의를 제기하면 일반적으로 그들의 견해는 무시되었다. 웨스트모어랜드가 사령관으로 재직하던 초반에 보고서에는 좌절감을 접어두고 "긍정적인 면을 강조하라"고 고문관들에게 지시했다. 거침없이 말하는 것으로 유명했던 고문관 중의 한 명인 존 폴 밴John Paul Vann 중령은 사실상 청문회를 요구해 워싱턴으로 가서 육군 인맥을 이용해 명백하게 비판적인 자신의 견해를 합참에 보고할 기회를 만들었다. 당시 합참의장 테일러는 브리핑이 시작되기 몇 시간 전에 브리핑에 대해 알게 되자 자신을 추종하는 휠러 육군참모총장과 협업하여 최후의 순간에 브리핑을 취소시켰다. "남베트남에서 전쟁 노력에 대한 통계가 불리한 경향을 보여줌"이라는 제목의 이와 유사한 회의적인 내용을 담은 국무부의 보고서가 국방장관 맥나마라가 국무장관 러스크에게 보낸 메모와 함께 무시되었다. "딘에게: 합참의 승인 없이 국무부가 더 이상 조사 평가에 대해서 문제 삼지 않는다고 내게 약속해 주면, 우리는 이것을 여기에서 끝내기로 하겠네. 밥이"라는 메모였다.

크레피네비치Krepinevich는 "베트남에서 육군은 분란전에 대한 총체적인 계획이 부재했고, 특히 민군작전 간에 화력을 남용했다"라고 명시한 육군 내부의 공식 보고를 무시했다고 썼다. 1966년 3월에는 "전쟁은 지상전에 의해 승리하게 될 것이다"라고 결론을 내린, 존슨 대장에 의해 위촉된 장문의 보고서가 나왔다. 육군참모총장은 어떻게 방향을 재정립해야 하는지를 다소 혼란스러운 일련의 권고 사항으로 제시했다. 한편, 베트남에서 고문관으로 근무한 젊은 장교들의 관점이 반영되었던 보고서에서는 전쟁에 대한 미국의 접근이 "부적절하였고, 효과가 미미하였다"라고 기술되어 있었다. 보고서는 "현재 미군의 군사작전은 대중의 충성심을 확보한다는 것을 궁극적 목적으로 하는 분란전의 기본교리와 합치하지 않는다. 우리의 연구보고서에서 개념적으로 인식되는 총체적인 문제는, 미군이 실제에 있어서 발생하는 복잡성에서 한 발 빼고 있으며, 베트콩을 군사적으로 격멸한다는 잘못된 전제로 가고 있다는 것이다"는 점을 지적했다. 또한 베트콩들은 "상대적으로 자급자족하며" 현지에서 지지를 얻었다고 기술했다. 그러나 해병대가 해안가의 인구 밀집지역에서 실험적으로 실시했던 집단 거주지에 대한 접근은 너무 정적이고 수동적이라는 이유로 비난받았다. 오히려, 보고서에서는 "대규모" 미군들이 공산군 "주력부대"에 맞서 계속 공격하고, 보급선을 차단해야 한다고 말했다. 그러한 사례들이 만들어지자, 그것은 계속해서 큰 모순에 빠지게 되었다. "미군의 전투작전은 미군의 지원 중점이 진정한 결정지점인 촌락으로부터 전환했어야 했었는데 한 번도 그런 적이 없었다." 다른 말로 하면, 전쟁의 핵심 과업인 결정적 전투가 미군의 임무가 아니라 다른 누군가의 임무였다는 것이었다. 그렇게 되면, 미국 노력의 중심은 남베트남군을 지원하는 데 두었어야 했다. 그러나 그렇게 되지 않았고, 대신에 베트남 전쟁 참전용사이자 사학자인 제임스 윌뱅크스James Willbanks가 관찰했던 것처럼 "베트남 주민들은 사실상 한쪽으로 밀려나서 지원만 하는 것으로 역할이 격하되었다."

육군에 알려진 대로 웨스트모어랜드는 PROVN(남베트남의 평화 및 장기 발전 방안A Program for the Pacification and Long-Term Development of South Vietnam) 보고서를 혐오했다. 그의 정보참모부장 데이비슨Davidson 장군은 웨스트모어랜드를 동정하면서 한편으로는 그의 보고서 처리의 잘못을 다음과 같이 비난했다.

그 연구는 성숙하게 고려될 만한 가치가 있었다. 집행자는 웨스트모어랜드 장군이었으나, 그는 회고록에서 또는 전쟁에 관한 그의 공식 보고서에서 PROVN에 대해서는 언급조차 하지 않았던 반면 그것을 억제하는 그의 이유는 명백했다. 맞든 틀리든 그가 진심으로 올바른 전략이라고 고수했던 자신의 '정찰하여 격멸하라'는 개념을 PROVN이 정면으로 공격했다. 그는 자신과 자신의 전략이 잘못된 것임을 인정하지 않고서는 ('정찰하여 격멸하라'는 작전이 효과적이지 않았다는) 연구개념을 받아들일 수 없었다.

그래서 육군은 해야 할 필요가 있는 것으로 전환하기보다는, 강력한 리더십이 부족할 때 관료들이 어떻게 해야 하는지에 맞춰 자신들이 할 줄 아는 것을 계속하기로 했다. 1967년에 베트남에서 평화 노력에 새로운 활력을 불어넣었던 코머Komer가 "우리는 단순하고 직설적인 이유로 유럽 중앙의 대평원에서 소련과 싸우는 것처럼 베트남에 가서 싸웠다. 우리는 유럽에서 전투하도록 훈련되었고, 장비를 갖추고 조직된 존재였다"고 말했다. "우리는 우리가 싸운 방법으로는 이길 수 없었던 군사 전쟁에 과잉 예산을 투자했다. 우리는 전쟁 초기부터 적어도 제한된 성공이라도 입증할 평화적 노력을 충분하게 하지 못했다"라고도 했다. 육군은 제도적으로 전쟁에서 승리하는 것은 적군들에 대한 보급을 차단해 그들을 죽이고 적의 작전을 와해시키는 것이라고 믿었고, 그것이 소모전으로 계속되는 것을 의미하더라도 그것은 의도한 것이었다. 크레피네비치는 육군의 관점에서 보면, "필요한 것은 화력의 효율적 운용이었다"라고 썼다. 실제로 웨스트모어랜드 사령관은 기자회견에서 분란전에 대응하는 가장 최선의 방법에 대해 질문을 받았을 때 "화력"이라는 한 단어로 답변했다. 이 모든 것에 비추어보면, 미군은 베트남 전역에서 진정한 의미의 대분란전을 실제적으로 시작한 적이 없다고 주장할 수 있다. 실제로 전쟁 예산의 사용을 보면, 베트남 전쟁에서 가장 많이 지출된 공중 폭격에 93억 달러(1969년 회계연도 기준, 현재 가치로 단순 환산 시 약 11조 원)를, 두 번째로 큰 지

출은 지상화력을 운용했던 소모전에 40억 달러(현재 가치로 단순 환산 시 약 4조 원)를 사용했다. 공군이 베트남 전쟁에 투하한 폭탄의 총량은 1제곱마일 당 평균 70여 톤의 막대한 양이었다고 국방부의 타이어가 이야기했다. 그는 "민군작전을 위한 예산은 제일 낮은 순위인 세 번째"였다고 결론을 내렸다.

"미군은 평화가 아닌 전쟁을 원했다"고 1963년 디엠Diem 베트남 대통령에 대한 전복 음모를 주도했던 월남군 장군 쩐 번 똔Tran Van Don은 결론지었다.

북베트남군은 미군의 접근을 어떻게 다루어야 할지를 배웠다. 2년 후, 공산주의자들은 도시지역을 중심으로 한 구정 공세가 가까워져 오자 미군 부대를 시골이나 국경의 접경지대로 일부러 유인하는 조치를 했다. 베트콩 관리였던 쯔엉 누 땅Truong Nhu Tang이 말한 것처럼 "베트남 전쟁에 대한 미군 개념의 결과는 정말로 가장 중요한 전투에 베트남 사람들이 참가하지 않았다는 것이다. 미군이 아낌없이 관심과 자원을 쏟아부은 군사적인 전장은 모든 대치 전선에서 단지 한 부분에 불과했다. 그리고 주요 투쟁이 벌어졌던 곳은 그 전선이 아니었다."

그러나 육군은 잘못된 경기장에 나타나 어쨌든 그곳에서 경기를 한 미식축구팀처럼 전쟁의 결과에 책임이 없다고 계속 주장할 것이다. 지휘참모대학이 1972년에 교관과 학생장교 976명을 대상으로 설문조사를 한 결과에 따르면, 응답자의 40%가 "정치인"들을 비난했고, 젊은 장병들의 21%는 "장군들의 헌신부족"이 문제였다고 답했다. 단지 5%만이 육군이 전쟁을 제대로 수행하지 못한 책임이 있다고 답했다.(나머지는 다양한 다른 대답을 했다.) 예비역 육군 대령 앤서니 워머스Anthony Wermuth는 1977년에 "미군은 베트남에서 장엄하게 싸웠다"고 더 강하게 주장했고, 알렉산더 헤이그Alexander Haig 장군은 "베트남 전쟁은 어떤 의미에서 전장에서는 지지 않은 전쟁이었다"고 하면서 다른 사람들의 의견에 동의를 표했다. 다른 사람보다 베트남 전쟁에 대한 책임이 큰 맥스웰 테일러 장군도 "베트남 전쟁에서 미국의 리더십은 최고였으며, 군을 위하여 결정된 기본 규칙에 따라 전술과 전략 일반을 활용해서 수준을 향상한 다른 누가 더 있었는지 모르겠다는 게 나의 생각이다"라고 말했다.

그러한 언급이 시사하는 바와 같이, 베트남 전쟁 기간에 장군들에게서는 자신의 지휘 역량을 검증하려는 의지가 부족했을 뿐 아니라 지휘 역량에 대한 호기심도 부족했다. "제2차 세계대전 이후 20년 후까지 미군 고위 리더십의 지배적 특징은 지식인을 바보처럼 행동하게 만드는 원인이 되는 직업적 오만함과 상상력의 결여, 그리고 도덕성과 지적인 무감각함"이었다고 베트남 전쟁에 대해 가장 잘 기술한 책 중의 하나인 『번뜩이는 거짓말A Bright Shining Lie』의 저자 닐 시한Neil Sheehan이 이야기했다.

그러한 태도의 결과로 나타난 것 중의 하나가 장군들에 대한 보직 교체가 더 이상 실시되지 않았다는 것이었다. 한국전쟁 중에는 임무 수행에서 부족함을 보였던 장군에 관한 해임 사례를 찾아보기 어려워지기 시작했었던 반면에, 베트남 전쟁에서는 그것을 찾기가 거의 불가능해졌다. 고위 장교들을 해임한다는 것은 자신들이 임무 수행에 실패했음을 고백하는 것으로 여겨졌다. 게다가 뒤죽박죽으로 얽힌 전략을 가지고 싸운 모호한 전쟁을 하다 보니 무엇이 성공인지 불명확해졌다. 그래서 잘한 것에 대해서는 보상해 주고, 실패에 대해서는 벌주는 것이 훨씬 더 어려워졌다. 베트남 전쟁이 발발하면서 장군을 해임한다는 것은 육군이 작동하는 방식에 대한 공개적 질문인 반대 의견에 이르는 결과를 가져왔다. 왜냐하면 그것은 요구되는 과정을 거쳐서 20년이 넘는 기간 동안 성장해 온 어떤 사람을 포함하고 있었기 때문이었다. 그가 그 직책에 적합하지 않다고 말하는 것은 그를 만들어온 과정을 부정하는 것과 같은 것이었다. 그래서 보직 교체 체계가 한때 일을 잘하면 보상을 받고, 못하면 벌을 받는다는 원칙에 따라 예상된 대로 작동되는 표식이었는데 그것이 이제는 육군이 가지고 있는 체계를 적대적으로 비판하는 것으로 육군 내부에서 여기는 것처럼 보였다. 웨스트모어랜드는 "장교가 육군이 요구하는 까다로운 진급제도를 거쳐서 성장하여 장군이 된다면 극히 드문 환경에 있지 않은 한 비록 그가 모든 직무에서 최고는 아니더라도 분명히 유능할 것이다"라고 이야기했다.

해병대의 가지 않은 길[*]

맥스웰 테일러의 주장에도 불구하고 가능한 대안은 분명히 있었다. 1964년, 당시 중령이었던 존 쿠시먼 John Cushman은 메콩 델타 지역에서 자신이 수행했던 전형적인 대분란 counterinsurgency 작전에 대해 웨스트모어랜드 장군에게 2번에 걸쳐서 보고했다. 두 번의 보고에서 웨스트모어랜드는 극단적인 지루함을 표출했다. 후에 중장까지 진급하여 베트남 전쟁 후 육군 재건에 중요한 역할을 했던 쿠시먼은 "그는 반응도, 질문도, 탐구심이나 호기심 등이 전혀 없었다"고 기억했다.

베트남 최북단 끝에 자리 잡은 해병대는 웨스트모어랜드의 통제를 상대적으로 덜 받고 있었기 때문에 대분란전에 대한 아이디어를 더 발전시킬 수 있었다. 해병대는 전쟁의 다른 개념을 발전시켰다. 그들은 사람이

---

[*] 미국 시인 마르셀 프루스트의 시 「가지 않은 길」에서 차용한 것으로 여겨진다. – 옮긴이

살지 않는 정글 지역에서 베트콩을 추적해서는 승리할 수 없고 대신에 소규모 부대를 촌락 지역으로 이동시켜 마을 주민을 베트콩으로부터 방호해 줌으로써 그들과 차단하고, 한편으로는 병력 충원, 식량 보급, 기타 전쟁에 필요한 물자를 지원하는 기지에서 적을 분리시킨다는 개념을 만들어냈다. "베트남 주민들이 가장 중요하다"고 해병대 중장 빅터 크루락 Victor Krulak이 1966년 제안서에 썼다. 그러면서 그는 소모전은 "패배로 가는 길"이라고도 말했다. 닐 쉬안 Neil Sheehan은 존슨 대통령이 크루락 중장의 제안서를 읽어보고 그해 여름 그를 만났었지만 호되게 꾸짖었다고 보고했다. 그해 말쯤에 크루락은 동료 장군에게 전반적인 전쟁의 노력을 평가하면서 "적군이 곡을 연주하는 대로 우리가 거기에 맞추어 춤을 추도록 유도하는 것에 대해서 심각하게 우려한다"고 말했다. 그러나 해병대는 영토 대신 마을에 집중함으로써 부대를 방문하는 관료들에게 그들이 대규모의 영토를 통제했다는 것을 마땅히 보여줄 수 없었다. 이러한 모습이 무능함으로 비쳐 육군 지도자들의 반감으로 작용했다.

   해병대는 3겹으로 이루어진 접근법을 발전시켰다. 첫째는, 주력부대를 후속하기 위해 대대급이나 더 이상의 제대를 운용하고 자유롭게 기동할 수 있는 능력을 줄였다. 둘째로, 소규모 부대로 대게릴라counter-insurgency 정찰을 공세적으로 전개하여 베트콩들이 인구 밀집지역으로 이동하는 것을 제한했다. 베트콩이 해안을 따라 형성된 비옥한 쌀 경작지에서 쌀을 징발하여 생활했다는 것을 인지하고 보급선을 차단하기 위한 작전에 착수했다. 셋째는, 가장 기억될 만한 것으로 소규모 보병부대를 촌락으로 들여보내서 주민들과 함께 생활하도록 했다. 이 기본개념은 주민들을 베트콩과 분리시킨 다음에 그들을 보호하고 무장시켜서 그들이 미군이나 동맹국과 대화하고 협력이 가능하다는 느낌을 주는 것이었다. 이 계획에 따라서 해병대는 1965년 8월부터 '연합대응소대Combined Action Platoons'라고 명명한 팀을 80개 정도의 촌락에 투입하기 시작했다. 이 소대는 해병대원 13명과 해군 의무요원 1명, 그리고 베트남 민병대 약 35명으로 구성하는 것이 목표였지만 실제로는 평균 30명 정도의 수준에서 운용되었는데 그렇게 한 이유는 부분적으로 육군 지휘부가 해병대의 프로그램을 좋아하지 않았고, 이미 베트남에 있는 부대에서 병력을 데려오도록 해병대에게 지시했기 때문이었다.

연합대응소대가 핵심적으로 노력했던 것은 촌락에서 지속적으로 함께 살 수 있는 여건을 만드는 것이었다. 그들은 지역주민과 주민들의 생활 조건에 친숙해지기 위해 노력했고, 무엇이 "일상적"인지를 이해했으며 그렇게 됨으로써 생활 속에서 일탈이 생기면 감지할 수 있게 되었다. "같은 지역에서 오랫동안 작전을 하면서 자연스럽게 정보망을 구축할 수 있었다"고 역사가 마이클 해네시Michael Hennessy는 기록했다. 베트콩들에 의해 거의 완전하게 포위되었던 어느 연합대응소대는 지역에 사는 나무꾼들이 적의 움직임을 경고해 주어 살아날 수 있었다. 이 프로그램은 단순한 '손잡아주기' 프로그램이 아니었다. 이 프로그램에 참여한 해병대는 베트남에 주둔한 전체 해병대원의 1.5% 정도였지만 사상자 비율은 전체의 3.2%를 차지했다. 반면에 적군에게는 사상자율 8%를 내는 뛰어난 결과를 가져왔다. 다시 말해서, 다른 부대보다 불균형적인 타격을 받았지만 군사적으로 더 효과적인 작전이었다. 화력 운용 중심의 '정찰하여 격멸하는' 작전에 비해 더 어려웠지만, 그 작전보다 더 나은 결과를 가져왔던 이러한 노력이 베트남에서는 가지 않은 길이 되었다.

베트남 전쟁에서 이기기 위한 방식으로 대규모 전투에 집중하고 있었던 육군 지휘부는 해병대의 연합대응소대 프로그램을 강력하게 반대했다. 최초로 베트남 전쟁에 투입된 완전편성 사단을 지휘했던 해리 키너드Harry Kinnard 소장은 "해병대에 대해 엄청난 혐오감을 가지고 있었다. 내가 할 수 있는 모든 것을 다해서 해병대를 끌어내 싸우게 해야 했다. 그들은 싸움다운 싸움을 하지 않으려 했다. 그들은 지상전투, 특히 게릴라에 대항하여 싸우는 방법을 알지 못했다"고 나중에 보고했다. 드퓨이도 "해병대는 베트남에 투입되어 그냥 앉아서 아무것도 하지 않았다. 대분란전을 한다며 정밀하게 계획된 쉬운 전투에만 관여했다"고 역사학자 크레피네비치에게 말하며 비슷한 평가를 내렸다. 웨스트모어랜드는 워싱턴에 있는 해병대 지휘부가 자신의 전쟁을 어지럽게 만든다고 느꼈다. 그는 1965년의 일기에 "해병대 지휘 계통이 나의 작전통제 하에 있는 제3 해병상륙군의 전술적 작전에 과도한 영향력을 행사하려는 경향을 감지했다"라고 썼다.

당시 웨스트모어랜드 사령부 작전참모부장 드퓨이는 사령관에게 해병대에게 대규모 작전을 시작하라는 명령을 내려야 한다고 촉구했다. 웨스트모어랜드는 베트남 전역에서 해병대 프로그램을 시행하기에는 너무나 병력 집약적이고 소요가 많다며 프로그램의 도입을 각하시켰다. 이는 해병대가 경계지역을 확대하고 베트남군이 그 배후를 받치면서 해병대의 계획이 기름방울처럼 확산된다는 사실을 무시하는 견해였다. 제2차 세계대전 때 패튼 휘하에서 근무했었고, 한국전쟁 동안에는 맥아더 극동군사령부 정보참모부장 윌러비 소장 밑에서 계획 및 판단처장을 역임했으며 1967년부터 1968년까지 웨스트모어랜드의 최선임 정보 책임자였던 필립 데이비드슨Phillip Davidson 중장은 베트남 전쟁에 관해 "웨스트모어랜드의 관심은 오로지 대규모 부대의 전투에만 있었다. 민군작전은 그를 지루하게 만들었다"고 말했다. 육군은 주민들을 보호하는 것이 아니라 적을 격멸하는 데 작전 중점을 두었다. 해병대의 대안이 비용 면에서 훨씬 더 효과적이라는 사실을 알고 있었음에도 그것을 대안으로 선택하지 않았다. 토머스 타이어가 지적한 것처럼, 적을 죽이는 것보다 적이 전투를 그만두게 하는 것에 드는 비용이 훨씬 저렴했다. 베트남어로 '찌에우 호이'Chieu Hoi(귀순 공작Open Arms Program으로 공산주의자들이 항복 전단을 휴대 시에 포로가 아닌 특별대우를 약속한 프로그램 – 옮긴이)라고 명명된 사면제도에 따라 공산주의에서 전향한 인원에게 들어간 비용은 1인당 평균 350달러(현재 가치로 단순 환산 시에 약 39만 원) 미만이었으며, 전쟁 기간 전체적으로는 17만 6,000달러(현재로 단순 환산 시에 약 2억 원) 정도였다. 이와 비교해서 화력으로 적 전투원 한 명을 살상하는 데는 평균 6만 달러(현재 가치로 단순 환산 시에 약 6,800만 원)나 들었다. 물론 죽은 사람들은 거기에 죽은 채 그대로 있는 상태였지만 전향한 사람 중에 얼마나 많은 사람이 전향한 상태로 있었는지는 정확히 알 수 없었다.

드퓨이 소장은 제1 보병사단 본부에서 당시 신뢰받던 대분란전 전문가 다니엘 엘스버그Daniel Ellsberg와 점심을 함께하며 "베트남 전쟁의 해결책은 적들이 부서지고 항복할 때까지 더 많은 폭격, 더 많은 폭탄, 더 많은 네이팜탄을 쏟아붓는 것이다"라고 말했다. 그의 견해는 육군 내에도 널리 퍼져서 1966년 말경에는 베트남에 주둔한 전투 대대의 95%가 '정찰하여 격멸하는 작전'을 수행하고 있었다. 이러한 신조어를 만들어낸 당사자인 드퓨이는 무미건조하게 "해병대의 작전은 부적절한 것으로 판명되었다"고 기술했다. 작전명 정션 시티Junction City라는 이름으로 1967년에 2개월간에 걸쳐서 시행된 작전의 결과는 포병사격 36만 6,000발과 3,000톤 이상의 공중 폭격을 통해서 베트콩을 고작 2,000명 미만 사살했을 뿐이었다.

1967년이 되자, 베트남 주둔 신임 해병대 사령관 로버트 쿠시먼^{Robert Cushman} 중장은 육군과의 경쟁을 포기할 준비를 했다. 그는 "웨스트모어랜드가 어떻게 작전하는 것을 좋아하는지 알았으니 같은 방법으로 작전을 할 것이다. 그리고 정당한 사유 없이 많은 마찰을 일으키지 않으면서 전쟁을 계속할 것이다"라고 천명했음을 몇 년 후에 이야기했다. 화가 덜 풀린 웨스트모어랜드는 1968년 2월에 그들을 지켜보기 위해서 해병대 근처에 전방 지휘소를 설치했다. 이것은 해병대에 대한 불신임으로 여겨졌다. "내 생각에 그것은 사이공의 사령부가 한 것 중 가장 용서받을 수 없는 짓이었다"고 제3 해병사단장 레스본 톰킨스^{Rathvon Tompkins} 소장이 이야기했다. 해병대는 주민들을 보호하고 베트콩으로부터 주민들을 분리해야 하는 개념으로 구축된 대분란전 체계를 계속 유지해야 한다고 믿었다. 크루락^{Krulak} 해병 중장은 1969년에 아나폴리스^{Annapolis}(미국 메릴랜드 주의 주도로 해군사관학교가 위치함-옮긴이)에서 강연하면서 "웨스트모어랜드는 결코 그것을 이해하지 못했다. 지금까지도 그렇다"고 말했다.

드퓨이의 '정찰 후 격멸하는 작전'은 한국전쟁부터 베트남 전쟁, 그리고 2003~2004년의 이라크 전쟁 첫해까지 육군 작전의 상수로 존속했다. 각각의 전쟁에서 육군 장교들은 그들이 보유한 모든 화력을 운용할 수 있었다면 승리할 수 있었을 것이라는 생각을 견지했다. 이런 강경한 견해가 갖는 문제점은 결과가 입증되지 않았다는 것이었으며, 반면에 풍족한 화력 운용으로 수년 동안 수행했던 베트남의 전쟁 방식에 반대하는 경향이 있었다. 더 많은 폭격이 성공을 이끈다고 말했던 사람들은 라오스에서 실시했던 폭격이 왜 성공하지 못했는지에 대해서는 아무런 설명도 하지 않았다. 정치적 제약을 받지 않던 라오스 전구에서 운용된 B-52 폭격기가 1970년 한 해 동안에 약 8,500회나 출격했었는데 이것은 그해 베트남에서 실시했던 총 폭격 횟수의 2배가 넘는 수준이었다. 그럼에도 호치민 루트 Ho Chi Minh Trail(북베트남군이 남베트남을 공격하기 위해 라오스와 캄보디아 영토를 경유하여 병력과 군수품을 이동시켰던 경로 - 옮긴이)를 통한 보급물자의 흐름을 끊지 못했다. 국방부 역사가 타이어는 "미국을 포함한 동맹군이 막대한 화력, 전투 지원 능력, 그리고 신속한 부대 이동 능력이 있었지만 승리는 공산주의자들의 몫이었다"고 말했다.

군대 밖에서 더 자주 들리는 다른 관점은 해병대의 접근이나 화력을 더 집중적으로 많이 사용하는 작전 어느 것도 제대로 된 것이 아니라는 것이다. 왜냐하면 2가지 모두 미국 사람에게는 너무나 먼 다른 세계에서 문화와 정치의 근본적 사실에 대항하려는 외부세력의 불운한 시도를 나타냈기 때문이다. 베트남에서 진행된 미국의 평화작전 노력에 관해서 가장 포괄적이고 균형 있게 연구한 결론에 따르면, 소모전략이 제대로 작동하지 않았던 것과 같은 이유로 민군작전도 결국에는 성공으로 이어지지 않았을 것이라고 기술했다. 거기에 소요되는 비용인 피, 돈, 그리고 시간이 미국 국민이 기꺼이 지불하려는 것보다 훨씬 컸다. "한편으로는 베트남 통일을 위한 공산주의자들의 강철 같은 결심, 인내심과 회복력, 전략 및 전술적 유연함, 다른 한편으로는 사이공 정부의 구조적 문제를 고려할 때 답이 없었다"고 리처드 헌트 Richard Hunt가 썼다. 그는 "민군작전 옹호자들은 그것이 베트남의 근본적인 변혁의 원인이 될 것이라고 희망했다. 그러나 변혁이 일어났다 하더라도 변혁에는 오랜 시간이 걸릴 것이고, 미국 국민의 인내가 고갈되어 필연적으로 미국의 지지가 약화되었을 것이다"고 했다. 역설적이게도, 사람들과 함께할 것인가에 대한 모든 논쟁은 40년 후 이라크와 아프가니스탄에서도 거의 똑같이 반복될 것이다. 다만, 둘 사이의 큰 차이점은 2007년에 이라크 주둔 신임 미군 사령관 데이비드 퍼트레이어스David Petraeus 대장을 중심으로 결집했던 작은 모임의 육군 장교들은 베트남 전쟁의 '가지 않은 길'을 따르는 새로운 대분란전 학교의 주요 지지자들이었다는 것이었다.

이 논쟁에서 잘 들을 수 없었던 것은 미국이 조율하기 전부터 지역 안전의 접근방식을 오랫동안 선호했던 베트남 군대의 목소리였다. 베트남군 지휘관들은 주민에게 안전을 제공하는 것에 기반을 둔 전략이 효과가 있었을 것이라고 주장해왔다. 특히 미국이 베트남 사람들에게 가능한 한 많은 부담을 담당할 수 있도록 하는 데 초점을 두었더라면 더 잘 되었을 것으로 생각했다. "연합대응소대에 의해서 운용되었던 전술은 전술적 기동성, 병력 절약, 신뢰할 수 있는 내구성이라는 3개의 기본 전술교리에 기초했다"고 쯔엉Truong 북베트남군 중장은 기억했다. "이 전술의 기본적인 구상은 촌락 주변에 고정적인 방호벽을 설치하는 대신에 촌락에 이르는 접근로에 매복으로 장막을 설치하는 것이었다. 파악하기 어려운 기동성의 특성 때문에 연합대응소대는 모든 곳에 있는 것처럼 보였고, 어디에 있는지 적이 알아내지 못하게 되었다." 이것의 효과는 베트콩 전사들에게 중요한 인력, 식량, 세금을 제공하지 못하게 만들었던 것이라고 그는 결론지었다. "연합대응소대의 장점은 명확했다. 소대는 주민들에게 지속적인 방호를 제공했다. 지역의 자체 방호부대를 훈련시켰고, 동기를 부여했으며 베트콩의 하부구조를 무너뜨릴 수 있는 정보제공의 원천이 되게 하였다." 남베트남군 참모총장을 역임한 동 반 쿠엔Dong Van Khuyen 중장은 연합 대응 소대를 운용한 자체 방호 접근법이 효과적이었던 이유는 그것이 부분적으로 베트남의 지자체 전통과 함께하는 것이었기 때문이라고 주장했다. "만약 이것이 완전하게 발전되고 적용되었더라면 적은 자신들만의 장점에 의해서 붕괴되었을 것이다. 공산주의자들의 하부구조와 게릴라들은 주민들에 의해서 보호받고 정주해야 하는 법이기 때문에 오직 주민들만이 그들을 쫓아내고 격멸할 수 있는 유일한 수단이었다"고 1978년에 기록했다.

그러나 이러한 접근법은 미군 최고위 지휘관에 의해 단호히 거부되었다. 대신에 웨스트모어랜드가 말한 바와 같이, 미국은 "장기적인 소모전쟁"의 개념을 가지고 전쟁을 치렀다. 하지만 이러한 접근법은 특히 지구 반대편에 있는 작고 뜨거운 나라에 대한 미국 국민의 지원을 얻기에는 결코 좋은 방법이 아니었다. 또한 이것은 작전 측면에서도 의미 있는 접근법이 아니었다. 전술적으로 보면 '정찰하여 격멸하는' 개념은 공세적인 접근법인데 미군들은 베트남의 남쪽에 위치하여 북쪽에서 공격해 오기를 기다리는, 전략적으로 보면 수세적인 위치에 있었다. 이것이 의미하는 바는 미군이 아무리 엄청난 화력을 전장에 쏟아부어도 적군은 자신의 의지대로 전투 속도를 조절했고 결과적으로 소모적 접근의 덫으로 작용한 사상자율을 적들이 마음대로 바꿀 수 있었다는 뜻이었다. 가장 공세적으로 제1 보병사단을 지휘하던 드퓨이마저 자신의 부대가 베트콩을 찾고 추적하는 것에서 어려움을 겪고 있다는 것을 알고는 매우 놀라워했다. 그는 "베트콩들은 우리가 예측했던 것보다 뛰어나게 전쟁의 템포를 통제하고 있다는 것이 밝혀졌다"고 수십 년 후에 말했다. "우리는 지옥의 악마 같은 적군을 계속 타격했지만, 그들은 잠시 벗어나서 자신들이 더 많은 손실을 감당할 수 있을 때까지 기다렸다. 그러고 나서 다시 전투에 투입되었다. 그래서 우리는 전쟁을 유리하게 끝낼 가능성이 조금이라도 있는 작전계획을 끝내 갖지 못했다."

다시 말해서, 적군에게 원하는 시간, 장소를 결정하도록 허용함으로써 그들이 놀라울 정도로 자신들의 사상자 수준을 조절할 수 있게 만들었다.

소모전략 전반에 대한 의문이 제기되었다. 이것은 미국의 전략이 결국에는 이길 수 없고 끝이 정해지지 않은 방식이라는 것을 의미했다. 드퓨이는 "적들이 자신들의 손실을 통제할 수 있는 한 전쟁에서 어떤 종류의 결론으로 이끌 수 있는 방법은 없었다"라고 1985년에 결론지었다. 만약 미국이 여러 사단으로 북베트남을 침공하고 라오스에 있는 호치민 루트를 절단하면서 훨씬 더 광범위하고 위험을 무릅쓰는 전쟁을 감행했었더라면 소모전략이 성공했을 '유일한' 길이 있었을지도 모른다. 그러나 1950년 한국전쟁에서 중공군의 대규모 개입이 있었던 것처럼 베트남에서도 그러한 일이 발생할 가능성을 염두에 두었기 때문에 기꺼이 그러한 접근을 감수하고 싶지 않았던 것이었다. 그래서 전면적인 대분란전에 대한 접근과 함께 '가지 않은 길'은 알 수 없는 이론적인 대안으로 남게 되었다.

인사 관리 정책에서

1976년 3월 어느 날 저녁, 콜로라도 스프링스 Colorado Springs에서 장교 4명이 베트남 전쟁에서 미군의 인사 정책에 대해 논의하고 있었다. "만약 그런 식으로 사업을 했다면 적자를 면하기 어려웠다"고 공군 장교가 말했다.

"우리는 그랬지"라고 육군 소령이 응답했다.

아마추어는 전술을 말하고 전문가는 군수에 대해 말한다는 오랜 군대 격언이 있다. 사실 진정한 내부자는 인사 정책에 관해 이야기한다. 베트남 전쟁이 야전에서 장군들에 의해서 제대로 수행되었다 하더라도 국방부에 있는 장군들에 의한 인사 정책은 여전히 미국의 노력을 약화시켰을 지도 모른다. 미군이 베트남 전쟁에 참전하는 동안에 국방부에서는 이상한 인사 정책을 시행했다. 그것은 개인 입장으로 보면 1년을 주기로 순환되는 정책에 따라서 부대가 전장에 들어오고 나가며, 지휘관들은 자신이 처한 전술 상황을 이해하기 시작할 만하면 새로운 자리로 이동할 시간이 되는 납득할 수 없는 정책이었다. 돈 스태리Donn Starry 장군은 "그것은 내가 본 것 중에서 가장 멍청한 짓이었다"고 나중에 말했다.

육군의 순환 배치 정책은 장병들을 무한정 전쟁터에 남겨두어서는 안 된다는 인도주의적 이유로 한국전쟁 도중인 1951년에 시작되었다. 이러한 전술은 경험 많고 유능한 군인들이 소련과의 전쟁이 발발할 경우 다른 부대로 쉽게 이동할 수 있는 장점이 있었다. 그러나 이 정책은 도움이 될 것이라고 생각하는 사람들에게 놀랄 만큼 높은 대가를 치르게 했다. 이것은 많은 미군 병사들의 죽음을 초래했을 가능성이 컸으며, 더 큰 군사적 목적을 약화시켰다. 인사 순환 정책 때문에 한국전쟁에서 미군의 전투력은 저하되기 시작했다. 1952년 말에는 젊은 나이에 제2차 세계대전에 참전했던 경험 많은 용사들이 모두 본국으로 복귀했기 때문에 "전투 현장에 대해서 거의 아는 것도 없고 익숙하지 못한" 신참들로 대체 되었다고 육군 공식 전사는 기록하고 있다. "미국에서 해외로 파병되는 대부분의 부대는 전투 현장에 대한 훈련이 부족해 전장의 어려운 길을 배워야 했다. 신참들이 능숙한 군인으로 변모하는 시점이 되면 순환 배치를 위한 자격 조건을 충족하는 점수를 모을 수 있었고 이러한 과정이 처음부터 다시 반복되었다." 부대를 유지하고 적을 감시하는 지휘관에게 가장 중요한 기능인 전선부대에 의한 수색정찰 활동이 특히 힘들어졌다. 450미터 전방으로 가서 적의 기관총 진지가 있는지 알아보라는 명령을 받고서는 300미터만 간 다음에 돌아와서 명령한 거리까지 갔지만 아무것도 보지 못했다고 보고한다면 부대는 전멸할 것이다. 준 관료의 자격으로 사람들을 놀라게 하는 보고서를 쓴 S. L. A 마셜 육군 역사학자는 한국전쟁 말기에 자신의 회고록에서 "수색정찰을 하는 부대 지휘자들은 능숙하게 거짓말하는 법을 배웠다"고 적었다.

한국전쟁 말에 제65 보병연대에서 나타난 순환 배치의 영향은 적절한 사례였다. "노련한 리더십과 정신력이 충만했던 자원들이 점점 사라지면서 제65 보병연대는 서서히 침몰하기 시작했고, 마침내 1952년 10월에 있었던 공격에서 병사들이 전선을 이탈하는 창피스러운 사건이 발생했으며 그 결과 92명이 군법회의에 회부되었다"고 클레이 블레어^{Clay Blair}가 기록했다. 당시 젊은 중위였었고 나중에 장군이 된 폴 고먼^{Paul Gorman}은 제65 연대 장병들이 "매일 밤" 마리화나를 피우는 것을 보고서 놀랐다. 제65 보병연대장은 자신들의 취약함을 과도한 순환보직 탓이라고 비난했다. 1952년 처음 9개월 동안에 편제표에 병력 3,500여 명으로 구성된 연대가 9,000여 명이 넘는 인원들을 운영하고 있었다.(즉, 사상에 의한 손실 인원이 1,334명, 순환 대기자가 3,963명, 보충자원이 3,825명 있었다.) 그것은 응집력과 신뢰를 무너뜨리는 격변적인 수준이었으므로 부대의 전투 효율성을 저해했다.

한국전쟁 말기에 육군이 적용했었던 것보다 더 나쁜 순환보직 문제를 찾아내는 것은 가능해 보이지 않았지만 베트남 전쟁에서는 방법을 찾았다. 존슨 육군참모총장에 의해 1964년에 창안된 제도에서는 하나의 묘안으로 장교들에게 휴식시간을 부여했다. 병사들은 한국전쟁에서와같이 1년을 전투하며 보냈지만 장교들은 6개월을 참모로 근무하고, 나머지 6개월은 부대 지휘를 하는 것이 허용되었다. 물론 전후의 순서를 바꾸는 것도 가능했다. 육군 지휘부는 지휘관들이 6개월 동안 계속해서 전투를 하면 방전 상태가 된다고 주장했지만 나타난 증거들을 보면 이러한 주장은 어리석은 것으로 보인다. 첫 번째는 전직 육군 장교였던 역사가 아드리안 루이스Adrian Lewis가 기술했던 것처럼 "지속적으로 전투에 참여한 부대는 거의 없었고" 보급품을 제공하는 대부분의 지원부대는 전투에 전혀 참가하지 않았다. 또한, 수집된 핵심 자료에 의해 그러한 주장이 틀렸다는 것이 입증되었다. 전쟁이 끝난 후에 육군 지휘참모대학에서 학생장교들을 대상으로 조사한 결과를 보면 8%만이 6개월 동안 전투 지휘를 하고 나면 "탈진"했다는 응답을 했다. 게다가, 조사 담당자인 아놀드 닥스Arnold Daxe 소령과 빅토르 스템버거Victor Stemberger 대위는 "진정한 전문성을 억제했던 주요 요인은 장교들이 상황에 대해 정통할 만큼 충분히 같은 업무와 같은 장소에서 오랫동안 있지 않았다는 것"이라는 사실을 발견했다. 또 다른 인사전문가 월터 울머Walter Ulmer도 "6개월 또는 12개월 기한의 지휘관 보직을 주는 것은 누군가는 정말 멍청한 짓을 할 수 있으며 그가 가고 나면 다시 불러올 수 없다는 문제점이 있었다. 6개월 동안 기가 막히게 지휘관을 잘하기는 쉽지만 18개월 동안 계속 잘하는 지휘관이 되는 것은 훨씬 어렵다"라고 말하며 여기에 동의했다.

    진급, 교체, 순환보직 등 인력관리정책의 변화가 군경력을 관장하는 장기간의 규칙과 전투행위를 어떻게 변화시켰는지에 대해서는 별로 고려되지 않았다. 명시적이든 아니든 그러한 정책에는 항상 인센티브 구조가 그 안에 구축되어 있다. 장교가 앞으로 무엇을 얻고자 하는가? 조직이 기대하는 것은 무엇이며, 조직은 무엇을 단호히 거부하는가? 참을 수 없는 행위로 여겨지는 것은 무엇인가? 예를 들어, 보직 순환과 위험 회피 사이에는 연관성이 있다. 만약 그 기간이 전쟁 중이라면, 제2차 세계대전에서 흔히 하던 말인 집으로 가는 길이 베를린이나 도쿄를 통과한다면 위험을 감수할 분명한 동기가 있다. 그러한 상황에서, 행동하지 않는 것은 반드시 해야 할 일을 잠시 연기하는 것뿐 아니라 적에게 휴식을 취하고 회복하여 방어를 강화할 기회를 주는 것이다. 반대로 전쟁 상황과는 무관하게 정해진 시간에 모두가 집으로 돌아간다면, 복무 기간에 성과와 이후의 진급 사이에는 아무런 관계가 없게 되며 따라서 위험을 감수할 동기가 작아지게 될 것이고 모든 동기는 단순히 시세에 영합하고 국민을 보호하며 이동하는 것에 두게 될 것이다. 설령 지휘관이 그 논리에 굴복하지 않더라도 동료들이 그렇게 하면 그가 위험을 감수하는 것이 적을 만나서 대항하는 것보다 더 쉬워지고 실패할 가능성이 더 커지게 된다. 왜냐하면 적군은 전선의 다른 곳에서 위험을 감수함으로써 도전받지 않기 때문이다. 무능력한 사람들이 유능한 사람들과 함께 용인되기 때문에 보직순환은 지휘관을 평균으로 밀어붙이는 경향이 있다. 그들의 역량이 어떻든 간에, 모든 사람이 보직 순환이 되므로 전투에 가는 것이 "차표에 구멍을 뚫는 것ticket-punching"과 같은 일이 된다.

 보직 순환은 육군이 베트남 전쟁에서 실패한 장교들의 해임을 꺼리는 정책을 강화시킨 대신에 그들을 미시적으로 관리하도록 권장했다. 몇 달 후에 누군가가 집으로 돌아갈 예정이라면 왜 그를 내보내고 후임자를 찾는 수고를 하겠는가? 어느 지휘관이 부하가 그 보직에 부적합하다고 확신할 때쯤에는 종종 그 장교의 교체 시간이 다가오고 있는 것이다. 단순하게 문제가 지나가도록 놔두고 보직 순환이 되기를 기다리는 것이 더 쉬운 방법이었다. 그것은 전선의 전투로부터 그 장교의 부대를 뒤로 빼거나, 부지휘관에게 의탁하도록 만들거나, 가장 일반적으로 그의 모든 행동을 가까이에서 지켜보고 모든 움직임을 관찰하는, 즉 미시적 관리에 의존하는 것이다. 새로운 정책들은 관리가 리더십에 이겼음을 상징하는 것으로, 조직을 더 쉽게 운영할 수 있지만 조직을 더 효율적으로 만드는 것은 아니다. 다시 말하면, 육군은 관료들이 일상적으로 관리하기에는 더 쉬워졌지만 전투에서 이길 수 있는 존재로 발전하지는 못했다. 베트남 전쟁에 관해 11권의 책을 쓴 역사학자 키스 놀런Keith Nolan은 보직 순환 정책이 "전쟁에서 해야 할 노력 전반에 아마추어 수준의 성격을 부여하여 불필요한 사상자를 만드는 결과를 초래했다"고 평가했다.

의도적으로 사람들을 이리저리 섞는 것은 육군을 운용하는 한 가지 방편인 것은 맞으나 전쟁에서 승리하기 위한 길은 아니었다. 한국전쟁에서와같이 베트남에서도 육군은 전쟁의 승리보다 장교단을 보호하는 데 더 많은 관심이 있는 것처럼 보였다. 드퓨이는 "6개월 동안 부대를 지휘하면서 모든 사람을 순환시키려 노력했던 것을 생각하면 내가 늘 말했듯이 우리는 장교단의 이익을 위해 전쟁을 치르고 있었다"고 증언했다.

때때로 이상하거나 스트레스를 주는 인사 정책은 지상전투의 효율성이라는 이유로 정당화될 수 있었지만 베트남에서는 정반대의 경우였다. 1968년의 "지휘 경험과 전사자"라는 국방부 연구에 따르면 경험 많은 지휘관이 지휘하는 부대들이 경험이 부족한 지휘관이 지휘하는 부대에 비해 사망률이 3분의 2에 불과하다는 것이 밝혀졌다. 또한, 미군 장병들이 베트남 전쟁에서 1년을 전투하며 보낼 때, 첫 상반기에 사망할 확률이 후반기와 비교하면 2배나 되었다. 1만 8,991명의 육군 장병이 전투에 참가한 첫 6개월 이내에 전사한 반면에 6,759명은 나머지 후반기 6개월에 전사했다.

보직 순환은 또한 전술 지휘관들이 베트남에 관한 기본 사실들에 친숙하지 못하게 했다. 예를 들어, 국방부 분석가 타이어는 몇 년에 걸친 전투에서 5월에는 전투가 치열했고, 마지막 분기에는 전투 발생이 낮아지는 계절적 유형이 나타났다고 했다. 이것이 이따금 쏟아지는 미국 분석의 낙관주의 물결에 기여했을지도 모른다. "적의 주요 공세 혹은 공산주의자들의 활동은 그해의 마지막 3개월에는 일어나지 않았다. 이때는 연말 성과 분석 보고서가 작성되고 있을 시기였다"는 것이다. 그는 베트남에서 전투한 사람 중에서 이러한 1년의 예측 가능한 주기에 관심을 가지고 지켜본 미국 사람을 만나본 적이 없었다고 덧붙였다.

미국의 보직 순환 정책은 베트남 주민들에게도 위험한 것으로 판명되었다. 1968년에 있었던 미군에 의한 미 라이My Lai(베트남 남부의 작은 마을. 1968년 미군이 이곳 주민을 대량 학살했다. -옮긴이) 학살의 근본 원인 중 하나가 보직 순환과 6개월 기한의 지휘관 보직이 만들어낸 인사 정책의 혼란 때문이었다는 것이 육군 공식조사에서 밝혀졌다. "조사에서는 임무 연속성의 결여와 인적 교체과정에서 발생한 문제들이 부대의 효율성에 해로운 결과를 끼쳤다는 점을 발견했다"고 윌리엄 피어스William Peers 중장이 썼다.

이 정책이 베트남군과의 관계도 경색되게 만들었다고 쯔엉 중장이 논평했다. "대대급 고문관들의 비교적 빠른 교체가 군사 조언 프로그램 운영에 분명히 나쁜 영향을 미쳤다." 베트남 전쟁이 진행되는 과정에서 남베트남군의 전술 지휘관들은 거의 20~30명의 미군 군사고문관들을 거쳐야 했다고 전쟁 후에 전직 베트남군 장교가 쓴 연구서에 기록되어 있다.

장교들의 단기간 순환 정책은 장교단의 전문성을 약화시킴으로써 도움을 줄 것이라고 기대했던 장교들에게 피해를 주었다. 데이빗 홈즈David Holmes 중령은 육군 간행물에서 "내가 이른바 '차표에 구멍을 뚫는' 행위라고 부른 경력관리주의 증후군이 오늘날의 장교단에서도 보일 정도로 강화되었다"고 주장했다.

또한 이것은 장교단에 위험을 회피하는 경향을 부추겼을지 모른다. 베트남 전쟁 말에 예비역 육군 중령 웨이드 마켈Wade Markel은 다음과 같은 결론을 내렸다.

> 육군은 신중함과 조심스러움에 대한 일반적인 선호를 불러일으킨 불안정한 문화에 우연히 빠져들었다. 신중함에 대한 일반적 선호는 대대장과 여단장들이 베트남 전쟁에서 선호한 기동 형태로서 사주방어를 채택하는 것으로 표현되었다. 따라서 적의 약점을 반사적으로 찾아서 무자비하게 적의 약점을 전과확대 기회로 삼아 작전했던 제2차 세계대전 이전의 전통과 전시를 대비한 훈련을 했던 육군이 자신의 약점을 엄호하는데 집착하는 군대로 바뀌었다. 육군은 기회를 확대하기보다 실수를 회피하는 데 더 주력했다.

전투의 비효율성

이러한 모든 조건을 감안해서 미군이 베트남에서 종종 힘든 전투를 했지만 전체적으로 그들이 전투를 잘했는가가 명확하지 않은 것은 그리 놀랄 일이 아니다. 화력 운용에서도 미군이 기대했던 것보다 적에게는 덜 위협적이었다. 육군 지휘관들은 전투를 하면서 실제로 "과도한 주의"를 기울이는 경향이 있었다고 어느 육군 역사학자가 기술했다. 이러한 사실들은 측정 가능했다. 1976년의 국방부 연구에서 중대 규모의 총격 전투는 90% 이상이 적에 의해서 시작되었다는 것이 입증되었다. "거의 모든 지상전투는 시간, 장소, 유형, 기간 등이 적의 선택에 의해 이루어졌다"고 역사학자 귄터 레비Guenter Lewy가 기록했다. 적은 또한 접촉을 단절해야 할 때를 결정했으며 통상적으로 멀리까지 추격은 하지 않는 경향을 보였다. 예비역 육군 중장 데이브 파머Dave Richard Palmer는 "추격은 사장된 전술이었다. 공산군들의 소굴을 포위해 수렁에 몰아넣고 완전히 소탕한 적은 한 번도 없었다"고 평했다.

미군 역시 야전의 전투 현장에서, 예를 들어 무선 교신을 하면서 너무 많은 정보를 노출시키는 경향을 나타내는 등 전문성 없는 모습을 보였다. 정보전문가 조지 키건George Keegan 공군 소장은 "육·해·공군의 통신군기 문란으로 어마어마한 비용을 지불했다. 적은 항상 우리가 어디에 있는지, 무엇을 하려는지, 언제 하려는 지를 알고 있었다"고 말했다. 당시 베트남 주둔 미군사령부 최고위 정보 책임자 데이비슨Davidson 중장은 미군의 통신보안이 전반적으로 "형편없는 수준"이었다고 인정했다. 심지어 고위 장교들은 일상적으로 작전계획에 관한 토의나 부대이동 상황을 비화秘話가 되지 않은 무전기를 활용하여 통화했다. 거기에 덧붙여서 그는 부대가 언제 세탁을 하는지에 이르기까지 "미군의 작전에 관한 아주 명백한 증거가 되는 모든 것들이 공짜나 다름없이 제공되었다"고 말했다.

북베트남군과 베트콩으로 참전한 사람들 모두는 그러한 평가에 동의했다. 그들이 정보에서 우위를 보일 수 있었던 이유 중의 하나는 베트남 여성들과 섹스를 하고 싶어 하는 미군들의 욕망을 부분적으로 활용해서 여성 정보원을 침투시키는 프로그램에 중점을 두었기 때문이었다. 북베트남군 여성 부사령관이었고 나중에 정규 공산군 소장까지 진급한 응우옌 티 딘Nguyen Thi Dinh은 "여러 곳의 호텔과 사무실에 우리 소속 여성들을 배치하여 미군들에게 서비스하도록 했다"고 말하며 아래와 같이 설명했다.

미군에 대해 공격할 필요가 생기면 이 여성들이 폭탄과 지뢰를 설치하는 요원이 되었다. 심지어 최고위 미군 사령부에도 우리 사람들을 심어 놓았다. 사실, 적의 모든 사무실에 우리 사람들이 있었고, 그 결과 적의 상황을 손바닥 보듯이 파악할 수 있었다. 언제라도 우리가 적을 공격하고자 결심하면 목표는 언제나 매우 중요한 표적이 되었다. 우리는 평범한 미군을 목표로 타격한 적이 없었다.

이러한 것들의 결과로 공산군 참전자들은 특히 미 육군의 전력이 급속하게 약화되기 시작한 1968년부터 1969년까지의 시기에 미군을 향한 공격에서 자신감이 있었다고 회상했다. "미군들은 베트남 지형에서 이동할 때 매우 취약하다"고 어느 베트콩 전사가 심문자에게 증언했다. 미군에 대한 그의 이러한 평가는 포로가 된 전투부대원들이 미군 전선에 접근할 때마다 후퇴해 포병사격과 공중 폭격을 요청했다고 심문관들에게 불평한 점을 감안하면 약간의 분노를 반영하고 있었다. 그는 덧붙여서 "미군 부대들은 단지 공중 폭격, 포병 사격요청 외에는 잘 준비된 벙커에 설치된 기관총 진지를 확보하거나 파괴할 능력이 없었다"고 증언했다. 북베트남군 포병장교인 흐엉 반 바Huong Van Ba 대령은 "미군은 지상군이 우리를 포위한 다음에 보병부대에 의해서 직접 공격하는 것 대신에 포병과 로켓 공격으로 우리를 격멸하려고 생각했다. 통상 우리는 포위지역을 쉽게 벗어날 수 있었다. 심지어 미군이 헬기를 이용해서 포위를 시도하더라도 우리가 그 지역을 잘 알고 있었기 때문에 빨리 벗어날 수 있었다. 미군은 우리를 잡으려고 소이 컷Soi Cut 지역에서 3개 마을을 초토화시켰다."

공산군 참전자들은 특히 전쟁 말기에 보였던 미군의 끈기와 적응성에 의문을 나타내었다. 1967년부터 전쟁이 끝날 때까지 베트콩으로 참전한 북베트남 주민 응우옌 반 응이Nguyen Van Nghi는 "미군은 많은 폭탄과 포탄을 가지고 있었다. 전쟁 물자에 있어서는 강력한 능력을 보유하고 있었지만 그만큼 잘 싸우지는 못했다"고 증언했다. "미군은 매우 느리게 움직였다. 기동성이 전혀 없었다. 전투에서는 육체적으로나 정신적으로 빨라야 하는데 미군은 그렇지 못했고, 대응은 언제나 늦었다"고 말했다.

10대 소녀로 베트콩과 함께 1968년의 후에 전투에 참전한 응우옌 티 호아Nguyen Thi Hoa는 미군들의 감성적 습관이 그들을 매우 취약하게 만들었다는 자기 생각을 증언했다. "미군이 쓰러져 죽으면 3~4명의 동료들이 울면서 뛰어들어 사체를 가져갔다. 우리는 이러한 이점을 이용해서 나머지 사람들을 죽였다"고 말했다. 세 번째로 증언한 베트콩 장 쑤언 때오Dang Xuan Teo는 많은 동료가 실제로 미군과 전투하기를 좋아했다고 말했다. "미군의 꼭두각시인 남베트남 군인들도 베트남 사람이었기 때문에 그들은 여러 가지 방법으로 일탈적인 행동을 했다. 그러나 미군들은 대체로 매우 순진해서 그들과 싸우는 것이 더 쉬웠다"고 증언했다.

특히, 공산군들은 미군의 기지방어 지역에서 침투하기에 용이한 허점들을 발견했다. 심하게 부상을 입은 채 포로가 된 북베트남군 중위는 심문자에게 "모든 미군의 방어진지는 침투하기 쉬웠다. 내 경험상 어려움을 겪은 적은 결코 없었다. 철조망 하단을 절단한 다음에 포복으로 천천히 통과하면 되었다"고 증언했다.

무엇보다도 중요한 것은 공산군 전사들이 자신들이 싸우고 있는 전투의 본질을 더 잘 이해하고 있었다는 점이다. 앞의 중위는 심문 간에 "우리가 미군을 이기는 것은 거의 불가능하기 때문에 미군을 격퇴시킬 수 없다는 것을 알고 있었다. 그러나 군사작전은 정치적 관점의 뒤를 받쳐주기 위하여 존재하는 것이다. 우리는 군사적이 아니라 정치적으로 승리할 것이다"라고 증언했다. 이러한 언급이 비록 북베트남군 하급 장교에게서 나온 것이지만 미군 사령관 웨스트모어랜드나 다른 장군들보다 전쟁을 더 잘 이해하고 있음을 반증했다.

특히 육체적으로나 정신적으로 압박이 극도로 심한 전투상황에서 누구나 실수를 할 수 있다. 실제로 적에게 실수를 강요하는 것도 전투기술의 한 부분이다. 그러나 전쟁의 승리는 종종 실수를 먼저 알아차리고 바로 그것을 바로잡는 사람에게 돌아간다. 미군 장군들에게서는 그럴 가능성이 보이지 않았다. 베트남 전쟁에서는 그렇게 할 의지도 없었다. 몇 년 동안, 미군 장군들은 자기기만이라고 할 정도로 자신들의 실수를 인정하지 않았다. 역사학자 존 게이츠 John Gates는 "실수에 대한 언급을 거부하려는 최고 사령부의 믿음은 완강했지만, 그것을 증명할 증거는 차고 넘쳤다"고 말했다.

겉으로 보기에 자기 본연의 일을 제대로 할 수 없는 것으로 보였던 베트남 전쟁의 미군 장군들은 종종 부하들의 일을 하려고 덤벼들었다. 베트남 전쟁에서 지워지지 않는 장면 중의 하나는 지휘관들이 헬기를 타고 공중에서 선회하면서 전투 현장을 지휘하는 모습들이었다. 소대장으로 치열한 전투를 경험했던 윌리엄 린드버그 William Rindberg는 "대대장은 공중에 떠서 지휘했으며, 여단장은 1개 소대를 무선기로 통제했고, 사단장은 중대장과 대화했다. 이런 모든 것들이 진행되는 속에서 중대장은 점점 좌절했다. 그는 모두가 자신의 무선망에 들어와 있는 바람에 심지어 자신의 소대와도 통화할 수 없었다"고 말했다.

비교적 신기술인 헬리콥터는 장군들에게 자신의 역할에서 벗어날 수 있는 시도를 하게 만들어주었는지 모른다. 전략 부분에서의 향상을 위해 애쓰는 대신에 장군과 대령들은 헬기에 올라탔고 어느 장군이 말한 것처럼 "하늘에 떠 있는 분대장"이 되었다. 그들은 전투의 본질을 이해하고 그에게 맞게 병력을 조정하는 장군의 기본적 임무 수행이 불가능한 상황에 부닥쳤다. 전략을 제대로 실행할 수 없게 되었을 때, 전술이 퇴보하는 것은 자연스러운 추세이다. "더 많은 베트콩을 사살하라"는 것은 전술 명령으로서는 최상의 것이지만 그것은 백악관과 국방부로부터 베트남 주둔 미군사령부로 내려온 주문呪文이 되어버렸다.

19

구정 공세

웨스트모어랜드의 종언과 전쟁의 전환점

전쟁은 언제나 도박이며, 불확실성 속의 모험이다. 역사가이자 이탈리아 안지오 전투 참전용사인 마이클 하워드Michael Howard의 유명한 경구를 다른 말로 바꾸어 표현하면, 승자는 반드시 시작을 잘하는 쪽일 필요가 없고 더 빠르게 적응하는 쪽이라는 뜻이다. 1968년에 북베트남의 구정 공세가 개시되었을 때, 공산주의자들의 지휘부는 앞으로 벌어질 일에 대해서 정확하게 이해하지 못했지만 미국보다는 덜 틀렸다.

 1967년 11월에, 웨스트모어랜드는 "전쟁의 끝이 보이기 시작하는 중요한 시점에 도달했다"고 말했다. 하지만 2달 후인 1968년 1월 3일 새벽에 약 8만여 명의 북베트남군들이 베트남 전역에서 수도 사이공과 39개 지방성의 성도, 그리고 71개 지역 중심도시들에 대한 동시다발적인 공격을 감행함으로써 웨스트모어랜드의 그러한 언급이 적어도 바보 같고 심지어는 허위로 이야기한 것처럼 보였다. 하노이 측이 전투력을 극히 얇게 펼쳐서 운용했기 때문에 군사적으로 보면 이 작전은 현명하지 못했다. 그러나 이 공세의 가장 중요한 목적은 군사적인 것이 아니라 남부 베트남 전역에서 국민들의 봉기를 촉발하는 것을 목표로 한 정치적인 것이었다. 만약 그렇게 봉기가 발생되었더라면, 군사적 증원은 불필요했다. 사람들이 들고일어나서 전쟁을 끝내고 미국을 몰아냈을 것이다.

그러한 끝을 향한 계획은 신중하고 정교했지만 금방 흔들렸다. 베트콩 1개 대대는 대부분이 정치범으로 수감된 사이공의 교도소에 있는 5,000여 명을 해방하라는 명령을 받았다. 교도소로 가는 도중에 대대 안내자가 사망하면서, 교도소에 도착하기 전부터 전투는 수렁에 빠졌다. 남베트남 군대의 전차와 포병장비를 다루도록 훈련받은 제101 베트콩 연대는 남베트남군 총사령부를 공격하라는 명령을 받고 자신들이 압수한 장비들을 가지고 싸우려 했지만 그것을 실현하는 게 불가능했다. 사이공 외곽에 있는 딴 손 느웃Tan Son Nhut 공군기지에 주둔하던 남베트남군의 공수부대원 응오 민 코이Ngo Minh Khoi 중령은 기지 주변을 둘러싼 지뢰밭으로 베트콩들이 돌격하는 것을 발견하고 깜짝 놀랐다. "그들의 대부분은 지뢰 폭발로 즉사했고, 나머지는 기지를 방어하는 부대의 사격으로 모두 사살당했다"고 말했다. 남베트남 대통령, 미국대사, 여러 분야의 경찰 및 정보기관장들을 죽이기 위해서 암살조들을 보냈지만 모두 실패했다.

몇 건은 거의 성공할 뻔했다. 또 다른 특수부대는 정부의 방송국을 접수할 목적으로 파견되었다. 남베트남 경찰복으로 위장한 침투조원들은 새벽 3시에 방송국에 도착했다. 경계요원이 침투조에게 누구냐고 물었다. 침투조는 증원 병력이라고 대답했다. 누구도 증원 병력을 요청한 적이 없다고 경계 요원이 말하자 침투조는 그를 사살했다. 방송국 지붕에서 비상 대기 중이던 진짜 남베트남군 공수부대 1개 소대는 그들을 감제

하는 아파트에서 발사된 베트콩의 기관총 사격으로 전멸했다. 그 후 공격자들은 방송국에 있는 전송 장비를 운용하여 방송할 수 있도록 훈련받은 기술자를 호위해서 내부로 들어갔다. 그들은 전국에서 봉기가 일어나 수도가 해방되었다는 내용을 담은 테이프를 가져와서 방송할 예정이었다. 그러나 그들은 방송국 책임자가 만약 적이 공격해 오면 생방송을 중지하고 다른 곳에서 원격으로 장비를 운용하도록 이미 지시했던 사실을 몰랐다. 원격 방송으로는 오직 "비엔나 왈츠, 비틀스, 롤링 스톤스, 그리고 남베트남 군대의 군가들"만 가능했다. 결국, 공산군의 테이프는 방송되지 못했다. 살아남은 베트콩 전사들은 오전 10시에 자살공격으로 자신들과 함께 방송국을 날려버렸다.

한 베트콩 소대는 남베트남군 복장으로 위장하고 독립기념궁전 정문을 로켓으로 공격했지만 전차 2대로 무장한 궁전 경비대의 저항을 받았다. 베트콩 부대는 건설 중인 인근의 아파트로 후퇴했고 여기에서 소대원 중의 32명이 사살되고 2명은 포로가 될 때까지 2일을 버텼다. 남베트남군 해군사령부에 대한 공격도 실패했다. 사이공 외곽의 딴 손 느읏 공군기지에 있는 미군 사령부에 대한 공격은 베트콩 3개 대대가 서-북-동쪽에서 동시다발적인 타격을 함으로써 조금 더 성공적이었다. 그러나 이들에게는 불운하게도 공군기지 안에서 북쪽으로 이동할 준비가 된 상태로 대기 중이던 완전편성 남베트남군 대대가 재빨리 전투에 투입되었다.

19명으로 편성된 베트콩 1개 팀은 미국대사관의 복합방호벽을 돌파하기 위하여 책가방 폭탄(소형 폭발 장치)을 사용했으며, 여러 시간에 걸쳐서 건물 안으로 진입하려 시도했지만 그들 역시 완전히 격멸되었다. 그러나 구정 공세에 관한 최고 권위의 역사학자 중의 한 명인 제임스 윌뱅크스 James Willbanks는 "이 소규모의 베트콩 공병조는 베트남 어디에도 안전한 곳이 없다는 사실을 극적으로 입증했다"고 기록했다.

  전쟁의 진면목을 나타내는 뉴스의 사진을 본 미국 국민에게서부터 추가적인 정치적 후폭풍을 가져오는 일이 생겼다. 다음 날, 남베트남 국가경찰청장 응우옌 응옥 로안Nguyen Ngoc Loan 장군이 길거리에서 베트콩 한 명을 즉결 처형했다. 그 모습이 신문들의 첫 면에 실려서 온 세상으로 퍼져나갔다. 총을 쏜 후에 그는 신문기자들을 향해 뒤돌아서서 죽은 베트콩을 보면서 영어로 "그들은 많은 미국인과 나의 동료 경찰들을 죽였다. 부처님도 이해해 주실 것이다. 당신들은?" 하고 말했다.

  지금은 거의 잊혔지만 1968년 구정 공세 동안에 있었던 한줄기 밝은 빛은 사단장에서 사이공 지역 전체를 책임지는 미군 지휘관으로 진급했던 프레드 웨이안드 중장이 보인 행동이었다. 이때 그의 상급자인 웨스트모어랜드 사령관은 캐 사인Khe Sanh의 산악지역에서 포위된 미군 전초기지에 집중하고 있었다. 그는 캐 사인 전투가 1954년에 프랑스가 기후적 요인으로 패배해서 결국에는 베트남에서 손을 떼고 철수하게 만든 디엔비엔 푸 전투처럼 자신에게도 그러한 위협을 줄 것이라고 잘못 생각하고 있었다. 게다가, 1967년 12월 15일부로 사이공 방어에 대한 책임이 남베트남군에게 이양되었다. 그러나 웨이안드 장군은 딴 데로 쉽게 눈을 돌리지 않았다. 그는 친구인 존 폴 반John Paul Vann과 베트콩의 이동에 대해 토의를 했으며, 두 사람은 "여기에서 우리가 잘 처리하지 못할 무슨 일이 일어날 거야. 우리가 만약 북쪽으로 이동한다면 베트콩들은 우리가 생각하는 곳으로는 가지 않을 것 같아"라는 결론을 내렸다. 웨스트모어랜드는 웨이안드에게 국경으로 부대를 이동시키라고 명령했지만 웨이안드가 거기에 대해 반대했다. 결국에는 마지못해서 촌락 지역에서 사이공 근처로 15개 대대를 옮기는 것이 승인되었는데 이것은 평소보다 거의 2배에 가까운 병력 규모였다. 데이브 리차드 파머Dave Richard Palmer 중장은 회고록에서 이 이동은 전쟁에서 가장 중요했으며, 가장 지각 있는 전술적 결심의 하나였다고 극찬했다. 웨스트모어랜드는 회고록에서 웨이안드의 관심은 그가 이미 가지고 있던 의심을 강화시켰을 뿐이라고 주장하면서 사실을 날조했다.

웨스트모어랜드는 구정 공세가 아군에 의해 격퇴된 것으로 판명되었다고 주장했다. 구정 공세가 끝났을 때, 4만 5,000명에서 5만 3,000여 명의 북베트남군 및 베트콩이 사망했다.(반면에, 구정 공세에서 사망한 미군과 남베트남군은 9,000여 명이었다.) 그는 죽을 때까지 구정 공세가 총체적인 패배에 직면하여 최후의 발악을 한 베트남 판 벌지 전투였다고 생각했다. 그는 "독일군의 폰 룬드슈테트Von Rundstedt 장군이 아르덴으로 공격했을 때 연합군이 엄청나게 물러났지만 결국 독일군은 패배했고 그 이후로 내리막으로 가는 것을 보았다"고 1981년에 주장했다. 구정 공세가 베트남 사람들의 반란을 선동하려는 명백한 목표를 달성하는 데 실패했다는 점에서는 의심할 여지가 없다. 전쟁에 대한 하노이 정부의 공식 역사에도 "전투가 시작되었을 때 우리 군인들의 사기는 높았지만, 상황이 우리에게 유리하게 진행되지 않았을 때, 사상자에 의해서 고통을 받고 있을 때, 군인들 사이에서 우파적 사상, 비관주의, 그리고 주저함이 나타났다"고 기술했다. 남베트남 사람들이 봉기하지 않았을 때, 많은 베트콩 간부들은 공산주의자의 선전선동을 사용하는 것에서 "혼란"을 느꼈다. 그런 점에서 웨스트모어랜드가 구정 공세는 공산주의자들의 사기를 꺾은 전술적 패배라고 했던 주장이 맞았다.

그러나 전략적 관점에서 보면 북베트남은 1968년의 구정 공세에서 승리했고, 구정 공세는 공산주의자들에게 전쟁의 전환점이 되었다. 사람들이 가장 중요한 것이라는 분란전 및 대분란전의 기본 교리를 견지한 북베트남은 우연하게도 미국 사람들을 목표로 정확하게 맞췄다. 베트남 전쟁에서 미국의 중심center of gravity (정신적 혹은 물리적인 강점으로 군사적인 행동의 자유를 제공하는 힘의 원천을 의미한다. - 옮긴이)은 사이공도, 베트남 국민도, 심지어 베트남에 있는 미군도 아니라 미국 국민이 끝이 보이지 않는 소모전쟁을 지속적으로 지지하느냐의 여부였다. 미국의 대중은 특히, 지난해 가을 존슨 대통령이 6%의 전쟁세를 부과하겠다고 제안했을 때부터 수개월 동안 전쟁에 대한 불만이 높아지고 있었다. 딘 러스크Dean Rusk 국무장관은 "대통령의 세금 인상 제안으로 비둘기파들이 많이 생겼다"고 1967년 10월 5일 참모들에게 말했다.

하노이의 저명한 역사가는 구정 공세의 여파로 "미 제국주의자들의 공격 기도가 흔들리기 시작했다. 혁명전쟁을 적 앞마당으로 정확하게 옮겨 놓았고, 적의 후방지역을 파괴했으며, 남베트남 괴뢰군과 괴뢰정부, 미군, 그리고 미국의 지배를 받는 패거리들에게 깊고 심오한 효과를 주었다"고 기술했다. 미국 "패거리" 중의 한 명인 로버트 코머Robert Komer는 "워싱턴이 공황에 빠졌다. 존슨 대통령도 공황에 빠졌다. 얼 휠러 합참의장도 공황에 빠졌다. 합동참모회의 멤버들은 너무나 큰 공황에 빠진 나머지 우리가 졌다는 결론을 내렸다"고 회상했다. 당시 젊은 외교관이었던 리차드 홀브르크Richard Holbrooke가 사이공에 있는 고위 관료를 만나러 갔을 때, "그들은 모두 쇼크 상태에 있었다"고 말했다. 드퓨이는 관찰을 통해서 구정 공세가 미국 안에서의 솔직한 담론들을 황폐화시켰다며, "구정 공세 이후 얼마 동안은 어느 누가 무슨 말을 하더라도 아무도 믿지 않았다"고 당시 분위기를 잡아냈다. 누구보다 가장 회의적이었던 사람들은 사이공과 워싱턴에 있는 관료들의 지도력에 대한 신뢰를 급속히 잃고 있는 미국 국민이었다. 구정 공세가 있기 2개월 전인 1967년 11월에 실시된 갤럽의 여론조사에서 50%가 전쟁에서 진전이 있다고 응답했던 반면에 41%가 패배하거나 교착 상태로 유지될 것이라고 답했는데, 구정 공세 이후 1968년 2월에 실시한 조사에서는 완전히 반대가 되어서 33%만이 전쟁이 잘 될 것이라 보았고, 61%는 패배하거나 교착 상태가 계속될 것이라고 응답했다.

자신의 전임자처럼 웨스트모어랜드도 그의 민간인 상급자들의 눈에는 실패한 지휘관으로 보였다. 구정 공세가 잦아들고 있을 때, 존슨 대통령은 캘리포니아를 방문하던 일정 중에 헬리콥터를 이용해서 팜 스프링스Palm Springs에 사는 아이젠하워를 예방했다. 존슨은 다음 날에 많은 사람들 중에서 러스크와 맥나마라 두 사람과 함께 점심을 하면서 "아이젠하워는 마셜에 관한 몇 가지 이야기를 나에게 해주었다"며 아이젠하워와 나눈 이야기를 두 사람에게 전했다. 그는 아이젠하워가 "마셜은 인간미가 없는 사람이었다"라는 말을 했다고 전했다. 존슨과 친한 관계였던 영국 언론인 헨리 브랜든Henry Brandon에 따르면 그것이 전부가 아니었다. 헨리 브랜든은 케네디 대통령과 수년간 격식 없는 사이로 지냈으며, 존슨과도 사적인 대화를 나누며 이례적 만남을 즐겼던 인물이었다. 며칠 후에 브랜든이 존슨과 이야기를 나누면서 대통령이 아이젠하워를 예방한 이유가 그에게 언제 장군을 해임해야 하는지를 물어보기 위해서였다는 사실을 알았다. 아이젠하워는 마셜이 자신에게 가르쳐준 대로 그 장군에 대한 신뢰가 없어질 때 그렇게 할 필요가 있다는 말을 대통령에게 해주었다.

정확히 5일 후에 존슨 대통령은 베트남에서 떠나라는 내용이 들어 있는 전문을 웨스트모어랜드에게 보냈다. 웨스트모어랜드의 전기 작가가 기술한 암울한 결론은 다음과 같았다.

웨스트모어랜드는 민군작전과 남베트남의 역량을 향상시키는 것을 사실상 무시했다. 그는 주민의 방호와 남베트남군의 자체 방어능력을 향상시키는 데 실패했다. 마찬가지로 그는 적의 전투부대를 감소시키는 임무에 거의 전적으로 집중했음에도 불구하고 적의 사상자가 발생하더라도 다시 보충되었기 때문에 결과적으로 적 전투력 약화에 실패했다. 4년 동안에 그가 한 것은 자신 부대원의 용감성과 언론, 의회, 그리고 베트남 전쟁에 대한 뉴스 매체의 지원을 낭비한 것이었다.

하킨스의 사례와 17년 전의 맥아더 해임 사례를 그대로 따른 웨스트모어랜드의 퇴진은 미국의 전쟁에서 새로운 형태로 계속되었다. 해임된 유일한 장군은 가장 윗사람으로 그는 국방부 장관 또는 대통령에 의해 정치적 이유로 새로운 자리에 보직되었다. 이것은 새로운 형태의 보직 교체였다.

1968년의 구정 공세는 대통령도 무너뜨렸다. 웨스트모어랜드를 새로운 곳으로 보내고 2주 후에 존슨 대통령은 재선에 나서지 않겠다고 발표했다. 베트남은 심지어 꿈에서조차 존슨을 괴롭혔다. 그는 "매일 밤 잠이 들면 길고 완전히 공개된 땅바닥 중간에 묶인 채로 있는 나를 본다"고 도리스 굿윈 Doris Kearns Goodwin에게 말했다. "멀리에서 수천 명의 사람이 나에게 '겁쟁이! 배신자! 허약한 약골!'이라고 소리 지르는 것을 들을 수 있다. 그들이 점점 가까이 와서 돌을 던지는 순간에 정확히 나는 잠에서 깨어나곤 했다"고 말했다.

베트남 전쟁은 완전한 패배였다. 존슨의 후임자인 리처드 닉슨 Richard Nixon 대통령은 1969년 1월에 백악관으로 입성하면서 베트남 전쟁 개입을 끝내기로 결심했다. 그의 선임 외교 보좌관 헨리 키신저는 후에 "인수위원회를 열기도 전에 우리는 가능한 한 빨리 베트남에서 미군을 철수하기로 결정했다"고 썼다.

덧붙이는 글 – 후에Hue 학살

공산주의자들은 25일의 점령 기간에 베트남 중부에 위치한 후에 시Hue City의 일부 지역에서 학살을 저질렀지만 당시에는 거의 눈에 띄지 못했었다. 살해당한 사람들에는 정부의 공무원뿐 아니라 교사, 학생, 성직자, 외국인 등 공산주의 지배에 반대할 가능성이 있다고 생각되는 모든 사람이 포함되었다. 최소한 2,800여 구의 사체가 대규모 무덤에서 발견되었다. "잔디가 푸릇한 어느 지역이든 그 밑에는 시체가 있었다"고 응우옌 꽁 민Nguyen Cong Minh은 기억했다. 어떤 사람들은 산채로 매장되었다. 많은 사람이 도시에서 멀리 떨어진 지역에 매장되었는데, 이는 아마도 후퇴하는 공산군에게 끌려간 죄수들이 거추장스럽게 되고 철수경로가 드러날 것이 두려워 살해당했기 때문으로 보인다. 도시에서는 가족에 의해 매장되기 위해 더 많은 사체가 옮겨졌다. 사망자들은 공산당 간부들에 의해 걱정하지 않아도 된다는 보장을 받은 회의에 단순히 참가하려던 사람들이었다. 후에에서 중대장을 했던 해병대 마이런 해링턴Myron Harrington 대위는 "끔찍한 냄새가 났다"면서 "그곳에서 전투식량을 먹고 있으면, 마치 죽음을 먹는 것 같았다"고 기억했다.

20

미 라이

코스터 장군의 은폐와 피어스 장군의 조사

후에 시에서 일어났던 사건과는 달리 미 라이^{My Lai} 학살은 미국 사람들의 기억 속에 남아있기는 하지만 단지 멍청한 중위가 이끄는 불량 소대가 저지른 사례로 기억될 뿐이다. 사람들이 잊고 있는 것은 사건 후에 육군에서 실시한 조사로 사단장에 이르기까지 모든 지휘계통이 그러한 잔혹행위 혹은 뒤이은 은폐에 연루되었다는 것이 밝혀졌다는 점이다. 젊은 중위가 문제를 발생시킨 방아쇠를 당긴 것은 맞지만, 다수의 고위 장교들도 깊은 잘못을 저질렀다. 사실, 그 사건은 현시대의 장군들의 리더십 측면에서 또한 육군이라는 조직 자체의 측면에서도 육군이 최저점에 있다는 반증이었다.

1968년 중반에 제23 사단장을 마치고 떠나는 사무엘 코스터^{Samuel Koster} 소장은 자신의 팀이 어려운 과업을 효과적으로 달성했다고 묘사한 임무 종결 보고서를 육군에 제출했다. 그는 "제23 사단은 지방정부 및 주민들과 친밀한 관계를 유지하기 위해 많은 노력을 했다"며 "사단의 주요 예하 부대 지역에서 제공된 서비스들은 공공의료를 위한 특별 근로, 생필품 및 자원 통제, 보급품 수송 및 이동, 피난민 지원, 민사부대 운용, 청구와 배상, 이동 훈련팀, 베트콩과 북베트남군에 의한 행동이 일으킨 주민 밀집 지역에서의 영향 최소화 대책 등에 이르기까지 매우 다양했다"라고 보고했다. 코스터가 보고서에 결재했던 그때, 그는 이미 몇 개월 전에 사단 예하의 한 부대가 해안가의 작은 마을에서 많은 주민을 죽였었다는 사실을 알고 있었다. 대량학살이 있었던 그 날, 그는 헬기를 타고 마을 위를 비행했으며 뒤이어 벌어진 사건의 은폐에 가담했다.

1968년 3월 16일 토요일 아침에, 제23 사단 11여단 20연대 1대대 C중대의 장병 100여 명은 베트남을 종주하는 1번 도로와 해안 사이에 있는, 미군은 '핑크 빌Pinkville'이라고 부르고 지방 주민은 손 미Son My 지방의 일부로 투언 옌Thuan Yen이라 부르며 세계에는 미 라이My Lai로 알려진 작은 어농마을에서 400여 명의 민간인을 학살했다. 이듬해에 잔혹 행위에 대한 폭로가 있었고, 이어서 범죄에 대한 혐오감은 미국이 왜 베트남에 있었는가? 라는 질문과 함께 육군 및 육군 장교단의 상태에 관한 새로운 의혹이 물결처럼 일어났다.

한때 육군 역사학자였던 로널드 스펙터Ronald Spector는 베트남에 주둔했던 육군은 "집단적인 신경쇠약에 걸려 고생했다"고 기록했다. 만약 그의 말이 정확하다면 – 그것이 거의 확실하지만 – 미 라이는 육군의 붕괴가 명백하게 세상에 노출된 현장이며, 더는 미군 장군들에 의해서 거부할 수 없게 만드는 장소였다. 반세기가 지났어도 이 사건을 연구하는 것은 고통스러운 일이다. C중대는 몇 달에 걸쳐서 끊임없는 손실을 당하던 부대가 아니었다. 중대는 3개월 정도 베트남에서 있었으며, 그중 절반의 기간만 전투 지역에 배치되었다. 기간 중 중대에는 전사자 4명과 부상자 38명이 발생했지만 대부분은 적 지뢰에 의한 피해였다. "중대에서 사상자들이 있었지만 사상자들의 대부분은 지름길로 가려다 당했다"고 주민들의 죽음을 막으려고 했던 육군 헬기 조종사 휴 톰슨Hugh Thompson은 증언했다. "적은 우리가 그들에 대해 아는 것보다 모든 면에서 우리를 더 잘 알고 있었다. 적은 새로운 부대가 오면 마을을 나가기 쉬운 지름길을 이용한다는 사실을 알고 있었다."

서로 다른 3개 여단에서 차출된 자원들로 대충 만들어졌고, 형편없는 참모부를 가졌던 C중대는 제23 사단 내에서도 고아와 같은 특이한 중대였다.

새로운 부대를 만들 때 자주 발생하는 사례와 같이 제23 사단은 다른 사단들의 쓰레기 하치장으로 사용되는 경향이 있었다. 코스터 소장은 "다른 사단에서 받은 자원들이 중간 수준이거나 그 이하의 수준이어서 부대에 제대로 안착하는 게 어려울 것이라고 의심했다"고 나중에 말했다. 그는 참모들은 단결이 되었다고 생각했지만 몇몇 참모부 요원들은 여기에 동의하지 않았다. "사단의 참모부는 참모장교들에게 가장 불행한 조직이었고, 사령부는 내가 접촉했던 부대 중에서 불행한 부대에 속했다"고 사단의 작전보좌관 제스몬드 발머Jesmond Balmer 중령이 증언했다.

윌리엄 드퓨이처럼 코스터도 제2차 세계대전 동안에 빠르게 진급했었던 장교 중의 한 명이었다. 그는 1942년에 웨스트포인트를 졸업했고, 26살의 나이에 대대를 지휘했었다. 그러나 드퓨이와는 다르게 코스터는 웨스트모어랜드가 포용하는 사람은 아니었다. 오히려 그는 베트남에서 약간은 떠돌이 비슷한 처지에 있었는데, 왜냐하면 웨스트모어랜드 사령관의 직접 요청이 아닌 육군참모총장이 베트남으로 보낸 유일한 사단장이기 때문이었다. "코스터 소장은 해럴드 K. 존슨 육군참모총장의 추종자였다. 존슨은 그를 웨스트포인트 교장으로 보내고 싶어 했는데, 교장으로 가기 전에 사단장 경험을 쌓는 것이 좋겠다는 생각으로 그를 제23 사단장으로 보냈다"고 부하들이 미 라이에서 발생했던 일을 은폐한 그의 역할에 대한 폭로로 물러날 수밖에 없었던 몇 년 후에 그의 후임으로 육사 교장이 된 윌리엄 놀턴William Knowlton 소장이 회고했다.

지휘권 조정은 코스터 소장을 더욱 고립시켰다. 왜냐하면 사단은 남베트남의 최북단의, 해병대 책임 지역 안에 위치하고 있었기 때문에 코스터는 해병대 장군에게 보고해야 했다. 제2차 세계대전과 한국전쟁에서뿐 아니라 베트남에서도 육군과 해병대 사이의 지휘관계에 대한 긴장의 역사가 있었기 때문에 해병대는 코스터와 그의 사단이 하고 싶은 대로 하도록 내버려 두었다. "베트남에서 싸운 것 중에서 가장 힘들었던 것은 지독하게 어려운 지휘통제였다. 오랫동안 베트콩들이 지배했던 '인디언 나라'는 육군의 감독으로부터 멀리 벗어나 있었고, 해병대의 통제 아래에서 작동하고 있었다"고 브루스 파머Bruce Palmer 장군이 유감스럽다는 듯이 말했다. 저 멀리 남베트남의 한쪽 구석에서 "거대한 책임 지역"을 부족한 병력과 참모들로 편성된 사단을 홀로 고립된 장군이 지휘하는 것에서부터 재앙이 잉태되었다. 거기에 추가하여 코스터는 전투를 지휘해 본 적이 별로 없었다. 이것은 육군이 한국전쟁에서 저지른 잘못의 반복이었다. 파머는 "우리가 코스터의 기록을 열람해 보니 그는 전투경험이 거의 없었다. 그러니 육군은 베트남에서 가장 어려운 과업을 사단장이 되기에 가장 적합하지 않은, 가장 경험 없는 사단장에게 맡겼던 것이다"고 기록했다.

오합지졸들이 모여 있었던 제23 사단에서조차 C중대는 눈에 띄게 규율이 엉망인 부대였다. 마이클 번하트Michael Bernhardt는 "C중대에 배치되어

갔더니 중대에서 무언가 이상한 것이 느껴졌다. 이상야릇한 냄새와 느낌이 있었다. 그들은 그저 하고 싶은 대로 무엇이든지 다 하는 길거리 깡패들이었다. 지휘자도 없이, 방향도 없으면서, 완전하게 무장을 갖춘 채 그곳에서 자신들만의 규칙을 만들어 놓은 집단이었다"고 증언했다. 나중에 육군 조사관들이 밝혀냈지만 미 라이 학살 이전에도 중대원들은 베트남 여자와 소녀들을 종종 강간했다.

미 라이에서의 범죄 행위는 학살이 있기 전날 밤에 C중대장 메디나 Ernest Medina 대위가 다음날의 임무를 브리핑하면서 시작되었다. 나중에 그는 여자와 어린이를 죽이라는 명령은 하지 않았다고 증언했고 거짓말 탐지기 검사도 통과했다. 그러나 부하 21명은 그곳에 있는 모든 적을 죽일 계획임이 명확했으며 마을에 있는 누구든지 적으로 간주했었다고 증언했다. 중대원 중의 한 명인 윌리엄 로이드는 "임무 브리핑이 끝나자 우리는 많은 저항이 있을 것이라고 느꼈다. 우리는 마을에 있는 모두를 죽여야 할 것으로 예상했다"고 육군 조사관에게 말했다. 이어지는 C중대 1소대장 윌리엄 캘리 William Calley 중위의 무엇보다 중대한 증언에 의하면 그날의 명령은 "마을 사람들을 다 청소해"라는 단순한 것이었다. 그는 "명령에 의해 그곳에 가서 적을 격멸했다. 그것이 나에게 부여된 임무였다. 나는 주저앉아서 남자든, 여자든, 아이들이든 구분하여 생각하지 않았다. 그들은 우리가 다루어야 하는 적으로 모두 똑같이 분류되었다"고 말했다. 전쟁이 사람들에게 어떻게 영향을 미치는가를 전문적으로 연구한 하버드 대학의 심리학자 로버트 제이 Robert Jay Lifton 는 "브리핑에서 일어난 일들에 관해서는 여러 종류의 설명이 있겠지만, 그것은 일종의 살인 면허를 준 행위였다"라고 정확하게 요약했다.

다음 날 아침 8시경, C중대 1소대는 마을의 서쪽 끝으로 걸어 들어가기 시작했다. 1963년 팜 비치 주니어 대학 Palm Beach Junior College 을 중퇴하고 앨버커키 Albuquerque (미국 뉴멕시코 주에 있는 도시 - 옮긴이)에서 돈도 없이 지내다 운이 나쁘게 군에 입대했다가 어떤 과정을 통해서 인지는 모르지만 육군 장교로 선발된 163센티미터 키의 땅딸막한 캘리 중위가 소대를 지휘하고 있었다. 육군 공식 보고서에는 아래와 같이 살상이 시작되었다고 기술되어 있다.

> 1소대가 작은 촌락 안으로 이동했고 병사들은 달아나는 마을 주민들에게 대량 사격을 실시했다. 집과 참호 안으로 수류탄을 던졌으며, 가축을 도살했고, 먹거리를 부수었다. 몇몇 목격자들은 소대원 중 한 명이 대검으로 나이 든 남자를 죽였고, 또 다른 사람을 우물 안으로 던져 넣고는 이어서 수류탄으로 죽였다고 증언했다.

중대원들은 옹기종기 모여 있는 15명의 마을 사람들과 마주쳤다. 자신의 발을 자신이 쏴 유일한 부상자가 되어 헬기로 후송된 허버트 카터 Herbert Carter 에 따르면 C중대장 메디나 대위는 "모두 죽여라. 서 있는 사람이 없도록 하라"고 명령했다. 9시경 주민 60여 명이 포위되어 도랑 안에 처박혀진 채로 1소대의 사격을 받았다. 데니스 콘티 Dennis Conti 는 "도랑 위를 걷고 있었는데 캘리 중위와 미첼 Mitchell 병장이 도랑 안에 있던 주민으로 보이는 여자, 어린이, 몇 쌍의 노인 부부를 향해 사격하는 것을 보았다. 한 여자가 일어서자 캘리 중위가 그의 머리에 총을 쏘았다"고 나중에 증언했다.

한편, 중대 내에서도 강간 성향이 두드러졌던 2소대는 근처의 좀 작은 촌락 빈 따이 Binh Tay 에서 주민들을 10명 또는 20명씩을 하나의 단위로 해서 동그랗게 쪼그려 앉게 한 다음에 사람들 중앙으로 M79 40미리 유탄 발사기를 발사했다. 부상자들은 소화기로 확인 사살까지 했다. 2소대 역시 "최소한 어린 소녀 한 명을 집단으로 강간했으며, 동료들 간의 성행위, 그리고 몇 건의 강간 살인"을 저지르는 일에 가담했다.

C중대 3소대도 분주하기는 마찬가지였다. 3소대원 중 한 명인 바나도 심슨Varnado Simpson은 "그날 8명을 죽였다"고 나중에 증언했다. 그는 소대원 5명이 한 소녀를 집단으로 강간하는 것을 보았다. "강간이 끝난 후에 그들은 가지고 있던 M-60, M-16, 45구경 권총 등으로 그녀가 죽을 때까지 쐈다. 그녀의 얼굴이 날아가고 뇌수가 사방으로 흩어졌다."

피바다의 학살이 진행되는 동안에 C중대를 임시로 예하에 두고 있던 대대장 프랭크 바커Frank Barker 중령은 헬리콥터로 C중대 지역 위를 선회하고 있었다. 그의 여단장 오란 헨더슨Oran Henderson 대령은 다른 곳에서 보고를 받고 있었다. 학살은 1~2개 소대 또는 1개 중대가 벌인 미친 짓이 아니었다. "이것은 기행이 아니라 정식 작전이었다"고 나중에 잔혹한 일을 폭로하는 데 중요한 역할을 한 론 리든아워Ron Ridenhour가 말했다. "미라이에서 일어난 일은 계획적이었다. 장교들, 중령, 특수임무 지휘관, 여단장, 그리고 사단장이 오전 내내 상당한 시간을 마을 상공에 머물러 있었다."

헬기 기관총 사수 래리 콜번Larry Colburn은 헬기가 마을에 착륙할 때 C중대장 메디나가 발로 여자를 차고 등을 밟은 후에 총을 쏘는 것을 놀란 채 지켜보았다. 그는 그때야 "그들 모두를 죽인 것은 우리 군인들이었다"는 사실을 깨달았다. 콜번의 헬기 조종사인 휴 톰슨Hugh Thompson은 헬기를 마지막 남은 주민 집단과 C중대 사이에 착륙시켰다. 그는 콜번에게 만약 C중대가 주민들에게 사격하면 중대원에게 기관총을 쏘거나 주민 사살을 하지 못하게 개입하라고 명령했다. 시간이 지난 후에, 누구도 하지 않았는데 왜 살인을 저지했냐는 질문을 받은 톰슨은 "나는 시골에서 자랐다. 내 어머니와 아버지는 아마도 지금의 기준으로 보면 폭력적이라고 불릴 만했었다. 그러나 부모님은 언제나 약자를 도우라고 가르치셨다. 남을 괴롭히는 사람이 되지 말라는 가르침은 내 인생의 황금률이었다. 그들은 올바르게 사는 법을 가르쳐주셨다"고 대답했다.

집단 살인을 끝낸 C중대원들은 마을 동쪽 끝에 앉아서 점심을 먹었다. 사망자 수는 거의 400명 혹은 그 이상이었다. 그들 중 120명은 5세 미만의 어린이들이었다. 여성 20명이 강간을 당했는데, 그들 중에 제일 어린 사람은 11세의 어린이였고, 가장 나이가 많은 여자는 45세였다.

톰슨은 기지로 돌아와 착륙한 후 조종 헬멧을 땅에 내팽개쳤다. 그는 화가 나서 중대장 프레데릭 왓케Frederic Watke 소령에게 "미 라이 마을 도랑은 죽어 있는 여성과 아이들로 넘쳐났다. 우리는 온종일 무장 베트콩 단 1명만을 봤다. 미군들은 빌어먹을 무기 하나 포획하지 못했다. 그들은 여성과 어린아이들을 죽이고 있었다"고 목격했던 것들을 보고했다. 왓케 소령이 대대장 바커Barker 중령에게 갔고, 대대장은 톰슨이 말한 혐의 내용을 조사해 보겠다고 말했다. 그날 오후, 바커가 왓케를 만나 톰슨이 틀렸다고 판단했으니 걱정하지 말라는 이야기를 했다. 버커 중령은 오히려 마을에서 소수의 주민이 사살되었다는 것을 알고는 있지만 그것은 "정당한 상황에서 발생했던 결과였다"라고 말했다. 톰슨과 왓케 소령이 몰랐던 것은 대대장이 대학살에 연루되어 있다는 사실이었다. 그것은 단지 1개 중대가 저지른 것이 아니라 그의 지휘 아래 있었던 3개 중대가 다 같이 저지른 범죄였다. C중대가 미 라이에서 사람들을 도살하고 있었을 때, 대대의 나머지 2개 중대는 마을 외곽을 봉쇄했고, 이 과정에서 B중대는 인근

1968년 3월 16일 학살로 살해되기 전 미 라이의 남베트남 여성과 아이들. 법정 증언에 의하면 그들은 이 사진이 찍힌 후 몇 초 후에 살해되었다. 오른쪽의 아이를 안고 있는 여성은 성폭행을 당한 후 블라우스의 단추를 잠그고 있다. (사진 출처: Wikipedia Commons/Public Domain)

촌락에서 90여 명의 마을 주민을 살해하는 또 다른 작은 규모의 학살을 저질렀다. 그럼에도 불구하고 톰슨의 개입은 효과를 가져왔다. 그가 혐의를 제기한 직후에 무전을 통해서 B중대와 C중대에 "살인을 그만하라"는 지시가 하달되었다.

그래서 미 라이 마을과 연계되어 육군 장교들에 의한 두 번째 주요 범죄가 저질러지기 시작했다. 첫 번째 범죄는 마을에서 있었던 학살 자체였고, 두 번째는 제23 사단의 지휘계통이 학살 사건을 어떻게 처리했느냐는 것이었다. 그날 오후, 제23 사단장 코스터 소장은 사건의 은폐에서 중요한 다음 단계를 밟았다. 당시에 미 라이 마을 근처를 비행하고 있었던 그는 여단장 헨더슨 대령이 부하들에게 마을로 돌아가 죽은 주민들의 성별과 나이들을 대략적으로 집계하라고 명령하는 것을 우연히 무전기를 통해서 들었다. 메디나와 헨더슨의 증언에 의하면 코스터 소장은 "그렇게 하지 마라"고 여단장의 명령을 철회시켰다. 코스터는 조사관들에게 그런 식의 대화를 한 기억이 없다고 말했지만, 그의 증언은 신뢰할 수 없는 것으로 판명되었다. 어쨌든 그는 "민간인 사상자나 부상자 그리고 이런 종류의 일에 대해서는 정해진 신고 요건이 없기 때문이었다"고 말했다.

이틀 후에, 헨더슨 대령은 미 라이에서 무슨 일이 있었는지에 대해 밝히라는 말을 들었지만 사실상 그의 행동은 "3월 16일의 사건에 대한 참된 진실을 억제하고 덮으려는 것이 그들의 목표"였다고 육군은 후에 결론을 내렸다. 헨더슨 여단장은 C중대원들을 모아놓고 모두에게 학살이 있었는지 물었다. 대부분 그런 일이 없었다고 했지만 1명이 대답을 하지 않았다. 이 흥미로운 반응에 대해서 헨더슨 여단장은 계속 추적하지 않았다. 오히려, 여단장은 헬기 조종사 톰슨의 신빙성을 떨어뜨리려는 데 주력하는 것 같았다. 3월 19일에 그는 미 라이에 대한 혐의가 아무런 근거가 없다는 보고를 했다. 훨씬 후에 코스터가 조사를 받으며 "조종사 톰슨이 혼란을 느끼고 있는 것으로 보였다. 그는 젊은 사람으로, 지나치게 흥분한 상태에서 실제 현장에서 일어나지 않은 일을 상상했던 것이었다"고 기억했다.

이때까지 사건 은폐가 잘 진행되고 있었다. 바커 중령은 12일 전에 미 라이 마을에서 일어난 사건을 요약한 일상적인 "전투결과 보고서"를 3월 28일에 제출했다.

> 이 작전은 잘 계획되었고, 잘 수행되었으며, 성공적이었다. 아군의 피해는 경미했던 반면에 적에게는 심대한 피해를 줬다. 작전 간 지역 내에 베트콩을 지원하는 민간인들이 약 200여 명 있었다. 적군의 사격에 의해 민간인 통제와 의료 지원에 문제가 발생했다. 그러나 지상에 있는 보병부대와 헬리콥터가 그들이 그곳을 빠져나가도록 도와주었고, 부상당한 사람들도 돌보며 후송시킬 수 있도록 지원했다.

다음 달, 전쟁의 당사자인 남북 베트남 사람들에게서부터 마을에서 끔찍한 일이 일어났다는 말들이 나오기 시작했다. 이에 대한 대응으로 헨더슨 대령은 "조사 결과 보고서"라는 제목으로 문서를 작성했다. 보고서는 "혐의에 대한 조사가 시행되었다"는 거짓말로 시작했다. 질문을 받자 헨더슨은 결국 이것이 사실이 아니며 실제로 일련의 인터뷰를 하거나 가담자가 서명한 진술서를 받지 않았다는 것을 인정했다. 그의 "보고서"는 미 라이 작전 중 128명의 베트콩을 사살했고, "전투지역에서 비전투원 20명을 붙잡았다"고 허위 진술을 기록했다. 그는 "한 번도 민간인들을 모아놓지 않았으며, 그들은 미군에 의해 죽임을 당하지도 않았다"고 강조했다. 그는 도덕적으로 분개할 만한 일이라고 결론지었다. 그는 그러한 학살 혐의는 "베트콩들의 명백한 흑색선전 활동"이었다고 썼다.

관련 서류의 파괴까지 포함된 은폐는 대단히 광범위하게 1년 정도 지속되었다. 그러자 론 리덴아워Ron Ridenhour는 워싱턴에 있는 동료 국회의원과 많은 관료에게 군인들이 "핑크 빌"이라고 부르는 베트남 마을에서 끔찍한 어떤 일을 일으켰다고 주장하는 편지를 보냈다. 편지에서 그는 미 라이 마을 학살에서 중심적 역할을 했던 "캘리 중위"가 어떤 일을 저질렀는지에 대해 자신이 들었던 것들을 명확하고 자세하게 기술했다.

제101 공정사단의 일원으로 참전했다가 노르망디에서 부상당한 제2차 세계대전 참전용사 윌리엄 윌슨William Wilson 대령에게 리덴아워의 혐의 주장에 대한 조사 임무가 맡겨졌다. 그는 미 라이 마을에 대한 혐의를 조사하는 임무를 회의적으로 생각했다. 그는 "만약 핑크 빌 사건이 진실이었다면, 그것은 냉혈적인 살인 행위였다"며 계속해서 "그것이 거짓이기를 하나님께 기도했다. 사실이라면, 그놈들이 저지른 만행을 폭로하고 싶었다"고 말했다. 1969년의 늦은 봄부터 여름 동안, 윌리엄 대령은 조용하게 전국을 돌며 전직 C중대원들과 면담하면서 "혐오스러운 그림이 마음속에 형성되고 있었다."

학살이 있었던 다음날 지뢰를 밟아 다리를 잃은 후에 귀국해서 주유소에서 일하는 전 C중대원 폴 미들로Paul Meadlo를 면담했던 1969년 7월 16일 늦은 오후에 결정타가 터졌다. 인디애나 주 소재 테러 호트Terre Haute(일리노이 주의 핸더슨 카운티에 있는 자치구 – 옮긴이) 홀리데이 인 호텔의 방에서 면담이 시작되자마자 미들로는 미 라이에서 저지른 범행 사실을 고백했다. "우리는 마을로 이동해서 마을 전체를 유린하기 시작했다. 그렇게 했다. 도살자처럼 모든 사람을 죽이고 마을을 불태웠다. 소 떼를 죽이는 것처럼 그냥 모두를 죽였다"면서 자신도 50여 명의 주민들을 둥그렇게 모아 놓고 방아쇠를 당긴 사람 중의 한 명이었으며 "캘리 중위가 먼저 발사했고, 나도 거기에 가담했다"고 중요한 세부 사항을 덧붙였다.

윌슨은 미들로가 경악할 만한 자백을 하자 중간에 끼어들어 말하지 않을 권리가 있다는 조언을 했다. 면담이 재개되자 미들로는 "죽이라는 명령에 따랐을 뿐인데 그런 일로 정말로 나를 잡아넣을 수 있습니까?"라면서 어리둥절한 표정을 지었다.

그날 밤, 윌슨은 "내 안에 있는 무언가가 죽었다. 나는 이것이 거짓이기를 신께 빌었지만 이제 모든 게 사실임을 알았다"고 기록했다.

미 라이 사건을 다룸으로써 입지가 강화된 것처럼 보이는 몇 안 되는 고위급 장교 중의 한 사람은 윌리엄 웨스트모어랜드였다. 그는 단지 무슨 일이 일어났는지 뿐만 아니라 어떻게, 그리고 왜 그런 일이 일어났는지, 또한 어떤 조사가 취해졌는지에 대해 광범위한 조사가 필요하다고 주장했다. 그는 "우리는 충분히 조사했고, 결과가 어떻게 나오든지 증거가 나오는 대로 처리했다"라고 정확하게 기억했다. 닉슨의 백악관은 조사를 정치화할 작정인 것으로 보였고, 웨스트모어랜드는 이에 저항하려고 노력했다. 어느 시점에 그는 육군 장교로 국가안보 보좌관 헨리 키신저를 돕기 위해 백악관에 파견되어 있던 알렉산더 헤이그에게 술을 마시러 집에 들러달라고 요청했다. 얼마간의 사적인 잡담이 오간 후에 웨스트모어랜드는 "미 라이에 대한 조사를 강요하지 말라는 압력을 받아 왔다. 만약 이러한 압력이 중단되지 않으면 나의 특권을 행사하여 대통령에게 바로 갈 것이라는 점을 당신이 이해하길 원하며, 대통령도 이해하기를 희망한다"는 메시지를 헤이그에게 전달했다. 헤이그는 잠시 화가 난 것처럼 보였지만 결국 메시지를 받아들였다고 웨스트모어랜드는 회상했다. 그는 대화가 있었던 후 압력이 중단되었다고 말했다.

1969년 11월에 학살과 관련한 뉴스가 나온 이후, 육군의 조사가 시작되자 육군은 베트남에서 제4 사단장을 역임한 윌리엄 피어스William Peers 중장을 조사책임관으로 임명하여 미 라이의 학살이 왜 그리고 어떻게 일어났으며, 어떻게 은폐되었는지를 광범위한 관점에서 조사하도록 했다. 자신과 육군의 명예를 위해 피어스 중장은 400명이 넘는 목격자에 대한 면담, 어느 경우에는 반복적인 면담을 하면서 철저하게 조사를 진행하는 올바른 접근을 했다. 살인을 제외한 많은 범죄의 공소시효가 1970년 3월 16일에 만료되기 때문에 그는 4개월 미만이라는 극단적 시간의 압박 아래 조사를 진행했다. 윌슨과 같이 피어스도 처음에는 리덴아워가 제기한 혐의를 의심했지만, 리덴아워가 편지에서 묘사했던 것보다 상황이 더 심각하다는 결론에 도달했다. 어느 날 피어스와 조사관들이 제23 사단의 참모장에게 사건에 관해 들었던 것을 왜 추적하지 않았는지를 물었다. 그는 "내가 코스터 사단장과 이 사건을 의논해도 소용이 없었다"며 "장군들이 상황을 관리하고 있었다"고 답변했다. 이것은 벌 받아 마땅한 진술이었다.

전체의 대규모 조사에서 가장 놀라운 순간은 당시 웨스트포인트의 교장이었던 코스터 장군이 2차 심문을 위해 소환되었을 때였다. 코스터는 자신의 임무를 충실하게 수행했고, 미 라이 사건 이후 공식조사가 이루어졌다고 거듭 주장했다. 사실, 그는 보고서에 첨부된 한 무더기의 서면 진술서를 기억하고 있다고 말했다. 그것이 그를 방어하는 핵심이었다. 만약, 내부조사가 잘못되었거나 피어스의 조사관들이 보고서를 찾을 수 없다면 자신의 잘못이 아니라는 것을 그는 암시했던 것이다. 그는 아마도 미 라이에 관련한 거의 모든 문서가 제23 사단의 기록에서 다소 신비스럽게 사라졌다는 사실을 알고 있었을 것이다. 실망한 어느 조사관이 코스터 장군에게 "베트남에 있는 모든 것을 살펴보았을 뿐 아니라 오키나와와 이곳의 모든 기록을 찾아봤는데 사단에서 보낸 어떤 서류의 흔적도 없습니다. 아무 기록이 없습니다. 서류들은 2년 동안 문서보관소에 보관되어있어야 하는 데 없습니다. 파기 증명서도 없습니다. 정말 아무것도 없습니다"라고 말했다.

피어스는 수십 년 동안 코스터를 잘 알고 있었고, 그를 존경했으며, 친한 친구로 생각했다. 하지만 그는 코스터의 첫 번째 증언이 "거의 믿을 수 없는" 것이라는 점을 알았다. 1970년 2월에 있었던 두 번째 증언에서 피어스가 코스터의 설명에 대해 이의를 제기했다. 피어스와 참모들은 코스터에게 자신들이 베트남에 가서 미 라이 사건과 관련된 중대장들을 포함하여 수십 명의 사람을 만났는데 사건에 대해 선서를 했다는 사람은 한 명도 찾지 못했다고 말했다. 사실 그들은 증언이 허위라는 결론을 내렸다. 진술서는 제출된 적이 없었다. 피어스의 한 조사관은 "그들은 어떤 진술도 하지 않았고, 더 복잡한 문제는 그러한 보고가 제23 사단 사령부에 도착했다는 기록이 어디에도 없었습니다. 유효한 보고서 복사본이 없습니다. 장군과 헨더슨 여단장이 지시한 것 외에는 (그런 보고가 행해졌다는) 어떤 정보도 없었습니다"라고 코스터에게 말했다.

코스터가 "예, 그렇습니다. 나는 그것을 설명할 수가 없습니다"라고 대답했다. 그러자 조사관들은 증거가 전혀 없다는 것은 전체적으로 증거를 인멸했다는 것과 다름이 없으니 그것이 바로 은폐의 증거라고 자신들의 의견을 전개했다.

피어스의 보고는 미 라이 주민들에게 방아쇠를 당기고, 수류탄을 던지며, 대검으로 찌르고, 강간까지 저질렀던 군인들뿐 아니라 그들의 만행과 관련된 지휘계통 상급자들의 행동에서 충격을 받았음을 명백히 밝혔다. "정보를 은닉하고 억압하려는 노력이 중대에서 사단까지 모든 수준의 제대에서 있었다"고 피어스가 1970년 3월에 썼다. "의도적으로 정보를 숨기려는 노력은 1968년부터 오늘날까지 계속되고 있다. 사건이 일어날 당시에 핵심적 위치에 있었던 장교 6명은 조사 이전에 묵비권을 행사했으며, 다른 사람들은 허위 또는 오해의 소지가 있는 증언을 했거나, 정보를 은닉했으며, 사건과 관련된 핵심 문서들은 미국의 기록에서 발견되지 않고 있다."

피어스는 30명의 명단을 작성했는데 거기에는 사건의 은폐에 주도적으로 참여했던 것으로 보이는 장군 2명과 대령 4명도 포함되어 있었다. 이것은 학살 자체에 대해 제기 될 형사 고발의 최상단에 있었다. 육군은 법적인 이유로 고발된 사람 중에서 군을 떠난 이들은 기소하지 않기로 했다. 육군의 경력 있는 법률가 윌리엄 에크하르트William Eckhardt가 수석 검사로 임명되었다. 그는 애틀랜타로 날아가서 조사와 관련된 기록물들을 읽기 시작했다. 그는 첫 출근이 끝날 무렵에 구역질이 났다고 기억했다. "나는 기록들을 벽에 던지고 밖으로 나가 10킬로미터 정도를 달렸다"고 말했다. 그를 소름 끼치게 만든 결론은 피어스의 것과 흡사했다. "사실들은 보고된 것보다 더 나빴다. 사망자가 500여 명이 넘었다. 그들은 성적 학대, 강간, 남자들 간의 동성애, 약탈 등은 보고하지도 않았다."

육군은 최종적으로 16명을 기소했지만, 첫 재판이 잘못되어 이들 중 12명에 대한 기소는 취하되었다. 재판을 받은 군인 5명 중에서 윌리엄 캘리 중위 한 명만 유죄 판결을 받았다. 중대장 어니스트 메디나와 여단장 오란 헨더슨은 무죄 판결을 받았다.(대대장 프랭크 바커는 전투 중에 전사했다.) 일련의 통상적이지 않은 정치적 압력을 받았다고 지적한 육군 검사 에크하르트는 "검찰의 기록은 최악이었다"고 인정했다. 지휘계통상에서 가장 낮은 계급의 장교였던 캘리 중위에 대한 처벌은 심지어 닉슨 대통령의 명령에 의해서 항소가 진행되는 동안에 감옥에서 나와 자신의 육군 아파트에서 가택 연금하는 것으로 낮아졌다. 캘리 중위에 대한 종신 감옥형은 결국 10년의 징역형으로 감형되었다가 복역도 하기 전인 1974년 11월에 가석방되었다.

피어스의 노력에도 불구하고, 육군은 이번에도 역시 제23 사단장 코스터를 보호했다. 피어스는 코스터가 직무를 유기했고, 거짓 증언을 했으며, 발생한 사건을 은폐하는 데 공모했다고 믿었다. 미 라이 학살을 주도한 장군으로 코스터는 베네딕트 아놀드 Benedict Arnold 이래 육군의 장군 역사에서 어떤 장군보다 많은 악평을 불러왔다. 웨스트모어랜드는 코스터에게 웨스트포인트 교장 자리에서 물러날 것을 명령했고, 윌리엄 놀턴 William Knowlton 장군을 후임으로 임명했다. 그는 코스터 장군이 웨스트포인트 학교장 공관을 비워주지 않을 것이라는 걸 알고는 깜짝 놀랐다. 놀턴 장군은 "불쌍한 샘 코스터는 자신이 더는 웨스트포인트 학교장이 아니라는 사실을 알고 실제로 일종의 충격 상태에 빠져 그 공관에서 한두 달을 더 살았다"고 기억했다.

하지만 코스터 사건을 처분 결정하기 위해 선발된 조나단 셔먼 Jonathan Seaman 중장은 그를 군법 회의에 회부하지 않기로 결정하고 가능한 최소의 처벌인 준장으로의 강등과 사과문을 작성하라는 결정을 내렸다. 셔먼 장군은 후에 육군 역사학자에게 "유죄 판결을 내리기에는 증거가 충분하지 않았다는 것이 내 생각이었다. 나는 코스터를 강하게 질책하는 편지를 썼다. 그는 사단장 임무를 수행하는 데 실패했고, 사건조사를 위해 전투 현장에 사람을 보내서 조사를 하는 데도 실패했다"고 말했다. 이것은 미 라이 사건 은폐에 대한 코스터 역할과 조사관들에 대한 거짓 증언이 무시되었다는 대단히 관대한 해석이었다. 이렇게 가벼운 처벌을 받았음에도 불구하고 코스터는 "정의롭지 않고 공정하지 않다"고 항의했다.

코스터 장군은 불명예스러운 군복을 입고 1973년 1월 1일까지 육군에 남아있을 수 있었다. 피어스는 웨스트모어랜드 장군에게 "이것은 정의를 희화화하고, 육군이 오랜 세월을 통해 씻어야 할 어려운 선례를 남길 것"이라며 셔먼 장군에 의한 가벼운 처리에 대해 불평했다.

셔먼 장군의 결정은 예하 장교들에 대한 독소적인 사례라는 파급효과를 가져왔다. 만약 장군급 지휘관들이 감옥에 가지 않는다면 그들의 명령 때문에 군사 재판에 회부된 군인들도 같은 이유로 그래야만 한다는 것이었다. 육군의 최고 법률가이자 재판 기간에 배심원단 대표 장군이었던 케네스 호드슨Kenneth Hodson 소장은 군 배심원단이 병사들의 책임을 묻지 않을 것이기 때문에 관련자 대부분에 대한 고소가 취하되어야 한다고 주장했다. 1972년에 전역한 후 단지 몇 개월이 지나지 않아 기록된 그의 공식 구두 역사서를 보면, 호드슨 소장은 고발된 장교의 숫자도 기억하지 못할 뿐 아니라("약 12명 정도가 고소된 것으로 안다.") 학살이 일어난 날짜도 제대로 알지 못하는("1968년 2월 후반기 즈음에 발생했다.") 등 사건 전체에서 상당히 유리된 모습을 보였다.

미 라이 사건이 폭로된 후에 가장 고통을 받은 군인 중 한 명은 휴 톰슨이었다. 그는 주민에 대한 살인을 저지르기 위해 개입했고, 상관들에게 미 라이 마을에서 어떤 일이 있었는지를 조사할 것을 반복적으로 요구했다. 그의 동료 몇몇은 그를 배신자라고 불렀다. 1970년 4월에 의회 위원회에 나타났을 때, 그는 적대적 목격자로 취급받았다. 한 질문에 대한 답변을 하며 톰슨이 "나는…." 하며 머뭇거렸다. 그러자 루이지애나 주 출신 민주당 하원의원인 에드워드 허버트Edward Hébert가 "12월과 4월 사이에 무슨 일이 있었기에 그렇게 극적으로 기억이 흐릿해졌습니까? 그때 당신은 소리 높여 정확하게 의사를 표현했습니다. 지금은 4월 말인데 나는 다른 사람이 증인석에 있는 것으로 보입니다. 내가 증인석에서 보고 있는 사람은 기억해 내기가 힘들 것 같습니다. 그는 적극적이지 않습니다. 그는 끝났습니다"라고 화를 내며 톰슨에게 질문했다. 톰슨은 단순하게 심지어 겸손하게 자신을 방어했다. 그곳에서 "무차별적인 총격"이 있었기에 기소되었느냐는 질문에 그는 "아닙니다. 저는 거창한 말들을 멀리하기 때문에 그런 단어들을 사용하지 않습니다"고 답변했다.

"새벽 3시면 죽음이 나를 위협한다. 당신의 집 문간에 훼손된 동물들이 있고, 나는 지옥같이 혼란스러운 이곳에 앉아 있다"라고 몇 년 동안 그가 말했던 것처럼 톰슨은 거의 평화를 찾지 못했다.

사건에 대한 피어스의 핵심 결론은 육군에 리더십이 요구되었다는 것이었다. "조사를 통해서 미 라이 작전 이전, 도중, 이후에 있었던 사단에서 소대에 이르기까지 모든 제대에서의 리더십 발휘 혹은 리더십 부족이 비극적 사건의 일차적 요인인 것으로 밝혀졌다"면서 이것이 미 라이의 세 번째 커다란 죄라고 말했다. 첫째는 학살 자체였고, 둘째는 지휘계통의 은폐였으며, 마지막 셋째는 우리가 최종적으로 확인한 이 모든 것들에 적절하게 대응하지 못한 육군 리더십의 실패였다. 피어스는 "따라서 미 라이 사건의 모든 면에서 거의 비슷한 특징으로 나타나는 육군 리더십의 실패는 책임자를 기소하려고 시도하는 동안에 가장 높은 제대에 상대자가 있었다는 것이다"고 썼다. 다시 말하면, 육군은 미 라이 사건 대응에 실패했다는 것이다.

이것은 20세기 육군의 낮은 수준을 그대로 보여준 것이었다. 제2차 세계대전 동안에 마셜 장군이 실행한 극도로 책임 있는 조치와는 정반대로 베트남 전쟁 시대의 육군은 장군들에게 책임을 묻는 데 실패했다. 대신에 육군은 수비적인 자세로 웅크리고 그 사건에 책임이 있는 장군들을 곤경에서 벗어나게 하고 다른 사람들을 비난했다. 요약하면, 육군을 움직이는 장군들은 전문성을 가지고 공복답게 행동하는 대신에 조합 관리인처럼 자기 자신들에게만 책임을 지는 행동을 했다. 이러한 태도는 미군 장군들의 리더십에 오랫동안 치명적인 영향을 미쳤다.

육군 장교에 대한 육군의 놀라운 연구

미 라이 대학살 사건은 웨스트모어랜드 장군에게 또 하나의 놀라움을 안겨주었다. 피어스는 미 라이 사건 은폐에 관한 보고를 끝내고 웨스트모어랜드 참모총장에게 별도의 비밀문서를 보냈다. 피어스는 미 라이 사건이 소대장이나 심지어 썩어빠진 대대가 저지른 단순한 범죄가 아니라고 경고했다. 오히려 그는 육군 장교단이 규정된 가치로부터 멀리 떨어져 표류하고 있다는 믿음을 갖게 되었다고 했다. 거짓말과 위선이 널리 용인되는 것을 넘어 아마도 장려되고 요구되는 조직이 되었다. 그가 가장 크게 관심을 가졌던 것은 "지휘관의 위치에 있는 50명 정도나 되는 많은 사람이 미 라이 작전 동안 극히 이례적인 일이 발생했다는 정보를 가지고 있었는데 그들은 어떤 조치도 취하지 않았다. 이들 중에 누구라도 그들이 알고 있던 사실을 적절한 조사 권한이 있는 사람에게 알렸었더라면 사건을 덮고 있는 모든 모호함의 장막이 걷히고 진실이 햇빛 아래 드러났을 것이다." 왜 육군 장교 중에 아무도 옳은 일을 하지 않았을까? 그날의 학살에 대해 왜 헬기 조종사 혼자만 목소리 높여 이야기했으며, 조사의 시발점 된 편지를 왜 한 명의 병사만이 썼을까? 장교단은 어디에 있었는가? 피어스는 참모총장의 명령으로 육군의 윤리와 도덕성 상태를 점검해볼 것을 건의했다.

피어스가 웨스트모어랜드에게 리더십의 실패를 언급한 장문의 편지 중에서 가장 눈에 띄는 단락은 아래와 같다.

> 전투에서는 사람들의 목숨이 위태로워서 전투 지원과 관련된 다른 임무를 수행함에 평범한 리더십이나 평범한 수준의 역량은 용납될 수 없다. 리더십에서, 혹은 전투 임무 수행에서 실패하는 장교는 해임되거나 책임이 덜한 자리로 재보직하는 것이 필요하다.

이러한 언급에서 가장 이례적인 것은 말할 필요가 전혀 없는 말을 했다는 것이다. 형편없는 전투지휘자들을 해임하는 것은 이미 두 차례 세계대전에서 보았던 것처럼 육군의 오랜 관행이었다. 그러나 지난 20년 동안에 그것을 잃어버렸고, 이제는 육군참모총장이 실패하는 지휘관을 절대 그 직위에 있게 해서는 안 된다는 말을 듣는 처지가 되었다.

웨스트모어랜드는 회고록에 이 편지에 대해 언급하지 않았지만, 사단의 위아래 지휘계통 전체가 거짓말을 했다는 피어스의 증거를 활용해서 참모총장으로 재직한 4년의 임기 중에서 가장 기억에 남는 지휘를 했다. 프랭클린 데이비스 소장은 "피어스 장군의 편지가 총장의 마음을 흔들었다"고 기억했다. 정확히 한 달 후에, 웨스트모어랜드는 육군전쟁대학교 총장에게 육군 장교단의 "도덕성과 직업적 풍토"에 대해 분석하라고 명령하면서 7월 1일까지 결과 보고할 것을 요구했다.

분석보고서는 르로이 스트롱LeRoy Strong 대령, 댄드리지 말론Dandridge Malone 중령, 월터 울머Walter Ulmer 중령에 의해서 10주 만에 작성되었다. 보고서가 웨스트모어랜드 책상 위에 올려졌을 때, 그는 깜짝 놀랐다. 울머는 "총장님은 이것을 활용해야 하지만 철저하게 관리해야 합니다. 왜냐하면 지금 육군이 머리를 얻어맞은 참인데 이것으로 머리를 다시 얻어맞아야 할지 모르기 때문이라고 말했다"고 회고했다. 보고서를 어떻게 사용할지에 대해서는 웨스트모어랜드가 맞았던 것 같다. 그러나 그는 기회를 놓쳤다. 그는 육군 장교 3명이 명석하게 판단하고, 육군이 처한 상황이 가지고 있는 결점들을 진솔하게 검증하여 국가를 위해 최선의 노력을 다해서 작성한 보고서에 장막을 씌워버렸기 때문이었다.

보고서는 "육군 장교의 전통적 기준은 '의무-명예-국가에 충성'이라는 세 단어로 요약된다"고 시작했다. 그러나 계속해서 "모든 계급의 장교들이 장교단의 이상적 가치와 실제적 혹은 운용하는 가치 사이에서 차이가 있음을 인식하고 있다"고 기술했다. 보고서의 필자 중의 한 명이자 훗날 사회 심리학자가 된 말론 대령은 간결하게 요약된 보고서에 "의무, 명예, 국가에 충성"이 "나를 위하고, 내 마음대로, 내 경력을 위해서"로 바뀌었다는 한 문장을 나중에 추가했다. 장교 450여 명을 대상으로 한 설문조사를 통해서 이러한 인식이 전투병과에서부터 지원병과까지, 초급 장교에서부터 고급 장교에 이르기까지 육군 내에 광범위하게 퍼져 있는 것이 진실이라고 적시했다. 만약 이것으로 충분하지 않다면 요즘 떠오르고 있는 새로운 장교 모델에 대해 지적했다. 모델은 다음과 같이 묘사되었다.

자신이 수행할 의무의 복잡성에 비추어 겨우 한계적인 능력만 갖추고 있지만 야심차고 일시적으로 지휘관 자리를 지키려는 그는 통계적 결과를 양산하고, 개인적 실패를 두려워하며, 너무나 바빠서 부하들과 대화할 시간조차 없다. 부하들의 땀과 좌절을 비용으로 해서 만들어 낸 다양한 과업들의 완벽한 종결을 반영한 낙관적인 보고서가 상급자에 의해 납득되도록 제출하기로 결심한다.

설문에 응한 장교들의 절반에 가까운 인원들이 적의 시신을 세는 것에서부터 탈영한 군인의 숫자에 이르기까지 보고서에 나온 모든 현황이 정직하지 못했다고 기술했다. 시신의 숫자가 너무 적거나, 탈영병이 너무 많으면 지휘관들은 승진의 기회가 없어질 것을 두려워했다. "베트남에 있던 누구도 시신의 숫자를 믿지 않았다"고 어느 장교가 말했다. "그들이 그것을 믿을 가능성이 없었다. 시신을 세는 것과 관련된 경험을 우리에게 말해준 베트남 청년이 있었는데, 그는 여러 조각으로 나누어진 시신의 권리가 누구에게 있는지를 가지고 베트남군 조언자와 거의 주먹다짐까지 할뻔했다고 말했다." 장병들이 미 라이에서 얻게 된 실망스러운 교훈 중의 하나는 공산주의자들이 선택한 무기인 AK-47 소총을 언제나 휴대하고 다녔던 이유가 "누군가를 죽이고 나면 가지고 있던 AK-47을 시체와 함께 놓기 위해서였다"라고 한 장교가 보고했다. 다른 장교는 "앞으로 탈영병은 없다"라는 사단장의 명령이 있었다고 보고했다. 그가 내린 결론은 "부정직함이 선을 넘었다"였다.

조직으로서의 육군은 "평범함을 받아들이는" 데 있어서 너무나 관용적이었다고 한 대령이 이야기를 하면서 "거의 예외 없이 내가 느낀 가장 심각한 문제들은 이렇게 만연된 태도에서 유래되었다"고 덧붙여서 말했다. 하지만 응답자들은 그것이 최악은 아니었다고 보고했다. "장군들을 포함한" 고위급 장교들이 "도덕적 해이"를 보였지만 그렇다고 해서 그것이 진급을 막지는 않았다고 한 소령은 덧붙였다. "평가 등급은 오직 결과에 의해서 결정되었다. 어떻게 결과를 만들어 내든 문제가 되지 않았다." 한 소령은 정직함을 지키는 것이 육군에서 경력 관리상 걸림돌이 되었다고 이야기하면서 "탈영 등 모든 것을 정직하게 보고하는 지휘관은 어려움에 빠지고, 반면에 정직하지 않은 지휘관이 승진한다"고 말했다. 다른 소령은 "공포로 부대를 지휘하고, 장군이 되기 위해 다른 사람들을 배신하며, 술을 너무나 많이 마시면서 공공연하게 부도덕적인 태도로 살던 대령 밑에서 자신이 근무했었는데, 그 사람이 지금은 장군이 되었다"라고 보고했다. 다른 장교는 육군이 장교들에게 부도덕한 행동을 하도록 강요했다고 말하며 "기준과 기꺼이 타협하지 않으면 육군 체제에서 살아남을 수 없다"고 진술했다. 한 대위는 "더 높은 장교의 불가능한 요구를 충족시키기 위해 지금은 거짓말, 속임수, 그리고 절도가 필요하다"고 동감을 표했다.

젊은 장교들은 육군의 지도자들이 "현실로부터 자발적으로 고립되어" 있기 때문에 그들이 문제를 보지 못했다고 믿었다. "고위 장교들은 자신을 속이고 있으며, 지휘계통의 최상층에서까지 거짓 통계를 믿도록 스스로를 설득하고 있는 것 같았다"고 한 장교가 말했다. 그는 계통의 가장 꼭대기에 있는 웨스트모어랜드 육군참모총장이 그러한 움직임을 멈추게 할 책임이 있다며 총장을 비난했다. 응답자들은 고위 장교들을 능력과 윤리 모두에서 "나쁜 선례"를 제공하는 문제의 원인으로 평가했다. 세 번째로 상급자에 대해 말한 소령은 "그들은 자신들의 좋은 인상을 남기기 위해 자기 군대를 '쥐어짜는' 사람들이고, 더는 부하들이 필요 없어지면 그들의 등을 찌른다"고 했다. 어느 중위는 "자신의 치부를 스스로 감싸는" 행태를 보았다고 육군전쟁대학교 연구단에게 이야기했다. 어느 대령은

"끊임없이 자신의 치부를 스스로 감싸는 것이 의심을 자아낸다"며 동의했다. 부하들이 고급장교들에게 충성을 다하지 못하는 이유 중의 일부는 그들의 보직 순환이 너무나 빠르기 때문이기도 했다. "사람들 사이에서 진정한 충성심은 하룻밤에 생겨나지 않는다"고 한 대위가 이야기했다.

이러한 체제에서 잘나갔던 사람들은 당연히 그것을 변화시킬 필요를 느끼지 못했고, 문제점을 고치는 것도 어렵게 되었다고 보고서는 경고했다. 그것은 "미래의 지도자들은 현 시스템의 규칙 안에서 생존하고 뛰어난 역량을 발휘한 사람들이며 이상적인 가치의 실질적 적용을 향해 점진적 복귀를 시작하는 것에 부분적으로 반대한다"는 것이었다. 필자들이 다소 조심스럽게 라틴 스타일로 이렇게 표현한 배경에는 육군 장군들을 다른 사람들에게 나쁜 영향을 미치는 불량 사과 집단으로 낙인찍는 것에서 두려움을 가지고 있었던 것으로 여겨진다. 더욱 걱정스러운 것은 본 연구에 참여한 응답자들이 "체제 안의 승리자"라는 점이었다. 현대 육군의 한 전문가가 말한 것처럼 응답자들은 지휘참모대학에서 공부하기 위해 선발된 육군의 인재들인 것이다.

보고서가 1970년 7월에 웨스트모어랜드 육군참모총장에게 보고되는 자리에서 그는 보고 내용에 동의하지 않는다는 듯이 "머리를 계속 흔들었다"고 보고서를 편집한 말론이 기억했다. "하지만 사실들이 서로를 뒷받침했다." 그다음 주에 웨스트모어랜드는 보고서가 주는 결론과 함의를 따지면서 보고서의 권고 사항을 따를 것인지에 대해 참모들과 25시간 이상을 논의했다. 대응 조치 중의 하나는 즉시 시행되었다. 몇 주가 지나지 않아서 베트남 전쟁의 특징적 인사 정책인 6개월 기한의 지휘관 보직은 폐기되었다.

웨스트모어랜드는 마침내 보고서를 모순되는 방식으로 처리하기로 결심했다. 그는 전 육군을 조사하여 보고서에서 언급된 사항들이 있는지를 찾아서 보고하라고 명령했지만, 문건 자체는 "철저하게 관리"하라고도 명령했다. 말론은 "그것으로 끝내라"는 의미였다고 썼다. 울머는 "보고서는 2년 동안 그렇게 봉인되어 있었다. 복사본 100부를 육군전쟁대학교의 목욕탕에 놓고서 문을 잠갔다"고 말했다. 그 결정의 불행한 효과는 웨스트모어랜드에 의해 지시된 일련의 후속 정책 변화가 그전보다 오히려 더 상관이 없으며 심지어 혼란스러워 보인다는 점이었다. 전략적 대응으로 고려되었던 것의 일부는 진지하게 연구되고 있던 문제였다.

21
종전, 그리고 육군의 종말

베트남 전쟁의 역사는 대중문화에서 나타난 것보다 훨씬 더 복잡하다. 전쟁이 끝나고 40여 년이 흐른 지금까지도 베트남 전쟁은 미국이 치른 전쟁 중에서 가장 이해하기 어려운 전쟁이다. 베트남 전쟁의 역사에 관해서 권위 있게 연구된 것도 없다. 전쟁의 변동상황을 전술적, 전략적으로 잡아내며 전장의 작전과 고위 관리들의 숙고를 모두 보여주는 이야기는 지금까지 전혀 없었다. 기존의 전쟁사는 전장의 경험을 전달하고 거기에서부터 사이공과 워싱턴에 있는 고위 미국 관료들 사이에서 벌어진 정치적, 외교적 토론에 집중하게 한다.

몇 권의 책과 영화, 노래들이 우리로 하여금 그렇게 믿도록 하는 것처럼 베트남 전쟁은 진창에 빠졌던 전쟁이 분명히 아니었다. 오히려 이 전쟁에는 참전한 주요 4개 군대, 즉 남베트남군 – 미군 – 베트콩 – 북베트남군 간에 일련의 복잡한 상호작용이 있었다. 1968년 말과 1969년 초에 각각의 군대는 충돌의 경험을 바탕으로 변화를 꾀했다. 베트콩은 1968년 2월과 5월에 공산군의 공세로 막대한 인명 피해를 봤으며 사기가 저하되어 있었다. 그 공세로 인해 남베트남에 있는 베트콩의 은밀한 연결망이 노출되었고, 그들의 얼굴이 지역 관리인들에게 드러나 훨씬 더 취약해졌다. 미군 사령관 크레이튼 에이브럼스Creighton Abrams 대장이 말년에 언급한 바에 따르면, 1965년 남부에 있는 공산군들은 베트콩 전체의 4분의 3이었으나 1970년에는 북베트남군 전체의 4분의 3이 되었다.(그러나 현대 역사학자 중 일부는 구정 공세 이후에 베트콩이 작은 역할만 했다는 것을 받아들이는데 주의해야 한다고 주장한다. 일부 학자들은 "남베트남의 정복을 위해 현지 군의 역할을 최소화하는 것"이 하노이 정부의 이익에 부합한다고 말했다.) 메콩 델타지역에서 1968년에 제9 보병사단장을 역임했고 진급해서 군단 사령부를 지휘했던 줄리언 이웰Julian Ewell 중장은 "1969년 겨울까지 베트콩들은 한 무리의 닭처럼 이리저리로 움직이고 있었고, 우리의 경쟁 상대가 되지 못했다"고 말했다.

북베트남 정규군이 대거 남쪽으로 이동해 왔지만, 베트콩을 대체한 북부 군대는 경험이 크게 모자랐다. "북베트남군은 결연했지만 미군을 상대함에 있어 성공적이지 못했다"고 1968년부터 1969년까지 제25 보병사단의 일원으로 참전했던 알 산톨리Al Santoli가 말했다. "그들은 미군 진지에 대한 정면공격을 시도하여 무모하게 대량 피해를 입었으며, 지형을 이용하여 은폐된 채 매복공격을 했던 대부분의 경우에도 매복 초반에 확보했던 주도권을 유지하지 못하고 미군 보병부대에게 주도권을 넘겨주었다." 1970년의 봄까지 북베트남에서 오는 군사 우편물이 도중에 탈취당하여 "부대원들과 당 간부들에게 지상전투를 일절 하지 말라고 호소했다"는 사실을 벌지 전투 참전용사이자 1969년부터 1970년까지 제1 기병사단을 지휘했던 엘비 로버츠 Elvy Roberts 소장이 회고했다. "그들은 전쟁을 지속할 수 없음을 알았다. 그들은 너무 약했다. 편지에는 '우리가 파리 평화 회담에서 이기고 있으니 미군과 싸우지 말라'고 했다"고 쓰여 있었다.

반면에, 남베트남군들의 전투 숙련도는 계속해서 향상되었지만 동맹인 미국으로부터 너무나 존중을 받지 못했다. 미군도 전투 현장에서 많은 문제점을 가지고 있었다. 최강국의 군대에서 복무하고 있음에도 불구하고, 이 시점에서 미군은 전투 경험의 부족함을 종종 노정했고, 거의 비슷한 수준의 신참 부사관들과 소대장들이 야전에서 지휘했다. 그렇게 될 수밖에 없었던 가장 큰 이유는 존슨 대통령의 운명적인 결정에서 태어난 근시안적이고 서투른 인사 정책이 배경에 있었기 때문이다. 1965년 중반에 육군은 베트남 전쟁을 목표로 예비군 10만 명을 2년 동안 현역으로 소집하고, 현역병의 입영도 확대하는 계획을 수립했다. 그러나 존슨 대통령은 이 계획에 반대했고, 대신에 1965년 7월 8일에 "나는 예비군을 현역으로 전환해 근무하도록 하는 명령은 필요하지 않다는 결론에 도달했다"고 전쟁 역사에 있어 중요한 의미가 있는 공식 발표를 했다. 그 결정이 전쟁 수행에 얼마나 악영향을 끼쳤는지 과장하는 것은 어렵다. 육군은 예비군 없이 전쟁에 참전하는 것을 구상하지 않았었다. 베트남 전쟁에서 육군은 군수병력의 부족으로 인해서 예비군들의 부재를 느꼈지만, 본토에서 더욱 심각했던 이유는 통상적으로 예비군들이 신병들을 훈련시키는 임무를 수행했기 때문이었다. 예비역의 현역 전환을 대통령이 거부한다는 의미는 육군은 얼마간의 전사자가 발생할 것이고, 의무 복무 기간이 끝나면 군을 떠나거나 혹은 후방에 있는 부대에서 덜 위험한 직책으로 움직이는 현역 부사관들과 초급 장교들을 3년 동안에 빨리 써버려야 한다는 뜻이었다. 그러나 역설적이게도 예비군을 동원하지 않음으로써 존슨 대통령은 육군이 비자발적인 징집에 더 많이 의존하도록 강요했고, 그것으로 인해서 예비군을 소집했을 때보다 전쟁에 관한 정치적 반대가 훨씬 더 심화되는 결과를 초래했다.

종종 전쟁에서, 살아남은 자들이 전투기술을 습득하고, 좋은 리더가 위로 올라가며, 시간이 지나면서 부대가 단결됨으로써 경험 있는 부대로 변하는 시기는 전투를 하는 첫해다. 그러한 직관과는 반대로 베트남 전쟁이 진행되면서 미군 최전방 부대들은 약화되었다. 폴 고면 Paul Gorman의 기억에 의하면, 1966년에 그가 지휘하던 대대에는 10년 이상을 같은 부대에서 함께 근무한 14명의 선임 부사관들이 있었는데 이들 모두는 제1 보병사단의 일원으로 노르망디에 상륙했던 전설적인 주임원사에게서 훈련을 받았었다. 이와는 반대로 5년 후에 그가 제101 공정사단의 여단장이 되었을 때, 부대의 근간을 이루고 부대의 수준을 유지하며 규율을 강화하는 데 중요한 역할을 할 수 있는 훌륭한 부사관을 찾기 힘들었다고 말했다. "부사관들이 없었다. 그들은 모두 가버렸다." 1969년에 베트남에 있는 보병 소총수의 88%가 신병이었다. 다른 10%는 첫 번째 주기를 보내는 지원자로 구성되어 있었는데, 이것이 의미하는 것은 전투부대가 거의 경험이 없는 사람들로 구성되어 있으며, 첫 번째 주기로 전투에 투입된 풋내기 부사관들과 장교들에 의해 지휘된다는 뜻이었다. 1970년의 어느 중대는 총원이 200명이었는데 그중에서 대위 1명, 소대 선임부사관 1명, 분대장 1명만이 2년 이상 군에 있었을 뿐이었다. 게다가 보직 순환정책으로 인해서 부대에 신병이 새로 투입되면 그대로 유지되었다. "베트남에서 2개월만 근무하면 베트남에 있는 장병의 절반보다 경험을 더 많이 한 상황이 연출되었다"고 한 부사관은 기억했다. 경험이 풍부한 군인들이 베트남에도 있었지만, 그들은 전투 임무를 수행하는 부대에 있지 않았고 불

1972년 10월 16일 육군참모총장에 취임하는 에이브럼스. 웨스트모어랜드 장군의 후임으로 베트남 주둔 미군 지상군 사령관이 된 크레이튼 에이브럼스 대장이 조직 운용 방식에 변화를 주었다.
(사진 출처: Wikipedia Commons/Public Domain)

균형하게도 상급사령부에서 주로 근무했다. 그해 말에 제11 기갑수색연대장 직책을 맡은 돈 스태리Donn Starry 대령은 전투 현장의 소부대가 "소름 돋을 정도로 형편없었다"는 것에 동의했다.

보통은 대위가 중대장을 하지만 중위가 중대장을 하는 경우도 있었다. 그러나 그가 대위라면 그는 2년짜리 대위이다. 그는 중위로 오래 있지 않았다. 또한 매우 어린 부사관들 몇 명이 있다. 리더십에 대한 경험이 당연히 없다. 그들은 해결할 수 없는 문제를 해결하고자 그곳에서 밖으로 나간다. 연대장으로서, 너는 상황을 살펴야 한다며 "우리는 우리 자신에게 무엇을 했지? 이것은 공평하지 못하다"고 말한다. 그들의 잘못

이 아니었다. 육군의 잘못이었다. 우리는 우리 자신에게 그렇게 했다,

육군참모총장이라는 새로운 역할을 수행하게 된 웨스트모어랜드는 1969년에 제일 경험이 많은 장병들을 베트남에서 우선 철수하도록 승인할 것을 주장했고, 여기에 더하여 절실히 필요한 야전의 지식을 걷어냄으로써 문제를 더욱 복잡하게 만들었다. 스태리는 "개별적 인력 재배치가 남아 있는 부대에는 큰 혼란을 가중시키며 부대의 통합성을 파괴했다. 결국에는, 지휘관들은 그들이 알지 못하는 부하들을 데리고, 병력들은 그들을 모르는 지휘관을 따라서 전투에 나서게 되었다. 결과는 비극이었다"고 했다.

에이브럼스의 지휘

1968년과 1969년에 최상층에 있었던 인물 3명이 교체되면서 미국의 전쟁 수행에서 중대한 전환이 발생했다. 1968년 중반에 웨스트모어랜드 대장은 에이브럼스Abrams 대장으로 교체되었다. 6개월 후에는 리처드 닉슨이 존슨의 후임 대통령이 되었다. 한편, 로버트 맥나마라 국방장관은 그해에 다른 두 사람보다 일찍 퇴임했고 클라크 클리포드Clark Clifford가 그의 후임자가 되었지만 닉슨이 대통령이 되고 나서는 멜빈 레어드Melvin Laird가 국방장관으로 임명되었다.

미국의 군사학자들은 웨스트모어랜드에서 에이브럼스로 바뀌고 나서 1968년 말과 1969년에 베트남 전쟁 수행이 정말로 개선되었는가를 두고 수십 년 동안 논쟁을 벌이고 있다. 육군 스스로가 변화를 지나치게 강조해 신화적 중요성을 부각시켰다. 예를 들면, 이라크전이 최저점에 있었

던 시기에 당시 지휘관들은 예하부대원들에게 이라크전 상황이 호전될 수 있다는 증거로 에이브럼스가 베트남 전쟁을 지휘했던 시대의 역사를 쓴 루이스 설리Lewis Sorley의 『더 나은 전쟁A Better War』을 읽으라고 권유하고 있었다. 사실, 웨스트모어랜드와 에이브럼스 사이에는 그렇지 않은 것보다 더 많은 연속성이 있었다. 부대 대부분은 거의 동일한 방식으로 거의 동일한 작업을 계속했다. 그럼에도 에이브럼스가 그러한 작전들에 대해 강조하기로 선택한 것에는 "사체 세기body counts"에 대한 언급을 줄이고 적을 전투에 끌어들이고 더 많은 민군작전과 주민을 보호하는 중요한 변경사항이 있었다. 더 중요한 것은 전쟁의 성격이 바뀌기 시작했고 이로 인해 미국의 전술에 약간의 변화가 생겼다. 웨스트모어랜드의 참모장이었던 월터 커윈Walter Kerwin은 두 사령관 사이의 뚜렷한 차이점을 이렇게 느꼈다.

웨스트모어랜드가 조직을 운용하는 방식은 에이브럼스 장군의 운용방법과는 정반대였다. 그것은 웨스트모어랜드가 떠나자마자 명백해졌다. 케 사인Khe Sanh(1968년 1월 21일부터 1968년 7월 9일까지 미국 해병대 제3해병사단과 북베트남 군대가 전투. 제2의 디엔 비엔 푸 전투로 유명하다. – 옮긴이)에서 손을 뗐다. 에이브럼스는 그것은 전쟁 운영방법이 아니라고 믿었다. 그는 전술, 기술, 그리고 군단장을 다루는 방법을 바꿨다.

에이브럼스는 웨스트모어랜드의 소모전략을 옆으로 밀어놓았다. 그는 "전쟁의 전체적인 그림에서 전투는 큰 의미가 없다"면서 전쟁의 초입에서 웨스트모어랜드와 드퓨이, 그리고 다른 장군들에게 이단이었을 발언을 부하들에게 했다. 또한, 그는 죽은 적들의 숫자에 신경을 쓰지 않는다면서 "적이 얼마나 큰 손실을 보았는지는 중요하지 않다고 생각한다"고도 했다.

 대신에, 회의나 보고에서 그는 웨스트모어랜드가 민군작전에 대해 가졌던 것보다 더 많은 관심을 표명하면서 특별히 마을의 안전을 지원하는 계획에 귀를 기울였다. 사령관이 강조하는 사항이 조직 전체에 영향을 미쳤을 것이다. 실제로 매일 매일 그가 집중하기로 선택한 과업들이 그가 할 수 있는 가장 중요한 일이었다. 에이브럼스는 해병대가 몇 년 전에 옹호했던 접근방식을 많이 사용하고 있었는데, 이것이 그가 웨스트모어랜드보다 해병대와 더 잘 어울리는 이유 중 하나였다.

 마침 촌락 지역에서 새로운 기회가 생겨나는 중이어서 강조사항을 바꾸기에도 좋은 시간이었다. "하노이 측은 구정 공세 기간에 최정예 베트콩 간부들을 도시지역으로 투입했고, 그래서 구정 공세는 실제로 베트남에서 반란의 꽃이 피기 전에 꽃을 없앤 꼴이 되었다"고 촌락 지역에서의 민군작전계획을 감독했던 로버트 코머Robert Komer가 말했다. "나는 촌락 지역이 진공상태였다고 주장했다."

 그러나 에이브럼스가 감당할 수 없었던 가장 큰 변화는 신임 대통령에 의해서 만들어졌다. 1969년 초의 미국의 우선순위는 전쟁에서 이기는 것이 아니라 베트남에서 빠져나오는 것이었다. 이러한 전환은 전선에서조차 느껴졌다. 1969년부터 1970년까지 베트남에서 참전했던 게리 릭스Gary Riggs 중령은 "존슨이 물러나고 닉슨이 새롭게 등장하자 내가 앉아 있는 곳에서부터 강조사항이 이분법적으로 나뉘었다"며 강조사항은 "이 빌어먹을 전쟁을 때려치우고 가능한 위엄 있게 철수해서 집으로 돌아가자"가 되었다. 이것은 "베트남 전쟁의 베트남화"로 알려졌다. 웨스트모어랜드가 "매우 공격적이었고, 우리는 이길 것이다"고 했던 반면에 에이브럼스는 "'억제하고, 평화롭게 하자'는 다른 메시지를 가지고 왔다"고 게리 릭스가 말했다.

이상하게도 수년 동안의 분투가 막 결실을 거두어가고 있는 그 순간에 미군이 떠나기 시작했다. 그 당시에는 미국 대중들에게 실제로 잘 알려지지 않았지만, 1969년 말과 그다음 3년 동안 남부 베트남의 촌락 지역 대부분에서 공산주의자들이 빠르게 통제력을 상실했다는 것에는 의심할 여지가 없다. 코머는 1964년 말에 인구 밀집지역의 40% 정도만 정부 통제 아래에 있었다고 말했다. 그는 1971년 말경에 인구의 97% 정도가 "비교적 치안이 확보된" 지역에서 지냈다고 기술했다.

미국의 태도 변화는 적에게도 기습적이어서 공산주의자들에게는 전쟁의 가장 어려운 단계 중의 하나가 되었다. 하노이 측의 공식적인 전쟁 역사는 이 시기가 어떻게 전개되었는지를 암울하게 묘사하면서 여러 페이지에서 승리의 논조를 떨어뜨렸다. 역사서에는 "1968년 말 동안에 적군은 촌락 지역에서 우리의 취약성을 발견했다"고 기술하고 있다. 기술된 세부사항은 다음과 같다.

> 우리는 적군의 새로운 계획과 그들의 전쟁 수행 방법의 변화에 대해 충분히 알지 못했고 적군의 역습 전투력과 능력을 과소평가했기 때문에, 미국과 그의 괴뢰군들이 그들의 "소탕과 확보 전략"을 우리의 전선에서 수행하기 시작했을 때 "민군작전" 계획에 대한 공격으로 전환하는 것이 너무 늦었고, 적의 새로운 음모와 계획에 대처하는 데 우리의 정치적, 군사적 힘을 집중하지 못했다.

기가 막히게 어조를 변경하여 공산주의자의 역사는 미군의 새로운 접근이 보인 효과성에 대해 거의 감탄하는 것처럼 보였다.

촌락 지역에서 우리의 정치적, 군사적 투쟁은 쇠퇴해 우리 해방구가 줄어들었다. 적군은 수천 개의 외곽초소를 신설했고, 괴뢰군은 개선되었으며 새로운 부대들을 창설하고 꼭두각시 군대를 확장했다. 특히 지방군대와 주민 자경대는 주민들을 탄압하는 데 운용되었다. 그들은 우리의 진입지점을 막았고, 저지대에서부터 우리 기지에 이르는 보급로를 공격했다. 또한 적은 지역으로부터 우리에게 오는 보급지원의 씨를 말리기 위해 주민의 쌀 생산을 엄중히 단속했다.

이 단락은 적군의 눈을 통해서 어떻게 효과적인 대분란전이 수행되었는지를 매우 잘 요약한 것이다.

하노이 역사서는 어느 한 지역에서는 공산주의자들이 쌀 저장고 42개 중에서 3~4개를 제외한 모든 것을 잃어서 공산군 병력에 암울한 결과를 가져왔다고 언급했다. 몇몇 부대는 하루에 쌀 100그램 이하로 급식을 줄였다. 배고프고 실망한 공산군인들의 탈주가 크게 늘기 시작했다. "적의 공포스럽고 은밀하게 시행되는 민군작전계획과 그들의 파괴행위는 우리 군대와 주민들에게 헤아릴 수 없는 어려움과 합병증을 만들어냈다"고 역사서는 관찰한 바를 애절하게 기록했다.

공식 역사서는 1969년 한 해 동안에 북베트남 주력부대가 저지대로부터 철수했고, 남베트남의 지역 경계부대와 함께 미군이 베트남 남부의 대부분 지역에서 베트콩들을 밀어내기 시작했다는 것을 인정했다. 역사서는 그해 말에 "우리 해방구의 주민이 84만여 명으로 줄어든 반면에, 적은 전초기지 1,000개를 건설했고 추가적인 100만 명에 대한 통제권을 획득했다"고 기록했다. 공산주의자들의 통제력이 촌락 지역에서 쇠퇴하는 악순환이 일어나면서 신병 충원이 감소되기 시작하였다. 1968

년 남베트남 저지대에서 새로운 베트콩들이 약 16만 명이 모집되었다. 같은 지역에서 1969년 전체 동안 모집된 사항을 하노이 역사서는 아래와 같이 기록하고 있다.

> 우리는 오직 신병 100명을 모집하는 데 그쳤다. 우리의 해방구는 줄어들고 있으며, 우리의 기지들은 적의 압력을 받고 있었고, 우리의 지역적 그리고 전략적 보급지원선 둘 다 맹렬한 적의 공격을 받고 있었다. 우리는 부대 보급에 큰 어려움을 겪고 있었다. 몇몇 공산당 간부와 군인들은 비판적이 되었고, 전투지역에 남아있거나 근접 전투를 하는 데 두려움을 나타냈다. 일부 부대는 후방으로 도주해 병력이 없었고, 심지어 일부는 적에게 투항했다.

하노이의 공식설명은 베트콩 참전자가 제공한 것과 일치했다. "1969년이 우리가 겪었던, 적어도 내가 겪었던 최악의 한 해였다는 것에 의심할 여지가 없다"며 "우리에게는 식량도, 미래도 없었다"고 트린 둑 Trinh Duc은 기억했다.

북베트남 포병장교 흐엉 반 바 Huong Van Ba도 당시의 가혹한 기억이 있었다. "구정 공세가 끝나자, 우리는 주요 전투에서 싸울 충분한 병력이 없어 오직 적 기지에 대한 치고빠지기식 공격만 했다. 많은 병력이 사망해 사기가 극도로 저하되어 있었다. 우리는 포로로 잡히지 않으려고 많은 시간을 땅굴에서 지냈다. 우리는 버려졌다는 것을 체험했다." 1969년 중반에, 하노이에 있는 공산당 중앙위원회에서 "베트남 공산군 결의안 9호"라는 명령이 야전 지휘관들에게 하달되었다. 명령은 전투력을 보존하는 태세로 낮추라는 것이었다. 그 말은 뒤에 남아서 공병을 활용하여 미군을 괴롭히고, 미군들보다 오래 견디라는 뜻이었다. 그해 여름 어느 미군 장군은 "공산주의자들은 단순히 미군과 접촉을 피하고 있다. 그 이유는 명확하지 않다. 그러나 현재 그들이 전장에서 이상한 상황에 있다는 것에는 의심이 없다"고 말했다. 1965년에서 1968년까지 공산군은 매년 평균 70여 회 대대급 규모의 공격을 했었다. 1969년과 1970년에는 그것이 20여 회로 떨어졌다. 이것은 선순환으로 이어졌다. 적이 더 적은 규모로 더 적은 수로 작전을 한다는 것은 미군들도 대규모로 '정찰하여 격멸하는' 소탕작전 대신에 촌락에 대한 통제력을 강화하면서 소규모 부대의 정찰 활동을 해도 된다는 의미였다.

게다가 베트콩의 지휘 기반시설의 근간을 뿌리째 뽑는 것을 목표로 한 불사조 프로그램Phoenix Program이 1968년에 신속하게 확대되면서 파괴적인 효과를 가져왔다. 베트콩 관료 쯔엉 누 땅Truong Nhu Tang은 "일부 지역에서는 불사조 프로그램이 위험할 정도로 효과적이었다"고 기억했다. 그는 또한 자신의 기지지역 근처에 있는 지방에서 베트콩 네트워크가 "사실상 제거"된 것을 보았다고 말했다. 불사조 프로그램의 성공은 탈주병 1명을 얻는 것이 적 1명을 단순히 죽이는 것보다 더 큰 피해를 적에게 준다는 것을 나타낸 것이었다. 베트콩 부사령관이었던 응우옌 티 딘Nguyen Thi Dinh은 전쟁이 끝나고 몇 년 후에 있었던 인터뷰에서 불사조 프로그램이 대단히 두려웠다고 말했다.

> 그들이 베트남인을 죽이기 위해 베트남인들을 이용해 우리의 기반시설에 침투할 수 있었기 때문이었다. 그들이 한 일은 사기가 떨어지고 환멸을 느낀 사람들을 훈련시키고 조직하여 우리 지역으로 되돌아오게 하여 우리 기반 시설들을 미군에게 노출시키려는 것이었다. 우리는 불

사조 프로그램이 우리에게 가장 위험한 계획이라고 생각했다. 예를 들어 우리는 사단 전체 부대가 벌이는 군사작전을 두려워한 적이 없었지만 우리 대열에 깊숙하게 침투한 수 명의 게릴라와 싸우는 것은 우리에게 엄청난 어려움을 주었다.

미국의 양대 정책인 민군작전과 전쟁의 베트남화에 대해 주목할 만한 찬사를 보내면서, 공산주의자들은 미군과 남베트남군의 전술을 모방하여 주력부대를 분산시켜 마을로 들어보내 그들의 지역 방호를 강화하기로 결심했다.

그러나 미군과 남베트남군의 승리에 대한 불가능한 희망은 너무 늦게 나타났다. 그때쯤에 미군 장군들은 베트남 전쟁의 작전을 올바르고 효율적으로 운영하기 시작했다. 미군은 베트남에 개입한 지 13년이 되었고, 그곳에서 3년 동안 수많은 전투를 했다. 상황은 미군에게 전술적으로는 호전되었지만, 전략적으로 보면 미군은 자신들이 철수할 것을 알고 자신들을 회피하면서 끝까지 살아남으려는 목적을 가지고 작전하는 적과 마주해야 하는 입장이었다. 드퓨이는 "문제는 그 순간이 너무 늦게 왔다는 것이다"라면서 특별하게도 민군작전과 지방 베트남군들의 성공을 이야기했다. "우리는 철수할 준비가 되어 있었다. 북베트남군은 계속 들어왔다"고 나중에 말했다.

가장 중요한 것은, 미국 국민이 자신들이 요구하지 않았고 전혀 이해가 안 되는 전쟁에 지쳤다는 것이었다. 전쟁 동안에 민군작전 군사고문을 했던 제프리 레코드Jeffrey Record는 베트남 전쟁에 관해 가장 균형감 있는 평가 결과 하나를 남겼다. 그는 "공산주의자들이 도덕적이고, 물질적으로, 또 전략적으로 받아들일 수 있는 비용을 원조하는 상황에서 미국은 베트남의 강제적인 통일을 방해할 수가 없었다"는 결론을 내렸다.

미국 국민이 수년간 더 전쟁을 지원하고 더 많은 전쟁 비용을 기꺼이 감당하겠다고 했더라도 육군은 아마도 그런 부담을 수행하기에 너무 약했을 것이다. 육군에서 병사들을 훈련시키려고 노력하는 것은 "1969년에는 농담으로 여겨졌다"고 제25 사단 요원으로 베트남 전쟁에 참전한 허브 모크Herb Mock가 기억했다. 합참에서 근무하던 중에 존슨 대통령의 저주를 들었던 해병대 장교 찰스 쿠퍼Charles Cooper는 1970년에 베트남에서 대대장으로 근무하고 있었다. 그는 "모든 게 엉망으로 가고 있다"고 생각했다. 그 당시 여단장이었던 윌리엄 리처드슨William Richardson은 "부대는 바보 멍청이들로 가득 차 있었다"며 경력이 좋은 장교조차 베트남 근무를 피했다고 기억했다. "훌륭한 능력을 갖춘 대대장을 베트남에 오게 하는 것은 매우 어려웠다. 특별히 내가 잘 아는 훌륭한 장교를 대대장으로 충원하려 했는데 본인이 베트남에서 대대장 하는 것을 원하지 않았다. '베트남에 가면 나는 경력 관리에서 실패할 거다'라는 태도를 보는 것이 괴로웠다"고 기억했다.

다시 말해서, 승리가 가능했을 때 육군은 기회를 잡을 수 없을 만큼 축소되어 있었다. 그러한 딜레마에 대해서 주디스 코번Judith Coburn 기자는 "사람들이 '전쟁에서 승리할 수 있어'라고 말하는 것을 들었을 때면 늘 '우리 장병들을 어디에서 데려오려고 했었지?'라는 생각이 들곤 했다"고 웅변적으로 요약했다.

웨스트모어랜드와 존슨 대통령에 의해서 1965년부터 1968년까지 벌어졌던 병력과 자원 낭비의 결과로 미국과 남베트남 동맹군은 1969년에서부터 1971년 사이에 나타났던 엄청난 기회를 지속적으로 이용할 수 없었다.

마리 앤Mary Anne 포병기지에서의 학살

베트남 전쟁 말기에 육군은 엉망진창이었다. 1970년 10월에는 약물 과다 복용으로 하루에 1명의 병사가 사망했다. 탈영과 무단이탈 사건은 도를 넘고 있었다. 전투 거부와 지시 불이행은 일반적인 일이 되었다. 존 스텐니스John Stennis 상원의원이 청문회에 발표한 것에 따르면, 1970년에 7개 사단에서 68건의 전투 거부가 발생했다. 적어도 두 가지 사례에서 군사경찰이 다른 미군 부대에 대한 강습 공격 부대로 운용되었다. 1971년 9월 25일에, 제35 공병단 소속 병사 14명이 기관총 뒤의 벙커에 바리케이트를 쳤다. 그들은 벙커 뒷부분이 폭파되자 항복했다. 한 달 후에 달랏Dalat 근처의 통신기지에서 2일 밤 연속해서 중대장에게 파편 수류탄을 사용한 사건이 발생하여 군사경찰이 투입되었다. 군사경찰들은 일주일 내내 통신기지에서 치안을 유지했다. 신참들은 "실제로는 나쁜 습관이 쌓이는 것에 지나지 않는 가짜 전투 경험자들의 문화"에 빠져들었다고 1969년 말에 제23 사단에서 대대장을 역임한 노먼 슈워츠코프Norman Schwarzkopf가 술회했다. 그는 부대들이 사주방어를 유지해야 한다는 개념을 포기했다고 보았다. 벙커들은 무너져 있었고, 철책에는 "메울 수 없는 구멍"이 있었으며, 대인지뢰 크레모어의 폭발을 유도하는 인계철선은 녹슬고 일부는 떨어져 있었고, 몇 발의 지뢰는 방향도 틀리게 아군 기지를 향하고 있었다.

육군이 와해되고 있는 와중에도 장교들은 스스로에 대한 더 많은 보상에 열을 올렸다. 베트남에 참전한 장군의 거의 절반이 전투 무공훈장을 받았다. 미군 1만 4,592명이 전사한 1968년에는 41만 6,693명이 훈장을 받았다. 우습게도 3,946명이 전사했을 뿐인 1970년에는 52만 2,905명이 훈장을 받았다. 다시 말하지만, 육군은 장교단의 이익을 첫 번째로 챙기는 것 같았다.

제23 사단, 그리고 아마도 육군 전체가 받은 최후의 모욕이 1971년 봄에 찾아왔다. 그것은 리더들과 그들이 이끌었던 사람들 모두에게 특별하게 쓰린 전쟁의 국면이었다. 최고 정점인 1969년의 54만 3,000여 명에서 계속 줄어들어서 당시 베트남에는 육군 병력 12만 명이 있었다. 모든 미국 국민은 미군이 베트남에서 떠나고 있는 줄로 알고 있었고, 많은 국민들의 관심은 다른 곳으로 옮겨가고 있었지만, 적은 수의 미군 장병들은 계속 전투를 하고 있었다. 인종 갈등이 높고, 규율은 선택사항이 되었으며 마리화나와 헤로인을 최저 가격으로 쉽게 구할 수 있는 후방지역은 난장판이 되었다. 메콩 델타지역에 있는 빈 투이Binh Thuy 시의 미군 외상병원에서 간호사로 근무하고 있던 게일 스미스Gayle Smith는 헤로인의 사용이 걷잡을 수 없이 만연했다고 기억했다. "그들은 항상 마약에 취해 일했다. 나의 군의관이 내 환자들을 쏴 죽이려 했다. 그들이 화장실에서 서로 간에 총을 쏘는 것을 목격했다"고 했다. 전쟁 기간에 다른 군의관인 조지 칸테로George Cantero는 "나의 부대에서는 거의 모두가 항상 약에 취해 있었다"고 기억했다. 엄격한 일련의 검사와 면담 결과, 1971년 말 1개월 만에 베트남을 떠난 육군 병사의 거의 절반이 헤로인 또는 아편을 복용했다고 결론지었다. 더 많은 사람들이 마리화나를 상용하고 있었다.

군의관 칸테로는 수류탄으로 장교들을 살해하는 이른바 "수류탄으로 살상하기"가 일상적이었다고 기록했다. "당했던 사람들은 대개 그럴만한 이유가 있었다. 그들은 무능한 장교들을 죽였다"고 말했다. 육군 공식역사에 의하면 1969년부터 1971년 사이에 800여 명이 수류탄을 포함한 공격을 받아 장교와 부사관 45명이 죽었다.

전방부대의 상황은 다소 나아지긴 했지만 여전히 문제투성이이었다. 어떤 사람들은 머리가 돌아갈 정도로 빠른 지휘권 교대를 겪었다. 키스 윌리엄 놀런 Keith William Nolan은 1971년 육군의 우울한 자화상으로, 한 중대에서 7개월 동안 5명의 중대장이 거쳐 갔다고 통명스럽게 언급했다. 소대장들은 전쟁에서 계속 싸우려고 하는 보통의 육군 상급자들과 그저 살아남아서 집으로 돌아가려고 생각하거나, 때로는 과도하게 공격적으로 적을 쫓는 지휘자들을 불구로 만들거나 죽이려는 병사들 사이에서 특히 압박감을 느꼈다. 전직 소대장 피터 도일 Peter Doyle 중위는 "그 시기에 나는 내 앞에 있는 적뿐만 아니라 내 뒤에 있는 아군 때문에 공포에 떨었다"고 놀런에게 말했다. 가야 할 곳의 일부분에만 가서 적군을 찾는 대신에 덤불 속에서 뒹구는 소위 "모래주머니 쌓기 Sandbagging"는 더 일상화되었다. 전투 거부는 보고된 것보다 훨씬 더 많았다. 놀런은 어느 소대가 밤을 "지새웠던" 진지로부터의 이동을 거부할 때, 중대장이 아군을 찾는 적 수색 병력을 죽이기 위해 매복지를 떠난 1시간 후에 포병 일제 사격이 그곳을 타격하는 것이 대대의 계획이라고 그들에게 상기시킨다고 썼다. 중대장은 그들에게 "이동하든지 아니면 그 자리에서 하늘로 날아가든지 너희가 선택해라"고 통보했다.

1965년에 베트남에서 육군이 군사재판에 회부한 비율은 장병 1,000명당 2.03명이었다. 1970년에 병력 1만 5,000여 명을 보유한 제23 사단에서 5,567명이 징계와 군사재판을 받았다. 두 개의 숫자가 같지는 않지만, 그들이 나타내는 바는 같다. 좀 더 직접적으로 비교가 가능한 것은 1965년에 베트남에서 육군은 마약 위반으로 47명을 체포했지만 1970년에는 이 숫자가 1만 1,000명을 넘었다.

1971년 3월 28일 새벽 2시 40분에, 북베트남군이 제23 사단 전초기지에 있는 군인들을 대상으로 보복 공격을 감행했다. 전초기지에서 근무했던 군인들은 경계근무를 위해 초소로 투입하기 전에 항상 마리화나를 피웠고, 근무 중에는 잠을 잤으며, 근무 신고를 하기 위해 벙커 밖으로 나올 생각도 하지 않았다. 제409 전투공병대대 소속 베트콩 50명이 마리 앤Mary Ann 화력지원기지의 사주방어를 뚫고 들어와 기지 내를 누비고 다녔다. 그들은 침낭 속에서 잠자고 있는 미군을 죽이고, 지휘소 안과 다른 벙커에 폭발물과 최루탄을 던졌다. 몇 시간 동안에 걸쳐서 미군의 빼어난 영웅적 행동이 있었지만 새벽이 되어 사격과 폭발이 종결되자 마리 앤 기지의 취약한 방어태세가 그대로 드러났다. 기지 안의 군인들은 방임된 상태였다. 지휘관은 그들을 제대로 하게 만드는 것에 지쳤거나 보복이 두려워서 그렇게 지휘하는 것을 회피했다는 사실이 여실히 드러났다. 육군 전체가 무너지는 것처럼 보였다. 어느 병사는 구조 임무를 위해 출동하는 코브라 헬리콥터 승무원들이 느긋하게 자신의 항공기로 걸어가는 것을 보고 놀랐다고 기억했다. "그들은 그저 걷고 있었고 그것은 나를 너무 화나게 했다"고 특수 임무 특기 4급 제임스 카르멘James Carmen이 나중에 육군 조사관들에게 말했다. 최종적으로 마리 앤 기지 안에 있었던 미군 231명 중에서 30명이 전사했고, 82명이 부상당했다. 전쟁 말기 미군의 단일 피해로는 가장 큰 것이었다. 인접 고지에서 쉽게 관측이 되고, 적절한 위치에 설치되지 않았던 전초 기지는 몇 주 후에 폐쇄되었다.

대참사의 여파로 베트남 주둔 지상군 사령관 에이브럼스 대장은 제23사단장 제임스 볼드윈James Baldwin 소장을 보직 해임했다. "볼드윈 소장을 제23 사단장에 임명한 것이 실수였다"고 사단에서 여단장과 참모장을 역임한 윌리엄 리처드슨이 말했다. 또한 에이브럼스는 볼드윈을 강등시키려 했으나, 그것은 육군성 장관에 의해 기각되었다. 대신에 육군성 장관은 사단장의 지휘 아래에서 방어작전의 태만이 발생했다는 이유로 그에게 경고장을 발부했다. 볼드윈은 프레데릭 크로센Frederick Kroesen 소장으로 교체되어 고향으로 갔다가 이듬해에 전역했다. 오늘날 거의 기억되지 않는 이렇게 모호한 인사 조치는 현재에 이르기까지 전투 시에 사단장을 대상으로 한 마지막 보직 해임이었다.

미 라이 학살 이후 징크스가 있는 제23 사단의 악명이 너무 높았기 때문에 이례적 움직임으로 사단장의 해임이 효과적으로 이루어졌다. 1971년 12월에 육군은 사단의 2개 여단이 베트남에서 철수하자 23사단을 해체하였고, 베트남에 남은 3번째 여단은 독립여단이 되었다.

육군의 종말

수십 년 전에 청렴, 규율, 그리고 객관성의 상징인 마셜에 의해 고안되었던 육군의 운용체계는 베트남 전쟁이 끝날 무렵에 무너졌다. 새로운 장군 리더십 체계는 특성이 없는 장교들에게 보상을 주었고, 장군들과 그들이 지휘하는 부하들 사이는 물론, 장군들이 보고해야 하는 상급 민간 관료들 사이에서도 불신을 증대시켰다. 1972년의 육군에서는 "육군의 리더십에 대한 자신감을 크게 잃어버린 것으로 특징지어지는 어떤 유독한 분위기가 있었다"고 몇 년 후에 윌리엄 드퓨이가 회상했다. 20개 직업군이 가지고 있는 진실성에 대한 여론 조사에서 육군 장군들은 변호사(9번째), TV뉴스 리포터(11번째), 배관공(12번째)의 뒤를 이어 14위를 차지했지만, TV 수리공(15번째), 정치인(19번째), 그리고 중고차 판매원(마지막 20번째) 보다는 앞섰다.

일설에 의하면, 40년 전에 마셜이 보병 지휘에 대해 가르쳤던 조지아

주 소재 포트 베닝의 보병학교에서 웨스트모어랜드 장군이 젊은 장교들을 대상으로 연설을 하다가 야유를 받았다. 그는 포트 레번워스의 지휘참모대학에서도 비슷한 대접을 받았다. 당시에 근무했던 한 장교는 "고위 장교단은 베트남 전쟁으로 인해 신뢰를 완전히 잃었다. 소령들이 들고 일어섰다. 고위 장교들이 하는 말에 대해서 신경도 쓰지 않았다"고 회상했다.

크로센 장군은 어떻게 이런 일이 발생했는지 설명하려고 노력했다. 그는 육군이 세 번의 전쟁을 치르는 것을 지켜보았던 사람이었다. 그는 베트남에서 제23 사단장 볼드윈이 해임되었을 때 후임 사단장이었을 뿐 아니라 제2차 세계대전과 한국전쟁에서도 부대를 지휘했다. 그는 베트남 전쟁이 군에 미친 영향을 아래와 같이 요약했다.

육군 지휘계통이 기능 장애 상태가 되는 조건에 도달했다. 나는 언제나 지휘계통은 아래에서 위로뿐 아니라, 위에서 아래로도 기능해야 한다고 주장해 왔다. 모든 분대장들이 분대장으로 결심을 하고 "발견한 것은 무엇이고, 무엇을 했는지, 왜 했는지"를 소대장에게 보고해야 하는 것이다. 분대장들에게 무엇을 할 것인지 뿐 아니라 어떻게 해야 하는지를 이야기할 때 그들은 리더가 되는 것을 멈추게 된다. 이것은 소대장에게도, 중대장에게도 마찬가지로 적용된다. 그러한 지휘는 주도권 행사를 방해하고, 결심은 지시를 들을 때까지 기다리는 것으로 대체된다. 전투 행동은 머뭇거리게 되고, 군사적 조치는 수렁에 빠진다. 베트남에서는 많은 하급부대 지휘관들이 헬리콥터를 타고 와서 자신들에게 정보 요청, 지휘 조언, 원치 않는 결심, 그리고 분·소·중대장들이 하고 싶은 것을 방해하는 상급 지휘관들의 간섭을 받았다. 자신들의 임무 수행을 위해 적절하게 결심할 기회를 주지 않는 것보다 젊은 장교들과 부사관들의 잠재적인 리더십을 파괴하는 더 효과적인 방법은 없다.

육군은 베트남을 떠난 후에도 계속 하향곡선을 그렸다. 육군은 전쟁뿐만 아니라 마약과 인종차별에 의해서도 분열되었다. 몽고메리 메이그스Montgomery Meigs 장군은 "베트남 전쟁 후 1970년대 중반은 육군에게 덥고 긴 여름날 같았다. 육군은 속이 텅 비어 있는 것을 넘어 썩어 있었다"고 회상했다. 서독에 주둔한 어느 기지의 부대대장이었고 나중에 장군이 된 베리 메커프리Barry McCaffrey는 숙소에서 집단 강간과 폭행당할 것이 두려워 장전된 권총을 휴대했다고 기억했다. "육군은 정말 붕괴되기 직전이었다."

제2차 세계대전이 끝날 즈음에 마셜 대장은 거대하고, 기계화되어 있으며, 강한 힘을 가진 새로운 육군을 건설했다. 베트남 전쟁이 끝날 즈음에는 존 F. 케네디와 린든 존슨뿐 아니라 맥스웰 테일러, 얼 휠러, 해럴드 K. 존슨, 그리고 윌리엄 웨스트모어랜드 덕분에 마셜의 육군은 파괴되기 직전에 있었다. "육군 전체가 베트남의 전장에서 희생되었다"고 베트남 참전용사이자 역사학자인 셸비 스텐턴Shelby Stanton이 썼다. "전쟁이 완전히 끝난 후, 미국 군대는 갈가리 찢긴 전쟁 잔해의 가장 작은 조각들로부터 새로운 육군을 건설해야 했다."

포트 레번워스에서 육군의 지적인 재건에 관여했던 리처드 신라이히Richard Sinnreich 대령은 나중에 "젊은 장교로서, 나는 남북전쟁 이래 처음으로 육군이 해산해야 할 지경에 가까워지는 것을 지켜보았다. 우리를 하나로 묶었던 접착제는 너무나 얇아졌다고 생각했다"라고 말했다. 육군은 재건되어야 할 뿐 아니라, 민간 상급자와의 관계도 그렇게 되어야 할 것이다.

제 4 부

베트남 전쟁과 걸프전 사이의 기간

베트남에서 나온 육군은 산산조각이 났다. 어느 장군은 육군이 "완전히 실패했다"고 말했다. 1950년대에 육군이 기본적인 문제에 직면했었다면, 이번에는 징집 없이도 육군이 존재할 수 있느냐가 관건이었다. 향후 20년 동안 육군은 자체를 다시 만들었다. 육군은 자원한 입대자들로 충원되었다. 육군은 훨씬 더 현실적인 야전 훈련으로 병사들을 훈련하는 방법에 혁명을 일으켰다. 육군은 싸우는 방법에 관한 교리를 대대적으로 정비했다. 일련의 새로운 무기들을 개발했다. 장군의 리더십 개념만 빼고 거의 모든 것들을 바꾸었다.

22

드퓨이의 육군 재건

1991년 걸프전 이후, 사이공이 함락된 지 16년 만에 육군이 어떻게 그렇게 빨리 개선되었는지 미국인들이 알고 싶어 했을 때, 그들은 새로운 무기들, 더 나은 군인들, 그리고 어떻게 싸울 것인가에 대한 개선된 생각으로 조용하지만 전면적인 재건을 육군이 이루었다는 말을 들었다. 전환에 대한 이러한 설명은 어느 정도 정확했다. 그 당시에 덜 주목받았던 것은 대규모 재건 작업에는 몇 년 후 이라크와 아프가니스탄에서 육군을 괴롭힐 몇 가지 단점들이 포함되어 있었다는 것이다.

제2차 세계대전 벌지 전투에서 포위된 제101 공정사단의 구출을 지휘했던 크레이튼 에이브럼스 대장이 1973년에 웨스트모어랜드 육군참모총장의 후임자로 임명되어 다시 육군을 구하려고 나섰다. 육군의 변화를 위해서 에이브럼스를 발탁했던 것이 불가피한 것은 아니었다. 닉슨 대통령은 그를 좋아하지 않았다. 백악관 비서실장 H. R. 홀드먼^{H. R. Haldeman}과 다른 참모들에 의하면, 사실 대통령은 베트남 주둔 미군 사령관의 해임 여부를 헨리 키신저 장관과 토의했었다. 1971년의 어느 시점에서 닉슨이 에이브럼스에게 화가 많이 나서 알렉산더 헤이그$^{Alexander\ Haig}$ 당시 육군준장에게 에이브럼스를 교체하기 위해 즉시 베트남으로 떠나라고 명령했다. 야심 차고 자신만만한 헤이그 준장은 자신이 그 일에 개입한다는 생각이 터무니없다는 것을 알고 있었지만, "나는 그 일을 충분히 할 수 있어"라는 유혹과 계속 싸우고 있었다. 그러나 에이브럼스 장군을 존경했던 국방장관 멜빈 레어드$^{Melvin\ Laird}$가 닉슨 대통령으로부터 장관의 고유 인사권한을 행사할 수 있도록 하겠다는 약속을 받음으로써 에이브럼스는 자리를 지킬 수 있었다. 누구를 웨스트모어랜드의 후임 참모총장으로 할 것인가에 대한 논의가 지지부진하여 웨스트모어랜드 퇴진 12일 전에야 에이브럼스가 후임자로 지명되었다.

인준을 기다리는 동안에 그는 돈 스태리$^{Donn\ Starry}$ 소장과 대화를 나누었는데, 스태리는 에이브럼스에게 "육군은 실패했다"고 경고했다. 사실이었기 때문에 에이브럼스는 육군을 바꾸기로 결심했다. 그랜트^{Grant} 장군을 닮은 그는 치밀하고, 뚝심이 있으며, 사려가 깊고, 시가를 즐겨 피우면서 폭음을 즐기며, 구부린 자세에 불평이 많은 성격의 소유자이지만 육군의 재건을 주도적으로 벌이기 시작했다. 이러한 과정은 "신속 퇴출 계획"을 만들어서 육군의 전 계급에서 마약 중독자, 갱단 연루자, 그리고 말썽꾸러기 장병들을 깨끗하게 정리하는 것으로 시작했다. 군사재판을 회피한 이 과정을 통해서 유럽에 주둔하는 육군에서 단 4개월 만에 1만 3,000여 명이 퇴출당하였다. 당시 독일 주둔 대대장이었던 베리 맥커프리$^{Barry\ McCaffrey}$는 "사고뭉치"들을 색출하는 명부를 작성하느라고 중대장들과 주말을 함께 보내곤 했다. 어느 월요일 아침에 그는 트럭이 서 있는 근처에 대대 전체를 집합시킨 다음 퇴출 대상자의 이름을 불렀다. 불려 나온 병사들을 태운 차량은 퇴출을 담당한 사무실을 향해 출발했고, "대대원 전체가 불량 군인 제거에 환호했다"고 말했다.

다음 몇 해에 걸쳐 육군은 장비를 현대화했고, 훈련을 근본적으로 더욱 더 실전적으로 바꾸었으며, 중부 유럽에서 붉은 군대를 상대하는 방법에 대한 새로운 교범들을 개발해 수적으로 많은 러시아군과 싸우더라도 승리할 기회를 제공했다. 그러나 육군 재건이 진행되는 과정에서 에이브럼스와 부하들은 30년 후 이라크와 아프가니스탄에서 육군을 괴롭히게 될 문제의 씨앗을 뿌렸던 것으로 보인다. "1973년에 나는 크레이튼 에이브럼스 대장의 강연을 들었다"고 베트남에 참전했던 해병 장교가 회상했다. "에이브럼스는 육군이 대분란전에 영원히 등을 돌렸다고 선언했다." 그 해에 육군전쟁대학교는 5주짜리 비정규전 과정을 없앴다. 이 해병 장교는 "그때의 결정이 이라크전 첫 3년 동안에 육군이 그렇게 심하게 쓰러진 원인이 되었다"고 결론을 내렸다.

육군 개조에 관한 에이브럼스의 영향은 비록 긍정적이었지만 제한적이었다. 그는 사무실에 남아 있었지만 곧 암에 걸렸다. 그러한 진공상태로 발을 들이민 인물이 윌리엄 드퓨이 소장이었다. 그는 어떤 역사학자에 의하면 1970년대 중반에 "거의 틀림없이 육군에서 가장 중요한 장군이 되었다"고 평가되었고, 다른 관점에서는 "베트남 전쟁에서 패배한 후 쇠락하는 육군의 회복을 위해 가장 중요한 인물이 될 것"으로 여겨졌다. "드퓨이가 한 일은 망가진 육군을 고쳐서, 육군이 우세한 조건을 가지고 유럽에서 싸울 수 있게 하는 것이었다"고 그의 전기 작가 헨리 골 Henry Gole 이 이야기했다. 급부상하는 젊은 장교 콜린 파월 Colin Powell 중령이 국방부에서 드퓨이와 잠시 함께 근무했다.(육군에서 광범위한 세대 간 소통이 있다는 또 다른 표시로, 파월 중령은 40년 후 아프가니스탄 전구 사령관으로 지휘할 장군의 아버지인 허버트 맥크리스탈 주니어Herbert McChrystal Jr. 소장의 직속 부하였다.)

1973년 7월 1일부로 드퓨이가 교육사령부를 지휘했다. 드퓨이에 의해서 구상된 교육사령부는 처음으로 훈련, 연구, 그리고 교리에 대한 육군의 노력을 하나로 모으기 위해 창설된 사령부로, 이 중에서 교리는 어떻게 싸울 것인지에 대한 육군의 생각을 정립하는 데 핵심적인 역할을 하는 것이었다. 육군은 베트남으로부터 빠져나왔고, 드퓨이는 유럽에서 중무장한 전차전을 벌이는 재래전을 육군의 미래로 생각하고 거기에 집중했다. 아랍과 이스라엘 간에 4차 중동전(욤 키푸르 전쟁, 속죄 전쟁 또는 10월 전쟁으로도 알려짐)이 발발한 그해 가을에, 드퓨이는 이스라엘의 역습에서 얻은 교훈과 함의를 육군을 현대화하고 다시 집중하려는 자신의 노력의 중심축으로 삼았다. 소련군의 장비로 무장하고 소련군의 방식으로 훈련된 아랍군대는 만약 강대국 간에 전쟁이 벌어지면 육군이 중부유럽의 평원에서 마주치게 될 적의 그럴듯한 복사판이었다. 드퓨이 교육사령관은 각개 군인들이 기본임무수행과제마다 일정한 시간을 할당해야 하는, 너무나 지루한, 시간 기반time-based 체제에서 탈피해 능력 기반competence-based 체제로 대체하여 육군의 훈련 효과를 급진적으로 개선했다. "병사들은 자신의 기본임무를 능숙하게 수행할 수 있어야 다음 단계 과제로 갈 수 있었다"고 골Gole은 기록했다.

드퓨이와 그의 부하들, 그중에서도 가장 두드러진 스태리와 막 떠오르는 신성인 폴 고먼Paul Gorman 장군은 해군전투비행학교에 대해 연구했다. 이 학교는 북베트남으로 출격하는 해군 항공기 조종사들의 40%가 처음 세 번의 적대적 교전에서 임무 도중에 피해를 입었고, 첫 공중 전투에서 생존한 90%의 조종사는 임무 수행 전체 기간 무사했다는 해군의 평가에 기초해서 설립되었다. 소련의 전술을 사용하는 숙련된 조종사를 상대로 비행시켜서 좀 더 실력이 나은 조종사를 양성하기 위해 해군은 탑 건Top Gun이라는 말로 더 유명한 이 학교를 1969년에 창설했다. 1986년에 제작된 톰 크루즈Tom Cruise의 영화로 유명해진 해군전투비행학교 졸업생들은 북베트남에서 임무 수행 비행을 하면서 공군 조종사들보다 훨씬 뛰어난 역량을 나타냈다. 공군의 많은 조종사는 해군과 같은 종류의 항공기를 운용하고 있음에도 불구하고 해군전투비행학교와 같은 새로운 훈련이 부족하여 계속해서 같은 손실 비율의 피해를 겪었다.

육군은 캘리포니아 주에 있는 모하비 사막Mojave Desert 고지의 포트 어윈Fort Irwin에 55억 평 규모의 새로운 국가훈련센터NTC, National Training Center를 창설하여 자신들만의 실전적 훈련 방법을 적용하기 시작했다. 드퓨이가 전역한 후인 1980년에 마침내 출범된 이곳에서는 훈련을 위해 입소하는 부대들이 똑똑하고 교활하며 살아 있는 적인 "대항군 부대"를 상대해야 했다. "누가 승리했는지"를 논쟁으로 결정하기보다는 누가 먼저 보고 사격했는지, 누가 전투를 잘했는지 공정하고 정확하게 표시해 주는 레이저총과 감지기를 장착하게 함으로써 훈련을 더욱 실전적으로 만들었다. 여기에다가 "관찰관과 훈련통제관"들이 훈련 현장을 세밀하게 관찰했으며, 훈련의 매 단계가 끝난 후에는 훈련부대 지휘관들에게 혹독한 지도를 해주었다. 동시에 국가훈련센터는 더 똑똑하고, 규율이 잡힌 자원자들을 끌어들이기 시작하는 계기를 육군에게 열어주었다. 훈련센터는 장병들의 전투기술을 향상시켰을 뿐 아니라, 강한 훈련을 통해서 소·중·대대가 그들 자신과 자신들의 리더를 믿도록 만드는 결과를 가져왔다. 1991년의 걸프 전쟁 후, 장병들은 그들이 겪었던 실제 전투가 국가훈련센터에서 했던 기동훈련보다 어렵지 않았다고 보고했다.

또한 드퓨이는 군사 작전이 더 복잡한 무기를 운용하는 방향으로 나아갈 것이고, 이와 관련된 훈련도 늘어날 것을 의미하는 새로운 추세를 정확하게 읽었다. 이것은 이미 정해진 결론이 아니었다. 당시에 의회와 일부 국방지식인과 언론인들 사이에서는 군이 더 적고 비용이 덜 드는 무기들을 훨씬 더 많이 장비해야 한다는, 작지만 영향력 있는 움직임을 보이고 있었다. 컴퓨터화된 전쟁이 일어날 것을 예견한 듯 드퓨이는 반대 방향으로 움직였다. 드퓨이가 그린 미래에는 작은 규모 부대들이 집중적인 훈련을 해야 하기 때문에 부대에서 리더가 차지하는 비율이 더 높아질 필요가 있었다. 그는 "자격 미달 군인이 백만 달러짜리 전차를 운용하게 하면서, 200달러짜리 최상급의 타자수를 운용할 수는 없다"는 글을 1978년에 썼다. 드퓨이는 5종의 새로운 무기체계, 즉 에이브럼스 전차, 브래들리 전투 장갑차, 패트리어트 방공 시스템, 아파치 공격헬기, 그리고 블랙호크 UH-60 기동헬기 등을 발전시키는 데도 지원을 아끼지 않았다. 그것들은 타군에 의해서 발전된 정밀유도폭탄, 스텔스 전투기와 폭격기, 무인정찰기 및 무인공격기 등과 함께 무기체계의 혁명을 이끌었다. 전후 베트남 군사문제에 관한 최고의 책을 쓴 제임스 키트필드 James Kitfield는 드퓨이가 육군의 정예 대테러 특수부대인 델타포스 Delta Force의 비밀스러운 창설을 돕는 데도 공로가 컸다는 점을 인정했다.

아래는 20세기 말에 육군에서 근무했고, 2004년부터 2005년까지 아프가니스탄 전쟁을 지휘한 장군인 데이비드 바노 David Barno가 베트남 전쟁 후에 육군을 어떻게 재건했는지를 요약한 것이다.

> 육군의 재건은 소련과의 재래식 전쟁을 위한 최고의 무기체계가 최우선 순위가 되도록 보장할 뿐 아니라, 전투에서 자신들의 역량을 최적화

하기 위한 조직의 변화(새로운 보병과 전차대대 편성을)와, 엄격한 자기 비판적 훈련 방법론(여기에는 쌍방 간의 레이저 전투를 하는 대규모 자유 교전이 포함됨), 기계화된 전쟁을 위한 향상된 사거리와 훈련시뮬레이터simulator들, 그리고 무엇보다도 가장 중요한 명석하고 동기유발이 되어 있으며, 전장에서 운용될 새롭게 떠오르는 최첨단 기술 장비와 그것의 운용 개념을 알고 사용하는 데 최고로 훈련된 놀라울 정도로 뛰어난 인력의 모집과 리더십이다. 1980년대에 대규모 자원을 투입하여 성장시킨 이러한 군사혁신들은 오늘날 육군 조직의 근간으로 남아있다. 그것들이 육군 문화와 조직의 선호에 미친 장기적 영향은 아무리 강조해도 지나치지 않는다.

포트 레번워스에 있던 존 쿠시먼John Cushman 소장도 육군의 재건에 대해 생각하고 있었다. 쿠시먼은 전간기에 육군에서 성장했다. 1921년에 중국에서 태어난 그는 부친이 제15 보병연대에서 근무하는 동안 그곳에서 살았다. 그의 부친은 부연대장이었던 마셜의 부관으로 근무했었고, 그때 같이 근무했던 다른 젊은 장교가 매튜 리지웨이였다.

쿠시먼은 제101 공정사단이 베트남에서 본국으로 철수한 후인 1970년대 초에 사단장으로 보직되었다. 존 쿠시먼은 1973년에 레번워스에 있는 지휘참모대학을 지휘하기 위해 자리를 옮겼다. 거기에서 그는 육군이 윤리적이고 지성적으로 다시 젊어짐으로써 드퓨이가 주도한 전술적 재건을 보완할 수 있는 방법들을 찾았다. 육군의 직업윤리가 심하게 훼손되었다는 1970년 육군전쟁대학교의 연구결과에도 불구하고 윤리는 여전히 영향력 있는 집단이 아닌 군종병과의 영역으로 여겨졌다. 지휘참모대학을 지휘하면서 쿠시먼은 많은 학생장교들이 "정직, 솔직함, 그리고 실패할 자유에 대한 기본적 의문"에 대해서 토의하기를 갈망하고 있다는 사실을 알게 되었다. 학생장교들과의 토의는 그들의 관심만 증대시킬 것이라고 생각한 쿠시먼은 1974년 3월에 학생장교들과 장군 15명을 포함한 100여 명의 외부 초청인사들이 참석한 가운데 장교들의 책임에 관한 첫 번째 심포지엄을 열었다. 쿠시먼은 표준을 높이고 청렴한 환경을 조성하는 방법과 그러한 환경을 일상적으로 만드는 데 있어 장군의 역할에 대한 일련의 질문을 제기하는 것으로 심포지엄을 시작했다. 발표자 중 한 사람은 미 라이 학살을 둘러싼 지휘 실패를 조사했던 피어스^{Peers} 중장이었다.

많이 어린 후배 장교들의 예우에 익숙했던 장군들은 레번워스 심포지엄에서 나타난 자유로운 토의 분위기에 당황해했다. "토의는 냉정했고, 직설적이며, 핵심을 찔렀고, 열기가 굉장했다. 장군 중 몇 명은 몹시 마음을 상했다"고 댄드리지 말론^{Dandridge Malone} 대령은 기억했다.

한 장교가 일어나서 "정직하지 않은 요구가 내려와 정직하지 않은 보고가 올라간다"고 말했다.

장군 중 1명이 "내 사단에서는 그런 일이 용납되지 않았다"고 대답했다.

그러자 그 젊은 장교는 "제가 장군님의 사단 소속이었습니다"라고 대답했다.

꾸짖을 준비를 하기 위해 부하에게 차려자세를 명하는 퉁명스러운 어구인 "발뒤꿈치 붙여!"라고 장군이 말했다.

심포지엄을 요약한 회의록을 작성한 모리스 브래디^{Morris Brady} 준장은 젊은 장교들 사이에서의 느낌은 "계급이 더 높은 장교일수록, 성공을 이루기 위해서 청렴성을 손상했을 가능성이 더 크다. 학생장교들의 관점에서, 우리가 직업적 부도덕성을 조장하는 환경을 만들었다는 것이었다"고 회의록에 썼다.

이튿날 에이브럼스 대장은 불평을 듣기 시작했고, "도대체 레번워스에서 무슨 일이 있었던 것인가?"라는 질문을 했다. 그는 마침내 군대 윤리의식에 대한 열정이 긍정적인 신호라고 설득당했다.

쿠시먼 장군의 주도적 활동에 대해 에이브럼스 장군보다 더 열정을 보인 다른 사람들은 없었다. 특히 쿠시먼의 직속상관이었던 드퓨이 장군이 그러했다. 두 사람 모두 고집이 세면서 똑똑하다는 평가를 받고 있었지만, 당시 육군에서 가장 영향력이 센 장군 중의 한 명인 드퓨이는 다른 사람들에 의해서 모든 일을 자기 방식으로 결심하는 장군으로 묘사되었다. 폴 허버트 Paul Herbert 소령은 드퓨이가 "본인이 통제할 수 없는 대화는 하고 싶어 하지 않았다"고 육군 논문에 기술했다. 더군다나, 두 장군은 10여 년 전으로 거슬러 올라가서 드퓨이가 베트남에서 고안한 접근법에 대해서 견해 차이가 있었다. 이에 대해 쿠시먼은 아래와 같이 말했다.

> 나는 1964년부터 1967년까지 시행되었던 빌 드퓨이의 베트남에서의 전투 접근방식에 이의를 제기했다. 나는 그가 웨스트모어랜드의 작전부장과 사단장으로 있으면서 전쟁의 본질을 오해하고 있다는 소리를 많이 들었다. 그는 미군에 의한 민군작전 비율은 낮추고, 대규모 정찰을 하여 격멸하는 작전을 강조했다. 그렇게 함으로써 남베트남 육군 부대들이 옆으로 밀려났고, 지방과 지역부대, 그리고 주민들과 가장 가까이에서 접촉하는 고문관들에게 충분히 주의를 기울이지 않도록 만들었다.

1974년에 쿠시먼이 보았던 것처럼 두 장군 사이에는 기본적으로 다른 점이 있었다. 드퓨이가 육군에게 전투하는 방법을 가르치고 있었던 반면에, 쿠시먼은 장교들에게 전투에 대해 생각하는 방법을 가르침으로써 드퓨이를 보완하고 있었다. 둘 다 필요했지만, 드퓨이가 보기에 둘 다를 함께 시행할 자원이 없으니, 전자가 우선시되어야 한다고 믿는 것처럼 보였다. 그는 육군의 직업적 문제에 대한 자기성찰 연구를 후원하는 데에는 관심이 없다는 점을 분명히 밝혔다. 그는 예하 지휘관들에게 "지휘참모대학에서 자신에게 아무런 영감도 주지 않는 많은 프로젝트를 시행하고 있는 것을 보았다. 여기에는 무엇이 중령들을 불행하게 하는가에 대한 조사와 그들이 해결한 것보다 더 피비린내 나는 문제가 있다고 느낀 다른 것들이 포함되어 있다"고 말했다. 그는 레번워스를 방문해서 학생장교들에게 "내가 이 반에서 원하는 것은 10명의 대대장 자원이다"라는 한 가지 관점을 이야기하면서 쿠시먼의 교육 노력을 평가절하했다.

드퓨이는 자신의 개혁안이 전쟁을 잘 이해하지 못하는 지휘관들을 양성했다고 사람들이 중얼거리며 하는 비판에 대해서 잘 알고 있었다. 나중에 드퓨이 장군은 "그들은 드퓨이가 소총을 어떻게 청소하는지는 알지만 왜 우리가 육군을 보유해야 하는지는 모르는 바보 세대를 만드는 중이라고 한다. 나는 그것에 대해 별로 고민하지 않았는데 왜냐하면 우리에게는 어떻게 장교를 훈련시킬 것인가에 대한 질문에 답하는 시스템이 있기 때문이다"고 회상했다. 이런 "빈틈"은 드퓨이 밑에서 교육을 받은 전략적 장교 세대가 이라크와 아프가니스탄에서 전투를 한 특히, 토미 R. 프랭크스 Tommy R. Franks와 리카르도 산체스 Ricardo Sanchez 같은 장군이 되었을 때인 20년 후에 일어난 일들과 가깝다. 그러나 드퓨이가 자신의 노력을 변호했던 1970년대로 돌아가서 보면 그때에는 아무도 그것을 알지 못했다.

드퓨이는 쿠시먼에게 일련의 편지를 보내 레번워스에서 쿠시먼의 사색적 지시를 좋아하지 않는다고 경고했다. 에이브럼스 참모총장이 암으로 쓰러지면서 그는 부하들과의 차이점을 해결할 시간이 많지 않은 드퓨이로부터 쿠시먼을 보호할 여력이 없어졌다. 드퓨이는 쿠시먼 장군과 맞서던 그해에 포트 베닝의 보병학교에 있는 다른 고위 장교들에게 "사람 좋고 따뜻한 인간관계는 만족스럽고 재미있지만, 그것이 육군의 목적은 아니다"고 지시했다.

1년 후인 1975년 4월에, 쿠시먼은 군의 윤리와 리더십에 관한 두 번째 심포지엄을 레번워스에서 열었다. 이때는 북베트남의 전차들이 사이공으로 진격하고 미군의 마지막 헬리콥터가 사이공에 있는 미국 대사관 건물 지붕에서 이륙하고 있었던 순간이었다. 쿠시먼은 베트남에서 고통 받았던 모두를 위한 기도를 하는 것으로 심포지엄을 마무리했다. 그는 참가자들에게 "군인의 덕목을 실천하는 모범이 될 것"을 요구했다. 그리고 고개를 들어 모여 있는 수백 명의 장교에게 "이제 조용히 이곳에서 나가 달라"고 말했다. 이것이 동남아시아에서 있었던 미국의 오래되고 잘못된 전쟁에 대한 적절하고 감정적 결말이었다.

드퓨이는 자신의 지휘 분야에 있었던 또 다른 부분인 교리에서도 쿠시먼과 충돌했다. "야전교범 100-5 '작전'"으로 잘 알려진 육군의 기본교리를 업데이트하는 일은 지휘참모대학의 총장과, 그가 실제 초안 작업을 위임한 소수의 신뢰할 수 있는 부하들의 일이었다. 두 사람의 기본적인 철학적 차이점으로 인해 둘 사이의 충돌은 필연적이었다. 충돌은 작전 교범 초안이 작성되는 동안에 시작되었다. "쿠시먼 소장은 조직의 일은 집단의 엄청난 창조적 잠재력을 제약하는 인위적인 것에서 벗어나 가능한 한 자유스럽게 일을 해야 최고의 성과가 있다고 믿었다"고 허버트 소령이 이 기간에 야전교범 100-5에 대한 역사에 썼다. "드퓨이 장군은 인간이란 존재는 본래부터 진취적이지 않기 때문에 무엇을 해야 할지에 대해 간결하게 자주 지시를 받을 때 조직의 기능이 최고로 발휘된다고 믿었다." 드퓨이 장군의 충성파이자 그를 이어서 교육사령관이 된 돈 스태리 장군은 쿠시먼이 크게 틀렸다고 생각했다. 스태리는 "레번워스에서 쿠시먼이 야전교범 1976년 판인 '적극적 방어'의 발간과 관련하여 급격한 분노를 주도했다"고 자신이 구술한 역사에서 말했다. "나는 수차례에 그것이 내가 지금까지 보아왔던 것 중에서 제도적, 개인적으로 가장 충성스럽지 않은 행위라는 특징을 가졌다고 생각했다."

아마 필연적이었겠지만, 드퓨이는 쿠시먼이 보낸 야전교범 초안을 거부했고 자신이 직접 그 일을 맡았다. 당시 드퓨이는 큰 전쟁을 대비하고 있었다. 그는 교범작업을 하기 위해 손수 뽑은 장교들에게 "지나치게 고상한 척하며 철학적으로 쓰지 말라"고 훈계했다. "전쟁의 승리는 동원된 자원들과 예비역 장교들에 의해 이루어진다. 그들이 이해할 수 있도록 교범을 써라."

1976년에 드퓨이는 "적극적 방어"로 빠르게 알려지게 된 야전교범을 출판했다. 그것은 육군 내에서 대규모의 건전한 논쟁을 불러일으켰다. 그의 개정판은 결국 채택되지 않았고, 1982년 야전교범 100-5 개정판 '공지 전투'로 대체되었다. 그러나 그는 교리의 역할을 향상시키는 데 성공했으며, 교리가 가지고 있는 핵심 임무에 대해 육군의 사고가 다시 활성화되는 데 기여했다. 1970년대 후반, 육군의 선도적인 군사 전문잡지 중 하나인 《밀리터리 리뷰》는 새로운 교범이 제시하는 관점에 대해 기사를 80개 이상 게재했다. 드퓨이 장군은 한때는 이류 정도의 능력을 갖춘 참모들이 하던 업무로 여겨지던 교리 초안 작업을 장군의 핵심 업무로 만들었다. 이런 새로운 강조가 육군이 하나의 조직으로서 '우리는 누구인가? 우리는 무엇을 하려고 하는가? 어떻게 하려고 하는가, 즉 우리는 어떻게 싸울 것인가?' 같은 전략적 질문들에 대해 숙고하게 하였다. 역설적이게도, 쿠시먼을 개인적으로 부인하는 동안 드퓨이는 자신은 기피했지만 쿠시먼이 옹호했던 사고의 영역으로 정확하게 육군을 전환시켰다.

교리가 주목받게 되면서 1950년대에 핵무기가 전쟁의 다른 모든 문제를 압도하게 되면서 그 영역을 장악한 민간인들로부터 전략적 논의의 주도권을 되찾는 데에도 드퓨이는 도움을 주었다. 역사가이자 전략 전문가인 휴 스트라찬 Hew Strachan은 베트남 전쟁 후 회복단계의 어려움 속에서 "교리는 육군이 직업적 자긍심을 재확인하는 하나의 장치가 되었다"고 나중에 말했다.

그러나 드퓨이와 쿠시먼 사이의 불화로 인해서 교범은 부분적으로 심각한 결점을 포함하고 있었다. 드퓨이는 군대의 작전에서 "동시통합 synchronization"을 강조해 왔는데, 그가 생각하는 동시성은 물리적으로 부대들을 동일한 시간에 집중시키는 것이었다. 이것은 혼합된 유산으로 판명될 것이다. 예비역 육군 대령이자 전기 작가인 헨리 골은 그것이 전장의 대가에 의해서 감독된다면 유용한 도구였을 것이라고 결론지었다. 그러나 그렇지 못한 능력을 가지고 있는 하급 장교들에 손에 의해서라면 이러한 접근은 실제로는 전투에서 효과를 떨어뜨리는 번거로운 절차를 따르는 육군의 성향을 강화하는 결과를 가져왔다. 예비역 육군 대령 리처드 스웨인 Richard Swain은 1991년 걸프 전쟁에서 더 큰 효과를 얻기 위해서 모든 요소가 함께 움직이는 동시성 사고를 따르는 노력은 "기회주의에 질질 끌리며 체제 안에서 당밀(설탕을 녹여 꿀처럼 만든 즙 - 옮긴이) 같은 존재가 되었다"라고 썼다.

더 중요한 것은, 드퓨이의 교범이 냉전시대 말기의 산물이라는 점이었다. 교범은 군인들이 알지 못하는 것을 대비하게 하는 교육보다 이미 알려진 것을 위해 준비시키는 훈련을 훨씬 더 강조했다. 허버트 소령은 "드퓨이는 지휘참모대학의 학생장교들이 전투 사단을 다루는 전문가로 되기를 원했다"고 기록했다. "반면에 쿠시먼은 학생장교들을 교육시키면서도 동시에, 그들 스스로 생각하도록 만들고, 개인적으로 또 직업적으로 풍성하게 하며, 야전에서 근무하는 영관장교로서 평생 지적으로 준비시키기를 원했다." 드퓨이는 자신이 교육보다는 훈련을 더 좋아한다는 것을 흔쾌히 인정했다. 그는 "우리는 자기인식self-definition과 자기선호self-preference에 따른 전술가들이었다"라고 나중에 이야기했다.

사실, 드퓨이와 쿠시먼 둘 다 필요로 하는 중점이 정확했다. 다만, 드퓨이는 단기에, 쿠시먼은 장기에 중점을 두었을 뿐이었다. 드퓨이의 접근은 예상할 수 있는 적이 소련이었고 바르샤바 조약기구의 군대와의 대결 구도가 일어날 수 있는 근거가 잘 알려졌던 시기에 적합했다. 냉전 기간 동안에 서독에 주둔한 미군 일부는 소련군과 맞닥뜨리기 위해 미군 전차를 배치할 곳인 폴다Fulda(독일 헤센 주의 도시로 프랑크푸르트에서 북동쪽으로 약 100킬로미터 떨어져 있다.-옮긴이) 인근에 있는 곳으로 일요일에 가족들과 야외소풍을 가곤 했다. 당시에는 소련이라는 전략적 위협이 너무나 명백했기 때문에 전략적 사고를 하는 장군들은 거의 필요하지 않았다. 소련의 붉은 군대를 다루는 방법은 늘 일정했다. 수적으로 우세한 적과 싸움을 계속하면서, 피아 전투력의 균형을 맞추기 위해 그들의 속도를 늦추는 방법으로 포병, 로켓군, 그리고 항공기를 활용하여 다소 이상하게 들리는 "표적을 제공하는servicing targets" 활동을 시작하는 것이었다. 1974년에 육군 대령 도널드 블레츠Donald Bletz는 "사실은, 그것은 정치·군사적 관점에서 볼 때 단순한 세계 모델"이라고 언급했다. "위협이 명백했으며, 군대의 요구뿐 아니라 군의 본질도 명확했고 폭넓게 인정되었다." 드퓨이가 전술적 능력을 강조하는 것은 필요했지만, 그것만으로는 충분하지 않았다. 그의 접근법은 "지나친 단순화, 경직성, 그리고 비영구성의 위험을 내재하고 있었다"고 허버트는 기술했다.

드퓨이는 다른 접근법을 용인하지 않는 통제를 하고 있었던 것으로 보인다. 1975년 10월에 드퓨이는 "친애하는 잭"으로 시작하는 편지를 쿠시먼에게 보냈다. 편지에서 그는 "자네도 알듯이 나는 중·대령들이 미래에 맞닥뜨릴 그들의 첫 번째 전투에서 지휘를 잘할 것인가에 대해 깊은 우려를 하고 있네"라고 썼다. 이것이 드퓨이의 핵심적 관심이었기 때문에 그는 쿠시먼이 추진하는 전략적 사고와 윤리적이고 철학적 사유에서 멀어지게 하기로 결심했다. 드퓨이는 쿠시먼에게 전투 지휘에 임하게 될 장교들을 위한 "전술적 리더십 재교육과정을 구상하라"고 지시했다. 드퓨이는 마치 쿠시먼을 포함하여 미래 지휘관들에 대한 보충교육 시행을 결심했던 것처럼 보였다.

교범에 관한 쿠시먼의 접근은 1976년판 드퓨이의 야전교범 100-5에는 거의 언급되지 않았던 베트남 전쟁에서 영향을 받았다. 전략적 고려사항에 대한 그의 강조점은 모호한 상황에 대해 더 잘 준비하는, 그리고 아마도 새로운 세계의 일부이지만 미국인들과 육군이 잘 이해하지 못하는 적을 포함한 위협 관리를 더 잘하는 장교들을 준비하는 것이었다. 허버트가 기술한 것처럼, 드퓨이와 쿠시먼이 그들의 차이점을 해결하여 당시에 그들이 필요했던 것과 미래에 요구되는 것을 육군 장교들에게 주었더라면 더 좋았을 것이다. 그러나 드퓨이와 쿠시먼은 타협점을 찾지 못했다. 이런 결과로 1970년대와 1980년대에 육군은 쿠시먼의 접근법을 대부분 무시하며 드퓨이의 접근법을 따랐다. 그것은 전술적으로 능숙하고 대대장으로서 유능하지만, 특히 냉전이 끝나고 일련의 모호한 위기에 직면했을 때 고위 장성에게 요구되는 준비가 되어있지 않은 장교 세대를 낳았다. 21세기 전쟁에서 육군은 모호한 상황, 생소한 문화, 부적절한 정보, 그리고 잘못 정의된 목적 등의 전투 환경에서도 편안하게 적응할 수 있는 리더가 필요하다는 것이 현실로 나타났다. 그러한 군인들이 계급별로 많이 있기는 했지만, 최고위 핵심 지휘관 자리에 있는 사람 중에는 없었다.

이런 일이 1940년대에 일어났었더라면 쿠시먼은 드퓨이에 의해 아마도 전역 조치되었을 것이다. 그러나 당시는 1970년대였고, 심지어 드퓨이 자신도 쿠시먼을 전역시키는 것을 부끄러운 일이라고 여겼다. 어느 땐가 드퓨이는 쿠시먼을 해임하기로 결심하고 레번워스에 갔지만 알려지지 않은 이유로 해임하지 않았다고 스태리에게 말했다. 대신에 그는 지휘참모대학 총장이 자신의 지침을 따르지 않은 것을 비판하는 깐깐한 검열을 시행했다. "쿠시먼 장군은 강한 신념의 소유자였다"고 검열 보고서에 기록되어 있다. "그를 지도 지침에 진정으로 순응하게 만들거나, 진정한 팀의 구성원으로 만들기 어려웠다"라는 언급도 있었다. 그러나 참모총장이 된 프레드 웨이안드 Fred Weyand는 쿠시먼을 좋아했고 존경했다. 드퓨이가 직접 웨이안드 총장에게 반대 의사를 표명했지만, 웨이안드는 쿠시먼을 진급시켜 대한민국 주둔 육군 최고 지휘관으로 보냈다. 드퓨이는 쿠시먼이 아시아로 떠난 직후 1976년 4월에 예정되어 있던 레번워스에서의 세 번째 윤리 관련 심포지엄을 취소시키는 소심한 복수극을 벌였다. 초창기 교육사령부의 공식역사를 오늘날 읽다 보면 역사서 거의 모든 페이지에서 드퓨이의 발자취가 보이는 반면에, 쿠시먼에 관한 언급은 거의 볼 수가 없다는 점에 깜짝 놀란다.

장군들 사이에 있었던 불화의 결과로 육군은 전술적, 육체적, 그리고 윤리적 분야에서는 다시 젊어졌지만 특히 전략적 혹은 지적 분야에서는 그렇지 않았다. 육군이 병사들에게 관심을 집중하는 것은 일반적으로 옳은 접근이지만, 장군 리더십에 대한 충분한 주의를 기울이는 대가로 그렇게 한 것으로 보인다. 1970년대 후반에 있었던 교육훈련 혁신의 중심축은 캘리포니아 주 포트 어윈의 국가훈련센터가 나중에 설립된 다른 2개의 교육훈련센터와 함께 병사들과 리더들의 전투기술을 급진적으로 향상시키는 데 있었다. 하지만 여기에서 육군은 또 대대급 지휘에 과도하게 초점을 맞춘 경향을 보였다. 대대를 성공적으로 지휘하는 것은 오랫동안 장군이 되는 길의 시작이 되어왔었는데, 훈련센터들은 이것을 더욱 강화시켰다. 새로운 초점은 육군의 관점을 다소 왜곡시켜 장교들에게 대대 지휘와 장군 리더십을 혼동하게 만들었을지도 모른다. "1982년부터 지휘참모대학이나 웨스트포인트가 아니라 국가훈련센터가 육군 지식의 산실이 되었다"고 폴 잉링 Paul Yingling 대령은 보았다. 이러한 훈련 혁신을 통해서 육군의 몸은 효과적으로 새롭게 되었지만, 그 몸 위에는 베트남 전쟁에서 제대로 하지 못했던 낡은 머리가 그대로 있는 모양새였다. 대대장과 여단장들은 전격적인 작전을 어떻게 해야 하는지에 대해서는 잘 알았지만, 장군이 되었을 때 그 전격적인 공격이 일단락된 후에 어떻게 해야 할지에 대해서는 알지 못했다. 또한 그들은 더 나은 종전 계획의 필요성을 강조하는 민간인 상관으로부터 적절한 정치적 지침을 받지도 못했다. 1989년 파나마, 1991년과 2003년 이라크 전역, 그리고 2001년 아프가니스탄 등에서 모두 4번에 걸쳐서 육군 장군들은 초기의 성공적 작전 이후에는 무엇을 해야 할지에 관한 개념도 없이, 더 나아가 거기에 의문을 갖는 것은 자신들의 일이 아니라고 믿으면서 적군에 대한 신속한 공격을 지휘했다.

군사학자 브라이언 린Brian Linn은 "NTC에서 2주 단위로 교대하면서 온종일 계속되는 긴 전투에서 승리에 대한 집착은 전 세대의 전투 장교들이 단기의 전술적 승리를 장기적 전략의 결과로 전환하는 방법에 대해 생각하거나 배우는 것을 저해했다"고 잘 분석하여 기술했다.

불균형적이라도 육군은 베트남의 악몽에서 회복되고 있었다. 이러한 것의 한 가지 신호가 취임한 지 얼마 안 된 에드워드 마이어Edward Meyer 육군참모총장이 1980년 5월에 군사위원회에서 논란을 부른 증언을 한 것이었다. 그는 "지금 우리는 완전히 실패한 육군입니다"라고 증언했다. 육군의 신병보충이 충분하지 못하고, 입대한 자원의 50%만 고등학교 졸업자이며, 예산문제도 심각하다고 마이어 대장은 언급했다. 그의 증언은 주요 신문의 1면을 장식했지만, 전하려고 했던 의미는 놓쳤다. 외부 사람들에게는 마이어가 실패를 인정하는 것처럼 보였다. 마이어 자신과 그가 하는 일을 이해하는 사람들에게는 오히려 1950년대 미군을 괴롭혔으며, 베트남에서도 그랬고, 윌리엄 웨스트모어랜드에 의해서 의인화 되었던 육군의 청렴함 부족에 대한 반응을 보였던 것이었다. 마이어는 권력을 향해 진실을 말하고 있었다. 이 순간을 제임스 키트필드James Kitfield는 "마이어가 느꼈을 정직함의 결여와 의사소통의 붕괴가 베트남 전쟁에서 민간 리더십, 군사 리더십, 국가 전체를 망라하여 모든 것들을 실패하게 만든 요인이었다"고 통찰력 있게 기술했다. 민간 지도자들은 마이어의 노력에 감사해하지 않았다. 의회에서 국방부로 복직한 후에 키트필드가 언급한 바와 같이, 마이어는 육군성 장관 클리포드 알렉산더Clifford Alexander로부터 호출당하여 "실패한 육군" 발언을 공개적으로 부인해 달라는 부탁을 받았지만 마이어는 거절했다. 대신에 그는 육군참모총장직 사의를 표명했었는데 이 또한 받아들여지지 않았다. 이 사례는 육군 지도부가 민간인

상급자들보다 베트남 전쟁 수행에서 상처를 주었던 담론들의 위선과 불신을 떨쳐내는 데에서 훨씬 앞서 있었다는 것을 보여주는 것이었다.

육군이 재건되었음에도 크게 변하지 않은 한 가지는 장군급 장교로 진급될 사람들의 성품이었다. 그것은 수십 년 동안 그래왔던 것처럼, 근면하고 결단력이 있고 어느 정도 순응하며 꾸준하고 잘못에 대해 신중하며 혁신을 경계하는 오마 브래들리의 유형이었다. 육군이 재건을 하기 전인 1972년에 새롭게 장군으로 진급한 12명을 대상으로 심리학자 및 다른 사람들이 2주에 걸쳐서 그들을 평가했다. 전문가들은 준장 12명에게서 관리 유형 3가지를 발견했다. 그들 중의 50%가 브래들리의 유형인 "신뢰할 수 있으며, 조심성이 많고, 신중한 관리자 유형"의 전형적인 모습을 나타냈다. 통찰력 있는 어느 육군 전문가가 장교의 유형을 아래와 같이 정리해서 제시했다.

> 그는 자신에게 기대되는 일을 할 것이라고 믿을 수 있다. 그는 표준화된 리더의 역할을 꽤 효과적이게 행동으로 옮기는 역량을 가지고 있으며, 지적인 사람이다. 그는 힘이 넘치고 추진력도 보유하고 있다. 그는 사교적이지 못하고 약간은 내성적 성격의 소유자이지만, 그렇다고 사람들과 거리를 두거나 자기 주변에 사람들을 없게 할 정도까지는 아니다. 그는 다른 사람들을 신뢰하지만 자기 생각과 사회적 행동에서는 그렇게 유연하지 않다. 그의 약점은 혁신성이 부족하다는 것이다.(조직에서는 요구하지 않지만 혁신성이 기대되는 분야에서)

다른 3명은 더 빨리 행동하는 성향과 함께 세부적인 것에는 관심을 적게 갖는 "외향적 관리자 유형"으로 분류되었다. 12명 중에서 오직 3명만이 잠재적인 "창조적 관리자 유형"이라고 간주되었다. 비록 소수를 대상으로 한 사례였지만, 나름의 시사점은 있었다.

육군의 재건이 잘 진행되고 있을 때인 1980년대에 리더십 연구를 전문으로 하는 심리학자 데이비드 캠벨 David Campbell은 육군의 신임 준장들을 대상으로 수많은 성격과 지성 시험을 다시 진행했다. 그의 시험 결과는 1972년 연구 결과와 놀라울 정도로 비슷했다. 그들은 평균 IQ가 최소 124 정도로 비교적 지적이었으며, 열심히 일하고, 책임감이 있으며, 체제에 순응하는 성향을 나타냈다. 마셜 장군처럼 이들도 개인적 관계에서는 다소 냉담했고, 거의 50%에 가까운 준장들이 사회적 관계에 포함되기를 원하는 항목에서 0점의 결과를 받아서 캠벨에게 "믿기 힘든 놀라움"을 주었다. 그러나 그들은 마셜의 직업적 사고방식보다 더 엄격했고 그들이 "새롭고 혁신적 방법으로 문제를 해결하려는 자발적 의지를 나타내는 융통성 분야에서" 낮은 점수를 받았다고 캠벨이 확인했다. 그 결과는 "적응력이 떨어지는 육군의 고위 장교단"이었다고 육군 대령으로 전역한 로이드 매튜스 Lloyd Matthews가 결론을 내렸다. 냉전이 끝나고 새로운 문제와 위협이 등장하면서 국가가 유연함을 갖춘 장군을 필요로 했던 바로 그 시기에 육군은 정반대 유형의 장군들을 선발하여 육성하고 있었다.

육군에 소속된 부하들도 이런 장군단에 만족하지 않았다. 1983년에 실시된 육군 조사에 의하면, 신임 준장의 25%가 자신이 지휘했던 대대의 장교들로부터 장군의 자격이 없는 것으로 평가받았음이 밝혀졌다. 육군전쟁대학교 학생장교였던 틸든 리드 Tilden Reid 중령의 조사에서는 대상자인 110개 대대장들이 육군 신임 장군 중에서 30% 정도가 부하들을 잘 돌보지 않았고, 부하들의 개발에 관심을 두지 않았으며 리더보다는 관리자에 가까웠다고 응답했다. 더욱 문제인 것은 그들이 알고 있는 신임 준장의

30%는 전투를 지휘하면 안 된다고 했으며, 그러한 장군 밑에서 다시 근무하고 싶지 않다고 응답했다는 것이었다. 신임 준장들의 50%는 미시적 관리자로 보여졌다.

이것은 장군집단이 훼손되었음을 보여주는 것이었다. 이러한 리더십 결함에 대해 고민하고 해결하려는 노력이 이루어졌다. 1975년에 육군은 캘리포니아의 포트 오드Fort Ord에 조직 효과성 훈련센터Organizational Effectiveness Training Center를 창설했다. 팀 만들기와 적응을 강조하는 이 프로그램은 군을 위한 급진적 출발이었다. 설치된 지 5년 후에 있었던 육군의 연구에 따르면, 이 프로그램이 군의 사기와 부하가 평가한 상급자의 리더십 질을 향상시킨 것으로 분석되었다. 그러나 이 프로그램은 육군 내의 많은 사람에 의해서 "감정 표현이 너무 적나라하고" 심지어 "치장용 장식품"이라는 의심의 눈초리를 받았다. 센터가 육군 내에서 어디에 소속되어야 하는지도 분명치 않았다. 그것이 인사 기능인지, 아니면 리더십의 문제인지, 센터의 장이 직접 육군참모총장에게 보고해야 하는 것인지도 분명하지 않았다.

베트남 전쟁 후 육군의 재건이 한창 진행 중이던 1985년에 육군은 이 프로그램을 종료했다. 다시 말해서, 위기가 지나갔다고 인식되자마자 육군의 리더십은 옛날로 되돌아갔다. 존 위컴John Wickham 육군참모총장과 존 마시John Marsh 육군성 장관은 센터 폐쇄에 대해 항의하는 위컴의 전임 총장 버나드 로저스Bernard Rogers에게 한 진술에서 "조직의 효과성은 1970년대 중반 이래로 육군에서 잘 추진되어 왔지만, 오늘날 우리가 직면한 환경은 지휘계통이 어려운 문제를 해결하는 데 도움을 주고자 과거에 도입했던 행동과학적인 방법의 이점을 활용하던 시대와는 다르다"고 설명했다. "당신이 알다시피 오늘날은, 지휘관에 보직되기 이전에 그들이 더 잘 준비할 수 있도록 많은 것을 제공하고 있다"고도 했다. 그에게 제공된 공식적 폐쇄 이유는 앞으로 리더십을 새로운 합동 전투준비태세훈련센터 Joint Readiness Training Center에서 가르칠 예정이라는 것이었다. 피터 발젠Peter Varljen 대령이 지적한 바와 같이 그것은 "임무 수행 완수의 측면에서 리더십은 쉽게 측정될 수 있다"는 리더십 기술의 구태의연한 회귀를 의미하는 것이었다.

23
"판단하는 방법을 가르침"

군의 미래에 대한 투쟁은 경기장을 옮겨서 계속되었다. 드퓨이와 그의 주요 측근들이 전역하자마자, 육군의 전략적 사고와 교육에서 생긴 공백을 다루기 위한 새로운 조치들이 취해졌다. 육군의 핵심 교범인 드퓨이의 1976년 판 야전교범 100-5는 "전술적 수준의 교전에 국한되어 있었다"고 트란실바니아Transylvania(루마니아 중부의 한 지방. 원래 헝가리의 일부였으나 제1·2차 세계대전의 결과로 루마니아에 할양됨 - 옮긴이)의 귀족 출신에서 이례적으로 미 육군 장교가 된 후바 바스 드 체게Huba Wass de Czege 대령이 기술했다. 그는 육군이 대위와 소령들에게 가르치고 있었던 것은 "어떻게 접적이동movement to contact(적과의 접촉이 단절된 상태에서 상황을 전개하거나 접촉을 계속 유지하기 위해 실시하는 공격작전의 형태 - 옮긴이)을 하는가와 같은 방법론에 관한 것들이었다. 그들은 방법이 규정하는 방식으로 접적이동을 하기 위해 왜 부대를 조직하는지에 대해서는 가르쳐주지 않았다. 왜 규정된 병력을 분배하고 임무를 부여하는가? 하려고 하는 임무의 배경이 되는 이론은 무엇인가? 등은 가르쳐주지 않았다"고 말했다. 바스 드 체게는 지난 10여 년 동안 육군의 전략적 능력 부족에 대해 숙고해오고 있었다. 그는 젊은 초급 장교로 베트남 전쟁에 참전했을 때, "베트남의 언덕에서, 나보다 상위 계급에 있는 모든 사람은 무엇 때문에 나를 여기에 보내서 임무 수행을 하게 했는지에 대한 해답을 왜 주지 않는 것인가?"를 궁금해했었다고 말했다. 윌리엄 리처드슨William Richardson 중장이 지휘참모대학에서 "판단을 가르치는 방법"을 연구하는 그룹에 참가토록 그를 지명했을 때인 1980년대 초반에 그는 그 주제로 돌아왔다.

바스 드 체게 대령은 그것을 어떻게 할 것인가에 대한 생각을 발전시켰다. 자신의 직속상관들이 자신이 발전시킨 생각에 반대할 것이라는 점을 알고 있던 그는 리처드슨 장군과 단독으로 만날 수 있는 때를 기다렸다. 기회는 우연하게도 미군과 중국 인민해방군 사이의 최초의 평화적 군사 교류 중에 생겼다. 1981년 6월에, 바스 드 체게 대령은 양쯔 강을 항해하는 보트 끝에서 리처드슨 장군에게 말할 기회를 잡아 1시간에 걸쳐 자기 생각을 이야기했다. 육군이 필요한 것은 육군의 엘리트 장교 집단에게 전술적 사고를 넘어서는 방법을 가르칠 새로운 학교라고 그는 말했다.

장교 교육을 위한 바스 드 체게의 간청은 드퓨이가 주장했던 길에서 벗어나 쿠시먼이 생각하는 교리가 활력을 가지고 되돌아오고 있다는 신호였다. 리처드슨 장군과 그의 주위에 있는 사람들은 드퓨이 장군의 찬미자들이었으며 실제로 리처드슨은 1968년부터 1969년까지 국방부에서 드퓨이 장군의 보좌관으로 근무했었다. 그럼에도 불구하고 그들은 드퓨이의 육군 재건과 균형을 맞출 필요가 있다는 점을 생각했다. 바스 드 체게는 1983년의 연구에서 "현재에만 적용되는 '어떻게'를 훈련시키는 장교 교육체계는 육군 장교단이 필요로 하는 미래의 불확실한 상황에 적응하는 데 필요한 교육을 제공하는 데에서는 실패할 것이다"라고 주장하면서 새로운 학교에 대한 청사진을 제시했다. "더 많은 장교가 그들을 혁신시키고 적응케 하는 이론들과 원칙들을 배워야만 한다"고 말했다. 그가 보기에 문제는 육군 장교들이 "최소한의 자격만 갖추고", "방어적이며 교조적인" 지휘참모대학의 교관들에게서 교육받고 있기 때문에 교관들이 "잠재적 혼돈의 질서를 정형화하게 하고, 규범적이면서 안전하고 공학적인 해결책"을 얻게 하는 잘못된 희망을 학생장교들에게 주고 있다는 것이었다. 그는 이 문제의 해결책은 "육군 장교단이 알아야 할 가장 핵심적인 부분은 전쟁에 대해서 무엇을 생각하는 것뿐 아니라 어떻게 생각해야 하는지 알아야 하는 것이다"라고 썼다. 육군은 "더 낫게 군사적으로 판단하는 방법을 가르침으로써" 그런 장교들을 발전시킬 수 있을 것이다. 사실 전쟁을 위한 과학이 있다면 그 분야의 전문가 중 일부는 과학의 이론적 바탕을 이해할 필요가 있다고 그는 생각했다.

양쯔 강에서의 대화가 있은 지 정확히 2년이 지난 다음에, 육군은 지휘참모대학에서 그것을 하기 위한 시범 프로그램을 출범시켰다. 고등군사연구부DAMS는 참가자들이 육체적 한계에 도달하도록 압박을 가하는 전설적인 유격전 학교를 지적 분야에 그대로 적용한 것이었다. 학교의 첫 번째 교수단의 일원이었던 해럴드 R. 윈턴Harold R. Winton 중령은 "육군은 평생에 걸쳐서 자신의 전문성을 깊이 있게 공부할 수 있는 기회를 그들에게 주었다. 그들의 최고의 아이디어가 다른 사람들의 아이디어와 맞서 싸우고, 그들이 논쟁에서 이기는 데 익숙한 장소에서 그들은 이제 논쟁에서 지는 경기장을 그들에게 제공했다"고 묘사했다.

여기에서 근무할 교수 요원들 또한 대부분의 육군 학교들과는 다르게 선발되었다. 교수 요원 선발에 관한 바스 드 체게 대령의 요구 조건들은 가르쳤던 경험이 있을 것, 적어도 일류대학 3개 중 하나에서 받은 석사 학위가 있어야 한다는 것(첫 번째로 선발된 교수 3명은 각각 스탠퍼드대, 하버드대, 미시건대에서 학위를 취득했었다), 그리고 학생장교들로부터 존경을 받는 데 중요한 부대 지휘 능력을 보이는 것 등이었다. 새로운 노력은 사고력과 판단력을 가르치는 임무와 일치하는 독립된 정신을 가지고 있었지만, 계급 사회인 육군 안에서는 돌출된 모습으로 비쳐졌다. 예를 들어, 2대 책임자였던 리처드 신라이히Richard Sinnreich 대령은 지휘참모대학 지휘부의 승인도 받지 않고 프로그램 이름을 고등군사연구학교SAMS, School of Advanced Military Studies로 바꿔버렸다. 그는 학교가 베트남 전쟁에서의 실수와 드퓨이 판 야전교범 100-5의 실수를 다루게 될 것이라고 단호하게 말했다. 그는 "나는 정말 불행하게 베트남 전쟁에서 빠져나왔다. 무엇인가가 망가져 있었다. 전쟁에 참여하는 방식에 관한 육군의 이해에서 아주 커다란 지적 공백이 있었다"고 말했다. 게다가, 그는 드퓨이 판 야전교범 100-5는 "전술적으로 엉망이고, 작전술에 관해서는 아무런 내용도 없어 우리를 이전에 있었던 곳으로 되돌아가게 만들었다. 첫 번째 전투에서는 승리했지만 전쟁은 어떻게 되었는가?"라며 우려했다. 그것은 뒤에 있을 미국의 전쟁에서 증명되었듯이 정당한 우려였다.

1984년 6월에 첫 번째 기期로 13명의 장교가 졸업했다. 환송 간담회에서 바스 드 체게 대령은 졸업생들에게 지적 과시를 하지 말라고 충고했다. "자대에 가면 절대로 클라우제비츠Clausewitz와 손자孫子를 언급하거나, 그들의 말을 인용하지 마라. 제군들이 할 것은 체력 측정에 대비하여 최대한 열심히 운동하고, 수송부에서 더러운 것을 만지는 것이다. 그렇게 행동하면서 독일군 일반참모의 좌우명인 '겉보기보다 훨씬 뛰어난 사람이 되라'를 잊지 않는다면 제군들은 성공할 것이다"라고 강조했다.

레번워스의 신설 학교에서 가치 있는 새로운 장교들을 양성한다는 말이 빠르게 퍼져 나갔다. 1980년대 말에 제18 공정군단의 작전계획처장이었던 로버트 킬브루Robert Killebrew 대령은 "이 친구들을 얻는 것은 금을 갖고 있는 것 같았다. 그들은 선교사적 열정을 가지고 부대로 전입 왔고, 당시에는 흔치 않았던 휴대용 컴퓨터를 지급 받아 사용했으며, 사단과 군단에서 핵심 계획이나 작전 업무에 정확하게 지정되어 근무하는 육군 내에 있는 동료 졸업생들과 네트워크를 형성하는 것이 장려되었다"고 기억했다. 그들이 받은 한 가지 보너스는 곧 있을 인사이동 정보와 다른 내부 사정까지 알 수 있는 내부 인맥이었다고 그는 기억했다. "그들은 육군에서 일어나는 일에 대해 다른 누구보다 더 많이 알았다"고 말했다. 학교를 창설하는 아이디어를 승인했던 리처드슨 장군이 훌륭한 장교들을 프로그램에 참여하게 하도록 인사 관리자들에게 권고할 수 있는 위치인 육군본부 작전차장으로 영전한 것도 도움이 되었다. 육본 근무 후에 교육사령관으로 보직되었고, 지휘참모대학이 자신의 관할에 있었기 때문에 그는 신설학교에서 실시하는 프로그램을 계속 보호하고 발전을 시킬 수 있었다.

1983년에 있었던 연구에서 바스 드 체게는 만약 고등군사연구학교가 창설된다면 "2000년경에는 엄청난 영향을 육군에게 줄 것"이라고 예측했다. 그는 5~6년 정도 지나치게 낙관적으로 보았던 것 같았다. 수년이 지나 77명의 SAMS 졸업생 중에서 몇 명이 육군 장군의 반열에 합류했다. 찰스 캐넌Charles Cannon이 1992년 10월에 SAMS 출신으로는 첫 번째 장군이 되었고, 로버트 세인트 옹에 주니어Robert St. Onge Jr.가 두 번째로 3년 후에 장군으로 진급했다. 2000년까지 장군을 총 14명 배출했다. 바스 드 체게 대령은 육군의 워 게임 훈련을 감독하다 보면 자신이 관찰하고 있던 장교들의 배경에 대해 전혀 모르면서도 그들 중에서 SAMS 졸업생을 정확하게 특정할 수 있다는 사실을 발견했다. 그는 "먼저 더 높은 인지 수준에서 문제에 접근한 다음, 거기에서부터 실무적 수준으로 일하려고 하는 누군가는 SAMS 졸업생이었다. 그들은 다른 동료들보다 복잡한 것을 쉽게 풀어나가는 감각이 있었다"고 기록했다. 이어진 수십 년 동안에 55명의 SAMS 졸업생이 장군이 되었다. SAMS에서 2류 수준으로 분류된 한 장교는 적어도 SAMS에서 받았던 교육은 "전쟁은 전술적 차원의 소모전보다 훨씬 더 큰 무엇이라는 것이었다"라고 회상했다. 오늘날에는 놀랄 일도 아니지만 드퓨이가 베트남에서 시행했고 그 후로도 수십 년간 가르쳤던 것에서 벗어난 것이었다.

신설 학교가 아무리 밝더라도 레번워스에 켜진 전략적 불빛은 하나의 작은 불빛에 불과했다. 왜냐하면 그 과정은 소수의 엘리트 장교들을 발견하고 그들을 연마하기 위해 구상되었던 조직이기 때문이었다.

새로운 수준의 교육을 수료한 장교들이 군에서 결정적이고 중요한 집단으로 발전하는 데에는 많은 시간이 걸렸다. 그러는 중간에 육군의 장군 리더십은 거의 변하지 않았다. SAMS 졸업생들이 중·대령 계급에 추가되었던 것이 고위 장교들로 하여금 그들의 직업에 대해 깊이 생각하고 읽을 필요가 없다고 믿게 함으로써 장군들 사이에서 전술적 지향을 향한 경향을 강화했을지도 모른다. 왜냐하면 자기들을 위해서 그러한 일들을 해 줄 유능한 장교들을 육군이 잘 만들어 냈기 때문이었다.

슈워츠코프가 SAMS 졸업생 중에서 82명을 운용함으로써 SAMS에서 훈련받은 계획관들이 1991년의 걸프전에서 처음으로 전면에 등장했다. 그러나 슈워츠코프의 운용은 다소 근시안적이어서 그들 모두를 공격 작전에만 투입했고, 공격을 후속하는 다음 단계에는 한 명도 운용하지 않았다. 불행하게도 육군은 거의 모든 부분에서 1983년에 바스 드 체게가 경고했던 바대로 '교육'보다는 '훈련'에 체화된 드퓨이 유형의 인물들에 의해서 지휘되었다. "거의 10년 동안 우리는 그들 생애의 '첫 번째 전투'를 위해 지휘참모대학 졸업생들을 훈련해왔지만, 아직 발생하지 않은 대결을 넘어서는 그 무엇에 대해서는 사실 어떤 훈련도 시키지 않았다"고 했다.

토미 R. 프랭크스Tommy R. Franks 대장은 12년 후인 2003년의 이라크 침공 작전에서 SAMS 출신자들이 발전시킨 이라크 점령 계획을 폐기되기 이전에 단지 부분적으로만 실행함으로써 SAMS 졸업생들을 효과적으로 운용하지 못했다. 가장 두드러진 사례는 그들이 수립한 계획에서는 불명예스럽게 집으로 돌아가는 것보다 이라크 육군을 전체적으로 유지하고, 그들에게 이라크 재건 임무를 부여할 것을 요구했었는데, 이러한 요구가 받아들여지지 않음으로써 2003년 중반에 불명예스럽게 집으로 돌아가는 일이 발생한 것이다. 2009년까지 SAMS에서 발간한 소책자는 SAMS 졸업생이 아닌 장군들의 단점에 대한 비평서처럼 읽혔다. 그 책자에서는 SAMS 졸업생들을 "위험하고 실험적인 것을 기꺼이 받아들이는 혁신적 리더들이고, 지휘통솔에서 뛰어난 적응력을 보이는 리더들이며, 미래의 작전 환경을 예측하고 복잡한 문제들을 해결하기 위해 비판적이고 창의적 사고의 기술을 적용하는 리더들"이라고 정의했다.

2%가 부족한 육군의 회복

SAMS가 존재했음에도 불구하고, 1980년대에서 1990년대 초까지 육군의 장군 리더십이 가지고 있던 결점은 과거 수십 년 전처럼 그대로 남아 있었다. 그중에서도 가장 두드러진 것은 1950년대와 1960년대에 육군을 괴롭혔던 고위 장교들에 의한 미시적 관리에 대한 불평이 재건된 1980년대와 1990년대의 육군으로까지 계속 이어졌다는 것이다.

수많은 육군의 내부 연구에서 조직의 이런 문제들을 자세히 분석했지만, 육군의 리더들은 발견된 문제점에 효과적으로 대응하는 방법을 찾을 능력이 없었다. 1984년에 있었던 육군의 조사는 장교 능력개발에서 리더십 기술이 작전적 기술에 이어서 두 번째로 취약한 분야라는 것을 발견했다. 1985년에 장교들은 경력주의 문화에 대해 광범위한 불만을 표출했다. 비슷한 시기에 시행된 내부 조사에서는 용감하고 창의적인 장교들은 육군에서 살아남을 수 없다는 것과, 육군이 회사의 관리자처럼 행동하는 장군들에 의해서 지휘된다는 공감대가 형성돼 있었다. 1987년에 141명의 육군 주임원사들을 대상으로 조사한 결과, 당시 장교상에 관한 놀라운 모습을 발견했다. 57%의 부사관들은 장교들이 부하들에게 얼마간 또는 전혀 충성심을 보이지 않는다고 답했고, 오직 8% 정도의 장교가 자신들을 대신해서 상급자들에게 맞설 것이라고 했으며, 43%를 넘는 응답자는 장교들의 유연함이 부족하다고 생각했다. 마셜 장군이 제시한 장교 유형의 본보기에서 가장 크게 벗어난 답변이 있었다. 정확하게 부사관들의 50%가 장교들이 팀플레이에 관한 감각이 부족하거나 전혀 없다고 했고, 약간 더 많은 부사관은 장교들이 부하들을 위해서 신경 써주는 것보다는 동료들보다 앞서 나가는 것에 더 신경을 쓴다고 답변했다. 48%는 장교들이 신뢰와 자신감을 고취시키지 못한다고 했다. 그들의 62%가 장교들이 자신들을 나쁘게 보이게 만든 사건들에 대해서는 은폐하려는 경향이 아주 강하다고 답함으로써 장교들의 청렴함이 가장 부족한 부분이라고 가혹하게 평가했다.

신뢰와 미시적 관리는 반비례 관계이다. 심지어 부하들이 실수한 이후에 그것을 스스로 고치는 것을 허락할 정도까지 아랫사람을 신뢰하면 할수록 장교들이 부사관들 위를 맴돌 필요가 더 적어진다. 신뢰의 부족은 조직 내에서 부식효과腐植效果를 불러와 조직의 역동성을 해치고, 정보를 움직이는 능력도 경직되게 만들어서 조직이 새로운 환경에 적응하거나 신중하게 위험을 처리하는 것을 어렵게 한다. 당시 육군 최고의 리더십 전문가 월터 울머 주니어Walter Ulmer Jr. 중장은 "신뢰할 수 없는 사람은 조직의 재앙이다"라고 1986년에 경고했다. 육군의 상당수가 상급자를 신뢰하지 않았다. 1987년 육군전쟁대학교에서 시행한 설문조사에 따르면 30%가 리더들이 윤리 기준에 부합하지 않는다고 응답했다.

드물게 공개적인 보직 해임이 있었지만, 그것도 직무능력 부족보다는 개인적 일탈에 대한 처벌이었다. 근접한 감시와 신속한 교정의 수단으로 간주되는 미시적 관리에 관한 모든 불만 사항들이 실제로 있었음에도 불구하고, 놀랍게도 육군은 전투에서 상급자의 무능함이 부하 군인들을 죽게 한다는 비효율성을 용인하는 것 같았다. 1985년 클레이 버킹엄Clay Buckingham 소장은 육군의 상태를 보고 난 후에 "무능하다는 이유로 장군들을 보직 해임시키지 않는 것이 원칙이었다"는 결론을 내렸다. 1980년 4월에 발생한 "이란 대사관 인질구출 작전" 실패나 1983년의 베이루트 병영 폭파사건에서 어떤 장군도 보직 해임되지 않았다. 만약 보직 교체가 있었더라도 대중에게는 알리지 않은 채 매우 조용하고 이루어졌을 것이다.

신념에 따라 행동하는 용기를 가진 사려 깊은 장군인 돈 스태리는 빠르고 중간 과정 없이 보직을 바꾸는 마셜의 인사 정책이 올바르다고 평가했다. 그렇게 하는 것이 신임 지휘관에게 부임 초기에 수습기간을 주고 시험을 해 필요하다면 그들의 경력에 커다란 손해가 되지 않도록 교체하는 방법이라고 그는 생각했다. "'좋아, 이 사람이 지휘를 하게 하지' 하고 6~7개월 후에 '그는 성공하지 못할 것 같으니 아무런 징계나 경력에는 하자 없이 지휘관 자리에서 내려오게 하지' 라고 하는 인사 체계를 가졌더라면 더 좋았을 것이다"고 말했다. 그러나 스태리는 결국에 그렇게 혁신적인 리더십에 접근하는 것은 육군의 능력 밖이었다고 결론지었다. "그것은 문화를 바꾸는 것을 요구하는 것이었기 때문에 우리 영역 밖의 일이라고 생각했다."

덧붙이는 글 - 드퓨이 시대가 끝나다

드퓨이의 육군 재건은 필요했었고 참으로 대단했지만 충분하지는 못했다. 수잔 닐센Suzanne Nielsen 중령이 쓴 2010년 평가 기록에는 "육군은 전술적, 작전적 면에서 훌륭했지만 전략적 성공을 획득하는 정치 지도자를 적절하게 도와줄 수 있는 지도자를 계발하는 데에서는 실패했다"고 기록했다. 이것은 육군의 재건에 관해 육군 스스로가 축하했음에도 불구하고, 국가와 국민을 위해 봉사하는 공복으로서 육군이 핵심기능을 수행하는 데 실패했다는 점을 고발한 엄청난 비평이었다. 이것은 이라크와 아프가니스탄 전쟁에서 육군이 임무 수행을 했던 것에 대한 최고의 묘비명이다.

몇몇 내부자들은 부족함을 이해했다. SAMS 창립자 중의 한 사람인 리처드 신라이히는 "우리는 육군의 변화를 위해 노력하고 있다"라고 결론지었다. 그러나 "우리는 실패했다"는 진술은 찾아보기 힘들었다.

윌리엄 드퓨이의 유산은 다른 방법으로 육군에서 살아있었다. 그의 추종자인 맥스웰 셔먼Maxwell Thurman이 1980년대 초에 육군 신병 모집을 활성화시켰고, 그 과정에서 아마도 완전 지원병제 군대all-volunteer force의 개념을 살렸다. 셔먼은 몇 년 후에 더 높은 계급으로 올라갔다. 1989년 중반에 국방장관 딕 체니Dick Cheney가 마누엘 노리에가Manuel Noriega 파나마 대통령을 축출하기 위한 작전 개시를 고심했을 때, 그는 파나마 지역 선임장교인 프레데릭 워너Frederick Woerner 대장이 그 일을 감당할 수 없다고 판단하여 워너를 해임하고 셔먼을 후임으로 임명했다. 워너는 1개월 후 전역했다. "내가 신뢰하고 믿는 사람을 거기에 있게 하는 것이 나의 의무라고 생각했다"고 체니 국방장관은 나중에 설명했다. 이는 민간 지도자와 군 고위 장군 사이의 적정한 관계를 명확히 공식화한 것이었다. 군대가 고위 장교에 대해 보직 교체를 하지 않았을 때, 민간 지도자가 그것을 시작한다는 새로운 패턴이 강력하게 대두하였다.

드퓨이 장군이 마지막으로 대중에게 모습을 보인 것은 걸프전 발발 전날로, 그가 재건하는 데 큰 역할을 한 가공할 육군이 중동에서 싸우기 위해 전개되었을 때였다. 그때는 1990년 12월이었고, 그는 인생의 막바지에 다다르고 있었다. 노장군은 하원 군사위원회 위원들로부터 쿠웨이트를 점령한 후 사담 후세인의 이라크에 대한 전쟁이 어떻게 될 것인가에 대해 논의해 달라는 요청을 받았다. 드퓨이는 1944년 6월 프랑스 노르망디에서 상륙작전 첫날을 시행하고 난 후의 가장 힘들었던 젊은 장교 시절로 돌아가서 자신의 군생활의 시작을 말하는 것으로 토의의 끝을 맺었다. 그는 "먼저 노르망디의 예를 들어 보겠다"고 말했다. 그는 독일군들이 동쪽으로 도망치려다가 사망자 1만 명과 포로 5만 명을 발생시킨 "팔레즈Falaise(프랑스 노르망디 캉 인근의 마을 - 옮긴이) 포위망"에 초점을 맞추었다. 드퓨이는 "그들은 본질적으로 하나의 길로 이동하고 있었습니다"라고 이야기했다. 이것은 몇 개월 후에 이라크 군이 북쪽으로 도주하면서 "죽음의 고속도로"에서 많은 희생을 당하며 걸프전이 어떻게 끝날 것인지를 암시하는 섬뜩한 예고였다. 그다음 해에 드퓨이 장군은 치매가 급격히 악화되었고, 1992년에 운명했다. 하지만 드퓨이는 그때쯤 자신이 재건했던 육군이 세계를 상대로 전술적 기량을 현시하는 것을 보았다.

제 5 부

이라크 전쟁과 숨겨진 재건 비용

1991년의 육군은 걸프 전쟁 개시 전날에 베트남 전쟁에서 철수했을 때보다 8만 명이 축소된 71만 명의 병력을 보유하고 있었다. 그러나 육군은 거의 모든 면에서 더 효과적으로 변했다. 최소한 전쟁의 전술적 수준, 작전적 수준에서 더 잘 훈련되고 더 좋은 장비를 갖추고 더 나은 지휘를 받았다.

24
콜린 파월, 노먼 슈워츠코프, 그리고 1991년의 공허한 승리

새롭게 역동적이고, 진취적으로 투사되는 베트남 전쟁 다음다음 세대의 육군으로 일컬어지는 1990년대 초 육군의 대중적 이미지를 지배했던 두 명의 장군은 콜린 파월Colin Powell과 더불어, 그와 함께는 하되 대체하지는 않는 인물인 노먼 슈워츠코프H. Norman Schwarzkopf일 것이다. 그들은 이상하게 비슷한 사람들로 군에서 유사한 경험을 한 동시대 사람들이었다. 둘 다 1950년대 후반에 임관했고, 베트남에서 처음에는 군사고문관, 두 번째는 밑바닥을 기고 있던 제23 사단에서 근무했다. 사기를 꺾는 임무임에도 불구하고 그들은 베트남 전쟁 후의 위기를 관통하는 기간 육군에 있으면서 육군을 재건하는 데 노력했다. 둘의 성장 배경은 육군의 정통파라기보다는 국외자에 가까웠다. 슈워츠코프는 뉴저지 출신의 진보 지식인이었고, 파월은 대체로 자유롭지만 지식인이 적은 흑인 밀집지역인 뉴욕 빈민가 출신이었다.

콜린 파월, 노먼 슈워츠코프, 그리고 1991년의 공허한 승리 | 457

걸프전 관련 기자회견에서 콜린 파월 합참의장과 대화하고 있는 슈워츠코프 사령관. 뉴욕의 빈민가 출신인 파월은 백악관 근무 경력으로 워싱턴 정계에서 일하는 데 익숙한 반면 슈워츠코프는 정치 세계의 경험 부족으로 워싱턴과의 소통에 문제가 많았다. (사진 출처: wikipedia commons/public domain)

하지만 둘 사이에는 중요한 차이점이 한 가지 있었다. 성장기의 일부 기간을 이란에서 보냈던 슈워츠코프는 지적으로 더 세련되었던 반면에, 뉴욕의 빈민가인 사우스 브롱크스 South Bronx 출신인 파월은 워싱턴 정계에서 일하는 것에 더 능숙하다는 점이었다. 파월이 형성한 경험과 그 결과 때문에 대장을 넘어서 합참의장, 그리고 이어서 국무장관으로 상승할 수 있었던 것은 군복을 입고 있었기 때문이 아니라 백악관의 일원으로 보낸 시간 때문으로 보였다.

슈워츠코프는 정치적 성격의 보직을 맡은 적이 없었는데 정치 세계에 대한 그의 경험 부족은 1991년의 걸프전 동안에 워싱턴과 계속적인 논쟁을 양산하게 하였다. 그는 걸프전이 일어나기 17년 전에 정반대의 경험을 했다. 당시에 그는 육군의 예산을 삭감하는 분야 중 하나인 폐쇄할 육군 기지를 결정하는 팀의 일원이었다. 그는 "우리는 이것이 군 역사상 가장 훌륭하고 공정한 기지 폐쇄 목록이라고 확신했었다"고 기억했다. 그가 말한 의미는 육군 요구에 가장 적합했고, 경제와 환경에 미치는 영향을 기초로 판단한 육군의 결과물이라는 뜻이었다. 의회가 이 제안을 거부하자, 그는 자기 생각이 잘못된 게 아니라 정치 체제가 문제라고 결론지었다. "18개월 동안의 고된 작업들은 헛수고였다. 워싱턴에서 어떤 일을 이루어 낸다는 것은 조작하고, 타협하며, 배후에서 조종하여 결정해야 한다는 것을 의미한다"고 말했다. 슈워츠코프는 자신의 분별력이 부족했다는 점을 인정하고 여기에서 멈췄어야 했다. 그는 기지 폐쇄 계획을 승인하는 권한을 가지고 있는 의원 수백 명과 깊은 관련이 있는 프로젝트에 1년 이상의 시간을 보냈지만 결론을 내리기 전에 의원들의 생각을 고려하지 않았다. 오히려, 기지 폐쇄에 대한 육군의 관점이 결국에는 국가나 심지어 육군에게도 "최선의 방책"이 아닌 것으로 드러났다. 이후에 육군은 기지 폐쇄에 대한 다음 단계로 해안을 따라 위치한 기지를 폐쇄하고 남부 시골 지역의 경제적으로 낙후된 지역에 있는 기지를 남겨두려고 했지만, 이 방안은 군인 가족들이 직업을 찾는 게 어렵다는 문제가 있었다. 의원들은 육군보다는 인구변화에 더 많은 관심을 보였다.

어울려 잘 지내기

반면에 파월은 일찍이 워싱턴 정계가 작동하는 방식을 거부하는 것이 아니라 오히려 그것에 관해 배웠다. 정부에서 일하는 전도유망한 소수의 젊은이가 참여하는 이상적 프로그램인 '백악관 동료 모임'의 일원으로 일하는 동안에 들은 조언인 "민주주의는 낮에 잘 기능하는 것은 아니다"라는 말을 그는 기억했다. "사람들은 이상적인 것에서 가능한 것으로 이동하면서 거래하고, 변하고, 협상하고, 후회하고, 고개를 숙이고, 타협한다. 특별한 경험이 없는 사람들에게 이러한 과정은 혼란스러울 수도 있고, 실망스럽기도 하며, 심지어 충격적일 수도 있다. 타협은 거기에 참가한 사람들을 교묘하고, 원칙도 없으며, 이중적인 얼굴을 한 존재로 생각하게 할 수 있다." 파월은 공화당의 새롭게 떠오르는 신성인 캐스퍼 와인버거 Caspar Weinberger와 프랭크 칼루치Frank Carlucci의 눈에 들면서 이러한 환경 아래에서 제대로 성장했다.

여러모로 파월은 베트남 전쟁 이후에 육군이 워싱턴 정가와의 관계를 회복하기 위해 육군에게 필요했던 적합한 인물이었다. 정치 지도자들은 정치력을 존중했으며 파월은 독립적인 정치기반을 발전시켰다. 그는 미국 국민이 신뢰감을 느끼는 장군이었다. 그 위치에 오르기까지 파월의 정치적 통찰력뿐 아니라 대중에게 호소하는 개인사도 한몫했다. 파월은 노동자 계급의 배경을 가진 흑인이었고, 웨스트포인트 특유의 냄새를 풍기는 웨스트모어랜드 류가 아닌 뉴욕 시립대학 출신이었다. 편안하게 대중과 함께하는 모습과 열정적인 직업윤리의식은 그가 "항상 특별한 친근감을 느끼며 군인으로, 대통령으로, 그리고 남자로 존경했다"고 말하는 아이젠하워를 닮았다. 그는 아이크처럼 "영원한 낙관주의" 분위기를 유지해야 한다고 믿었다. 또한 그도 아이젠하워처럼 육군에게 친절함의 요령을 알려주었다. 이마도 이러한 특성은 두 사람이 군 경력을 통해서 자신들의 인격이 크게 형성된 이후인 비교적 늦은 나이에 강력한 야망을 품게 되었다는 사실에서 비롯된 것으로 보였다.

자극에 대해 편안한 모습으로 인해 두 사람은 곤란한 사건들로부터 오염되지 않았는지도 모른다. 아이젠하워는 맥아더가 1932년 참전용사들의 참전 수당 지급을 원하며 벌인 '보너스 시위행진'을 공격한 경력으로 인해서 군대에서나 정치적으로도 피해를 받지 않았다. 베트남 전쟁에서 제23 사단이 미 라이 학살을 은폐하려는 시도했을 당시 사단 참모로 근무했을 때, 또한 레이건 행정부가 니카라과 콘트라 마약 조직의 불법 자금을 이용해서 이란으로 무기수출을 시도한 행위자들을 색출할 때, 파월은 피해를 입지 않았다.(사실, 파월은 자신이 부보좌관으로 있던 1987년 레이건 대통령이 국가안보보좌관을 공석으로 만들어 콘트라 스캔들이 자신의 경력에 도움이 되었다고 보았다. 그는 하버드대학 교수 헨리 루이스 게이츠 주니어Henry Louis Gates Jr.와 이야기를 나누며 "이란 콘트라Iran-Contra 스캔들이 없었더라면 어딘가에서 무명의 장군으로 있었을 것이다"라고 농담을 던졌었다.) 아이젠하워처럼 파월도 문제 해결을 즐겼다. 아이젠하워가 인간적인 퍼즐에 끌렸던 반면에, 파월은 오래된 볼보자동차를 수리하는 취미와 같이 좀 더 예측할 수 있고 기계적인 과제를 가지고 긴장을 푸는 것을 좋아했다. 그는 "사람과 달리 자동차는 괴팍한 기질이 없다. 차량과 작업할 때 나는 미지의 신들이 아니라 확실한 신들을 상대한다"고 말했다.

파월은 아이젠하워보다 훨씬 더 적합한 유형의 멘토를 끌어들이거나 찾는 것처럼 보였으며, 다른 모든 장교보다 빠르게 앞서나가는 방법을 배웠다. 그는 베트남 전쟁 이후의 육군 장교들 사이에서 가장 영향력 있는 드퓨이 휘하에서 잠시 근무했었고, 회고록에 자신을 "드퓨이의 동문"이라고 표기했다. 백악관 파견 근무를 마친 후에, 그는 1950년 장진호 동쪽 호숫가에서 엄청난 비극을 당했던 돈 페이스 중령의 제32 보병연대 1대대를 지휘하기 위해 한국으로 이동했다.

장군 리더십에 다가가는 데 더 중요한 경력은 여단을 지휘하는 것이다. 성공적으로 여단을 지휘하는 것은 대령이 준장으로 진급하기 위해 반드시 거쳐야 할 필수적 관문이었다. 자서전에서 여단을 지휘하던 시절을 회상하면서 파월은 부대원들에게 어울려 잘 지내는 것에 관하여 조금은 이상한 설교를 했다. 거기에는 어느 정도의 방어적 요소가 있지만 아프리카계 미국인이자 뉴욕 출신에다 ROTC 임관이라는 3종 세트를 가진 비주류의 사람이 육군에서 어떻게 대처해야 하는지 배운 자부심이 있었다. "나는 오랫동안 육군의 관리 방식에 대처하는 법을 배웠다. 왕 같은 상급자들에게 이익을 주어 그들을 등 뒤에서 물러나게 한 다음 중요하게 생각하는 것을 하자." 그는 육군에 반기를 드는 사람이 되고 싶지 않아서 이런 부담에 대해 다음의 3개의 은유적 문장으로 이야기했다. "나는 분명히 능력이 있는데도 불구하고 좌초한 장교들의 경력을 관통하는 공통점을 발견했다. 그들은 어리석거나 부적절하다고 생각되는 것과 싸웠지만, 그들이 중요하다고 생각하는 일을 하다가 결국에는 살아남지 못했다." 파월의 이후 경력이 보여주듯 이러한 대처 의지는 앞서 나가기 위한 비법이었다. 이것이 수십 년 동안 그에게 도움을 준 특성이었기는 하지만, 궁극적으로는 그를 실패하도록 만들었을지도 모른다. 파월은 그러한 공손한 습관들을 떨쳐버리기 시작했어야 할 나이와 계급이 되었을 때 굽신거리는 훈련을 하고 있었을지도 모른다. 예비역 중장 데이비드 바노 David Barno 는 자신의 육군 경력을 되돌아보면서, "계급이 올라갈수록 순응하고 조직에 충성스러워야 한다는 압박이 더 심해진다. 내가 계속 들은 말은 '네 자리를 지켜라'였다"고 말했다. 이 말은 본인이 해야 할 일과 책임 외에는 그 어떤 것에 대해서도 아무 말 하지 말고 조용히 지내야 한다는 뜻이었다고 그는 말했다. "우리가 당신의 의견을 원할 때, 우리는 당신을 혼내줄

거다."

 파월이 1991년에 합참의장이 된 것은 마셜이 없는 아이젠하워가 되었음을 뜻하는 것으로, 전략을 실질적으로 실행하는 권한이 없는 사람이 전략 실행의 주인이 되었음을 의미했다. 체니 국방장관과 다른 상사들을 자극하여 전략적 질문을 숙고하도록 하려는 그의 노력은 거부당했을 것이다. 체니는 파월에게 자신의 자리를 지키라고 효과적으로 말할 것이다.

1991년 걸프전의 공허한 승리

 노먼 슈워츠코프 또한 워싱턴에서 파월의 커지는 영향력으로부터 혜택을 받았다. 그는 파월의 도움으로 걸프전 사령관 자리를 얻었다. 1988년에 창설되어 중동지역을 담당하는 중부사령부의 새로운 사령관은 최근 전통에 따르면 해군이 그 자리를 맡을 "차례"였다. 그러나 당시 도널드 레이건 행정부의 국가안보보좌관이었던 파월은 그 자리는 지상군에 친숙한 사람, 즉 해군 제독보다는 육군이나 해병대 장군이 가야 한다고 믿고, 오랜 친구이자 멘토였던 당시 국방장관 프랭크 칼루치Frank Carlucci 의 인사에 끼어들었다. 그는 "그것은 노먼 슈워츠코프가 그를 역사 속으로 밀어 넣을 지휘권을 어떻게 얻게 되었는지에 관한 것이다"라고 기술했다.

 1991년의 걸프전은 지상, 공중, 심지어 외교에서조차 베트남 전쟁과는 반대로 구상되었다. 1990년 여름에 이라크가 쿠웨이트를 침공했을 때, 파월은 이미 백악관에서 군으로 복귀해 합참의장이 되어 있었다. 사담 후세인의 공격에 대비한 미국의 대응을 준비하면서 슈워츠코프와 파월 두 사람의 중요한 고려요소는 인도차이나 반도에서의 실수를 되풀이하지

콜린 파월, 노먼 슈워츠코프, 그리고 1991년의 공허한 승리

1988년 11월 칼루치 국방장관이(가운데) 미 중부군 사령부의 지휘권을 조지 크리스크(왼쪽) 미 해병대 장군으로부터 노먼 슈바르츠코프 육군 장군에게 이양하고 있다. (사진 출처: wikipedia commons/public domain)

않겠다는 확고한 결심이었다. 모든 논의를 지배했던 것은 파월이 개념 발전을 도왔던, 국민의 지지 없이 다시는 건성으로 전쟁에 참여하지 않겠다는 내용의 와인버거^{Weinberger} 독트린이었다.

쿠웨이트에서 이라크군을 축출하기 위한 미국의 개입을 앞두고 열린 백악관 회의에서 파월은 "베트남 전쟁을 하면서 정치 지도자들에게 명확한 목표를 제시하라는 압력을 가하지 않고 전쟁을 수행했었던" 1960년대의 합참 조직과 구성원에 대한 실망감을 가슴에 새기고 있었다. 그렇게 하려는 결심으로 그는 백악관 회의 중에 "쿠웨이트를 해방하기 위해 전쟁을 할 가치가 있는가?"라는 질문을 하게 되었고, 이것이 그날 늦게 딕 체니 국방장관으로부터 "장군은 국무장관이 아니고 더 이상 국가안보보좌관도 아니오. 장군은 국방장관이 아니니 군사적 문제에만 충실하시오"는 핀잔을 듣게 하였다. 그런데도 파월은 이전 전쟁에서 주요 걸림돌이었던 육군과 해병대 예비군의 소집 필요성을 분명히 지적했다.

　슈워츠코프 또한 군 인사 정책을 토의할 때 베트남에 대해 언급했다. 자신의 회고록에서 1990년 10월의 참모 업무일지를 인용한 것에 의하면, 그는 장병들을 개별적으로 교체하는 대신에 매 6~8개월을 주기로 지상 전투부대 단위로 바꾸는 것을 제안했다. 그러나 체니는 교대계획 자체가 없으며, 장병들은 "전쟁 기간"에 계속 전쟁터에 있어야 한다고 결정했다. 부시 대통령은 사담 후세인의 마음을 바꾸기 위한 경제 제재를 기다리며 사막에 주둔하는 군대를 계속 기다리게 하지 않을 것이기 때문에 그것은 조지 부시George Bush 행정부가 조만간 행동할 것이며 그 기간이 길지 않을 것이라는 징후였다. 예하부대가 전쟁계획에 대해서 자신에게 브리핑할 때, 슈워츠코프는 "베트남 참전용사들의 혜택을 위해서 사실상 전체 영역에서 내가 강조했던 것은 '우리는 한쪽 팔을 뒤로 묶인 채로 일을 시작하지 않을 것이다'"고 썼다. 미군 주둔 병력이 꾸준히 증가하여 50만 명에 이르렀던 베트남 전쟁과는 다르게, 슈워츠코프는 현장에서 같은 수의 병력을 가지고 공세이전counteroffensive(적의 공격을 무력화시키고 주도권을 확보하기 위해 방어로부터 적극적이며 대규모의 공세로 전환하는 것 - 옮긴이)을 시작했다. 마찬가지로 공중 전투도 베트남에서는 암호명 '천둥소리'라는 점진적인 화력 운용을 했던 것과 아주 대비되게 '순간적인 천둥'이라는 빠른 화력 운용방법을 채택했다. 이라크 전쟁이 발발하기 전날 스위스 제네바에서 있었던 제임스 베이커James Baker 국무장관과 이라크 타리크 아지즈Tariq Aziz와의 긴박한 대면 회의에서 베이커는 만약 미국이 공격한다면 "어마어마한 규모의 대규모 작전이 될 것이다. 제2의 베트남 전쟁이 아니라 신속하고 결정적인 종결이 되도록 전투가 진행될 것이다"라고 상대방에게 경고했다.

베트남 전쟁 스타일의 장군이 되지 않겠다는 슈워츠코프의 결정은 자신의 단점을 보지 못하게 했을 수도 있었다. 슈워츠코프는 1990년 10월에 부시 행정부 국가안전보장회의에 계획관들을 보내서 쿠웨이트에서 이라크를 축출하기 위한 잠정 계획안을 보고하도록 했다. 그의 정면 공격 계획 제안을 접수한 워싱턴 민간 관료들의 반응은 냉담했다. 체니는 "그 계획에는 상상력이 없다는 것을 발견했다"고 건조하게 술회했다. 체니 예하에 있던 헨리 로웬Henry Rowen은 "이 계획은 경輕여단을 물이 없는 죽음의 계곡으로 집어넣는 것"이라고 조롱했다. 다른 사람들은 중부사령부의 계획을 "의미 없는 노래 가사 같다"고 요약했다. 조용하게 말하는 성향의 국가안보 고문 브렌트 스코우크로프트Brent Scowcroft는 체니보다 더 가혹하게 평가했다. 그는 나중에 "놀랐었다"고 말하며 "나에게는 마치 하고 싶지 않은 일을 하는 사람들이 마지못해 보고하는 것처럼 들렸다. 그들이 제시한 우선 방책은 솔직히 너무 수준이 낮아서 내가 '왜 서쪽으로 돌아가지 않지요?'라고 물었더니 돌아온 답변이 '트럭이 충분하지 않습니다'였다"고 말했다. 시원치 않은 계획의 후과로 체니는 자신이 직접 경쟁력 있는 작전계획을 수립했다. 그렇게 하고 나서 그는 "합참과 전투 현장, 그리고 중부사령부에 있는 모두에게 '제군들, 모두가 함께 계획을 만들기 바라네. 만약 자네들이 하지 못하면 나는 편안한 마음으로 내가 만든 계획 하나를 내려줄 테니'라는 신호를 보냈다."

재앙 같은 보고에도 불구하고, 슈워츠코프는 자리를 유지했다. 그러나 모든 고위 장교들이 그렇게 운이 좋았던 것은 아니었다. 걸프전은 최고위 장군을 교체하면서 전쟁 개시에 가까워졌다. 그것은 새로운 유형의 인사 정책에 의해 민간 관료가 고위 장군을 해임하는 형태였다. 이번의 경우는 마이클 듀건 Michael Dugan 공군참모총장이 신문 인터뷰에서 임박한 전쟁에서의 공군력 역할을 자랑함으로써 파월과 체니를 화나게 하였다. 파월이 얼마나 분개했었는지는 《워싱턴 포스트 Washington Post》 기사에 관한 요약에서 "단편소설 같은 신문기사에서 듀건은 이라크인들을 만만한 상대처럼 보이게 만들었다. 미군 지휘관들이 이스라엘로부터 신호를 받고 있다는 것을 암시했다. 또한 정치적 암살을 암시했다. 그러면서 공군력만이 유일한 방책이라고 주장했다." 다음날 체니 국방장관은 듀건을 교체했다.

이라크에 대한 첫 번째 공중 전쟁이 1991년 1월 17일 밤에 시작되었다. 16년 전에 사이공이 함락된 이래로 미군이 성공적으로 환골탈태했음을 부정할 수 없게 만드는 순간이었다. 공습이 시작되었을 때, 군 내부에서조차 광범위하게 실험되지 않은 정밀유도폭탄과 레이더 회피 "스텔스 stealth" 항공기들과 같은 새로운 첨단 기술을 활용한 무기체계의 신뢰성을 회의적으로 보는 시선이 여전히 존재했었다. 전쟁이 발발하기 전 파월은 "해군이 보유한 토마호크 순항미사일 Tomahawk land attack cruise missiles을 모두 쏘더라도 그것은 별 가치가 없을 것이다"라고 토마호크에 대해 속단하는 평가를 말한 바 있었다. 그러나 전쟁이 개시되자 파월의 추정과는 다르게 토마호크 미사일은 모든 면에서 훌륭했다. 파월과 체니는 국방부에서 대기하고 있었다. "공중전과 관련해 우리는 첫날 밤이 최악의 밤이 될 것으로 예상했었다"고 체니는 기억했다. 그는 국방부의 자기 사무실에서 밤을 꼬박 새웠다. 거의 700여 대의 항공기가 밤새도록 작전을 했음에도 불구하고 단 1대만 손실을 당했다는 보고를 듣고 놀랐다. "그것은 경이로운 결과였다. 우리가 그토록 잘했다는 것을 믿을 수가 없었다."

전쟁 2일 차 밤에, 건전한 전쟁을 수행하는 데 필수적인 민군 담론이 난관에 봉착했다는 경고 신호가 있었다. 이라크가 이스라엘을 전쟁에 끌어들이기 위해 국경을 넘어 700여 발의 스커드 미사일을 발사하는 정치적 도발을 시작했다. 이것은 전술적으로는 그다지 중요하지 않은 움직임이었지만, 이스라엘의 보복을 유발하여 다른 아랍 국가들이 미국 주도의 동맹에서 떠나게 하는, 당혹감을 주기 위한 전략적 목표를 가지고 있었다. 정치에 무관심했던 슈워츠코프는 자신이 수행하는 임무와 관련이 없다고 믿으며 이 위험을 둔감하게 받아들였다. 그의 관점에서 보면, 유효사거리 훨씬 너머로 탄두를 운반하기 위해 사격되는 작고 부정확한 이라크의 미사일은 군사적 위협이 없었기 때문에 이 문제는 자신의 영역이 아니었다. 정치적 고려 사항에 대한 논의에서 파월을 멀어지게 만든 체니 국방장관은 "스커드 미사일을 막기 위한 자산 운용의 중요성을 충분히 이해하고 있다"고 의심하며 슈워츠코프와의 대화를 피했다. 슈워츠코프의 태도는 당시 국방부 정치담당자인 폴 월포위츠 Paul Wolfowitz를 자극하여 "사령관은 클라우제비츠를 읽었고 전쟁이 정치적이라는 것을 알고 있는 사람일까?"라고 말했다. 사실, 슈워츠코프는 체니의 지시와 그가 베트남 전쟁 이후의 육군에서 드퓨이로부터 배웠던 '전략에서 전투를 분리하고 전술적 수준의 전쟁에 집중하라'는 두 가지 사항을 단순히 따르고 있었을 뿐이었다.

상황을 바로 잡기 위해 결국 체니가 개입해야 했다. 그는 슈워츠코프에게 이라크 바그다드 주변에 계획한 폭격 임무에서 항공전력을 빼내어 이라크 서부의 광활한 사막 지역에 있는 이동식 스커드 발사대를 찾아 파괴하도록 명령했다. 스커드 발사를 방지하는 노력이 효과가 없다고 판명되더라도 그는 "이스라엘 정부에게 '봐라, 지난밤에 항공기가 50회 출격하여 이라크 서부지역에서 스커드 발사대를 공격했고 여기 우리가 얻은 결과가 있다'고 말할 필요가 있었다. 전쟁을 하면서 내가 개입한 곳은 거기가 유일했었다. 비록 많은 스커드 미사일을 없애지는 못했지만…. 그러나 우리가 노력했고, 할 수 있는 모든 것을 하고 있다는 것을 인식하게 만드는 것은 대단히 중요했다." 체니는 전략적 사고를 했지만, 슈워츠코프는 그렇지 않았다. 체니와 파월, 그리고 슈워츠코프 모두 이 시점에서 그들 사이에서 벌어진 담론의 질과 명료함을 개선하는 데 집중하기 위해서 작전을 잠시 중단하지 않은 실수를 범했다.

대신에 슈워츠코프는 계속해서 실수를 저질렀다. 그는 스커드 발사대를 찾아서 파괴하기 위하여 이라크 서부 사막 지역에 특수작전부대를 투입하여 은밀하게 감시해야 할 필요가 있다는 사실을 고려하지 않는 잘못을 저질렀다.

또한 그는 전쟁에서 초기 지상작전의 의미를 파악하는 데 느렸던 것으로 밝혀졌다. 1991년 1월 말 이라크 육군이 사우디아라비아를 기습적으로 침공했다. 카프지Khafji 전투라고 알려진 이 공세는 당시에 거의 이해되지 않았었고, 지금도 거의 기억되지 않는 작전이다. 1991년의 전쟁에 대한 최고의 분석가 중 두 명인 군사 전문기자 마이클 고든Michael Gordon과 예비역 해병 중장 버나드 트레이너Bernard Trainor는 그들의 연구에서 3개 이라크 기갑사단의 운용을 포함하여 잘 계획된 이 공격은 "사우디 육군에게 굴욕을 안겨주고, 지상전을 시작하게 하며, 미국인들의 피를 흘리게 하도록 구상되었다"고 기술했다. 이라크군은 몇 년 전 이란과 전쟁했던 것처럼 적진을 돌파하여 돌파구를 뚫은 다음에 증원부대를 투입하는 방식으로 싸웠다. 그러나 여기에는 중대한 차이가 있었다. 이라크군의 대공방어

능력은 미군 항공기 공격에 취약한 것으로 판명되었으며, 특히 일렬종대로 밀집한 장갑차와 탄약 및 연료를 운반하는 보급 트럭들이 심대한 타격을 입었다. 이라크군은 경악했다. 이라크 지휘관들이 역동적이고 정밀한 미군의 역습에 놀랐었다는 사실을 지금 우리는 알고 있다. 보도에 의하면, 이라크군 제5 기계화사단 장병 1명이 30분 동안의 미군 공중공격으로 지난 8년간 이란군으로부터 당했던 것보다 더 큰 피해를 여단이 입었다고 진술했다. 이라크군 고위 지휘관들도 인정했다. 2003년에 있었던 미군의 이라크 침공 후에 노획한 테이프에서는 군사 고문들이 사담 후세인에게 "카프지 전투 후에 몇 명의 지휘관들이 나에게 '대통령님, 우리가 실수했습니다. 우리가 미군에 대해 평가한 모든 것이 틀렸습니다'라고 말했다"고 보고했다는 내용이 들어 있었다.

하지만 슈워츠코프와 파월 두 사람 모두 카프지 전투의 의미를 제대로 인식하지 못했다. 슈워츠코프는 3일간의 카프지 전투를 "코끼리 위의 모기만큼 중요한 것"이라며 가볍게 일축했다. 이것은 전장에서 일어난 사건들을 숙고하며, 정보를 최신화하여 계획을 조정해야 하는 장군 리더십의 실패였다. 카프지 전투가 슈워츠코프에게 이라크군이 그가 믿었던 것만큼 전투력이 강하지 않았고, 생각했던 것보다 더 빨리 이라크군을 패배시킬 수 있다는 것을 분명히 했지만 슈워츠코프는 이 메시지를 제대로 파악하지 못했다. 그의 지휘 실패는 수 주일 후, 쿠웨이트에 대한 미군의 지상 공세를 처리하는 데 중요한 영향을 미칠 것이다.

파월과 슈워츠코프 사이의 의견 대립은 지상군 공격 전날인 1991년 2월 중순에 정점에 이르렀다. 슈워츠코프는 계속해서 작전 개시를 주저하고 있었다. 파월은 슈워츠코프와의 열띤 전화 통화에서 "이보시오, 장군은 10일 전에 21일이라고 말했잖소. 그러고는 다시 24일을 원한다고 했고, 이제는 26일이 어떠냐고 말하고 있소. 내 뒤에는 대통령과 국방장관이 있어요. 그들은 러시아가 제시한 고약한 평화제안서를 가지고 있어서 그걸 시도하려고 움직이고 있소. 장군이 작전을 연기하고자 한다면 더 나은 이유를 대야 하오. 장군은 내가 느끼는 중압감을 이해할 수 없을 거요"라고 말하며 슈워츠코프와 정면으로 부딪쳤다.(애원하는 어조로 마지막 부분을 이야기했던 것이 이채로웠는데, 조지 마셜이 아이젠하워에게 그런 식으로 애원하는 것은 상상하기 어려운 일이다.)

슈워츠코프가 화를 내며 "장병들의 생명은 나의 책임입니다. 이 모든 것이 정치적인 것입니다"고 하면서 계속해서 "해병대 지휘관은 기다리는 게 필요하다고 말합니다. 우리는 해병대의 생존에 관해 이야기를 나누었습니다"고 소리치며 받아쳤다.

파월은 정치가 군사와 연계되어 있다는 점을 확실하게 하는 게 아마 합참의장 직무에 맞는 의무라고 생각해서 냉정하게 대응했던 것으로 보인다. 프로이센의 위대한 전쟁이론가 클라우제비츠의 가장 잘 알려진 이론에 따르면 전쟁은 다른 수단에 의한 정치의 연속이라는 것이다. 정치적 목적을 위해 싸우지 않는 전쟁은 단지 무분별한 유혈사태일 뿐이다. 하지만 파월은 그 어떤 말도 하지 않았다. 오히려, 감정이 고조되어서 "나에게 그런 변명은 통하지 않는다"고 자신의 베트남 전쟁 전우인 슈워츠코프에게 소리치며, "나에게 잘난 체하며 죄책감을 주려고 하지 마시오. 내가 사상자 따위에 관심이 없다고 말하지 마시오"라고 응수했다.

슈워츠코프는 약간 물러났다. 그는 "의장은 정치적 편의주의 때문에 나의 군사적 판단을 제쳐놓으라고 압박하고 있습니다"라고 호소했다. 대체로 이것은 두 명의 장군 모두 유리한 입장에 있지 않다는 것을 보여주는 눈에 띄는 교환이었다. 정치와 전쟁의 분리에 관한 슈워츠코프의 경솔한 주장은 전구에서의 작전 지휘권에 대한 결론이 쉽게 나지 않을 것이라는 점을 예고했다.

25

지상전

슈워츠코프 VS. 프레데릭 프랭크스

지상공격은 미국 지상군의 재등장을 신속하고 치명적으로 확인시켜 주었다. 1991년 2월 26일 오후의 한때, 쿠웨이트 서쪽에 위치한, 지도에도 표시되지 않은 사막에 있는 '73 이스팅Easting'이라고 불리는 곳에서 벌어진 30분 정도의 교전에서 소수의 제2 기갑수색연대의 전차와 브래들리 전투 장갑차들이 대략 이라크군 전차 30대, 기갑차량 20대, 그리고 30대의 트럭을 파괴했다. 미군은 병사 1명과 브래들리 장갑차 1대를 잃었을 뿐이었다. 다음날 메디나Medina(사우디아라비아 서부의 도시 – 옮긴이) 능선 전투에서 제1 기갑사단도 이와 비슷하게 이라크군 전차 186대와 이와 유사한 숫자의 장갑차량을 격멸하는 일방적인 전과를 달성했다. 역사학자 릭 앳킨슨Rick Atkinson의 표현대로 "눈부신 살육"이었다.

그러나 오늘날, 1991년 2월에 있었던 이라크인들과의 4일간의 지상전은 아마도 미군 장군들 사이에서 생긴 논쟁으로 육군 내부에서 가장 기억에 남을 것이다. 베트남 전쟁의 교훈에 고집스럽게 귀를 기울이던 슈워츠코프와 파월은 가장 중요한 것 중의 하나인 부하들의 보직 교체의 필요성을 놓친 것 같았다. 슈워츠코프는 이라크 전쟁 회고록에서 쿠웨이트 서부 사막에서 5개 사단과 1,600대의 전차를 휘하에 둔, 베트남 전쟁 참전으로 유명한 제7 기동군단장 프레데릭 프랭크스 Frederick Franks 중장을 신랄하게 비판했다. 슈워츠코프는 그가 자신의 전투에 대해 이해하지 못하고, 지나치게 조심성이 많아서 전구의 주공부대가 쿠웨이트 동쪽으로 공격하기 전에 우회한 이라크군을 격퇴하기 위해 남쪽으로 공격 방향을 바꾸기를 원한다면서 그를 초조한 성격을 가지고 있으며 감언이설을 하는 사람이라고 묘사했다. 어느 순간 슈워츠코프가 참모들에게 "도대체 제7 군단에서 무슨 일이 일어나고 있는 거야? 제7 군단이 어젯밤에 멈추었나?"라며 소리쳤다.

훨씬 나중에 다큐멘터리 감독에게 설명할 기회가 있었을 때 프랭크스는 "나는 48시간 앞을 생각하고 있었다. 우리가 이라크 공화국 수비대를 공격할 때 그들이 예상하지 못한 방향에서 최고 속도로 강력한 집중 공격을 할 생각이었기 때문에 내가 해야 할 일은 어떠한 상황이 발생하더라도 군단의 태세를 이상이 없도록 갖추는 것이었다"고 말했다. 또한 그는 지상작전이 시작되는 개전 초의 유동적인 상황에서, 특히 야간에 위험한 아군 간의 오인사격에 대해 합리적인 걱정을 했다. 프랭크스는 자서전에서 보병인 슈워츠코프가 기갑 부대의 기동 대형에 대한 감각이 전혀 없으며, 전선에서 640킬로미터나 떨어진 사우디아라비아 리야드 남쪽의 지하 벙커에서 전쟁을 지휘하는 성질 고약한 "사무실 장군"이라고 비판했다. "슈워츠코프 장군은 직접 나에게 전화를 하거나 만나러 온 적이 없었다. 그는 제7 군단의 상황에 대해서 완전한 이해를 하지 못했다"고 프랭크스는 기록을 남겼다. 또한 그는 슈워츠코프가 남쪽으로 돌아가려는 자신의 의도를 단순히 잘못 알고 있었다고도 했다.

　종군기자 고든과 예비역 해병 중장 트레이너는 그들의 기민한 분석을 통해서 슈워츠코프처럼 프랭크스도 이 경우에는 "지나칠 정도로 치밀하게 계획되어 쉽게 적용이 될 수 없는 두 갈래 방향의 공격계획을 기존의 전구 작전계획과 하나로 합쳤다"고 평가했다. 그것은 드퓨이가 주장하는 동시성을 실현하기 위한 엉성한 계획이었다. 프랭크스와 슈워츠코프 사이의 마찰은 심화되었고, 슈워츠코프가 응급으로 담낭 수술을 받고 회복 중이던 존 여석 John Yeosock 중장을 사적 친분 관계를 감안하여 자신의 자리에 그대로 있게 하는 조치를 취함으로써 갈등이 더욱 증폭되었다. 지상 전투가 시작되었을 때까지도 건강이 좋지 않았던 존 여석에 대해 어느 장교는 "전쟁을 지휘하는 곳이 아니라 시체 안치소에 있어야 할 사람처럼 보였다"라고 묘사했다. 전쟁이 끝난 후 슈워츠코프는 프랭크스가 이라크 공화국 수비대 격멸에 실패했다고 비난했다. 그러나 고든과 트레이너는 사실 그것이 슈워츠코프 자신의 계획이었으며, 육군이 서쪽에서 진입해 쿠웨이트 북부에 있는 이라크인들의 출구를 봉쇄하기 전에 해병대에게 남부 이라크군에 대해 총공격을 개시하도록 한 것은 그의 실수였다고 결론을 내렸다. 그러므로 이라크군을 가두는 대신에 그들을 밖으로 나가도록 압박을 가하는 슈워츠코프의 전쟁계획은 마치 병에서 코르크 마개가 터지는 것과 유사했다.

　베트남 전쟁에서 범했던 실수인 적군에 대한 저평가를 반복하지 않겠다는 슈워츠코프의 결심은 그를 정반대의 극단으로 가도록 만들었다. 육군 역사학자 리처드 스웨인 Richard Swain은 "슈워츠코프의 가장 커다란 단점은 높은 시각에서 전투 현장을 바라보지 못하고, 작전 수행 과정에서 생기는 마찰과 정보체계 내에서 발생하는 '소음'을 인식하고 받아들이는 데 있어서 무능했다는 것이다. 발생한 사건들로부터 점점 뒤처지면서 야전에서 대규모 기갑부대 기동의 제한 사항에 영향을 미치거나 이해할 수 없었다"고 썼다.

슈워츠코프는 최고사령관으로서 프랭크스 제7 군단장을 적절하게 다루는 데에도 실패했다. 제2차 세계대전에서 군단장과 사단장들은 상급자들로부터 심한 고통을 받았었고, 지휘관 지시에 저항하는 것처럼 보이는 "느림보들"일 경우에는 거의 확실하게 해임되었다. 이탈리아 안지오에서의 존 루카스 소장과 벌지 전투 후의 제75 보병사단장 페이 프리켓$^{Fay\ Prickett}$ 소장이 그러한 예에 해당되었다. 차라리 프랭크스를 해임하는 것이 그를 그 자리에 그대로 두었다가 회고록에서 두들겨 패는 것보다는 더 나았을 것이다. 아무튼, 슈워츠코프의 자서전에 나와 있는 것처럼 제2차 세계대전의 지휘관은 부하들이 좀 더 잘 반응했더라면 전쟁이 더 잘 됐을 것이라고 주장하지 않았을 것이다. 마셜, 아이젠하워, 그리고 브래들리가 그런 변명에 대해 어떻게 대응했을까를 상상하는 것은 그리 어렵지 않다.

베트남 전쟁의 영향이 가져온 또 하나의 영향, 즉 군사작전을 정치적 고려 사항에서 멀리하는 것이 전쟁이 끝날 무렵 슈워츠코프를 최악의 순간으로 몰아넣었다. 정치적 생각을 거부했던 것은 결국 돈키호테식의 불합리한 접근이었다. 왜냐하면 전쟁은 궁극적으로 정치적 목표를 달성하려는 것이기 때문이다. 전쟁이 채 끝나지도 않았는데 슈워츠코프는 아무 계획도 없는 것처럼 행동했고, 심지어는 종전에 관해서 모호한 생각을 하는 것처럼 보였다. 기자회견에서 그는 이라크 공화국 수비대가 탈출하고 있음에도 그들이 쿠웨이트로부터 퇴각하는 "문은 폐쇄되었다"고 잘못된 정보를 말했다. "그들은 항복이나 전멸되어 파괴 외에는 선택의 여지가 없다"는 말 역시 틀린 정보였다. 최종적으로 육군은 이라크 공화국 수비대 전차의 3분의 1에서 2분의 1이 온전한 상태로 쿠웨이트를 탈출했다고 결론지었다. 더욱 놀라운 것은 1만여 명에 이르는 이라크군 포로를 잡았음에도 불구하고 단 1명만이 공화국 수비대 고위 장교였다는 사실이다.

슈워츠코프는 이라크군과 협상을 하기 위해 마주 앉기 전까지 상급자들과 이 문제에 대해 상의하지 않았다. 1991년 3월 3일에 이라크 사프완 Safwan(이라크 남동부의 도시 – 옮긴이)에서 이라크 장군들과 휴전 협의를 하는 자리에 어떤 고문관도 대동하지 않았다. 고위 민간 관료나 심지어 공군에서조차 누구도 같이 가지 않았다. 그는 아무것도 모른 채 맹목적으로 날아갔다. 이라크 장군들이 헬리콥터 비행이 허용되는지를 물었을 때 토의는 최악의 순간을 맞았다. 나중에 이라크 신문에서 회의 결과를 보도한 바에 따르면 슈워츠코프는 "우리가 맡은 지역의 상공이 아닌 한 전혀 문제가 없다"고 대답했다. 회의록에는 "우리는 헬기를 허용할 생각이다. 이것은 대단히 중요한 사항이며 군용 헬리콥터가 이라크 상공을 비행할 수 있다. 전투기와 폭격기는 아니다"라고 기록되어 있다.

이러한 관대한 결정에 놀란 이라크 장군은 슈워츠코프가 말한 의미를 확인하려고 "무장한 헬기는 이라크 하늘에서 날 수 있지만, 전투기는 안 된다는 뜻인가요?"라고 재차 물었다.

"그렇소"라고 슈워츠코프가 답변했다. "공군에게 우리가 주둔하지 않는 이라크 영토 내에서 비행하는 어떠한 헬리콥터도 사격하지 말라고 지시하겠다"고 말했다. 그러한 교환을 함으로써 그는 미국 정부가 도움을 주고 있는 이라크 남부 시아파들이 사담 후세인에 대항하여 일으키려던 봉기를 막아버리는 우를 범했다. 다음날부터 이라크군의 공격 헬리콥터는 기관총 사격을 하는 반군들을 상대하기 위해 계곡과 도시 상공을 비행했다. 이 사실은 미군이 이라크에 다시 돌아올 12년 후에 이라크 사람들에 의해 쓰라리게 기억되었다.

전쟁의 종결 조건을 고려하는 데 실패한 사람은 슈워츠코프 혼자만이 아니었다. 오히려 이것은 워싱턴으로부터 지침이 결여되었다는 것을 나타내는 것이다. 결국에 이것은 민간인 리더십의 실패이며, 1991년 전쟁 동안의 민군 담론이 당시에 회자되던 만큼 건전하지 못했다는 것을 보여준다. 군 역사학자 로버트 골드리치Robert Goldich는 부시 행정부 관료들이 국내에서의 정치적 지위를 얻기 위한 동맹을 만들고 유지하는 데 매우 능란했기 때문에 이러한 군사적 실패가 특별히 흥미를 끈다고 기술했다. 하지만 전쟁을 종결해야 하는 시점이 오자 그들은 맹점을 드러냈다. 골드리치는 "그들은 슈워츠코프가 그랬던 것보다 그들의 일에 더 많이 부족했다"고 결론지었다.

군사학자이며 지금은 포린 어페어스의 편집국장인 기드온 로즈Gideon Rose는 부시 행정부가 전쟁 종결을 다루는 과정을 되돌아보면서 "미국의 전쟁 노력이 정치와 군사적 경계선에서 갈라졌다"는 결론을 내렸다. 민간인과 군사 지도자가 단순히 사이좋게 지내는 것이 목표가 되어서는 안 된다는 게 여기에서의 교훈이었다. 건전한 토의는 때로 사람들을 열 받게 한다. 특히 가정들, 실패들, 그리고 누락된 것들을 검증하는 토의에서는 더욱 그러해야 한다. 그럼에도 그러한 토의는 칭찬받아야 한다. 때때로 상대방이 순간적으로 성질을 부린다는 것을 예상하고 인내해야만 한다.

전쟁이 끝난 후, 슈워츠코프와 파월 모두 전쟁의 중요성을 판단하는데 형편없는 역사인식을 나타냈다. 그들은 베트남 전쟁이라는 프리즘을 통해서 현상을 바라보았고, 그런 맥락에서 이라크 전쟁의 수행은 그들에게 의심할 여지 없이 인상적이었다. 두 달도 안 되어서 미군과 연합군은 43개 전투사단을 보유한 중동의 막강한 육군을 궤멸시켰다. 4일간의 지상 전투에서 미군은 단 240명의 손실을 입으면서 적군의 전차 3,000대, 장갑차량 1,400대, 그리고 포 2,200문을 파괴했거나 포획했다. 하지만 두 사람은 자신들이 짧게 끝낸 전쟁의 결론을 제2차 세계대전과 유사한 역사의 종점이라고 믿었다. 심지어 파월과 슈워츠코프는 맥아더가 1945년 미주리호 함상에서 일본의 항복을 수락했던 것을 되살려서 종전 기념식을 하는 것이 어떤지를 토의했다. 이 아이디어는 단지 군수 문제로 인해서 폐기되었고, 대신에 종전 기념식은 야전 텐트에서 거행되었다. 협정서에 서명하기 위해 사용한 책상은 "사프완에서의 협상 장면을 재현하고 싶은 때를 대비하기 위해" 스미소니언 재단에 기부될 예정이었다.

여기에서 파월은 수수께끼 같은 행동을 했다. 그는 정치에 너무나 민감했던 맥아더와는 정반대로 움직였다. 사담 후세인이 계속 권력을 잡은 채로 공화국 수비대를 이용해서 봉기를 억압할 충분한 능력을 갖추고 있었음에도 전쟁을 끝내려고 했던 자기 생각을 옹호하면서, 그는 "우리는 제한된 목적을 위해서 제한된 권한 아래에서 제한된 전쟁을 하고 있었다"라고 썼다. 슈워츠코프는 "이번에 우리는 전쟁에서의 승리와 평화를 가져오기 위해 전략적으로 매우 뛰어났다"고 결론을 내리면서 더욱 크게 자화자찬했다.

그러나 시간이 흐르면서 1991년의 전쟁은 전술적으로는 크게 승리했지만, 전략적으로는 기껏해야 무승부였다는 사실이 점점 더 드러났다. 그렇게 21세기 초에 이라크에서 미국이 겪을 일들의 진로가 정해졌다. 슈워츠코프는 베트남 전쟁 후에 드퓨이가 중심이 되어 만든 새로운 육군의 좋은 점과 나쁜 점 모두를 몸으로 체득하며 성장한 군인이었다. 그는 전쟁에서 어떻게 싸워야 하는지는 알고 있었지만, 무엇을 어떻게 끝내야 하는지는 몰랐다. 그는 전쟁이 벌어질 때 첫 번째 전투에서 승리하고자 했던 듀퓨이의 꿈을 미국 역사상 거의 최초로 실현한 장군이었다. 그러나 그는 너무 성급하게 전투를 중지하는 잘못을 저질렀다. 다시 말해서, 그의 승리는 명시된 전략적 목표에 부합하지 않는, 비싸지만 공개되지 않은 대가를 치르게 되었다. 나중에 안툴리오 에체바리아^{Antulio Echevarria} 중령이 육군전쟁대학교 논문에서 미국의 현대식 전쟁방식에 대해 다음과 같이 요약했다.

> 네트워크 중심 전쟁, 신속 결정적 작전, 그리고 충격과 공포와 같은 여러 개의 명칭으로 불린 기본 개념은 더 광범위한 정치적 목적을 추구하는 데 군사력을 사용하는 방법을 찾기보다는 적들을 빠르게 "급습하는 것"에 초점을 맞추었다…. 그것은 정보화 시대에서 전쟁이 아니라 전투에서 승리하기 위한 것이다.

슈워츠코프는 그런대로 전술적 수준의 작전을 잘 수행했지만, 그러한 작전들이 전략적으로 연계되는지에 대한 질문을 받으면 혼란스러워했고 심지어 화를 내기도 했다. 호주의 국방전문가 두 명은 "작전 종결을 둘러싼 혼란, 상부로부터의 명백한 지침이 없는 상태에서 슈워츠코프에 의한 휴전 협상, 그리고 그런 것으로부터 앞서 나간 전략적 기회에 대한 장황한 설명 등이 단일 작전에 과다한 관심을 보이게 하고, 전구작전이 전략과 확실하게 합치하는 데 실패했음을 보여주는 것이었다"고 한층 더 날카롭게 비평했다.

그래서 베트남 전쟁의 실수를 반복하지 않으려는 모든 노력에도 불구하고, 1991년 전쟁의 혼란스러운 종말에는 이전 베트남 전쟁의 당혹스러운 반향이 있었다. 소모전략이 궁극적으로 하노이 측을 한계점으로 몰게 할 것이라는 검증도 안 된 잘못된 가정을 가지고 베트남 전쟁을 수행했던 것처럼, 1991년의 이라크 전쟁도 결정적 전장에서의 패배가 사담 후세인을 무력하게 만들고 몰락으로 이끌 것이라는 검증되지 않고 결점이 있는 가정에 기초하여 싸웠다. 체니 국방장관은 "사담 후세인은 결코 패배에서 살아남지 못할 것이고, 이라크와 이라크 군대가 이러한 타격을 받으면 사담 후세인이 계속 집권할 수 없다는 가정이었다"고 말했다.

종전에 대한 후세인의 관점은 슈워츠코프와는 매우 달랐다. 2003년에 있었던 공격 후에 미국이 노획한 녹음테이프에서 후세인은 미국이 왜 그가 말하는 "일방적 휴전"을 자신에게 제공했는지에 대해 약간 당황해하는 내용이 들어 있었다. 그러나 그는 전쟁의 중요한 교훈에 대해서는 의심하지 않았다. 그는 전쟁이 끝나고 2년이 채 지나지 않아 부시는 퇴임할 것이고 자신은 계속 권좌에 있을 것이라는 점을 알고 있었다. 그는 "부시는 물러났고, 이라크는 끝까지 살아남았다"고 보좌관들에게 이야기했다. 전쟁으로 인해서 심대한 타격을 입었음에도 불구하고 전쟁은 "어떻게 됐든 우리의 승리"라고 결론지었다. 그는 미군, 영국군, 그리고 다른 연합군에 대항했고 결국에는 살아남았다. 아랍 세계에서 이것은 대단한 승리였다.

걸프 전쟁이 끝나고 나서 환호의 떠들썩함이 울리는 속에서 베트남 전쟁의 반향을 알아차리는 것은 어려운 일이었다. 그러나 예비역 육군 대령 앤드류 바체비치Andrew Bacevich와 같은 몇 명의 통찰력 있는 관찰자들은 그러한 반향을 들었다. 그는 "세계평화와 조화를 증진시키기 위한 메커니즘으로서의 전쟁은 완전한 실패로 판명되었다. 쿠웨이트의 주권을 회복한 것 외에 사막의 폭풍작전은 거의 해결한 것이 없었다"고 썼다. 사실, 1991년 전쟁의 영향은 미국 지도자들에게 군사력을 사용해서 미국의 이익에 더 합치하는 방식으로 중동을 재편할 수 있다는 믿음을 주었던 것이 치명적 잘못이었다고 바체비치 대령은 기술했다.

1991년 걸프 전쟁 종전에서 가장 중요한 점은 전쟁이 실제로 끝나지 않았다는 것이다. 오히려 그것은 미국과 이라크 간에 수차례의 격렬한 폭력을 동반한 20여 년에 걸친 저강도 분쟁의 시작을 알리는 신호였다. 이후 12년 동안의 봉쇄 단계에서 미국은 주로 공중에서, 때로는 지상에서 이라크 문제에 관여했다. 그것은 적을 완전히 궤멸시키는 전쟁은 아니었지만, 그렇다고 확실한 평화상태도 아니었다. 슈워츠코프가 사프완에서 종전 행사를 한 지 얼마 지나지 않은 1991년 4월에 이라크의 공세를 피해서 도주하는 쿠르드Kurd 족을 보호하기 위해 이라크 헬기를 포함한 모든 항공기의 운항을 통제하는 비행금지구역이 이라크 북부지역에 설정되었다. 그런 다음, 쿠르드 난민들이 터키에 정착하지 않게 하려고 다시 이라크로 돌아오는 것을 보호할 목적으로 육군과 해병대를 파병했다. 1992년 8월에 북부에서 했던 것과 비슷하지만 더 넓은 비행금지구역을 이라크 남부 지역에도 설정했다. 사담 후세인의 행동에 대응하여 1993년 1월과 6월에 두 차례의 공습을 실시했다. 후세인이 쿠웨이트를 다시 침공할 의도를 드러내자 1994년에 미군이 쿠웨이트에 다시 전개했다. 1998년 12월에는 가장 큰 규모의 공습이 4일 밤 동안 시행되었는데, 이때 1991년 전쟁에서 사용했던 것보다 더 많은 415발의 순항미사일을 발사했다. 순항미사일 공격과 함께 폭탄 600발로 무기 생산시설과 군 지휘소 등 97개의 목표물을 공습했다. 이러한 작전은 무기 개발에 관여하는 이라크 과학자들의 사기를 저하하는 데 엄청난 영향을 미쳤다. 1991년 이라크 전쟁에서 미군 항공기들은 총 11,000여 회 출격했다. 그 후 10년 동안에 그것보다 훨씬 많은 1년 평균 3만 4,000회 출격횟수를 기록했는데 그것은 매년 사막의 폭풍작전에서 출격했던 횟수의 거의 3분의 1에 해당하는 어마어마한 양이었다.

마침내 2003년에 지상군은 이라크와 다시 전투했고, 이번에는 이라크를 점령하게 된다.

26

걸프전 이후의 군대

미국 전체가 그랬던 것처럼 육군도 1991년 걸프전에서 빠져나온 것에 대해 당연하게 안도했으며 그 자체에 대해서도 매우 만족해했다. 하지만 너무 많이 만족했던 것 같았다. 당시 미군은 해외에 파병된 군대 중 사상 최고의 군대일 수도, 그렇지 않을 수도 있었지만, 확실히 자기 만족적 군대 중 하나였다. 군단과 사단의 작전에 관해 가르치는 포트 레번워스의 지휘참모과정에 입교한 학생 장교들의 99.5%가 육군에게 "평균 이상"의 점수를 주었다. "첫 번째 걸프전에서 승리했다는 감정에 들떠 현실에 안주하게 되었다. '가장 잘 훈련이 된 세계 최고의 육군'이다. 우리 자신을 최상급이라고 말하곤 했다"고 채드 포스터Chad Foster 소령은 기억했다.

거의 20년이 지나 육군이 이라크를 점령하는 과정에서 실수와 실패를 겪은 후, 전 육군참모차장 예비역 대장 잭 킨Jack Keane은 걸프전에서부터 문제가 시작되었다는 결론을 내렸다. "우리를 죽인 것은 1991년의 걸프전이었다. 지적으로 그것은 나머지 10년 동안 우리를 파산시켰다"고 말했다. 부분적으로는 걸프전에서의 승리를 과대평가한 결과, 육군을 재건하여 새롭게 장비했던 1980년대의 성공을 구축하는 데 실패했다. 육군 재건에 도움을 주었던 후바 바스 드 체게 대령은 쿠웨이트에서의 승리 후유증으로 국방부 관료들과 대중의 상상력을 사로잡은 '충격과 공포', '범세계적으로 전력을 투사할 능력', '바다를 통한 작전적 기동', '신속 결정적 작전' 등 '자동차 범퍼에나 붙이는 광고 스티커' 같은 개념에 대해서 걱정했다. 육군이 회복의 길에 들어서자마자 1980년대에 "조직의 효율성" 프로그램을 포기했던 것처럼 1990년대에도 역시 SAMS와 같은 지적인 프로그램의 우선순위가 낮아졌고 대신에 "디지털화"와 다른 정보화 시대의 기술들을 새롭게 강조했다. SAMS에 입교하겠다는 지원자들은 줄어들기 시작했고 SAMS 졸업생들의 자질과 영향력 역시 감소했다.

그 시기는 당시 육군 리더들에게 이상하고 불안정한 기간이었다. 냉전은 끝났다. 다음에 무슨 일이 일어날지 확실하지 않았다. 그러나 1990년대 초 워싱턴에서는 군대가 휴면 상태에 직면하고 있다는 느낌이 있었다. 1992년의 대통령 선거에 출마한 빌 클린턴Bill Clinton은 다른 것에 우선하여 냉전 시대에 방위를 위해 확보했던 자산을 평화적이고 국내적 목적으로 전환할 것을 강조하는 "국방의 전환"을 정책 기조로 삼았다. 국방예산을 삭감하면서 이른바 "평화 분담금"이라는 용어가 생겨났다. 이러한 가정을 반영해 1989년에 74만 9,000명의 장병을 보유했던 육군의 규모가 10년 후에는 46만 2,000명으로 거의 40%가 감축되었다. 초강대국의 경쟁이 많은 갈등을 억제했고, 소련의 위협이 없었다면 미국이 소말리아, 아이티, 보스니아, 그리고 무엇보다 중동에서처럼 해외에서 무력을 사용하는 것이 훨씬 쉽다고 (전략적으로 덜 위험하다는 것을) 깨달은 사람들은 거의 없었다.

　전쟁 후에 미군의 군사력을 성공적으로 감축한 경우는 한 번도 없었다. 제1차 세계대전 후에 있었던 병력 감축의 어려움에서 영감을 받았던 마셜, 아이젠하워, 그리고 브래들리는 제2차 세계대전 후에 더 나은 성과를 거두기 위해 노력했으나 그들 또한 실패했다. 그 결과 제대로 훈련되지 않았고 장비도 갖추지 못한 이상한 형태의 군대를 1950년 여름에 한국으로 보낸 것이었다. 베트남 전쟁 이후 미국 군대는 속수무책이었다. 굳이 성공에 가까운 감축을 꼽는다면 그것은 1990년대의 냉전 이후의 감축일 것이다. 가장 최근에 있었던 이 감축은 오늘날 거의 기억되지 않지만 성취의 한 척도다. 육군이 줄어들고 있음에도 불구하고, 육군은 스트라이커Stryker라고 불리는 궤도가 아닌 바퀴로 구동하는 새롭고 빠르며 가벼운 장갑차량을 만드는 등 몇 가지 혁신적인 실험을 할 수 있었다. 당시 첫 번째 스트라이커 대대를 구상하고 훈련하는 데 관여했던 예비역 육군 중장 제임스 듀빅James Dubik은 "모든 게 다 잘 된 것은 아니었지만, 많은 것들이 잘되었다"고 말했다.

　그러나 육군 감축에도 결함이 있었는데, 가장 두드러진 잘못은 육군이 지적인 순응과 현실에 안주하려는 기존의 경향성을 강화했다는 점이었다. "성능 검토에서 좋지 않은 것을 말하는 데에는 단지 1명의 책임자만 필요했고 그것이 다였다"고 그 시대에서 살아남았던 존 페라리John Ferrari 대령은 기억했다. 그는 계속해서 "튀어나온 못이 정을 맞는 법이다. 육군은 대대 지휘권 밖에 있는 모든 사람을 두들겨 팼다. 그래야만 대대 작전과장, 부대대장, 그리고 대대장이 될 수 있었다. 그리고 어느 날 갑자기 우리는 잠에서 깨어나서 스페인어를 할 줄 아는 국방무관을 찾았지만, 그들은 모두 사라진 다음이었다"고 말했다.

육군은 전투부대를 충원시켜야 한다는 강한 압력을 받게 되자 지적인 기능 일부를 민간 부문에 넘겼다. 페라리는 "우리는 우리의 사고를 아웃소싱outsourcing했다. 예비역 육군 장군들이 차린 MPRI Military Professional Resources Inc.라는 회사에 교리를 작성하도록 했으며, 예비역 대령들을 교관으로 채용했고, 교리를 만들어가는 과정에서 전투 현장에서 얻은 교훈을 환류feedback 시키지 않았다. 이렇게 했던 것들이 10년 동안에 걸친 전쟁에서 대가를 치르게 하였다"고 설명했다.

부하들을 들볶는 육군의 리더십 문제는 계속되었다. 1995년에 지휘참모대학이 장교들을 대상으로 한 설문조사의 결과는 1970년 육군전쟁대학교에서 '군의 직업 전문성 연구'에서 제기했던 것과 같은 우려가 존재하고 있음을 밝혀냈다. "과도하게 통제하는 리더와 미시적 관리자들이 살아남아 오늘날 육군을 장악하고 있다"는 글을 1996년에 예비역 육군 대령 로이드 매튜스Lloyd Matthews가 썼는데 이러한 진술이 논란의 여지 없이 받아들여졌다. 1년 후에 예비역 육군 소장 존 페이스John Faith가 군대의 지휘관이 지나치게 미시적 관리를 하는 것을 비통해하는 40년 전에 《밀리터리 리뷰》에 실렸던 기고문과 다를 바 없는 글을 썼다. 그는 또한 아무도 예비역 대령 매튜스가 제기한 것에 대해 부인하려는 시도를 하지 않았다고 덧붙였다.

한 세기가 끝나갈 때, 웨스트포인트가 실시한 육군의 상태에 대한 연구에서 몇 가지 놀라운 결론들이 도출되었다.

- 육군은 "전문 직업군보다는 관료에 가깝다." 즉, 장교들은 육군을 직업으로 보지 않고 자신을 스스로 지나치게 중앙집권화된 조직에서 일하는 근로자로 보고 있다.

- 초급 장교들과 고위 장교들 간에는 항상 긴장감이 있어 왔으며 그들 사이의 간격이 커지면서 신뢰가 붕괴되었다. "지휘관들이 부대 내에서 신뢰의 문화를 만들지 않으면, 장병들은 자신들의 의견이나 고충을 있는 그대로 말하지 않을 것이고, 서로의 관계와 공식 보고체계에서 투명한 정직함이 없어지게 되어 조직의 효율성이 떨어진다. 이런 하향적인 활동은 지휘관들에게 미시적 관리를 유발시킨다"는 것이다.
- 교리 작성과 부대 훈련을 돕는 부분에서 예비역 장교들에 대한 의존이 늘어나면서 육군은 자체의 전문성을 더 많이 상실했다. 전역한 장교들은 육군을 위해서가 아니라 이익을 창출해야 하는 회사를 위해서 일했기 때문이었다.

거의 같은 시기에 육군전쟁대학교의 마이클 코디Michael Cody 대령이 신문에 쓴 글에서 육군이 실제로는 위험을 회피하는 행동을 하면서 혁신적인 교리를 설파하고 있다며 육군의 조직적인 위선을 고발했다.

이미 시행되어 효과가 입증되었던 문제 해결방법이나 반복되는 상황에서 벗어나는 것은 평가 양식에 반대되는 용감한 미사여구에도 불구하고 여타의 다른 이유로 고위 리더들에 의해 여러 다른 방법으로 배척당했다. 젊은 장교들이 그들로부터 받은 메시지는 위험을 감수하지 말고, 규범에서 벗어나지 말고, 감히 새로운 접근법을 적용해서는 성공하지 못한다는 것이었다.

코디는 육군을 떠난 사람들을 배척하기 위해 "무책임하고, 독불장군에,

미숙하고, 무모한"이라는 일련의 군대 용어를 개발했다고 기술했다.

　미시적 관리의 폐단은 주기적으로 그것을 완화시키려는 노력에도 불구하고 육군을 더 나빠지게 만들었다. 2000년에 리 스탑Lee Staab 중령이 육군에서 초급 장교로 전역한 장교 50명을 대상으로 한 설문조사에서 그들 모두가 "현역 마지막 보직에서 매우 심할 정도의 미시적 관리를 받았다"는 사실을 밝혀냈다. 아넬리스 스틸Anneliese Steele 소령은 SAMS에서 쓴 논문에서 "초급 장교와 고위 지휘관 사이의 관계가 제대로 기능하지 않는 경향이 있다"고 결론지었다. 육군과 해병대가 이라크 침공을 시작할 때인 2003년 봄,《밀리터리 리뷰》는 육군 리더십을 걱정하는 또 다른 기사를 실었는데, 여기에서 피터 발옌Peter Varljen 대령은 육군이 "이기적이고, 근시안적이며, 현실과 동떨어져 있고, 비윤리적이며, 위험을 회피하는 집단"이라고 말했다. 육군은 리더가 아니라 관리자나 "시키는 것을 하기만 하는 사람"에 의해서 지휘되고 있었다. 같은 해에 육군전쟁대학교의 스티븐 존스Steven Jones 대령이 이러한 사람들은 "육군을 효율적인 조직으로 발전시키는 것보다는 단기적 임무 완수"에 더 집중한다는 연구 결과를 내놓았다. 고위 장교들은 규정을 따르는 데에는 숙달되어 있으나 필요시에 부하들에게 영감을 주거나 규정을 고치는 것에 대해서는 서툴렀다.

　육군 리더십에 관한 문제들이 지속되고 있음에도 불구하고, 가장 명확한 해결책인 형편 없는 지휘관을 해임하는 조치는 극히 드물게 시행되었다. 유명한 두 명의 장군인 월터 울머Walter Ulmer는 1998년에, 그리고 몽고메리 메이그스Montgomery Meigs는 2001년에 육군전쟁대학교에서 발간하는 《패러미터스Parameters》에 장군의 전투 지휘에 대한 논문을 실었다. 두 장군의 논문은 솔직했고, 다양한 생각을 제시했다. 울머는 육군이 고위 리더를 더 잘 뽑을 수 있었다고 주장했다. 그러나 두 사람 모두 해임이 문제 해결의 실행 가능한 해법이라는 점은 언급하지 않았다. 1940년대 장교 관리의 기본틀이었던 해임은 60년 후 생각의 범위를 벗어나 있었다. 해임이라는 어휘 자체가 실종되었다.

전투뿐 아니라 적조차도 예측하기 어려웠던 냉전 이후의 시대는 군대 리더십에서 새로운 유연성을 요구했다. 적응과 위험을 감수하는 것은 대체로 미국 장군들에게 생기지 않을 형질인 것처럼 보였다.

반면에 드퓨이 시대의 개혁의 결과로 육군은 전술적으로 계속 발전했다. 지원병만으로 구성된 부대의 시대가 도래했다. 군에 있는 모든 사람은 그곳에 있으라는 요청을 받았고, 대부분이 많은 것에 대해 공부했다. 잘 훈련되었고, 전문성을 갖추고 있었으며, 역량을 보유한 군대가 되었다. 그러나 장병들이 장군들보다 자기들의 임무를 더 잘 수행했다. 이라크에서 육군은 전쟁을 너무 좁게 바라보는 위험성을 노출했다. 전략 전문가인 콜린 그레이Colin Gray는 "전쟁이 전투로 전락할 때" 생기는 일에 대해 다음과 같이 경고했다.

> 군수, 경제, 정치와 외교, 그리고 사회문화적 맥락들은 무시될 가능성이 크다. 이러한 것들은 단독이든 또는 해로운 조합이든 간에 군대가 전장에서 어떻게 행동하는지와 무관하게 궁극적인 패배의 바이러스를 옮길 수 있다. 교전국이 거의 독점적으로 전쟁에 접근할 때 그것은 영리하게 싸우는 적에게 리더십에서 압도당하기를 바라는 것과 같다.

이러한 골치 아픈 생각은 그레이의 용어를 사용하면 미군이 '리더십을 압도'당했을 때인 2003년의 이라크 침공과 그 후유증의 발판을 만들어주었다. 이러한 사상으로 인하여 당시에는 이라크에서 전쟁을 하는 방법에 대해 더 나은 개념을 가진 장군들이 거의 없는 듯했다.

덧붙이는 글 – 파월은 너무 오래 자리를 보존

콜린 파월이 정부에서 했던 마지막으로 기억할 만한 행동은 2003년 유엔 연설을 통해서 이라크 침공의 길을 정치적으로 깨끗하게 청소해 놓는 것이었다. 고진감래를 느끼게 하는 호레이쇼 앨저Horatio Alger(19세기 미국의 아동 문학가 – 옮긴이) 풍의 자서전을 쓴 지 8년 후에 점잖고 남과 사이좋게 잘 지내는 특징을 지닌 파월은 그러기를 위해 노력했지만 이번에는 자기 명성에 먹칠을 하는 파국적인 결말을 맞았다.

수년간, 파월은 자신과 공화당의 신념 사이에서 점점 커지고 있는 간극을 애써 외면해왔다. 1993년 9월 합참의장으로 퇴역한 후에, 그는 정치에 관여하는 선배 장군이 되어 살얼음판으로 들어섰다. 더글러스 맥아더처럼 그도 공화당 전당대회에서 기조연설을 했다. 1952년 시카고 전당대회가 맥아더에게 참담한 결과를 안겼던 것처럼, 1996년의 샌디에이고San Diego 전당대회에서 인종 할당제affirmative action (미국 내 다양한 사회적 소수자에게 대학 입학이나 취업 및 진급 등에서 우대조치를 제공해 사회적 차별과 불이익을 시정하려는 정책 – 옮긴이)와 낙태권리를 단호하게 지지했던 그의 연설 역시 불행한 결과를 가져왔다.(1952년 공화당 전당대회에서는 최초로 제2차 세계대전 참전 영웅 아이젠하워 장군이 후보가 되었던 반면에, 1996년에 전당대회에서는 마지막으로 또 다른 캔사스 주 출신인 밥 돌Bob Dole 상원의원을 선택했다는 것이 이상할 정도의 평행이론같이 보였다.) 파월이 당시에 자연인으로 남은 인생을 살았더라면 그의 명성은 더럽혀지지 않았을 것이다. 그러나 그의 경력 후반에 보였던 절묘한 타이밍 감각이 그를 망쳐버렸다. 그는 자신의 견해와 강하게 대립하는 사람들인 조지 W. 부시와 딕 체니 시절이었던 2001년에 국무장관이 되어서 너무 오래 권력에 남아있었다. 그들은 파월을 국무장관으로 기꺼이 받아들였지만 정책은 만들지 못하도록 했으며, 파월은 자신이 처한 고립의 본질과 범위를 이해하는 면에서 둔감했다.

다시 최고위층 사이에서의 담론이 실패로 귀결되었다. 한국에서 맥아더가 그랬던 것처럼, 파월은 대통령과 대립하는 늙은 장군이었다. 그는 대통령을 설득할 수 있다고 생각했고, 자신이 할 수 없고 오히려 방해되지 않을 필요가 있다는 사실을 받아들이고 싶지 않았다. 맥아더와는 달리, 대통령에 대한 파월의 의견충돌은 충성에 바탕을 두고 있었다. 그는 여전히 순종적이고 훌륭한 군인이었으며, 그의 이런 면이 민간 관료로 행동하는 데 부분적으로 어울리지 않았다. 자신의 비극적인 마지막 행동으로 그는 2003년 2월에 부시 행정부가 이라크를 침공하기 위해 외교적 토대를 만들기 위한 유엔 연설을 했다. 그것은 파월이 30년 동안 공직 생활을 하면서 쌓아온 모든 신뢰를 바탕으로 한 멋진 공연이었다. 그는 "동료 여러분, 오늘 내가 하는 모든 진술은 확실한 출처에 의해서 뒷받침되고 있습니다"라고 말했다. 그의 뒤에는 중앙정보국장 조지 테넷 George Tenet이 앉아서 그의 말을 뒷받침하고 있었다. "이것들은 주장이 아닙니다. 우리가 제공하는 것은 확실한 정보를 기초로 한 사실과 결론입니다." 그는 이어서 감청한 내용을 누설하는 것처럼 보였는데 그것들은 대개 비밀로 분류된 것들이었기 때문에 이례적인 행동으로 비쳤다. 그는 이라크의 생물학 무기 공장과 화학무기의 비축량, 그리고 핵무기를 획득하려는 그들의 의도에 대해 높은 신뢰도가 있다고 주장했다.

그가 연설에서 말한 거의 모든 주장은 의문의 여지가 있었고, 정보기관 전문가에 의해서 당시에도 의문시되던 주장이라는 사실을 이제 우리는 잘 알고 있다. 몹시도 난처하게, 이라크가 생물학적 무기를 보유하고 있다는 주장은 암호명 '커브볼Curveball'이라고 불린 이라크 귀순자의 증언에 크게 의존했었던 것으로 밝혀졌다. 그런데, '커브볼'의 주장은 파월이 생물학적 무기를 세상에 밝히기 전에 이미 신빙성이 떨어진다는 평가를 받고 있었다. 그의 연설로 피해가 발생하고 미국이 이라크의 수렁에 빠진 지 한참 후인 2004년 5월에 CIA는 '커브볼'이 이라크에서 생물학 무기를 개발하는 것을 보았다고 주장했던 그 시기에 이라크에 없었다는 사실을 알게 되었던 것에 자극을 받아 '커브볼'이 주장했던 모든 것을 공식적으로 철회했다. 파월의 유엔 연설은 생물학 무기에 관한 두 번째 정보원에게 의존했었는데, 그 정보원은 국방정보국에 의해 몇 달 전에 공식적으로 날조자라고 발표되었었지만 아무도 그 사실을 파월에게 알리지 않았다. 불운하게도 파월의 유엔 연설은 그의 오랜 경력에 비극적인 막을 내리게 했다. 2011년에 그는 "유감스럽지만 누가 잘못된 많은 정보를 가지고 유엔에 갔느냐?"고 물으면서 "바로 내가 그랬다"고 자답했다. 다른 인터뷰에서 "나는 그런 일을 저지른 사람으로 영원히 기억될 것이야"라며 탄식했다.

2003년에 파월은 전쟁 회의론자들을 수세에 몰아넣기 위해서 부시 행정부에서 필요한 일을 했다. 도널드 럼스펠드 국방장관은 얼마 지나지 않아 유럽연합국의 모임에서 파월이 "의견이나 추측이 아닌 사실을 제시했다"고 말했다. 그는 이어 "이성적인 사람들의 마음속에 여전히 의문이 있을 수 있다는 것을 믿기 어렵다"고 말했다.

그러나 닫혀 있는 문의 뒤편에서 파월은 여전히 의심을 품고 있었다. 이라크를 침공하기 직전에 그는 토미 R. 프랭크스 장군에게 전화를 걸어 그가 전쟁계획을 수행하기 위한 충분한 병력을 확실히 보유하고 있는지 물었다. 파월은 바그다드로 진격하는 데 소요되는 병력은 충분하다고 생각했지만, 그 이후에 일어날 일에 대해 우려했다. 파월은 "그러나 프랭크스는 확신이 넘쳤었지"라고 후회하듯 말했다. "바그다드에 도착하기에 충분했고, 멋지게 바그다드를 함락했지만 그러고 나서 진짜 전쟁이 시작되었지."

27

토미 R. 프랭크스

연패자

1941년에 진주만이 기습공격을 받은 다음 하와이에 있던 미군 최고위 장교들이 군대에서 쫓겨났다. 하지만 기습적인 9·11테러 후에는 누구도 쫓겨나거나 책임을 지지 않았다. 그 후에 있었던 난맥에서도 아무도 처벌받지 않았다.

9·11테러 이후의 시대를 대표하는 장군은 토미 R. 프랭크스Tommy R. Franks였다. 노먼 슈워츠코프가 전후 베트남 군대의 장군 자질과 한계를 모두 가지고 있었던 사람이었다면, 토미 프랭크스는 걸프전 이후 오만한 군의 전형이었다. 슈워츠코프처럼 프랭크스도 자신의 부대가 공격한 후에 무슨 일이 일어날지에 대해서 진지하게 생각하지 않았다. 그는 자신이 베트남 전쟁에서 얻은 교훈 중의 하나로 그러한 정치적 이슈는 단순히 다른 사람들의 일이라고 결론을 짓는 큰 실수를 범했다. 자서전에서 그는 "베트남 전쟁 동안에 로버트 맥나마라 국방장관과 그의 젊은 귀재

들이 반복적으로 폭격 목표물 하나하나를 선정했고 대대 규모의 기동까지 승인했다"고 썼으며, 계속하여 "나는 대통령과 럼스펠드가 나를 지지할 것을 알고 있었기 때문에 '당신은 그날 이후에 집중하시오. 나는 중요한 그 날에 주의를 기울일 테니까'라는 메시지를 그들 밑에 있는 관료들에게 내려보내는 것에서 자유로웠다"고 매우 불합리한 추론을 만들어 냈다.

모두 프랭크스의 잘못만은 아니다. 프랭크스는 베트남 전쟁 이후 육군이 만들어 내려고 했던, 즉 고위 장교들의 열린 마음과 깊은 사고를 요구한 쿠시먼 장군을 무시한 채 드퓨이 장군이 본질적으로 원했던 결과인 전술에 초점을 맞춘 육군의 모습을 가장 잘 이해하고 있었다. 나중에 쿠시먼은 프랭크스에게서 느낀 점을 "그의 성장은 당시 고위 장교들이 성장하는 가장 이상적인 접근 방법이었다"고 술회했다.

가장 최악의 경우라도 대부분 장군은 한 번의 전쟁에서 패배할 뿐인데 프랭크스는 3년 동안에 2개 전쟁을 망쳐놓았다. 두 개의 전쟁에서 드퓨이에 의해 만들어진 육군의 결점이 노출되었다. 군사작전으로부터 정치적 문제들을 분리시키고, 민간 관료들이 그러한 접근을 하는 것에 기꺼이 동의하는 베트남 전쟁 후의 미국 군대의 경향성은 재래식 전쟁인 1991년의 전쟁에 피해를 줬다. 하지만 2001년 9월에 시작한 아프가니스탄 전쟁과 2003년 3월에 시작된 이라크 전쟁에서 나타난 대분란전은 미국의 전쟁 명분에 치명적이었다. 아프가니스탄 전쟁에 참여했던 육군 소령 윌리엄 테일러William Taylor는 몇 년 후에 "미국 군대는 정치적 영향과 군사 행동을 연결하는데 심리적 저항감을 갖고 있었으며 약점을 보였다. 이와는 매우 대조적으로 분란 세력들은 군사와 정치 행동을 하나로 보았고, 메시지를 전달하기 위해 폭력을 사용해서 결과적으로 상당한 효과를 가져왔다"

고 글을 썼다.

　2001년 후반에, 아프가니스탄 수도 카불에서 남동쪽으로 145킬로미터 정도 떨어진 파키스탄 국경 지역 인근의 토라 보라Tora Bora에서 빈 라덴Osama bin Laden을 생포하려다 갈팡질팡하면서 프랭크스에 대한 경고 신호가 켜지기 시작했다. 9·11테러 공격이 발생한 지 불과 3개월 후, 토라 보라 전투는 알카에다 지도자를 죽이거나 생포할 기회를 미군에게 제공했다. 그러나 프랭크스는 마치 그 전투가 다른 사람의 문제라도 되는 양 신경을 쓰지 않는 것처럼 보였다. 슈워츠코프가 1991년에 스커드 미사일 문제를 사소하게 보았던 것과 같이 그는 위험을 무릅쓰고 사상자가 발생하는 골치 아픈 전투를 감수해야 하는 빈 라덴 생포가 전역 작전의 핵심사항이라는 점을 간파하지 못했다. 슈워츠코프와는 달리 프랭크스는 2001년 12월의 단 며칠 동안 공군력을 활용해서 70만 파운드의 폭탄을 토라 보라 지역에 투하했다.

　토라 보라의 CIA 책임자는 빈 라덴이 궁지에 몰렸다고 확신했지만 그의 팀은 여전히 지상에서 수적으로 열세였다. 그는 공격을 강화하고 파키스탄으로 가는 탈출로를 봉쇄하기 위하여 육군 레인저 1개 대대의 증원을 지속적으로 요청했다. 당시 미군이 전진기지를 갖고 있던 파키스탄에 레인저 요원들을 공중으로 투입하고, 토라 보라의 북쪽과 남동쪽의 상대적으로 낮은 고도 지역에 헬리콥터를 띄워 차단 진지blocking position(측후방 지역에 접근하는 적을 저지하거나 적이 특정 방향으로 전진하는 것을 방지하기 위하여 편성되는 진지 - 옮긴이)를 구축할 수 있었다. 그러나 프랭크스는 럼스펠드의 지침을 따르려고 해서 그랬는지 CIA의 요청을 거절했다. 프랭크스는 몇 가지 거절의 이유를 들었는데 그중에는 더 많은 부대를 보내고 싶지 않은 욕구, 그들을 보냈을 때 소요되는 시간, 그리고 빈 라덴의 위치에 대한 정보가 CIA가 믿고 있던 것보다 신뢰성이 떨어진다는 느낌이 있었기 때문이라고 말했다. 가장 믿을 만한 사실은 빈 라덴이 어깨에 부상을 입은 채 2001년 12월 중순에 아프가니스탄에서 파키스탄 남부로 걸어서 탈출했다는 것이다.

4개월 후 프랭크스는 아나콘다 작전 Operation Anaconda을 벌이면서도 비슷한 실수를 했다. 이 작전에서는 카불 Kabul 남쪽에 위치한 샤이코트 Shah-i-Kot 계곡에서 수백 명의 알카에다 전사들을 묶어놓은 경보병 부대에 대한 적절한 포병 지원을 거부하는 잘못을 저질렀다. 포병지원 거절에 대해서 프랭크스는 정치적 용어를 써가며 럼스펠드에 의해 허용된, 부대 병력의 제한을 지키려 노력하고 있다고 설명했다. 다시금 알카에다 전사들은 파키스탄으로 탈출했다. 그는 "매우 성공적인 작전이라고 생각했다"며 "내가 보기에 계획대로 작전이 잘 수행되었으며, 작전 결과 또한 훌륭했다"고 나중에 말했다. 그는 이슬람 극단주의자들을 아프가니스탄으로부터 파키스탄으로 몰아넣는 것이 전략적으로 이득이라고 믿는 것 같았다. 파키스탄은 인구도 많고 불안한 안보 상황으로 고통받고 있지만 적어도 100여 발로 추정되는 핵탄두를 보유하고 있는 국가였다. 전략적으로 생각하는 데 실패한 사람만이 그러한 방향을 믿고 따를 것이다. 이것은 프랭크스뿐 아니라 그의 민간인 감독자인 럼스펠드와 부시 모두의 실패였다. 그들은 서로가 다른 사람의 생각을 확인하고 점검하기는커녕 오히려 민간인과 군사지도자 모두가 다른 사람의 결점을 강화시키는 행동을 하고 있었다.

아나콘다 전투가 끝나고 오래지 않아서 프랭크스는 로드 아일랜드 Rhode Island 뉴포트 Newport에 있는 해군전쟁대학교에서 연설했다. 그의 이야기를 듣고 나서 한 학생 장교가 "장군께서 아프가니스탄 전쟁에서 싸웠을 때, 전쟁의 본질이 무엇이었습니까?"라는 기초적이지만 가장 중요한 질문을 던졌다. 대답을 통해서 프랭크스는 거기에 대한 단서를 가지고 있지 않다는 사실을 내비쳤다. 그는 "그 질문은 역사가들에게 물어야 할 훌륭한 질문이네"라고 말한 후에 아프가니스탄에서 미군이 어떻게 복잡한 동굴 진지를 소탕했는지 등 전술적 사항만 언급했다. 그것은 부사관들이 해야 할 대답이지 장군의 대답은 아니었다. 그는 베트남에서 사령관이 고위 장교들에게 전쟁의 원칙을 공유하겠다고 한 다음, 분대를 관리하는 원칙에 관해서 얘기했던 웨스트모어랜드의 에피소드를 반복했다. 그날 방청석에 있던 어느 장교는 프랭크스가 "딱 전술적 수준에 어울렸다"고 평가했다.

육군본부와 특수전사령부 및 중부사령부에서 뽑은 육군 장교 51명과 민간 관료들이 중심이 되어서 다음 해 여름 육군전쟁대학교에서 완성한 아프가니스탄 전쟁 1부 사후검토 보고서에 따르면, 육군의 전략가들은 개인적으로 그러한 결정에 동의했다. 그 보고서가 언론이나 학계 전문가들에 의한 작업이 아니라 육군 내부에서 소화하기 위해 쓴 것이라는 점이 특히 놀라운 일이다. 군대의 전문가들은 분명하게 프랭크스와 럼스펠드 두 사람이 결심과 리더십에서 잘못이 있었다고 비난했다. 대중에게 공개하기 위해 준비된 문서에서는 두 사람이 야기한 문제들을 작게 취급했지만, 그 주제와 관련된 내부 문서에서는 매우 통렬하게 비난했다. 보고서에서는 프랭크스의 노력에 관해서 "잘못된 전쟁계획이나 전구계획은 작전에 방해가 됐고, 장기적 목표들을 무시한 전술적 집중을 초래했다"고 기술했다. 또한 그의 사령부가 "단기적 작전 주안을 포함하여 많은 불안한 추세"로 인해서 어려움을 겪었다는 점을 밝혀냈다. 럼스펠드의 실패들에 대해서도 "각 사령부에서 온 참석자 모두가 상급부대의 지침 부족으로 인해서 생긴 문제들"에 대해 불만을 토로했다고 기술했다. 특히 럼스펠드에 의해 허용되었고 프랭크스에 의해 강요되었던 병력 수 제한이 "작전에 상당히 부정적 영향을 끼친" 잘못이라고 말했다. 프랭크스에게는 불행하게도, 럼스펠드는 명확한 방향성을 제시하지 않으면서 끊임없이 군사작전에 개입함으로써 최악의 미시적 관리자라는 사실을 입증했다. 다른 말로 해서 장군 리더십과 민군 담론이 모두 실패했다는 의미였다. 럼스펠드 아래에서 민군 담론의 질이 더 악화가 되어 결국에는 베트남 전쟁에서 린든 존슨과 합참의 관계가 벌어졌을 때와 닮아가는 것은 중요한 경고의 표시였다.

2001년부터 2002년까지 아프가니스탄에서 있었던 실패들은 아마도 평상시처럼 많은 관심을 받지 못했는데, 2002년 봄까지 프랭크스와 미군 조직들의 리더들이 이미 관심과 지원을 아프간 전쟁으로부터 다른 곳으로 전환하고 있었기 때문이었다. 향후 6년의 아프간 전쟁은 의붓아들 취급을 받게 되었지만 방임까지로 발전하지는 않았다.

아프가니스탄에서는 프랭크스가 지니고 있는 약점이 암시되었을 뿐이라면, 이라크에서는 그 약점들이 완전하게 고통스러운 모습으로 드러났다. 역사적으로, 전쟁에 대해 생각하고 실행 가능한 결론에 도달하는 것이 장군들의 핵심 과업이었다. 그러나 군사적 사고의 기이한 돌연변이인 프랭크스는 육군에서 잘못된 교육을 받은 그대로, 생각은 다른 사람들이 장군들을 위해 대신하는 것이라고 믿는 것처럼 보였다. 그는 자서전에서 착한 늙은이의 경멸적인 어휘로 자신의 군사 계획관을 "뇌가 반밖에 없는 것들"이라고 말했다.

문제의 일부는 프랭크스의 성품에 있었다. 그는 우둔하고 거만하면서도 가장 자비롭지 못한 리더의 유형이었다. 종종 톰 클랜시Tom Clancy의 모험 소설을 떠올리게 하는 자서전에서 프랭크스는 성품에 대해 얼버무리거나 누락했지만 가끔 부주의로 인해서 자신을 드러내기도 했다. 그는 아버지가 텍사스 주 교도소의 전기의자에 자신을 앉혀 놓고 "이것은 사악한 행위에 대한 궁극적인 결과이다"라고 말했던 기억을 소환하면서 책의 서문을 시작했다.

더 큰 문제는 회고록을 역사적 기록이라고 믿을 수 없다는 점이다. 일례로, 프랭크스는 자서전에서 이라크 침공의 후유증이 "실제로 내가 희망하지는 않았지만 예상했던 대로 가는 중이었다"고 주장했다. 그가 정말로 그렇게 암울한 예상을 했더라면, 그는 이라크 침공 전에 자신의 사령부 사람들과 그러한 생각을 공유했어야 했다. 사실, 그의 주장은 자신의 부하들이 만든 공식적 계획문서와 모순되었다. 예를 들어, 이라크 침공 전에 "이라크 정권 교체 후 무엇이 예상되나"라는 표제를 가지고 제공된 비밀 PPT 보고서에는 다음과 같이 적혀 있었다.

> 수니파 충성자들을 포함한 대부분의 부족 사람들은 사담이 영원히 가버리면 그들의 삶이 나아질 것이라는 걸 깨닫게 될 것이다. 보고서는 수니파 사이에서 숙명주의를 따르는 기운이 증가되고 있으며, 운명이라고 받아들이려는 경향이 있음을 나타내고 있다. 아마도 죽기를 두려워하지 않는 소그룹의 지지자들이 있을 수 있는데, 이들은 정권의 심장부인 티크리트Tikrit 근방으로 집결하겠지만 추가적인 지원 없이는 오래 버티지 못할 것이다.

프랭크스로부터 이라크 전쟁 지휘권을 넘겨받은 산체스Ricardo Sanchez

2003년 4월 폐허가 된 사담 후세인 궁전을 둘러보고 있는 프랭크스. 아프가니스탄에서는 프랭크스가 지닌 약점이 암시되었을 뿐이라면, 이라크에서는 그 약점들이 완전하게 고통스러운 모습으로 드러났다. (사진 출처: wikipedia commons/public domain)

중장은 프랭크스보다 사람들을 더 화나게 만들지만, 그래도 더 정확한 회고록에서 프랭크스가 2003년 6월에 자신에게 그해 말에 미국 군대가 이라크에서 철수할 것이라고 말했다고 기술했다. 프랭크스는 자신을 멋지게 보이려고 만들었던 회고록에서 그것이 거짓이라는 점을 쉽게 드러냄으로써 다시금 웨스트모어랜드의 전철을 밟았다.

프랭크스가 회고록에서 자신을 시를 쓰고 버트램 러셀Bertram Russell(20세기 영국의 철학자, 수학자, 사회 사상가 – 옮긴이)을 읽는 개성이 강한 장군으로 묘사했음에도 불구하고, 그는 신선하거나 심지어 조금이라도 색다른 군사적 사고를 제시하지 못했다. 그가 육군의 학교기관들에서 보낸 기간에는 기억할 만한 것이 전혀 없었다. 국가 전략에 군사작전을 연계하는 것에 대해서 배웠을 법한 육군전쟁대학교에 대한 발언을 프랭크스가 거의 하지 않은 것을 볼 때, 학교는 그에게 전혀 영향을 끼치지 않았다. 빈라덴을 포획함으로써 전략적 전환점이 될 수 있었던 토라 보라 전투의 실체에 대해 아무런 설명 없이 그저 지나가는 말로 기술했을 뿐이었다.

이라크 침공이 개시되기 얼마 전, 육군참모총장 에릭 신세키Eric Shinseki 대장은 이라크 점령에 필요한 병력이 많이 부족하다는 우려를 표명했다. 신세키는 럼스펠드의 국방부로부터 사실상 배척당하고 있었다. 민군 담론이 제대로 이루어지지 않은 시기였다. 찰스 던랩Charles Dunlap Jr. 공군 소장은 "신세키 총장이 정직하게 증언을 한 후에(그의 증언이 정확하다는 게 밝혀졌을 때) 그는 가장 부정적 유형의 교훈으로 널리 인식되었다"라고 썼다. 프랭크스는 회고록에서 이와 관련하여 아무 말도 하지 않았다. 인터뷰에서 신세키 총장의 우려에 대해서 질문을 받았을 때, 그는 신세키는 "우리 모두가 알지 못했던 어떤 것도 제공하지 않았다"고 답변하면서 질문을 회피했다. 그는 또한 회고록에서 이라크 전쟁을 시작하기 위해 자신이 고안한 다양한 방법들("창출된", "급속한 출발", "유기적인" 등의 용어를 사용한 전쟁 방법)에 대해서 장황하게 설명했지만, 어떻게 전쟁을 종결할 것인지에 대한 생각과 그렇게 하기 위해 자신이 해야 할 일을 전혀 기술하지 않았다. 그는 전후 이라크에 관해서 많은 생각을 했다고 주장했지만, 그가 자랑스럽게 출판한 책에서 전쟁에 대한 "기본적인 대전략"을 개괄하면서 전후에 관련해서는 어떤 것도 포함하지 않은 채 오로지 공격에 관해서만 기술했다. 사실, 그의 계획은 전략을 표현한 것이 아니라 서로 다른 전술적 접근 방식들을 모아 놓은 것이었다.

이후 몇 년 동안 실시된 두 번의 철저한 검토를 통해서 프랭크스와 참모들은 약한 이라크 정권을 제거하는 데 모든 힘을 쏟아 부었지만, 이라크 정권 교체라는 더 어려운 일에 대해서는 거의 아무 일도 하지 않았다는 압도적인 증거가 발견되었다. 부시 행정부에 있는 그의 상관 중 누구도 그 문제에 집중하지 않았기 때문에 이 부분에 대한 그의 누락은 재앙이 되었다. 2004년 전직 국방장관 제임스 슐레진저James Schlesinger와 해럴드 브라운Harold Brown 2명이 주도한 국방부 공식 검토에서는 "2002년 10월의 중부사령부 전쟁계획은 이라크 당국에 이양되기 전에 비교적 온건한 안정과 안보 작전이 이루어진다는 것을 전제로 하고 있었다"고 명료한 결론을 내렸다. 공조직에 거의 적대적이지 않은 랜드 연구소RAND Corporation(국제 과학기술 장책을 논의하기 위해 민간 차원에서 설립한 싱크 탱크 - 옮긴이) 소장은 조사관들이 내부 문서들을 충분히 검토한 후 "과업을 수행하는 데 어려움이 없을 것이라는 지배적 견해 때문에 전쟁 후의 안정화와 재건에 대해서는 매우 일반적 내용만 언급되었다"는 사실을 발견했다고 기술한 각서를 다음 해에 럼스펠드에게 보냈다.

때때로 전쟁에 대한 프랭크스의 설명은 놀라울 따름이었다. 그는 "이라크 자유 작전보다 성공적이었던 전투는 없었다"고 주장했다. 이라크에서의 전쟁이 오래고 힘든 상태로 빠져들려 할 때인 2004년 8월, 그는 인터뷰하는 사람들에게 오히려 질문을 던지면서 "실제로 매우 놀라운 성공을 했다고 생각하는 이라크의 4단계 작전에 대해서 많은 사람이 우리를 보고 실패했다고 말하는 점이 흥미롭다"고 대답했다. 이것은 마셜 유형의 장군들이 보인 낙관주의의 격을 낮은 수준의 자화자찬으로 깎아내린 행위였다.

하지만 아프가니스탄과 이라크에서 있었던 실수들은 장군 한 사람만의 잘못은 아니었다. 또한 군사적 실수만 있었던 것도 아니었다. 프랭크스는 제대로 작동되지 않는 군사와 민간 시스템 안에서 작전을 수행하고 있었다. 럼스펠드가 이끄는 최고위 민간 관료들은 큰 개념의 문제가 아닌 하찮은 것들에 집중했다.

또한 전투 현장에서 보인 장교들의 역량과 이어진 진급 사이에는 큰 관계가 없었다. 당시에 아프가니스탄에 주둔했던 민간 관료들의 표현대로 "임무를 잘 수행한 군인들은 좋은 대우를 받지 못했고, 잘못한 사람들은 나쁜 대우를 받지 않았다."

덧붙이는 글 – 2003년 침공의 유일한 보직 교체

2001년 말 아프가니스탄의 추운 어느 날 밤에 젊은 해병 장교 나다니얼 픽Nathaniel Fick은 자정이 넘어 외곽초소의 초병들의 근무상태를 점검하던 중, 2명이 있어야 할 전투 진지에서 3명이 있는 것을 발견했다. 픽은 세 번째 남자를 찾기 위해 전투기지로 미끄러져 내려갔는데 그곳에서 제임스 매티스James Mattis 해병 준장이 모래 마대에 기대서서 근무 중이

2003년 2월 1일 매티스 미 제1 해병사단장이 해병대원들에게 훈시하고 있다. 아프가니스탄에서 꽁꽁 얼어붙은 한밤중에 자신의 부하들을 보살핀 매티스는 2년 후 이라크 침공 작전 동안에 유일하게 높은 계급의 장교를 보직 교체시킨 장군이었다. (사진 출처: wikipedia commons/public domain)

던 하사 및 상병과 이야기하고 있는 것을 발견했다. 픽은 "이것이 진정한 리더십이었다"라고 회상했다. "해병대원 누구도 매티스가 개인 숙소에서 매일 밤 8시간 잠을 자고, 전속 부관이 그의 전투식량을 데우고 전투복을 다리며, 매일 아침에 그를 깨운다 해도 문제 삼지 않을 것이지만, 매티스는 꽁꽁 얼어붙은 한밤중에 자신의 부하 해병대원과 함께 최전선에 있었다."

아프가니스탄에서 자신의 부하들을 보살핀 이 장군이 2년 후에 이라크 침공 작전 동안 높은 계급의 장교를 보직 교체시킨 유일한 장군이었다는 것은 우연이 아니다. 해임된 장교는 장군이 아니라 대령이었다. 당시 보직 교체는 매우 이례적이어서 당사자인 연대장 조 D. 다우디Joe D.

Dowdy 대령은 뉴스에 대서특필 되었다. 매티스는 해임에 대해 공개적으로 이야기한 적이 없었고, 실제로 해병대 공식 역사학자와의 구두 역사 인터뷰에서도 그것에 관해 언급하는 것을 거부했다. 그러나 그는 전략적 과제와 관련된 인터뷰에서는 해병대에서 보직 교체의 실행이 아직도 남아 있는지는 별개로 하면서 "해병대에서는 그렇게 하고 있다. 나사렛 예수조차도 12명의 제자 중 1명에게 배신당했다"는 말로 대신했다.

 우리 시대의 전쟁에서 사라졌던 장군들의 보직 교체가 어떤 모습을 하고 있는지를 보려면, 그 사건을 이해할 필요가 있다. 해병대 역사학자와의 구두 인터뷰에서 다우디 대령은 매티스의 부사단장 존 켈리 John Kelly 준장을 비난하며 상황에 대한 책임을 그에게 돌렸다. 다우디는 부사단장이 자신에게 신속하게 이동하지 않는다고 잔소리를 했다고 말했다. 특히, 다우디 연대가 바그다드 남동쪽 320킬로미터 떨어진 나시리아 Nasiriyah 외곽에서 육군과 해병대가 예상했던 것보다 더 강력한 저항에 부딪혀 24시간 동안 멈추어 선 이후에는 더욱 채근했다고 증언했다. 다우디에 따르면, 공격작전 중에 켈리가 "공격을 하고 있나?"라고 무선으로 묻기에 "예. 우리는 아직 여건조성 중입니다"라고 답했는데, 이것은 부대가 기동해서 적과 직접 교전하기 전에 포병 화력과 기동 부대를 운영하는 것을 의미하는 것이다.

 켈리는 "왜 알쿠트 al-Kut를 관통해서 움직이지 않는가?"라고 다시 몰아붙였다. 원래 우회도로를 이용해 도시를 돌아서 기동하라는 지시를 받았던 다우디 대령은 직진하는 통로를 따라 이라크군의 지뢰지대가 설치되었다는 보고를 받았기 때문에 알쿠트를 관통하며 지나가는 것이 왜 최선의 방법인지 물었다. 그는 여군 제시카 린치 Jessica Lynch 이병과 쇼사나 존슨 Shoshana Johnson 병장을 포함하여 11명의 군인이 전사하고 수명의 포로가 발생한 나시리아와 같은 함정 속으로 들어가는 것을 원치 않았다. 어떻게, 언제 공격해야 할지를 가장 잘 결정할 수 있는 장교는 현장에 있는 지휘관인 자기 자신이라는 것이 그의 관점이었다.

만족하지 못했던 켈리 준장이 즉시 다음날 1시 또는 2시쯤에 다시 전화해서 "무슨 일이 생겼나?"고 물었다.

다우디는 "이상 없습니다"라고 대답했다.

켈리는 변명을 듣고 싶지 않다고 말했다.

다우디가 "변명이 아닙니다. 제가 현장 지휘관입니다"라고 대답했다.

켈리는 다우디의 제1 연대가 "제자리에서 빈둥거리고 있어서" 지겹다고 말했고, 매티스 사단장에게 다우디의 보직 교체를 건의할 생각을 했다. "아마 매티스는 그러지 않을 것이다. 그는 아마도 서푼의 가치도 없는 연대와 잘 지내라고 결정할 것이다. 그러나 나는 보직 교체를 건의할 생각이다."

다우디는 알쿠트를 우회 기동했고, 아침까지 자신의 다음 목표인 도시 너머의 다리들을 점령했다. 그는 "보직 교체에 대한 두려움에도 불구하고 우리가 해야 할 일은 해냈다"고 설명하면서 "행복감"을 느꼈다고 말했다. 그는 자신의 부대가 숙달되어가고 더 강해지고 있음을 감지했고, 자신이 예상하고 있는 바그다드에서의 큰 전투를 수행할 준비가 되었다고 믿었다.

그때 그는 사단의 전방지휘소로 날아오라는 메시지를 받았다. 농장 지대에 착륙하여 사단 사령부가 설치되어 있는 텐트로 걸어가고 있는데 갑자기 개가 뛰어나와 그를 공격했다. 그는 "좋지 않은 징조인 것 같이 느꼈다"고 말했다. 그 다음 그는 "자네는 상관의 신뢰를 잃었네"라고 말하는 켈리 준장을 만났다. 그 말에 다우디는 자신의 24년 해병대 근무가 수포가 되었다는 걸 느끼고 비틀거렸다.

그는 사단 지휘소 안으로 걸어 들어가서 사단 참모장을 만났다. 참모장이 "당신은 아주 잘하고 있어"라고 말했다.

다우디는 "저는 교체될 것이라고 생각합니다"고 응답했다.

참모장이 "무슨 말 같지도 않은 소리야!"라고 했다.

다우디는 조용한 성격이지만 맹렬한 공격적 전술을 선호하는 것으로 명성이 높은 매티스 사단장을 만나러 갔다. 포탄이 머리 위로 날아가고 전차가 텐트 옆에서 움직이는 최전방이었기 때문에 다우디에게는 소음의 소용돌이 속에 있다는 느낌이 들었다. 매티스는 다우디에게 지상 전투의 피로에서 해방되기 위해서 보직에서 떠나는 것을 암시하는 질문을 하기 시작했다. 다우디는 2일 동안 제대로 잠을 자지 못했고, 켈리가 영혼을 짓누르고 있는 것을 느꼈다. 다우디는 자신의 해임에 관해 이야기 하면서 "나에 대해 잘 설명하지 못했다"고 해병대 역사학자에게 말했다.

매티스는 부드럽고 반복적으로 "무엇이 잘못되었나? 왜 도시들을 더 압박하지 않았지?"라고 다우디에게 물었다.

지치고 혼란스럽던 다우디는 그가 공격하고 있었지만, "나는 해병대를 사랑하고 그들의 목숨을 헛되게 하고 싶지 않았습니다"고 말했다. 자신을 설명하면서 그는 젊었을 때 "자존감이 부족했습니다"고 쓸데없는 말을 했다. 그는 그러한 이야기가 치명적인 잘못이라는 것을 알아차렸다. 그 시점에서 그는 "내가 망했다는 것을 알았다"고 말했다.

매티스는 다우디에게 그의 전투 경험에 대해 물었다. 다우디가 "우리는 더 잘할 겁니다"라고 대답했다.

"아니, 아니, 그게 아니고"라고 매티스가 말했다. 그는 분명히 자신의 결정에 대해 곰곰이 생각해 보고 싶어 지휘소 텐트 밖으로 나갔다. 그러고 나서 매티스가 텐트로 돌아와 다우디에게 보직 해임을 전하며 한때 그의 이웃이었던 존 툴란^John Toolan 대령이 후임자가 될 것이라고 말했다. 다우디는 먼저 자신과 가족에게 미치는 영향을 언급하며 보직 해임의 재고를 요청했지만 매티스가 거절했다. 이어서 다우디는 결과를 받아들이고 그가 사단 참모부에서 감찰장교로 근무할 수 있겠냐고 물었다. 매티스는 그에게 "가야 한다"고 말했다.

다우디는 사단 지휘소 텐트를 떠나 헬리콥터를 타고 해병대 C-130 수송기가 있는 남쪽으로 가서 수송기를 이용하여 쿠웨이트의 후방기지로 이동했다. 그는 샤워한 후에 아내에게 전화했는데 "아내가 벌써 알고 있었다"고 회상했다. 그는 미군의 이라크 침공 전 기간에 걸쳐서 보직 해임된 유일한 고위 장교였다.

그 사건에 대한 그의 결론은 보직 해임을 결코 가볍게 여겨서는 안 된다는 것이었다. "그것은 누군가에게는 말로 표현할 수 없을 정도로 너무나 부정적인 영향을 끼친다. 자신이 만든 세상이 무너져 내리는 것 같고 … 국제적 망신을 당하고 … 전쟁 전체를 통틀어서 유일하게 해임된 지휘관이라는 것이 너무나 견디기 힘들었다." 다우디 대령은 다음 해에 해병대를 떠나 최종적으로 미 항공우주국에서 일했다.

반면에 매티스는 빠르게 성장하여 마침내 데이비드 퍼트레이어스^David Petraeus의 뒤를 이어 4성급 직책인 중부사령관이 되었다. 그는 현재 미군의 장군 중에서 가장 명확하고 분명한 사고를 하는 장군 중의 한 명으로 남아 있다.(그는 2013년 중부사령관을 끝으로 전역한 후, 트럼프 행정부에서 2018년 12월까지 2년간 국방장관 직을 수행했다. - 옮긴이) 때때로 퉁명스러운 말투가 그를 곤경에 빠뜨리지만 젊은 장병들과 해병대에게 항상 감명을 주는 것처럼 보인다. 그는 다우디를 보직 해임하고 나서 18개월 뒤에 해군사관학교에서 생도들에게 한 강연에서 "만약 우리가 살아 있는 미국이라는 이 위대한 실험을 계속한다면 우리는 적에게 맞서 우리 군을 이끌 건방져 보이고, 남자답고, 이기적이지 않으며, 도덕적으로 매우 올바른 미군의 젊은 남녀를 필요로 한다"고 말했다. 그는 이어서 다음과 같이 말했다.

좋아, 세상은 완벽하지 않다. 그러나 최악의 날에도 미국을 위해 싸울 가치가 있다. 그래서 너희 각자가 가지고 있는 그 선을 넘을 배짱이 있다면 그냥 나가서 싸움을 즐겨라. 그냥 아주 즐겁게 지내는 거다. 너희 부하들을 잘 훈련시켜라. 맞아도 쌀 놈을 찾아서 호되게 때려눕힌 다음에, 그들이 총을 던지면 너희가 이긴 것이다.

28

리카르도 산체스

이해할 수 없는 자

많은 미국인은 지금도 이라크 전쟁을 사담 후세인이 제기한 위협을 과대평가하는 것에서부터 이라크 점령이 쉽다고 과소평가한 것에 이르기까지 부시 행정부가 저지른 일련의 실수들로만 기억한다.

그것이 맞기는 하지만, 이야기의 전체는 아니다. 군대에서 행해진 실수들은 덜 기억되었다. 민간 관료들의 실수가 널리 회자되고 이라크 전쟁이 혼란에 빠졌을 때 국무부 고문이 된 필립 젤리코우 Philip Zelikow는 "나는 사람들이 알고 있는 것보다 더 나쁜 문제가 군대에 있다고 생각한다"고 말했다. 전쟁이 진행되는 동안 이라크에서의 장군 리더십을 논의하면서 그는 "나는 사람들이 이것이 얼마나 나쁜 것인지 알지 못하고 있다고 생각한다. 국민은 민간인 지도자가 장군들의 이야기를 듣지 않는 것이 문제라고 믿는다. 이것은 정말 육군에게 해로운 것이다"라고 덧붙였다. 그는 실제로 민간인 지도자가 잘못했지만 군대도 마찬가지였다고 주장했다. 왜냐하면 두 그룹 모두 이라크에 대해서 명확한 생각을 하지 않았기 때문이었다. 젤리코우는 이라크에서의 미 육군은 제1차 세계대전 이전의 프랑스 군대를 생각나게 한다며, "프랑스 군대는 숭배되었다. 나폴레옹의 계승자라고 떠받들어졌다. 장군은 금빛 가발로 치장한 머리를 하고 있었지만 머리에는 '머리'가 없었다. 깊이 생각하는 것을 질색했다"고 덧붙였다.

2003년과 그다음 해의 이라크에서의 장군 리더십은 책임의 총체적인 실패로 인해 악화되는 능력 부족에 관한 이야기이다. 토미 R. 프랭크스는 자신이 수행할 전쟁을 이해하는 데 실패한 채로 전투에 임했기 때문에 이라크 전쟁은 시작부터 나빴다. 왜 프랭크스가 전략에서 문외한인 것처럼 보였는지, 매번 커다란 전략적 비용을 치르는 2개 전쟁의 초기 단계를 왜 그가 지휘하게 허락되었는지. 프랭크스 장군은 바그다드가 함락되고 얼마 안 돼 전역한 후에 거액을 받으며 연설하러 돌아다니고 빠르게 회고록을 출판하면서 미국판 로마제국의 개선장군 놀음을 즐겼다.

프랭크스는 이라크 전쟁에 관한 지휘권을 텍사스 주 출신이며 육군에서 가장 젊은 중장인 리카르도 산체스에게 넘겼다. 그는 프랭크스와 닮았지만 전쟁에 대한 이해도는 훨씬 떨어졌다. 당시 국무부 차관 리처드 아미티지Richard Armitage는 "이 친구와의 첫 만남에서 그가 말을 이해하지 못한다고 말하면서 자리를 떴다"고 이야기했다. 산체스는 비극적 인물이었고 불가능한 상황에 처한 평범한 장교였다. 국방부와 부시 행정부는 부정했지만 이라크 전쟁은 끓고 있었고, 산체스는 자신과 이라크에 있는 최고위 민간 관료인 L. 폴 브레머 3세L. Paul Bremer III 사이에서 갈등을 만들어내는 혼란한 지휘구조 아래에서 갈등을 처리하려고 애쓰고 있었다. 산체스 장군은 병력, 예산, 장비 등을 가지고 있었지만 브레머는 자신이 그보다 높다고 믿었다. 2004년 봄에 브레머가 산체스에게 나자프 Najaf의 시아파 민병대에 대한 공격계획을 말해달라고 요청했을 때, 산체스가 이를 거절하면서 둘 사이의 관계는 악화되었다. 회고록에서 산체스는 그것에 대해 자부심을 느꼈던 것처럼 보인다.

> 나는 "설명을 안 하겠습니다"라고 말했다. "우리가 전술계획을 가지고 있다는 점을 분명히 말씀드립니다. 나는 그 계획에 만족하며, 사단장과 함께 계획을 검토했습니다. 사단장은 부여받은 명령을 실행할 수 있다는 것을 나는 알고 있습니다."
> "그래도 우리는 계획을 알 필요가 있어요."
> "더는 말하지 마십시오, 브레머 씨. 나는 전술계획의 세부 사항을 알려 드리지 않겠습니다."

산체스는 왜 그가 이라크에 있는 최고위 민간 관료에게 전술 작전계획의 보고를 거부했는지 설명하지 않았다.

이러한 의사소통은 단순히 개인적인 반감의 표시 이상이었다. 그것은 전쟁 수행을 위한 민군 담론이 결렬되었다는 긴급한 경고의 표시였다. 이 시점에서 둘 중 하나가 옆으로 비켜서거나 그렇게 하도록 요구했어야 했다. 다른 장교라면 그 상황에서 그렇게 대처했을지도 모른다. 집요한 미시적 관리자인 산체스는 전체를 아우르는 중요한 지침을 제공하지 못한 채 예하부대에 끊임없이 수정하고 보완하게 하면서 세세한 부분까지 파고들었다. 베트남 전쟁 최악의 장군들처럼 그는 결국에는 자신이 처리해야 할 중대한 상황은 무시하고 바닥에 있는 사소한 것에 관심을 갖고 내려가는 경향이 있었다. 다른 많은 미시적 관리자들처럼 산체스는 공개적으로 심하게 비난하는 경향이 있었다. 그의 참모로 근무했던 어느 장교는 "군대의 전술통신 위성망으로 전국의 모든 사람이 듣고 있는 가운데 다른 장군들을 갈기갈기 찢어버렸다"라고 술회했다.

이라크 전쟁에서의 핵심적 실수들은 산체스보다 훨씬 높은 사람들에 의해서 저질러졌기 때문에 그에게 책임을 물어서는 안 된다는 점은 분명하다. 원죄는 잘못된 것으로 드러난 정보를 가지고 예방 전쟁을 시작하기로 한 부시 대통령에게 있다. 두 번째 중대한 실수는 이라크 전쟁에서 업무에 대한 민간의 관점과 군대의 관점 사이에서 근본적인 모순을 지적하지 못한 합동참모본부의 잘못이다. 임무는 한 번도 제대로 정의되지 않았다. 이것은 민간 관료와 군 리더 모두가 행한 누락의 죄에 해당한다. 부시 행정부는 이라크를 중동 지역에서 자유민주주의 시장경제의 등불로 전환시키기를 원했다. 미국 군대는 공개적으로 그렇게 말한 적이 없었고, 군사 행동을 하면서 그런 혁명적 임무 수행을 거부하는 대신에 이라크 안정화가 목표라고 진술했는데 이것은 대통령의 의도와 정반대였다. 그것이 미군이 이라크를 점령한 첫 3년 동안에 민간 관료와 군 리더 사이에서 많은 갈등을 불러오게 한 근본 원인이었다.

이러한 기본적 모순이 검토되지 않은 채 방치되었기 때문에 산체스는 실제로 실행할 전략이 없었다. 그러한 결핍은 전쟁을 하면서 각기 다른 육군 사단에 의한 각기 다른 접근으로 표면화되었다. 이라크 내의 한 지역에서 다른 지역으로 이동하며 전장을 확인한 참관자들은 각각의 사단이 위협에 대해서 독자적 판단과 해결책, 그리고 자신들만의 교전규칙을 가지고서 전쟁을 하는 것을 보고 충격을 받았다. 그것은 마치 4개의 분리된 전쟁이 진행되고 있는 것 같았다. 이라크 서부 안바르[Anbar] 주에 있는 제82 공정사단과 제3 기갑수색연대의 상황은 급속하게 어려워졌다. 이라크 중북부 티크리트 지방에 주둔한 제4 보병사단은 훨씬 더 가혹한 작전을 수행해 수천 명의 '징병 연령의 남성'들을 검거하는 과정에서 그들 중 상당수를 반군으로 만들었다. 수도인 바그다드는 매우 복잡하여 구역별로 대응하는 독자적인 상황이었다. 반면에, 이라크 최북부 지역에서는 데이비드 퍼트레이어스David Petraeus 소장이 이끄는 제101 공중강습사단이 바그다드에서부터 온 많은 반 바트당Baathist(단일 아랍사회주의 국가 건설을 추구하는 아랍의 정당으로 사담 후세인과 시리아의 아사드 대통령 등이 속해 있었다. - 옮긴이)의 규칙들을 무시한 채 별도의 중재를 통해 모술에 에너지를 제공하기 위해 시리아 정부와 협상을 벌였다. 뚜렷하게 다양한 접근법을 가지게 된 이유는 각각의 지역들이 매우 다른 조건에 있었기 때문이었다. 또 다른 이유는 산체스의 지침을 거의 받지 않고 어느 정도 자신의 길을 갔기 때문이었다. 미 국가정보부의 중동지역 분석전문가인 제프리 화이트Jeffrey White는 2004년 초에 "몇몇 참관인들은 이라크에 있는 서로 다른 사단들이 어느 정도 독립적인 전투를 벌이고 있다는 느낌을 받았다"고 썼다.

반면 산체스는 편협한 마음가짐과 융통성 없는 접근으로 문제를 악화시켰다. 그는 배우려고도, 적응하려고도 하지 않는 것 같았다. 일부 전술부대 지휘관들이 효과적인 접근을 했지만 산체스는 이를 무시하거나 심지어 좌절시키기까지 했다. 예를 들어, 2003년에 라마디Ramadi(이라크 바그다드에서 100킬로미터 떨어진 곳에 위치한 도시 - 옮긴이)에 주둔한 플로리다주 방위군 대대는 대부분의 군대보다 치안업무에 더 능숙했으며 마이애미 경찰대의 많은 구성원을 보유하고 있었다. 대대는 이라크군과 치안 교육기관을 설치해 지역 치안유지를 강조했고, 협력적인 이라크 정치 지도자들이 재건계약을 체결하는 것을 도왔다고 당시 이라크에서 육군 정보

2003년 9월 바그다드에서 열린 기자회견에서 산체스가 답변하고 있다. 육군에서 가장 젊은 중장이었던 산체스는 자신이 제대로 이해하지 못한 대규모 분란전이 일어나는 이라크 상황을 책임지게 되었다. 그에게 지휘권을 준 이유는 당시에 그만이 가용했기 때문이었다. 그는 임무 수행에 실패하고 쓸쓸하게 전역했다. (사진 출처: wikipedia commons/public domain)

요원으로 근무했던 사람이 기억했다. 그러나 그는 "1-124 방위군 대대의 노력은 전역 계획이 없었던 군사 지도부와 임시 통치기구^{CPA} 및 다른 민간인에 의해 전구 차원에서 계속 부실해졌다"고 말했다. 프랭크스를 대체해 중부사령관이 된 존 아비자이드^{John Abizaid} 대장이 라마디를 방문했을 때, 그는 그곳의 작전들에서 깊은 인상을 받았고 산체스에게 그곳에 가서 같은 보고를 받으라고 말했다. 그는 불쾌한 기분으로 그렇게 하기는 했다. "산체스는 내륙에 있는 대령급으로부터 단서를 얻으라는 명령을 받은 것에 화가 나서 거의 싸우러 가는 모습이었다"고 그 장교는 기억했다. "사령관은 참모들을 모아 놓고 우리가 무슨 짓을 하고 있는지 모르겠다고 말했고, 아무것도 배우지 않은 채 바그다드로 돌아갔다."

지휘관으로서 산체스의 가장 큰 실패는 자신의 감독 아래에서 일부 부대들이 비생산적일 뿐 아니라 불법적인 활동을 했다는 것이다. 반란을 진압할 방법을 달리 잘 알지 못했던 일부 사단들은 무차별적으로 수천 명의 이라크인을 구금했고, 그들을 분류하고 관리할 경비 병력과 심문관들이 부족한 아부 그라이브$^{Abu\ Ghraib}$ 교도소(바그다드에서 서쪽으로 32킬로미터 떨어진 이라크 최대의 정치범 수용소로 후세인 시절부터 악명이 높았다. 미군의 바그다드 점령 후 처참한 인권 유린의 현장으로 큰 반향을 일으켜 2014년 4월에 폐쇄되었다. -옮긴이)와 다른 구치소로 보냈다. 이런 행위들이 덜 알려진 이유는 미군 장병들이 철수의 일환으로 또는 부대 순환 배치로 머지않아 이라크를 떠날 것을 기대했기 때문이었다. "2003년 여름에 우리는 크리스마스 이전에 집으로 갈 것이라고 생각해 나쁜 놈들을 가두는 것에 대한 장기적 결과를 아무도 고려하지 않았다"고 제1 기갑사단 예하 1기갑여단 정보 선임장교인 러셀 고실$^{Russell\ Godsil}$ 중령이 기억했다. "지휘관들은 단지 그들이 떠날 때까지 '가능성 있는' 모든 나쁜 놈들을 그들의 이웃으로부터 제거하기를 원했을 뿐이었다." 이라크인들이 죽은 곳은 다른 누군가의 문제였다.

미군들에 의해서 아부 그라이브 교도소에서 가학적인 죄수 학대가 있다는 사실이 2004년 봄에 알려졌을 때, 산체스는 그 사건을 일련의 리더십 실패, 특히 일부 사단에 의한 대규모 검거에 대한 그의 관용에 기인한 문제가 아니라, 기강이 해이해진 병사 소수에 의해서 발생한 스캔들로 처리했다. 육군 정보 전문가는 구금자들의 85% 이상이 정보적 가치가 없는 것으로 나중에 평가했다. 비록 그것이 올바른 접근법이었다 하더라도 - 지금까지 일부 육군 장교들은 그렇게 생각하고 있다 - 최전방 부대에서 체포한 인원들을 처리할 수 있는 지원부서가 있는지 산체스는 확인하지 못했다. 1만여 명이 넘는 이라크인들이 투옥되었을 뿐 아니라, 수감자들이 정치적 성향에 따라 분류되지 않았기 때문에 핵심 저항 세력과 알카에다 테러분자들이 감옥을 인원 모집과 훈련 장소로 활용할 수 있었다. 무엇보다 나쁜 것은, 훈련이 덜 된 소규모의 육군 예비군 군사경찰이 아부 그라이브 교도소를 관리하며 죄수들을 학대하면서 즐겼다는 것이었다. 예를 들어, 한 억류자는 나중에 육군 조사관에게 군사경찰들이 "개처럼 짖게 했고, 강제로 배로 기어가게 하고서 침을 뱉고 소변을 봤으며, 기절할 때까지 때렸다"고 증언했다. 그들의 범죄가 알려지게 된 것은 산체스가 이라크에서 지휘한 1년 중에 발생한 최대의 좌절이었으며, 미국과 미군의 불명예였고, 저항 세력의 발호를 부추기는 가장 큰 요인으로 작용했다.

 몇몇 고위 장군들이 산체스를 교체해야 말지를 의논하고 있을 때, 산체스는 아부 그라이브 교도소의 지휘관인 재니스 카르핀스키^{Janis Karpinski} 준장의 보직 해임을 심사숙고하는 중이라는 사실이 알려졌다. 그는 교도소장인 그녀가 순환 근무로 두 달 안에 본토로 돌아갈 것이기 때문에 해임하지 않았다고 말했다. 또다시 순환 보직제도가 임무 수행 역량과 책임감의 적이라는 사실이 드러났다.

 오래전에 전역한 전 지휘참모대학의 총장 존 쿠시먼은 베트남 전쟁 이후에 자신이 재건을 도왔던 육군이 이라크에서 장군들을 감독하는 데 그렇게 부족했다는 사실을 믿지 못했다. 이라크전에서의 미군 장군 리더십에 관한 비공개 논문에서 쿠시먼은 산체스 사령관이 마땅히 보직 해임되었어야 하고, 그의 직속상관인 중부사령관 아비자이드 대장도 그를 즉각 해임하지 않은 직무유기를 범했기 때문에 처벌해야 한다고 주장했다.

그렇게 이라크에서 수렁 속으로 빠지자, 육군은 이전의 전쟁들로부터 들려오는 메아리를 듣기 시작했다. 2003년 중반에 럼즈펠드 국방장관과 자주 마찰을 겪었던 육군참모총장 신세키 대장은 전역 고별 연설에서 집결한 청중들에게 – 럼즈펠드는 분명히 청중에 포함되지 않았다 – "현재의 전쟁은 군인생활의 여정을 시작한 곳으로 완전히 한 바퀴 돌아오게 한다. 내가 베트남에서 배운 교훈들은 항상 나와 함께 있다"고 말했다. 베트남에서 미군은 북베트남을 상당히 신속히 무너뜨릴 수 있다는 존슨 행정부의 검증되지 않고 틀린 가정을 가지고 전쟁에 돌입했었다. 이라크 전쟁에서는 이라크를 점령하는 것이 비교적 쉬울 것이라는 부시 행정부의 검증되지 않고 틀린 가정을 가지고 군대가 전쟁에 나섰다. 같은 실수를 한다는 것은 우리 지도자들이 1991년과 2003년에 전략적으로 생각하고 있지 않았다는 신호이다. 특히 지도자들은 차이점들과 가정들에 대해서 분석하고 밝혀내려 하지 않고 있었다.

게다가, 이라크에서 장군들은 베트남 전쟁에서의 맥나마라처럼 종종 자신이 장군들보다 더 잘 알고 있다고 생각하는 럼즈펠드 장관으로 인해 부담을 느끼고 있었다. 물론 부시 행정부의 근거 없는 믿음이었던 화학무기와 생물학적 무기 저장소를 갖고 있다는 이라크만의 독특한 요인도 상황을 더욱 복잡하게 만들었다.

모든 지휘관 중에서 리카르도 산체스가 가장 닮은 사람은 아마도 베트남 시대의 어떤 장군들이 아니라 한국전쟁 개전 초기의 불운했던 지휘관 윌리엄 딘 장군이었을 것이다. 딘과 마찬가지로 산체스는 전장에서 직면할 적에 대하여 제대로 대비하지 않은 부대를 지휘했다. 딘의 부대들은 열악한 장비를 가지고 있었고, 훈련도 안된 상태로 한국에 파병되었다. 이라크로 보내진 부대들은 전술적으로 훨씬 유능했지만, 분란전에 어떻게 대응하는지를 몰랐던 장교들이 지휘하고 있었다. 산체스는 포로로 잡히지 않았지만, 그의 명성은 전쟁 경험에 의해 딘처럼 완전히 거덜 났다. 산체스의 이라크 전쟁 수행에 대한 앤드류 바체비치Andrew Bacevich의 평결은 가혹하지만 공정하다.

> 산체스 중장이 2003년에 이라크 전쟁의 다국적군 사령관을 맡았을 때, 분란전의 첫 번째 동요가 나타나기 시작했다. 그가 해야 할 과업은 분란전의 싹을 자르고 치안 환경을 확립하는 것이었다. 1년 후 산체스가 이라크 사령관직을 포기했을 때, 이라크는 거의 붕괴된 상태였다. 치안은 현저하게 악화되었다. 그는 임무수행에 터무니없이 실패했다. 이라크에 관한 끝없는 논평과 잡다한 이야기 속에서 지휘 실패는 거의 눈에 보이지 않았다. 마치 외부인이 평가한 것처럼 고위 장교의 임무 수행 역량이 나쁜 것으로만 평가되었다. 산체스가 프로 스포츠팀의 감독이었거나, 회사의 최고 경영자였다면 그는 아마 징계를 받고 면직처리 되었을 것이다.

그 암울한 기록을 볼 때 산체스의 회고록에 대한 선입견 중 하나는 부시 행정부에서 그를 대장으로 진급시키는 데 실패했다는 게 놀랍다는 점이다. 그의 회고록의 결말은 그곳에 갇힌 미군 부대와 불필요한 희생을 당한 수천 명의 미국인과 이라크인을 엉망진창으로 만든 것에 대해서는 자세히 설명하지 않고, 이미 약속되었다고 믿었던 대장 진급이 왜 안 되었는지에 대해 자세히 기술했다. 합참의장이 그에게 전화하여 진급 대신 전역해야 할 것임을 알리자, 그는 "당신들은 모두 나를 속였어"라며 맹비난했다. 진급을 위한 구명 활동을 하고 있을 때, 산체스는 자신의 부관을 향해 돌아서서 육군에 대해 넌더리가 난다며 "부관, 나는 워싱턴을 떠나는 것이 기쁘다. 적어도 이라크에서는 나의 적이 누구인지, 그들에게 무엇을 해야 하는지 알았다"고 떠벌였다. 슬프게도, 이러한 군대의 상투적인 표현조차도 거짓이었다. 그는 워싱턴에서보다 이라크에서 훨씬 더 수렁에 깊이 빠져 있었다. 메소포타미아에서 전쟁을 확대시키면서도 그는 적이 누구인지에 대한 어렴풋한 개념만을 가지고 있었고, 그들을 어떻게 다루어야 하는가에 대한 감각도 거의 없었다.

참전용사였던 정보장교 더글러스 프라이어$^{Douglas\ Pryer}$ 소령은 2009년의 연구에서 산체스의 역량을 살펴보았다. 보고서에서 그는 산체스는 펜타곤에 의해 방치된 희생자이지만, 그가 형편없는 리더십을 발휘한 잘못도 있다고 평가했다. 그는 "아마 가장 용서할 수 없는 것은 참모들의 건의에 의해서 산체스 중장은 기껏해야 제대로 고려되지 않고 엉성하게 기술된 2건의 심문 정책 문서를 승인한 것이었다"고 썼다. 그는 아부 그라이브 교도소에서 발생한 인권 침해 스캔들의 원인은 기본적으로 자원이나 교육 부족이 아니라 윤리적 리더십의 부재였다고 결론지었다. "이라크에서 왜 심문 남용이 발생했는지에 대한 근본 원인은 리더십 결함이다. 답은 간단하다."

군을 떠나고 나서 프랭크스와 산체스가 보인 행동은 젤리코우가 그들의 재능에 대해 의심했던 것을 확인시켜 주는 것으로 보인다. 프랭크스가 2곳의 재향군인 자선단체에 10만 달러를 후원했다고 했지만, 모금한 돈의 작은 부분만 참전용사들을 돕기 위해 사용했다는 뉴스가 2008년에 있었다. 그 자선단체는 미국 자선단체협회로부터 "F" 등급이라는 저조한 평가를 받았다. 산체스의 경우에는, 대통령의 주간 연설에 대응하는 민주당의 라디오 응답자로 2007년 11월에 다시 등장했다. 그는 "나는 오늘 민주당의 대표로 이야기하는 것이 아니라, 이라크 다국적군 사령관으로 전역한 퇴역 장교로서 이야기한다"며 정직하지 못하게 방송을 시작했다. 그는 곧바로 부시 행정부를 혹평했다. "나는 부시 행정부가 이라크 전쟁에서 승리를 위한 미군의 작전 운용, 협조 방식, 정치·경제·외교·군사력의 모든 분야에서 전략을 창안하지 못한 것을 직접 목격했다. 그 실패는 오늘날까지 계속되고 있다." 이라크에 참전했던 어느 해병 대령은 산체스의 연설이 마치 조지 커스터George Custer(남북전쟁과 인디언과의 전쟁에서 활약한 기병 지휘관 - 옮긴이)가 인디언 문제를 강연하는 것 같았다고 말했다. 2011년에 산체스는 텍사스 주 상원의원 지명을 위해 선거에 나가겠다고 발표했다. 그러나 선거 자금 모금이 제대로 되지 않자 그해 말에 포기했다.

프랭크스와 산체스 두 사람은 장군 리더십이 조지 마셜의 모델을 얼마나 많이 버렸는지를 입증했다. 마셜은 수익성이 높은 사업 제의를 끊임없이 거절했고, 가능한 한 항상 정치로부터 거리를 두었다. 텍사스 출신 두 장군의 행동은 군사 전문가로서의 신뢰를 저하시키는 것이었기 때문에 이들은 미래의 장군들에게 해악을 끼치고 있었다. 프랭크스는 근본적으로 이라크 전쟁을 잘못 이해함으로써 수천 명의 미국인과 셀 수 없이 많은 이라크인을 죽음으로 몰아넣었다. 이것은 민간인 지도자들의 군에 대한 신뢰를 약화시켰고, 버락 오바마Barack Obama 대통령이 군에 대해 회의

적이었던 것을 설명하는 데 도움이 된다. 정계에 진출하려던 산체스의 모험 또한 군에 해를 끼쳤다. 장군들이 정당 정치에 끼어들게 된다는 것은 아마추어이기 때문에 효율적으로 활동하기 어려운 분야에 뛰어드는 것을 의미한다. 하지만 그렇게 함으로써 그들은 미래의 정치인들이 장군들을 선택해서 정치와 관련 일을 할 때, 정치를 고려하게 만들 수 있다. 정치인들은 그들이 정치적 위협의 가능성이 덜 할 것으로 보기 때문에 더 적은 장교들을 지휘관으로 뽑으려고 할지도 모른다. 민간인 지도자들의 그러한 생각들이 군사적 효율성을 저하시키는 결과를 가져왔다.

종종 당나귀가 이끄는 사자의 군대

프랭크스와 산체스의 지휘 아래에서 미군의 실패는 최전선 군인들의 실패가 아니었다. 이라크에 전개된 미군 부대들은 잘 장비되었고 훈련되었다. 그러나 훈련이 알고 있는 문제들에 대해 준비하는 것이라면, 교육은 대체로 알려지지 않은 미지의 것, 예상되지 않은 것들에 대해 더 잘 대비하는 것을 의미한다. 민간 상급자들과 같이 이라크 전쟁을 지휘하는 장군들도 교육 면에서 큰 격차를 보였다. 그들은 이라크에서 직면했던 전쟁에 대해 정신적으로 준비되어있지 않았다. 오랫동안 전략학과 리더십을 연구한 예비역 육군 대령 로버트 킬브루Robert Killebrew는 "부대들은 첫날부터 자신들에게 부여된 임무를 잘 수행했다"고 말했다. 군인들이 저항 세력과 부딪혔을 때, 어떻게 해야 하는지를 말해주지 못한 사람들은 장군들이었다. "개전 이틀째에 대분란전이 시작되었더라면 군인들은 적응했을 것이다." 킬브루 대령은 2003년 모술에 있었던 데이비드 퍼트레이어스 소장의 제101 공중강습사단을 예외적 사례로 언급했다. 사단은 신속히 대분란전 전략으로 전환했고, 거의 1년 동안 놀라울 정도로 모습을 안전하게 지켰다. 킬브루 대령은 부대가 아니라 고위 지휘관들이 문제였다고 말했다. "전쟁에서 종종 있는 일이지만, 문제는 부대가 적응할 수 있느냐가 아니라 지휘관들이 적응할 수 있느냐였다. 언제나 그랬듯이, 군대는 지휘관들을 교육시키는 대가를 지불했다." 육군 지휘관들이 말을 알아듣기 시작하는 데 3년 이상이 걸렸다. 이것은 미국 군대가 제2차 세계대전에서 보낸 모든 시간만큼 걸렸다는 뜻이다.

전술적으로는 능숙했지만 전략적으로 부적절했던 결과는 이라크 주둔 미군이 강력했지만 제대로 지휘되지 않았다는 것이다. 1984년에 후바 바스 드 체게가 던졌던 "현재의 방법, 수단, 조건에만 적용되는 훈련 방법을 강조하는 장교 교육 시스템은 육군 장교가 불확실한 미래에 적응해야 할 필요한 교육을 제공하지 못할 것이다"는 경고는 SAMS를 만들기 위한 최선의 노력에도 불구하고 다시 육군을 괴롭히고 있다.

전술적 탁월함이 사실 전략적 무능함을 가능하게 했을 수도 있다. 육군 드퓨이 모델의 역설은, 육군의 전투 효율성으로 인해 육군이 명백한 전술적 좌절로 고통받는 것보다 훨씬 더 장군들을 방황하게 할 수 있다는 것이다. 유능한 전술적 리더십은 장군들이 적응할 수 있는 시간을 벌어주었다. 전쟁은 항상 그런 방식으로 흘러간다. 현실의 충격이 장교들을 정신 차리게 하고, 최초로 전술적 수준에서 적응하게 만든다. 훌륭한 장군임을 평가하는 요체는 적과 처음 접촉하고 나서 그들이 처한 실제 상황에 맞게 자기의 생각을 재조정하느냐이다. 이라크에서 육군 최고 지휘부는 적에 대응하는 재조정에서 너무 많은 시간을 소비했다. "이라크전에서의 전략적 실패에도 불구하고 우리가 버틸 수 있었던 이유 중의 하나는 병사들에게서 존경받는 유능하고 전문적인 초급 장교들과 부사관들이 계속해서 우리 병사들을 지휘했다는 것이었다"고 2006년 라마디에서 여단장으로 대규모 대분란전에서 성공한 신 맥퍼랜드Sean MacFarland 대령이 결론지었다. "그리고 그들은 우리가 싸우고 있는 상황을 제대로 이해하는 데 필요하기는 했지만 그럴 자격이 없을지도 모르는 고위 장교들에게 숨 쉴 공간을 제공했다." 맥퍼랜드 대령의 관점은 자주 만들어지지는 않지만 그것이 주는 의미가 광범위하므로 잠시 멈출 가치가 있다. 전술적으로 평범하고 징집병으로 충원된, 극단에 있는 미군을 상상해 보라. 이런 상황에서 이라크와 아프가니스탄의 전쟁이 심각한 전략적 방향 없이 수년간 두서없이 진행되도록 방치하는 것은 상상하기 어렵다.

몇 번의 보직 교체가 전략적 정체성을 깨뜨렸는지 모르지만, 책임이라는 어휘는 사라졌다. 2005년의 랜드 연구소 연구에서는 육군의 장군 리더십에 대한 "해임" 또는 "명분 있는 교체"를 적시하지 않고, 그냥 막연하게 어휘적으로 자진해서 떠나든지 아니든지를 의미하는 "성과 일탈"이라고 표현했다. 비슷하게 조지 리드George Reed 대령이 쓴 훌륭한 논문인 군대에서의 "독소적 리더십"에서는 용기 있게 문제를 분석했지만 분명한 해결책을 조심스럽게 다루면서 "만약 행동이 변하지 않으면 많은 행정적 해결책만 가능할 것이다"라고 망설이며 말했다. 거의 같은 시간에 육군전쟁대학교 스티븐 존스Steven Jones 대령의 연구에서도 다시 순환 보직과 장교들의 책임감 결여라는 지속적인 문제와 보상을 남용하는 육군의 평가 체계를 지적했지만, 여기에서도 그런 지휘관들을 해임할 필요성에 대해서는 역시 언급하지 않았다.

덧붙이는 글 – 사사만 중령의 실패

일찍 단행된다면 보직 교체가 장교의 경력을 살릴 수 있다. 예를 들어, 지금은 육군참모총장(그는 2011년부터 2015년까지 총장으로 재직한 후 퇴임했다-옮긴이)인 당시 제4 보병사단장 레이몬드 오디에르노 Raymond Odierno 소장이 2003년 후반기로 거슬러 올라가서 네이선 사사만 Nathan Sassaman 중령을 대대장에서 해임했다면 사사만 중령은 아마 아직도 육군에서 근무하고 있을 것이다. 사사만의 이라크 투입 이전의 장교 경력을 본다면 그는 지금 장군이 됐을지도 모른다.

사사만은 그의 세대에서 가장 주목을 받는 장교 중의 한 명으로 2003년에 이라크로 파병되었다. 그는 2미터에 이르는 큰 키에, 웨스트포인트의 유명한 쿼터백으로 사상 처음으로 팀을 대학 미식축구 대회인 1984년 체리볼 Cherry Bowl(대학 미식축구에서 벌어지는 포스트 시즌 경기-옮긴이) 결승으로 이끌어 미시간 주립대학에 10 : 6으로 승리했다. 사사만은 갈비뼈 3개가 금이 가면서도 시즌 동안에 많은 경기에 출전하여 성공적인 선수로 활약했고, 다시 젊어진 육군의 상징이 되었다. 사사만이 행정장교로 왔을 때 장교에서 역사가로 전환해 웨스트포인트에서 교편을 잡고 있던 콘래드 크레인 Conrad Crane은 "웨스트포인트에서 사사만과 함께 있었다"고 회상했다. 둘은 때때로 농구를 함께 했다. 크레인은 "그는 내가 본 사람 중에서 이기고자 하는 열망이 가장 강했다"고 말했다. 이라크에서 사사만은 계속해서 강한 첫인상을 남겼다. 법무장교 비비안 젬바라 Vivian Gembara 대위는 "강인하고 잘생긴 지휘관이 능력과 카리스마를 가지고 당당하게 지휘하는 모습을 직접 보았다"고 했다. "그를 만난 어떤 사람도 그의 휘하의 군인들이 어디라도 그를 따라가게 할 유형의 남자라는 것을 의심하지 않았다"고 말했다.

사사만 중령은 9·11테러 이전 F로 시작하는 육군의 3개 화두인 공포Fear, 화력Fire, 부대 방호Force Protection의 효율성을 믿는 사람답게 자신감을 가지고 이라크로 갔다. 그는 2003년 《뉴욕 타임스New York Times》의 덱스터 필킨스Dexter Filkins에게 "무서운 공포와 폭력, 그리고 사업을 벌이기 위한 많은 돈을 가지고 있기 때문에 현지 사람들을 돕기 위해 우리가 이곳에 있다는 것을 확신시킬 수 있을 것 같다"고 말했다. 많은 지휘관의 경험과는 다르게 그가 이라크에서 보낸 시간은 단지 자신의 이런 접근에 대한 믿음을 확고하게 해주었다. "단순하면서도 다소 야만적인 진실은 이라크인들이 두려워하는 저항 세력보다 우리를 더 두려워해야 한다는 점을 그들에게 납득시켜야 한다는 것이다"라고 그는 몇 년이 지난 후에도 그렇게 믿을 것이다.

그러나 이라크에 있는 동안에 자신이 특히 좋아하는 부하 장교가 죽임을 당한 후에 그는 무너지기 시작한 것으로 보인다. 사사만은 이라크인들에 대해 좀 더 부드럽고 미묘한 접근방식을 따르는 자신의 직속상관 프레데릭 루데스하임Frederick Rudesheim 대령과 이상할 정도로 지속적으로 대립했다. 사사만은 쓰라린 회고록에서 직속 지휘관에 대해 "그를 믿지도 존경하지도 않았다"고 썼다. 루데스하임이 그에게 박격포나 포병사격 같은 간접사격을 할 경우에 승인을 받으라고 지시했을 때, 사사만은 자신의 부하들에게 그 명령을 무시하라고 말했다. 그는 부하들에게 "여단을 조이라"고 지시했다.

그래서 나와 루데스하임 대령 사이에 문제가 생겼다. 무례와 불복종이 형성되어 나는 지휘 계통과 전통적인 육군의 의전을 고려하기보다는 나의 직관과 경험에 근거해 명령을 내렸다. 내가 선을 넘었다는 사실을 알았지만 개의치 않았다. 이제 나는 1년 동안 대대장으로서 전투 임무를 수행하면서 싸움 따위는 믿지 않고, 전쟁에서 유화정책을 썼다고 우리가 고발해야 한다고 느끼는 남자를 위해 일을 하고 있었던 것이다. 그는 공격하는 자들을 제거하는 대신에 우리를 공격하지 말라고 사람들에게 돈을 지불했다. 나는 그럴 수 없었다.

사사만이 비난한 방식, 즉 반군들에게 돈을 지불하고 그들이 미국인에 대한 공격을 중단하도록 하는 다른 비폭력적인 방법은 4년 후 미국의 공식 정책이 되었고 미국이 전쟁에서 철수하는 것을 도운 "급등 작전" 성공의 열쇠가 되었다. 사사만과 그의 상급 지휘관의 관계가 극도로 악화되고 기강해이를 조장하고 있는 것이 분명했던 그때 사사만이 보직 교체되었더라면, 그것은 사사만 본인뿐 아니라 그의 부대원들과 그의 책임 지역에 있었던 이라크인들에게도 좋았을 것이었다. 예를 들어, 오디에르노^{Odierno} 제4 사단장은 사사만에게 사단 참모와 보직을 바꾸라고 명령을 할 수도 있었다. 그러나 그는 해임되지 않았고 그의 대대는 해이함을 넘어서 범죄 행위로 은밀히 미끄러져 들어가기 시작했다. 사사만에게서 깊고 좋은 첫인상을 받았던 법무장교 젬바라 대위는 그에 대해 처음과는 다른 생각이 들었다. 그녀는 "제8 보병연대 1대대는 불법과 심지어 야만적 행위를 하는 온상 그 자체였다. 그런 행위는 기껏해야 묵인된 것이었고, 최악의 경우 명시적으로 명령을 받은 세계였다"라고 썼다.

2004년 1월의 어느 날 밤, 사사만의 1대대 군인들 몇 명이 수갑이 채워진 수감자 2명을 티그리스 강에 강제로 뛰어들게 했다. 한 명은 익사했다고 보도되었다. 사사만은 자신의 부하들에게 이라크인들이 도로에서 미끄러져 강에 빠졌다고 거짓말을 하라고 지시함으로써 이후의 조사를 방해했다. 그의 대대 소속 장교인 잭 새빌Jack Saville 중위는 군법재판에서 사사만과 자신이 어떻게 육군 수사관들을 오도해야 하는지 토의했다고 나중에 증언했다. 이때 오디에르노는 사사만에게 서면 경고장을 보냈다. "너의 행위는 잘못되었고, 범죄이기 때문에 용인될 수 없다"라고 오디에르노는 기술했다. 하지만 사실 그의 행위는 오디에르노와 육군에 의해서 용인되었다. 지휘관 해임에 대한 공식적 거부감이 워낙 커졌기 때문에 그 시점에서조차 오디에르노는 사사만을 보직 해임하지 않았다. 이 사건을 목격한 군사경찰 대대장 데이비드 포이리에David Poirie 중령은 "참모들과 살인에 대한 예행연습을 지휘하는 대대장이 있다면 그를 계속 지휘하게 놔둘 것인가?"라고 경악했다. 사사만은 대대장 임기가 끝나고 조용히 전역하는 것이 허락되었다.

이 모든 것이 미 라이 학살 사건 이후 코스터 장군이 경고장을 보냈던 베트남에서의 육군 이야기와 어느 정도 비슷한 것처럼 들렸다. 인도차이나 전쟁이 끝난 후 40여 년이 지난 이 시점에서 둘 사이의 가장 큰 다른 점은 미국 여론이 군대에 대해 덜 비판적이라는 것이었다. 그리하여 군대는 이런 과정을 바로 잡는 데 도움을 줄 수 있었던 자기 성찰을 강요받지 않았다.

29

조지 케이시

헛수고

2004년 중반에 이라크의 산체스는 조지 케이시^{George Casey} 대장으로 교체되었다. 케이시는 전통에서 벗어나는 작전을 해야 한다고 육군을 설득시키려 애쓰는 아주 평범한 인물이었다.

케이시 대장은 육군 내부의 사람이었다. 그는 실제로 베트남 전쟁 중인 1970년 7월에 헬리콥터 추락 사고로 숨진 미군 최고위 계급인 사단장의 아들이었다. 그는 육군이 이라크에서 다르게 작전을 시작해야 한다는 것을 알았다. 그는 산체스가 해본 적이 없는 공식적인 전구 작전계획을 발전시켰다. 더욱 의미심장하게, 그는 대분란전 전문가인 빌 힉스^{Bill Hix} 대령과 예비역 중령 칼레프 세프^{Kalev Sepp}에게 부대들이 무엇을 하고 있었는지 검토하고 개선을 위한 제안을 요청했다. 하버드 대학에서 학위를 받고 엘살바도르에서 특수전 요원으로 참전했던 세프는 이라크의 모든 대대장, 연대장, 여단장들에 대해서 조사한 후에 그들 중 20% 정도가 대분

2006년 이라크 티크리트에 도착한 케이시. 산체스의 후임인 그는 산체스보다는 나았지만, 결국에 가서는 조지 W. 부시 대통령에 의해 해임되었다. (사진 출처: wikipedia commons/public domain)

란전을 어떻게 수행해야 하는지 이해하고, 60%는 그렇게 하려고 노력 중이며, 20%는 대분란전으로 전환을 하는 것에 대한 관심이 없고 계속 재래식 전투를 하겠다고 하여 "명백하게 비능률적이고 작전의 역효과를 가져오는" 상태라고 결론지었다. 다시 말해서, 대부분의 미군 부대들이 효과적으로 작전을 수행하지 못하고 있었다.

케이시는 그러한 검토 결과에 대한 불안감과 이라크에 투입되기 전에 장교들에게 대분란전에 대한 교육을 할 능력이 육군에 없음에 절망하여 바그다드 바로 북쪽에 있는 타지Taji에 위치한 대규모 군사기지에 자체 대분란전 학교를 운영하기 시작했다. 그곳에서 새로 이라크에 온 장병들에게 1주 단위의 기본교육과정이 실시되었다. 그는 "육군이 스스로 변화하는 것을 원하지 않기 때문에 내가 이라크에서 육군을 변화시키고 싶었다"고 부하들에게 말했다. 학교에서는 장병들에게 이미 알려진 저항 세력들을 체포하는 것이 전술적 이점 면에서 꼭 필요한 것이 아니며, 그런 식으로 했다가는 오히려 새로운 적들만 만들어 낸다고 가르쳤다. 사용된 교과서에는 "만약 우리의 행동이 가족에게 굴욕감을 주고, 쓸데없이 사유 재산을 침해하고, 우리의 목표로부터 지역 주민들을 멀어지게 하면 잠재적인 제2, 제3의 효과로 인해 장기적으로 패배로 바뀔 것이다"라는 내용을 담고 있었다. 그렇게 하기는 했지만 케이시와 육군 모두 그것을 적용하는데 너무 느렸고, 그렇게 하는 데 어려움을 겪었다. 예를 들어, 고전적인 대분란전 이론의 핵심 요지는 부대가 주민들 속으로 들어가서 작은 규모의 외곽 전초기지에서 함께 생활해야 마을 주민들을 더 잘 이해할 수 있고, 적이 마을 사람들을 통제하는 것을 억제할 수 있다는 것이다. 하지만 케이시는 2006년에 작은 규모의 전초기지들을 폐쇄하고, 부대를 아주 큰 기지로 이동시키기로 결심했다. 이라크에서의 미군 군사작전을 연구한 대분란전 전문가이자 베트남 참전용사 프란시스 웨스트Francis West는 "대체로 대대들은 그들이 가장 잘 알고 있는 방식대로 주간에는 장갑차 탑승 순찰을 통한 소탕작전을, 야간에는 목표물에 대한 기습 공격을 계속했다"고 결론지었다.

많은 부대가 케이시의 지침을 따르지 않았다. 산체스 시절이 아부 그라이브 교도소 스캔들로 인해 물들었다면, 케이시 시대는 미군 부대에 의해 행해진 두 번의 잔학 행위로 특징지어질 것이다. 첫 번째 사건은 2005년 11월 19일에 있었던 하디타Haditha 학살이었다. 폭탄 테러 폭발을 당한 후 해병대가 무차별 포격을 퍼부어 다수의 이라크 시민들을 살해한 이 사건은 미국인들의 전쟁방식이 본질적으로 망가져 있다는 것을 보여주었다. 사람을 죽여서 그들을 보호할 수는 없다.

몇 달 후에 발생한 두 번째 사건은 이라크전에서 미국의 접근방식이 기본적으로 실패했음을 훨씬 더 명확하게 보여주었다. 검은 심장 사건 Black Hearts incident 으로 알려진 이 사건은 2006년 3월에 제101 공중강습사단(1974년, 공정사단에서 공중강습사단으로 부대의 명칭이 변경됨 – 옮긴이) 502 보병연대 1대대 B중대 1소대원 병사 4명이 바그다드에서 남서쪽으로 몇 킬로미터 떨어진 자신들의 전초기지 안에서 술에 취하여 기지 주변의 민가로 가서 14살 소녀를 집단 강간하고 살해한 후에 그의 부모와 6살짜리 동생까지 죽인 사건이었다. 이 일을 저지르고 나서 그들은 전초기지로 복귀해서 몇 명은 잠을 잤고 나머지는 닭 날개를 구워 먹었다. 짐 프레데릭 Jim Frederick 기자는 조사를 통해서 강력한 증거를 내놓았다. 부대가 엉망으로 지휘되기도 했지만, 근본적인 문제점은 이 부대가 한 번에 며칠씩 과도한 작전을 수행하며 임무를 수행한 후 바로 다른 임무에 투입되었다는 것이었다. "쉴 시간이 없었다"고 한 병사가 증언했다. 분대에서 소대의 임무를, 소대는 중대의 임무를, 중대는 대대의 임무를 수행했다. 한 분대는 특히 더한 긴장감을 느꼈는데, 부분적으로 지휘 계통상의 나쁜 관계 때문이었다. 가장 나쁜 관계는 중대장과 대대장 사이였는데 대대장은 중대장들에게 끊임없이 "엉망진창인 놈들"이라고 말하길 즐겼다. 대위들은 종종 대대장에게 병력이 더 필요하다고 말했지만, 대대장은 병력보다 좀 더 효과적으로 작전을 수행해야 한다고 받아넘겼다. 자신의 차례가 되어서 B중대장은 지휘소에서 24시간 동안 무전 대기를 하며, 잘 수 있을 때 자두자는 생각으로 판초 우의를 뒤집어쓰고 토막잠을 자고 있었다.

이 중요한 시간에, 대대장 톰 쿤크 Tom Kunk 중령은 도로에 매설된 폭탄을 수색하다 거의 죽을 뻔했던 대니얼 캐릭 Daniel Carrick 하사를 호되게 꾸짖고 있었다. 그는 캐릭과 다른 군인들에게 "너희가 적절한 절차를 따르지 않아 폭파되었다"고 말했다. "오늘 무슨 바보 같은 일이 있었던 거야? 무슨 일을 그렇게 개같이 하는 거야? 아마 주의를 기울이지 않고 망할 놈의 거리를 걸어갔겠지."

캐릭은 부주의했다는 비난에 분개했다. 그는 폭탄에 대한 추가적인 육안 확인 없이는 폭발물 처리반이 그것을 폭발시키러 오지 않을 것이기 때문에 폭탄에 가까이 접근했다. "나는 모든 것을 교범대로 했습니다. 폭발물 처리반이 나에게 더 가까이 가라고 말했습니다."

쿤크는 "개소리하지 마"라며 "너는 적절한 전술과 적절한 방법을 따르지 않고 있었어"라고 말했다.

하사는 "엿이나 드세요, 대대장님"이라고 중령에게 말하고는 나가 버렸다.

수십 년 전에 드퓨이와 충돌했었던 쿠시먼은 검은 심장의 전쟁 범죄 사건에 관해 읽고 몸서리를 쳤다. 그는 이라크전에서 장군들이 일을 잘하지 못한다는 자신의 증폭되는 감정을 글로 썼다. 영향력이 있는 그의 글은 웨스트포인트와 육군의 여러 곳에서 회람되었다. 거기에서 쿠시먼은 대대보다 높은 지휘계통에서 B중대가 수개월 동안 악화되어 가는 것을 일찍 알아차리지 못한 잘못이 있었다고 지적했다. 그는 아부 그라이브 교도소의 사례와 마찬가지로 여기에서 근무하는 장군들이 문제였다고 했다. 장군들은 자신들에게 책임이 있었고 그렇게 할 수단도 가지고 있었지만, 어려움에 빠진 부대에서 무슨 일이 일어나고 있는지 알지 못했다고 주장했다. 그는 아부 그라이브 교도소의 사례와 마찬가지로 이곳도 "장군급 장교의 지휘 책임"의 문제이고, 예하부대가 할 수 있는 것보다 더 많은 임무를 부여받은 지휘 부담의 문제이며, 전투 현장에서 무슨 일이 있는지 이해하지 못한 문제라고 했다. 그 사건은 쿠시먼과도 개인적 연관이 있었다. 이라크에 파견된 육군은 그가 재건에 도움을 준 육군의 일부가 아니었지만, "검은 심장" 대대는 40여 년 전 베트남 구정 공세 때 그가 지휘했던 제101 공중강습사단 예하의 같은 여단의 일부이기 때문이었다.

너덜거리고 혼란스러운 속에서 지속적으로 적응해 가는 정교한 적들의 기습공격을 받으면서 변화의 길을 모색하는 케이시 지휘하의 미군은 노력에도 불구하고 이라크에서 진전을 이루지 못했다. 2004년에 2만 6,496차례의 저항 세력의 공격이 있었고, 2005년에는 공격 횟수가 증가해 3만 4,131차례나 되었다. 케이시는 희망을 담아서 2006년이 "치안의 해"가 될 것이라고 선포했지만, 그 해는 바그다드에서 소규모 내전이 발생하여 비참한 도시지역 전투의 해가 되어버렸다. 2006년 6월이 되자 수도 바그다드 내와 인근에서 특히 전투가 치열했다. 그해 여름에는 바그다드 서쪽의 안바르Anbar 지방에서 매일 50회의 저항 세력의 공격이 있었다. 여름이 끝날 무렵에, 바그다드는 대부분 인종청소ethnic cleansing(특정 인종이나 민족을 강제적으로 배제하고 말살하려는 행위나 정책 – 옮긴이)가 이루어졌고, 수니파는 서쪽의 몇 개의 국지로 몰린 거주지로 전락했다. 저항 세력들은 1주일 동안에만 도로 상에서 1,000발 정도의 폭발물을 폭발시켰다. 대부분이 수니파인 200만 명으로 추정되는 이라크인들이 나라를 떠났고, 같은 수의 사람들이 이라크 내에서 정처 없이 떠돌았다.

케이시와 그의 주변 사람들은 상황이 얼마나 빠르게 악화되고 있는지 감을 잡지 못하고 있는 것 같았다. 태평양사령관 윌리엄 팰런William Fallon 제독이 여름 중반에 바그다드를 방문했다. 그는 귀국해서 워싱턴의 막후 실력자로 영향력이 큰 예비역 육군 대장 잭 킨Jack Keane에게 전화했다. 팰런이 "잭, 방금 바그다드에서 돌아왔네"라고 말을 시작하며 "무슨 망할 놈의 일이 이라크에서 벌어지고 있는지 이해할 수 있게 도와주게나. 케이시는 헤어나오지 못하는 상황에 빠져서 옴짝달싹도 못 하고 있으면서, 자신이 그런 상황이라는 것을 모르고 있더군"이라고 말했다. 다음 해에 팰런 제독은 이라크와 아프가니스탄의 전쟁을 감독하는 중부사령관으로 자리를 옮겼다가 2008년에 기자에게 부시 행정부의 중동 정책을 폄하하는 발언을 한 후 국방장관 로버트 게이츠Robert Gates에 의해 일찍 퇴진할 것을 강요받았다.

케이시의 전쟁 상황에 대한 인식 결여는 부시 행정부 수뇌부들의 지지를 약화시키기 시작했다. 그는 2006년 늦여름까지 바그다드를 잃은 것뿐 아니라, 자신을 향한 백악관의 지지도 잃었다는 사실을 깨닫지 못했던 것 같았다. 후에 있었던 인터뷰에서 케이시는 "그 당시에 상황을 제대로 보지 못했다"고 고백했다. 8월 17일에 있었던 국가 안보 고위 관료들과의 화상회의에서 그는 그해 말까지 이라크 치안부대에 넘기려는 자신의 계획을 고수하고 싶다고 이야기했다. 와이오밍에서 회의를 시청하고 있던 체니 부통령이 그의 말에 골치가 아팠다. 체니는 "케이시 장군을 존중하지만, 그가 가지고 있는 낙관론의 근거를 찾을 수가 없었다"고 나중에 기록했다.

브리핑 후 체니 부통령은 다른 전략과 그것을 이끌 다른 장군들을 찾기 위해 여기저기를 쑤시기 시작했다. 그가 만난 사람 중에는 베트남 전쟁에서 미국 최고위 장군들의 실패에 대해 쓴 『직무유기』의 저자 맥매스터 대령도 있었다. 맥매스터는 체니에게 미국의 목표가 가능한 빨리 이라크인들에게 통제권을 넘겨주는 것이라는 케이시의 관점을 포기하도록 해야 한다고 말했다.

2006년 10월 첫 주에, 이라크에서 미국 군인 24명이 죽었고, 300여 명을 넘는 인원이 부상당했다. 부시 대통령은 이라크 주둔 사령관들과 자주 화상회의를 하며 "낙관적인" 경향을 보였는데, 케이시의 기억에 따르면 11월에 들어서자 "대통령이 눈에 띄게 냉정하게" 변했다. 케이시에 대한 보직 교체가 진행 중이었지만 천천히 진행 중이었기 때문에 그는 잘 인식하지 못했다. 12월에 케이시는 자신이 계획했던 2007년 봄이 아니라 몇 주 안에 이라크를 떠나라는 말을 들었다. 케이시는 "도대체 무슨 일이 일어났는지 이해하지 못하고 떠났다"고 말했다.

결론적으로, 이라크전에서 케이시의 임무 수행 결과는 공과 과가 섞여 있었다. 그는 성공하지는 못했지만, 아마도 그가 받았던 것보다 더 많은 칭찬을 들을 자격이 있었다. 이런 면에서 그는 한국전쟁에서의 월튼 워커 장군과 닮았다. 두 사람 모두 악착같이 전투에 임했지만 보직 교체가 임박했음에도 그것을 거의 알아차리지 못했다. 몇몇 장군들의 운명은 패배를 간신히 모면하는 것이다. 워커와 케이시 모두 그들의 후임자들이 가능한 한 신속하게 행동할 수 있게 충분히 오랫동안 전쟁을 유지했고 그 과정에서 큰 공을 세웠다.

30

데이비드 퍼트레이어스

국외자처럼 왔다 감

조지 케이시가 이라크전의 월튼 워커라면, 데이비드 퍼트레이어스David Petraeus 장군은 매튜 리지웨이Matthew Ridgway가 될 것이다. 부임지에 도착하여 냉철하게 상황을 재평가한 다음 명확한 사고와 인상 깊은 전투 의지로 지상전에서의 변화를 활용하여 전장을 일신시켰다.

그가 행동할 수 있도록 그의 뒤에는 민군 담론이 크게 향상되었다. 이라크에서의 미국의 입지는 부시 대통령이 케이시와 다른 고위 장군들을 외면하고, 수년 동안 막혀 있던 어려운 질문에 대해 다른 사람들의 조언을 구한 후에야 개선되기 시작했다. 부시 대통령은 2006년 중간선거에서 공화당 후보들이 겪었던 좌절에 당황하여 외부 전문가들에게 백악관으로 와 달라고 요청했다. 2006년 12월 11일 부시가 몇몇 전략 사상가들과의 만남에서의 주요 의제 중 하나가 장군의 리더십과 책임이었다는 것은 의미심장한 일이었다. 존스 홉킨스 대학의 엘리엇 코헨Eliot Cohen은 대통령의 장군들이 사람이 좋은 것만으로는 충분하지 않고, 능력이 있어야 한다

2007년 3월 바그다드 시장을 순시하는 퍼트레이어스. 그는 더 많은 위험을 무릅쓰고, 더 공세적인 작전을 전개함으로써 사상자의 증가에도 불구하고 미군의 사기를 획기적으로 향상시키면서 이라크에서 미군의 접근법을 재편했다.
퍼트레이어스는 현대의 미군장군들 사이에서도 예를 찾아보기 힘든 존재이다. 그는 프린스턴대학 박사학위 소유자이며, 기자들과의 대화를 즐기고, 외부자들에게는 일반적으로 다른 많은 그의 동료들보다 더 성공적인 사람으로 비쳤다. (사진 출처: wikipedia commons/public domain)

면서 "전쟁 도중 무능한 장군들에 대해서 보직 해임을 했던 적이 한 번도 없었다"고 부시에게 정중하게 이의를 제기했다.

 12월 회의의 가장 중요한 결과는 퍼트레이어스 대장을 케이시의 후임 이라크 주둔 사령관으로 발탁한 것이었다. 외부 인사들이 퍼트레이어스 대장을 추천해, 대통령이 결심했다는 점에 중요한 의미가 있다. 그는 분명히 군대의 선택은 아니었다. 그는 많은 동료로부터 3번이나 저주받은 별종으로 간주된 인물로 프린스턴 대학에서 박사 학위를 받은 장교이며, 기자들과 심지어 정치인들과도 대화를 즐기고, 제101 공중강습사단장으로 2003~2004년에 모술에서 성공을 거둬서 동료들을 바보로 만들기도 했었다.

레이몬드 오디에르노Raymond Odierno 중장과 함께 그는 더 많은 위험을 무릅쓰고, 더 공세적인 작전을 전개함으로써 사상자의 증가에도 불구하고 미군의 사기를 획기적으로 향상시키면서 이라크에서 미군의 접근법을 재편했다. 퍼트레이어스와 오디에르노는 자신들과 같은 생각을 하는 장교들, 예를 들어 창의적 생각으로 주변을 어리둥절하게 만드는 또 다른 국외자인 제임스 두빅James Dubik 중장을 데려왔다. 이 3명의 공통적인 특징은 비판적으로 사고할 능력이 있으며, 육군의 훈련이 불충분하다고 입증되더라도 새로운 해결책을 찾을 수 있다는 것이었다. 9·11테러 이후의 또 다른 성공적 장군인 마틴 뎀프시Martin Dempsey(2011년 미 합참의장이 됨 - 옮긴이)와 제임스 매티스(2010년에 중부사령관이 됨 - 옮긴이)는 드류이 장군이 발전시킨 전술 일변도의 방식에는 적합한 장군들이 아니었다. 오히려 그들 자신의 힘으로 1970년대와 1980년대에 쿠시먼에 의해 장려되었던 독립적으로 생각할 수 있는 융통성 있는 지휘관이라는 대안을 찾는 사람들이었다. 두빅 장군이 몇 년 후 전역해서 존스 홉킨스 대학교에서 철학박사 학위를 받기로 결심했던 것이 그 전형적인 모습이다.

퍼트레이어스와 오디에르노는 케이시의 지침 일부를 바꾸었다. 그들은 케이시가 통합했던 대규모 기지에서 부대들을 철수시키고 35~75명 정도의 군인들로 구성된 "순찰기지"라는 전초 진지를 조직해서 이라크 주민들 옆에 주둔하게 하거나, 심지어 그들 속에서 근무하게 했다. 또한 두 사람은 예하부대들이 저항 집단과 협상을 시작하는 것이 용납될 뿐 아니라 필요한 것이라고 말했다. 가장 큰 변화는 가장 보기 힘든 법이다. 그들은 이라크 치안유지부대에게 "책임 전환"을 미국의 첫 번째 우선순위에서 공식적으로 7번째 순위로 조정했다. 대신에 가장 중요한 우선순위 1번으로 이라크 국민의 보호를 택했다.

마찬가지로 중요했던 것은 퍼트레이어스가 자신의 수준에서 민군관계를 재건했다는 사실이었다. 그와 신임 이라크 대사 라이언 크로커Ryan Crocker는 끈질기게 긴밀히 협조할 것과 각자의 부하들로부터 같은 "노력의 통일"을 기대한다는 점을 명확히 했다.

케이시는 다가올 변화들에 대해서 무지했다. 그는 전역한 전 육군참모차장 킨Keane이 지휘계통을 우회하여 자신의 부하인 오디에르노와 직접 통화했고, 심지어 백악관과 오디에르노 사이에서, 백악관과 퍼트레이어스 사이에서 메시지를 주고받았다는 사실을 너무 뒤늦게 알았다. 미국으로 돌아온 지 얼마 안 돼서 베트남에서 웨스트모어랜드가 그랬던 것처럼 명목상의 육군참모총장으로 승진했던 케이시는 우연히 월터 리드 육군병원Walter Reed Army Medical Center에서 킨과 마주쳤다. 케이시가 "우리는 – 총장인 나는 – 당신이 책임질 수 없는 정책을 옹호하는데 너무 앞에 나선다고 생각하고 있어요"라고 말했다. "책임은 우리에게 있고, 당신에게는 없단 말이오. 문제가 바로 그것이오." 인터뷰에서 그것에 관한 질문을 받자, 그는 "나는 전문 직업군인으로서 항상 이렇게 느끼고 있소. 만약 그가 내 임무에 대해서 무언가 가르쳐줄 것이 있다면, 그는 나를 찾아왔거나, 편지를 보냈거나, 아니면 다른 어떤 방법으로든 나와 접촉을 시도하려 했어야 마땅하다는 것이오. 그런데 그는 그렇게 하지 않았소"라고 말하며 둘 사이에서 주고받은 말들을 확인해 주었다. 케이시의 추론은 완전히 틀렸다. 사실 킨은 시스템에 책임감을 주입하려는 중이었다. 그는 전쟁 수행에 관한 곤란한 질문을 던져서 민간 관료들을 도와줌으로써 민군 담론을 보수하려 했다. 킨의 개입은 1960년대 초의 맥스웰 테일러의 역할과 표면상으로는 유사할 수 있지만, 실제로는 근본적으로 다른 것이었다. 두 퇴역 장군 모두 당대의 합참과 소원한 관계였다. 그러나 테일러의 활동이 민군 관계의 질을 떨어뜨렸던 반면에, 킨은 오히려 그것을 증진시켰다.

리지웨이와 다르게, 퍼트레이어스는 자신이 완전히 틀을 바꾸어야 할 이라크 전쟁에 이미 두 번이나 참전했었다. 첫 번째는 2003~2004년 이라크 북부에서 제101 공중강습사단을 지휘했었다. 모술과 북부의 나머지 지역이 비교적 평온했던 것은 필연적인 것이 아니었다. 몇몇 정보 분석가들은 그 지역이 전역한 장군 1,000명을 포함하여 전직 이라크 장교 및 군인 10만여 명이 넘는 이들이 있는 곳이어서 아마도 이라크에서 가장 폭력적인 지역 중의 하나가 될 것이라고 예측했었다. 인근 지역에는 이라크 북부지역의 여러 지역에서 갈등을 부추기는 쿠르드 민병대 2만여 명이 있었다. 도시는 후세인의 아들인 우다이Uday와 쿠세이Qusay가 은신하기로 선택했던 곳으로 미국의 이라크 점령에 반대하는 수 많은 사람들이 있었다. 하지만 퍼트레이어스 눈에는 모술과 주변 지역이 비교적 안정적으로 유지되고 있다고 보였다. 그것은 부분적으로 퍼트레이어스가 산체스의 불확실한 지휘하에 있는 바그다드에서 멀리 떨어진 곳에서 자신만의 고유의 정책을 두고 독자적 작전을 구사할 수 있었던 까닭이었다. 예를 들어, 그는 미국의 공식 정책보다 바시스트Baathist(이라크 정부군 추종자 - 옮긴이)들을 확실히 관대하게 대했다. 럼스펠드 국방장관 및 다른 국방부 관료들과 거의 결별을 했을 때인 2004년에 그는 "모든 바시스트들에 대한 사격은 불가능하다. 그렇게 하는 것은 그들을 다른 적으로 만드는 것과 다름없다"고 했다.

여러 가지 면에서, 2007년 이라크의 퍼트레이어스는 리지웨이가 1950년대 말에 한국전쟁에서 사령관직을 수행할 때보다 더 많은 위험 요소들과 싸우고 있었다. 리지웨이와는 달리 퍼트레이어스는 그의 새로운 지침을 뒷받침해 주는 군사적 조직이 없었다. 오히려, 얼마나 많은 고위 관료들이 퍼트레이어스와 오디에르노가 제안했던 변화를 방해했는지가 놀라울 지경이었다. 합참의장, 육군참모총장, 그리고 중부사령관까지 모두가 새로운 방책에 대해 반대 의사를 표명했다.(피터 페이스Peter Pace 해병 대장은 합참의장으로 정해진 통상의 임기 절반인 2년을 재임하고 2007년 중반에 게이츠 국방장관에 의해 쫓겨났다.) 물론 의회에서도 퍼트레이어스의 변화에 대한 반대 의견이 있기는 했지만, 어떤 종류의 결의안으로 표현되지는 않았다.

그러나 퍼트레이어스와 오디에르노는 일종의 은밀한 지원을 누렸다. 결실을 보지 못한 4년간의 전투 후에, 미군의 하급 전술 제대들은 새로운 방책을 선뜻 받아들였다. 퍼트레이어스의 수석 보좌관 피터 만수르Peter Mansoor 대령은 "2007년 초순에 급등 작전을 시작하면서 미군이 이라크 주민들과 관계를 맺는 능력이 르네상스에 이르렀다는 것과, 대분란전 수행 능력을 엄청나게 도와주는 적응력을 느꼈다"고 평했다.

2007년 초순에 시작된 전쟁의 단계는 급등 작전으로 알려졌다. 이 작전을 통해서 3만 명이 이라크에 추가 파병이 되어 미군들의 숫자는 16만 6,000여 명으로 최고점에 이르게 되었는데, 병력의 수보다는 어떻게 그들이 작전에 운용되는가에 더 큰 의미가 있었다. 미군 장병들이 말하는 작전 성공의 평가는 미군의 사상자 추세를 따지는 것이 아니라 이라크 국민의 사망자 수를 살피는 것이었다. 상급자들의 지지가 없었음에도, 퍼트레이어스와 오디에르노는 자신들이 지휘하는 제대인 군단으로부터 사단, 여단, 대대, 중대, 소대에 이르기까지 아래로 이 메시지를 효과적으로 전달했다. 퍼트레이어스의 역습 작전 동안에 바그다드에서 임무를 수행했던 정찰 소대장 존 번스John Burns 중위는 "우리의 사고방식은 사람을 죽이는 게 아니라 승리하는 것이었다"며 "우리는 지속적으로 상황을 평가했고, 우리가 하는 전쟁은 우리가 원했던 전쟁이 아니라는 것을 확실히 했다"고 말했다. 시간 또한 미국의 다른 접근을 위해서 무르익었다. 수니파가 바그다드 서쪽의 시아파 민병대에 대한 통제력을 상실하고 수세에 몰렸다. 안바르 지방의 부족장들은 알카에다가 국경을 넘나들며 밀수 작전에 몰두하고 있는 것에 화가 나 있었다.

돌이켜보면 성공은 종종 필연적으로 보인다. 그러나 당시 이라크에서는 퍼트레이어스와 오디에르노가 시행하는 변화가 매우 위험해 보였고 실제로도 그랬다. 퍼트레이어스의 가장 큰 위험은 수니파 저항 세력에 다가가 그들을 미국 편으로 돌리기 위해 돈을 제공했다는 것이었다. 그는 부시 대통령에게 이 일에 대해 명확하게 말하지 않았다. 그는 인터뷰에서 "이것은 허락을 구할 만한 일이 아니었다고 생각한다"고 말했지만, 아마도 그는 대통령에게 미리 이야기하여 그를 불편하게 하는 것보다는 조치를 먼저 취하고 나중에 승인을 구하는 게 최선의 방책이라고 생각했던 것으로 보인다.

퍼트레이어스가 2007년 2월에 이라크에 왔을 때, 국무부 전략가 필립 젤리코우는 "그는 기본적으로 전략적 공백을 물려받았다"고 말했다. 엄청나게 힘든 시간이었다. 급등 작전을 시행한 첫날 평균적으로 하루에 180회 정도의 미군에 대한 공격이 발생했다. 2007년 봄, 몇 달 동안 퍼트레이어스가 시도한 변화에 효과가 있다는 신호는 거의 없었다. 포위된 4월의 바그다드는 죽은 도시처럼 끔찍했다. 5월에 들어서는 상황이 더 악화되어 126명의 미군이 전사하여 그해 최악의 달이 되었다. 퍼트레이어스는 나중에 이때를 "악몽을 꾸는 몹시 고통스러운 시기였다"라고 회상했다. 6월에 들어서, 이라크를 잘 아는 가장 똑똑한 대령 중 한 명은 퍼트레이어스가 졌다는 결론을 내리며 "그는 이길 수 있는 한 수가 있었다. 솔직히 말해서, 그가 그 지점을 지났다고 생각한다"고 말했다.

그 장교가 그렇게 말했음에도 불구하고 중대한 변화가 진행 중이었다. 그것은 알아차리기 어려웠고, 완전히 드러나는 데 몇 달이 걸렸다. 500만 명의 인구가 사는 거대한 도시 바그다드에 대한 광범위한 지배권 쟁탈전은 2007년 늦봄과 초여름에 절정에 달했다. 6월이 되자 새로운 접근법의 결과들이 나타나기 시작했다. 여름이 시작되었을 때 수니파 저항 세력들이 항복하지 않고 미군 편으로 다가오기 시작했는데, 그들은 무기를 지니고 있었지만 미국인에 대한 공격을 중단하는 대가로 돈을 받는 데 동의했다. 마침내 10만 명이 넘는 저항 세력들이 전향했다. 그들이 그렇게 하자, 이전의 극렬 저항 세력들의 안식처들이 사라지기 시작했다. 퍼트레이어스는 "그들을 위한 지원 구역과 지휘통제 시설들을 과도하게 운영하고 있었다"고 회상했다. 2007년 6월에는 미군 전사자가 93명 발생했는데, 7월에는 66명, 8월에는 55명으로 사망자 수가 줄어들었고, 변화가 확산되면서 12월에는 단 14명의 전사자가 발생했다. 이라크 전쟁에서 미국의 역할은 줄어들기 시작했다.

다음 해에 퍼트레이어스는 대장으로 진급하여 중부사령관이 되었다. 퍼트레이어스와 그의 주변 사람들은 이라크 전역뿐 아니라 육군 내에서도 성공적으로 임무를 수행한 것처럼 보였다. 그의 새로운 영향력이 강조되듯 그는 그해 육군의 준장 진급자를 선발하는 진급선발위원장으로 소집되어 이라크에서 워싱턴으로 갔다. 전쟁 중인 전구의 전투사령관을 진급위원회에 소집하는 것은 전례가 없었다. 그는 마셜 장군의 유형에 맞는 장군을 선발하도록 노력하였고, 특히 보병 및 특수작전부대를 지휘하여 성공적으로 전투를 수행한 장교들을 많이 선발했다. 준장으로 선발된 맥매스터 대령은 베트남 전쟁에서 고위 장군들의 리더십에 대한 최고의 연구 중의 하나인 책의 저자일 뿐 아니라 이라크 북부에서 처음으로 대분란전을 성공적으로 수행한 지휘관 중의 한 명이었다.

악화되는 아프가니스탄

그러는 동안에 미국의 다른 전쟁인 아프가니스탄에서는 별다른 전략적 방향 없이 두서없게 진행되고 있어서 퍼트레이어스의 미래를 암시하는 듯했다. 아프가니스탄 전쟁은 미국의 정책 입안자들에게는 부차적인 일이었다. 아프가니스탄에 있는 미군 장군들의 과업은 국방부를 귀찮게 하지 않는 것이 최우선인 것 같았다. 2004~2005년에 아프가니스탄 사령관이었던 예비역 육군 중장 데이비드 바노 David Barno는 "여러 면에서 우리 아프가니스탄 사령부는 소외된 사령부였다"고 회상했다. 그는 육군으로부터 사령부에서 일할 참모를 받기도 쉽지가 않았다. "육군은 이라크 지원에 대해서는 명확히 했는데, 아프가니스탄에 관해서는 관심이 없었다. 필요한 최소한의 지원 외에는 어떤 것도 제공하지 않았다"고 말했다. 결국에, 그의 참모들을 나이 많은 예비역 군인들로 보충했고 사령부를 표현할 때 "미국 최전방에 전개한 재향군인회 지부AARP, American Association of Retired Persons"라고 농담을 하기도 했다.

아프가니스탄 전쟁은 방치 속에서 잘 진행되지 않았다. 2004년에서부터 2009년까지 보고된 치안 관련 문제는 9배가 증가했고, 특히 자살폭탄 공격이 급격히 증가했다. 아프가니스탄 전쟁의 전환점이 2005년에 왔다. 미국 정부는 처음에는 NATO가 인수할 것을 요청하였다가 나중에는 2,500명으로 주요 병력을 줄이겠다고 공식적으로 발표하면서 반복해서

2010년 6월, 미 해군, 해병, 아프가니스탄군으로 구성된 다국적군 대원들이 새로 완공된 교량을 둘러보고 있다. (사진 출처: wikipedia commons/public domain)

전쟁에서 손을 떼겠다는 신호를 보냈다. 그 결과로 인해 2005년에 파키스탄 정부는 미군의 아프가니스탄 주둔에 반대하는 것처럼 보였고, 파키스탄의 군 정보기관이 탈레반과 다른 아프가니스탄 동조 세력들을 다시 지원하기 시작했다. 파키스탄 국경 초소에서 탈레반의 공격을 지원하기 위해 중기관총을 사격하는 등 수많은 사건이 있었다.

아프가니스탄이 더 위험해졌음에도 불구하고 미국의 관심은 여전히 이라크에 집중되어 있었다. 아프가니스탄 전쟁은 2009년이 되어서야 워싱턴에 있는 정책 입안자들에 의해 다시 초점이 맞춰졌다. 오바마Obama

행정부가 아프가니스탄 전쟁에 관심을 두기 시작했을 때, 민간 관료들은 거기에 있는 군 리더십, 특히 장군들에 대해 불만을 갖게 되었다. 데이비드 맥키어넌David McKiernan 육군 대장은 정규전적인 접근으로부터 대분란전적인 접근으로 방향 전환을 조정할 수 없는 사람으로 보았다.

그 뒤의 후속조치가 마셜 체계 이후의 모델인 최고위 장군을 민간 지도자가 해임하는 것이었다. 먼저 맥키어넌이 2009년 5월에 사령관 자리에서 해임되었다. 국방장관 게이츠와 다른 관료들이 필요로 하는 장군은 새로운 지침을 전쟁에서 적용할 새로운 지휘관이었다. 이것은 합리적인 자세였고, 결국 맥키어넌은 조용하고 품위 있게 전역했다. 어느 공군 장교와 예비역 육군 장교가 "맥키어넌의 교체가 우리에게 환기시켜 주는 것은 군 최고 리더들은 팀을 만들 특권이 있으며, 선택된 전략을 실행하는 데 가장 적합하다고 생각하는 사람을 선택한다"고 공동으로 발표했다. 마셜이 유령으로 나타나 고개를 끄덕일 견해였다.

다음번 아프가니스탄 주둔 미군사령관은 스탠리 맥크리스탈Stanley McChrystal 대장이었다. 아프가니스탄 전쟁은 미국에 있어 2010년 5월에야 비로소 이라크보다 더 많은 미군 부대가 파병되었다는 의미에서 2개의 전쟁 중 "더 큰" 전쟁이 되었다. 한 달 후에, 맥크리스탈은 그의 수행단 중 몇 명이 현명하지 못하고 설명할 수 없을 정도로 《롤링 스톤Rolling Stone》 기자에게 오바마 행정부에 대한 비판적 발언을 한 후 오바마 대통령에 의해서 해임되었고 동시에 전역하라는 압력을 받았다. 맥크리스탈은 퍼트레이어스로 교체되었다. 두 번째로 퍼트레이어스가 처음에 토미 프랭크스가 잘못 다룬 전쟁을 바로 잡으라는 임무를 부여받았다. 퍼트레이어스는 매티스 대장의 추천을 통해서 알게 된 해병 대장 존 앨런John Allen에게 아프가니스탄 전쟁을 넘기기 전까지 1년 동안 지휘했다. 지금으로서는 퍼트레이어스가 이라크 전쟁에서 미국인들을 빼낼 방법을 찾아서 성공한 것처럼 앨런이 아프가니스탄 전쟁에서 그렇게 할 수 있을지 알 수 없다.

2003년 이래, 아프가니스탄 전쟁의 미군 사령관은 토미 프랭크스, 폴 미콜라섹Paul Mikolashek, 댄 맥닐Dan McNeill, 존 바인스John Vines, 데이비드 바노David Barno, 칼 아이켄베리Karl Eikenberry, 맥닐McNiel, 데이비드 맥키어넌, 스탠리 맥크리스탈, 데이비드 퍼트레이어스, 존 앨런 장군들이었다. 바노 장군은 인터뷰에서 장군 리더십의 가장 큰 문제는 너무 빠른 인수인계라고 했다. 그는 "10년 동안에 아프가니스탄 주둔 미군 사령관으로 10명이나 근무했다는 것은 끔찍하게 나쁜 일이었다. 미국 대사 7명도 마찬가지다. 그러니 계획이 무엇이든 간에 혼돈이 오게 되는 것이다"고 말했다.

덧붙이는 글 – 어느 중령이 오늘날의 장군들을 규탄하다

2006년 말 어느 날, 맥매스터 대령의 제3 기갑수색연대 부연대장인 폴 잉링Paul Yingling 중령은 이라크전에서 부상당한 부대원들을 위한 상이군인 훈장Purple Heart 수여 행사에 참석했다. 이라크는 그가 2번씩이나 파병된 근무지였다. 2002년에 SAMS를 나왔고 시카고 대학교에서 정치학 석사학위를 받았던 잉링은 감정이 끓어오른 채로 숙소로 가서 글을 쓰기 시작했다. 그의 컴퓨터에서는 2007년에 출판된 육군 리더십에 일격을 가하는 내용이 입력되고 있었다.

잉링은 "장군들은 군대의 전쟁준비와 정책의 목적을 달성하기 위해 무력을 어떻게 적용해야 하는지에 대해 민간 권력에 권고하는 것에서 실패했다"고 비난했다. 군사력을 어떻게 운용하고 사용할 것인지 판단하고 설명하는 것이 장군들 책임이라고 하면서, "만약 정책 입안자가 희망하는 최종목표를 달성하기 위해 제공할 수단이 부족하다면 장군은 그들에게 이러한 부조화에 대해서 조언해야 하는 책임이 있다." 물론, 이것은 장군들이 이라크 전쟁을 고려하면서 부시 행정부와 그렇게 하지 않았던 것을 지적한 것이었다. 잉링은 계속해서 장군들은 자신들이 수행할 전쟁을 이해하지 못했으며, 국민에게 솔직하지도 않았다고 말했다. "너무 적은 규모의 군대를 이끌고 이라크로 간 후에, 전후의 이라크 안정화에 대한 일관된 계획도 없었고, 저항 세력의 강렬함에 대하여 국민에게 정확히 설명하지 않았다." 그들은 3년이 넘게 미국 국민에게 그렇게 되지도 않았었는데 전쟁에서 진전을 이루고 있다는 거짓말을 했다.

그는, 하지만 그것은 시스템의 산물이기 때문에 장군들이 갑작스럽게 깨어나 다른 생각을 하기를 기대하는 것은 무리였다고 덧붙였다. 그는 시스템은 "창의성과 도덕적 용기를 보상하는 데 거의 도움이 되지 않는다"고 말했다. 글에서 그는 "25년을 조직적 기대에 순응하며 성장한 장교가 40대 후반의 나이에 갑자기 혁신가로 등장할 것을 기대하는 것은 불합리하다"고 주장했다.

장군들의 본성을 변화시키기 위해서는 육군이 장교들에 대한 전 방위 평가를 해야 하고, 의회는 지휘관의 실패에 책임을 요구해야 한다고 잉링은 말했다.

대규모의 인권 스캔들이나 안보에 상당한 악영향을 주도한 장군은 탁월한 역량을 보이며 근무했던 장군보다 낮은 계급으로 전역시켜야 한다. 의회에 정확하고 솔직하며 정직한 전략적 개연성에 대한 평가를 제공하는 데 실패한 장군도 동일하게 처벌해야 한다. 현재의 기조라면 전쟁에서 패배한 장군보다 총을 잃어버린 이등병이 훨씬 더 큰 징계를 받는다.

잉링이 2006년에 제기한 아마도 가장 도발적이며 전후 베트남 장군 세대들에게 가장 고통스러운 지적은 장군들이 군대가 싸울 수 있는 준비를 하지 못했고, 의회와 국민에게 이라크 전쟁에 대해 "정확한 평가"를 제공하지 않음으로써 베트남 전쟁의 실수를 반복하고 있다는 점일 것이다.

옥스퍼드 대학교에서 박사 학위를 받았고 잉링의 가장 친한 친구인 육군 중령 존 내글John Nagl은 익명으로 발표하라고 조언했다. 둘은 웨스트포인트에서 동료 교관으로 함께 근무했고, 1990년대 말에는 지휘참모대학을 같이 다녔다. 그러나 잉링은 친구의 조언을 거절했고, 자신의 이름을 공개했다. 그의 이런 행동에 대해 내글은 "판단은 미흡했지만 강인한 그의 성품을 보여주는 행동이었다"고 기억했다.

아니나 다를까, 글에 반대하는 육군 장군들의 목소리가 터져 나왔다. 잉링이 주둔하고 있던 텍사스 포트 후드의 제4 보병사단장 제프리 해먼드Jeffery Hammond 소장은 대위 200여 명을 기지 내 교회에 소집해 잉링의 폭로에 대한 그들의 의견과 반응을 들었다. 해먼드 소장은 "나는 우리의 장군들을 믿는다. 그들은 헌신적이며, 자신의 이익을 따지지 않고 종복처럼 근무하고 있다"며 "어쨌든 잉링은 장군이 아니기 때문에 장군의 어려움을 모른다"고 덧붙였다. 다른 말로 하면, 오직 다른 장군만이 다른 육군 장군의 성과를 판단할 자격이 있다고 했다. 이 점을 강조하기 위하여 그는 장교 업무 평가에서 잉링에게 보통 수준의 등급을 부여했다.

그해 늦은 여름, 고위 장군인 리처드 코디Richard Cody 육군참모차장이 켄터키 포트 녹스에서 대위 집단을 대상으로 강연하는 도중에 어느 대위가 잉링이 기고한 기사에 관해 질문했다. 코디 장군은 집합했던 대위들에게 육군의 장군들에 대한 그들의 의견을 물어보는 것으로 대응했다. 그는 맥매스터의 『직무유기』를 읽은 저스틴 로젠바움 Justin Rosenbaum 대위의 이어진 질문에서 이라크전을 잘못 치룬 육군의 장군들에게 책임을 물어야 한다는 내용의 이어진 질문뿐 아니라 질책성 이야기를 들어야 했다. 코디에겐 그것으로 충분했다. 그는 "우리에게는 어려운 요구사항을 충족시키는 훌륭한 장군들이 있다고 생각한다"며, 로젠바움 대위 질문에 대해서 비난을 받아야 할 사람은 1990년대 냉전 이후 시대에 군을 감축한 "정치인들이고 그들이 책임을 져야 할 사람들"이라고 말했다.

해먼드와 코디 같은 육군의 지도자들에 의해서 공개적으로 거부당했음에도 불구하고, 잉링의 글은 국방장관 게이츠와 다른 고위 관료들의 연설에서 인용되었다. 또한 각 군 대학의 교육 과정에 교재로 사용되었다. 잉링은 자신의 주장을 굽히지 않고 장군 리더십 문제에 대해 상세하게 설명했다. 2011년 초, 잉링은 국방대학교에서 강연하면서 오늘날 발견된 장군들은 "3가지 중대한 실패의 죄를 지었다"고 언급했는데, 그 3가지는 비정규전에 대해 군대를 준비하지 않은 점, 정책 목표에 부합하도록 전쟁 계획을 수립하지 못한 점, 그리고 민간 지도자들에게 진솔한 조언을 하지 못한 점이었다. 그해 말 그는 "우리는 계급에 맞도록 규칙을 준수해야 한다는 것을 사문화시켰는데, 특히 영관급 장교들과 장군들에게는 더욱 그러했다"고 말했다. 또한 현대 육군의 지도자들이 제1차 세계대전 때 "당나귀가 이끄는 사자들"이라고 치부되던 영군 육군을 상기시킨다면서 "현대의 장군들이 제1차 세계대전 때의 장군들보다 적응력이 떨어진다는 많은 사례가 있다"고 했다.

그래도 육군은 잉링에게 복수를 했다. 그는 육군참모차장 피터 치아렐리Peter Chiarelli의 직접적 개입 덕분에 간신히 대령으로 진급했다. 그는 결국 미국과 독일의 통합된 노력으로 설립된 조지 마셜 유럽 안보 연구센터George C. Marshall European Center for Security Studies에서 일을 하게 되었다. 그곳은 일하기에 나쁘지 않은 곳이었다. 그러나 2011년 여름, 잉링은 자신의 책이 육군전쟁대학교에서 교재로 사용되고 있었음에도, 육군전쟁대학교 입교 선발에서 낙방했다. 그는 전역을 결심했고, 고등학교에서 사회과학을 가르치려고 콜로라도로 갔다.

이러한 사태의 발전 중 어느 것도 육군이 최근에 변화를 거부했다거나, 장군들이 항상 융통성이 없었다거나, 책임감이 없었다는 것을 나타내지 않는다. 이라크와 아프가니스탄 전쟁에서 어느 정도 개선되기는 했지만, 그것은 균일하지 못했고 제2차 세계대전 때보다 훨씬 더 오래 걸렸다. 2011년 초 아프가니스탄에서 닐 스미스Neil Smith 소령은 "초급 장교의 눈으로, 나는 현재 장군단의 대부분은 내가 임관 이후 본 것 중에 최고의 역량을 가지고 있다고 말하고 싶다"고 썼다. 그는 계속해서,

> 제2차 세계대전에서 그랬듯이 평시에 뛰어난 역량을 보이는 사람 대신에 전장에서 진정한 역량을 나타내는 사람을 최고위직으로 데려오는 것이 전쟁을 하는 방법이다. 최근에 진급했던 장군들에게서 개별적으로 매우 뛰어난 특성을 가진 사람들이 잘 보이지 않는 다. 이러한 임무 부여는 군대 지휘 계통을 이끄는 능력보다는 합동군, 미국 정부기관, 그리고 외국 협력자들과 두루 협조하면서 통합하는 능력을 갖추고 있는 사람들을 특히 우대하게 만들었다.

이라크와 아프가니스탄 전쟁이 끝나가고 미국의 군사조직이 평시 상

태로 전환되면서 변화가 얼마나 깊고 오래갈지 아직 분명하지 않다. 오늘날의 장군들이 운영하는 방식에 대해 불편함을 느끼는 경험이 풍부한 장교들을 찾는 것은 어렵지 않다. 이라크 전쟁에서 전략계획관으로 근무한 육군의 데일 에이크마이어Dale Eikmeier 대령은 "그들은 의도와 지침, 비전을 발전시키는 역할을 다하지 않았다"고 평가했다. "그들은 자신들을 위한 의도와 지침을 찾아내는 일을 참모들에게 시켰다." 에이크마이어에게 있어서 이것은 "그들은 실제로 리더십을 보여주지 않고 있었다"는 것을 의미했다.

도널드 럼스펠드는 책임감 강화를 포함한 많은 면에서 국방장관으로서의 직무를 제대로 수행하지 못했다. 그는 부하들을 큰 소리로 비난하고 학대하는 버릇이 있었지만, 해임하지는 않았다. 그의 후임 로버트 게이츠는 책임감을 회복하는 데 훌륭한 업적을 남겼다. 게이츠는 실패에 대해 훨씬 빠르게 반응했고, 실패를 다룸에 있어 자신의 감정을 절제했다. 2010년에 퍼트레이어스의 후임으로 중부사령관이 된 매티스 대장은 "게이츠와 함께라면 사람들이 다치지 않는다"고 말했다. "그것은 포악함이 아니라 단지 순수한 책임감의 발로일 뿐이다."

게이츠가 2011년 7월에 펜타곤을 떠나며 후임으로 파네타Leon Panetta가 국방장관이 되었다. 누가 국방장관 직책을 맡든지, 민간 관료들이 최고위직 아래로 내려오기는 어렵다. 그것은 군의 최고위급을 제외하고 책임 있는 일은 장군들 스스로 해야 한다는 것을 의미한다. 마틴 뎀프시Martin Dempsey 대장이 2011년 가을에 합참의장이 되었을 때, 그는 10년 만에 처음으로 의장 자리에 오른 육군 장교였다. 기자들은 그가 사무실을 꾸미면서 각각 육군 역사의 주요 인물을 대표하는 2개의 변화를 주었다는 소식을 들었다. 뎀프시는 사무실에 조지 마셜의 초상화를 걸었고, 책상은 맥아더 원수가 쓰던 것을 선택했다. 그것은 엇갈린 신호였다. 게다가, 육군을 위한 새로운 방향을 약속할 것 같았던 데이비드 퍼트레이어스 대장이 2011년 여름에 전역해 CIA 국장에 임명되었다. 육군에 대한 그의 영향력이 제한적일 것으로 보였다. 그가 다시 현역으로 활동할 가능성이 있지만 그의 전역으로 "퍼트레이어스 세대"라고 불릴 장군들이 없어지는 것 같았다. 실제로 퍼트레이어스가 육군을 떠나려 할 때, 그가 시행했던 대분란전 수행 경험의 모두가 실패한 실험으로 간주되어 육군에 의해 묻히는 것처럼 보였다. 2012년 초에 뎀프시는 한 연설에서 육군은 "핵심적 조직 구성의 원칙에서 대분란전 수행으로부터" 전환하는 대신 범세계적 네트워크 전쟁 개념으로 접근해야 한다고 언급했다. 육군에서 가장 중요한 역할을 하는 훈련센터의 지휘관인 클래런스 친Clarence Chinn 준장은 거의 동시에 "우리는 과거로 돌아가 전투의 기본과 기초를 다지고 있는지 확인할 것이다"라고 단호하게 말했다. 오늘날 육군의 이러한 반사 작용은 베트남 전쟁에서 빠져나와서 재래식 전쟁 기술에 다시 초점을 맞추었던 1970년대의 육군과 너무나 유사하다. 물론, 이것의 문제점은 전차와 전투기가 등장하는 국가 대 국가의 재래식 전투보다 지저분하고 작은 규모의 전쟁을 치르기 위해서 부대를 파견할 가능성이 더 커졌다는 것이다. 이라크나 아프가니스탄 전쟁에서 미국의 잠재적 적대 세력이 얻은 교훈 중의 하나는 미국과의 재래식 전쟁을 감당하기가 어렵기 때문에 인구 밀집지역에 숨어서 게릴라 전술의 기술을 구사하는 것이 효과적이라는 것이었다.

2012년 중반에 들어 미국 군대에서 나타난 가장 두드러졌던 현상은 자신을 단단하게 단련하지 않은 상태에서 이라크나 아프가니스탄 전쟁에서 나타난 자신들의 역량에 대해 깊이 있는 검토를 시작했다는 점이다.

그러한 제한 없는 시험을 하지 않은 채, 베트남 전쟁이 끝나면서 했던 것과 비슷하게 장교단의 임무 수행 상태에 대한 육군의 검토가 있었을 뿐이었다. 그렇게 하는 것은 다음번에 있을 전쟁에 더 나진 모습으로 투입되지 못하게 만든다. 군대가 군인들을 돌보는 것보다 장군들을 난처하게 하지 않는 것에 더 신경을 쏟다면, 혼을 담은 검토는 꿈도 꾸지 못할 것이다.

에필로그

미군 리더십의 회복

오늘의 지상군은 조지 마셜의 육군과는 확실히 거리가 멀지만, 누구의 육군이 되었는지는 분명하지 않다. 베트남 전쟁 이후의 육군은 대부분 크레이튼 에이브럼스, 윌리엄 드퓨이, 돈 스태리, 맥스웰 서먼, 그리고 폴 고먼에 의해서 만들어졌으나 그들의 광범위한 영향력은 사라지고 있다. 육군은 데이비드 퍼트레이어스의 육군이 되지는 않았지만, 감사하게도 토미 R. 프랭크스의 육군도 되지 않았다. 국민의 99%가 공항의 보안 검색대를 통과할 때를 제외하고는 개인의 시간과 사생활을 희생하라는 요구를 받지 않는 반면, 오늘날의 육군은 9·11테러 발생 이후 10년이 넘게 전쟁을 하고 있어서 군인들이 여러 차례의 전투 임무 파병을 함으로써 크게 혹사를 당하고 있는 실정이다. 지금의 육군과 다른 군종조차도 10년이 넘게 예산 삭감에 직면하고 있다. 육군은 이라크와 아프가니스탄 참전용사인 젊은 장교들에 의해서 형성될 것이고, 미래에는 그들이 군대를 지휘하는 자리에 오를 것이다.

만약 조지 마셜이 돌아와서 군을 개선하고자 한다면, 그는 무엇을 할까?

내 생각에는 첫 번째로, 그는 고위 장군들에게 민간 리더십과의 상호작용에 관해 가르칠 것이다. 그는 합동참모회의 구성원들과 다른 최고위 장군들에게 자신이 프랭클린 루스벨트에게 그랬던 것처럼 대통령과 적당한 사회적 거리를 유지하라고 말할 것이다. 동시에 그는 장군들에게 대통령과 보좌관들의 이야기를 경청할 것을 주장하고, 솔직하게 지속적이고 활발한 대화를 하라고 할 것이다. 최근 수십 년 동안 우리 장군들은 너무나 자주 일단 전쟁이 시작되면 정치인들이 비켜 줘야 한다고 믿었다. 그것은 잘못된 것이다. 오히려 장군들과 정치인들은 미국의 제도 아래에서 전쟁 돌입, 전쟁 수행, 종전이라는 3단계 전체에 걸쳐서 깊이 협력해야 한다. 대통령이 장군들을 어떻게 감독해야 하는지에 대해 쓴 최고의 책인 『최고사령부 Supreme Command』를 저술한 군역사학자이자 필립 제리코우의 후임 국무부 고문인 엘리엇 코헨은 더욱 적극적인 접근법을 권고했다. 우리는 장군들에게 길을 비켜주는 대통령이 필요 없다. 오히려, 우리는 필요할 때 장군들이 임무에 성공하지 못하면 그들의 방식을 버리라고 기꺼이 압박하는 대통령이 필요하다.

장군들은 일회용이거나 일회용이어야만 한다. 물론, 정치가들은 장군들을 함부로 내쳐서는 안 되고, 그들을 무례하게 대해서도 안 된다. 하지만 4명의 정치가 링컨, 클래망소 Clemenceau (제1차 세계대전 시 프랑스의 총리-옮긴이), 처칠, 그리고 벤구리온 Ben-Gurion (이스라엘의 초대 총리-옮긴이)은 모두 총리로서 성공하기 위한 글래드스톤 Gladstone (전 영국 총리-옮긴이)의 첫 번째 요구사항인 "훌륭한 도살자가 되어야 한다"는 말에 따라 자신들이 장군들을 지휘할 수 있다는 것을 보여주었다. 실제로 이들 정치가 4명 중에 가장 온화한 성격의 링컨이 가장 빈번하게 지휘관을 교체했다.

이것은 군과 민간 모두 임무에 성공했을 때 보상하고, 임무완수에 실패했을 때 해임하는 데 감독자와 함께 시스템이 어떻게 작동해야 하는지를 다룬 좋은 요약 보고이다. 특히, 전시에는 이러한 접근이 더 젊고 역동적이며 직면한 상황에 더 잘 적응하는 장교들이 고위 계급으로 진급하게 한다.

민간인들이 개입하지 않을 때, 그들은 현재의 형태 안에서 아무 행동도 하지 않는 것을 보상하는 경향이 있는 군사적 인센티브 구조에 관성을 추가한다. 민간과 군의 감독자들은 너무나 자주 최전선 지휘관들의 변명에 따르거나 뒤로 물러서기 쉬운데, 이것이 최근 몇 년에 걸쳐서 위험을 회피하는 비법임이 입증되었다. 아프가니스탄 전쟁에 참전한 어느 대대장이 자신 휘하의 대위들에 관해서 언급하면서 "내 부하들 몇 명은 1년 동안 눈에 띄는 성공을 거두지 못했다. 그래서 전방 작전기지를 떠나는 횟수가 적을수록, 지역 주민들과 소통하는 것이 적을수록, 무슨 일을 벌이는 것이 적을수록 그것이 성공이었다"고 했다. 그의 부하들의 입장에서는 이것은 합리적 선택이었다. 왜냐하면 오늘날 육군은 위험을 무릅쓰고 실패한 "A등급의 역량 보유자"보다 "B$^-$ 나 C$^+$ 평가자"가 낫다고 하기 때문이라고 그는 말했다.

두 번째로, 마셜은 오늘날의 전략 상황을 평가하면서 자신이 육군참모총장에 있었던 이래 지금이 그 어느 때보다 열정적이고 결단력이 있으며 협조적이면서 진실한 성품을 갖는 적응력 높고 유연한 군 리더들이 요구되는 시기라고 결론을 내릴 것이다. 그 이후로 미군의 최우선 과업은 소련의 힘에 대응하고 억제하기 위한 군대를 만드는 것이었다. 해야 할 과업들은 알려져 있고 전략도 결정되어 있었기 때문에, 많은 변화나 전략적 수정이 요구되지 않았다. 그러나 예를 들어, 냉전 후에 가장 두드러졌던 한국전쟁, 베트남 전쟁과 그것과는 다른 유형인 이라크전과 같은 임무가 수면 위로 떠오르면 군대는 성공적이지 못했고, 교착상태에 빠지기 쉬웠으며 장군들은 이를 정치인의 탓으로 돌렸다.

 수준 이하의 임무 수행 능력을 용인하면 리더십의 질을 갉아먹는 결과를 불러온다. 육군 예비군 지휘관이자 민간 경력으로는 특히 제너럴 일렉트릭GE의 임원을 역임한 마크 아놀드Mark Arnold 준장은 최근 94%의 육군 중령이 대령으로 진급한다는 글을 썼다. 그는 이러한 진급 비율을 "평범함을 제도화하는 것에 대한 경종"이라고 관찰했다. 그레셤의 법칙Gresham's Law("악화가 양화를 구축한다"는 16세기 영국의 금융업자였던 그레셤이 제창한 화폐유통에 관한 법칙 – 옮긴이)에 해당하는 인사는 나쁜 지도자가 좋은 지도자를 쫓아낸다는 것이다. 실제로 아놀드는 2010년에 육군 연구개발 연구소가 수행한 연구에서 "능력이 있는 사람들이 군을 떠나는 주된 이유는 돈이 되는 민간 직업의 유혹 때문이 아니라, 보통 수준의 사람들이 남아서 진급하기 때문이다"는 결론에 주목했다.

 육군은 전략을 개선하는 것보다 전술적으로 개선하는 데 훨씬 뛰어났다. 그것은 걱정스러운 일이다. 마셜이 육군참모총장으로 재임했던 첫해인 1939년 9월에서 1941년 12월 7일 사이의 상황이 그랬던 것처럼, 지금의 우리는 전략적으로 불확실한 시대에 살고 있기 때문이다. 오래된 적들은 사라졌거나 줄어들고 있으며, 새로운 적들이 떠오르고 있다. 거기에 더하여, 테러리스트와 같은 비국가적인 적들은 미국의 판단보다 훨씬 더 큰 위협으로 나타난다. 따라서 우리는 민군 모두에서 과거에 수행했던 과업들을 더 효과적으로 시행할 뿐 아니라, 새롭고 서로 다른 과업들도 처리할 수 있는 강력한 리더가 필요하다. 민간 지도자들은 군과의 열띤 토론이 불편하더라도 이를 수용할 것이라는 신호를 군에 보내야 한다. 때때로 논쟁적 대화는 건전한 민군 담론의 신호이다. 그 대가로 군 수뇌부는 결정이 내려지면 명령을 강력하게 수행할 것이며, 반대 입장을 기자들과 공유하지 않을 것임을 분명히 해야 한다.

군사학자 마이클 하워드^{Michael Howard} 경은 보통 모든 사람이 전쟁 초반에 오해를 한다고 관찰했다. "1914년 모든 교전국의 군대는 공세 우위와 신속하고 결정적인 전역 작전이라는 공통된 교리를 공유했다. 모든 해군은 주력함의 주도적 역할을 믿었다." 하워드 경은 계속해서 거의 불가능한 과업은 처음부터 옳게 하는 것이 아니라 전쟁이 진행됨에 따라 변화할 수 있어야 한다는 것이 요점임을 지적했다. "모두가 잘못 출발한 이러한 환경 속에서, 실수로부터 교훈을 얻고 낯선 환경에서 새로운 것에 빠르게 적응할 수 있는 쪽이 이점을 가진다." 그래서 그는 목표는 "그 순간이 왔을 때, 신속히 그것을 제대로 잡을 수 있는 능력"을 발전시키는 것이라고 말했다.

어떻게 그런 능력이 개발될까? 만약 육군이 적응력 있는 장교단을 갖는 것을 심각하게 고려한다면, 책임을 회피하기보다는 그것을 받아들이는 중요한 문화적 변화를 시도해야 할 필요가 있다. 그것은 말처럼 그렇게 어렵지 않다. 장군들이 개인적 결함 때문이 아니라, 지휘를 제대로 하지 못했을 때 보직 교체를 하면 된다. 그러한 몇 가지 행동들이 문화가 빠르게 변화하고 있다는 신호를 보낸다. 스티븐 존스^{Steven Jones} 대령은 "책임감이 변화에 대한 동기를 부여한다"고 썼다. 바꿔 말하면, 책임감은 적응성을 이끄는 엔진이다.

물론, 마셜도 리더십 능력을 향상하는 첫 단계가 용서를 전제로 신속히 보직 교체하는 정책을 복원하는 것이라는 사실을 잘 알고 있을 것이다. 이 정책 자체가 유연해야 고위 지도자들이 실수하고 배울 수 있다. 그러나 지속적인 실패에 대해서는 보직 교체를 해야 한다. 이는 작지만 심각한 실수를 저지른 장교가 돌이킬 수 없는 재앙 같은 심각한 실패가 발생하기 이전에 그를 멈추게 해줌으로써 실제로는 그에게 유익한 것이다. 그리고 이것은 미숙한 지휘관 밑에서 고생하는 장병들에게 확실한 도움이 된다. 또한 실패가 아무 결과도 가져오지 않는다면 성공도 거의 적절하게 보상받지 못할 수 있다. 뛰어난 역량을 가진 장교가 마땅히 그래야 할 모습을 보고도 따라 하지 않을 것이다.

물론 두 번째, 어쩌면 세 번째 기회도 있어야 한다. 지휘권을 내려놓으라는 명령이 장교의 경력을 끝내는 것이 아니라는 정책을 유지하는 것이 핵심이다. 보직 해임이 개인의 성격 결함이나 헤아릴 수 없이 잘못된 판단력에 의한 것이 아닌 경우에는 해임된 장교가 진급도 하고 심지어 다시 전투 지휘관으로 지휘할 수 있는 선호 보직에 배치되어야 한다. 그러면 제2차 세계대전에서 그랬던 것처럼 보직 교체가 시스템의 실패 신호가 아니라 시스템이 작동하고 있다는 신호가 될 것이다.

마셜은 최고위 민간 및 군 리더들에게 특히 전쟁이 시작되는 초반에 지휘관들을 교체할 태세를 갖추고 있어야 함을 상기시킬 것이다. 물론 사람을 움직이는 것은 난기류를 일으킬 수 있지만, 불필요하게 사람을 잃고 전투에서 패배하는 것보다는 인사 관리 시스템에서 생기는 마찰을 견뎌내는 게 더 낫다. 또한 보직 교체를 할 때는 신비감을 없애기 위해서 교체 사실을 그들에게 알려주는 게 더 나으며, 소문을 없애고 해임이 처벌이 아니라 단순히 불운이나 잘못된 시간에, 잘못된 장소에 있는 문제일 수 있다는 점을 분명히 해야 한다. 해임을 숨기는 것은 소문을 키우고, 불필요한 불확실성이 늘어나게 한다. 해임된 지휘관들의 동료와 부하들에게는 왜 해임이 되었는지에 대해서 알게 해줄 필요가 있다. 거기에서 그들이 교훈을 얻게 해야 한다. 전쟁에는 너무나 많은 불확실성이 존재하므로 가능할 때 간단한 조치로 불확실한 상황이 일어날 가능성을 줄여야 한다.

보직 교체는 국민에게도 알려야 한다. 육군 리더십은 장군으로서의 개인적 권리보다 국가에 대한 의무를 우선해야 하며, 국민의 믿음과 신뢰를 손상시킬 위험을 회피해야 한다. 때때로 보직 교체에 실패하는 이유로는 육군 리더십이 기강이 해이해진 모습으로 있기 때문이다. 또한 교체 사실을 밝히는 것에서 실패하는 이유는 육군 리더들이 관리자 역할을 남용하는데 기인한다.

리더들의 보직 교체에 관해 육군은 해군에게서 배울 게 있다. 육군이 보직 교체 정책을 잃어버리고 있었을 때, 해군은 보직을 교체하는 관행을 유지하면서 2000년부터 2011년까지 120명이 넘는 지휘관들을 해임했다. 해군의 이러한 해고의 행렬은 부분적으로 하급 장교들을 제대로 가려내지 않았다가 나중에 그들을 그냥 해군에서 축출했기 때문이었다. 그러나 해군이 부분적으로 이런 방식을 적용하는 이유는 아직도 해군에서의 근무는 알레이 버크$^{Arleigh\ Burke}$(소장에서 2계급 진급한 후 해군 참모총장에 임명되어 3번 연속 연임된 미 해군을 대표하는 명장 – 옮긴이) 제독이 언급한 "지휘관이 가장 먼저 배워야 할 것은 무능을 용납하지 않는 것이다. 무능함을 허용하는 순간, 무능한 조직을 갖게 된다"는 경구에 의해 운용되기 때문이었다. 보직 해임되면 결과적으로 해군을 떠나게 되고 종종 고립과 치욕으로 남는다는 해군의 용서하지 않는 접근법을 육군은 피해야 한다.

이러한 변화를 구현하기 위해서는 몇 년 동안 최고 수준의 관심과 조정이 필요하다. 신속하면서도 용서하는 보직 교체 정책이 성공하기 위해서는 이것이 결국 예외적이지 않다고 인식될 만큼 빈번하게 운용되어야 한다. 지금은 그렇지 않다. 연구 여행을 하던 중이던 2010년 어느 날 펜실베니아 칼라일 Carlisle의 육군전쟁대학교 부근에서 똑똑한 예비역 대령과 이 책에 대해서 토의했다. 내가 육군 역사 속에 잠들어 있는 실패한 장군들을 해임하는 전통을 육군이 회복해야 한다는 점을 책에서 건의하겠다고 말하자 그 장교가 "그냥 군법 회의에 회부하지 그래요?"라며 말을 끊고 나가버렸다. 만약 보직 교체가 이런 식으로 법적 고발을 하는 것과 같은 극단적 조치로 여겨진다면 보직 교체에 대한 마셜의 접근은 부활하지 못할 것이다.

그러면 마셜은 몇 가지 더 작고 다소 전술적인 단계를 고려할 것이다. 쉬운 보직 교체의 관행을 되살리게 할 한 가지 가능성은 스태리 장군이 제안했던 것처럼 소대장으로부터 대장에 이르기까지 모든 지휘관 자리에 대해 첫 6개월간의 수습 기간을 주는 것이다. 그는 "좋은 지휘관을 선발했는지는 임무에 투입하기 전까지는 알 수 없다"고 봤다. 그의 제안은 제대로 지휘하지 못하는 새로운 지휘관은 이유가 어떻든 간에 경력에 지장을 주지 않도록 하면서 해임하자는 것이었다. "제도는 최소 처벌 또는 무처벌 원칙에 따라 지휘관에 보직된 첫 6개월 근무 기간에 수준에 합당하지 않으면 그 자리에서 나가게 하는 것이다." 하지만 마셜은 그러한 제도가 전쟁 상황 중에서 불확실성의 마찰을 크게 하므로 제안을 지지하지 않을 것 같다.

육군 조직과 구성원에 대한 성실성과 보살핌으로 시행된 성공과 실패에 대한 상벌 정책은 재능 있는 초급 장교들이 육군에 더 많이 남도록 하는 부수적 이점을 가져온다. 2011년 하버드대학 케네디 스쿨Harvard's Kennedy School의 연구에 따르면 군을 떠난 젊은 초급 장교들의 가장 큰 전역 사유는 너무 빠른 작전 템포나 작전 수행 중 불구가 되는 것에 대한 걱정들이 아니라 "자기 경력을 스스로 통제하는 것이 제한되는 점"과 "군이 관료화된 것에 대한 좌절"이었다. 전직 장교들은 육군이 더 빠른 진급으로 재능을 보상하지 않았고, 재능에 맞는 적재적소의 보직도 주지 않았다고 압도적으로 믿었다. 연구논문의 저자들은 재능 있는 젊은 장교들의 대규모 이탈은 그 자체로 문제일 뿐 아니라 "더 크고 근본적인 제도적 도전의 징후"였다고 기술했다. 군을 떠난 장병들이 건의한 것들 중에는 "형편없는 업무 역량을 보이는 사람들을 기꺼이 해고하라."(그들이 일을 더 적게 할 다른 부대나 상급 부대로 보내지 마라. 실제로 더 인상적인 이력서를 제공하여 문제를 악화시킨다.)는 내용이 포함되어 있다. 육군 시스템이 재능보다 더 가치를 둔 것이 "풍파를 일으키지 않는" 능력이었다고 다른 저자가 언급했다.

또한 마셜은 제2차 세계대전에 참전하기 전까지 자신이 육군참모총장으로 많은 정열을 쏟아부었던 인사 정책을 시대에 맞게 고치려고 고심했을 것이다. 심지어 그는 상급자, 동료, 그리고 부하 모두가 군 리더에 대한 장단점을 평가하는 "전방위 다면 평가"를 고려했을지도 모른다. 육군은 이것에 대해 몇 년 동안 조심스레 검토했다. 현재 상태는 그런 평가가 가능하지만, 피평가자의 의견을 물어야 하는 반자발적 기조로 장교들의 요구에 의해 3년에 1회를 시행하고 있다.

그러나 이 평가의 결과에는 장교들에 대한 직무 역량 평가는 포함되어 있지 않다. 예비역 주임상사 에릭 윌슨Erik Wilson이 말한 것처럼 이러한 자발적 평가의 의미는 "독소적인 육군의 리더들에게 미치는 영향은 최소화 되겠지만, 좋은 리더들이 더 좋아지는 데에는 도움이 될 것이다." 이러한 반쪽짜리 대책은 책임감의 핵심 쟁점에서 육군을 약하게 보이게 할 뿐이다. 그러나 360도 전방위 평가를 고려함에 즐겁게 순응하는 자들에게 보상을 주지 않고, 기발한 국외자들을 응징하지 않는다는 점을 명확하게 하는 것이 중요하다. 육군은 그동안 너무나 자주 직업적 역량에 의한 진급이 아니라 "좋은 사람"이라거나 심지어 완곡하게 "위대한 미국인"으로 여겨져서 진급하곤 했다. 이는 둘 다 본질적으로 동호회 구성원이라는 신호이다. 이런 이유로 360도 전방위 인사 검증 제도는 그것이 능력의 결과로 큰 변화의 일부일 경우에만 차이를 만들어낸다. 관리자는 효율적인 행동가를 찾기 원하며, 위험을 회피하거나 행동을 하지 않는 사람을 피하고 싶어 한다. 마셜이 전쟁 이전에 테리 앨런과 몇몇 다른 독특한 개성이 있는 장교들에 대해 "그들은 매우 보기 드문 사람들로, 모든 부하의 열정을 끌어내어 거의 불가능한 임무를 완수하는 특이한 유형의 인물들"이라고 쓴 편지를 기억해 보라.

새로운 기술에 대한 경각심을 가진 마셜은 정보화 시대의 장비들이 장교의 휴가를 허용하는 등의 인사 정책을 수립하는 데 좀 더 민첩하게 대처하도록 도움을 줄 수 있다는 점을 인식할 것이다. 특히 지휘관의 임기와 같은 질문과 관련해 리더십을 다룰 때 추가적인 유연성에 집중되어야 한다. 격무로 인해 완전히 지치지 않았으며 그 자리에 계속 있기를 희망하는 성공적인 고위 지휘관들은 좋은 자리가 생길 때까지 계속 임무를 수행할 수 있게 허용해야 한다. 이런 것들이 장군들 관리의 어려움을 증가시키겠지만, 군대의 효율성은 그것보다 더 높일 수 있게 한다. 그리고 목표는 예측 가능성이나 관리자의 삶을 쉽게 만드는 것이 아니라 군 인사 관리의 진정한 임무이다. "인사 관리 담당들에게 너무 힘든 일"이 육군의 기본 입장이 되어서는 안 된다.

육군은 또한 9·11테러 이후의 전쟁에서 보인 역량에 대해 자기 성찰적 연구를 할 필요가 있다. 전술적 수준과 전략적 수준 모두에서 잘한 것과 잘못한 것을 조사해야 하고, 각 수준의 리더들이 책임을 졌는지, 안 졌다면 왜 그랬는지를 물어야 한다. 베트남 전쟁이 끝나고 1970년대에 시행했던 전문 직업에 관한 연구와 비슷하게 광범위한 조사가 시행되지 않았다는 것은 좋은 징후가 아니다.

그러한 조사의 하나로 인사 정책, 특히 부대 단위 순환 정책에 대해 면밀하게 검토해야 한다. 이것은 좋은 답이 존재하지 않는 어려운 쟁점으로, 심지어 마셜도 이를 해결하기 위해 절망할 것이다. 그렇기는 하지만, 인사 정책이 미군의 전투 효율성, 특히 군 리더십에 끼친 피해를 더 파악할 수 있는 시각으로 검토되어야 한다. 이라크 전쟁에서 시행된 부대 단위 순환 배치 방식은 베트남 전쟁에서 사기를 저하시키고 응집력을 손상시키는 것으로 나타났던 개별 순환보다는 확실히 더 나았다. 그렇지만 부대 순환 배치와 연관된 문제점들이 검토되지 않은 채 남아 있었다. 육군이 검토하고 싶지 않다고 하더라도 많은 문제가 있었다. 이라크에서 각 부대가 떠나고 나면 인계한 부대들은 인수한 상황이 엉망이었다고 표명하곤 했다. 12개월 후에는 그 문제들이 해결되었다고 발표했지만, 다음 후속 부대들도 똑같은 과정을 거쳤다. 또한 이라크인들이 미군의 교체 주기를 다루는 법을 금방 배웠다. 이것은 저항 세력들이 점점 교묘해지고, 순환하는 미군 부대보다 뛰어난 학습 곡선을 갖게 되었다는 것뿐 아니라 지방에 있는 미군의 동맹 세력들이 12개월의 미군 지휘관 재임 기간을 자신들의 목표와 연관 지어서 활용하게 만들었다. 어느 이라크 장군이

1년 단위로 순환 교체되는 새로운 미군 지휘관을 다루는 것이 얼마나 쉬운 일인지 이야기한 적이 있었다. 그는, 첫째로 새로운 미군 지휘관과 만나는 것을 거절하거나 혹은 단순히 모습을 보이지 않을 것이라고 말했다. 다음에는 새로운 지휘관이 건의하는 변화들에 저항하는 일련의 회의를 가질 수 있다. 세 번째 단계로 미군 지휘관의 의견에 동의하되 실행에 대해서는 논쟁을 벌인다. 마지막으로는 8개월 정도 협상하면서 천천히 미군 지휘관이 원하는 변화를 일으키기 시작할 것이다. 10개월쯤 되고 나면 미군 지휘관의 초점이 임박한 재배치로 옮겨가고 압박이 사라진다고 지적했다. 그렇게 13개월째가 되면, 다음 미군 지휘관이 커피를 들고 협상 테이블에 앉아 이 과정을 처음부터 다시 시작한다. 이 문제를 해결하기 위해서, 육군과 해병대는 사단장과 여단장, 그리고 참모들은 계속 놔두고 그들 예하의 대대와 중대 단위로 순환 배치하는 가능성을 검토해야 한다. 여기에서 다시 그러한 접근이 부대 관리를 어렵게 만들고 새로운 문제점들을 양산하지만, 장기적으로는 전투와 작전에서 더 효과적일 것이다.

다른 인사 관리 문제로, 군은 중년에 접어든 장교의 건강 변화를 인식하고 20년 동안 군 복무 후에 전역하는 현재의 제도를 중단해야 한다. 고참 부사관들, 특히 보병은 종종 20년 동안 야전에서 복무하면 전역해야 할 필요가 생기지만, 장교들은 야전과 행정업무를 교대로 하기 때문에 무릎이나 척추 손상은 적은 편이다. 오늘날, 20년의 군 복무 후에 43세의 나이로 연금 전액을 받고 전역하는 많은 중령은 중년이 아닌 비교적 젊은 남성처럼 보인다. 그들에게는 훌륭하게 복무할 여러 해의 시간이 남아 있으며 많은 사람이 기꺼이 그것을 더 오래 제공하고 싶어 할 것이다.

그러한 변화를 시행하고 그것이 작동하도록 하기 위해 가장 높은 직위에 있는 합참의장, 육군참모총장, 그리고 육군의 다른 최고위 장군들로부터 시작되는 중요한 태도 변화가 필요하다. 리더십은 육군에서 때때로 일어나는 일처럼 줄을 서서 순서를 기다리는 문제로 봐서는 안 된다. 군인들을 지휘하는 것은 권리가 아니라 특권이다. 그 직위를 얻은 것과 마찬가지로 그 자리를 계속 지켜야 한다. 실패에 대해서는 보직 교체로 처벌하고, 성공을 빠른 진급으로 보상하는 것은 동전의 다른 면이다. 전투에서 여단장 또는 연대장으로 뛰어난 활약을 한 대령은 육군의 후미진 벽지에서 준장으로서 수습 기간을 부여하는 대신에 즉시 사단의 최고 자리인 사단장이나 부사단장으로 고려되어야 한다. 이라크 전쟁 첫해에는 전투 지휘관으로 보였던 역량이 그 이후의 보직과 거의 연결되지 않았다. 각자의 역량을 다른 지휘관들과 단순하게 비교하는 것이 의심스러운 취향의 행위로 치부되었다.

같은 맥락에서 장교들이 어떻게 준비되고 선발되는지 조사해야 한다. 우리는 마셜 모형에 따라 결단력 있고, 헌신적이며, 유연함을 보유한 팀 플레이어를 선발하고 있는가? 그렇지 않다면 그 이유는 무엇인가?

성공과 실패를 실제로 감지하고 실행하는 환경에서 더 많은 장교가 성공할 수 있도록 하는 것이 좋을 것이다. 이렇게 하기 위해서 지휘관들은 무엇을 생각할지에 대해서는 더 적게, 어떻게 생각해야 하는지와 또한 어떻게 적응할 것인지에 대해서는 더 많이 교육받아야 할 필요가 있다. 그들은 어떻게 배워야 할지를 배울 필요가 있다. 너무 자주, 장군들은 우쭐한 대대장, 즉 중령처럼 생각한다. 몇 년 전에 랜드 연구소의 연구관에게 특수작전 분야의 어느 대령이 "우리는 장교들에게 장군이 되도록 교육하지 않는다"고 말했다. 이것은 바로 잡을 수 있고, 바로 잡아야만 한다. 왜냐하면 비판적 사고는 최고 지휘의 필수도구이기 때문이다. 어떤 사람들은 천성적으로 그러한 능력을 타고났지만, 다른 사람들은 군사 및 문화적 역사들을 면밀히 연구함으로써 사고 능력을 배양해 나간다. 그러나 많은 기본 가정들이 도전을 받는 민간의 엘리트 연구기관에 육군에서 신성으로 떠오르는 장교들을 보내서 교육을 받게 할 수도 있다. 이렇게 하는 것의 추가적인 이점으로 오늘날 많은 장군이 부족한 기술인 글을 명확하게 쓰는 법을 배우게 될 것이다. 파워 포인트 브리핑에 숙달된 요즘 장군들은 동사와 인과적 사고가 결여되어 있으며, 목표에 관한 진술을 실제로 달성하기 위한 전략과 혼동하고 있다. 같은 맥락에서 군대 문화의 일부에서는 때때로 전문성 있는 학술지에 기고하는 것에 대해 부정적인 태도를 보인다. 이것은 바뀌어야만 한다. 만약 진급심사 위원회에서 가점을 준다면, 주목할 만하고 영향력 있는 기고문을 발표할 것이다.

  우리는 장군들의 필요에 맞춘 장군을 위한 새로운 프로그램을 고려해야 한다. 신임 준장들에게 1년의 준비과정을 주면 그들의 직무를 수행하는 데 도움이 될 것이다. 다른 방법으로는 "안식년" 개념으로 준장 진급자들이 제3 세계 국가에서 살게 하는 것도 좋다. 이들은 대학에서 공부하거나, 외국 군대와 함께 훈련하거나, 심지어 평화봉사단 형태의 일도 할 수 있다. 이러한 과정은 현재 군대의 경력 관리와는 어울리지 않지만, 고위 계급의 장교들이 수십 년 전보다 훨씬 더 건강해진 이 시대에 30~35년 동안 군 복무를 한 후에 전역하라고 강요하는 것은 적절치 않다.

  그러한 파격적 경력 이동은 단지 그들이 머리를 식힐 기회를 주는 것이 아니라, 진급과 보직 선택에서 디딤돌 역할을 하여 장기적으로 보면 이익을 가져올 것이다. 장군이 되려고 경쟁하는 장교들의 질을 향상하기 위해서 우리는 또한 소령과 중령 계급에서 받는 학교 교육인 중간급 간부 교육 과정을 더 엄격하게 해야만 한다. 각 군이 운용하는 참모대학은

1년의 교육 기간에 유대감과 휴식 개념으로 진행되고 있는 것으로 보인다. 그중의 어느 한 대학은 너무 느슨하고 경쟁력이 없어서 특정 과목의 학생 절반이 A를 받는 것을 방지하는 규칙이 제정되어 "뒤에 있는 소령이 없다"는 우스갯소리가 나왔다. 그렇게 하지 말아야 할 설득력 있는 이유가 없는 한, 엄선된 입학시험, 빈번한 글쓰기 과제, 그리고 민간 대학원 학생들 수준의 독서량이 반드시 적용되어야 한다. 특히, 국방 예산을 감축하는 이 시대의 납세자는 그것을 요구할 자격이 있다.

마셜은 최고위 리더들을 선발할 때에는 개인의 요구나 심지어 해당 군의 요구보다는 국가의 요구를 우선해야 한다는 주제로 또다시 돌아갈 것 같다. 육군이 종종 그렇게 하는 것처럼 임무를 수행하기 부적절한 장교에게 임무를 부여하지 말아야 한다. 베트남 전쟁에서 왜 미국 정부가 실패했는지를 선명하게 해부한 로버트 코머Robert Komer는 "베트남 전쟁에서 많은 중간 능력 수준의 고위 장교와 정부 관료들이 그 직무에 특별히 적합하다는 평가가 아니라 통상의 조직 기준 혹은 심지어 조직의 편리함 때문에 선발되었던 것이 전쟁 수행을 부진하게 만들었다"고 말했다. 2003년 여름, 육군이 리카르도 산체스 중장을 이라크 사령관으로 임명했던 것도 비슷한 사례이다. 그가 사령관이 된 이유는 육군에서 그가 우연히 가용한 위치에 있었기 때문이었다. 그것이 국가 이익을 태만히, 심지어 무모한 방법으로 다루는 것이다. 마셜은 자신이 수행할 임무를 연구하고 그 임무에 맞는 올바른 사람을 선발하는 데 많은 노력을 기울였다. 마셜이 아이젠하워를 유럽 최고 사령관으로 임명한 것은 괜찮은 사람이라고 생각해서가 아니라 연합군을 협조시키는 노력을 하는 데 특별히 필요한 열정, 강인함, 협력 정신을 그가 보유하고 있다고 믿었기 때문이었다. 다음번으로 아이젠하워가 패튼을 살려주었던 이유는 전쟁의 어느 시점에서 북부 유럽을 가로질러 독일군들을 추격하는 작전이 발생할 것을 알았고, 패튼이야말로 그런 위대한 추격전을 지휘하는데 천부적인 자질을 타고났다고 계산했기 때문이었다.

부하들에게 주도권을 발휘하게 하고, 그들의 생각을 자유롭게 이야기할 수 있는 분위기를 만들어줌으로써 우리 문화를 개선하고 유지하는 지휘관들을 보상해야 한다. 퍼트레이어스 장군은 바그다드 서부지역에서 근무하던 중대장이 "명령과 지침이 없는 상태에서 그들이 무엇인지를 파악해야 했고, 활발하게 작전을 벌였다"고 했던 말을 인용하기를 좋아했다.

미래를 위한 대비책으로 군 리더들은 데이비드 퍼트레이어스와 폴 잉링과 같은 기발한 생각을 하는 혁신가들의 경력을 유지하는 방법을 고민해야 한다. 많은 사람을 불편하게 만드는 특이한 유형의 사람들이 평화 시에 장군이 되는 것은 아마도 지나친 요구일 것이다. 그러나 그들이 위기 상황에서 소집될 수 있도록 군에 계속 남아 있을 수 있는 방법이 있어야 한다. 그런 생각은 잉링이 다음과 같이 가장 잘 표현했다. "지배적 패러다임이 무너지기 시작할 때, 지적인 사람들이 가장 가치를 발휘한다. 위기의 순간에 이단적인 그들이 영웅이 된다. 왜냐하면 그들은 다른 사람들이 그것에 대해 고민하지 않을 때, 이미 대안적 패러다임을 구축해 놓았기 때문이다." 그래서 그는 "대규모 조직에서 회의론자들이 사라지지 않도록 하는 것이 과제"라고 결론지었다.

이 모든 변화에 대한 처방을 내리는 것이 어떻게 구현될지 예측하는 것보다 더 쉽다. 우리는 입법적 해결책을 의회에 기대해서는 안 된다. 군에 대한 이해, 특히 군 내부의 복잡한 인사 정책 업무를 이해하는 의원들이 지속적으로 줄어들고 있다. 1969년에는 참전한 의원들이 상·하원에 398명 있었으나, 10년 후에는 298명이 되었다. 2011년에 112차 회기가 시작했을 때는 참전 의원이 118명 있었다. 의회가 더 많은 것을 하도록 요구되어야 하지만, 현실적으로 기대되는 최선의 길은 필요한 개혁을 촉발하기 위해서 의원 중 일부가 행정부에 있는 민간인 – 혹은 군 내부의 반체제 인사들 – 에 의한 노력을 지원하고 보호하는 것이다.

그러한 개혁을 하려는 어떠한 시도도 군의 관료 체계에 의해서 공격을 받을 것이다. 펜타곤과 의회에 있는 육군의 민간 감독자들은 육군이 제안된 변화를 거부하고 "공정성"에 근거한 현 인사 정책을 옹호할 때 경계심을 가진다. 실제로 이것은 장교들과 육군 조직의 이익을 사병들의 이익이나 전체적인 국가 이익보다 우선시하기 위한 관례가 되기 쉽다. 공정성이라는 이름으로 남용된 정책의 가장 대표적인 사례가 베트남 전쟁에서 장교들의 전투 부담을 늘린 6개월 기한의 지휘관 운용이었다. 그 제도로 인해서 의심할 것도 없게 더 많은 군인이 전사했으며, 전쟁 수행 능력은 더 떨어졌고, 군이 국가를 위해 봉사하지 못하게 만든 결과를 불러왔다. 자기희생이 실제로 육군의 미덕이라면 장교단은 때때로 정책의 문제로 그것을 실천해야 한다. 이러한 경고를 공식화할 명확한 방법은 없지만 한가지 비공식적 방법은 다음 질문을 명심하는 것이다. "누구에게 공정한가? 장교단, 사병, 그리고 국가 중에서 누구에게?"

이것은 장교들의 경력보다는 군인들의 목숨이 더 중요하고, 전쟁에서 승리하는 것이 앞의 둘보다 더 중요하다는 믿음을 따르는 최종적이고 가장 중요한 단계로 우리를 이끈다. 이것은 기본적이며 동시에 이전의 단계를 정당화하기 위해 말할 필요가 있는 모든 것이다. 제2차 세계대전 동안 마셜이 이해했듯 그러한 태도를 심어주는 것은 위대한 민주주의를 수호하는 군대를 건강하게 만든다.

만약 군대가 이 방책을 따르지 않아 책임감을 갖는 전통을 회복하지 못하여 장군들이 장군들을 해임하지 못하면 민간 지도자가 해임하는 현재 추세가 계속될 것으로 보인다. 그러므로 장군들을 해임할 것인가 말 것인가의 문제가 아니라, 누가 장군들을 해임할 것인가의 문제인 것이다. 전쟁의 수행에 관한 불만이 커질 때, 누군가를 제거하고자 하는 압력이 형성된다. 그것은 지난 60여 년 동안의 역사 기록이 보여주는 메시지이다. 한국전쟁에서 육군이 해임의 전통을 상실한 이래로 모든 전쟁에서 민간 지도자에 의해서 군 최고 지휘관이 해임되었다는 흔적을 남겼다: 한국전쟁에서 맥아더, 베트남 전쟁에서 하킨스와 웨스트모어랜드, 파나마 침공 전에 워너, 걸프 전쟁 동안에 듀건, 코소보 전쟁 후에 웨슬리 클라크, 이라크 전쟁의 케이시, 아프가니스탄 전쟁의 맥키어넌과 맥크리스탈. 이러한 해임은 일상적 유지관리가 아니라 보일러의 안전밸브를 불어대는 것과 같아서 군 내부의 움직임보다 확실히 더 서툴고 느리다. 그러나 압력을 받는 보일러와 마찬가지로 늦게 움직이는 것이 아무것도 하지 않는 것보다는 통상 더 좋다.

감사의 글

대한민국을 이끌
위대한 리더가 나오기를 바라며

"인사人事가 만사萬事"라는 말이 있다. 이 말은 고故 김영삼 전 대통령이 '리더의 가장 중요한 역할은 훌륭한 자질과 역량을 갖춘 사람을 발굴하여 활용하는 것'임을 강조한 뜻으로 유명하다. '인사'는 조직을 다루고 이끄는 리더에게뿐 아니라 조직 구성원들의 삶의 많은 부분에도 큰 영향을 미친다. "인사가 만사"라는 말이 금과옥조처럼 리더들 사이에서 회자되는 것은 이 때문이다.

어느 조직이나 인사는 중요하지만, 그중에서도 국가 무력을 담당하는 군대는 국민의 안전과 국가 안보에 직결된 조직으로서 그 어느 조직보다 제대로 된 인사와 리더의 능력이 중요하다. 나폴레옹 시대 정치가였던 탈레랑Talleyrand은 군대 조직에서 리더가 얼마나 중요한지를 "나는 한 마리의 양이 이끄는 백 마리의 사자 군대보다, 한 마리의 사자가 이끄는 백 마리의 양 군대가 더 두렵다(I am more afraid of an army of 100 sheep led by a lion than an army of 100 lions led by a sheep.)"고 우화적으로 표현하기도 했다. 군사軍史에는 지휘관의 중요성을 강조한 "고올Gaul*을 점령한 것은 로마군이 아니라 카이사르Caesar이고, 로마를 점령한 것은 카르타고Carthage 군이 아니라 한니발Hannibal이다"라는 말이 있다.

나는 오랜 군 복무를 통해서 많은 상관을 모신 경험과 수많은 부하를 지휘한 경험 덕에 부대의 전투력이 지휘관에 따라 엄청난 차이를 내는 것을 현장에서 목격했다. 그러한 차이들을 지켜보면서 '무엇이 뛰어난 군인을 만드는가'에 관해 고민해 왔고, 전역 후 육사 생도들에게 리더십을 강의하면서 그러한 고민은 더욱 깊어졌다. 그러던 차에 우리가 어느 정도 친숙하게 알고 있는 금세기 미국 장군들의 성공과 실패를 다룬 이 책의 번역 작업을 계기로 어느 정도 해답에 접근할 기회를 얻었다.

이 책에서 저자 토머스 릭스Thomas E. Ricks는 처음부터 끝까지 '능력에 기반을 둔 인사 정책'을 강조한다. 그가 말하는 인사는 단순히 어떤 사람을 어느 자리에 앉히는 것을 의미하지 않는다. 독특하고 창의적인 생각과 태도를 지닌 장교들을 선발해 제대로 교육하고, 적절한 임무를 부여하여 성공과 실패를 경험해 보게 해야 하며 그런 다음 전술적 수준에서부터 국가전략 수행에 이르기까지를 담당할 장교, 고위 장군, 그리고 최고 사령관이 되도록 육성하고 활용하는 전 과정이다. 저자 릭스는 개인의 주관이 아닌 역사의 뒤편에서 그러한 과정들을 몸으로 행한 장군들의 발자취를 좇아 광범위한 자료를 철저하게 연구하고 분석해 균형 잡힌 시각으로 우리에게 되짚어 보여준다. 유난히 많은 인물을 다룰 수 있던 것도 저자의

---

* 갈리아. 고대 켈트 사람의 땅. 지금의 이탈리아 북부, 프랑스, 벨기에 등을 포함한 지역

이런 노력의 결과이다.

독자에 따라서는 많은 등장인물과 인용 문장들로 인해 매우 복잡하다는 생각이 들 수도 있다. 하지만 번역을 하는 내내 이는 철저한 검증을 위해 저자가 주장하고자 하는 바의 진실성을 담보하는 최고의 접근법이라는 확신이 들었다. 독자들에게 인내심을 갖고 일독을 권하는 이유이다.

주목할 점은 저자가 시종일관 마셜에 대해 언급한다는 것이다. 현역 군인을 포함해 대부분의 주변 사람들이 마셜에 대해 잘 알 것이라고 생각했지만 실상은 그렇지 않았다. 역자 또한 제2차 세계대전에서 아이젠하워나 맥아더보다 더 중요한 역할을 한 위대한 군인의 상징이던 그가 오히려 덜 기억되는 현실이 안타깝다. 저자는 마셜을 현재의 미 육군을 만든 창조자라고 극찬하며 현재 미 육군에서 드러나는 인사 문제를 어떻게 해결할지에 대한 답을 그에게서 찾는다. 왜 그런지를 이해하게 된다면 책이 전하는 메시지의 핵심을 건진 것이라고 믿는다. 핵심을 찾아 떠나는 것은 독자의 몫이라고 생각한다.

이미 두 권의 군사서적을 번역해 본 경험이 있다 보니 적지 않은 분량의 원서를 보며 혼자서 작업을 하다가는 지쳐서 중도에 포기할지 모른다는 생각이 들었다. 그래서 마라톤 경주를 하는 것처럼 함께 뛸 페이스메이커를 물색해서 함께 골인 지점에 들어가는 전략을 짰다. 돌이켜 보면 이것도 '인사' 전략이었고, 결과는 성공이었다. 나 혼자 했다면 분명 중도에서 포기했을 텐데 옛 부하인 최재호 예비역 대령이 앞서 달리는 바람에 따라 뛰다 보니 어느새 목표에 도달하게 되었으니 말이다.

우리 두 사람의 환상적인 협업에 감사한다. 우리는 군에서 상하관계로 처음 만났지만, 그것을 동업자의 관계로 바꾸어 작업을 진행했다. 각자에게 부여된 소임을 가볍게 여기거나 남에게 미루지 않으면서 공동의 노력을 이루었다고 자평한다. 계급이 높은 사람이 여러모로 이득을 보았을 것이라 지레짐작하기 쉽겠지만, 그런 소리를 듣지 않도록 똑같은 노력 투여를 전제로 공동번역을 시작했다. 전체를 반으로 나누어 두 사람이 번역하고 그것을 합본하는 방식은 일관된 번역을 제한하는 단점이 너무 커서, 두 사람이 각자 처음부터 끝까지 완역을 한 후에 그 결과를 비교하면서 최선의 글을 찾아가는 과정을 거쳤다. 그런 과정은 오류의 발견과 상호 비판을 넘어 우리의 번역 실력을 한 단계 더 성숙시켜주는 망외의 소득도 가져왔다. 감사한 일이다. 여건이 허락하는 한 우리 두 사람은 이러한 공동번역을 계속할 것이다.

매번 하는 생각이지만 번역이 창작보다 더 어렵다. 창작은 내 생각을 적어가면 그만이지만 번역은 저자의 생각을 읽고 정확하고, 적확한 용어로 표현해야 한다. 그리고 저자가 주장하는 많은 사실(事實과 史實 모두를 의미함)들을 정확하게 이해하기 위해서는 우리가 가지고 있지 못한 배경지식을 폭넓게 공부하는 것이 필요하다.

번역을 하면서 독자의 편의를 고려하여 전문지식이나 역사적 배경을 포함해서 추가 설명이 필요한 부분에는 최대한 옮긴이의 주註를 달아서 이해에 도움을 주고자 했다. 물론 그러한 시도가 책을 읽는 흐름을 끊을 수도 있다는 점을 고려하지 않은 것은 아니지만, 독자의 이해가 더 중요하다는 점에서 그렇게 했음을 알린다. 군사용어와 관련해서는 군에서 쓰는 용어와 다소 다르게 저자가 표현한 것들은 가급적 군사용어사전에 쓰인 용례로 썼음을 이해하기 바란다. 그런 차원에서 원문에서 생기는 오해의 소지를 최대한 줄이려고 노력했다.

우리 둘은 전문번역가는 아니어서 번역의 모든 과정에서 많이 부족했다. 번역을 하며 직역과 의역을 두고 고민하다가, 저자의 생각을 비교적 쉽게 독자에게 전달하는 것이 훨씬 의미가 있다고 생각하여 저자의 뜻을 해치지 않는 선에서 의역하려고 노력했다. 다만, 우리글에 맞는 적확한 말을 찾아내지 못해 표현이 다소 거친 부분들에 대해서는 양해를 구한다. 번역은 저자를 위해서 하는 게 아니라 독자를 위해서 하는 것이라고 믿고 나름 노력하였으나, 여전히 부족한 부분이 눈에 보인다. 미흡한 부분을 느낀 독자들에게는 원문을 보면 더 많은 것을 느낄 수 있다는 생각에 용기를 내어 원문 일독을 권한다.

이 책이 세상에 나오기까지 많은 사람의 노고가 있었음에 감사한다.

먼저 이 책 『제너럴스 The Generals』를 소개해 준 중앙대학교 최영진 교수께 감사한다. 국방일보에 「현대군사명저를 찾아서」라는 칼럼을 연재하면서 그가 소개한 책 중에서 아직도 많은 책이 번역되지 않았다고 힐난한 것을 보고 창피하면서도 의분에 차서 번역을 시작했으니 첫 번째 감사의 몫은 최 교수가 가져가는 게 당연하다.

우리 두 사람은 책에서 언급하는 다양한 전쟁에 관해 깊이 연구한 것도 아니기 때문에 많은 부분에서 주변 사람들의 도움을 받아야 했다. 특히 나와 함께 근무하는 인연으로 예비역 대령 이승엽 분석관이 독자들의 이해를 돕기 위한 사진을 검색하여 편집하고 본문의 문체를 다듬는 데 커다란 도움을 주었으며, 배성기 분석관은 세밀한 퇴고로 잘못된 부분을 많이 찾아 수정하는 데 큰 도움을 주었다. 공동번역을 한 최 대령의 경우에는 함께 근무하는 통역 장교들과 더불어 미군 장병들의 노고에도 많이 의존했다. 미군 장병들은 우리가 어려워한 부분을 이해하도록 설명해 줌으로써 번역의 완전성을 높이는 데 기여했다. 이 책은 가히 한미연합작전의 구호처럼 '함께 갑시다!'의 산물이라 할 만하다.

플래닛미디어의 김세영 대표에게 감사한다. 군사서적이라는 한계 때문에 책의 판매를 예측하기 어려운 상황임에도 불구하고 군과 관련된 지식을 널리 전파함이 옳다는 신념으로 출판에 동의해준 진정한 용기에 경의를 표한다. 아울러 딱딱한 군인들의 글쓰기를 아름다운 우리말로 잘 다듬어준 편집자들에게도 따뜻한 감사의 말을 전한다.

군에서 전역했지만 여전히 이것저것 하느라 바빠서 같이 할 시간이 없는 남편을 불평 없이 사랑하고 지원해 준 나의 반려자 황미애 여사에게 감사한 마음을 전한다. 아무도 시키지 않은 일에 공연한 욕심을 부려 스스로 지치고 힘들어 불평을 쏟아낼 때마다 나를 위로하고 격려해 준 아내가 진정한 나의 러닝메이트였음을 고백한다. 또한 뒤에서 열심히 응원해준 두 아들과 두 며느리에게도 감사한 마음을 전한다. 열심히 사는 모습으로 그들에게 모범을 보인 것 같아 조금은 으쓱한 기분이다.

마지막으로, 가장 감사할 사람은 이 책을 읽는 독자이다. 척박한 우리나라 독서풍토에서, 그것도 전쟁과 군에 관련된 책은 그리 관심을 받지 못하는 엄연한 현실 속에서 우리 번역서를 선택해 준 혜안과 군에 대한 사랑에 깊이 감사한다. 이 책이 지향하는 가장 중요한 독자는 물론 군인이거나 군인의 길을 걸으려는 이들이지만, 제목이나 내용을 고려할 때 일반인들에게도 주는 메시지가 클 것으로 생각한다. 많은 분야의 사람들이 책을 통해 영감과 통찰을 얻기 바란다. 여러분이 보인, 작지만 큰 사랑의 실천이 우리를 일으켜 세워 더 나은 군사서적을 만들어서 국가와 군, 그리고 후배들에게 보탬이 되도록 하겠다는 처음의 다짐을 이어가게 할 것이다.

번역을 마치며, '역량과 책임'이라는 두 단어가 머리에 남는다. 대한민국의 장군단은 국가 존망과 국민의 생명을 지키면서 소중한 부하들의 목숨이 헛되이 사라지지 않도록 하기 위해 '역량'을 갖추고 있으며, '책임'의 무게를 가슴 깊이 새기면서 행동하고 있는지 스스로 돌아보기를 소망한다. 또한 정치인을 포함한 민간 지도자들은 그런 관점에서 장군들을 선발하고, 그들에게 임무를 부여하며, 건강한 민군 담론을 만들어가기 위해 그들과 긴밀하게 소통하고 있는지를 겸허하게 살펴보았으면 좋겠다는 욕심이 든다. 한반도를 둘러싸고 급박하게 펼쳐지는 움직임 속에서 국가이익을 창출하는 담대한 리더가 나오는 데 이 책이 작은 도움이 되길 간절히 기원한다.

한국국방안보포럼(KODEF)은 21세기 국방정론을 발전시키고 국가안보에 대한 미래 전략적 대안을 제시하기 위해 뜻있는 군·정치·언론·법조·경제·문화 마니아 집단이 만든 사단법인입니다. 온·오프라인을 통해 국방정책을 논의하고, 국방정책에 관한 조사·연구·자문·지원 활동을 하고 있으며, 국방 관련 단체 및 기관과 공조하여 국방 교육 자료를 개발하고 안보의식을 고양하는 사업을 하고 있습니다. http://www.kodef.net

제너럴스
THE GENERALS
위대한 장군은 어떻게 만들어지는가

초판 1쇄 발행 2022년 3월 29일
초판 2쇄 발행 2022년 4월 12일

지은이 토머스 릭스
옮긴이 김영식·최재호
펴낸이 김세영

펴낸곳 도서출판 플래닛미디어
주소 04029 서울시 마포구 잔다리로 71 아내뜨빌딩 502호
전화 02-3143-3366
팩스 02-3143-3360
블로그 http://blog.naver.com/planetmedia7
이메일 webmaster@planetmedia.co.kr
출판등록 2005년 9월 12일 제313-2005-000197호

ISBN 979-11-87822-67-7 03390